Röntgenspektroskopie
und
Kristallstrukturanalyse

Von

Dr. Arthur Schleede und Dr. Erich Schneider

I. Band

Mit 249 Figuren und 57 Tabellen im Text

Berlin und Leipzig

Walter de Gruyter & Co.

vormals G. J. Göschen'sche Verlagshandlung - J. Guttentag, Verlagsbuchhandlung
Georg Reimer - Karl J. Trübner - Veit & Comp.

1929

Druck von Metzger & Wittig in Leipzig

Vorwort.

Die Veranlassung zu der Abfassung des vorliegenden Buches gab ein im Jahre 1925 im gleichen Verlag erschienener Artikel des einen der Verfasser: „A. SCHLEEDE, Experimentelle Methoden der Röntgenspektroskopie und Strukturanalyse“ im Handbuch der Arbeitsmethoden in der anorganischen Chemie von E. TIEDE und F. RICHTER. Dem Charakter des Handbuches entsprechend war in diesem Artikel ausschließlich die rein experimentelle Seite dieses großen Forschungsgebietes behandelt worden. Die Herren Prof. TIEDE und RICHTER machten daher dem Verlag Walter de Gruyter & Co. den Vorschlag, den Handbuchartikel zu einem selbständigen Buch ausarbeiten zu lassen. Diese Aufgabe wurde von den beiden Verfassern übernommen. Die Herausgabe wurde dadurch verzögert, daß die ständig anwachsende Literatur während der Korrekturen immer wieder Ergänzungen erforderte.

Als Titel des Buches haben die Verfasser die kurze Bezeichnung: „Röntgenspektroskopie und Kristallstrukturanalyse“ gewählt. Dieses durch die große Entdeckung M. v. LAUES erschlossene Arbeitsgebiet hat — entsprechend seiner Bedeutung für den Ausbau der Atomtheorie und für die Kristallstrukturforschung — im Verlauf der seit der Entdeckung verstrichenen Zeitspanne von 16 Jahren eine außerordentliche Entwicklung erfahren. Die Originalliteratur ist fast unübersehbar, aber auch die Anzahl der zusammenfassenden Darstellungen ist groß. Für das Teilgebiet der Röntgenspektroskopie sind besonders zu nennen: die in französischer Sprache erschienenen Monographien von R. LEDOUX-LEBARD und A. DAUVILLIER und von M. DE BROGLIE, das in deutscher und englischer Sprache erschienene berühmte Buch von M. SIEGBAHN, der zusammenfassende Bericht von A. E. LINDH in der physikalischen Zeitschrift und der Artikel von O. BERG im Handbuch der physikalischen Optik. Das Teilgebiet der röntgenometrischen Kristallstrukturanalyse wurde zuerst in englischer Sprache von den Begründern W. H. und W. L. BRAGG und von dem amerikanischen Strukturanalytiker R. W. G. WYCKOFF, in französischer Sprache von CH. MAUGUIN zusammenfassend dargestellt. In deutscher Sprache fand die Kristallstrukturanalyse durch P. P. EWALD zwei ausgezeichnete Darstellungen. Die Kristallographische Strukturlehre wurde von P. NIGGLI in seinem bekannten Buch „Die geometrische Kristallographie des Diskontinuums“ und in einem Artikel im Handbuch der Physik

(WIEN-HARMS) eingehend geschildert. Beide Teilgebiete, Röntgenspektroskopie und Kristallstrukturanalyse, wurden gemeinsam behandelt in zwei älteren Darstellungen von E. MARX im Handbuch der Radiologie und von P. CERMAK im Handbuch der Elektrizität und des Magnetismus. In neuerer Zeit erschienen ferner in deutscher Sprache die außerordentlich klaren Darstellungen von H. MARK im Handbuch der angewandten physikalischen Chemie und von R. GLOCKER und in englischer Sprache von G. L. CLARK. Angesichts dieser großen Anzahl hervorragender Bearbeitungen erscheint es zunächst recht gewagt, ihnen noch eine weitere Darstellung hinzuzufügen. Wenn sich die Verfasser trotzdem entschlossen haben, das vorliegende Buch herauszugeben, so geschah dies in erster Linie im Hinblick auf den mit der Art der Darstellung verfolgten Zweck: Dem Chemiker, physikalischen Chemiker und Physiker ein Handwerkszeug zu geben, mit Hilfe dessen es ihm möglich ist, sich bei irgendwelchen besonderen Problemen in das Gebiet der Röntgenspektroskopie und Kristallstrukturanalyse schnell einzuarbeiten. Dieser Zweck wurde bereits im Artikel des TIEDE-RICHTERschen Handbuches angestrebt und ist in ähnlich ausgeprägter Weise nur in dem inzwischen erschienenen Buch von H. MARK verfolgt worden. Um dieser Aufgabe gerecht zu werden, erschien es den Verfassern erforderlich, von einem Minimum an Voraussetzungen auszugehen und sowohl die praktische wie die theoretische Seite so vollständig wie möglich zu behandeln.

Um zunächst dem Leser einen Überblick über das von M. VON LAUE erschlossene Forschungsgebiet zu geben, werden im ersten Kapitel die Voraussetzungen und Grundlagen der Röntgenspektroskopie und Strukturanalyse behandelt, die LAUEsche Entdeckung und ihr Ausbau durch W. H. und W. L. BRAGG. Das II. Kapitel befaßt sich in erster Linie mit der Erzeugung von Röntgenstrahlen, den hierfür erforderlichen verschiedenartigen Hilfsmitteln (Hochspannungseinrichtungen, Hochvakuumtechnik) und ferner mit dem Nachweis und der Intensitätsbestimmung. Im III. Kapitel wird dann die Spektroskopie der Röntgenstrahlen behandelt. Bei der Abfassung dieses Kapitels wurde vor allem auf eine übersichtliche Darstellung der Methodik, der Apparatur und der Meßergebnisse Wert gelegt. Weiter wurden besonders berücksichtigt die neueren Ergebnisse über die Abweichungen vom BRAGGschen Reflexionsgesetz, die Brechung, Totalreflexion, Interferenz am gewöhnlichen Strichgitter, die Theorie und Systematik der Röntgenstrahlen im Zusammenhang mit der Entwicklung der Atomtheorie, der Comptoneffekt, der Einfluß der chemischen Bindung auf Emission und Absorption und die Analyse. Das IV. Kapitel enthält die experimentellen Methoden der Kristallstrukturanalyse, das V. Kapitel gibt eine Einführung in die Kristallstrukturlehre (Punktgruppen, Raumgruppen), das VI. Kapitel behandelt die Theorie der Wellen und Interferenzen. In dem VII. Kapitel wird gezeigt, wie sich bei Anwendung der verschiedenen Aufnahmemethoden die Auswertung der Diagramme durchführen läßt, welche verschiedenen Faktoren die Intensität beeinflussen und welche Wege man vorteilhaft bei der Kristallstrukturanalyse einzuschlagen hat.

Es folgt eine Reihe von Beispielen erforschter Strukturen und ein Abschnitt über chemische Kristallographie. Das VIII. Kapitel stellt einen Anhang mit mathematisch-physikalischen Ergänzungen dar.

Aus praktischen Erwägungen heraus wurde das Buch in zwei Bände zerlegt. Der erste Band enthält das I.—IV. Kapitel und stellt ein bis zu gewissem Grade in sich geschlossenes Gebilde dar. Er gibt dem Leser eine Einführung in die Praxis und Theorie der Röntgenspektroskopie, lehrt die Ausführung der qualitativen und quantitativen Röntgenspektralanalyse und gibt ein Bild von der Behandlung solcher Strukturprobleme, soweit sie ohne tiefere Kenntnis der Kristallstrukturlehre gelöst werden können. Für die Durchführung einer exakten wissenschaftlichen Kristallstrukturanalyse ist dagegen ein Studium der Kristallstrukturlehre erforderlich. Die Verfasser haben sich bemüht, im zweiten Band eine einfache Darstellung zu finden, die ausreicht, um dem Leser die Durchführung der Kristallstrukturanalyse und die hierfür erforderlichen Tabellen und ihre Anwendung verständlich zu machen.

Um dem Leser ein weiteres Studium zu ermöglichen, sind am Anfang der Kapitel und einzelner Paragraphen Literaturverzeichnisse von zusammenfassenden Darstellungen eingefügt. Die Originalliteratur ist in Gestalt von Fußnoten auf jeder Textseite zitiert. Möglichste Vollständigkeit der Literaturnachweise wurde angestrebt.

Die Ausarbeitung des apparativen Teils der Röntgenspektroskopie wurde dadurch erleichtert, daß sich der eine der Verfasser gelegentlich eines Besuches in Lund (Herbst 1923) über die im dortigen physikalischen Laboratorium entwickelten experimentellen Methoden unterrichten konnte. Die Verfasser sind daher den Herren Prof. M. Siegbahn und Prof. A. E. Lindh zu großem Dank verpflichtet. Gleichen Dank schulden die Verfasser Herrn Prof. H. Mark für viele Hinweise mit Bezug auf die apparative Durchführung der im Kaiser-Wilhelm-Institut für Faserstoffchemie ausgearbeiteten Methoden. Die Verfasser danken ferner Herrn Prof. R. Seeliger und Herrn Dr. R. Swinne für wichtige Ratschläge bei der Abfassung des Abschnittes über Atomtheorien, Herrn Priv.-Doz. K. Weissenberg für die Durchsicht des Entwurfs des Abschnittes über chemische Kristallographie und den Herren Prof. R. Gross, Prof. E. Tiede und F. Richter für eine Reihe wertvoller Anregungen.

Bei der mühsamen Durchsicht der Korrekturen wurden die Verfasser unterstützt von Frl. Dr. F. Goldschmidt, von den Herren Priv.-Doz. Dr. Jung und E. Körner, beim Auszug des alphabetischen Inhaltsverzeichnisses ferner von Frl. M. Wellmann. Ihnen allen sind die Verfasser hierfür zu besonderem Dank verpflichtet.

Greifswald und Berlin, im August 1928.

A. Schleede. E. Schneider.

Inhaltsverzeichnis.

I. Kapitel. Voraussetzungen und Grundlagen der Röntgenspektroskopie und Kristallstrukturanalyse.

II. Kapitel. Erzeugung, Nachweis und Intensitätsbestimmung von Röntgenstrahlen.

III. Kapitel. Spektroskopie der Röntgenstrahlen.

IV. Kapitel. Die experimentellen Methoden der Kristallstrukturanalyse.

I. Kapitel. Voraussetzungen und Grundlagen der Röntgenspektroskopie und Kristallstrukturanalyse.

Literatur (zusammenfassende Darstellungen).[1]

1912 R. Pohl, Die Physik der Röntgenstrahlen, Sammlg.: Die Wissenschaft, Heft 45; Verl. Vieweg, Braunschweig.
1919 E. Marx, Röntgenstrahlen im Handbuch der Radiologie, V. Band; Verl. Akad. Verlagsges. Leipzig.
1921 R. Ledoux-Lebard und A. Dauvillier, La Physique des Rayons X; Verl. Gauthiers-Villars et Cie., Paris.
1921 P. Groth, Elemente der phys. und chem. Kristallographie; Verl. Oldenbourg, München.
1923 P. Cermak, Die Röntgenstrahlen im Handbuch der Elektrizität und des Magnetismus von L. Graetz, III. Band; Verl. Barth, Leipzig.
1923 P. P. Ewald, Kristalle und Röntgenstrahlen; Verl. Springer, Berlin.
1924 W. H. und W. L. Bragg, X-Rays and Crystal-Structure; Verl. Bell and Sons, London.
1924 Ch. Mauguin, La Structure des Cristaux; Verl. Blanchard, Paris.
1924 R. Wyckoff, The Structure of Cristals; Verl. The Chem. Catalog Comp., New York.
1924 M. Siegbahn, Spektroskopie der Röntgenstrahlen; Verl. Springer, Berlin.
1926 H. Mark, Die Verwendung von Röntgenstrahlen in Chemie und Technik im Hdbch. der angew. phys. Chem. von G. Bredig, Bd. 14; Verl. Barth, Leipzig.

Nur wenige Entdeckungen haben für die Entwicklung unserer Naturerkenntnis eine so weitgreifende Bedeutung erlangt wie die Entdeckung der Interferenz der Röntgenstrahlen im Kristallgitter durch Max v. Laue. Dies ist vor allem darauf zurückzuführen, daß gleichzeitig zwei getrennte Arbeitsgebiete der systematischen Bearbeitung erschlossen wurden:

1. die Untersuchung der Röntgenspektren (Röntgenspektroskopie) und
2. die Erforschung des gittermäßigen Feinbaus der Kristalle (Kristallstrukturanalyse).

Die systematische Untersuchung der Röntgenspektren bewirkte eine wesentliche Vertiefung und Verfeinerung unserer atomtheoretischen Vorstellungen und schuf die Grundlage für eine qualitative und quantitative Röntgenspektralanalyse. Da sich die Röntgenspektren vor den optischen Spektren durch ihre große Einfachheit auszeichnen, ist die Röntgen-

---

[1] Die Literaturverzeichnisse am Anfang der Kapitel bzw. Paragraphen haben den Zweck, dem Leser einen Anhalt für weiteres Studium zu geben. Sie machen selbstverständlich keinen Anspruch auf Vollständigkeit, sondern stellen nur eine Auswahl dar.

spektralanalyse in vieler Hinsicht der gewöhnlichen optischen Spektralanalyse überlegen. Mit ihrer Hilfe gelang die Entdeckung der neuen Elemente Hafnium, Masurium, Rhenium und Illinium.

Die Erforschung des gittermäßigen Feinbaus der Kristalle hat nicht nur für die Kristallographie, sondern auch für die Chemie die größte Bedeutung erlangt. Die Anwendung der Strukturanalyse auf die Probleme der chemischen Konstitution hat neben den analytischen und synthetischen Methoden wachsende Bedeutung gewonnen, wenn auch hier noch sehr viel theoretische und experimentelle Arbeit zu leisten bleibt.

In den folgenden Ausführungen sollen nun zunächst die Voraussetzungen und Grundlagen der Röntgenspektroskopie und Strukturanalyse besprochen werden. Zu diesem Zweck beschäftigen sich die beiden ersten Paragraphen über Röntgenstrahlen und Kristallbau mit dem Stand der Erkenntnis zu der Zeit der Laueschen Entdeckung, während der dritte Paragraph die Lauesche Entdeckung selbst und ihren Ausbau durch W. H. und W. L. Bragg behandelt.

§ 1. Röntgenstrahlen.

Wenn schnell bewegte Elektronen (Kathodenstrahlen) in ihrer Bewegung gehemmt werden, so entstehen die durchdringenden Strahlen, die von Röntgen im Jahre 1895 entdeckt wurden. Röntgen selbst nannte die von ihm entdeckten Strahlen X-Strahlen, eine Bezeichnung, die außerhalb Deutschlands noch heute viel gebräuchlich ist. In seinen ersten Mitteilungen konnte Röntgen[1] bereits die Haupteigenschaften der Röntgenstrahlen angeben: ihre Fähigkeit, geeignete Substanzen zur Fluoreszenz anzuregen, die photographische Platte zu schwärzen, durchstrahlte Luft leitend zu machen, verschiedene Körper verschieden stark zu durchdringen. Röntgen konnte ferner den Nachweis führen, daß der Ausgangspunkt für seine Strahlen der Auftreffpunkt der Kathodenstrahlen ist, daß die Strahlen magnetisch nicht abgelenkt werden können, daß sie nicht gebrochen, sondern nur diffus zerstreut werden. Endlich zeigte Röntgen, daß das Durchdringungsvermögen wesentlich von dem Gasgehalt der Röhre abhängig ist und mit dem Grade der Verdünnung ansteigt (vgl. II. Kapitel). Röntgen bezeichnete die Strahlen von geringerem bzw. stärkerem Durchdringungsvermögen als weich bzw. hart. Diese Bezeichnung ist noch heute gebräuchlich. Auch die erste praktisch brauchbare Form der Röntgenröhre mit einer hohlspiegelförmigen Kathode aus Aluminium und einer Antikathode aus Schwermetall, wie sie noch jetzt viel benutzt wird, geht auf Röntgen zurück (vgl. S. 29).

a) Elektromagnetische Impulstheorie.

Bereits in den Jahren 1896 und 1897 wurde von Stokes[2], Wiechert[3] und Thomson[4] eine Theorie der Entstehung der Röntgen-

[1] Röntgen, Zusammenfassender Bericht in Ann. d. Phys. **64**, 1 (1898).
[2] Stokes, Proc. Cambr. Phil. Soc. **9**, 215 (1896).
[3] Wiechert, Wied. Ann. **59**, 283 (1896) [Phys. chem. Ges. Königsberg, S. 1 (1896)].
[4] Thomson, Phil. Mag. **45**, 172 (1897).

strahlen begründet. Durch die plötzliche Abbremsung, die ein Elektron beim Auftreffen auf die Antikathode erleidet, findet eine Änderung des elektromagnetischen Zustandes statt. Nehmen wir an, das Elektron werde innerhalb der sehr kleinen Zeit τ abgebremst und lege dabei eine Strecke l zurück ($l = AB$, Fig. 1). Beobachtet man nun den Zustand in einem Zeitmoment nach der Abbremsung, so herrscht außerhalb der Kugel um A das elektromagnetische Feld des bewegten Elektrons, innerhalb der Kugel um B das elektrostatische Feld des ruhenden Elektrons. Zwischen den beiden Kugeln findet ein Übergang der beiden Felder ineinander statt, befindet sich also elektromagnetische Energie, die sich mit Lichtgeschwindigkeit im Raume fortpflanzt. Den Abstand zwischen beiden Kugelschalen bezeichnet man als Impulsbreite. Sie umfaßt einen Wellenberg und ist mithin vergleichbar der optischen halben Wellenlänge $\frac{\lambda}{2}$. Sie ist abhängig von der Bremszeit τ, dem Bremsweg l und dem Winkel φ. Sehen wir von dem Einfluß des Winkels φ ab, so ist:

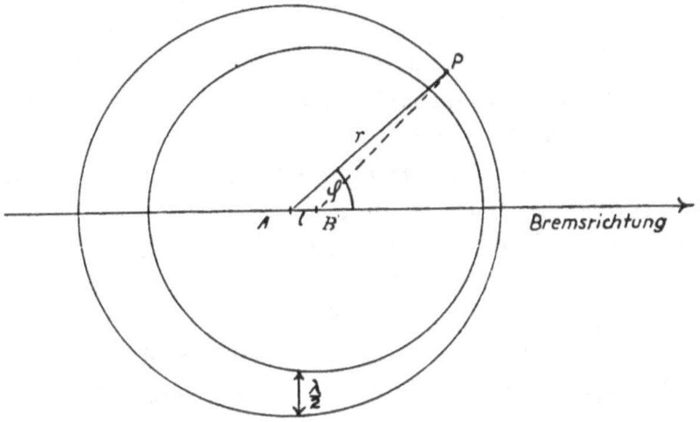

Fig. 1.
Schematische Darstellung der Änderung des elektromagnetischen Feldes bei der Abbremsung eines Elektrons.

$$\frac{\lambda}{2} = c\tau \quad (c = \text{Lichtgeschwindigkeit}). \tag{1}$$

Ist die Abbremsung eine gleichförmige, so ergibt sich τ aus der Elektronengeschwindigkeit v und dem Bremsweg l:

$$\tau = \frac{2l}{v} \tag{2}$$

Die Elektronengeschwindigkeit ergibt sich aus der Spannung, mit der die Röntgenröhre betrieben wird. Bei Kenntnis des Bremsweges würde sich die Impulsbreite berechnen lassen. Über diesen lassen sich jedoch nur Vermutungen anstellen.

Um die Natur der Röntgenstrahlen als kurze elektromagnetische Impulse zu erweisen, hat man sich lange bemüht, Beugungserscheinungen aufzufinden. Haga und Wind[1] stellten eine Röntgenstrahlabbildung eines keilförmigen Spalts aus Platin her und fanden, daß diese Abbildung gegenüber der geometrischen Abbildung an dem schmalen Ende — ähnlich, wie aus der Optik des sichtbaren Lichts her bekannt ist — eine Verbreiterung des Bildes zeigt, und berechneten daraus eine Impulsbreite

[1] Haga und Wind, Ann. d. Phys. **10**, 305 (1903).

von 10^{-8} cm. Bei sorgfältiger Nachprüfung der HAGA und WINDschen Versuche kamen WALTER und POHL[1] jedoch zu der Überzeugung, daß die Verbreiterung des Spaltbildes nur scheinbar ist. Bereits im Jahre 1900 hatte SOMMERFELD[2] eine Berechnung der Intensitätsverteilung eines Röntgenspaltbildes unter Zugrundelegung der Impulstheorie durchgeführt. Die Aufnahmen von WALTER und POHL wurden im Jahre 1912 von P. P. KOCH[3] mit Hilfe eines Mikrophotometers genau durchphotometriert. Die Berechnung der KOCHschen Photogramme wurde von SOMMERFELD[4] ausgeführt und ergab für die Impulsbreite den ungefähren Wert von $4 \cdot 10^{-9}$ cm.

Zu derselben Größenordnung führte auch die versuchsweise Anwendung des PLANCKschen Wirkungsquantums auf die Impulstheorie.[5] Die kinetische Energie des auftreffenden Elektrons ist gleich seiner Ladung multipliziert mit der durchlaufenen Spannung: $e\,V$. Nach der Abbremsung des Elektrons ist an Stelle der kinetischen Energie solche der Wellenstrahlung vorhanden. Diese ist gleich dem Produkt aus dem PLANCKschen Wirkungsquantum und der Schwingungszahl: $h\,\nu$. Setzt man beide Energien einander gleich:

$$e\,V = h\,\nu = \frac{h\,c}{\lambda} \quad \left\{ \begin{array}{l} e = \text{Ladung des Elektrons} = 4{,}77_4 \cdot 10^{-10}\ \text{dyn}^{\frac{1}{2}}\ \text{cm} \\ c = \text{Lichtgeschwindigkeit} = 2{,}998_5 \cdot 10^{10}\ \text{cm} \cdot \text{sec}^{-1} \\ h = \text{PLANCKsches Wirkungsquantum}\ 6{,}55 \cdot 10^{-27}\ \text{erg} \cdot \text{sec} \end{array} \right.$$

so ergibt sich für die Wellenlänge (wenn V in Volt gemessen wird):

$$\lambda = 300\,\frac{h\,c}{e\,V}\,.$$

Setzt man $V = 100000$ Volt, so ergibt sich für λ die Größenordnung 10^{-9} cm.

Die Schwierigkeit einer exakten Messung der Impulsbreite stand der Entwicklung der elektromagnetischen Auffassung der Röntgenstrahlen sehr im Wege. Man mußte sich mit einer indirekten Charakterisierung begnügen. Eine Möglichkeit hierzu beruht auf der Feststellung der Geschwindigkeit der Kathodenstrahlen, von denen die Röntgenstrahlen auf einer Antikathode aus Aluminium oder Kohle erregt werden. (Die eventuell störende — weiter unten zu behandelnde — charakteristische Strahlung des Antikathodenmaterials ist bei Kohle und Aluminium so weich, daß sie bereits durch die Glaswandung der Röhre und durch die Luft absorbiert wird.) Nimmt man an, daß der Bremsweg unabhängig von der Spannung immer der gleiche ist, so ergibt sich aus Glg. 1 und 2, daß die Impulsbreite umso kleiner ist, je größer die Elektronengeschwindigkeit ist. Eine zweite Möglichkeit zur Charakterisierung der Impulsbreite ergab die Feststellung, daß die Durchdringungsfähigkeit der Röntgenstrahlen von der Geschwindigkeit der erzeugenden Kathodenstrahlen abhängig ist. Je größer die Ge-

---

[1] WALTER und POHL, Ann. d. Phys. 25, 715 (1908).
[2] SOMMERFELD, Phys. Ztschr. 2, 55 (1900).
[3] P. P. KOCH, Ann. d. Phys. 38, 507 (1912).
[4] SOMMERFELD, Ann. d. Phys. 38, 473 (1912).
[5] W. WIEN, Gött. Nachr. 1907, S. 598; J. STARK, Phys. Ztschr. 8, 881 (1907).

schwindigkeit der Kathodenstrahlen, je kleiner also die Impulsbreite, um so größer die Durchdringungsfähigkeit und um so kleiner die Absorption (vgl. Fig. 2). Bei gleicher Impulsbreite, d. h. also bei homogener Strahlung, existiert ein einheitlicher Absorptionskoeffizient μ, der die Intensität nach dem bekannten Absorptionsgesetz[1]

$$J = J_0 \cdot e^{-\mu d}$$

bestimmt. J_0 ist die beim Auftreffen, J die nach Durchlaufen der Dicke d einer beliebigen Substanz zu beobachtende Energie. Die Konstante μ ist abhängig vom absorbierenden Medium, dagegen unabhängig von d. Drückt man die Dicke d nach dem Vorgange BARKLAs aus als Quotient aus der durchstrahlten Masse und dem spezifischen Gewicht, so erhält man

$$J = J_0 e^{-\frac{\mu}{\varrho} m},$$

$\frac{\varrho}{\mu}$ bezeichnet man als Massenabsorptionskoeffizienten der betreffenden Substanz. Ist die Strahlung nicht homogen, so ist der Absorptionskoeffizient nicht konstant. Mit zunehmender Schichtdicke wird der Absorptionskoeffizient immer kleiner und nähert sich einem Grenzwert, d. h. es bleibt nach Filterung durch eine genügend dicke Schicht eine Reststrahlung übrig, die annähernd homogen ist.

Die Absorptionsfähigkeit der Elemente verändert sich mit steigender Durchdringungsfähigkeit nicht kontinuierlich, sondern verhält sich selektiv, was mit der weiter unten zu behandelnden Erregung von charakteristischer Sekundärstrahlung zusammenhängt. In Fig. 2 sind die von BARKLA und SADLER[2] bestimmten Absorptionskoeffizienten der Metalle Al, Ag, Fe und Zn in Abhängigkeit von der, die Röntgenstrahlung auf einer Aluminiumantikathode erregenden Kathodenstrahlgeschwindigkeit graphisch dargestellt.

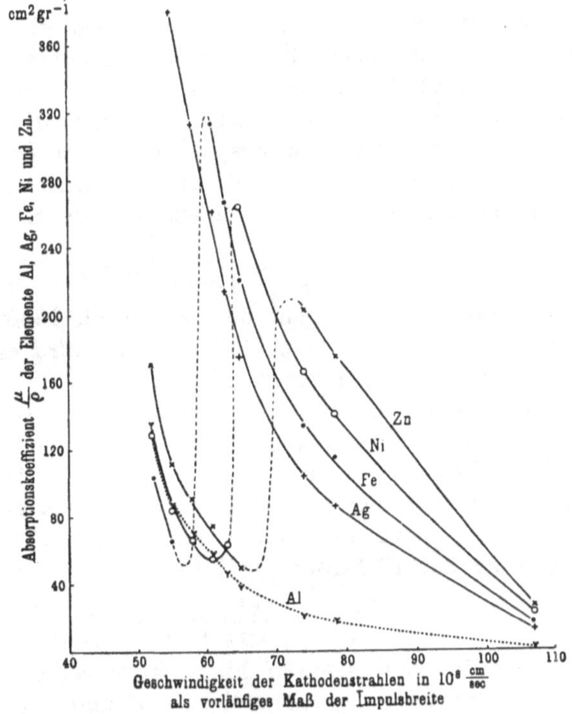

Fig. 2.

[1] Bezüglich Absorption vgl. S. 192.

[2] BARKLA und SADLER, Phil. Mag. 17, 739 (1909).

(Technische Härtemesser: Die Tatsache der selektiven Absorbierbarkeit wurde die Grundlage für die technischen Härtemesser nach Benoist und nach Walter und Wehnelt. Ein Aluminiumkeil und ein Nickel- oder Silberblech von gleichmäßiger Dicke sind auf einem Fluoreszenzschirm nebeneinander angebracht. Wie aus der graphischen Darstellung Fig. 2 hervorgeht, werden sich die Stellen gleicher Helligkeit hinter dem Aluminiumkeil und dem Silberblech entsprechend der geringeren oder stärkeren Durchdringungsfähigkeit (Härte) der zu untersuchenden Strahlung verschieden einstellen. Tabelle 1 zeigt einen Vergleich der verschiedenen in der Technik gebräuchlichen Härtegrade.)

Tabelle 1.

Benoistgrade	1	2	3	4	5	6	7	8	9	10	11	12
Wehneltgrade	—	2	5	6,5	7,5	8	9	10—11	—	—	—	—
Parallelfunken . . .	1	2	7	10	13	16	19	22	23—30		über 30	
mittleres $(\mu/\varrho)_{Al}$ . .		20	8	4		2		1,5		1		0,5
Strahlung	sehr weich			weich		mittelhart		hart	sehr hart			

Kehren wir nunmehr zu unseren theoretischen Betrachtungen zurück. Wir wollen zunächst die Intensitätsverteilung in Abhängigkeit von der Bremsrichtung betrachten. Das Elektron besitze vor der Bremsung die Geschwindigkeit v, nach der Bremsung die Geschwindigkeit 0. Die Entfernung des Beobachtungspunktes P vom Bremsort sei groß gegenüber dem Bremsweg l. Dann beträgt die beim Beobachtungspunkt P durch die Flächeneinheit pro Zeiteinheit gehende Energiemenge[1]:

$$\frac{d E_{r,\varphi}}{d t} = \frac{e^2 \cdot \dot{v}^2}{4 \pi c^3 r^2} \cdot \sin^2 \varphi\,; \qquad \dot{v} = \frac{d v}{d t}.$$

Aus dieser Gleichung geht hervor, daß die Intensität in der Bremsrichtung und entgegengesetzt dazu Null ist. Sie wird ein Maximum für $\varphi = 90^0$ oder senkrecht zur Bremsrichtung.

Die Gleichung trifft aber nur dann zu, wenn keine schnell bewegten Elektronen vorliegen, wenn die Elektronengeschwindigkeit gegenüber der Lichtgeschwindigkeit zu vernachlässigen ist. Die Masse schnell bewegter Elektronen dagegen ist von ihrer Geschwindigkeit abhängig. Die in der Zeiteinheit durch die Flächeneinheit gehende Energie wird bei Berücksichtigung der Elektronengeschwindigkeit:

$$\frac{d E_{r,\varphi}}{d t} = \frac{e^2 \cdot \dot{v}^2}{4 \pi c^3 r^2} \frac{\sin^2 \varphi}{(1 - \beta \cos \varphi)^6}\,; \qquad \beta = \frac{v}{c}.$$

Dies ist die Energieausstrahlung in einem ganz bestimmten Zeitmoment für die Elektronengeschwindigkeit v und die Geschwindigkeitsabnahme $\dot{v} = \frac{d v}{d t}$. Will man die Gesamtenergie für den ganzen Bremsvorgang erhalten, so hat man über die Bremsdauer τ zu integrieren. Diese Integration ergibt[2] unter Annahme einer gleichförmigen Bremsung $\dot{v}$:

---

[1] Bzgl. der Ableitung der folgenden Gleichungen vgl. Abraham, Theorie der Elektrizität, 4. Aufl. S. 93; Verl. Teubner, Leipzig 1920.

[2] Sommerfeld, Phys. Zeitschr. 10, 969 (1909).

$$E_{r,\varphi} = \frac{e^2 \dot{v}}{16 \pi c^2 r^2} \cdot \frac{\sin^2 \varphi}{\cos \varphi} \left(\frac{1}{(1 - \beta \cos \varphi)^4} - 1 \right).$$

Das Maximum der Energieausstrahlung liegt also nicht mehr bei $\varphi = 90^0$, sondern bei kleineren Winkeln von φ. Die Dissymmetrie ist umso größer, je größer die Geschwindigkeit der Elektronen ist. Fig. 3a zeigt die Intensitätsverteilungen für Elektronengeschwindigkeiten von $\frac{1}{3}$ (Kurve I), $\frac{1}{5}$ (Kurve II) und $\frac{1}{10}$ (Kurve III) Lichtgeschwindigkeit.[1]

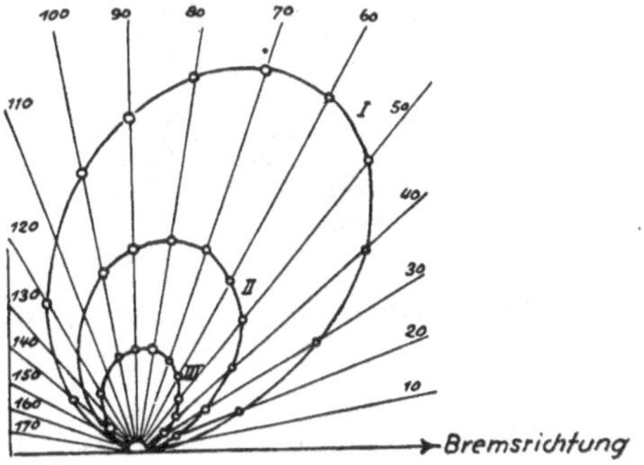

Fig. 3a. Energieverteilung in Abhängigkeit von der Bremsrichtung, wenn die Abbremsung ausschließlich in der Bremsrichtung stattfinden würde für $\frac{1}{3}$ (I), $\frac{1}{5}$ (II) und $\frac{1}{10}$ (III) Lichtgeschwindigkeit.

Experimentell wurde eine Dissymmetrie von Kaye[2] und Stark[3] festgestellt. Doch entsprechen die erhaltenen Energieverteilungen bei weitem nicht den theoretisch zu erwartenden. Die Elektronen werden beim Auftreffen auf die Antikathode keineswegs nur in einer Richtung abgebremst, sondern werden bei weiterem Eindringen nach allen Seiten abgelenkt und allmählich verlangsamt. Schließlich tritt in fast allen Fällen zu den von den Kathodenstrahlen erzeugten Röntgenstrahlen noch eine intensive sekundäre Röntgenstrahlung (auf die im folgenden noch näher eingegangen werden soll), die von den primären Strahlen im Material der Antikathode erregt wird. Es bestehen also nebeneinander eine „gerichtete“ Bremsstrahlung, eine „ungerichtete“ Bremsstrahlung und eine „ungerichtete“ charakteristische Sekundärstrahlung. Es ergeben sich dadurch Intensitätsverteilungen wie in Fig. 3b dargestellt. Für die Verteilung II′ ist zu der gerichteten Strahlung II ein Anteil ungerichteter Strahlung addiert, dessen Intensität gleich der Hälfte der maximalen Stärke des gerichteten Anteils ist, für die Verteilung II″ ein Anteil, dessen Intensität gleich der maximalen Stärke des gerichteten Anteils ist.

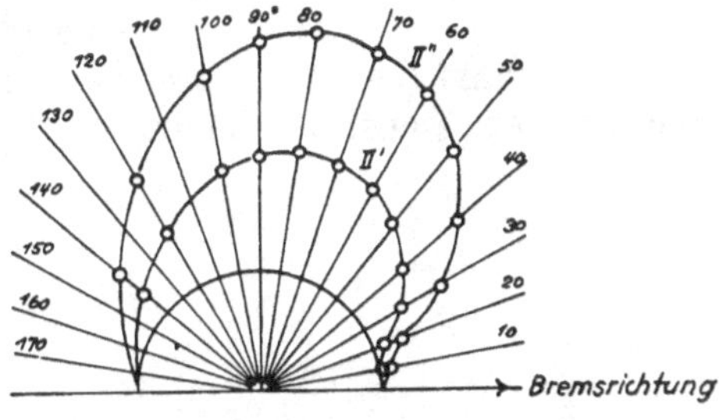

Fig. 3b. Energieverteilung in Abhängigkeit von der Bremsrichtung bei Berücksichtigung der „ungerichteten“ Strahlung.

Aber nicht nur die Intensitätsverteilung ist abhängig von der Bremsrichtung, sondern, wie aus Fig. 1 hervorgeht, auch die Impulsbreite.

[1] Rotationssymmetrisch zur Bremsrichtung.

[2] Kaye, Proc. Camb. Phil. Soc. **15**, 269 (1909).

[3] Stark, Phys. Ztschr. **10**, 902 (1909).

Fig. 4 zeigt Messungsresultate von STARK an einer Kohleantikathode. Die von der Vorderseite der Antikathode ausgehende Strahlung ist wesentlich absorbierbarer als die von der Rückseite ausgehende Strahlung (vgl. hierzu S. 175).

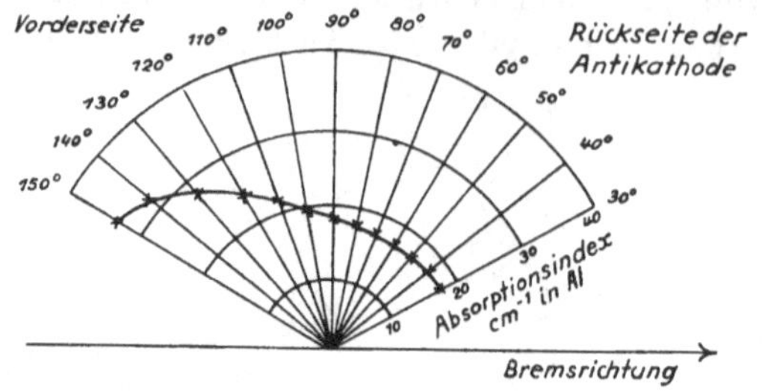

Fig. 4. Abhängigkeit der Impulsbreite von der Bremsrichtung.

Schließlich erfordert die Impulstheorie der Röntgenstrahlen, daß die Strahlung polarisiert ist. Die teilweise Polarisation der Röntgenstrahlen wurde zuerst von BARKLA [1] festgestellt. Der elektrische Vektor der bei der plötzlichen Abbremsung der Elektronen an der Antikathode entstehenden Impulsstrahlung liegt parallel zur Bremsrichtung (vgl. hierzu Fig. 5). Trifft die Strahlung nun auf einen Körper, so werden in demselben Elektronen beschleunigt, die ihrerseits wieder eine sekundäre Röntgenstrahlung auslösen und zwar maximal senkrecht zur Ebene Kathodenstrahl–primärer Röntgenstrahl (in Fig. 5 senkrecht zur Zeichnungsebene). Fig. 6 zeigt eine von BASSLER [2] benutzte Versuchsanordnung. Das Röntgenrohr ab ist um die Achse AB drehbar angebracht. In B befindet sich eine Paraffinkugel. In 11 cm Abstand vom Kugelmittelpunkt befinden sich zwei aus Drahtnetz und Platte gebildete Kondensatoren (Ionisationskammern) K_1 (in der Zeichnungsebene) und K_2 (senkrecht dazu). Die Drahtnetze werden mit entgegengesetzten Spannungen + 110 Volt und − 110 Volt geladen. Der Intensitätsverlauf während einer Drehung der Röhre, mithin also auch des elektrischen Vektors um die Achse AB, findet sich im Diagramm Fig. 7. — Im Zusammenhang mit den Untersuchungen über die Intensitätsverteilung ist besonders die Feststellung BASSLERS interessant, daß eine erhebliche Abhängigkeit der Polari-

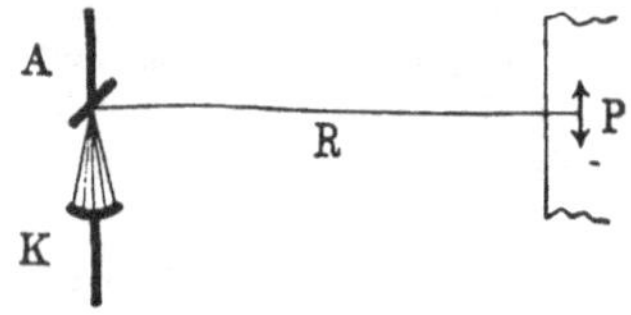

Fig. 5.
Polarisation der Röntgenstrahlung.

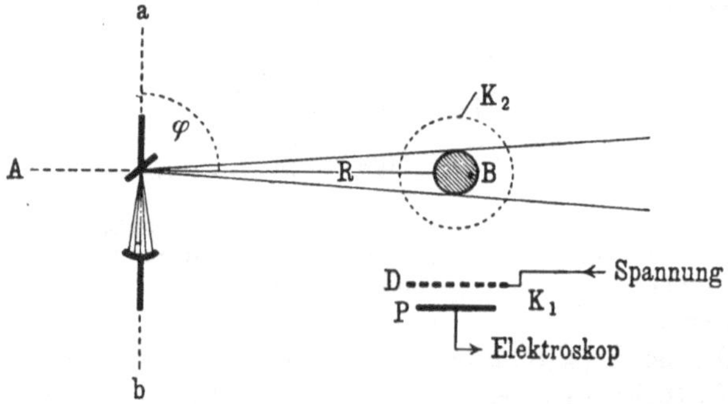

Fig. 6. Nachweis der Polarisation der Röntgenstrahlung.

[1] BARKLA, Phil. Trans. 30, 96 (1910).
[2] BASSLER, Ann. Phys. 28, 808 (1909).

sation besteht von dem Winkel φ zwischen der Richtung der Kathodenstrahlen und der Richtung der Röntgenstrahlen. Das Maximum der Polarisation liegt nicht bei $\varphi = 90^\circ$, sondern bei $\varphi = 70^\circ$. Mit Hilfe der

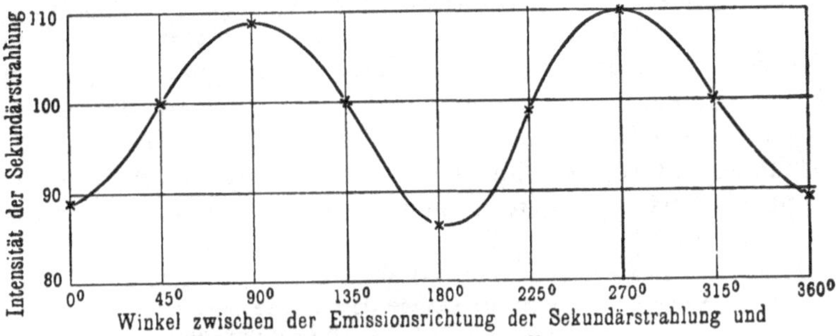

Fig. 7.

Polarisation ist also eine quantitative Prüfung der Verteilung der gerichteten Strahlung auf verschiedene Winkel φ möglich.

b) Sekundärstrahlung.

Die erste Beschreibung der Sekundärstrahlung geht auf RÖNTGEN zurück. Die älteren Resultate waren wenig übersichtlich. Erst durch die Untersuchungen von BARKLA und SADLER wurde in dieses Gebiet größere Klarheit gebracht durch die Feststellung, daß sich in der Sekundärstrahlung zwei verschiedene Phänomene überlagern. Die Röntgenstrahlen erfahren ebenso wie Licht in trüben Medien eine Art Zerstreuung und bewirken ferner eine von der Natur des durchstrahlten Elementes abhängige Strahlung, eine Art Fluoreszenzstrahlung.

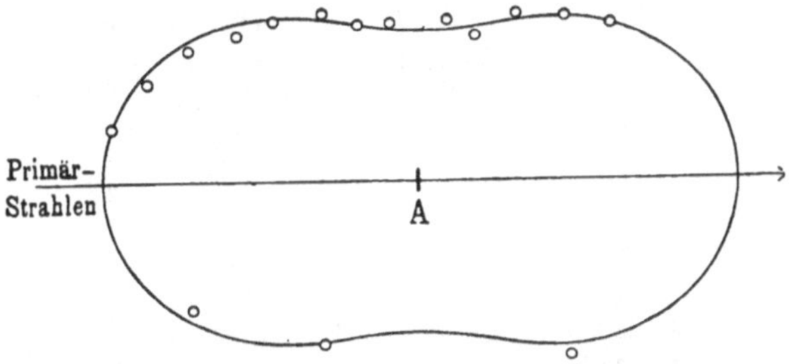

Fig. 8. Verteilung der durch Streuung entstehenden Sekundärstrahlung.

BARKLA[1] und CROWTHER[2] fanden, daß sich die gestreute Sekundärstrahlung in der Impulsbreite von der primären Strahlung nicht unterscheidet.[3] Die Intensitätsverteilung der gestreuten Sekundärstrahlung läßt sich nach BARKLA und AYRES[4] wiedergeben durch $I_\varphi = I_{\frac{\pi}{2}}\,(1 + \cos^2\varphi)$ (vgl. Fig. 8). Im allgemeinen weist die Intensitätsverteilung nicht vollkommene Symmetrie

[1] BARKLA, Phil. Mag. **5**, 685 (1903); **7**, 543 (1904).
[2] CROWTHER, Phil. Mag. **14**, 653 (1907).
[3] Dies ist nach den neuesten Feststellungen nicht mehr streng richtig (vgl. Comptoneffekt, S. 256).
[4] BARKLA, und AYRES, Phil. Mag. **21**, 270 (1911).

auf in bezug auf die durch den Ausgangspunkt A der Sekundärstrahlen senkrecht zum Primärstrahl gelegte Ebene. Der Grad der Dissymmetrie hängt von der Dicke des Sekundärstrahlers ab.

Außer der gestreuten Sekundärstrahlung, die sich in der Impulsbreite von der primären nicht nachweisbar unterscheidet, emittieren die Elemente eine zweite Sekundärstrahlung, deren Impulsbreite unabhängig von der Art der Erregung, einen bestimmten Wert besitzt, der für das betreffende Element „charakteristisch" ist.[1] Die Erregung der charakteristischen Sekundärstrahlung setzt erst dann ein, wenn die Impulsbreite der Primärstrahlung unter einen unteren Grenzwert heruntergeht. Barkla und

Tabelle 2.

Element	Atomgewicht	Absorptionskoeffizient $\left(\frac{\mu}{\varrho}\right)_{Al}$ der charakteristischen Strahlung	
		Reihe K $cm^2 \cdot g^{-1}$	Reihe L $cm^2 \cdot g^{-1}$
H—Mg	1—24,3	—	—
Al	27,1	580	—
S	32,07	—	—
Ca	40,09	435	—
Mn	52	136	—
Fe	55,85	88,5	—
Co	58,97	71,6	—
Ni	58, 68 (61,3 ?)	59,1	—
Cu	63,57	47,7	—
Zn	65,37	39,4	—
As	74,96	22,5	—
Se	79,2	18,9	—
Br	79,92	16,4	—
Rb	85,45	13,7	—
Sr	87,62	9,4	—
Mo	96,0	4,7	—
Rh	102,9	3,1	—
Ag	107,9	2,5	700
Sn	119	1,57	—
Sb	120,2	1,21	435
J	126,9	0,92	306
Ba	137,4	0,8	224
Ce	140,3	0,6	—
W	184	—	33
Pt	195	—	27,5
Au	197,2	—	25
Pb	207,1	—	20
Bi	208	—	19

[1] Barkla und Sadler, Phil. Mag. **16**, 550 (1908).

SADLER definierten die Impulsbreite durch die Absorbierbarkeit in Aluminium. WHIDDINGTON[1] benutzte zur Definition die Geschwindigkeit der primären Kathodenstrahlen. WHIDDINGTON fand, daß die maximale Impulsbreite, durch die in einem Element charakteristische Sekundärstrahlung erregt wird, in erster Annäherung dem Atomgewicht proportional ist. Bereits im Jahre 1911 konnte BARKLA[2] eine Zusammenstellung von Beobachtungen an 27 Elementen veröffentlichen. Die Tabelle (Tab. 2) soll ihrer grundlegenden Bedeutung wegen wiedergegeben werden. Aus der Zusammenstellung geht hervor, daß die Impulsbreite der charakteristischen Sekundärstrahlung mit steigendem Atomgewicht abnimmt. Für die Elemente mit einem Atomgewicht größer als 108 stellte BARKLA zwei verschiedene charakteristische Sekundärstrahlungen fest. BARKLA bezeichnete die Reihe von kleinerer Impulsbreite als K-Reihe, die von größerer Impulsbreite als L-Reihe.

Auf die Tatsache, daß auch beim Auftreffen von Kathodenstrahlen charakteristische Röntgenstrahlen erregt werden, wurde auch von KAYE[3] hingewiesen.

§ 2. Kristallbau.[4]

Das äußere Kennzeichen eines Kristalles ist seine symmetrische Begrenzung durch ebene Flächen. Dieses äußere Kennzeichen kann jedoch vorgetäuscht werden. Auch an nichtkristallinen Substanzen wie etwa Glas lassen sich Flächen in beliebiger Weise anschleifen. Dagegen treten bei einem wirklichen Kristall noch innere Kennzeichen hinzu, die bei einem nichtkristallinen Körper nicht vorhanden sind. Die Festigkeit (Kohäsion), die Fortpflanzungsgeschwindigkeit des Schalls, des Lichts, der Wärme, der Elektrizität ist beim Kristall in verschiedenen Richtungen verschieden groß. Der nichtkristalline Körper ist mit Bezug auf die physikalischen Eigenschaften zumeist isotrop, der Kristall dagegen immer anisotrop.

Nach ihren äußeren und inneren Kennzeichen teilt man die Kristalle in Klassen ein. Zur Charakterisierung der Klassen bedient man sich der an dem Kristall zu beobachtenden Symmetrieverhältnisse, indem man feststellt, welche Symmetrieoperationen sich mit einem Kristall vornehmen lassen. Der Würfel (Fig. 9a), das Oktaeder (Fig. 9b) und das Rhombendodekaeder (Fig. 9c) besitzen z. B. je drei vierzählige (□), vier dreizählige (△), und sechs zweizählige (0) Achsen (vgl. ausführliche Darstellung im V. Kapitel). Dreht man den Kristall einmal um eine vierzählige Achse herum, so kommt er viermal mit sich selbst zur Deckung, dreht man ihn einmal um eine dreizählige Achse, so kommt er dreimal mit sich selbst zur Deckung usw. Die drei Kristallformen (Würfel, Oktaeder und Rhombendodekaeder) können nun gleichzeitig oder gemischt

---

[1] WHIDDINGTON, Proc. Roy. Soc. **85**, 323 (1911).
[2] BARKLA, Phil. Mag. **22**, 396 (1911).
[3] KAYE, Phil. Trans. **209**, 123 (1908).
[4] Vgl. zu diesem Paragraphen das Literaturverzeichnis am Anfang des V. Kapitels im II. Band.

an ein und demselben Kristallmaterial auftreten (z. B. Kaliumchlorid, Fig. 10, Würfel mit Oktaederecken). Da keine Ungleichartigkeit im inneren

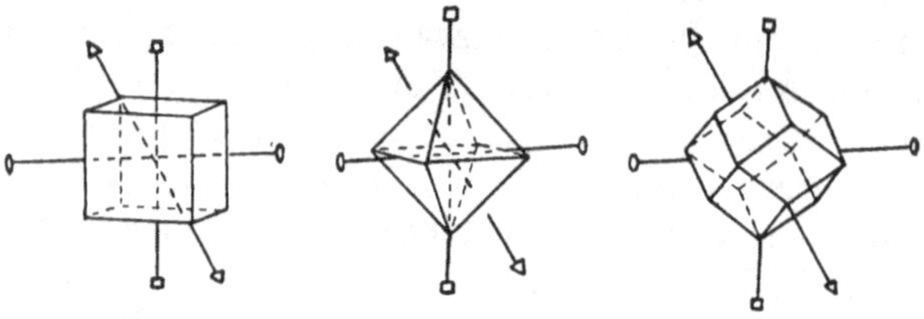

a Würfel. b Oktaeder. c Rhombendodekaeder.
Fig. 9.

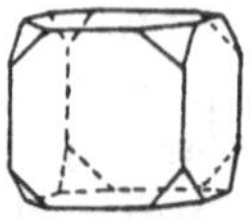

Fig. 10. Würfel mit Oktaederecken.

Bau anzunehmen ist, so ist mithin die Feststellung der Symmetrieoperationen für die Beschreibung eines Kristalls wesentlich kennzeichnender und umfassender als die bloße Feststellung seiner äußeren Gestalt. Diejenigen Kristalle, mit denen sich die gleichen Symmetrieoperationen ausführen lassen, faßt man zu einer Kristallklasse zusammen. Die systematische Untersuchung der Kristalle hat nun ergeben, daß es nur 2-, 3-, 4- und 6-zählige Symmetrieachsen gibt. Infolgedessen ist die Zahl der Kristallklassen beschränkt. Sie beträgt 32.

Um die Lage der Flächen eines Kristalls zu beschreiben, bedient man sich eines Koordinatensystems, dessen Achsenrichtungen und dessen Achsenmaßeinheiten man geeignet auswählt. Die Achsenrichtungen wählt man z. B. parallel zu den Kanten oder zu den Raumdiagonalen, das Verhältnis der Achsenmaßstäbe z. B. gleich dem Verhältnis der Kantenlängen a : b : c. Die Fläche durch die Endpunkte der Maßstäbe schneidet dann von den Achsen je eine Maßeinheit ab, und die von der Fläche abgeschnittenen Achsenabschnitte verhalten sich in den Maßstäben wie 1 : 1 : 1. Nach den Achsenrichtungen und Achsenmaßstäben, auf welche sich alle Kristalle beziehen lassen, unterscheidet man sieben Kristallsysteme. — Das einfachste Achsenkreuz ist das in Fig. 11a dargestellte kubische Achsenkreuz. Die 3 Achsen stehen aufeinander senkrecht und die Achsenmaßstäbe sind einander gleich. Bei dem folgenden hexagonalen Achsenkreuz (Fig. 11b) bilden 2 Achsen den Winkel 120° miteinander, und die 3. Achse steht auf den beiden ersten senkrecht. Man nimmt dann manchmal noch eine überzählige Achse hinzu, die ebenfalls auf der 3. senkrecht steht und mit den beiden ersten Achsen 120° einschließt, wodurch der 3-zählige Rhythmus um die vertikale Achse besser zum Ausdruck kommt. Die Achsenmaßstäbe sind auf den 2 bzw. 3 horizontalen Achsen gleich a, dagegen ist im allgemeinen der Maßstab c auf der vertikalen Achse davon verschieden. Das rhomboedrische oder trigonale Achsenkreuz (Fig. 11c) entsteht aus dem hexagonalen, wenn die 3 Achsen a mit der Achse c nicht mehr 90°, sondern einen beliebigen Winkel bilden. Sie bilden dann untereinander auch nicht mehr 120°, sondern einen Winkel α. Die c-Achse wird dann als Koordinatenachse fortgelassen. Die

4 letzten Achsenkreuze ergeben sich aus dem kubischen durch Verallgemeinerung, indem nicht mehr alle Achsenmaßstäbe einander gleich sind.

Die 32 Symmetrieklassen lassen sich den 7 Kristallsystemen einordnen. Eine Klasse des Systems enthält sämtliche Symmetrieoperationen, die innerhalb des Systems überhaupt denkbar sind. Man bezeichnet sie

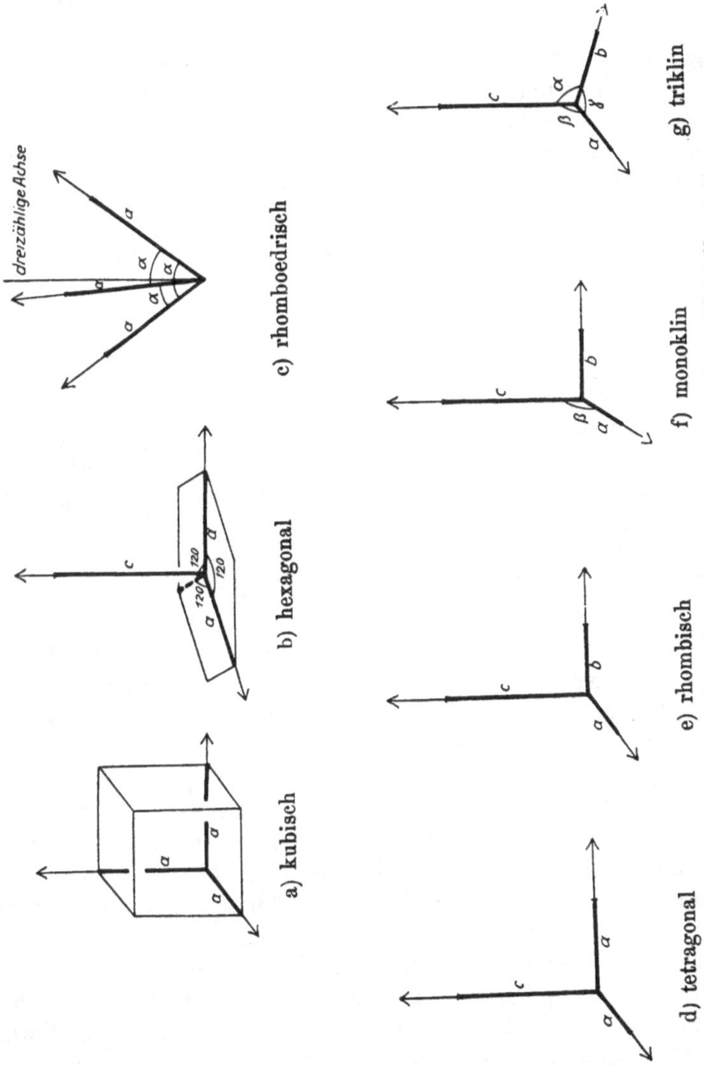

Fig. 11. Die Koordinatenachsen und Maßeinheiten der 7 Kristallsysteme.

als holoedrische Klasse, die Kristalle als Vollflächner, da bei ihnen — entsprechend der größten Zahl der Symmetrieoperationen — die größte Anzahl von Flächen auftritt. Die andern, zu demselben System gehörigen Klassen bezeichnet man als hemiedrische Klassen, die Kristalle als Teilflächner, weil beim Fehlen eines Teils der Symmetrieoperationen weniger Flächen auftreten.

Die systematische Vermessung der Kristalle, besonders die Vermessung der Winkel, hat nun ergeben, daß sich ganz unabhängig von der Größe der Ausbildung der Flächen für jeden Kristall ein Achsensystem derart auswählen läßt, daß sich für alle Flächen die Abschnitte auf den Achsen verhalten wie kleinste ganze Zahlen. Grundgesetz der Kristallographie von HAUY[1], 1781. Diese Gesetzmäßigkeit deutete HAUY durch die Annahme[2], daß alle Kristalle aus lückenlos aneinander gereihten „Molekülen" aufgebaut sind, deren „Primitivform" im einfachsten Fall diejenige eines Würfels ist (vgl. den Würfel in Fig. 11a), im allgemeinsten Falle diejenige eines Parallelepipedes. Die Seiten dieses Parallelepipeds sind parallel der vollkommensten, der weniger vollkommenen und der unvollkommenen Spaltbarkeit. Parallel zu den Spaltungsflächen sind die Moleküle in Ebenen angeordnet, auf den Schnittlinien der Spaltungsflächen in Graden, wobei die Anordnung auf allen parallelen Ebenen die gleiche ist, ebenso wie auf allen Geraden. Fig. 12 zeigt den Aufbau

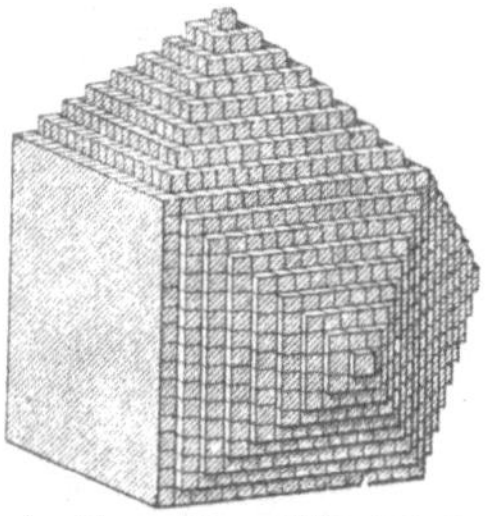

Fig. 12. Aufbau eines Würfels bzw. Rhombendodekaeders aus Primitivwürfeln.

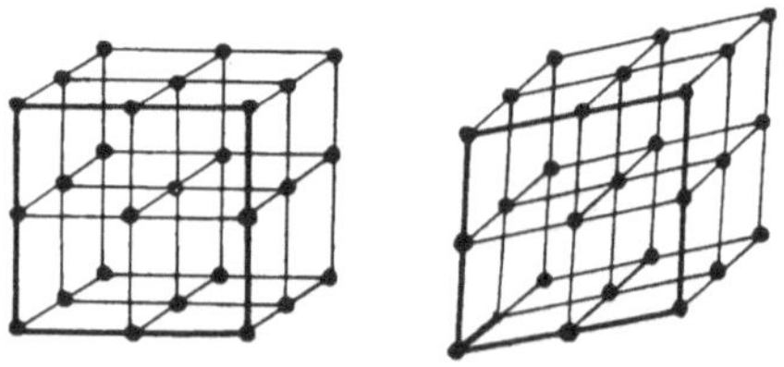

a b

Fig. 13. Raumgitter.

eines kubischen Kristalls (Rhombendodekaeder) aus Primitivwürfeln nach HAUY. Die Schwerpunkte der Moleküle bilden dann ein regelmäßiges gitterartiges System von Punkten, und zwar im Fall des Würfels bzw. Oktaeders ein würfelförmiges Raumgitter (Fig. 13a) und im allgemeinsten Fall ein parallelepipedisches Raumgitter (Fig. 13b). Um jeden Punkt des Gitters herum ist die Anordnung der anderen Punkte die gleiche. FRANKENHEIM versuchte 1835 als erster festzustellen, welche Arten von Punktanordnungen dieser Regelmäßigkeit entsprechen. BRAVAIS gelang es dann 1848 nachzuweisen, daß es 14 mögliche Arten von Raumgittern gibt. Da sich jedoch 7 dieser Gitter durch doppelte oder vierfache Ineinanderstellung der übrigen Gitter herleiten lassen, so beträgt die Zahl der BRAVAISschen Gitter in Wirklichkeit nur 7 entsprechend den betrachteten 7 Kristallsystemen. Ein BRAVAISsches Gitter entsteht durch Translation (Deckschiebung) eines einzigen Ausgangspunktes um immer gleiche Abstände (a, b, c) längs und parallel zu den Achsen der Kristallsysteme (vgl. Fig. 11 und 13). — Die BRAVAISsche Theorie gab zunächst eine befriedigende Erklärung einer großen Zahl physikalischer Eigenschaften der Kristalle,

[1] RENÉ JUST HAUY (1743—1822).

[2] Vgl. hierzu P. GROTH, Elemente der phys. und chem. Kristallographie, Verlag Oldenbourg, München 1921.

der verschiedenen Festigkeit, der verschiedenen Fortpflanzungsgeschwindigkeit von Licht usw. in verschiedenen Richtungen. Dagegen blieb durch die Theorie unerklärt das Auftreten von Polarität (elektrischen Achsen) und optischer Aktivität (der Fähigkeit die Ebene polarisierten Lichts zu drehen). Die Bravaisschen Gitter weisen stets holoedrische Symmetrie auf, dagegen werden die hemiedrischen Kristallklassen von der Bravaisschen Theorie nicht erfaßt.

Sohnke versuchte daher 1879 eine Erweiterung der Bravaisschen Theorie, indem er zu den Translationen von Bravais noch die Drehung und die Kombination der Translation mit der Drehung, d. h. die Schraubung um eine Achse, bei der Ableitung aller möglichen Anordnungen hinzunahm. Sohnke kam so zu 65 verschiedenen Punktsystemen. Diese Erweiterung reichte jedoch auch noch nicht aus, um alle durch Auflösung und Wachstum sicher erkannten Symmetrieverhältnisse zu erklären. Die Lösung des Problems gelang erst unabhängig voneinander Fedorow und Schönfliess, indem sie die Sohnkeschen Operationen Translation, Drehung und Schraubung mit Spiegelungen kombinierten. Sie gelangten dadurch zu 230 verschiedenen möglichen Anordnungen (Raumgruppen). Eine Anzahl der Anordnungen entspricht je einer der 32 Kristallklassen (Punktgruppen).

Die Kristallklassen und Kristallstrukturen sollen im V. Kapitel genauer beschrieben werden. Durch den vorstehenden kurzen Überblick sollte nur gezeigt werden, wie man auf Grund des Hauyschen Grundgesetzes der Kristallographie und der sonstigen physikalischen Eigenschaften der Kristalle zu der Annahme gelangte, daß die Kristalle aus einer raumgitterartigen Anordnung kleinster Teilchen (Molekülen) bestehen. Über die Molekulargröße ist damit noch nichts ausgesagt. Nehmen wir an, daß die kleinsten Teilchen aus Atomen bestehen, so kann man die Größenordnung der Punktabstände leicht berechnen mit Hilfe der Loschmidtschen Zahl und des spez. Gewichts. 1 Grammolekül (Molekulargewicht in Grammen ausgedrückt) enthält bekanntlich $L = 6{,}06_1 \cdot 10^{23}$ Moleküle. 1 Gramm-Atom (Atomgewicht in Grammen) enthält entsprechend die gleiche Anzahl L Atome. Wir wollen nun annehmen, daß der Kristall aus Atomen von einem durchschnittlichen Atomgewicht 30 besteht und ein spez. Gewicht $\varrho = 2$ besitzt. Dann wiegt also 1 Grammatom des betreffenden Körpers 30 g und enthält L Atome. Das Volumen V, das von dem 1 Grammatom eingenommen wird, berechnet sich mit Hilfe des spez. Gewichts: $\varrho V = 30$; $V = 15$ ccm. In diesem Volumen sind also L Atome enthalten. Mithin kommt auf jedes einzelne Atom das Volumen $\frac{V}{L} = \frac{15}{6{,}06_1 \cdot 10^{23}}$ ccm. Ist dieses Volumen ein Kubus, so ist die Entfernung zweier benachbarter Atome gleich der Kantenlänge des Kubus. Die Entfernung zweier benachbarter Atome ist demnach gleich

$$\sqrt[3]{\frac{V}{L}} = \sqrt[3]{\frac{15}{6{,}06_1 \cdot 10^{23}}}\ \text{cm} \sim \underline{3 \cdot 10^{-8}\ \text{cm}.}$$

§ 3. Die Fundamentalversuche der Röntgenspektroskopie und Strukturanalyse.

In dem ersten Paragraphen wurde die vor 1912 ausgebildete Impulstheorie der Röntgenstrahlung kurz dargestellt. Besonders die Erscheinungen der Polarisation legten die Vermutung nahe, daß es sich bei den Röntgenstrahlen um transversale Ätherschwingungen handelt. Die Beugungsversuche und die versuchsweise Anwendung des PLANCKschen Wirkungsquantums auf die Impulstheorie ließen auf eine Impulsbreite (halbe Wellenlänge) von der Größenordnung 10^{-9} cm schließen. Man vermutete also, daß die Größenordnung der Impulsbreite ungefähr dem Atomabstand im festen Körper (10^{-8} cm) entspräche. Die im zweiten Paragraphen dargestellte Entwicklung der Kristallstrukturtheorie hatte zu der Annahme geführt, daß die Moleküle bzw. Atome in einem Kristall regelmäßig zu einem Raumgitter angeordnet sind. Diese Vermutungen kombinierte M. v. LAUE zu dem überaus glücklichen Gedanken, daß die regelmäßige Anordnung der Atome in einem Kristall beim Durchgang von Röntgenstrahlen Anlaß zu Interferenzerscheinungen geben könnte. Die von FRIEDRICH und KNIPPING auf diese Anregung hin unternommenen Versuche brachten die Bestätigung, und es wurde damit einerseits die Natur der Röntgenstrahlen, andererseits die regelmäßige Anordnung der Moleküle bzw. Atome im Kristall sicher bewiesen.

a) Der Versuch von Friedrich, Knipping und v. Laue[1] und die Theorie von M. v. Laue.

Das Prinzip der zuerst zur Erzeugung von Interferenzerscheinungen in Anwendung gebrachten Versuchsanordnung geht aus Fig. 14 hervor.

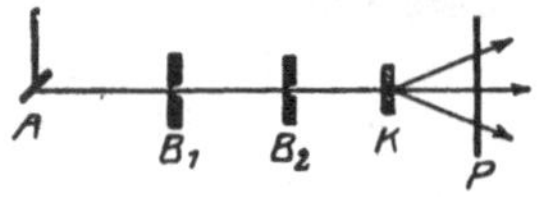

Fig. 14. Versuchsanordnung von FRIEDRICH, KNIPPING und v. LAUE.

Von den vom Brennpunkt der Antikathode A ausgehenden Röntgenstrahlen wird durch die Blenden B_1 und B_2 ein paralleles Bündel ausgeblendet. Der Kristall K behält während der Exposition seine Stellung bei. Die Aufnahmeplatte P steht in der Verlängerung des Primärstrahles senkrecht zu diesem. Die entwickelte Platte zeigt um den primären Durchstoßungspunkt herum ein System von regelmäßig angeordneten Punkten. Die Fig. 15a und 15b zeigen zwei Lauediagramme von Zinkblende. Um das Diagramm Fig. 15a zu erhalten, muß der reguläre Zinkblendekristall senkrecht zu einer Würfelfläche, d. h. also parallel zu einer vierzähligen Achse durchstrahlt werden. Durchstrahlt man den Zinkblendekristall dagegen parallel zu einer Körperdiagonalen (senkrecht zur Oktaederfläche), d. h. parallel zu einer dreizähligen Achse, so ergibt sich das Diagramm

---

[1] FRIEDRICH, KNIPPING und v. LAUE, Sitzgb. Bayr. S. 311 (1912); Ann. Phys. 41, 971 (1913). — FRIEDRICH, Phys. Ztschr. 14, 1079 (1913). — v. LAUE, Sitzgb. Bayr. S. 303 und 363 (1913); Enzykl. math. Wiss. Bd. V, (3), 457 (1915) (Zusammenfassung); Phys. Ztschr. 14, 1075 (1913).

Fig. 15b. Wie also ersichtlich, drücken sich die Symmetrieverhältnisse eines Kristalls unmittelbar in seinen Lauediagrammen aus.

Gleichzeitig mit den Versuchen veröffentlichte M. v. Laue die ersten theoretischen Ableitungen über die Entstehung der Diagramme. Denken wir uns — wie im zweiten Paragraphen beschrieben — den Kristall aus

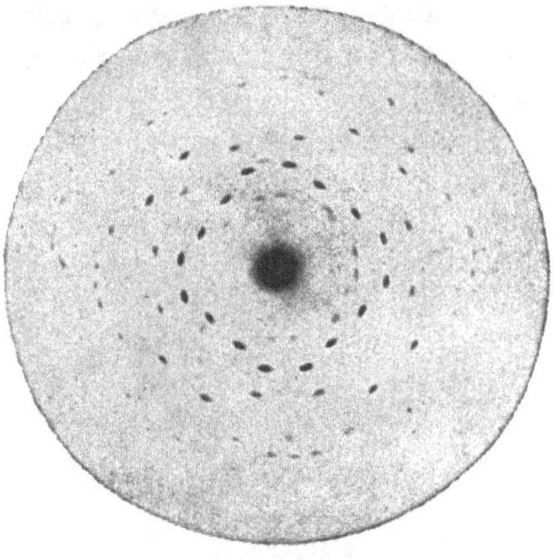

Fig. 15a.
Lauediagramm, Zinkblende, vierzählig.

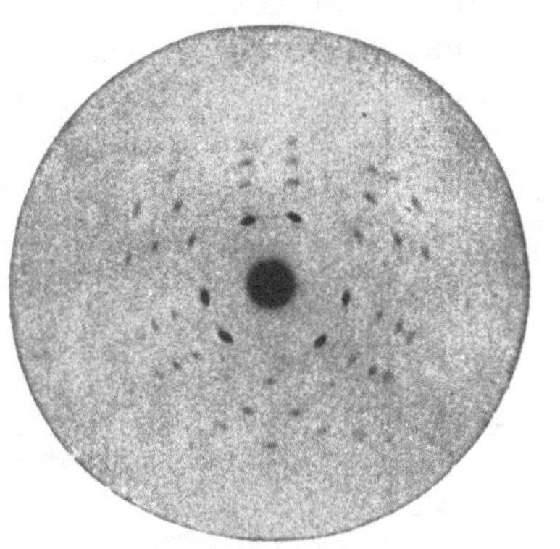

Fig. 15b.
Lauediagramm, Zinkblende, dreizählig.

regelmäßig angeordneten, schwingungsfähigen Atomen aufgebaut, so werden diese durch einen einfallenden Strahl zu Schwingungen angeregt und bilden von sich aus Ausgangspunkte von Kugelwellen.

Wir wollen zunächst eine gleichmäßig mit Punkten besetzte Linie, ein lineares Gitter (Fig. 16), betrachten. Diese Punktreihe werde von einem monochromatischen Wellenzug getroffen. Jedes Atom ist Ausgangspunkt einer Kugelwelle. Die von benachbarten Atomen ausgehenden Kugelwellen werden sich gegenseitig beeinflussen, im allgemeinen gegenseitig stören und in ihrer Wirkung aufheben. Nur in bestimmten Richtungen, in denen die Phase der von benachbarten Atomen ausgehenden Wellen gleich ist, findet keine Störung statt. Dies ist z. B. der Fall in den in Fig. 16a und 16c gezeichneten Richtungen. In der Fortsetzung des senkrecht zum Gitter einfallenden Primärstrahls ist der Gangunterschied zweier von benachbarten Atomen ausgehenden Sekundärwellen 0, in der Richtung Fig. 16c beträgt der Gangunterschied eine Wellenlänge. In beiden Richtungen entsteht ein sekundärer Lichtstrahl. In allen dazwischen liegenden Richtungen heben sich die Sekundärwellen auf.

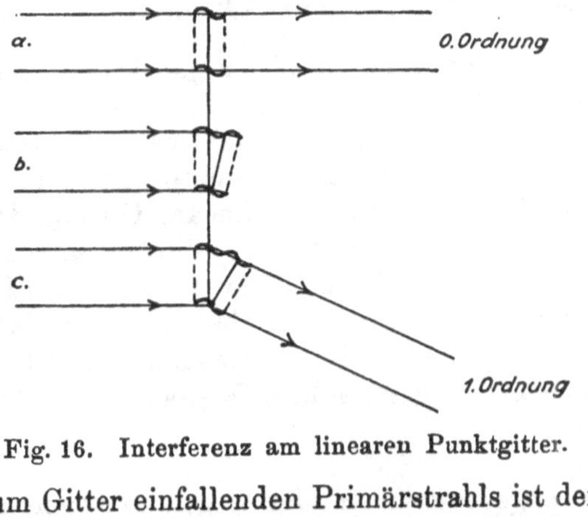

Fig. 16. Interferenz am linearen Punktgitter.

Am klarsten läßt sich dies übersehen für die Richtung Fig. 16b. Der Gangunterschied beträgt in diesem Fall ein halbes der Wellenlänge, die Wellenbewegungen haben entgegengesetzte Phase, und es koinzidieren Wellenberg und Wellental. Die Wellen heben sich gegenseitig auf. In anderen dazwischen liegenden Richtungen kommt die Wellenbewegung des ersten Atoms mit der des dritten Atoms zur Vernichtung usw. Allgemein gilt also, daß nur in den Richtungen, in denen der Gangunterschied gleich einem ganzzahligen Vielfachen der Wellenlänge [$n\lambda$ ($n = 0, \pm 1, \pm 2, \ldots$)] ist, keine Vernichtung eintritt. Den Lichtstrahl für den Gangunterschied 0 bezeichnet man als Welle oder Strahl 0. Ordnung, den Lichtstrahl für den Gangunterschied λ als Welle 1. Ordnung usw. Für verschiedene Wellenlängen sind die Richtungen verschieden, so daß eine Auflösung des pri-

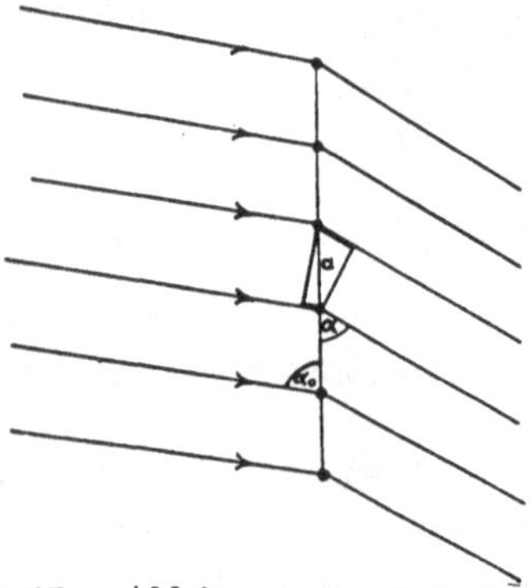

Fig. 17. Ableitung der Interferenzgleichung für ein lineares Gitter.

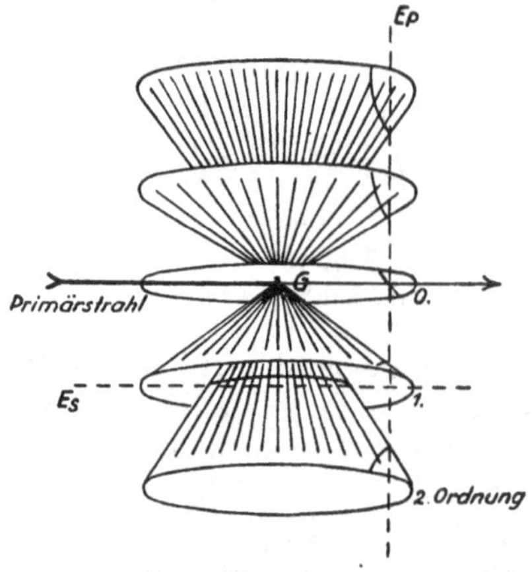

Fig. 18. Interferenzkegel eines bei G befindlichen linearen Gitters.

mären Lichtstrahls zu einem „Spektrum" stattfindet. Entsprechend spricht man von einem Spektrum 0. Ordnung, 1. Ordnung usw. Die allgemeine Interferenzgleichung für ein lineares Gitter läßt sich ohne weiteres aus Fig. 17 herleiten. Der primäre monochromatische Lichtstrahl falle unter dem Winkel α_0 auf das lineare Gitter. Der abgebeugte Sekundärstrahl bilde mit dem Gitter den Winkel α. Die Entfernung zwischen zwei benachbarten Gitterpunkten betrage a. Dann ist der Gangunterschied zwischen den von zwei benachbarten Atomen ausgehenden Strahlen $a \cos \alpha - a \cos \alpha_0$. Dieser Gangunterschied muß nach dem vorhergehenden gleich einem ganzzahligen Vielfachen der Wellenlänge sein.

$$(1) \qquad a\,(\cos \alpha - \cos \alpha_0) = H \cdot \lambda \, (H = 0, \pm 1, \pm 2, \ldots)$$

Die abgebeugten Strahlen liegen natürlich nicht nur in der Ebene Primärstrahl — Gitter, sondern bilden Kegelmäntel mit dem linearen Gitter als Kegelachse. α ist der halbe Öffnungswinkel des Kegels. In Fig. 18 sind die Interferenzkegel des linearen Gitters G gezeichnet.

Interferenzerscheinungen beobachtet man nun in der Weise, daß man sie mit Hilfe eines ebenen Schirmes, einer Mattscheibe oder einer photographischen Platte auffängt. Aus Fig. 18 geht ohne weiteres hervor, welches Interferenzbild man von einem linearen Gitter erhalten würde, wenn man den Schirm in der Ebene E_p (parallel zum linearen Gitter) oder in der Ebene E_s (senkrecht zum linearen Gitter) anbringen würde. Im ersten Fall erhält man eine Hyperbelschar (Fig. 19a), im zweiten Fall eine Kreisschar (19b).

Gehen wir nun vom eindimensionalen Punktgitter zum zweidimensionalen Netzgitter über. Denken wir uns z. B. das Netzgitter an die Stelle des linearen Gitter G in Fig. 18 gesetzt und zwar derart, daß das Netzgitter senkrecht auf der Zeichnungsebene zu stehen kommt. Es tritt

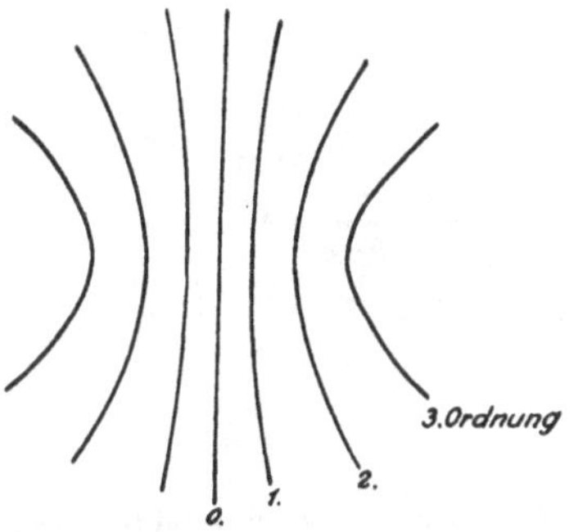

Fig. 19a. Schnitt der Interferenzkegel des linearen Gitters mit einer Ebene parallel zum Gitter.

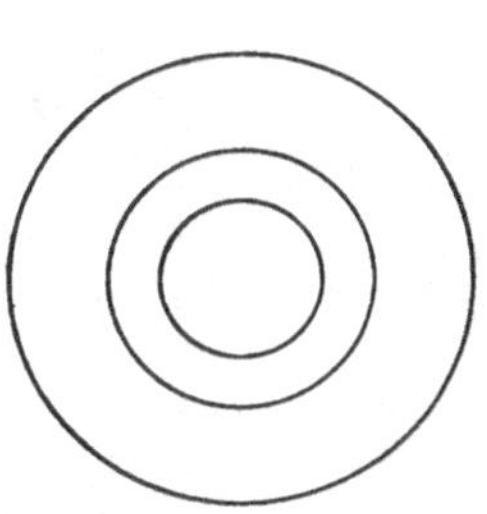

Fig. 19b. Schnitt der Interferenzkegel des linearen Gitters mit einer Ebene senkrecht zum linearen Gitter.

dann zu der ersten Kegelschar eine zweite, deren Achse senkrecht auf der Papierebene steht. Die Bedingungsgleichung für die zweite Kegelschar lautet entsprechend Glg. (1):

$$b\,(\cos\beta - \cos\beta_0) = K \cdot \lambda \quad (K = 0,\ \pm 1,\ \pm 2, \ldots). \tag{2}$$

Wenn beim Netzgitter ein Interferenzstrahl entstehen soll, so müssen beide Gleichungen (1) und (2) gleichzeitig erfüllt sein. Dies ist nur der Fall für die Schnittlinien der beiden Kegelscharen. Daher werden nur in Richtung der Schnittlinien Sekundärstrahlen zu beobachten sein. Fig. 20 zeigt das in der Ebene E_p entstehende Interferenzbild. Von den Hyperbeln bleibt nur ein Punktsystem übrig.

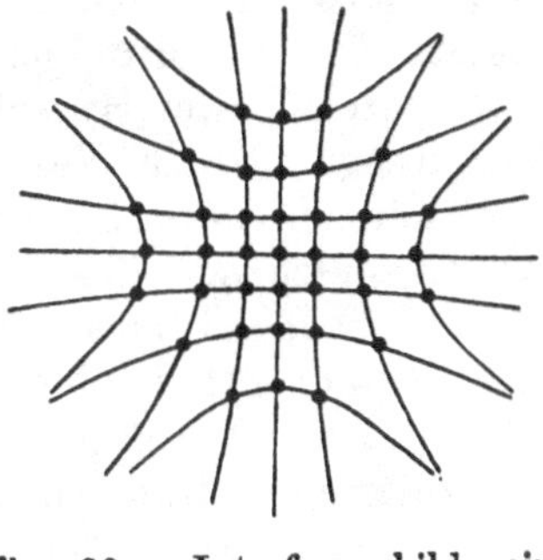

Fig. 20. Interferenzbild eines Netzgitters in einer Ebene parallel zum Gitter.

Für den Übergang vom zweidimensionalen Netzgitter zum dreidimensionalen Raumgitter denken wir uns in Fig. 18 die dritte Dimension in Richtung des Primärstrahls. Die dritte Dimension für sich wirkt wie ein lineares Gitter in Richtung des Primärstrahls. Es tritt also zu den vorstehend beschriebenen zwei Kegelscharen noch eine dritte Kegelschar, deren Achse mit der Richtung des Primärstrahls zusammenfällt. Die Bedingungsgleichung für diese dritte Kegelschar lautet entsprechend (1) und (2):

(3) $$c\,(\cos\gamma - \cos\gamma_0) = L \cdot \lambda\,(L = 0,\ \pm 1,\ \pm 2, \ldots).$$

Alle drei Gleichungen sind nur dann gleichzeitig erfüllt, wenn drei Kegel der drei Scharen eine gemeinsame Schnittlinie haben. Wie der Schnitt der Kegelscharen mit der Ebene E_p (Fig. 21) zeigt, ist das im allgemeinen bei Benutzung einer bestimmten Wellenlänge (monochromatischer Röntgenstrahlung) nicht der Fall. Ist dagegen ein inhomogenes Strahlengemisch, die Folge einer Reihe von Wellenlängen (kontinuierliches Spektrum) vor-

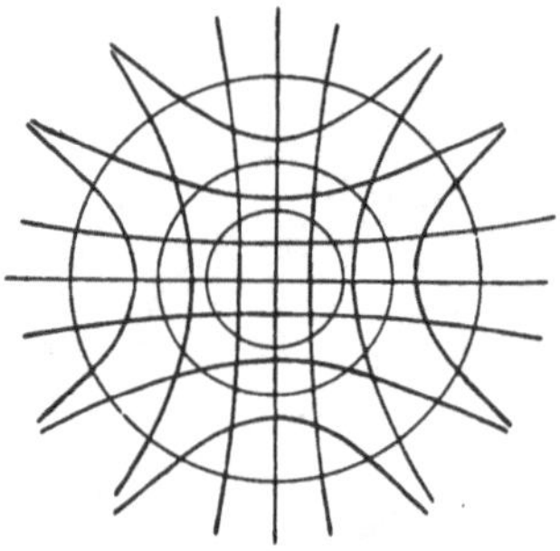

Fig. 21. Interferenz im Raumgitter. (Bei nicht passender Wellenlänge haben die drei Kegelscharen keine gemeinsamen Schnittlinien. Es entsteht kein Interferenzbild.)

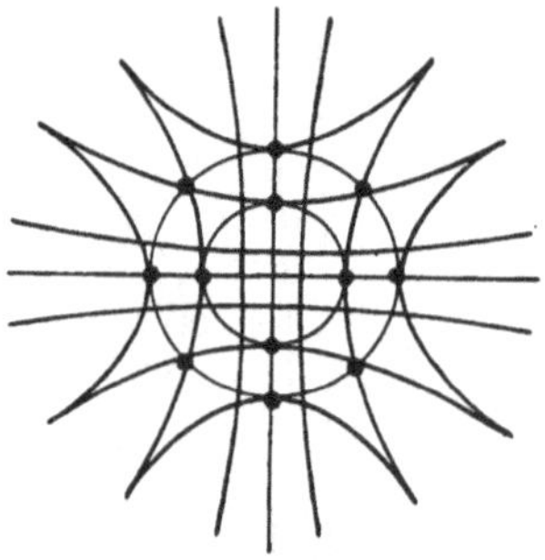

Fig. 22. Interferenzbild eines Raumgitters. (Bei passender Wellenlänge haben die drei Kegelscharen gemeinsame Schnittlinien.)

handen, so erhält man nicht einzelne Kegel mit bestimmtem Öffnungswinkel, sondern Kegelspektren mit Öffnungswinkelbereichen, die durch den Wellenlängenbereich gegeben sind. In Fig. 21 würden die hyperbolischen Schnitte mit abnehmender Wellenlänge dem Mittelpunkt zuwandern, die Kreisschnitte vom Mittelpunkt fortwandern, bis dann schließlich, wie in Fig. 22 gezeigt, zwei Hyperbeln und ein Kreis gemeinsame Schnittpunkte haben. Liegt also ein Wellenlängenbereich, ein kontinuierliches Spektrum, vor, so können diese Kegelspektren sehr wohl für bestimmte, einer Wellenlänge entsprechende drei Kegel eine gemeinsame Schnittlinie aufweisen. Praktisch bedeutet dies, daß sich der Kristall bei Durchstrahlung mit einem inhomogenen Strahlengemisch diejenigen Wellenlängen aussiebt, die zu ihm passen. Bei gegebener Einfallsrichtung ist die Wellenlänge, die in einem Interferenzstrahl enthalten sein kann, fest bestimmt.

b) Die Untersuchungen von W. H. und W. L. Bragg.

(Die Auffassung des Interferenzphänomens als „Reflexion".)

Unmittelbar nach der Entdeckung der Kristallinterferenzen durch M. v. Laue wurde die Untersuchung des Interferenzphänomens von den englischen Forschern W. H. und W. L. Bragg[1] aufgenommen. Die Untersuchungen dieser beiden Forscher gewannen durch die Auffassung des Interferenzphänomens als „Reflexion" für die Entwicklung sowohl der Röntgenspektroskopie als auch der Strukturuntersuchung große Bedeutung. Im folgenden soll zunächst die Braggsche Auffassungsweise des Interferenzvorgangs kurz entwickelt werden.

W. H. und W. L. Bragg gehen aus von der Huyghensschen Konstruktion der Wellenfront. Nehmen wir, wie in Fig. 23 angedeutet, eine Reihe von schwingungsfähigen Atomen an, die alle in einer Ebene liegen. Tritt nun ein Röntgenstrahl mit der Wellenfront *FF* durch die Atome der Ebene *EE*, so wird jedes Atom zum Zentrum einer Kugelwelle, und die von allen Atomen ausgesandten Kugelwellen fließen zusammen zu einer reflektierten Wellenfront *F′F′*. Geht man nun von der mit Atomen besetzten Ebene

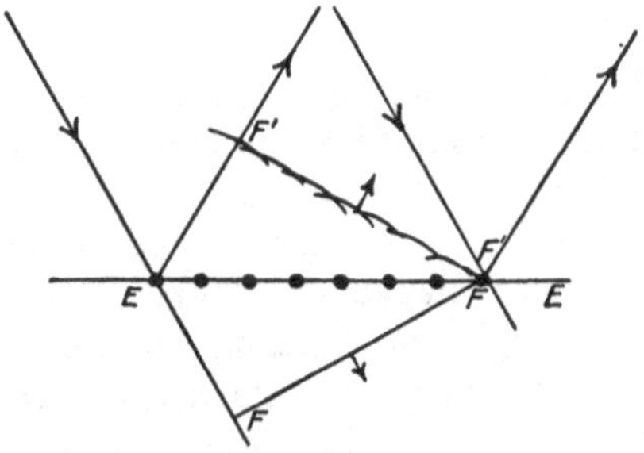

Fig. 23.
Reflexion von einer Netzebene.

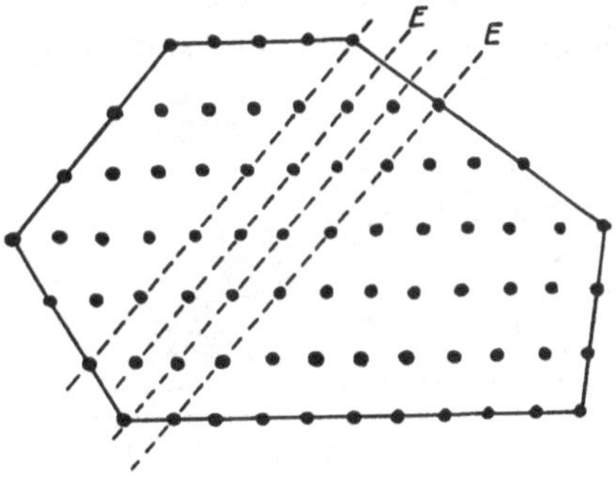

Fig. 24.
Zerlegung eines Kristalls in Netzebenen.

zum Kristall über, so kann man den Kristall auf eine unendlich mannigfaltige Art in gleichmäßig mit Atomen besetzte und unter sich parallele Ebenen zerlegen (Fig. 24). Zerlegt man nun den Kristall auf irgendeine Weise in Ebenen *EE* und läßt einen Röntgenstrahl auf den Kristall treffen, so könnte man in der durch die Richtung des Strahles zu den Ebenen *EE* gegebenen optischen Reflexionsrichtung einen reflektierten Strahl erwarten. Dies würde auch der Fall sein, wenn die Reflexion an den ersten Ebenen bereits vollständig wäre, d. h. wenn die reflektierende Schicht (ebenso wie bei der optischen Reflexion) nur einige Wellenlängen dick wäre. Wenn dagegen ein Röntgenstrahl auf eine Kristallfläche fällt, so können die ersten „Atomschleier" nur einen winzigen Teil des Röntgenstrahls absorbieren. Ein Röntgenstrahl muß erst Millionen von Atomschleiern passieren, um merklich absorbiert zu werden. Das hat zur Folge, daß der von der einzelnen Ebene reflektierte Bruchteil mit den von den andern Ebenen der Schar reflektierten Strahlen zur Interferenz kommt, so daß nicht in allen optischen Reflexionsrichtungen eine Röntgen-

[1] W. L. Bragg, Proc. Camb. Phil. Soc. **17**, 43 (1913). — W. H. und W. L. Bragg, Proc. Roy. Soc. 88, A, 428 (1913). W. H. Bragg, Proc. Roy. Soc. **89**, A, 246 (1914), W. L. Bragg, Proc. Roy. Soc. **89**, A, 248 (1914).

reflexion zustande kommen kann, sondern nur in den Richtungen, in denen die Gangunterschiede ein ganzzahliges Vielfaches der Wellenlänge sind. Die Interferenzbedingung läßt sich mit Hilfe einer einfachen geometrischen Betrachtung herleiten. Ein Röntgenstrahl falle auf die Ebenenschar EE (Fig. 25) unter dem Winkel ϑ (Einfallswinkel). Es sollen nun diejenigen Wellen betrachtet werden, die sich nach der Reflexion bei der Bewegung längs AB vereinigen. Der Wegunterschied im Punkt A der von den ersten beiden Ebenen reflektierten Wellen beträgt $AA' - AC$. Dieser Wegunterschied läßt sich leicht mit Hilfe des Netzebenenabstandes d und des Einfallswinkels ausdrücken, wenn man die in Fig. 25 gezeichnete Hilfskonstruktion ausführt. Es ist $AD \perp E$, $AL \perp A'D$; folglich ist $A'D = AA'$ und $A'L = AC$; mithin also der Gangunterschied $AA' - AC = LD = 2d \sin\vartheta$. Damit sich die in A zusammentreffenden Wellenzüge in ihrer Wirkung addieren, muß der Gangunterschied gleich einem ganzzahligen Vielfachen der Wellenlänge sein:

$$(4) \qquad \underline{n\lambda = 2d\sin\vartheta} \quad (n = 0,\ 1,\ 2,\ 3\ \ldots).$$ [1]

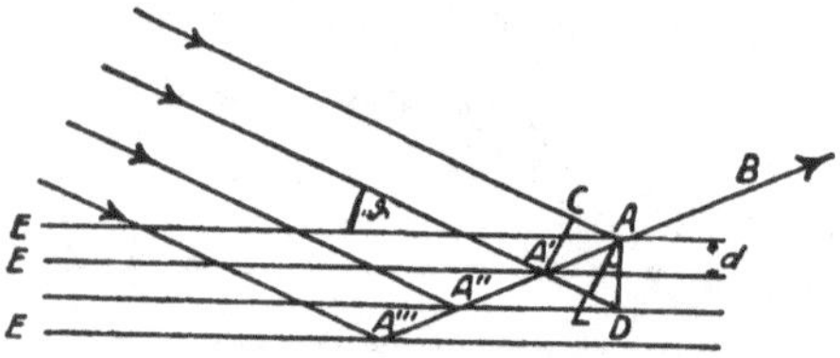

Fig. 25.
„Reflexion" von einer Netzebenenschar.

Weicht ϑ nur ein Geringstes von dem durch diese Gleichung gegebenen Wert ab, so besitzen die Reflexionen von den vielen hintereinander liegenden Atomschleiern alle möglichen Phasen, so daß sie sich gegenseitig vernichten. Die BRAGGsche Auffassungsweise kann hiernach folgendermaßen zusammengefaßt werden:

Die Reflexion eines Röntgenstrahls von den Gitterebenen eines Kristalls ist vergleichbar der bekannten optischen, was die Gleichheit von Einfallswinkel und Reflexionswinkel anbelangt, unterscheidet sich jedoch von dieser dadurch, daß nur dann Reflexion stattfindet, wenn Einfallswinkel, senkrechter Ebenenabstand und Wellenlänge die obige BRAGGsche Bedingung erfüllen. Die Reflexion für $n = 1$ heißt Reflexion 1. Ordnung, $n = 2$ Reflexion 2. Ordnung usw.

Bringt man die Gleichung (4) in die Form:

$$1 \cdot \lambda = 2\frac{d}{n} \cdot \sin\vartheta,$$

so kann man die Reflexion $n$ter Ordnung auch auffassen als eine Reflexion 1. Ordnung für den Ebenenabstand $\frac{d}{n}$. Dieser Abstand kommt dadurch zustande, daß zwischen zwei Netzebenen des Kristalls $n-1$ neue Ebenen in gleichen Abständen zwischengeschoben werden, wodurch der Abstand der einzelnen Ebenen $n$mal so klein wird.

Auf Grund der vorstehend beschriebenen Auffassungsweise des Interferenzvorganges schufen W. H. und W. L. BRAGG [2] das erste Röntgen-

[1] Über die Gültigkeit der BRAGGschen Beziehung vgl. S. 165.
[2] W. H. und W. L. BRAGG, Proc. Roy. Soc. 88, 428 (1913).

spektrometer. Das Prinzip des Spektrometers ist in Fig. 26 wiedergegeben. Die von der Antikathode A ausgehenden Strahlen treten durch eine enge Spaltblende B und treffen auf den Kristall K. Dieser ist auf einem drehbaren Tischchen derart angebracht, daß die Drehachse in der reflektierenden Fläche des Kristalls liegt. Die zur Drehachse parallele Spaltblende B und der Film F befinden sich auf einem Kreise um diese Drehachse. Wird nun der Kristall während der Aufnahme langsam gedreht, so reflektiert der Kristall die zum senkrechten Netzebenenabstand und zu dem jeweiligen Einfallswinkel nach der Bragg schen Beziehung (Glg. 4) passende Wellenlänge. Es wird also im Verlauf der Drehung das von der Antikathode ausgesandte Spektrum auf dem Film abgebildet.[1] Fig. 27 zeigt die Abbildung eines Teils des Spektrums der von einer Röntgenröhre mit Platin-Antikathode ausgehenden Strahlung. Die Aufnahme enthält ein Linienspektrum und ein kontinuierliches Spektrum. Beide Spektren finden sich auf sämtlichen Aufnahmen mit den verschiedensten Kristallmaterialien (Zinkblende, Kaliumferrocyanid,

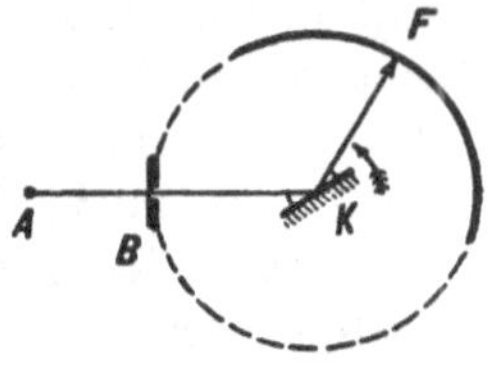

Fig. 26. Prinzip des Bragg-schen Spektrometers.

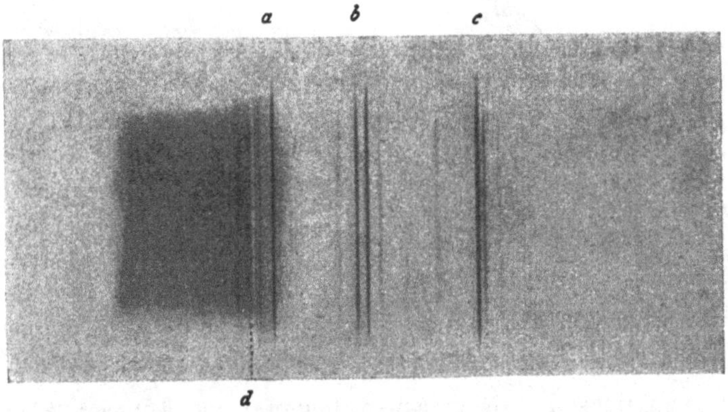

Fig. 27. Drehkristallspektralaufnahme des kontinuierlichen Spektrums neben dem Platin-L-Spektrum.

Kaliumbichromat, Quarz, Kalkspat, Natriumammoniumtartrat) wieder, sind also unabhängig vom Kristallmaterial. Sie sind bei der Reflexion von den verschiedensten Kristallflächen von unveränderlicher relativer Lage und relativer Intensität. Blendet man eine Linie aus und untersucht den Absorptionskoeffizienten, so findet man, daß sich dieser mit der Natur des Kristalls oder der Stellung der Röhre nicht ändert, daß also die Strahlung homogen ist (vgl. S. 5). Dagegen ändert sich bei Benutzung des gleichen Kristalls die Lage des Linienspektrums bei Änderung des Antikathodenmaterials (z. B. Wolfram). Daraus geht hervor,

[1] W. H. und W. L. Bragg benutzten zum Nachweis der reflektierten Strahlen vornehmlich die Ionisationsmethode, was jedoch bzgl. des Prinzips belanglos ist.

daß das Linienspektrum von den Eigenfrequenzen der Atome der Antikathode herrührt (charakteristische Strahlung). Das daneben erscheinende kontinuierliche Spektrum (weiße Röntgenstrahlung) ist unabhängig vom Antikathodenmaterial, hängt aber von der Spannung ab, mit der die Röhre betrieben wird. Das kontinuierliche Spektrum wird also durch die Abbremsung der Elektronen an der Antikathode der Röntgenröhre erzeugt (Bremsstrahlung). Das kontinuierliche Spektrum nimmt mit abnehmendem Reflexionswinkel, d. h. also mit abnehmender Wellenlänge, an Intensität zu und zeigt dann plötzlichen Abfall. Kurz nach der Veröffentlichung von W. H. und W. L. Bragg wurden von Moseley und Darwin [1] ähnliche Versuche mit verfeinerten Meßmethoden bekanntgegeben. Hierauf soll jedoch erst später zurückgekommen werden.

Aus der Spektrometermessung kann nach der Braggschen Beziehung (Glg. 4) die entsprechende Wellenlänge berechnet werden, wenn der Ab-

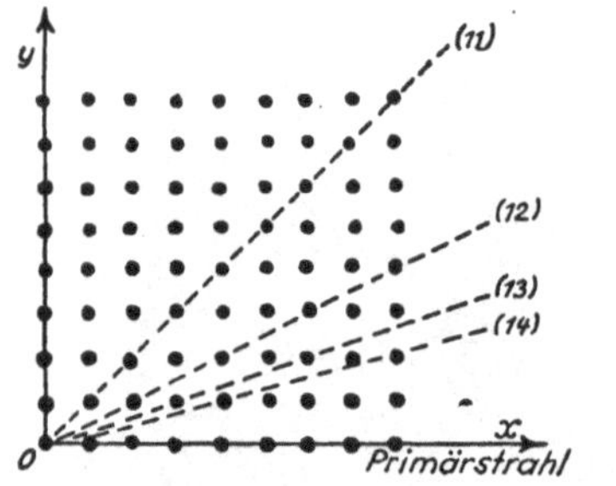

Fig. 28. Zweidimensionales Gitter aus gleichen Punkten (Atomen).

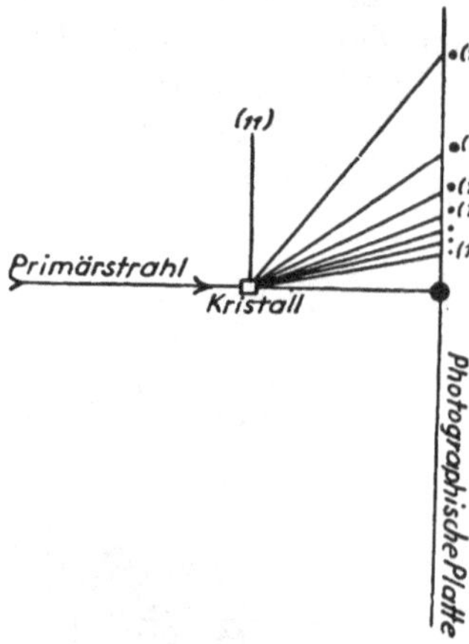

Fig. 29. Entstehung des Interferenzbildes des zweidimensionalen Gitters.

stand der reflektierenden Netzebenen bekannt ist. Dieser Abstand läßt sich berechnen, wenn die Atomanordnung (die Struktur) und das spez. Gewicht des Kristalls bekannt sind. W. L. Bragg [2] hat das Verdienst, die erste Strukturbestimmung durchgeführt und damit die Kristallstruktur erschlossen zu haben. Er benutzte hierfür die Lauediagramme der Alkalihalogenide KCl, KBr, NaCl und interpretierte sie dadurch, daß er Reflexion an solchen Ebenen im Innern des Kristalls annahm, die reich mit Atomen besetzt sind. Wird z. B. das in Fig. 28 zweidimensional gezeichnete Gitter in Richtung OX von einem inhomogenen (polychromatischen) Röntgenstrahl getroffen, so reflektieren die durch die Indices (11), (12) usw. gekennzeichneten Ebenenscharen die zu ihnen passenden Wellenlängen in der aus Fig. 29 ersichtlichen Weise. Auf der senkrecht zum

[1] Moseley und Darwin, Phil. Mag. **26**, 210 (1913).

[2] W. L. Bragg, Proc. Cambr. Phil. Soc. **17**, 43 (1912); Proc. Roy. Soc. **89**, 248 (1914).

Primärstrahl aufgestellten photographischen Platte ergibt sich eine Reihe von Punkten derart, daß jedem dieser Punkte eine bestimmte Ebenenschar entspricht. KCl, KBr und NaCl ergeben nun drei voneinander verschiedene Diagramme (Fig. 30, 31, 32). Die Punktverteilung des Diagramms von KCl entspricht einem Gitter gemäß Fig. 28, die Punktverteilung des Diagramms von KBr dagegen nicht. Zwar lassen sich die Interferenzen des letzteren auch in das gleiche Schema einordnen, aber die Intensitäten sind auffällig anders verteilt. Bragg fand, daß tatsächlich nur diejenigen Flächen in Erscheinung treten, die einer Reflexion an Ebenen mit ungeraden Indices entsprechen. Die Bedeutung dieser Tatsache übersieht man am besten an Hand der Fig. 33. Das Gitter ist an sich mit dem von Fig. 28 identisch; aber die Gitterpunkte sind verschiedener Art. Dann sind die Ebenen mit ungeraden Indices solche, die nur mit einer Atomart belegt sind, während die Ebenen mit gemischten Indices beide Arten enthalten. Nehmen wir nun an, daß die weißen Gitterpunkte vollkommen fehlen, so sind die Flächen mit ungeraden Indices am dichtesten mit Atomen besetzt, während die Flächen mit gemischten Indices nur schwach belegt sind. Die Flächen mit ungeraden Indices werden also den weitaus größten Beitrag zur Interferenzreflexion liefern. Dasselbe Resultat würde man

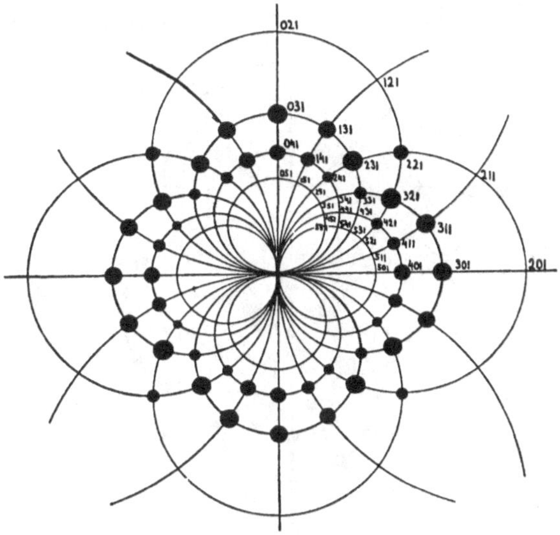

Fig. 30. Lauediagramm von Kaliumchlorid. (Stereographische Projektion; in Wirklichkeit liegen die Punkte nicht auf Kreisen, sondern auf Ellipsen.)

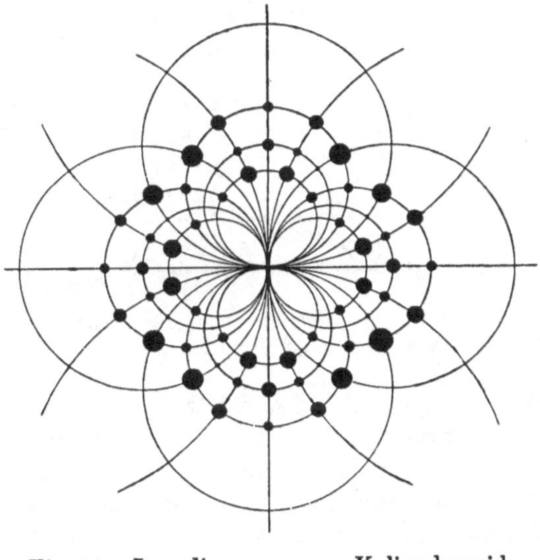

Fig. 31. Lauediagramm von Kaliumbromid.

aber auch erhalten, wenn die weißen Gitterpunkte nicht vollkommen fehlen, sondern nur verschwindende Wirksamkeit als Beugungszentren haben. Wegen der sonstigen kristallographischen Identität zwischen KCl und KBr entschied sich Bragg für die letztere Deutung, indem er die einfache Annahme machte, daß das Zerstreuungsvermögen der Elementaratome parallel geht mit der Ordnungszahl[1] der Elemente im periodischen System. Die Ordnungszahlen sind: K 19, Cl 17, Br 35. Im Fall des KCl wirken beide Atomarten daher in gleicher Weise als Beugungszentren. Bei KBr überwiegt das Br das K so sehr, daß das Beugungssystem praktisch nur aus den Bromatomen besteht. Trotzdem können die Atome des Alkalimetalls und des Halogens genau dieselbe Anordnung haben wie beim KCl. Für NaCl (Na = 11) ist der Unterschied zwischen den beiden Komponenten nicht so groß. Der Beitrag der

Fig. 32. Lauediagramm von Natriumchlorid.

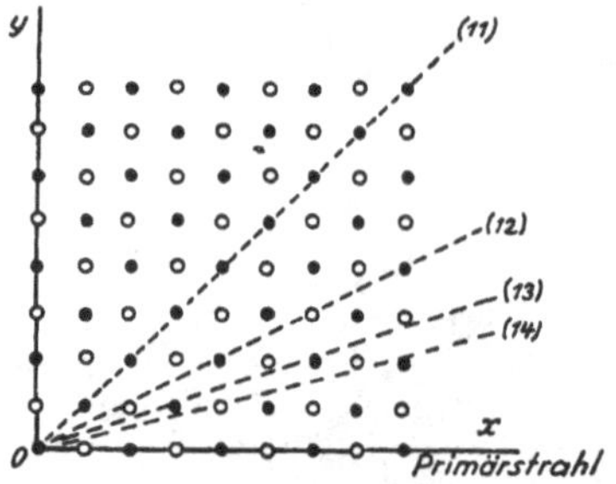

Fig. 33. Zweidimensionales Gitter aus ungleichen Punkten (Atomen).

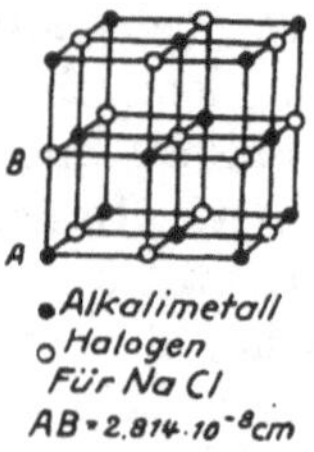

Fig. 34.

einen Komponente wird daher geringer, aber noch nicht zu vernachlässigen sein. Tatsächlich steht das Diagramm des NaCl zwischen denen des KCl und KBr. Bragg kommt so zu dem Schluß, daß die Gitter des KCl, KBr, NaCl identisch sind, und zwar läßt sich das Gitter als einfaches kubisches Gitter auffassen, dessen Gitterpunkte abwechselnd mit Alkalimetall- oder Halogenatomen besetzt sind (Fig. 34).

---

[1] Die ursprüngliche Braggsche Annahme bezog sich auf das Atomgewicht.

Auf Grund der durch W. L. Bragg erschlossenen Kristallstruktur ist es möglich, eine Berechnung des Netzebenenabstandes der Alkalihalogenide (NaCl) durchzuführen.[1] Da im Raumgitter die Natrium- und die Chloratome abwechselnd in den Ecken eines rechteckigen Kubus sitzen, so läßt sich ihr Abstand d leicht mit Hilfe der Dichte und des Wertes der Loschmidtschen Zahl exakt berechnen. Wie aus Fig. 34 ersichtlich ist, gehört zu jedem Atom ein Volumen d^3. Ist nun ϱ das spezifische Gewicht des Steinsalzes, so ist

$$\varrho \cdot d^3 \;.$$

das durchschnittliche Gewicht eines Atoms. Da nun ein Mol aller Körper L (Loschmidtsche Zahl) Moleküle enthält, so ist andererseits das Durchschnittsgewicht pro Atom

$$\frac{\mathrm{NaC}}{2\,\mathrm{L}} \cdot$$

Setzt man beide Ausdrücke für das durchschnittliche Gewicht gleich, so erhält man

$$\varrho \cdot d^3 = \frac{\mathrm{NaCl}}{2\,\mathrm{L}} \quad \text{und mithin} \quad d = \sqrt[3]{\frac{1}{\varrho} \cdot \frac{\mathrm{NaCl}}{2\,\mathrm{L}}}$$

Es ist nun:

Atomgewicht Na = 23,00 } ; Werte der Deutschen
„ Cl = 35,46 } ; Atomgewichtskommission 1927

spez. Gew. NaCl 18°: $\varrho = 2{,}163$ (Baxter und Wallace, Journ. Am. Chem. Soc. **38**, 265 (1916));

L (Loschmidtsche Zahl) $= 6{,}061 \cdot 10^{23}$ (Geiger-Scheel, Hdb. d. Physik **2**, 487).

Die Ausrechnung ergibt:

(5) $d = 2{,}814 \cdot 10^{-8}$ cm $= 2{,}814$ Å(ngström)[2]-Einheiten $= 2814$ X-Einheiten

für den kleinsten Abstand der Natrium- von den Chloratomen im Steinsalzgitter.[3]

Dieser Schritt ist die Basis sowohl der Spektroskopie der Röntgenstrahlen wie der weiteren Strukturbestimmung. Mit Hilfe des nunmehr in einem Fall bekannten Netzebenenabstandes lassen sich auf Grund der Braggschen Beziehung die Wellenlängen der Röntgenstrahlen bestimmen „Röntgenspektroskopie“ und weiterhin mit Hilfe bekannter Wellenlängen die Abmessungen anderer Kristallstrukturen „Strukturanalyse“.

---

[1] W. H. Bragg, Proc. Roy. Soc. **89**, 246 (1914). W. H. und W. L. Bragg, Proc. Roy. Soc. 88, A, 428 (1913); Moseley und Darwin, Phil. Mag. **26**, 210 (1913); Moseley, Phil Mag. **27**, 703 (1914).

[2] Ångström, schwedischer Astronom und Spektroskopiker, 1814—1874.

[3] Der sich aus obigen Zahlen ergebende Wert beträgt genau $2{,}814_6 \cdot 10^{-8}$ cm. Den Präzisionsbestimmungen Siegbahns liegt jedoch der aus den Moseleyschen Arbeiten hervorgehende Wert $2{,}8140 \cdot 10^{-8}$ cm zugrunde (vgl. S. 163).

II. Kapitel. Erzeugung, Nachweis und Intensitätsbestimmung von Röntgenstrahlen.

Literatur (zusammenfassende Darstellungen).

1912. R. Pohl, Die Physik der Röntgenstrahlen; Sammlg.: Die Wissenschaft, Heft 45, Verl. Vieweg, Braunschweig.
1919. E. Marx, Röntgenstrahlen im Handbuch der Radiologie, V. Band; Verl. Akad. Verlagsgesellschaft, Leipzig.
1921. R. Ledoux-Lebard und A Dauvillier, La Physique des Rayons X; Verl. Gauthiers-Villars et Cie., Paris.
1923. P. Ludewig, Betrieb von Röntgenröhren mit Induktorium; Verl. Urban und Schwarzenberg, Berlin.
1923. P. Cermak, Die Röntgenstrahlen im Handbuch der Elektrizität und des Magnetismus von L. Graetz, III. Band; Verl. Barth, Leipzig.
1923. H. Barkhausen, Elektronenröhren; Verl. Hirzel, Leipzig.
1924. W. H. und W. L. Bragg, X-Rays and Crystal-Strukture; Verl. Bell and Sons, London.
1924. M. Siegbahn, Spektroskopie der Röntgenstrahlen; Verl. Springer, Berlin.
1925. J. Rosenthal, Praktische Röntgenphysik und Röntgentechnik; Verl. Barth, Leipzig.
1925. K. Becker und F. Ebert, Metallröntgenröhren; Samml. Vieweg, Heft 75, Braunschweig.
1925. A. Dauvillier, La Technique des Rayons X; Verl. Blanchard, Paris.
1925. A. Schleede, Experimentelle Methoden der Röntgenspektroskopie und Strukturanalyse im Handbuch der Arbeitsmethoden in der anorganischen Chemie von Tiede und Richter, Bd. II (2), Verl. Walter de Gruyter & Co., Berlin.
1926. H. Mark, Die Verwendung der Röntgenstrahlen in Chemie und Technik im Handbuch der angewandten physikalischen Chemie von G. Bredig, Bd. 14, Verl. Barth, Leipzig.
1927. R. Glocker, Materialprüfung mit Röntgenstrahlen, Verl. Springer, Berlin.
1927. G. L. Clark, Applied *X*-Rays, Verl. Mc Graw-Hill-Book Comp., New York.

Zur Erzeugung von Röntgenstrahlen können gashaltige und gasfreie Entladungsröhren in Anwendung gebracht werden. Auch bei der gashaltigen Entladungsröhre muß der Druck weitgehend erniedrigt werden auf einen Druck zwischen 0,011 und 0,005 mm Hg. Innerhalb dieses Druckintervalls werden beim Anlegen einer elektrischen Spannung (etwa 40000 Volt) durch den Aufprall positiver Ionen aus der Kathode Elektronen frei gemacht, die dann durch das angelegte Potential von der Kathode aus geradlinig fortgeführt werden und bei ihrer plötzlichen Abbremsung auf der Glaswandung oder der Anode (Antikathode) Röntgenstrahlen auslösen. Wird der Druck weit unter 0,005 mm erniedrigt, das Rohr also möglichst gasfrei gemacht, so muß die Kathode zur Freimachung von Elektronen auf hohe Temperatur erhitzt werden. Die älteste auf Röntgen zurückgehende Röhrentype ist die gashaltige Röhre. Die gasfreie Röhre stammt erst aus den Jahren 1912/13, hat jedoch die gashaltige Röhre keineswegs zu verdrängen vermocht. Die Röntgenröhren können als geschlossene Glasröhren betriebsfertig im Handel bezogen werden. Für wissenschaftliche Arbeiten und besonders röntgenspektroskopische Zwecke benutzt man jedoch zumeist offene, evakuierbare Röhren, die zum Austritt der Röntgenstrahlen in unmittelbarer Nähe der Antikathode ein Fenster aus Aluminium tragen. Der Röntgenspektroskopiker und Strukturanalytiker muß daher nicht nur über die verschiedenen Röhrentypen und die Erzeugung hochgespannter Ströme orientiert sein, sondern auch alle Einzelheiten der Hochvakuumtechnik beherrschen. Ein wichtiger Punkt ist weiterhin der Nachweis und die Intensitätsbestimmung der Röntgenstrahlen. Im nachfolgenden soll auf diese verschiedenen Gebiete der Reihe nach eingegangen werden.

§ 1. Röntgenröhren.

a) Gashaltige Röhren (Ionenröhren).

Wie bereits eingangs erwähnt, geht die erste brauchbare Form der Röntgenröhre auf den Entdecker der Röntgenstrahlen zurück (vgl. Fig. 35). In dem Halsansatz einer Glaskugel von 15—20 cm Durchmesser befindet sich die hohlspiegelförmige Kathode aus Aluminium. Durch einen weiten

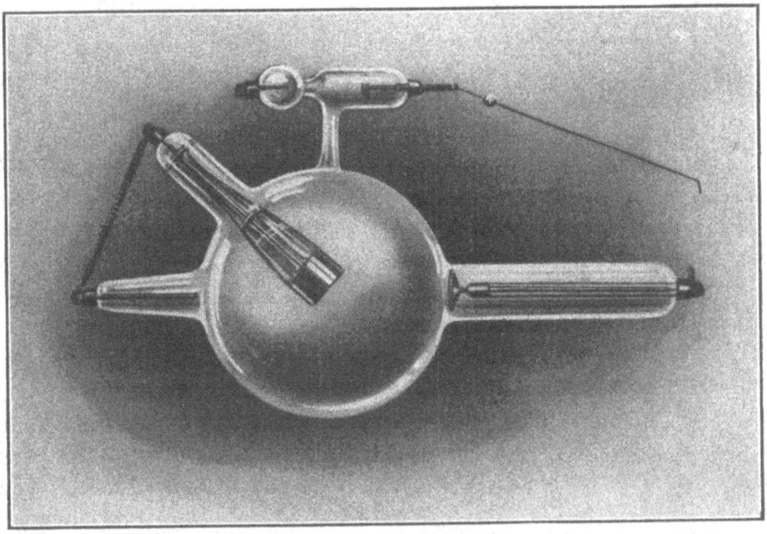

Fig. 35. Einfaches Röntgenrohr mit Regeneriervorrichtung nach Queen.

Ansatzstutzen ist die Antikathode aus Schwermetall (Platin, Wolfram) bis in die Mitte der Kugel eingeführt. Gegenüber vom Kathodenhals befindet sich ein dritter Ansatzstutzen mit einer besonderen Anode. Letztere ist mit der Antikathode leitend verbunden. Der Druck in der Röhre muß zwischen 0,011 und 0,005 mm betragen. Legt man an eine solche Röhre eine Potentialdifferenz von 20000 bis 100000 Volt, so bewegen sich Elektronen mit $^1/_{10}$ Lichtgeschwindigkeit (20000 Volt) bis $^1/_2$ Lichtgeschwindigkeit (100000 Volt) von der Kathode aus geradlinig fort (Kathodenstrahlen) und treffen auf den Metallklotz in der Mitte der Kugel. Durch die plötzliche Abbremsung der Elektronen auf der Antikathode entstehen die Röntgenstrahlen, deren Durchdringungsfähigkeit um so größer ist, je höher die angelegte Spannung.

Die für die Erzeugung der Röntgenstrahlen erforderlichen Kathodenstrahlen entstehen in einer einfachen gashaltigen Entladungsröhre nur dann, wenn der Gasdruck innerhalb des schon angegebenen engen Intervalls gehalten wird. Das erklärt sich folgendermaßen: In einem Gas sind immer spurenweise Ionen vorhanden. Legt man nun an eine gasgefüllte Entladungsröhre eine Potentialdifferenz, so werden die positiven Ionen nach der Kathode zu wandern. Bei höheren Drucken werden sie jedoch die Kathode überhaupt nicht erreichen, sondern werden auf ihrem Weg mit anderen Molekülen kollidieren. Erst innerhalb des kritischen Druckintervalls wächst die mittlere freie Weglänge in die Gefäßdimensionen hinein (etwa 1 cm), so daß die Ionen bei einer Spannung von etwa 50000 Volt mit großer Geschwindigkeit auf die Kathode aufprallen und dadurch aus dieser Elektronen frei machen. Die Elektronen werden von der Kathode abgestoßen und bewegen sich von dieser geradlinig fort. Auf ihrem Weg wirken sie ionisierend auf weitere Gasmoleküle und erzeugen beim Auftreffen auf die Antikathode Röntgenstrahlen. Oberhalb des kritischen Intervalls erreichen die Ionen die Kathode überhaupt nicht, sondern stoßen vorher mit anderen Gasmolekülen zusammen. Jedoch ist die von ihnen erreichte Geschwindigkeit bis zum Druck von etwa 1 mm hinreichend, um auf andere Gasmoleküle ionisierend einzuwirken. Das Gas setzt dem Strom einen geringen Widerstand entgegen. Bei noch höheren Drucken reicht die Geschwindigkeit zur Ionisation nicht aus, und der Widerstand steigt an. Unterhalb des kritischen Druckintervalls ist die Anzahl der auf die Kathode fallenden Ionen so gering, daß die freigemachten Elektronen nur einen geringfügigen Elektrizitätstransport ermöglichen.

Auch innerhalb des kritischen Druckintervalls nimmt der Widerstand mit steigendem Druck ab. Dadurch wird gleichzeitig das Potentialgefälle herabgesetzt. Nun ist aber die Durchdringungsfähigkeit der Röntgenstrahlung, ihre „Härte“, von dem Potentialgefälle abhängig. Daraus erhellt, daß man innerhalb des kritischen Druckintervalls durch Variation des Drucks die Härte der erzeugten Röntgenstrahlung weitgehend variieren kann. Siegbahn[1] hat für verschiedene Gase und drei verschiedene Härten die entsprechenden Drucke in Einheiten von 0,001 mm zusammengestellt (Tab. 3).

Tabelle 3.

Gasdrucke in Einheiten von 0,001 mm Hg.

Härte	Luft	Wasserstoff	Helium	Sauerstoff	Kohlensäure	Argon
weich . .	11,6	20,7	38,0	6,6	7,4	11,6
mittel . .	6,2	11,2	22,5	4,8	5,0	6,6
hart . . .	4,2	6,8	11,0	3,4	3,6	4,0

Die von Röntgen angegebene Anordnung von Kathode, Antikathode und Anode hat folgenden Grund: Die Röntgenstrahlen werden an der Anti-

[1] Siegbahn, Spektroskopie der Röntgenstrahlen, S. 83.

kathode erzeugt durch den Aufprall der von der Kathode kommenden Elektronen. Es kommt also darauf an, möglichst alle durch das Auftreffen positiver Gasionen an der Kathode ausgelösten Elektronen auf der Antikathode zu sammeln. Zu diesem Zweck gab man der Kathode die Form eines Hohlspiegels. Aber auch bei der Hohlspiegelform würden noch Elektronen nach allen Seiten gestreut werden, wenn man die Kathode nicht am Ausgang des Halsansatzes anbringen würde. Im ersten Moment der Entladung laden sich die benachbarten Glasteile auf und wirken von da ab richtunggebend auf die Elektronenbahnen ein. Durch ein mehr oder weniger starkes Hineinziehen der Kathode läßt sich

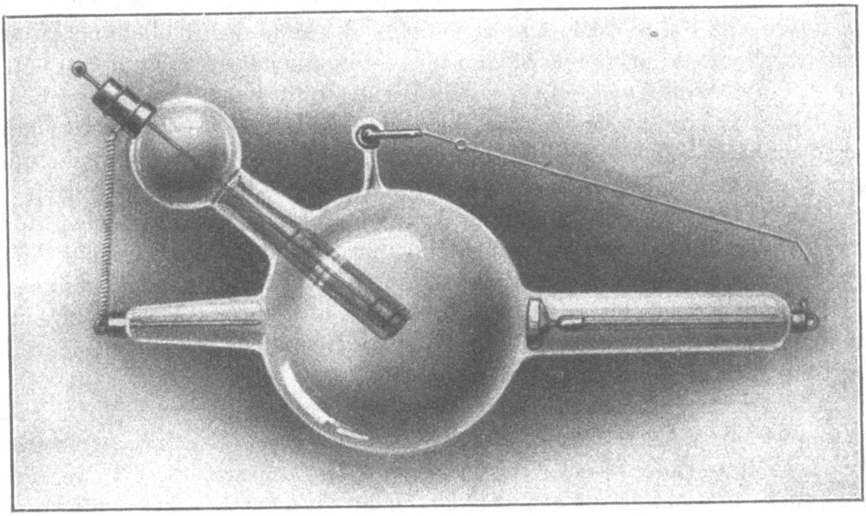

Fig. 36. Siederöhre.

das Entladungspotential und damit die Härte der Röhre in gewissen Grenzen variieren. Durch den Aufprall der Gasmoleküle auf die Kathode erleidet diese eine starke Zerstäubung, die um so größer ist, je schwerer das Element ist. Aus diesem Grunde benutzt man das leichte Aluminium als Kathodenmaterial. Die Anbringung der Antikathode in dem Mittelpunkt der Kugel wird in erster Linie durch die Wärmewirkung der Kathodenstrahlen bei ihrem Aufprall auf feste Körper bedingt. Kaum der tausendste Teil der Kathodenstrahlenergie wird in Röntgenenergie umgesetzt.[1] Die Auftreffstelle erhitzt sich daher stark. Wenn also die direkten oder gestreuten Elektronen unmittelbar die Glaswandung treffen würden, so würde die Röhre in kürzester Zeit unbrauchbar sein. Aber auch die Verlegung der Antikathode in den Mittelpunkt der Kugel reicht für höhere Belastungen zumeist nicht aus, das Metall der Antikathode würde sehr bald zunächst oberflächlich geschmolzen („angestochen") und schließlich durchgeschmolzen werden. Bei Röhren, die für Dauerbetrieb

[1] Vgl. Pohl, Die Physik der Röntgenstrahlen, S. 6 (1912).

bei möglichst hoher Belastung benutzt werden sollen — und letzteres kommt für röntgenspektroskopische Aufnahmen fast ausschließlich in Frage —, muß die Antikathode durch Wasser gekühlt werden (Fig. 36). Solange sich Wasser in der hohlen Antikathode befindet, kann die Temperatur nicht über 100° ansteigen. Die ersten Röntgenröhren wurden nahezu ausschließlich mit Induktorien betrieben. Bei der gewöhnlichen Unterbrecheranordnung ist die Röhre infolgedessen 2 Stromstößen ausgesetzt, einem starken Stromstoß bei der Öffnung und einem schwachen, entgegengesetzten bei der Schließung. Bei diesem letzten Stromstoß wird die Antikathode zur Kathode. Das Antikathodenmaterial erleidet dadurch starke Zerstäubung, was eine verstärkte Gasabsorption und mithin eine verringerte Lebensdauer der Röhre zur Folge hat. Die schädliche Wirkung des Schließungsstromes wird durch die Anbringung einer besonderen Anode aus Aluminium herabgesetzt. Bei Benutzung von reinem Gleichstrom kann die Anode fehlen.

Die Glaswandung wirkt auf die Röntgenstrahlen, und zwar besonders auf den weicheren Anteil, absorbierend ein. Aus diesem Grunde wählt man die Wandstärke an der Austrittsseite der Strahlen so gering wie möglich. Eine weitere Erhöhung der Durchlässigkeit erhält man durch Anbringung eines Fensters aus Elementen mit möglichst kleinem Atomgewicht. Eine geeignete glasartige Substanz ist z. B. das Lindemannglas, ein Lithium-Beryllium-Borat (vgl. II, 1d, S. 52). Fig. 37 zeigt eine mit Lindemannfenster versehene Röhre.[1] Das Lindemannglas hat leider den Nachteil, daß es etwas hygroskopisch ist.

Die vorstehend beschriebenen gewöhnlichen technischen Röhren haben die unangenehme Eigenschaft, daß sie im Betrieb allmählich härter werden. Durch zerstäubendes Metall wird dauernd Gas absorbiert, bis die Röhre schließlich überhaupt keinen Strom mehr durchläßt. Dies führte zur Konstruktion von Regenerierventilen. — Eine sehr viel gebrauchte Regeneriervorrichtung[2] ist aus der Fig. 35 zu ersehen. In einem Ansatzrohr sind 2 Elektroden angebracht. An der einen Elektrode ist eine Glimmerscheibe befestigt. Schaltet man nun die Glimmerelektrode als Kathode und schickt eine Entladung durch das Hilfsrohr, so werden aus der Glimmerscheibe geringe Gasmengen freigemacht. Durch den außen an der Glimmerelektrode angebrachten Draht läßt sich die Röhre auf eine bestimmte Härte einstellen. Sobald die Röhre zu hart wird, gehen von dem negativen Pol des Instrumentariums auf den Draht solange Entladungen über, bis die Röhre wieder den gewünschten Härtegrad erreicht hat. Die Regeneriervorrichtung versagt, wenn das Vakuum so hoch ist, daß es keinen Stromdurchgang mehr gestattet. Um auch noch bei extremem Vakuum eine Regenerierung zu ermöglichen, hat man daher bei einer anderen Konstruktion[3] die gashaltigen, halbleitenden Substanzen möglichst nahe, nur durch Glas getrennt, aneinandergebracht.

---

[1] Fa. C. H. F. Müller, Hamburg.
[2] Von Queen (Marx, l. c.).
[3] Firma F. Gundlach in Gehlberg.

Die vorstehenden Regenerierungsvorrichtungen haben den Fehler, daß die Gasmenge des Glimmers mit der Zeit erschöpft wird. Dieser Nachteil wird bei denjenigen Vorrichtungen, bei denen man Gas von außen zutreten lassen kann, vermieden. Die älteste Vorrichtung dieser Art ist die Osmoregenerierung[1], bei der in ein Ansatzrohr ein Palladiumröhrchen eingeschmolzen ist. Platin, und in noch stärkerem Maße Palladium, wird in glühendem Zustande für Wasserstoff durchlässig. Erhitzt man also das eingeschmolzene Palladiumröhrchen von außen mit einer Gas- oder

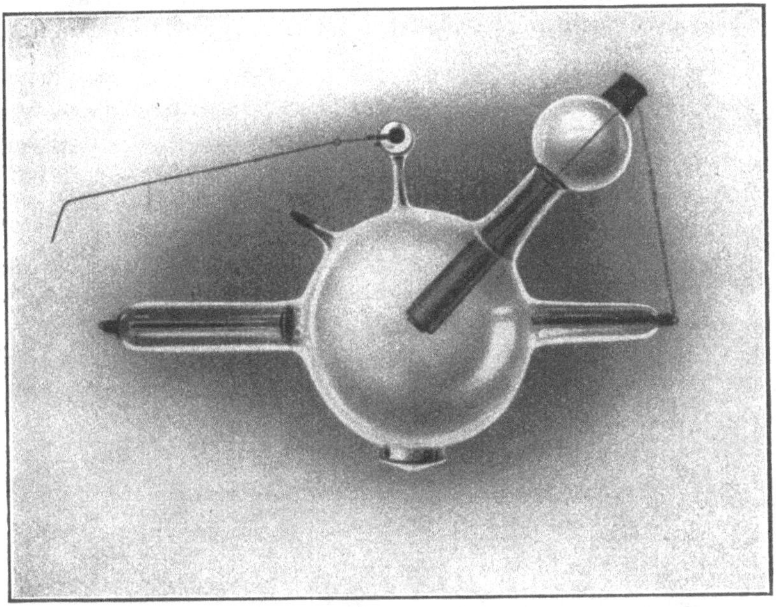

Fig. 37. Röhre mit Lindemannfenster.

Alkoholflamme, so diffundiert Wasserstoff in das Rohr hinein. — Schließlich verdient noch ein durch Quecksilber gedichtetes Regenerierventil Erwähnung, das in Fig. 38 schematisch dargestellt ist.[2] Bei *A* und *B* befindet sich je ein Tonplättchen von solcher Porengröße, daß Luft ganz langsam hindurchtreten kann, Quecksilber dagegen nicht. Der Zwischenraum zwischen *A* und *B* ist mit Goldschaum gefüllt. Das bei *A* befindliche Tonplättchen ist gegen die Außenatmosphäre durch das in dem einseitig geschlossenen U-Rohr befindliche Quecksilber abgeschlossen. Drückt man nun mit Hilfe einer kleinen Luftpumpe das Quecksilber in dem mit der Außenatmosphäre verbundenen Schenkel des U-Rohres herunter, so wird das Tonplättchen bei *A* frei, und es kann Luft hindurchtreten. Die dauernd durch das Tonplättchen hindurchdiffundierenden Quecksilberdämpfe sollen durch das zwischengeschaltete Blattgold absorbiert werden.

[1] Von VILLARD (MARX, l. c.).
[2] Von HEINZ BAUER (MARX, l. c.).

Die allmähliche Erschöpfung des Blattgoldes macht das Ventil mit der Zeit unbrauchbar.

Bei den vorstehend beschriebenen Röntgenröhren befindet sich die Antikathode im Mittelpunkt der Glaskugel. Da letztere bei den gebräuchlichen Röhren meist einen Durchmesser von 15—20 cm hat, so kann man bei den für spektroskopische und strukturanalytische Zwecke stets erforderlichen Ausblendungen nur eine verschwindend geringe Menge der ursprünglichen Strahlungsenergie erfassen. Dieser Nachteil führte zur Konstruktion spezieller Röhrentypen, bei denen unmittelbar vor der Antikathode ein Fenster aus möglichst wenig absorbierendem Material

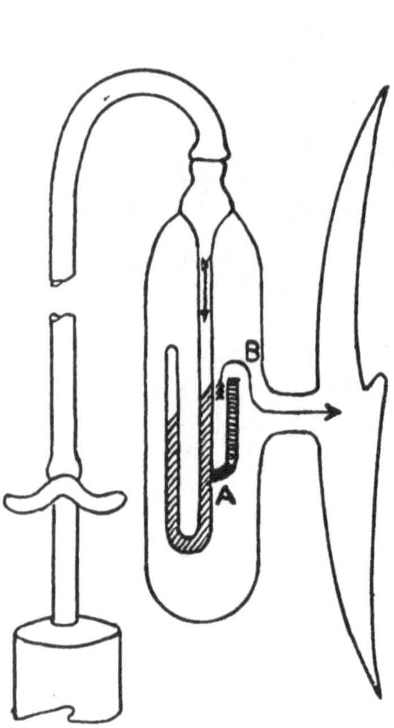

Fig. 38. Regenerierventil von Heinz Bauer.

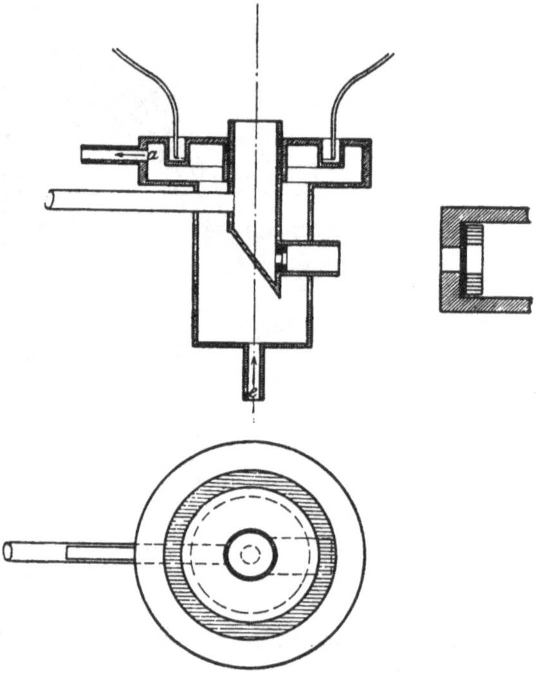

Fig. 39. Metallteil der Röhre nach Rausch von Traubenberg.

angebracht ist. (Das Fenstermaterial ist auf S. 52 besonders behandelt.) Solche Röhren müssen wegen unvermeidbarer Entgasungen während des Betriebes dauernd gepumpt werden.

Die erste Type einer solchen gashaltigen Röhre war die von Rausch von Traubenberg[1] angegebene, deren Metallteil in Fig. 39 dargestellt ist.[2] Die Röhre wurde von Debye und Scherrer[3] bei der Entdeckung

[1] Rausch von Traubenberg, Phys. Ztschr. **18**, 241 (1917).

[2] Aus einem Artikel Scherrers: „Bestimmung der inneren Struktur und der Größe der Kolloidteilchen mittels Röntgenstrahlen" aus dem Buch über Kolloidchemie von Zsigmondy, 3. Aufl., S. 396; Verl. Spamer, Leipzig 1920.

[3] Debye und Scherrer, Phys. Ztschr. **17**, 277 (1916); Nachr. K. Ges. Wiss. Göttingen **1916**, 1.

der Kristallpulvermethode benutzt. Sie besteht aus einem Glasteil und einem Metallteil. Der Glasteil ist eine Kugel von 10 bis 15 cm Durchmesser mit 2 Ansatztuben. Der eine Tubus trägt die hohlspiegelförmige Aluminiumkathode (Krümmungsradius 30 mm, Durchmesser 35 mm). Der andere Tubus ist kurz abgesprengt und hat einen Durchmesser von 40 mm. Mit diesem Tubus ist der Glasteil in eine Nute des Metallteils eingekittet. Im Innern des Metallteils befindet sich die Antikathode. Am Ende eines Rohres von 12 mm Durchmesser ist unter 45° Neigung zur Achse ein Kupferblech hart aufgelötet. Auf dieses Blech wird das chemisch reine Antikathodenmaterial (Kupfer, Eisen usw.) weich aufgelötet. Gegenüber der Mitte der Antikathode ist ein Rohr von 8 mm Durchmesser eingesetzt. Im Innern des Rohres, unmittelbar vor der Antikathode, ist das Aluminiumfenster angebracht (vgl. die vergrößerte Figur). Unmittelbar oberhalb der Antikathode ist ein Rohr eingesetzt, das zur Verbindung mit der Luftpumpe dient. Antikathode und Kittstellen sind von einem Wassermantel umgeben. Das Kühlwasser tritt bei *e* ein und bei *a* aus. Da sich das Fenster nur in etwa 7 mm Abstand von der Antikathode befindet, überzieht es sich allmählich mit dem zerstäubten Antikathodenmaterial und muß daher von Zeit zu Zeit erneuert werden. Die Röhre gestattet eine maximale Dauerbelastung von 3,5 m A. Höheren Belastungen vermag die Röhre nicht standzuhalten. Die — wenn auch zu geringem Teil — auf die Glaswandung treffenden Elektronen rufen dann eine so starke Erwärmung hervor, daß die Röhre bald springt.

Dieser Übelstand ist bei der von Seemann[1] fast gleichzeitig beschriebenen und sonst ganz ähnlich konstruierten Röhre nicht vorhanden. Seemann benutzt an Stelle eines Glasteils einen Metallteil und führt die Kathode durch einen dickwandigen Porzellanisolator in die Röhre ein.

Die Ionenröhre aus Metall wurde dann weiterhin von Seemann[2] und von Siegbahn durchgebildet. Die Siegbahnsche Konstruktion wurde von Hadding[3] beschrieben. Sie wird gegenwärtig in vielen Laboratorien besonders für strukturanalytische Zwecke benutzt. Fig. 40 zeigt die neueste von Leiss[4] beschriebene Ausführungsform.[5] Die Type ist nach dem Vorgange von Seemann ganz aus Metall und Porzellan hergestellt. Die Kathode wird von einem speziell angefertigten Porzellanisolator[6] getragen. Dieser ist auf eine passende granatenförmige Hülse mit Picein aufgekittet. Das sich verjüngende Ende der Hülse trägt einen Ansatz (ähnlich dem Traubenbergschen Metallteil), in dem sich die Antikathode befindet. Zur leichteren Auswechselung des Antikathodenmaterials paßt diese in einen Schliff.

---

[1] Seemann, Ann. d. Phys. **53**, 484 (1917); vgl. auch Zehnder, Ann. d. Phys. **46**, 824 (1915).

[2] Die Seemannsche Röhre wird hergestellt von dem Seemann-Laboratorium, Freiburg i. Br.

[3] Hadding, Phys. Ztschr. **3**, 369 (1920).

[4] Leiss, Phys. Ztschr. **41**, 395 (1927).

[5] Die Siegbahn-Haddingsche Röhre wird hergestellt von der Fa. Dr. C. Leiss, Berlin-Steglitz, Stubenrauchplatz 1.

[6] Staatliche Porzellanmanufaktur, Berlin, Wegelystr.

Beim Abdichten des Schliffes mit Ramsayfett muß darauf geachtet werden, daß das innere Drittel des Schliffes frei bleibt, damit kein Fett direkt ins Vakuum tritt. Gegenüber der Mitte der Antikathode können die Strahlen aus drei Fenstern austreten, so daß drei verschiedene Aufnahmen zu gleicher Zeit gemacht werden können. Zur Erzielung eines scharfen Brennpunktes wählt man den Krümmungsradius der Kathode tunlichst so groß, daß er zwei Drittel des Abstandes Kathode–Antikathode beträgt. Durch Lösen des Ringes *R* ist es ferner möglich, die Kathode in vertikaler Richtung zu verstellen. Dadurch wird die Lage des Kathodenspiegels zu dem von dem aufgeladenen Porzellanzylinder erzeugten Feld verändert und eine verschiedene Fokussierung des Kathodenstrahls erreicht. Das seitlich an der granatförmigen Hülse angebrachte Ansatzrohr dient zur Verbindung mit der Pumpe.[1] Die Antikathode, die Kittstelle für den Porzellanisolator und die Kathode müssen durch fließendes Wasser gekühlt werden. Die Röhre kann dann sehr starken Belastungen von 20 MA bei etwa 100 KV dauernd widerstehen. — Wenn die Röhre spektroskopischen Zwecken dienen soll, wird die Antikathode besser nicht von unten, sondern von der Seite in den Röhrenfuß eingeführt (vgl. Fig. 40).[2] Man kann dadurch den Antikathodenkopf in der aus der Figur

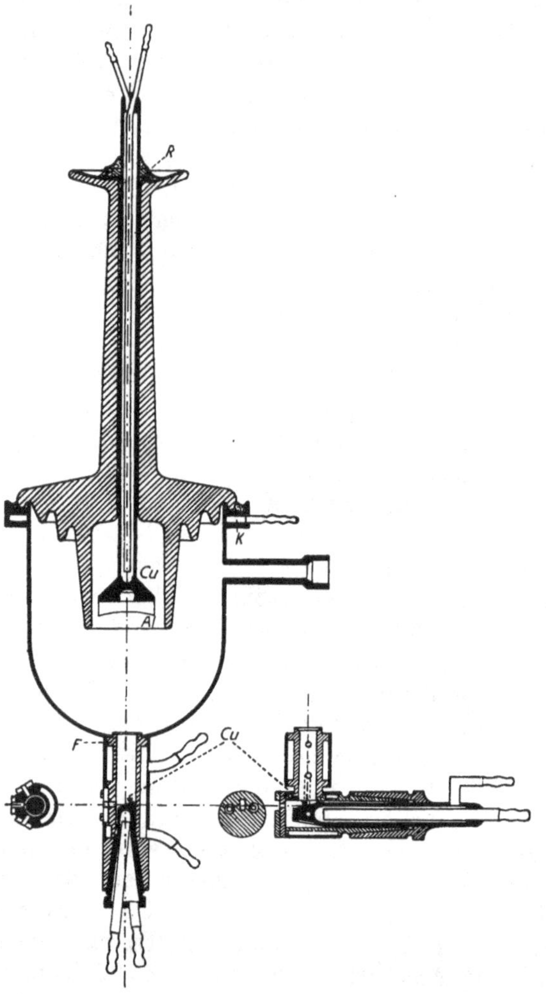

Fig. 40. Ionenröhre aus Metall nach Siegbahn (Hadding).

[1] Am besten durch ein biegsames Tombakrohr der Berlin-Karlsruher Industriewerke A. G., Karlsruhe.

[2] Bei der von der Fa. Dr. A. Leiss ausgeführten Röhre trägt der Fuß einen senkrechten und einen wagerechten Schliff, so daß die Röhre sowohl für strukturanalytische als auch für spektroskopische Zwecke benutzt werden kann.

ersichtlichen Weise mit vier schrägen Flächen versehen, die mit verschiedenen Materialien belegt sind. Zur Auswechselung des Antikathodenmaterials ist es dann nur notwendig, die Antikathode im Schliff um 90° zu drehen, ohne die Röhre zu öffnen. Für spektroskopische Zwecke wird selbstverständlich nur ein Fenster benötigt.

Will man für bestimmte Zwecke eine strichförmige Lichtquelle haben, so muß man die Strahlung von der Antikathode möglichst tangential abnehmen (3°).[1] Man darf dann allerdings keinen scharfen Brennpunkt verwenden, da die geringste Kraterbildung die Strahlenausbeute empfindlich stört. Im allgemeinen benutzt man besser keine völlig tangentiale Abnahme, sondern unter einem Winkel von etwa 10°.[2]

Sehr schöne Röhrenkonstruktionen wurden weiterhin von Simon und v. Simson[3] und von W. H. und W. L. Bragg[4] angegeben. Bezüglich ihrer Beschreibung muß jedoch auf die Originalliteratur verwiesen werden.

Eine interessante, bisher jedoch wenig benutzte Röhre stammt von Gerlach.[5] Bei dieser bildet die halbkugelförmige Kathode einen Teil der Röhrenwandung, während die kleine, ebenfalls kugelförmige Antikathode im Kugelmittelpunkt der Kathode angebracht ist. Kathode und Antikathode können durch Wasser gekühlt werden. Die Röntgenstrahlen verlassen die Röhre durch eine oder mehrere, durch Aluminiumfenster verschlossene Bohrungen der Kathode. Es ist anzunehmen, daß diese Bohrungen einen störenden Einfluß auf die Ausbildung des Kathodenstrahles haben.

Letzteres zeigt sich nämlich in höchst unerwünschter Weise bei Röhren, die längere Zeit ununterbrochen im Betrieb gewesen sind. Durch den Aufprall der Ionen auf die Kathode wird diese allmählich, besonders im Mittelpunkt, kraterförmig vertieft. Das hat zur Folge, daß die Elektronen nach allen Seiten gestreut werden und nicht mehr in einem Punkt auf der Antikathode zusammentreffen, so daß die Ausbeute an Röntgenstrahlen immer geringer wird. Macht sich dies im Betrieb durch steigende Expositionszeiten bemerkbar, so muß man die Kathode nachschleifen.

Bei der Beschreibung der Glasröntgenröhren wurde bereits erwähnt, daß es schwer ist, den Gasdruck in der Röhre innerhalb des kritischen Druckintervalles zu halten. Bei den mit Fenstern versehenen Metallröhren besteht diese Schwierigkeit in ungleich höherem Maße. Die beste Möglichkeit, das Vakuum innerhalb der Grenzen zwischen 0,011 und 0,005 mm zu halten, besteht in dauerndem Pumpen bei dauerndem Nachströmenlassen und gleichzeitiger Regulierung der Pumpgeschwindigkeit. (Bezüglich Vakuumerzeugung vgl. § 4 dieses Kapitels auf S. 84.) Bei der Siegbahn-Haddingschen Röhre ist für die Nachführung von Gas ein Palladiumrohr (Osmoregenerierung) vorgesehen. Die Stärke der

[1] Seemann, Ann. Phys. 53, 484 (1917). — Küstner, Phys. Ztschr. 23, 258 (1922).
[2] Ott, Phys. Ztschr. 27, 598 (1920).
[3] Simon und v. Simson, Z. f. Physik 21, 168 (1924).
[4] W. H. und W. L. Bragg, X-Rays und Crystal Structure.
[5] Gerlach, Verh. Dtsch. Physik. Ges. 2, 55 (1921).

Erhitzung gibt eine Variationsmöglichkeit zur Regulierung der zuströmenden Gasmenge. An Stelle des Palladiumrohres kann man auch eine Capillare anbringen, doch hat man es dann nicht in der Hand, die Menge des zuströmenden Gases zu variieren, sondern man muß die Geschwindigkeit des Abpumpens so lange regulieren, bis der gewünschte stationäre Zustand eingetreten ist. Besser ist es, für die einfache Capillare einen Capillarhahn mit vorgeschalteten, auf einige Millimeter evakuierten Glasballons zu benutzen. Einen brauchbaren Capillarhahn kann man sich dadurch herstellen, daß man mit Hilfe eines Glasmessers in das Küken eines guten Vakuumhahns zwei feine Riefen einschneidet, und zwar von beiden Enden der Bohrung um einen Quadranten des Querschnittes in der gleichen Richtung. Unliebsame Störungen können bei der Benutzung des Capillarhahnes dadurch entstehen, daß das für die Abdichtung unbedingt notwendige Fett die Capillaren leicht verstopft. — Die bequemste und feinste Regulierung des Vakuums beruht jedoch auf der Anbringung eines fein regulierbaren Drosselventiles zwischen dem

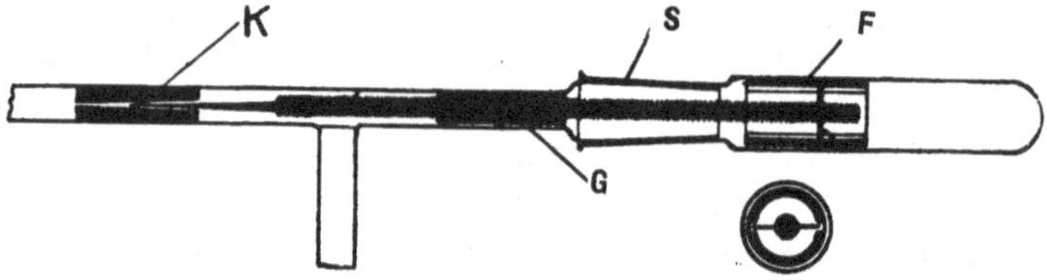

Fig. 41. Vakuumregulierventil nach SCHLEEDE und GANTZCKOW.

Haupt- und dem Vorvakuum.[1] Das Prinzip der Konstruktion des Ventiles ist aus Fig. 41 zu ersehen. Es ähnelt den bei Arbeiten unter hohen Gasdrucken gebräuchlichen Konusventilen, nur muß eine sorgfältigere Abdichtung der beweglichen Teile gegen die Außenatmosphäre stattfinden. Die konische Öffnung *K* von $^1/_2$—1 mm Durchmesser an der engsten Stelle kann durch einen sorgfältig eingeschliffenen Messingkonus verschlossen werden. Die Entfernung zwischen der Öffnung und dem Konus läßt sich durch das Schraubengewinde *G* beliebig variieren. Die Drehung der Schraube erfolgt mit Hilfe des mit Ramsayfett abzudichtenden Schliffes *S*, in dem eine Führung *F* vorhanden ist, von welcher die Schraube bei der Drehung des Schliffes mitgenommen wird. Gegenüber dem Fetthahn mit Riefen hat das Konusventil den ausschlaggebenden Vorzug, daß eine absolut kontinuierliche Regulierung für jeden gewünschten Härtegrad sicher ist. Das Ventil stellt man am besten ganz aus Messing her.

Fig. 42 zeigt die schematische Darstellung einer vollständigen Versuchsanordnung zur Herstellung und Aufrechterhaltung des kritischen Drucks in einer Ionenröhre aus Metall mit Fenster. Die Evakuierung wird mit Hilfe der Vorvakuumpumpe *V* (z. B. GAEDEsche Kapselpumpe, Grenzvakuum praktisch etwa 1 mm) und der Hauptvakuumpumpe *H* (z. B. Stufenstrahlpumpe, Grenzvakuum — wenn der Quecksilberdampf nicht ausgefroren wird —

[1] SCHLEEDE und GANTZCKOW, Z. f. Physik 15, 188 (1923).

0,0013 mm) bewirkt. Zwischen das Röntgenrohr R und die Hauptvakuumpumpe und ferner zwischen die Hauptvakuumpumpe und die Vorvakuumpumpe ist je ein Kolben von etwa 2 Liter Inhalt K_1 und K_2 eingeschaltet. Beide Gefäße sind mit je einem Manometer versehen. In eine besondere Verbindungsleitung zwischen Vor- und Hochvakuumleitung ist das oben beschriebene Drosselventil D eingesetzt. Zwischen R und K_1 ist noch ein um einen Schliff drehbarer, für die Füllung mit Phosphorpentoxyd bestimmter Kolben angebracht. Für die Verbindung zwischen Röntgenrohr und Hauptvakuumpumpe benutzt man Glasröhren von 1 cm bis 2 cm Durchmesser (vgl. S. 103), oder auch biegsames Tombakrohr.[1] Für die Verbindungen von der Hauptpumpe bis zur Vorpumpe können gute Gummischläuche in Anwendung gebracht werden.

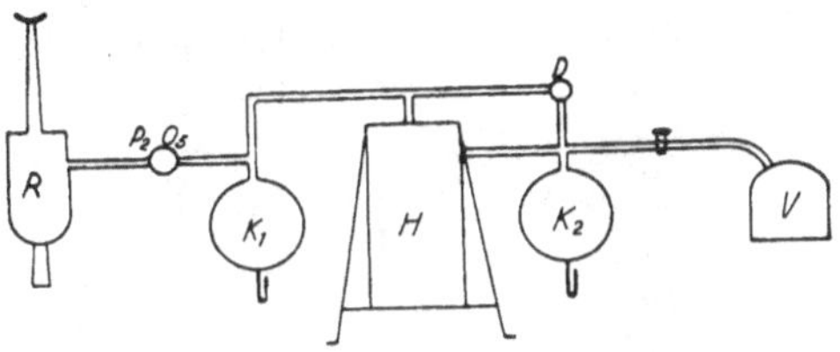

Fig. 42. Schematische Darstellung einer Versuchsanordnung zur Herstellung und Aufrechterhaltung des kritischen Druckes in Ionenröhre aus Metall mit Fenster.

Die Inbetriebnahme gestaltet sich folgendermaßen: Zunächst wird die ganze Apparatur mit Hilfe der Vorpumpe auf etwa 2 mm evakuiert. Darauf schließt man den vor der Vorpumpe befindlichen Hahn, überläßt die Apparatur einige Zeit sich selbst und kontrolliert am Manometer, ob Dichtigkeit vorhanden ist. Erst dann setzt man die Hauptpumpe in Betrieb. Nach etwa 5 Minuten ist — bei geschlossenem Drosselventil — das Vakuum in der Röhre so hoch, daß bei einer Parallelfunkenstrecke von etwa 10 cm kein Strom mehr durch die Röhre geht, sondern über die Funkenstrecke. Nunmehr öffnet man das Ventil D langsam, bis Strom durch die Röhre geht. Dabei finden anfänglich, infolge des Aufpralls von Sekundärelektronen auf die Gefäßwandungen, starke Entgasungen statt, so daß man das Ventil wieder ziemlich weit schließen muß. Nun schaltet man allmählich die gewünschte Spannung ein. In dem Maße, wie die Entgasung fortschreitet, muß man das Ventil nachregulieren, weiter öffnen. Nach etwa $^1/_2$ Stunde hat sich das Vakuum so weit stabilisiert, daß die Apparatur lange Zeit ohne Beaufsichtigung in Betrieb gelassen werden kann.

Bereits bei Besprechung der Siegbahn-Haddingschen Röhre wurde erwähnt, daß bei starken Belastungen nicht nur die Antikathode, sondern auch die Kathode gekühlt werden muß. Zur Vermeidung von Erdungen durch direkten Anschluß an die Wasserleitung hat die Technik isoliert anzutreibende Wasserpumpen konstruiert, bei denen das Wasser im Kreislauf durch die zu kühlenden Rohre und einen Kühler gepumpt wird. In Fig. 43 ist eine solche Pumpe wiedergegeben.[2] Die Pumpe wird durch eine isolierende Achse von einem in verschiedener Höhe aufhängbaren Motor

[1] Berlin-Karlsruher Industriewerke A.-G., Karlsruhe.
[2] Fa. Koch & Sterzel, Dresden.

aus angetrieben. In dem unteren Gefäß befindet sich außer der Pumpe der Kühler. Ein an der Motorachse angebrachtes Windrad bewirkt Luftzirkulation und dadurch Abkühlung des Wassers im Kühler. Diese Pumpe leistet bei hohen Spannungen, jedoch bei nicht allzu starken Belastungen, gute Dienste. Bei ihrer Benutzung wird jegliche Erdung, auch die indirekte durch die Wasserleitung, vermieden. Jedoch wird die Stärke des durch das Wasser zur Erde fließenden Stromes zumeist überschätzt. Wählt man für das Kühlwasser einen hinreichend langen und möglichst engen Weg in einem Glasrohr, so wird der abfließende Stromanteil so gering, daß der Verlust beim Betrieb ruhig in Kauf genommen werden kann, wie eine kleine Überschlagsrechnung zeigt. Der Leitungswiderstand berechnet sich nach der Formel $w = \frac{1}{\varkappa} \cdot \frac{l}{q}\,\Omega$, wenn l in Zentimeter und q in Quadratzentimeter gemessen wird. Für die Intensität des abfließenden Stromes folgt dann $i = \frac{e}{w} = \frac{e \cdot \varkappa \cdot q}{l}$ Ampère. Nimmt man nun z. B. für das zur Verfügung stehende Leitungswasser die mögliche Leitfähigkeit $\varkappa = 0{,}00005$ an, so ergibt sich bei einem Leitungsquerschnitt von 2 mm und einer Länge von 1 m für eine Potentialdifferenz von 10000 Volt eine Stromstärke von 0,15 Milliampère. Praktisch rollt man die Kühlwasserleitungen zu langen ineinandergeschobenen Spiralen (für Hin- und Rückleitung) auf. Bei Einschaltung eines 6 m langen Wasserweges zwischen dem positiven und dem negativen Pol des Instrumentariums würde, unter Berücksichtigung der Doppelleitung, der Stromverlust betragen: bei 10000 Volt Betriebsspannung 0,05 Milliampère, bei 50000 Volt 0,25 Milliampère, 100000 Volt 0,5 Milliampère. Vergegenwärtigt man sich, daß die beim Betrieb moderner Röhren in Anwendung gebrachten Stromstärken bis zu 20 Milliampère betragen können, so erkennt man leicht, daß der Stromverlust durch die Kühlung gar nicht in Betracht kommt. Derart lange Kühlwasserleitungen wurden zuerst von Siegbahn benutzt. — Auch Druckluftinjektoren werden zum Antrieb der Wasserzirkulation in Anwendung gebracht. Dies hat den Vorteil, daß die direkte Wasserverbindung an vielen Stellen durch mitgeführte Luftblasen unterbrochen ist. — Die Kühlung durch Öl, das mit Hilfe einer kleinen Pumpe durch einen Wasserkühler und durch das Röntgenrohr zur Zirkulation gebracht wird, soll sich nicht bewährt haben. Infolge unvermeidlicher dunkler elektrischer Entladungen verdickt sich das Öl allmählich und verstopft die Leitungen.

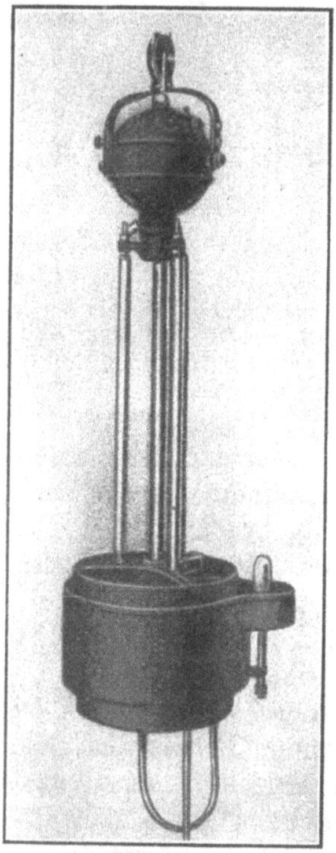

Fig. 43. Wasserkühlpumpe der Fa. Koch & Sterzel.

b) Gasfreie Röhren (Elektronenröhren).

Zu Beginn des vorigen Abschnittes wurde dargetan, daß in den gashaltigen Röhren der Gasdruck innerhalb eines ganz bestimmten engen Intervalls zwischen 0,005 und 0,011 mm Hg gehalten werden muß, damit Kathodenstrahlen erzeugt werden können. Wird dieses Intervall unterschritten, so findet bei noch so hoher Spannung überhaupt keine Entladung statt, wenn nicht für eine besondere Erzeugung von Elektronen an der Kathode gesorgt wird. Am leichtesten lassen sich Elektronen aus hierzu geeigneten festen Körpern durch hohe Temperaturen freimachen, „verdampfen". Der Temperaturgrad, bei dem genügende Elektronenemission vorhanden ist, hängt von der Natur des betreffenden Glühkörpers ab. Wolframdraht muß hierfür auf Weißglut gebracht werden, während die Wehneltschen Erdalkalioxyde[1] (z. B. eine Mischung von 16% Bariumoxyd und 84% Strontiumoxyd) bereits bei etwa 700°—800° reichlich Elektronen emittieren. Um bei gerade beginnender Rotglut ausreichende Elektronenemission zu erhalten, benutzt man am besten eine Mischung von 95% Bariumoxyd und 5% Ceroxyd[2] oder einen thorierten Wolframdraht.[3]

Über die für die Emission von Glühelektronen gültigen Gesetzmäßigkeiten ist folgendes zu sagen: Die Beziehungen zwischen dem Glühelektronenstrom und der Temperatur wurden zuerst von Richardson[4] näher untersucht. Richardson ging von der Anschauung aus, daß in den zur Elektronenemission befähigten Materialien Elektronen frei beweglich vorhanden sind. Je höher nun die Temperatur steigt, um so größer wird die kinetische Energie der inneren Elektronen, und um so größer wird die Wahrscheinlichkeit eines Entweichens aus dem betreffenden Material. Auf Grund dieser Vorstellungsweise stellte Richardson eine Formel auf für die Beziehung zwischen der Temperatur und dem Sättigungsstrom, wenn alle Elektronen fortgeführt werden:

$$i = A\sqrt{T}\cdot e^{-\frac{b}{T}}.$$

In diesem Ausdruck sind A und b Konstanten. Die Formel hat in allen bisher untersuchten Fällen ein gutes Bild der Wirklichkeit ergeben. Für die Konstanten wurden z. B. folgende Werte experimentell gefunden:

	b	A
Kohle	$7{,}8 \cdot 10^4$	10^{34}
Platin	$4{,}93 \cdot 10^4$	$7{,}5 \cdot 10^{25}$
Tantal	$4{,}41 \cdot 10^4$	—
Calcium . . .	$3{,}65 \cdot 10^4$	$1{,}1 \cdot 10^{23}$
Natrium . . .	$3{,}16 \cdot 10^4$	10^{31}

[1] Wehnelt, Sitzgb. Phys. Med. Soc. Erlangen **1903**, 150. Ann. Phys. [4] **14**, 425 (1904). Phil. Mag. [6] **10**, 80 (1905).

[2] Zur Herstellung der Oxydkathoden geht man von den Nitraten aus. Diese werden in völlig getrocknetem und wasserfreiem Zustand staubfein pulverisiert und mit Paraffin vermengt. Mit diesem Gemisch überzieht man den etwa 0,17 mm starken Platindraht, setzt dann den Draht unter Strom und verdampft das Paraffin vorsichtig. Bei anschließendem stärkeren Glühen bleibt eine Oxydhaut auf der Oberfläche des Drahtes zurück.

[3] Pat. der A. E G. Nr. 311102 (1915).

[4] Richardson, Proc. Cambridge Philos. Soc. **11**, 286 (1901). Phil. Trans. A **201**, 497 (1903).

Der nach der RICHARDSONschen Formel zu erwartende „Sättigungsstrom" müßte in jedem Fall erreicht werden, sobald ein geringes negatives Potential angelegt wird, das Feld von der Anode zum Glühdraht also positiv wird. Das ist jedoch nicht der Fall, sondern der Sättigungsstrom wird erst mit wachsender Potentialdifferenz allmählich erreicht. Die Ursache hierfür liegt darin, daß der Raum zwischen Kathode und Anode (Antikathode) mit Elektronen erfüllt ist, wodurch das elektrische Feld eine Änderung erfährt. Diese „Raumladung" setzt der Stromstärke bei gegebenem Elektrodenabstand und gegebener Potentialdifferenz eine Grenze, über die hinaus eine Erhöhung der Glühtemperatur keine Erhöhung der Stromstärke mehr bewirkt. Experimentell fand LILIENFELD[1] zuerst, daß bei einem großen Überfluß an Elektronen und gegebenem Elektrodenabstand die Stromstärke proportional $V^{3/2}$ ist, wenn V die angelegte Potentialdifferenz bedeutet. Die Formel für unbegrenzte, ebene Platten wurde zuerst von CHILD[2] abgeleitet und dann unabhängig von LANGMUIR[3] und SCHOTTKY[4] erhalten. Ist e die Ladung, m die Masse, v die Geschwindigkeit und V die vom Elektron durchfallene Potentialdifferenz, so beträgt die kinetische Energie des Elektrons $\frac{1}{2} m v^2 = e V$. Ist nun ϱ die Dichte der negativen Elektrizität in einer Ebene im Abstande x, parallel zur Y-Z-Ebene, so ist nach POISSON $\frac{d^2 V}{dx^2} = 4\pi\varrho$. Die Stromstärke beträgt in diesen Bezeichnungen:

$$i = \varrho v .$$

Die Zusammenfassung dieser drei Gleichungen ergibt:

$$\frac{d^2 V}{dx^2} = \frac{4\pi i}{\sqrt{2 \frac{e}{m} V}} .$$

Multiplizieren wir beide Seiten mit $2 \frac{dV}{dx}$ und integrieren, so ergibt sich:

$$\left(\frac{dV}{dx}\right)^2 - \left(\frac{dV}{dx}\right)^2_{x=0} = 8\pi i \sqrt{\frac{2mV}{e}} .$$

Sättigungsstrom bei Raumladung ist erreicht, wenn der Potentialgradient an der Kathode auf 0 gesunken ist. Setzt man also $\frac{dV}{dx} = 0$ an der Stelle $x = 0$ der Kathode, so ergibt die Integration für einen Plattenabstand a:

$$i = \frac{\sqrt{2 \frac{e}{m}}}{9\pi a^2} V^{3/2} .$$

Durch Einsetzen der Konstanten erhält man

$$i = \frac{2{,}33 \cdot 10^{-6}}{a^2} V^{3/2} ,$$

wobei i in Ampère, V in Volt und a in Zentimeter gemessen ist.

Die maximale Stromstärke wächst also mit $V^{3/2}$ und ist umgekehrt proportional dem Quadrat des Abstandes. Mit Hilfe dieser Formel läßt sich gegebenenfalls die maximal erreichbare Stromstärke — ausreichend vorhandene Elektronen vorausgesetzt — bei gegebenem Plattenabstand berechnen. Die Rechnung gibt natürlich nur einen Anhalt, da der Fall ausgedehnter paralleler Platten im Röntgenrohr nicht realisierbar ist. Zudem bezieht sich die CHILD-LANGMUIRsche Formel auf konstanten

---

[1] J. LILIENFELD, Ann. Phys. [4] **32**, 719 (1910); **43**, 24 (1914).
[2] C. CHILD, Phys. Rev. **32**, 492 (1911).
[3] J. LANGMUIR, Phys. Rev. [2] **2**, 450 (1913). Phys. Ztschr. **15**, 348 (1914).
[4] W. SCHOTTKY, Phys. Ztschr. **15**, 526 (1914).

Gleichstrom, während in der Röntgenröhrenpraxis zumeist pulsierender Gleichstrom benutzt wird. Nach Messungen SIEGBAHNS[1] wird bei pulsierendem Gleichstrom und einem Abstand des Glühfadens von der Antikathode von etwa 1,5 cm die maximale Stromstärke bereits bei wesentlich niedrigeren Spannungen erreicht, als der obigen Formel entspricht (Tab. 4). Wenn man mit sehr weicher Strahlung arbeiten will, macht sich also die Tatsache unangenehm bemerkbar, daß eine gewisse, ziemlich niedrig liegende Stromstärke selbst bei noch so hoher Temperatur (Elektronenemission) nicht überschritten werden kann. Man muß dann versuchen, den Abstand Kathode–Antikathode nach Möglichkeit zu verkleinern.

Tabelle 4.

Spannung in Volt	Maximale Stromstärke in Milliampère
7000	14
9000	32
12500	70
14000	90
16000	130
18000	200

Die erste technisch brauchbare Röntgenröhre, bei der Elektronen aus weißglühendem Wolframdraht freigemacht werden, stammt von LILIENFELD.[2] Die Konstruktion ist aus der schematischen Zeichnung Fig. 44 zu ersehen. Die Elektronen werden von der Glühkathode *G* erzeugt und mit Hilfe einer Teilspannung von einigen Kilovolt nach der eigentlichen Kathode *K* befördert. Die Hilfskathode besteht im wesentlichen aus einem Aluminiumrohr, das im Innern durch ein eingefügtes Quarzrohr vor dem Auftreffen von Elektronen geschützt ist. Am Ende, nahe der Antikathode, trägt das Aluminiumrohr eine engere Öffnung. Der Teil von der Glühkathode bis zur Lochkathode wird als Zündspannungsteil, der Abschnitt von der Lochkathode bis zur Antikathode als Hochspannungsteil be-

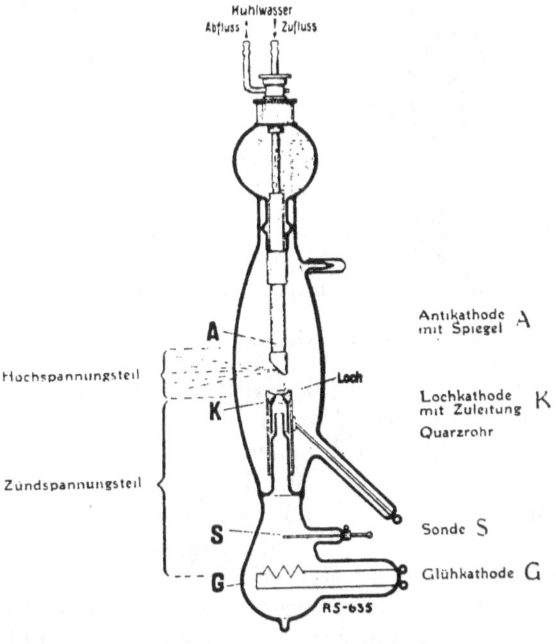

Fig. 44. Lilienfeldröhre.

[1] SIEGBAHN, Spektroskopie der Röntgenstrahlen, S. 43 (1924).
[2] J. E. LILIENFELD, Fortschritte a. d. Gebiet der Röntgenstrahlen 18, 256 (1912).

zeichnet. Durch das Auftreffen der aus dem Zündspannungsteil kommenden Elektronen auf die Lochkathode werden aus dieser sekundäre Elektronen ausgelöst, die nun im Hochspannungsteil die für die Auslösung der Röntgenstrahlen erforderliche hohe Geschwindigkeit empfangen. Durch die Veränderung der Spannung im Zündstromkreis kann man daher die Stromstärke im Hochspannungskreis weitgehend variieren, ohne daß die Heizstromstärke verändert zu werden braucht. Hierin liegt der Hauptvorteil der Lilienfeldröhre gegenüber der folgenden Röhrentype, der Coolidgeröhre.

Die von Coolidge[1] angegebene Glühkathodenröhre ist von wesentlich

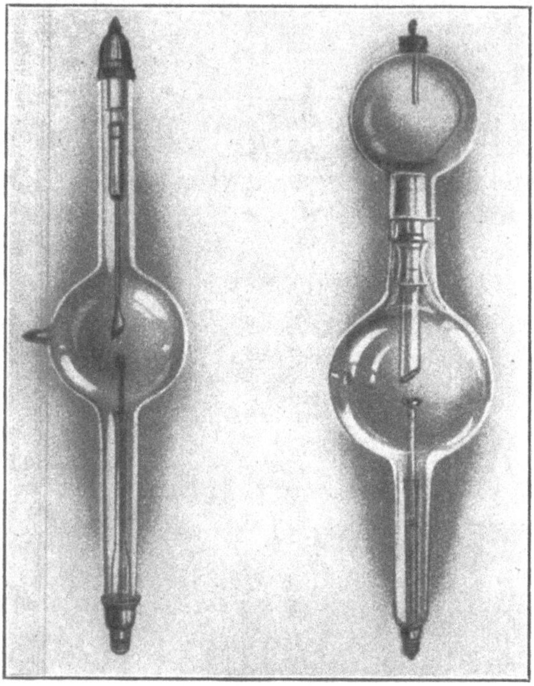

Fig. 45. Coolidgeröhre.

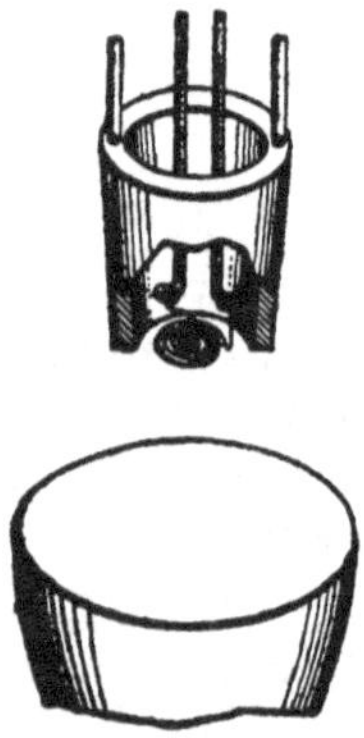

Fig. 46. Kathode und Antikathode der Coolidgeröhre.

einfacherer Konstruktion (vgl. Fig. 45). Die Kathode ist gleichzeitig Träger des Glühdrahtes. Sie besteht aus einer Molybdänhülle, in der eine Wolframspirale angebracht ist. Die Anbringung geht aus Fig. 46 hervor. Die Molybdänhülle, die das gleiche Potential wie die Wolframspirale hat, hat den Zweck, die frei werdenden Elektronen zu konzentrieren und nach der Kathode hin zu richten. Die Form der Molybdänschutzhülle und ihre relative Lage zur Wolframspirale ist von großem Einfluß auf die Konzentration der Elektronen in einem scharfen Punkt (Brennpunkt) auf der Antikathode.[2] Die Antikathode besteht aus massivem Wolfram oder aus einem Kupferrohr mit Platin- oder Wolframspiegel. Das nachfolgende Diagramm Fig. 47 zeigt die Abhängigkeit der durch eine technische Coolidgeröhre gehenden Stromstärke (in Milliampère) von der Spannung (in Kilovolt) für drei verschiedene Heizstromstärken (in

[1] W. D. Coolidge, Phys. Rev. [2] 2, 409 (1913).
[2] Coolidge, Am. Journ. of Roentgenology, Dez. 1915.

Ampère) („Gleichstromcharakteristik" der Röhre). Im übrigen ist das Diagramm nach den vorhergehenden Ausführungen über die Gesetzmäßig-

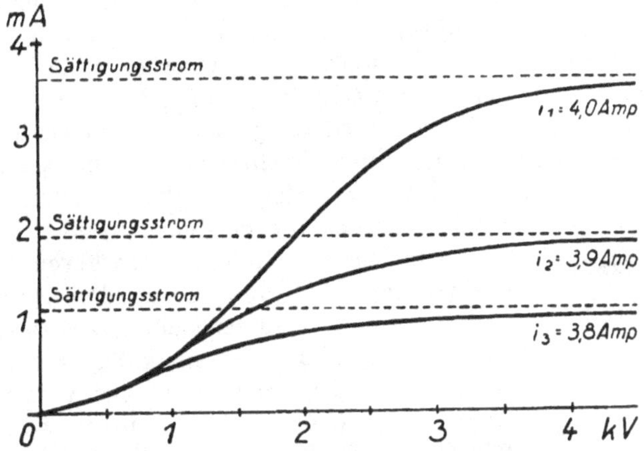

Fig. 47. Gleichstromcharakteristik einer Coolidgeröhre.

keiten bei der Emission von Glühelektronen ohne weiteres verständlich. Wie schon aus dem Diagramm ersichtlich ist, bewirken geringste Schwankungen im Heizstromkreis erhebliche Schwankungen im Röhrenkreis. Um unangenehme Änderungen in der Intensität und bei starkem Spannungsabfall auch in der Härte der Röntgenstrahlung zu vermeiden, muß man also auf möglichste Konstanz der Heizstromstärke achten. Dies läßt sich am besten durch Benutzung eines Akkumulators als Heizstromquelle erreichen. Dann hat man es in der Hand, die Intensität der Strahlung durch Veränderung der Heizstromstärke exakt zu regulieren.

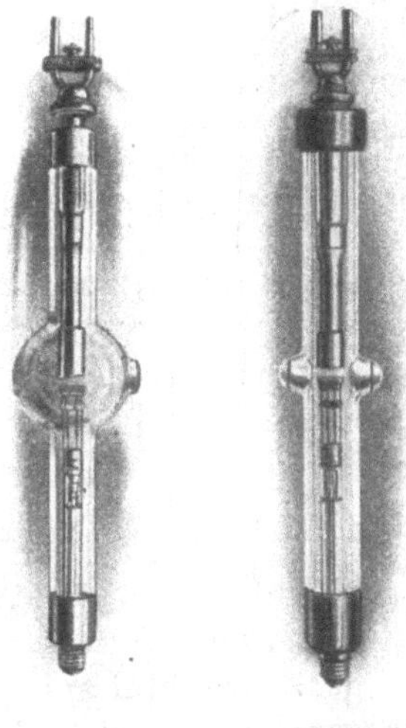

Fig. 48. Glühkathodenröhren der Fa. C. H. F. Müller mit Lindemannfenster für strukturanalytische Zwecke.

Lilienfeldröhre wie Coolidgeröhre vertragen sehr hohe Dauerbelastungen (bei 70 Kilovolt 100 Milliampère).

Von der Fa. C. H. F. Müller werden Coolidgeröhren konstruiert, die speziell für Strukturuntersuchungen mit monochromatischem Röntgenlicht geeignet sind (Fig. 48). Sie sind mit Antikathoden aus Kupfer, Molybdän, Rhodium oder Silber versehen. Da die K-Strahlungen dieser Elemente (vgl. S. 182 u. 198) von der Glaswandung zu stark absorbiert würden, sind zum Austritt der Strahlen ein oder zwei Fenster aus Lindemannglas angebracht (vgl. S. 32).

Die Erwärmung der Glaswandung ist bei den Elektronenröhren wesentlich geringer als bei den Ionenröhren. Infolgedessen kann der Durchmesser klein bemessen sein, und man kann mit den Aufnahmeapparaten ziemlich nahe an die Antikathode herankommen. Die vorstehend beschriebenen, betriebsfertigen Glühkathodenröhren können daher bei röntgenspektroskopischen und strukturanalytischen Untersuchungen in allen den Fällen in Anwendung gebracht werden, in denen es nicht notwendig ist, das Antikathodenmaterial auszuwechseln. Handelt es sich dagegen um die röntgenspektroskopische Untersuchung von charakteristischen Strahlungen, so muß sich die Antikathode leicht auswechseln lassen. Röhren, die diese Bedingung erfüllen, können nur an der Hochvakuumpumpe betrieben werden.

Die besten Glühkathodenröhren für röntgenspektroskopische Zwecke wurden von SIEGBAHN konstruiert. Fig. 49 zeigt eine SIEGBAHNsche Metallröntgenröhre.[1] Ein Messingkubus aus hartblankem Messing von 55 mm Kantenlänge wird von 4 Seiten angebohrt. Die weiteste Bohrung von 16 mm ist für die Einführung der Antikathode bestimmt, die zweite Bohrung von 15 mm für die Einführung der Glühkathode, die dritte Bohrung von 11 mm für die Verbindung mit der Vakuumpumpe, die vierte Bohrung von 5 mm für den Austritt der Röntgenstrahlung. An die erste Bohrung ist ein Metallschliff angelötet, auf den ein isolierender Glasschliff aufgeschliffen ist. In den Glasschliff ist das durch

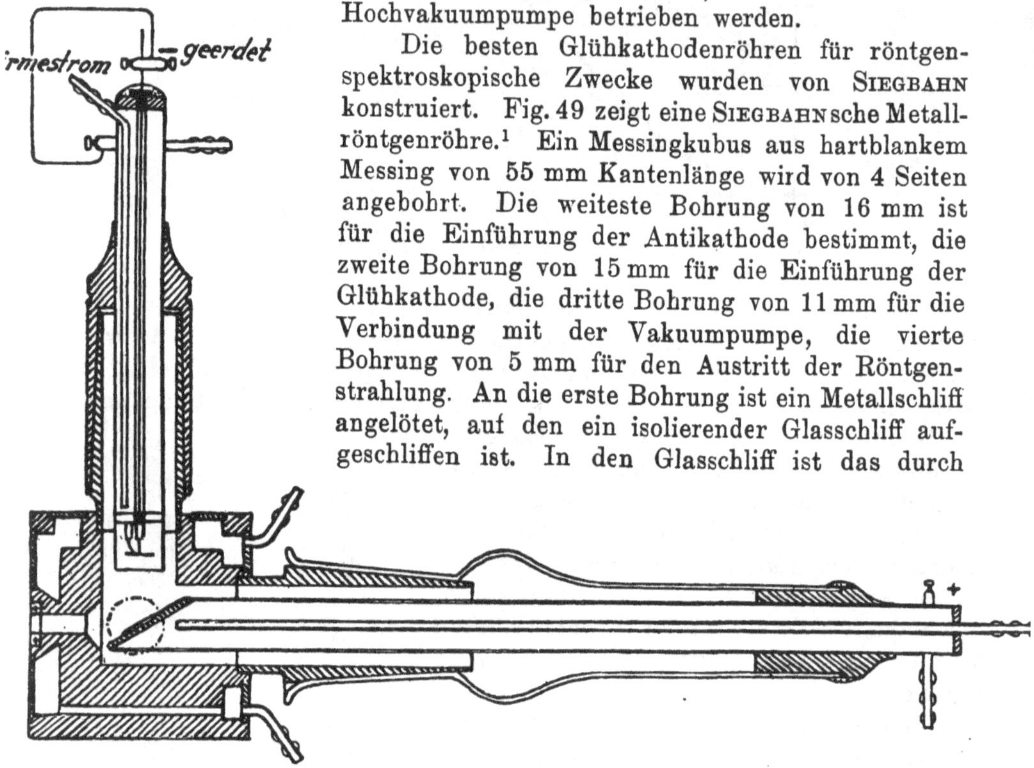

Fig. 49. Glühkathodenröntgenrohr aus Metall nach SIEGBAHN.

Wasser kühlbare Antikathodenrohr (Durchmesser 1 cm) mit Picein eingekittet. Es muß vermieden werden, daß an der Stelle, wo der Metallschliff endet, der Glasschliff anliegt. Durch das starke elektrische Feld an der Berührungsgrenze können leicht elektrische Entladungen längs der Glaswandung entstehen. Dies wird dadurch vermieden, daß der Metallschliff erst in der üblichen Ausbauchung des Glasschliffes endet, da dann die Berührungsgrenze feldlos wird. Zur Vermeidung des Eindringens von Fett in das Vakuum muß man das innere Viertel des Schliffes ungefettet

[1] Die Röhre wurde beschrieben von LINDH, Die K-Röntgenabsorptionsspektra der Elemente Chlor, Schwefel und Phosphor, Lund 1923; ferner SIEGBAHN, Spektroskopie der Röntgenstrahlen, l. c.

lassen. Eine Rille im Metallschliff an dieser Stelle erleichtert dies. Die Antikathode besteht aus einem hart aufgelöteten Kupferblech, auf das die zu untersuchenden Materialien entweder weich aufgelötet, eingerieben oder durch Borsäure aufgeschmolzen werden. An die zweite Bohrung ist ein Metallschliff angelötet, auf den wieder ein anderer, das Kathodenrohr tragender Metallschliff aufgeschliffen ist. Das Kathodenrohr (Durchmesser 1 cm) kann durch Wasser gekühlt werden. In der Mitte des Kathodenrohres ist ein Rohr von 3,5 mm eingelötet. Durch dieses Rohr wird ein 2 mm dicker Eisendraht zur Heizstromzuführung isoliert durchgeführt. Die Isolierung wird durch ein übergeschobenes Quarzröhrchen bewirkt. Am unteren Ende trägt das Eisenrohr eine Nickelklemme zur Befestigung des Wolframdrahtes. Das andere Ende der Wolframspirale ist ebenfalls an einer Nickelklemme befestigt, die mit dem Kathodenrohr leitend verbunden ist. Die Abdichtung des Eisendrahtes erfolgt mit Hilfe von Picein am oberen Ende des Kathodenrohres. Zur Konzentrierung der Kathodenstrahlen trägt das Kathodenrohr am unteren Ende noch einen dünnwandigen Eisenzylinder, der verschieden tief eingeschraubt werden kann. Der Brennfleck auf der Antikathode läßt sich dadurch von 1 mm Durchmesser bis 8 mm Durchmesser variieren. — Eine einfache Vorrichtung zur Herstellung der Wolframspirale ist in Fig. 50 wiedergegeben. Nachdem man den 0,2—0,3 mm dicken Wolframdraht mit dem einen Ende in der Öffnung B_1 befestigt hat, wickelt man zwischen den beiden Messingzylindern C_1 und C_2 etwa 5 Windungen auf, klemmt dann den Draht mit Hilfe der Mutter M zwischen den beiden Zylindern fest und erwärmt den Halter einen Moment bis zu schwacher Rotglut. — Die vierte Bohrung des Messingkubus ist an dem äußeren Ende auf 10 mm lichte Weite und 3 mm Tiefe ausgedreht. Der ganz aus Stahl hergestellte Spalt besteht aus 2 Hälften, wie in Fig. 51 dargestellt, die durch zwei kleine Stahlschrauben zusammengehalten werden. Die Spaltweite wird durch dazwischen gelegte Aluminium- oder Glimmerblättchen eingestellt. Die Spaltflächen sind mit Hilfe eines Ölsteines genau eben poliert. Der Spalt wird in der Vertiefung des Messingkubus mit etwas Picein eingekittet. (Bezüglich des Fenstermaterials vgl. Abschnitt d dieses Paragraphen, S. 52). — Eingefräste Verbindungskanäle gestatten Kühlung des Metallkubus und der Schliffe. Die Fräsungen und Bohrungen sind dabei so sorgfältig geführt, daß keine Lötstellen direkt mit dem Vakuum Berührung haben, wodurch die Möglichkeit von Undichtigkeiten erheblich eingeschränkt wird. Jedenfalls kann man sich durch Innehaltung dieser Vorsichtsmaßregeln beim Bau solcher Röhren viel Mühe und Arbeit sparen. — SIEGBAHN gibt an, daß sich das vorstehend

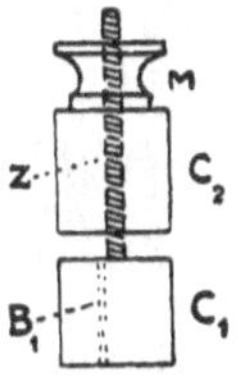

Fig. 50. Vorrichtung zur Herstellung einer Wolframspirale (SIEGBAHN).

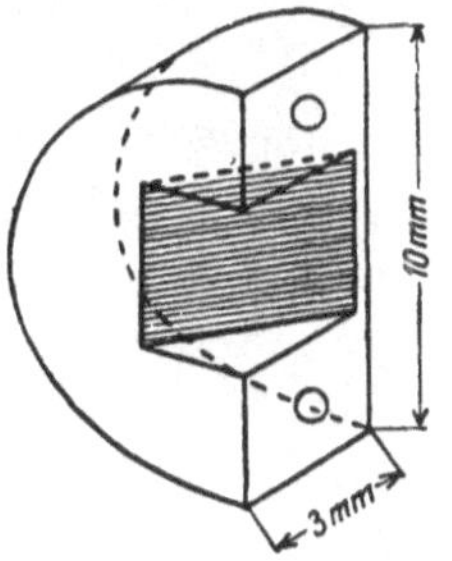

Fig. 51. Spalthälfte für eine Metallröntgenröhre nach SIEGBAHN.

beschriebene Metallröntgenrohr gut für Spannungen bis zu 30 Kilovolt eignet, und findet eine Stromstärke von 30—50 Milliampère geeignet, wenn eine Substanz untersucht wird, die nicht in Blechform aufgelötet werden kann, sondern als Pulver auf die Antikathode aufgerieben wird. Höhere Stromstärken bewirken zu schnelle Zerstäubung des Materials. Bei Benutzung von Wolfram als Antikathode zur Erzeugung eines kontinuierlichen Spektrums für Absorptionsmessungen konnte SIEGBAHN das Rohr sogar mit 200 Milliampère bei 20 Kilovolt belasten. Als Dauerbelastung empfiehlt SIEGBAHN jedoch nur 100 Milliampère, da bei höherer Belastung leicht größere Gasmengen freigemacht werden, wodurch dann zeitweise ein

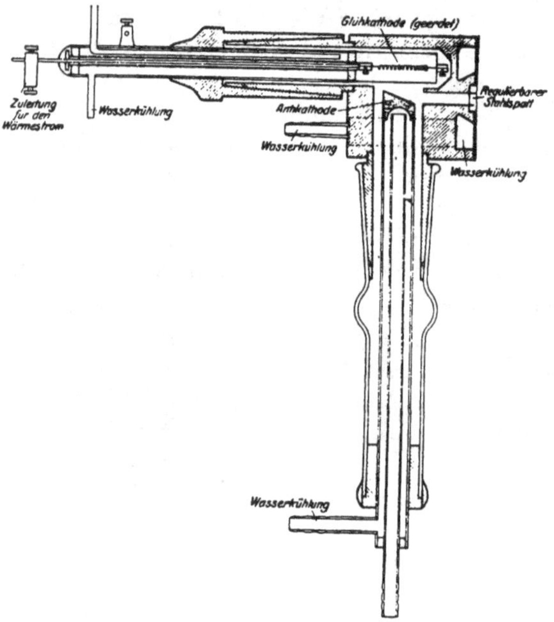

Fig. 52.
Glühkathodenröntgenröhre aus Metall zur Erzielung eines linienförmigen Brennfleckes.

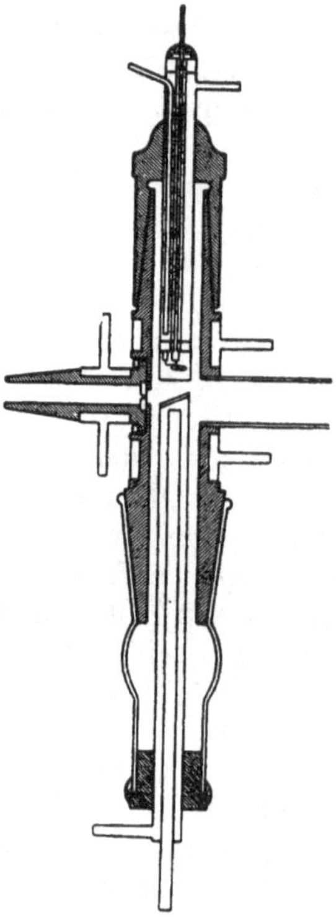

Fig. 53. Metallröntgenröhre mit kleinstem Abstand Kathode-Antikathode für geringe Spannungen.

übermäßiger Ionenstrom durch das Rohr geht. Derartige Unregelmäßigkeiten müssen natürlich nach Möglichkeit vermieden werden. — Bei dieser letzten Konstruktion ist die Antikathode isoliert angebracht, während die Kathode mit dem Gehäuse leitend verbunden und geerdet ist. Bei älteren Konstruktionen SIEGBAHNS war die Kathode isoliert angebracht, doch empfiehlt sich die neue Konstruktion offenbar dadurch, daß bei Erdung der Kathode die Heizstromquelle keiner isolierten Aufstellung bedarf. Ferner wirkt das Gehäuse bei schlechtem Vakuum nicht als Antikathode wie bei der älteren Konstruktion, sondern als Kathode. Die gesamte Gasabgabe des Rohres bei schlechtem Vakuum wird dadurch geringer, da nur noch die Antikathode von Elektronen getroffen werden kann. — Über die Betriebspraxis der Röhre macht SIEGBAHN in seinem Buche noch folgende Angaben: Zunächst kommt es darauf an, festzustellen, ob das Vakuum gut ist. Das erkennt man leicht daraus, daß bei Anlegen einer bestimmten Spannung an das Rohr dieses erst Strom durchtreten läßt, wenn die Glühdrahtstromstärke eine gewisse Stärke erreicht hat. Für einen Querschnitt des Wolframdrahtes von 0,25 mm gibt SIEGBAHN 6—8 Ampère an. Wie bereits nach Tab. 4 (S. 43) vorauszusehen ist, wird bei mäßigen Spannungen eine Maximalstromstärke bald erreicht, eine weitere Erhöhung der Heizstromstärke bleibt ohne Einfluß. Wenn das Rohr neu in Betrieb genommen wird, setzt bei Stromdurchgang zunächst Entgasung ein, wodurch ein starker Ionenstrom veranlaßt wird. Zu Beginn des Betriebes empfiehlt es sich daher, Heizstromstärke und Spannung langsam zu erhöhen. — Zwei andere Konstruktionen SIEGBAHNs nach demselben Prinzip sind in Fig. 52 und 53 wiedergegeben. Bei der in Fig. 52 abgebildeten Röhre handelt es sich um die Erzielung eines linienförmigen Brennfleckes. Bei der Röhre Fig. 53 ist der Abstand Spalt–Brennfleck auf ein Minimum herabgesetzt.

Glühkathodenröhren mit auswechselbaren Antikathoden, die besonders für den Betrieb mit höherer Spannung geeignet sind, wurden von DAUVILLER[1] und von der Fa. C. H. F. Müller[2] konstruiert. (Vgl. hierzu auch die im nächsten Abschnitt beschriebene Röhre von BOUWERS).

Die DAUVILLERsche Röhre ist aus Quarz hergestellt. Fig. 54 zeigt einen Querschnitt durch die Röhre und die Versuchsanordnung zum Evakuieren der Röhre. Sie ist mit einer LANGMUIERschen Kondensationspumpe P und außerdem mit einem Dreielektrodenrohr D zur Vakuumprüfung verbunden.

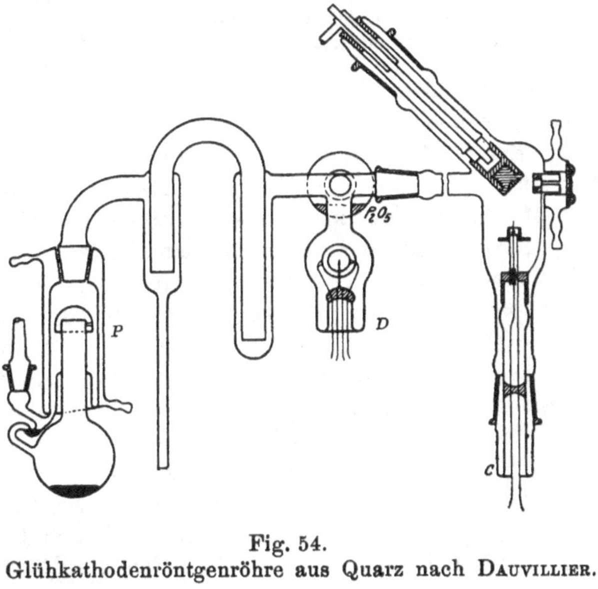

Fig. 54.
Glühkathodenröntgenröhre aus Quarz nach DAUVILLIER.

Die MÜLLERsche Röhre (Fig. 55) besteht aus Glas und trägt zum Austritt der Strahlen ein Fenster aus Lindemannglas (vgl. S. 32 u. 45).

[1] DAUVILLIER, J. phys. [6] 3, 154, 170 (1922). Phys. Ber. 4, 90 (1923). La technique des rayons X, S. 85 (Paris 1924, A. BLANCHARD).
[2] C. H. F. Müller, Hamburg 15.

Sehr schöne Glühkathoden-Röntgenröhren aus Metall wurden ferner von WEVER[1] und von OTT[2] angegeben. Bei der OTTschen Röhre sind alle auswechselbaren Teile (Kathode, Antikathode, Fenster) mit Hilfe von Bleiring-Verschraubungen angebracht, so daß ein Auswechseln in kürzester Zeit ohne Verwendung von Kittmaterial möglich ist. Bezüglich der genauen Beschreibung muß auf die Originalliteratur verwiesen werden.

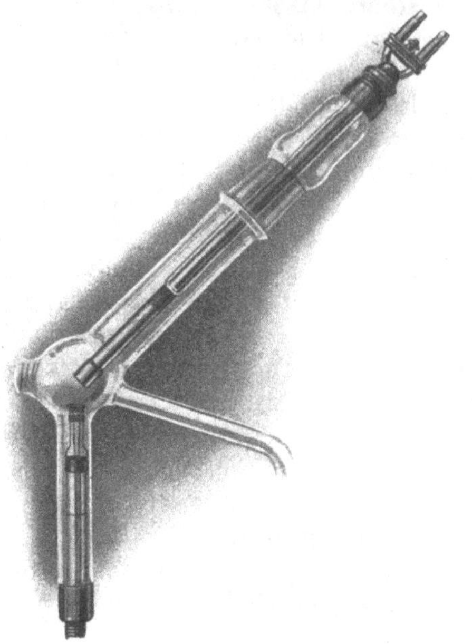

Fig. 55. Glühkathodenröhre der Fa. C. H. F. Müller mit auswechselbarer Antikathode.

c) Besondere Röhrenkonstruktionen.

Einen bedeutenden technischen Fortschritt stellt die von BOUWERS[3] beschriebene Röntgenröhre dar. Sie wird von der Fa. Philips[4] hergestellt, und zwar sowohl für Ionen- als auch für Elektronenbetrieb. Der Röhrenkörper ist aus einer Chrom-Eisen-Legierung hergestellt, die den gleichen Ausdehnungskoeffizienten wie Glas besitzt (vgl. S. 107) und sich daher hochvakuumdicht mit Glas verschmelzen läßt. Fig. 56 zeigt die Philipsröhre[5], Modell A, mit allen Zubehörteilen. Die Konstruktion ersieht man am besten aus Fig. 57. Der aus Chromstahl bestehende Mittelteil A (Fig. 56) ist auf der einen Seite mit einem ausgebauchten Glasrohr, auf der anderen Seite mit einem zylindrischen Glasrohr verschmolzen. Diese beiden Rohre tragen an den Enden je einen Ring aus Chromstahl. Auf diese beiden Ringe passen zwei entsprechende Ringe der Kathode (*E*, *G*) bzw. Antikathode (*B*, *C*, *D*). Durch Zwischenlegen von Gummiringen lassen sich Kathode bzw. Antikathode mit Hilfe von kleinen Schraubzwingen hochvakuumdicht anschrauben. Die Röhre läßt sich nach Wunsch betreiben mit Glühkathode *G* (Fig. 57a, b) oder Gaskathode *E* mit Siedekühlung *K* und eingesetztem Schutzring *F* (Fig. 57c), ferner mit Antikathode *D*, *B* mit Siedekühlung *K* (Fig. 57a) oder mit Antikathode *C* mit Wasserkühlung (Fig. 57b). Ist das Mittelrohr *A* weder mit der Kathode noch mit der Antikathode leitend verbunden, so läßt sich die Röhre mit sehr hohen Spannungen, bis etwa 180000 Volt, betreiben, steht der Mittelteil dagegen mit

[1] WEVER, Phys. Ztschr. 14, 410 (1923).
[2] OTT, Phys. Ztschr. 27, 598 (1926).
[3] BOUWERS, Physica 4, 173 (1924).
[4] Fa. Philips, Eindhoven (Holland).
[5] Entnommen aus dem Katalog des Seemann-Laboratoriums, Freiburg i. Br.

Kathode oder Antikathode in leitender Verbindung, so darf die Spannung nur halb so hoch sein. Will man nur mit Spannungen bis zu 90000 Volt arbeiten, so kann man auch das in Figg. 58a, b abgebildete Modell *B* benutzen, dessen Konstruktion im übrigen dem Modell *A* vollkommen entspricht.

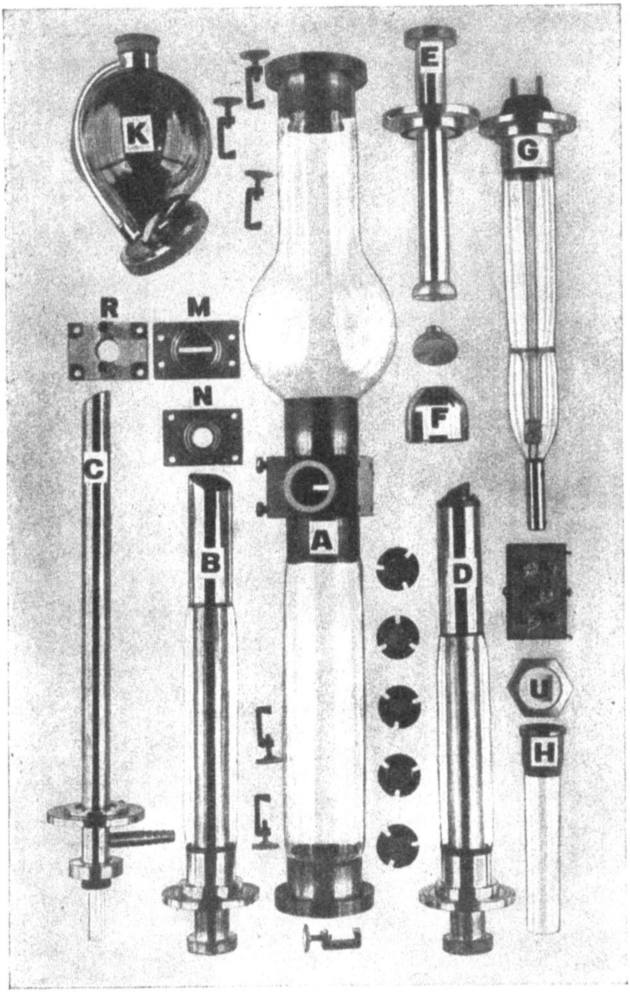

Fig. 56. Philipsröhre Modell A.

A Hauptrohr. B, D Antikathoden für Siedekühlung. K Wasserkugel für Siedekühlung. C Antikathode für Wasserkühlung. G Glühkathode. E Gaskathode für Siedekühlung. E Schutzring für Gaskathodenbetrieb. R, M, N Deckelplatten für die Fenster. U, H Verbindungsrohr zur Pumpe aus Glas mit angeschmolzener Chromstahlverschraubung.

Erwähnung verdienen auch noch Röntgenröhren, bei denen das Fenster selbst als Antikathode dient. Die erste Röhre dieser Art wurde von Seitz[1] angegeben. Bei diesen Röhren ist der Brennpunkt sozusagen

[1] Seitz, Verhandl. Deutsche Phys. Ges. **11**, 505 (1909).

auf die Wandung der Röhre verlegt, so daß man mit spektrographischen Aufnahmeanordnungen in seine unmittelbare Nähe gelangen kann. Wenn man die in Richtung des Kathodenstrahles vom Fenster ausgehende Strahlung benutzt, hat man weiter den großen Vorteil, daß die Strahlung

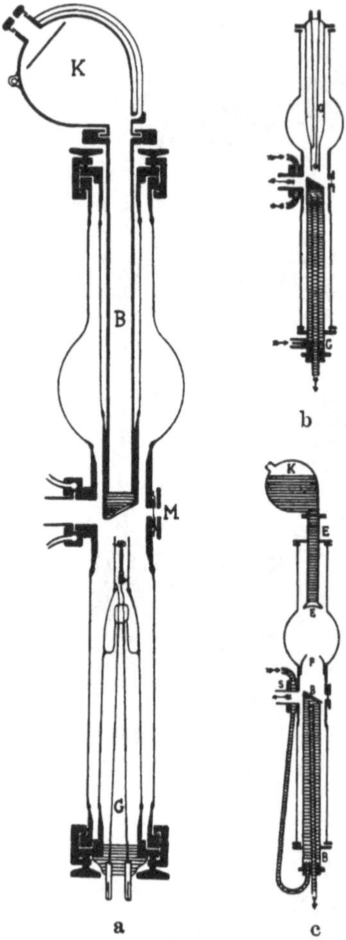

a c

Fig. 57. Philipsröhre, Modell A.

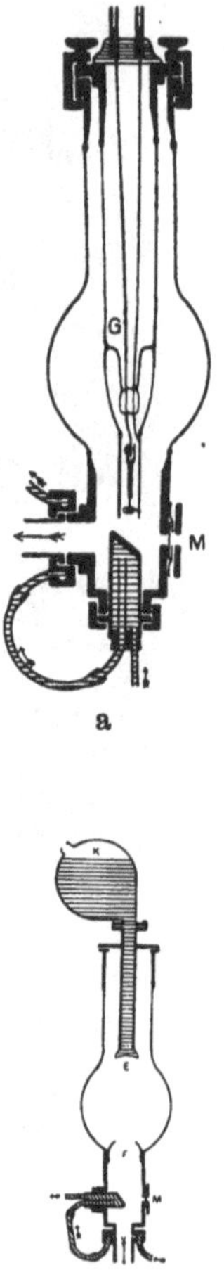

b

Fig. 58. Philipsröhre, Modell B.

nur einen geringen Teil des kontinuierlichen Spektrums (Bremsstrahlung) enthält. Die Mitteilungen über die Bewährung der Röhre im Betrieb widersprechen sich, so daß hier nichts weiter darüber ausgesagt werden kann.

d) Fenstermaterial.

Röntgenröhren aus gewöhnlichem Glas können nur bis zu Wellenlängen von etwa 0,7 Å.-E., Mo-K-Strahlung, gebraucht werden. Längerwellige Strahlung wie etwa Cr-K-Strahlung (2,3 Å.-E.) und Cu-K-Strahlung (1,5 Å.-E.) wird von der Glaswandung einer Röntgenröhre quantitativ absorbiert.

Wesentlich durchlässiger ist das schon mehrfach erwähnte Lindemannglas, das von der Fa. C. H. F. Müller[1] als Fenstermaterial für Glasröntgenröhren in Anwendung gebracht wird. Das Lindemannglas besteht aus einem Lithium-Beryllium-Borat. Es hat leider die unangenehme Eigenschaft, Wasser aus der Luft aufzunehmen, wodurch es allmählich zerstört wird. Aus diesem Grunde müssen die Lindemannfenster mit einer Lackschicht überzogen werden. Cr-K-Strahlung (2,3 Å.-E.) wird vom Lindemannfenster noch gut durchgelassen.

Sehr brauchbar dürften auch Fenster aus metallischem Beryllium sein, wie es von der Fa. Siemens-Reiniger-Veifa in den Strahlenschutzröhren zum Abfangen der Sekundärelektronen in Anwendung gebracht wird (vgl. S. 54). Metallisches Beryllium ist jedoch sehr schwer zu bearbeiten, so daß die Herstellung von Berylliumfolien bisher nicht weit gediehen ist.

Für die in den vorhergehenden Abschnitten beschriebenen speziell für röntgenspektroskopische und strukturanalytische Zwecke konstruierten Röntgenröhren benutzt man zumeist Aluminiumfolie[2] als Fenstermaterial. Dieses besitzt in einer Dicke von 0,015 mm bei einer Fensteröffnung von etwa 5 mm Durchmesser genügend Festigkeit, um dem äußeren Luftdruck standzuhalten. Zum Aufkitten und Abdichten des Fensters bewährt sich Picein. Aluminium kann in dieser Stärke bis etwa 2 Å.-E. (Cr-K-Strahlung) benutzt werden. Oberhalb 2 Å.-E. macht sich auch die Absorption der Röntgenstrahlung durch die Luft sehr störend bemerkbar. Für längere Wellen wird die Aufnahmeapparatur daher vorteilhaft evakuiert. Das Fenster braucht dann nicht mehr dem äußeren Atmosphärendruck standzuhalten, sondern nur noch der Druckdifferenz zwischen Vorvakuum und Hauptvakuum (etwa 5 mm) oder überhaupt keiner Druckdifferenz (vgl. Vakuumspektrographen, S. 152ff). Es dient dann hauptsächlich dazu, die sichtbare Strahlung von der photographischen Schicht fernzuhalten. Die Aluminiumfolie kann infolgedessen wesentlich dünner sein, 0,007 mm, und kann in dieser Dicke bis zu etwa 6 Å.-E. (P-K-Strahlung) benutzt werden. Oberhalb dieser Wellenlänge kann man nach Siegbahn Goldschlägerhaut[3] benutzen, die mit einem möglichst spektralreinen organischen Farbstoff rot gefärbt sein muß. Die Goldschlägerhaut ist bis etwa 13 Å.-E. (Na-K-Strahlung) genügend durchlässig. Darüber hinaus, bis zu 18 Å-E. gelangt man mit rotgefärbten, auf Glas aufgetrockneten Häutchen aus einem Celluloselack[4]. Oberhalb 18 Å.-E. ist kein Fenster mehr brauchbar.

Über Fenstermaterial zur Erzielung monochromatischer Strahlung vgl. S. 290.

---

[1] Fa. C. H. F. Müller, Hamburg 15.

[2] Metallfarben-, Bronzefarben- und Blattmetall-Werke, vorm. Leo Hähnle, München.

[3] Goldschlägerhaut wird aus den Überzügen des Blinddarmes des Rindes, der 70—80 cm lang und 10—12 cm breit ist, hergestellt. Sie besitzt eine Dicke von etwa 0,1 mm. Zwischen dieser Haut schlagen die Goldschläger das Blattgold aus. Blattmetall-Werke, vorm. Leo Hähnle, München.

[4] z. B. Zaponlack (Nitrocellulose gelöst in Amylacetat); Cellit (Acetylcellulose gelöst in Aceton) I. G. Leverkusen; Cellonlack (Acetylcellulose mit Campherersatzmitteln gelöst in Aceton) Fa. Dr. Eichengrün, Charlottenburg.

§ 2. Schutzmaßnahmen vor gesundheitsschädlichen Wirkungen.

a) Strahlenschutz.

Von allergrößter Wichtigkeit ist der Schutz des Experimentators vor der direkten oder indirekten Einwirkung von Röntgenstrahlen. Bei Betriebsspannungen, die sich größenordnungsmäßig 100000 Volt nähern, und Stromstärken von etwa 20 M.-A. genügen beim Arbeiten in unmittelbarer Nähe des ungeschützten Röntgenrohres Bestrahlungszeiten von $\frac{1}{2}$ bis 1 Min., um Röntgenverbrennungen hervorzurufen. Besonders gefahrvoll wird die Wirkung der Röntgenstrahlen dadurch, daß sie nicht unmittelbar, sondern erst nach ein bis zwei Wochen in Erscheinung tritt. Es bildet sich dann ein eitriger, sehr schwer heilbarer Abszeß. Sehr starke Verbrennung ist meist unheilbar und führt zum Tode. Die langsame Wirkungsweise hat zur Folge, daß sich die schädigenden Strahlenwirkungen additiv verhalten. Wenn selbst eine einmalige Bestrahlung noch keine Verbrennung bewirkt, so vermag doch eine nach Wochen erfolgende zweite Bestrahlung die Wirkung der ersten Bestrahlung zu vollenden.

Den wirksamsten Strahlenschutz gewährt infolge seines hohen Atomgewichts und hohen spezifischen Gewichts metallisches Blei. Die Wirksamkeit anderer Materialien pflegt man daher auf Blei zu beziehen, indem man die Schichtdicken angibt, welche einer Bleischicht von 1 mm entsprechen. Die folgende Tabelle 5 enthält eine Zusammenstellung der Wirksamkeit verschiedener Materialien nach Kaye und Owen[1] und nach Glocker[2].

Tabelle 5.

	1 mm Blei entsprechen		1 mm Blei entsprechen
Bleigummi	2— 4 mm		
Bleiglas	5—10 „	Wasser	250
Messing	4 „	Mörtel	80—250
Stahl	7 „	Ziegel	80—300
Aluminium	90 „	Barytsteine	10—100
Gummi	20—50 „	Hölzer	800—10000

Die internationalen Strahlenschutzbestimmungen[3] schreiben vor, daß die Röntgenröhre so vollkommen wie möglich mit einer allseitigen Schutzhülle von mindestens 2 mm Bleiäquivalent umgeben sein soll.

Diese Bedingung ist bei den Metallröntgenröhren, wie sie zumeist für röntgenspektroskopische und strukturanalytische Zwecke in Anwendung kommen, zumeist erfüllt. Reicht die Dicke der Messingwandung nicht aus, so läßt sie sich leicht durch Bleiblech von etwa 1 mm Dicke ver-

[1] Kaye und Owen, Chem. N. 127, 122 (1923). Proc. Physical. Soc. Lond. 35, 33 (1923).

[2] Glocker, Naturwissenschaften 12, 169 (1924).

Referat von R. Glocker auf dem Röntgenkongreß 1926.

stärken. Vorsicht ist geboten beim Arbeiten und Justieren der Aufnahmeapparate vor den Fenstern. Hierbei sind besonders die Hände und die Augen gefährdet. Für den Schutz der Hände lassen sich mit leichter Mühe Bleiblenden anbringen, die zum Teil am Rohr, zum Teil an der Aufnahmekamera befestigt sind. Lassen sich solche Blenden nicht anbringen, so benutze man Handschuhe aus Bleigummi. Eine Gefährdung der Augen kann eintreten, wenn man zum Zweck der Justierung den Primärstrahl mit Hilfe eines Fluoreszenzschirmes (Zinksulfid oder Zinksilikat) beobachtet. Es ist daher ratsam, den Fluoreszenzschirm hinter einer Bleiglasplatte anzubringen oder zum Schutz der Augen eine Bleiglasbrille zu benutzen.

Wesentlich schwieriger als bei Metallröntgenröhren ist die Durchführung der internationalen Strahlenschutzbestimmung bei Glasröhren. Wollte man die Röhre allseitig mit einer Hülle aus metallischem Blei umgeben, so würde man nur eine metallische Überbrückung der Röhrenspannung erreichen. Die Hülle muß aus isolierendem Material von genügender Absorption bestehen. Aus diesem Grunde umgab man früher die Röhren mit Bleiglashauben von mindestens 1 cm Wandstärke. Aber die Anbringung ist sperrig, und der Schutz bleibt unvollkommen. Einen

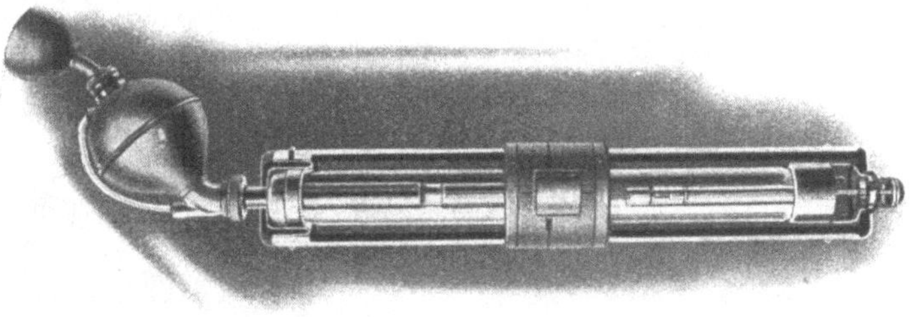

Fig. 59. Strahlenschutzröhre der Fa. C. H. F. Müller.

wesentlichen Fortschritt stellen die neuerdings von verschiedenen Firmen in den Handel gebrachten „Strahlenschutzröhren" dar.

Fig. 59 zeigt eine Strahlenschutzröhre der Fa. C. H. F. Müller. Die zylindrische Coolidgeröhre ist allseitig mit einem isolierenden Schutzmantel von 2,5 mm Bleiäquivalent umgeben. Die Röntgenstrahlen können nur durch ein seitlich angebrachtes rechteckiges Fenster austreten.

Bei der Strahlenschutzöhre der Fa. Siemens-Reiniger-Veifa (Fig. 60) ist der Strahlenschutz in das Innere der Röhre verlegt, und zwar ist der Antikathodenkopf (1) von einer dickwandigen Metallhaube (2) umgeben. Die Metallhaube besitzt einen Eintrittskanal (4) für die Kathodenstrahlen, die auf die Wolframantikathode auftreffen. Ein geringer Anteil dieser Primärelektronen und die von diesen ausgelösten Sekundärelektronen treffen auf die Wandung des Eintrittskanals und auf die Fläche (5). Die dadurch ausgelösten Röntgenstrahlen werden durch den Wulst (6), den Kathodenschirm (7) und den Metallabschluß (8) hinter dem Glühdraht abgefangen. Zum Austritt der Röntgenstrahlen ist in der Metallhaube (2) ein Fenster (9) aus Beryllium angebracht. Das Beryllium ist infolge seiner niedrigen Ordnungszahl 4 für Röntgenstrahlen geringster Härte (längster Wellenlänge) durchlässig, verhindert dagegen den Austritt von Sekundärelektronen, durch die an der Glaswandung der Röhre Röntgenstrahlen ausgelöst würden.

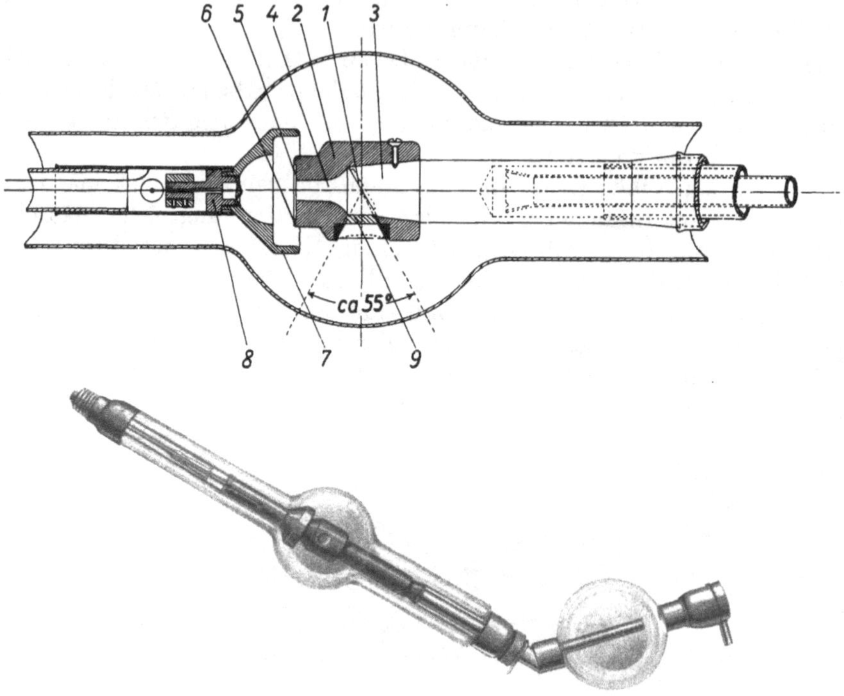

Fig. 60. Glühkathoden-Röntgenröhre mit Strahlenschutzelektroden der Firma Siemens-Reiniger-Veifa.

Die Strahlenschutzröhren der Fa. Philips[1] sind kombinierte Glas-Metall-Coolidgeröhren. Die Fa. Philips benutzt als Röhrenkörper eine Chrom-Eisen-Legierung, die sich hochvakuumdicht mit Glas verschmelzen läßt (vgl. S. 50 u. 107). Bei der Fig. 61a ist der Röhrenkörper durch zwei nach Art eines Dewarschen Gefäßes ineinander gestülpte Glasrohre mit der Antikathode bzw. Kathode fest verbunden. Um die Strahlung vollständig abzuschirmen, ist der Röhrenkörper noch von einem Bleimantel umgeben. Zwei eingekittete Rohre aus isolierendem Material dienen zum Schutz der Glasrohre und vermitteln den mechanischen Halt der Stromzuführungen der Kathode und des Wasserkühlgefäßes der Antikathode. — Die Röhre Fig. 61b ist insofern von Interesse, als die Strahlung nicht seitwärts aus der Röhre austritt, sondern in Richtung der Rohrachse.

[1] Philips, Eindhoven (Holland).

b) Ventilation.

Von gesundheitsschädlicher Wirkung sind auch die beim Röntgenbetrieb häufig auftretenden nitrosen Gase, die sich besonders bei Benutzung von Ventilfunkenstrecken und mechanischen Gleichrichtern in größeren Mengen bilden. Die nitrosen Gase sammeln sich vornehmlich in den unteren Luftschichten an. Bei Dauerbetrieb muß man daher für eine ausreichende Bodenventilation (keine Deckenventilation!) sorgen.

Schließlich mag an dieser Stelle noch auf die gesundheitsschädliche Wirkung von Quecksilberdämpfen hingewiesen werden.[1] Diese können beim Betrieb von Quecksilber-Unterbrechern oder Quecksilberluftpumpen in den Raum gelangen. Die an den Quecksilberpumpen häufig angebrachten Quecksilber-Schliffdichtungen vermeide man möglichst. Zur Dichtung des Schliffes benutze man Picein. Läßt sich eine Quecksilberdichtung nicht umgehen, so überschichte man die Quecksilberoberfläche mit Paraffin (vgl. S. 105).

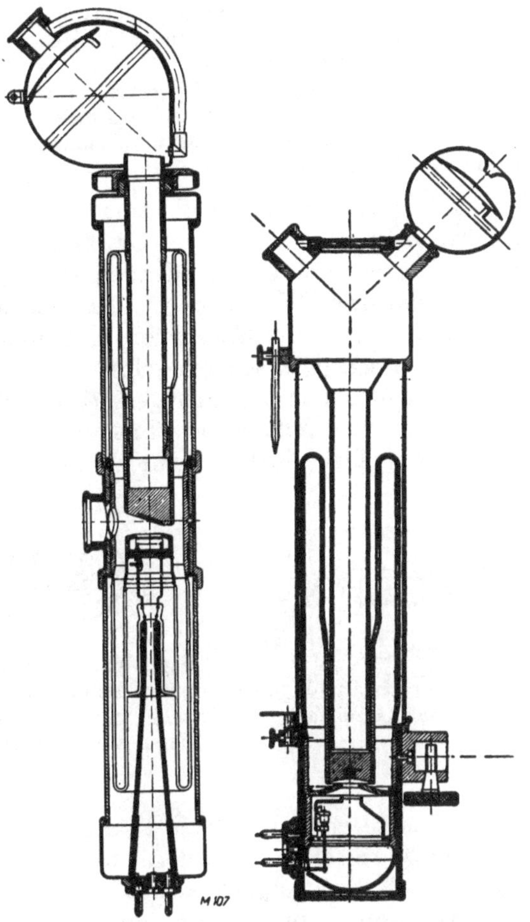

Fig. 61. Strahlenschutzröhren der Fa. Philips.

§ 3. Hochspannungseinrichtungen.

Literatur (zusammenfassende Darstellungen).

1912. G. Benischke, Grundgesetze der Wechselstromtechnik; Samml. Die Elektrotechnik in Einzeldarstellungen, Bd. 3; Verl. Vieweg, Braunschweig 1912.

1912. M. Abraham, Theorie der Elektrizität; Verl. Teubner, Leipzig 1912.

1913 u. 1915. F. Martens, Phys. Grundlage der Elektrotechnik, Bd I. Eigenschaften der magn. und elektr. Felder Bd. II. Dynamomaschinen, Transformatoren, Apparate; Samml. Die Wissenschaft, Bd. 46 und 55, Verl. Vieweg, Braunschweig.

[1] Stock, Veröffentlichungen in der Ztschr. f. angewandte Chemie 1926—1928.

1923. H. Kyser, Elektrische Kraftübertragung, Bd. I, Motoren, Umformer, Transformatoren; Verl. Springer, Berlin.
1923. M. Schenkel, Elektrotechnik (Starkstromtechnik), Bd. I. Grundlage der Starkstromtechnik, Bd. II. Praxis der Starkstromtechnik; Verl. Weber, Leipzig.
1924. G. Benischke, Die Transformatoren; Samml. Die Elektrotechnik in Einzeldarstellungen, Bd. 15; Verl. Vieweg, Braunschweig.
1925. M. Vidmar, Die Transformatoren; Verl. Springer, Berlin.

Die ideale Stromquelle zum Betriebe eines Röntgenrohres ist die Hochspannungsbatterie. Der Umstand jedoch, daß ihre Beschaffung sehr kostspielig ist und ihre Bedienung — wenn die Batterie nicht verderben soll — dauernd Zeit erfordert, hat zur Folge, daß sie nur in seltenen Fällen für besondere Messungen in Anwendung gebracht worden ist. Die Hochspannungsgleichstrommaschine läßt sich schwer für die hohen in Frage kommenden Spannungen (bis 100000 Volt) konstruieren. Die Leistungen von Influenzmaschinen sind zu gering, so daß sie als Hochspannungsquellen bisher keine Bedeutung erlangt haben. Die gegen-

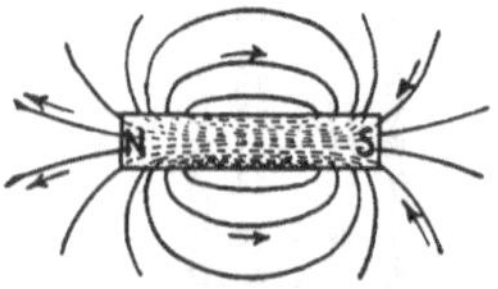

Fig. 62. Kraftfeld eines Stabmagneten.

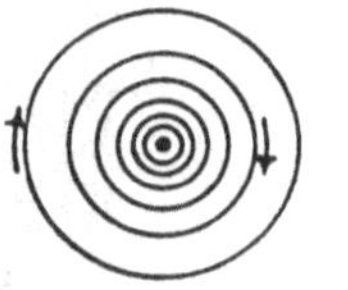
Fig. 63. Kraftfeld eines die Papierebene senkrecht schneidenden stromdurchflossenen Drahtes.

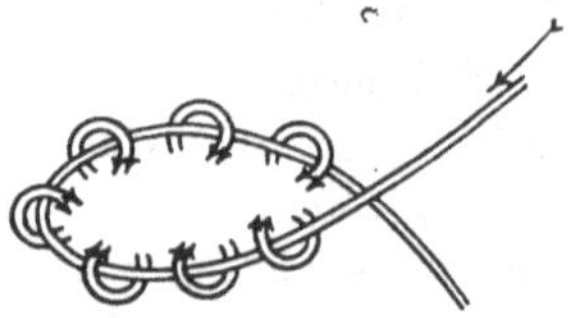
Fig. 64. Kraftfeld einer stromdurchflossenen Drahtschleife.

wärtig am meisten benutzten Hochspannungsquellen sind das Induktorium und der Wechselstromtransformator. Auf ihre Wirkungsweise und Handhabung soll im nachfolgenden näher eingegangen werden.

Ein Raum, in welchem magnetische Kräfte wirken, heißt magnetisches Kraftfeld. Zu seiner Beschreibung bedient man sich des Begriffes der Kraftlinien: Man denkt sich das Kraftfeld von Linien durchzogen, welche in jedem Punkt die Richtung der magnetischen Kraft angeben. In Fig. 62 sind die Kraftlinien eines Magneten gezeichnet. (Man kann ein solches Bild bekanntlich sehr leicht dadurch herstellen, daß man auf den Magneten eine mit Eisenfeilicht bestreute Glasplatte legt und die Platte dann erschüttert.) Ebenso wie von einem permanenten Magneten gehen Kraftlinien von einem stromdurchflossenen Leiter aus. Fig. 63 zeigt das Kraftfeld eines, die Papierebene senkrecht schneidenden Drahtes, wenn dieser senkrecht von oben nach unten von einem elektrischen Strom durchflossen wird. Biegt man den Draht zu einer kreisförmigen Schleife, so erhält man das in Fig. 64 abgebildete Kraftfeld. Das Kraftfeld ist also das gleiche wie bei einem zu einer Scheibe verkürzten Magnetstab. Bei einer von einem Strom durchflossenen Spule (Solenoid) addieren sich die Wirkungen der einzelnen Windungen. Das Kraftfeld einer solchen Spule (Fig. 65) entspricht vollkommen demjenigen eines permanenten Magneten.

Der elektrische Strom in einem Leiter und das Magnetfeld stehen in Wechselwirkung zueinander. Schneidet man mit einem geschlossenen Leiter ein Magnetfeld, so wird in dem Leiter ein Stromstoß induziert. Denselben Effekt erreicht man, indem man das Magnetfeld verändert. Allgemein gilt das Gesetz: „In einem geschlossenen Leiter entsteht ein Induktionsstrom, wenn die von dem Leiter umschlossene Kraftlinienzahl vermehrt oder vermindert wird.“ Die induzierte elektromotorische Kraft ist gleich der Anzahl der in der Sekunde durchschnittenen (vermehrten oder verminderten) Kraftlinien:

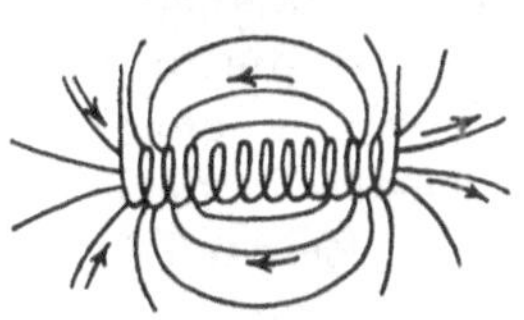

Fig. 65. Kraftfeld einer stromdurchflossenen Spule aus eng aneinander liegenden Windungen.

$$E = \frac{d\Phi}{dt} \qquad (1)$$

Ändert man das Magnetfeld dadurch, daß man die Stromstärke in einem stromdurchflossenen Leiter ansteigen und abfallen läßt, so wird in einem benachbarten Leiter ein entgegengesetzt gerichteter, bzw. gleichgerichteter Strom induziert. Jeder Leiter kann nun aber aufgefaßt werden als Bündel paralleler Stromfasern, von denen jede Faser in der benachbarten einen Sekundärstrom hervorruft. Die Folge dieser Selbstinduktion ist, daß beim Einschalten eines Stromes ein entgegengesetzt gerichteter „Extrastrom“ induziert wird, so daß der Strom nur allmählich auf die ihm nach dem Ohmschen Gesetz zukommende Intensität anzuwachsen vermag, während beim Öffnen des Stromes ein gleichgerichteter Extrastrom erzeugt wird. Da der Strom in der sehr kurzen Zeit, die zum Öffnen des Stromes erforderlich ist, von seiner vollen Stärke auf Null herabsinkt, so ist die elektromotorische Kraft des Öffnungsextrastromes sehr groß (Öffnungsfunke). Die Änderung der Stromstärke ist der Änderung der Kraftlinienzahl proportional. Man setzt

$$d\Phi = L\,dI \qquad (2)$$

und bezeichnet den von der geometrischen Beschaffenheit abhängigen Koeffizienten L als Selbstinduktionskoeffizienten. Ersetzt man Φ mit Hilfe von Gleichung 1, so erhält man

$$E = L \cdot \frac{dI}{dt}\,. \qquad (3)$$

a) Der Funkeninduktor.

Die Tatsache, daß jeder Strom nach Maßgabe des vorhandenen Selbstinduktionskoeffizienten nur allmählich zu seiner vollen Stärke anwächst, dagegen plötzlich abbricht, hat große Bedeutung für die Wirkungsweise des Funkeninduktors. Die Schaltung eines Funkeninduktors ist in Fig. 66 wiedergegeben. Die wesentlichsten Bestandteile sind die aus wenigen Windungen dicken Drahtes bestehende Primärspule P und die aus vielen Windungen dünnen Drahtes bestehende Sekundärspule S. Im Innern der Primärspule befindet sich ein aus isolierten Eisendrähten oder

Lamellen hergestellter Eisenkern *E*. Schickt man durch die Primärspule einen zerhackten Gleichstrom, so hat der Intensitätsverlauf bei zwei aufeinander folgenden Schließungs- und Öffnungsvorgängen infolge der Selbstinduktion die in Fig. 67a wiedergegebene Form. Durch die zunehmende und wieder abnehmende Kraftlinienzahl werden in der Sekundärspule Stromstöße induziert. Da nun die induzierte elektromotorische Kraft der in der Zeiteinheit geänderten Kraftlinienzahl proportional ist, so folgt daraus ohne weiteres: 1. daß man eine hohe Sekundärspannung erzeugen kann, wenn man die Gesamtzahl der von der Sekundärspule geschnittenen Kraftlinien durch Anbringung möglichst vieler Windungen erhöht (etwa 100000 Windungen) und 2. daß der in der Sekundärspule induzierte Strom bei der Öffnung des Primärstromes eine höhere Spannung erreicht als der bei der Schließung (Fig. 67b).[1]

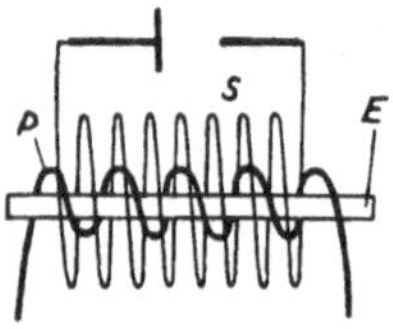

Fig. 66. Schematische Darstellung eines Induktors.

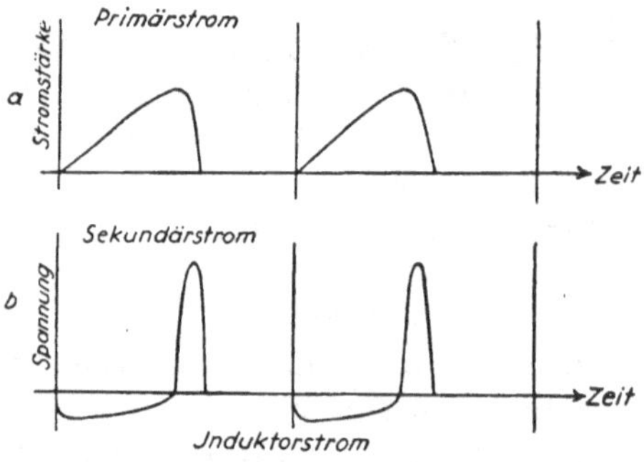

Fig. 67.

Infolge der bei einem Induktorium auftretenden hohen Sekundärspannungen (bis 100000 und mehr Volt) muß bei der technischen Ausführung des Induktors für eine gute Isolation besonders zwischen der Primär- und Sekundärspule gesorgt werden. Hierfür benutzt man dickwandige Hartgummi- oder Pertinaxrohre. Um eine Ableitung für die im Eisenkern entstehende Wärme zu haben, gestaltet man diesen bei großen Induktorien hohl und wählt eine senkrechte Aufstellung, damit kalte Luft von unten her durch den Kern zirkuliert. Würde man bei der Wicklung einer Sekundärspule einfach eine Wicklungslage auf die vorhergehende legen, so würde der Spannungsabfall in radialer Richtung so groß werden, daß die Isolationsmaterialien leicht durchschlagen werden. Aus diesem Grunde setzt man die Sekundärspule in der aus Fig. 68 ersichtlichen Weise aus einzelnen Wicklungsscheiben zusammen.

Wie bereits erwähnt, wird die Primärspule eines Induktoriums mit zerhacktem Gleichstrom betrieben. Zerhackter Wechselstrom wird infolge der Fortschritte in der Konstruktion von Hochspannungswechselstromtransformatoren wohl nur noch selten benutzt. Von einschneidender Wichtig-

[1] Beim Abreißen des Stromes entstehen außerdem Schwingungen, von denen jedoch abgesehen werden soll.

keit für den Induktorbetrieb ist das exakte Arbeiten der Unterbrechungsvorrichtung.

Der älteste und bekannteste Unterbrecher ist der WAGNERsche Hammer. Seine Konstruktion und Anbringung am Induktorium ist aus Fig. 69 ersichtlich. Der WAGNERsche Hammer besteht aus einer elastischen Feder, die am Ende einen kleinen Zylinder aus weichem Eisen trägt und mit einem Platinkontakt gegen die Platinspitze einer Messingschraube drückt. Der Eisenzylinder befindet sich vor dem Eisenkern des Induktoriums. Die Feder ist mit der Primärspule des Induktoriums verbunden, die Messingschraube mit der Stromzuleitung, das andere Ende der Primärspule mit der Stromableitung. Schaltet man nun den Strom ein, so wird der Hammer infolge der Magnetisierung des Eisenkerns angezogen. Dadurch reißt der Kontakt an der Platinspitze ab. Der Eisenkern wird

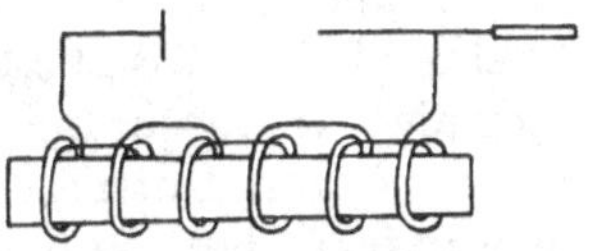

Fig. 68. Anordnung der Wicklungsscheiben der Sekundärspule eines Induktors.

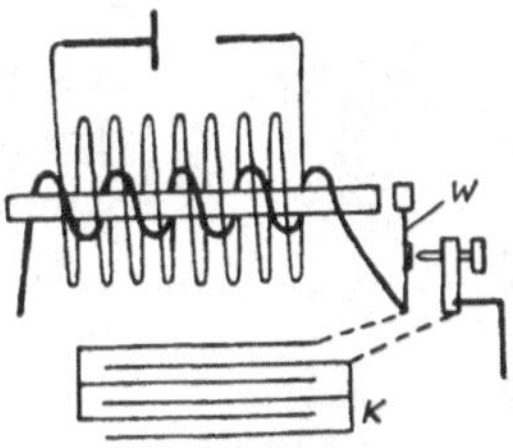

Fig. 69. Anbringung des Hammerunterbrechers mit Kondensator am Induktor.

wieder unmagnetisch und läßt den Hammer los, die Feder schnellt zurück und schließt den Strom von neuem. Durch den beim Öffnen des Stromes entstehenden Extrastrom bildet sich ein starker Öffnungsfunke und evtl. ein Lichtbogen aus, so daß der Strom womöglich überhaupt nicht unterbrochen wird. Sicher wird aber die Stromunterbrechung verzögert. Zur Vermeidung dieses Übelstandes schaltet man parallel zu dem Unterbrecher einen Kondensator *K* (etwa 1 Mikrofarad), der den Extrastrom wenigstens zum großen Teil in sich aufnimmt und die Spannung herabsetzt. Dadurch wird die störende und auch das Material erheblich schädigende Funkenbildung auf ein erträgliches Maß herabgesetzt. Der elektromagnetische Unterbrecher nach dem Prinzip des WAGNERschen Hammers hat verschiedene Ausführungsformen erhalten (Hammer mit Quecksilberkontakt und Deprez-Unterbrecher). Diesen Unterbrechern kommt aber — ebenso wie dem ursprünglichen WAGNERschen Hammer — für röntgenspektroskopische Zwecke keine praktische Bedeutung zu, da sie nur geringen Primärspannungen (etwa 20 Volt) und einem Dauerbetrieb überhaupt nicht gewachsen sind.

Brauchbar für röntgenspektroskopische Versuche ist der noch jetzt zum Teil in Betrieb befindliche, von WEHNELT[1] erfundene, sogen. elektrolytische Unterbrecher (Fig. 70). In ein mit verdünnter Schwefelsäure (spez.

[1] WEHNELT, Wied. Ann. 68, 233 (1899).

Gew. 1,20) gefülltes Gefäß tauchen zwei Elektroden, von denen die eine aus massivem Blei hergestellt ist, während die andere aus einer Platinspitze besteht. Verbindet man die beiden Elektroden über die Primärspule eines Induktoriums mit der 110—220 Volt-Leitung derart, daß die Bleiplatte Kathode, die Platinspitze Anode wird, so tritt an der Platinspitze eine Leuchterscheinung auf, begleitet von einem intensiven knatternden Geräusch, und der Strom wird in einem sehr raschen Tempo unterbrochen. Dieser Vorgang wird folgendermaßen erklärt: Durch die Selbstinduktion der Primärspule steigt der Strom zunächst langsam an, und es wird an der Platinspitze im ersten Moment Sauerstoff entwickelt. Infolge der starken Stromkonzentration an der Spitze wird hierbei eine große Menge Joulescher Wärme entwickelt, so daß Wasser verdampft und dissoziiert. Durch die so entstehende Gasblase wird der Strom unterbrochen. Der Öffnungsfunke bewirkt die Wiedervereinigung von Wasserstoff und Sauerstoff. Der Sauerstoffrest löst sich von der Spitze ab und steigt in der Flüssigkeit auf, während die Flüssigkeit wieder von neuem mit der Platinspitze in Berührung kommt. Aus dieser Erklärungsweise des Unterbrechungsvorganges erhellt ohne weiteres, daß die Größe der Selbstinduktion auf die Häufigkeit der Unterbrechungszahl von Einfluß sein muß. Bei großer Selbstinduktion steigt der Strom langsamer an als bei kleiner Selbstinduktion. Die Unterbrechungszahl pro Zeiteinheit wird daher im ersten Fall geringer als im zweiten Fall sein. Die Primärspulen der Induktorien, die mit dem Wehneltunterbrecher betrieben werden sollen, sind aus diesem Grunde unterteilt, damit man in der Lage ist, die vom Strom durchflossene Windungszahl zu verändern. Die durchschnittliche Unterbrechungszahl des Wehneltunterbrechers liegt zwischen 200 und 2000 pro Sekunde. Aus der Erklärung des Unterbrechungsvorganges geht ferner hervor, daß der Öffnungsstrom für die Unterbrechung wesentlich ist. Man darf daher beim Wehneltunterbrecher keinen Kondensator benutzen. Fig. 70 zeigt die Abbildung eines Wehneltunterbrechers. Links ist die Bleiplatte (Kathode) zu erkennen. In der Mitte befindet sich ein Porzellanrohr, durch dessen untere enge Öffnung der Platinstift in die verdünnte Schwefelsäure ragt. Der Platinstift ist an einem Halter aus Blei befestigt. Letzterer kann mit Hilfe der am Kopf des Porzellanrohres erkennbaren Schraubvorrichtung höher und tiefer gestellt werden. Dadurch wird bewirkt, daß der Platinstift verschieden lang aus dem Porzellanrohr hervorragt, mithin also verschieden große Flächen des Platinstiftes für den Stromdurchgang zur Verfügung stehen. Man kann auf diesem Wege die Stromstärke in weiten Grenzen variieren. Außerordentlich

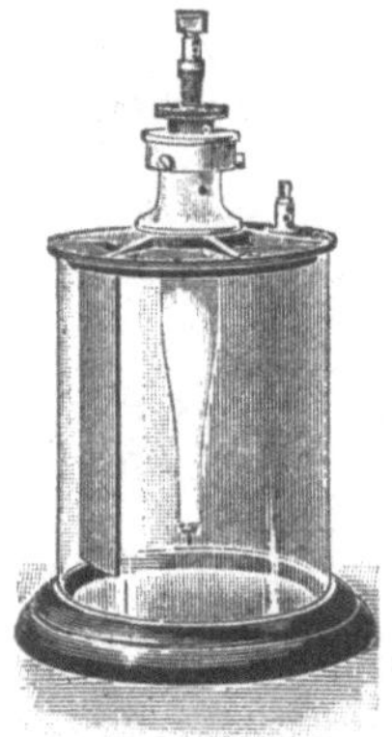

Fig. 70. Wehnelt-Unterbrecher.

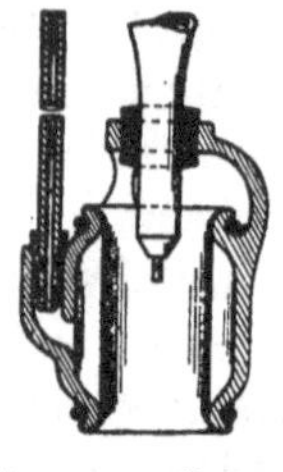

Fig. 71. Schalldämpfer für Wehneltunterbrecher.

störend beim Arbeiten mit dem Wehneltunterbrecher ist das mit dem Betrieb verbundene knatternde Geräusch. Eine gewisse Erleichterung gewähren Schalldämpfer[1] von der in Fig. 71 abgebildeten Form. Außerdem ist es ratsam, doppelwandige Gefäße zu benutzen, bzw. 2 Gefäße mit Filzzwischenlage ineinander zu stellen. Da bei Dauerbetrieb starke Erwärmung der Schwefelsäure eintritt, muß in diesem Fall mit Hilfe eines von Kühlwasser durchflossenen Bleirohrs gekühlt werden. Das Bleirohr kann man gleichzeitig als Kathode benutzen. — Eine Abart des Wehneltunterbrechers ist der von SIMON[2] angegebene Unterbrecher.[3] SIMON benutzt zu dem Zweck der Unterbrechung lediglich die Einengung der Strombahn. Der Simonunterbrecher ähnelt im Aussehen dem Wehneltunterbrecher, nur ist das Porzellanrohr nicht konisch, sondern zylindrisch. An dem unteren Ende befindet sich eine Öffnung von 3—5 mm Durchmesser. In diese Öffnung paßt ein Porzellankonus, der von einem starken Halter aus Blei getragen wird. Durch diesen Porzellankonus kann die Weite der Öffnung und damit die Stromstärke verändert werden.

Die beste Unterbrechungsmethode ist gegenwärtig wohl die mit dem rotierenden Quecksilberunterbrecher[4] (Fig. 72). Das Quecksilber Q befindet sich in einem gasdicht verschließbaren Gefäß G. Durch den Deckel des Gefäßes ist eine mit Hilfe des Motors M anzutreibende Achse eingeführt, die am Ende eine mit zwei Schraubenflügeln versehene Trommel T trägt. Durch die Rotation wird in der Trommel Quecksilber angesaugt und vermöge der Zentrifugalkraft aus den beiden Düsen D_1 und D_2 gegen die Lamellen S_1 und S_2 geschleudert. Hierdurch wird der Stromübergang des Primärstromes zwischen S_1 und S_2 ermöglicht, solange die Quecksilberstrahlen auf die Lamellen treffen, dagegen wird der Strom unter-

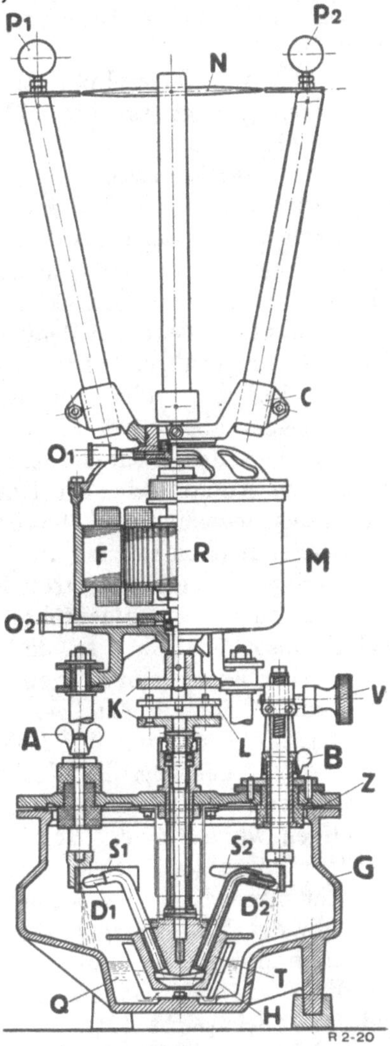

Fig. 72. Quecksilberunterbrecher.

[1] Firma Reiniger, Gebbert & Schall, Berlin.
[2] SIMON, Wied. 68, 860 (1899); LUDEWIG, Diss. Göttingen 1907.
[3] Polyphon A.-G., München.
[4] Wegen der gesundheitsschädlichen Wirkung von Quecksilberdämpfen s. S. 57.

brochen, wenn die Quecksilberstrahlen durch die Zwischenräume der Lamellen gehen. Ebenso wie beim Hammerunterbrecher muß auch zu dem Quecksilberunterbrecher ein Kondensator parallel geschaltet werden. (Auf die oberhalb des Motors angebrachte Vorrichtung wird unten zurückgekommen.) Andere Unterbrechertypen bringen nichts prinzipiell Verschiedenes.

Der von einem Induktorium gelieferte Sekundärstrom setzt sich, wie schon gezeigt (vgl. Fig. 67b), aus einzelnen Stromstößen zusammen. Das würde an sich den Röntgenbetrieb in keiner Weise beeinträchtigen, wenn nur die Stromstöße die gleiche Richtung hätten. Nun liegen zwar die Verhältnisse beim Induktorium insofern günstig, als beim Schließen des Stromes ein Sekundärstrom von nur geringer Spannung entsteht, beim Öffnen dagegen ein Strom hoher Spannung. Der Induktorstrom hat also eine unsymmetrische Charakteristik, die sich einem pulsierenden Gleichstrom nähert. Wenn bei Benutzung von Röntgenröhren mit Glühkathoden das Vakuum genügend hoch ist, macht sich verkehrt gerichteter Strom nicht weiter bemerkbar, da ein entgegengesetzter Stromstoß durch die Röhre selbst abgesperrt wird. Anders liegen die Verhältnisse beim Betrieb gasgefüllter Röntgenröhren. Jeder verkehrt gerichtete Stromstoß macht die Antikathode zur Kathode, wodurch eine starke Zerstäubung des Antikathodenmaterials bewirkt wird. Infolge der geringeren Spannung des Schließungsstromes ist die Intensität des Verkehrtstromes zwar ziemlich gering, genügt aber trotzdem, um die Lebensdauer einer gewöhnlichen technischen Röntgenröhre wesentlich herabzusetzen. Das zerstäubte Metall absorbiert Gas, so daß die Röhre allmählich undurchschlagbar wird. Aber auch beim Betrieb einer dauernd an der Pumpe befindlichen Röhre macht sich die Metallzerstäubung sehr störend bemerkbar; sie macht eine häufige Reinigung der Röhre erforderlich. Die an sich immer vorhandene Veränderung des Kathodenspiegels (vgl. S. 37) wird durch den Aufprall von Elektronen beschleunigt, so daß die Kathode häufiger nachgeschliffen werden muß. Der Verkehrtstrom muß also beim Betrieb gasgefüllter Röhren möglichst vermieden werden.

Zur Erreichung dieses Zieles dient beim Quecksilberunterbrecher die oberhalb des Motors angebrachte Vorrichtung (Fig. 72). An der aus isolierendem Material hergestellten Achse ist eine Aluminiumnadel N befestigt, die dicht an zwei isoliert und feststehend angebrachten Elektroden P_1 und P_2 vorbeistreicht. P_1 verbindet man mit einem Pol der Sekundärspule des Induktoriums, P_2 mit dem Röntgenrohr. Die Lage der Lamellen und Elektroden wird nun so gegeneinander eingestellt, daß sich die Nadel bei der Unterbrechung des Primärstromes zwischen den Elektroden P_1 und P_2 befindet, bei der Schließung des Primärstromes dagegen senkrecht zur Richtung $P_1 P_2$. Der Sekundärstrom kann also nur bei Öffnung des Primärstromes von P_1 nach P_2 gelangen.

Bei Benutzung des elektromagnetischen oder des elektrolytischen Unterbrechers ist man zur Unterdrückung des Verkehrtstromes auf besondere Ventilfunkenstrecken oder Ventilröhren angewiesen. Das einfachste Prinzip ist das der unsymmetrischen Funkenstrecke, die in der einen Richtung eine höhere Durchschlagsspannung erfordert, als in der anderen Richtung. Praktisch schaltet man mehrere derartige

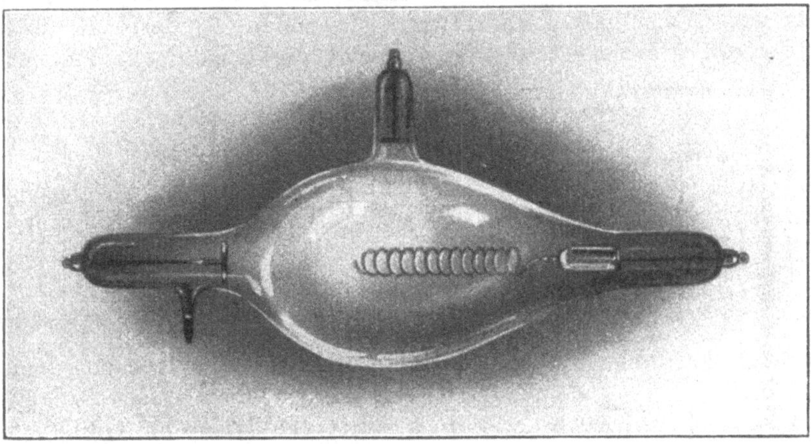

Fig. 73. Ventilröhre, System CHABAUD.

Funkenstrecken hintereinander. Die Fig. 73 und 74 zeigen verschiedene Konstruktionen von Ventilröhren[1], in denen der Druck auf Kathodenstrahlvakuum

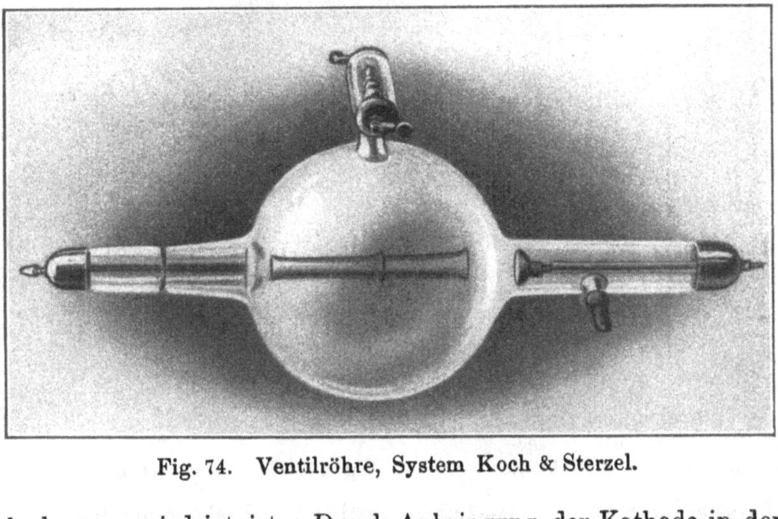

Fig. 74. Ventilröhre, System Koch & Sterzel.

strahlvakuum erniedrigt ist. Durch Anbringung der Kathode in der Mitte der Kugel, der Anode dagegen im Halsansatze, wird die Durchbruchsspannung in Richtung Kathode–Anode wesentlich herabgesetzt, in der entgegengesetzten Richtung erhöht. Eine einzelne Ventilröhre kann man

[1] Fig. 73, System CHABAUD (Müller, Hamburg); Fig. 74, System Koch & Sterzel, Dresden.

bis ungefähr 5 Milliampère belasten. Für höhere Belastungen muß man mehrere Röhren parallel schalten.[1]

Von mehreren Firmen werden Glimmlichtröhren in den Handel gebracht, mit denen man leicht feststellen kann, ob Verkehrtstrom vorhanden ist. Wenn kein Verkehrtstrom vorhanden ist, darf nur die eine Seite der Röhre aufleuchten. Fig. 75 zeigt die Schaltung einer solchen

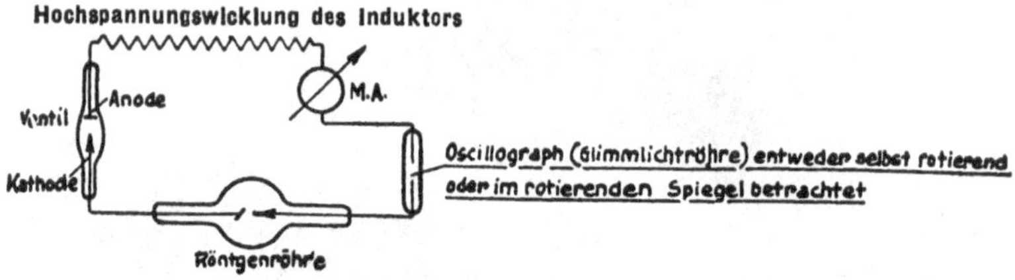

Fig. 75. Schaltung einer Glimmlichtröhre zur Feststellung von Verkehrtströmen.

Glimmlichtröhre, die man am besten durch einen rotierenden Spiegel betrachtet.

Wesentlich exakter arbeitet die gasfreie Ventilröhre mit Glühkathode, doch dürfte diese bei Induktorbetrieb wohl kaum zur Anwendung kommen.

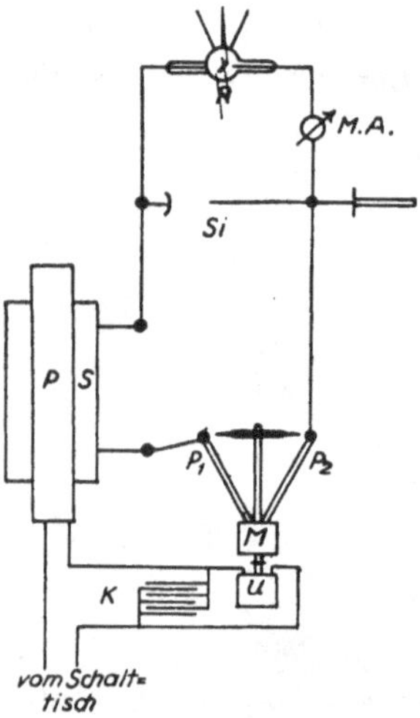

Fig. 76. Schaltungsskizze eines mit rotierendem Quecksilberunterbrecher betriebenen Induktors.

Fig. 77. Induktorinstrumentarium.

Sie soll daher erst bei der Besprechung der Wechselstromtransformatoren näher beschrieben werden.

Fig. 76 zeigt die Schaltungsskizze eines mit rotierendem Quecksilberunterbrecher betriebenen Induktors. Der von dem Schalttisch kommende Strom geht durch die Primärspule P und den Unterbrecher U. Parallel

[1] Firma C. H. F. Müller, Hamburg, schaltet für höhere Belastungen mehrere Röhren parallel und stellt durch Verbindungsröhren gemeinsames Vakuum her.

zu dem Unterbrecher ist der Kondensator *K* geschaltet. Zum Antrieb des Unterbrechers dient der Motor *M*. Die Pole der Sekundärspule *S* sind über den Schließungsstromsperrer (P_1 P_2) mit der Sicherheitsfunkenstrecke *Si* verbunden. Parallel zur Sicherheitsfunkenstrecke liegt das Röntgenrohr *R*. Das Milliampèremeter M. A. dient zur Messung der durch die Röhre gehenden mittleren Stromstärke. Die Sicherheitsfunkenstrecke hat den Zweck, daß bei zu hoch ansteigender Spannung die Entladung über die Funkenstrecke stattfindet. Anderenfalls besteht die Gefahr, daß das Röntgenrohr durchschlagen wird. Fig. 77 zeigt den vollständigen Aufbau eines Induktorinstrumentariums mit Schrankumbau.

Bei jedem Röntgenbetrieb wird man bestrebt sein, eine möglichst große Stromausbeute zu erzielen. Die anzuwendende Spannung ist bei röntgenspektroskopischen Untersuchungen durch die jeweils verfolgten Zwecke bedingt (vgl. hierzu S. 180). Man verfährt nun beim praktischen Induktorbetrieb vorteilhaft so, daß man die Sicherheitsfunkenstrecke auf die der gewünschten maximalen Spannung (Scheitelspannung) entsprechende Entfernung einstellt und nunmehr bei eingeschalteter Röntgenröhre so viel Primärstrom einschaltet, daß an der Sicherheitsfunkenstrecke vereinzelt Funken übergehen. Dann reguliert man die Unterbrechungszahl, bis die durch die Röhre gehende mittlere Stromstärke ein Maximum ist.

Bei röntgenspektroskopischen Versuchen erdet man gerne einen Pol des Röntgenrohres und damit natürlich auch den einen Pol des Induktoriums. Die Erdung des einen Pols des Röntgenrohres hat den großen Vorteil, daß man an dem Rohr ungestört arbeiten und die Aufnahmekamera justieren kann. Die Isolation der gewöhnlichen käuflichen Apparate ist jedoch nur so dimensioniert, daß keine Erdungen vorgenommen werden; denn beim Betriebe einer medizinischen Röhre ist eine Erdung nicht erforderlich. Der wunde Punkt bei der Erdung ist die Isolation zwischen der Primär- und der Sekundärspule. Die Primärspule hat Erdpotential. Nehmen wir nun an, die Sekundärspule liefert 100000 Volt, so hat normal der eine Pol die halbe Spannung, -50000 Volt, gegen Erde, der andere Pol $+50000$ Volt. Für diese Spannung ist die Durchschlagsfestigkeit der Isolation zwischen Primär- und Sekundärspule berechnet. Erdet man nun aber den einen Pol der Sekundärspule, so steigt die Spannung des anderen Poles auf 100000 Volt, und die Durchschlagsfestigkeit der Isolation müßte dieser Spannungsdifferenz standhalten, was jedoch nicht der Fall ist. Daraus folgt, daß man einem für eine bestimmte Maximalspannung gelieferten Induktor nur die halbe Spannung entnehmen darf, wenn die Sekundärspule ohne Gefährdung der Apparatur einseitig geerdet werden soll.

Steht als primäre Stromquelle kein Gleichstrom, sondern nur Wechselstrom zur Verfügung, so wird man nach Möglichkeit einen Wechselstromtransformator benutzen. Eventuell kann man den Funkeninduktor selbst als Transformator gebrauchen. Siegbahn gibt an, daß man für die meisten röntgenspektroskopischen Zwecke hiermit auskommt.

Natürlich muß man in diesem Falle Glühkathodenröhren oder Glühkathodenventilröhren nehmen. (Hierzu vgl. weiter unten.) — Zur Anwendung des Unterbrecherbetriebes wird man bei primärem Wechselstrom wohl selten schreiten. Ist jedoch die Induktorspule als Transformator ungeeignet, so kommt es darauf an, den Primärstrom immer an derselben höchsten Stelle der Stromkurve (vgl. unten) zu unterbrechen. Dies läßt sich beim Arbeiten mit dem rotierenden Gasunterbrecher leicht erreichen durch Antrieb mit einem Synchronmotor. Bei Verwendung eines elektrolytischen Unterbrechers liegen die Unterbrechungen an ganz verschiedenen Stellen der primären Stromkurve, so daß die sekundären Stromstöße ganz verschiedene Spannungen und Richtungen aufweisen. Man muß daher in diesem Fall mit einer Glühkathodenröntgenröhre oder unter Vorschaltung einer Glühkathodenventilröhre arbeiten (vgl. unten). Die Benutzung des Simonunterbrechers für Wechselstrombetrieb verursacht keine weiteren Schwierigkeiten, dagegen wird die Platinspitze des Wehneltunterbrechers durch falsche Stromrichtungen stark abgenutzt. Es wird daher an Stelle des teuren Platins für Wechselstrombetrieb vorteilhaft Nickel benutzt.[1] Der aus dem Porzellanrohr hervorragende Nickelstift ruht dabei am besten auf einer isolierenden Unterlage und schiebt sich nach Maßgabe der Abnutzung von selbst vor.

b) Der Wechselstrom-Hochspannungstransformator.

Die beste Hochspannungsquelle zur Erzeugung von Röntgenstrahlen ist der Wechselstromtransformator. Ein Wechselstrom ist dadurch gekennzeichnet, daß seine Richtung beständig wechselt, oder auch dadurch, daß er abwechselnd positive und negative Werte annimmt. Würde der Wechsel unregelmäßig erfolgen, so könnte man mit dem Wechselstrom wenig anfangen. Man läßt daher den zeitlichen Verlauf einem bestimmten periodischen Gesetz entsprechen, und zwar im einfachsten und wichtigsten Falle einem Sinusgesetz:

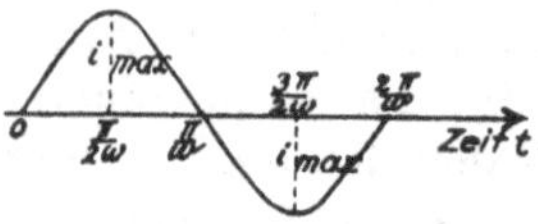

Fig 78. Stromkurve eines Einphasenwechselstroms.

(4) $$i = i_{\max} \sin \omega t \text{ (Fig. 78).}$$

Zu den Zeiten $t = 0, \frac{\pi}{\omega}, \frac{2\pi}{\omega}$ und jedem ganzzahligen Vielfachen von $\frac{\pi}{\omega}$ ist $i = 0$. Zu den Zeiten $t = \frac{\pi}{2\omega}, \frac{5\pi}{2\omega}$ usw. hat i seinen maximalen Wert in der einen Stromrichtung, zu den Zeiten $t = \frac{3\pi}{2\omega}, \frac{7\pi}{2\omega}$ usw. hat i seinen maximalen Wert in der anderen Stromrichtung. Nach der Zeit $t = \frac{2\pi}{\omega}$ beginnt der gleiche Stromverlauf von neuem. Dieser letzte Zeitabschnitt wird daher als die Dauer einer Periode bezeichnet. Führt der Strom in der Sekunde ν Perioden aus, so folgt daraus:

[1] Fa. Siemens & Halske.

(5) $$\frac{1}{\nu} = \text{Dauer einer Periode} = \frac{2\pi}{\omega}$$

und

(6) $$\omega = 2\pi\nu.$$

Der gebräuchliche Wechselstrom (Ortsnetz) führt gewöhnlich 50 Perioden pro Sekunde aus, es ist also $\nu = 50$.

Entsprechend der Stromstärke ändert sich die Spannung, $e = iw$, also:

(7) $$e = e_{max} \sin \omega t.$$

Durch die vorstehenden Gleichungen ist der zeitliche Verlauf der Stromstärke und der Spannung gegeben bei bekannter maximaler Stromstärke bzw. maximaler Spannung. Für die Praxis interessiert jedoch in erster Linie die Energie, die der Wechselstrom zu liefern imstande ist. Der arithmetische Mittelwert aller Stromstärken ist nicht brauchbar, da die in jedem Moment entwickelte Energie proportional dem Quadrat der jeweiligen Stromstärke ist. Die in der unendlich kleinen Zeit dt entwickelte Wärmemenge ist gleich $i^2 w\,dt$. Die während einer ganzen Periode entwickelte Energie ist demnach:

$$A = w \int_0^{\frac{2\pi}{\omega}} i^2\,dt.$$

Ein Gleichstrom, der in derselben Zeit $\frac{2\pi}{\omega}$ die gleiche Energie entwickelt, möge die Stromstärke J haben. Dann gilt:

$$A = w \cdot J^2 \cdot \frac{2\pi}{\omega} = w \int_0^{\frac{2\pi}{\omega}} i^2\,dt.$$

Daraus folgt:

(8) $$J = \sqrt{\frac{\omega}{2\pi} \int_0^{\frac{2\pi}{\omega}} i^2\,dt}.$$

Diesen Mittelwert aus der Summe aller Quadrate der Stromstärken einer ganzen Periode (oder auch halben Periode) bezeichnet man als „effektive Stromstärke." Wir setzen nunmehr den Wert für i aus Gleichung (4) ein. Dann ergibt die Integration:

(9) $$J = \sqrt{\frac{i_{max}^2}{2}} = \frac{i_{max}}{\sqrt{2}} = \frac{i_{max}}{1{,}4}.$$

Die „effektive Stromstärke" ist also gleich der maximalen Stromstärke dividiert durch $\sqrt{2}$. Das Entsprechende gilt für die „effektive elektromotorische Kraft":

(10) $$E = \frac{e_{max}}{\sqrt{2}} = \frac{e_{max}}{1{,}4}.$$

Der quadratische Mittelwert entspricht auch dem von den Meßinstrumenten angegebenen Werte, so bei den Hitzdrahtinstrumenten und den Weicheiseninstrumenten. Meßinstrumente, die den arithmetischen Mittelwert ergeben würden, wie die Drehspulinstrumente, kommen für Wechselstrommessungen nicht in Betracht, da sie bei jedem Stromrichtungswechsel in anderer Richtung ausschlagen würden, aber im Tempo des Periodenwechsels überhaupt nicht nachfolgen können.

Den einfachen Wechselstrom bezeichnet man als Einphasenstrom. Daneben findet in den städtischen Netzen in steigendem Maße und bei den Abzweigungen von den Überlandzentralen fast ausschließlich der Mehrphasenstrom Verwendung, und zwar vorzugsweise der Dreiphasenstrom (Drehstrom), der für den Antrieb von Motoren besonders geeignet ist. Der Dreiphasenstrom besteht aus drei einzelnen Wechselströmen, die in der Phase um $\frac{2\pi}{3}$ (120°) gegeneinander verschoben sind (vgl. Fig. 79). Die drei Wechselströme entstehen in drei Wickelungen eines Generators, die

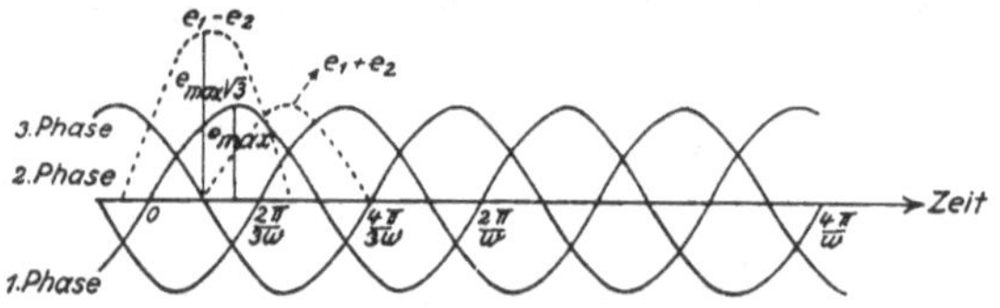

Fig. 79. Stromkurven eines Dreiphasenstroms (Drehstrom).

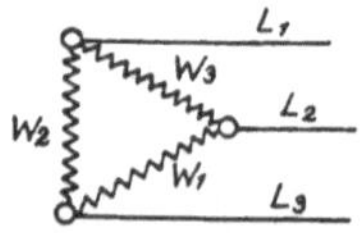

Fig. 80. Dreieckschaltung.

in einem Winkel von 120° gegeneinander angebracht sind. Zur Fortleitung der drei Wechselströme sind zwei verschiedene Schaltungen üblich, die Dreieckschaltung und die Sternschaltung.

Die Dreieckschaltung ist in Fig. 80 wiedergegeben. W_1, W_2 und W_3 sind die drei Wickelungen des Generators, L_1, L_2 und L_3 die drei Leitungen des Leitungsnetzes. Die Klemme der Leitung L_1 habe in einem beliebigen Zeitpunkt das Potential P_1, die Klemme der Leitung L_2 das Potential P_2 und die Klemme der Leitung L_3 das Potential P_3. Dann sind die den einzelnen Wickelungen W_1, W_2 und W_3 entsprechenden Potentialdifferenzen:

$$e_1 = P_2 - P_3,$$
$$e_2 = P_3 - P_1,$$
$$e_3 = P_1 - P_2,$$

mithin ist:

11) $$e_1 = -(e_2 + e_3), \quad e_2 = -(e_3 + e_1), \quad e_3 = -(e_1 + e_2).$$

Das Minuszeichen besagt, daß die von einer einzelnen Wicklung erzeugte Spannung und die Summe der von den anderen beiden hintereinander geschalteten Wicklungen erzeugten Spannungen entgegengesetzt gleich groß sind. Für die Potentialdifferenzen gilt nun nach Gleichung (7):

$$e_1 = e_{max} \cdot \sin \omega t,$$
$$e_2 = e_{max} \cdot \sin (\omega t - 120^0),$$
$$e_3 = e_{max} \cdot \sin (\omega t - 240^0).$$

Daraus ergibt sich:

$$e_1 + e_2 = e_{max} (\sin \omega t + \sin(\omega t - 120^0)).$$

Es fragt sich nun, sind die Gleichungen (11) mit der obigen Gleichung verträglich, d. h. ist eine derartige Dreiecksschaltung überhaupt möglich? Die Übereinanderlagerung von zwei Sinusschwingungen gleicher Periode und verschiedener Phase gibt wieder eine Sinusschwingung derselben Periode, aber anderer Phase und anderem absoluten Betrag. Die Phasenverschiebung sei φ, der neue absolute Betrag e'_{max}. Dann ist also

(12) $$e'_{max} \cdot \sin(\omega t - \varphi) = e_{max} (\sin \omega t + \sin(\omega t - 120^0)).$$

Die Gleichung muß für jeden beliebigen Zeitmoment gelten. Für $\omega t = 0$ ergibt sich:

$$- e'_{max} \cdot \sin \varphi = - e_{max} \cdot \tfrac{1}{2} \sqrt{3}.$$

Und ferner für $\omega t = 90^0$:

$$e'_{max} \cdot \cos \varphi = e_{max} \cdot \tfrac{1}{2}.$$

Die Division ergibt:

(13) $$\operatorname{tg} \varphi = \sqrt{3}, \quad \varphi = 60^0.$$

Quadrieren und Addieren:

(14) $$e'_{max} = e_{max}$$

Die aus e_1 und e_2 resultierende Schwingung ist eine Sinusschwingung, welche die gleiche Amplitude besitzt und gegenüber der 1. Phase um 60^0 verschoben ist. Sie ist mithin gegenüber der 3. Phase um 180^0 verschoben (vgl. Fig. 79).

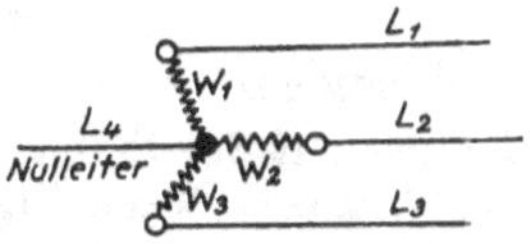

Fig. 81. Sternschaltung.

Die Sternschaltung ist in Fig. 81 dargestellt. Die Wickelungen W_1, W_2 und W_3 haben einen Pol gemeinsam. Die drei freien Pole sind mit den Leitungen L_1, L_2 und L_3 verbunden, der gemeinsame Pol mit einer vierten Leitung L_4, die zumeist geerdet ist. Nimmt man Strom von irgendeinem der drei Außenleiter und dem Nulleiter L_4 ab, so erhält man den einer einzelnen Spule entsprechenden Wechselstrom (etwa 220 Volt). Ebenso erhält man aber einen einfachen Wechselstrom, wenn man Strom von zwei Außenleitern, z. B. L_1 und L_2, abnimmt. Es fragt sich nun, welche Phasenverschiebung und welche Amplitude die neue resultierende Sinusschwingung aufweist. Die drei Wicklungen haben je einen geerdeten Pol. Die ihnen entsprechenden Potentialdifferenzen sind demnach gleich den Potentialen der freien Enden. Um die Potentialdifferenz zwischen zwei freien Spulenenden zu erhalten, hat man daher in diesem Fall nicht die Summe (wie bei der Dreieckschaltung), sondern die Differenz von e_1 und e_2 zu bilden. Entsprechend Gleichung (12) gilt:

(15) $$e'_{\max} \cdot \sin(\omega t - \varphi) = e_{\max}\left(\sin \omega t - \sin(\omega t - 120^0)\right),$$

$$\omega t = 0: \quad -e'_{\max} \cdot \sin \varphi = e_{\max} \cdot \tfrac{1}{2}\sqrt{3},$$

$$\omega t = 90^0: \quad e'_{\max} \cdot \cos \varphi = e_{\max} \cdot \tfrac{3}{2},$$

(16) $$\operatorname{tg} \varphi = -\frac{1}{\sqrt{3}}, \quad \varphi = -30^0,$$

17) $$e'_{\max} = e_{\max}\sqrt{3}.$$

Die resultierende Phase ist um -30^0 gegenüber der 1. Phase verschoben. Die Amplitude der resultierenden Phase ergibt sich aus der Amplitude der anderen Phasen durch Multiplikation mit $\sqrt{3}$ (vgl. Fig. 79).

Gleichung (17) gilt auch (entsprechend Gleichung (10)) für die Effektivspannungen:

(18) $$\underline{E' = E\sqrt{3}.}$$

Beträgt also der Effektivwert zwischen einem Außenleiter und dem Nulleiter 220 Volt, so beträgt der Effektivwert zwischen zwei Außenleitern 380 Volt. Der Scheitelwert zwischen zwei Außenleitern beträgt 535 Volt. (Diese Spannung ist schon als durchaus lebensgefährlich anzusprechen.)

Bei Gelegenheit der Besprechung des Induktoriums wurde bereits erwähnt, daß man dieses eventuell auch als Wechselstromtransformator benutzen kann. Das Induktorium arbeitet aber unrationell, da von der Sekundärspule keineswegs alle magnetischen Kraftlinien erfaßt werden können (vgl. Fig. 65). Die Streuung führt man beim Wechselstromtransformator durch Schließen des magnetischen Kreises auf einen geringen Rest zurück. In Fig. 82 ist die schematische Zeichnung eines Wechselstromtransformators wiedergegeben. Er besteht aus einem geschlossenen Joch aus zusammengelegten, voneinander isolierten Eisenblechen mit der Primärwicklung P und der Sekundärwicklung S. Infolge der geschlossenen Form des Eisenkerns verlaufen fast alle Induktionslinien im Kern und werden daher von den Wickelungen nahezu vollzählig erfaßt. Die von einer Windung umfaßte Kraftlinienzahl sei Φ, ihre Änderungsgeschwindigkeit $\frac{d\Phi}{dt}$. Dann ist die entsprechende elektromotorische Kraft nach Gleichung (1) $E = \frac{d\Phi}{dt}$. Hat nun die Primärspule n_p Windungen, die Sekundärspule n_s Windungen, so sind die entsprechenden elektromotorischen Kräfte

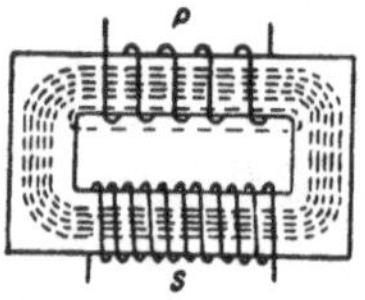

Fig. 82. Wechselstromtransformator.

$$E_p = n_p \cdot \frac{d\Phi}{dt} \quad \text{und} \quad E_s = n_s \cdot \frac{d\Phi}{dt}.$$

Da beide Spulen die gleiche Kraftlinienzahl umfassen, so ist Φ in beiden Fällen gleich groß. Die elektromotorischen Kräfte verhalten sich also wie die Windungszahlen

(19) $$\underline{E_p : E_s = n_p : n_s.}$$

Das Verhältnis der Windungszahlen nennt man daher das „Übersetzungsverhältnis“.

Was geschieht nun, wenn man die Primärspule eines Transformators mit Wechselstrom beschickt, der Sekundärspule aber keinen Strom entnimmt? Würde man durch die Primärspule einen reinen Gleichstrom schicken, so würde die Stromstärke durch das OHMsche Gesetz gegeben sein, $i = \frac{e}{w}$, wenn e die Klemmenspannung und w der Widerstand der Primärspule ist. Nun handelt es sich aber nicht um einen Gleichstrom, sondern um Wechselstrom. Ändert sich aber in einem Leiter von der Selbstinduktion L in der unendlich kleinen Zeit dt die Stromstärke um den Betrag di, so wird dadurch in dem Leiter nach Gleichung (3) ein Extrastrom erzeugt von der elektromotorischen Kraft $e' = L \cdot \frac{di}{dt}$. Diese Spannung ist der Klemmenspannung entgegengesetzt, so daß sie von dieser subtrahiert werden muß, und es ergibt sich für die Stromstärke des Wechselstromes:

$$(20) \qquad i = \frac{e - e'}{w} = \frac{1}{w}\left(e - L \cdot \frac{di}{dt}\right)$$

und für die Klemmenspannung:

$$(21) \qquad e = w\,i + L \cdot \frac{di}{dt}.$$

Für die Klemmenspannung gilt andererseits die Gleichung (7):

$$(22) \qquad e = e_{\max} \cdot \sin \omega t.$$

Die Stromstärke wird nun mit der Klemmenspannung nicht in gleicher Phase sein, sondern um einen Winkel ψ hinter ihr herhinken. Für die Stromstärke gilt daher nach Gleichung (4):

$$(23) \qquad i = i_{\max} \cdot \sin(\omega t - \psi).$$

Setzen wir die Werte (22) und (23) in Gleichung (21) ein, so ergibt sich:

$$(24) \qquad e_{\max} \cdot \sin \omega t = w \cdot i_{\max} \cdot \sin(\omega t - \psi) + \omega L \cdot i_{\max} \cdot \cos(\omega t - \psi).$$

Da die Gleichung in jedem beliebigen Zeitmoment gelten muß, so auch für $\omega t = 0$ und $\omega t = 90^0$. Für $t = 0$ ergibt sich:

$$(25) \qquad 0 = - w \cdot i_{\max} \cdot \sin \psi + \omega L \cdot i_{\max} \cdot \cos \psi.$$

Aus dieser Gleichung folgt:

$$(26) \qquad \underline{\operatorname{tg} \psi = \frac{\omega L}{w} = \frac{2 \pi \nu L}{w}} \quad [\text{Gl. } (6)].$$

Für $t = \frac{\pi}{2\omega}$ erhält man aus (24):

$$(27) \qquad e_{\max} = w \cdot i_{\max} \cdot \cos \psi + \omega L \cdot i_{\max} \cdot \sin \psi.$$

Quadriert und addiert man (25) und (27), so folgt:

$$(28) \qquad \underline{e_{\max} = i_{\max} \sqrt{w^2 + \omega^2 L^2} = i_{\max} \sqrt{w^2 + 4 \pi^2 \nu^2 L^2}}.$$

Da sich die Effektivwerte von den Maximalwerten nur durch den Faktor $\frac{1}{\sqrt{2}}$ unterscheiden, so gilt die entsprechende Gleichung auch für die Effektivwerte:

$$(29)\quad \underline{E} = \frac{e_{max}}{\sqrt{2}} = \frac{i_{max}}{\sqrt{2}}\sqrt{w^2 + \omega^2 L^2} = \underline{J\sqrt{w^2 + \omega^2 L^2} = J\sqrt{w^2 + 4\pi^2\nu^2 L^2}}.$$

In den Gleichungen (26), (28) und (29) ist alles enthalten, was wir zur Beantwortung der eben aufgeworfenen Frage gebrauchen. Die Gleichungen (28) und (29) stellen das Ohmsche Gesetz für Wechselstrom dar. Der Widerstand setzt sich aus dem Ohmschen Widerstand w und dem scheinbaren Widerstand ωL, dem „induktiven Widerstand" oder der „Induktanz" zusammen. Die Quadratwurzel aus der Summe der Quadrate bezeichnet man als die „Impedanz" der Spule. Aus Gleichung (26) folgt, daß bei sehr großer Induktanz ωL und kleinem Widerstand w

$$\operatorname{tg} \psi = \infty$$

und $\psi = 90^0$ wird, d. h. die Stromstärke hinkt um 90^0 hinter der Spannung her. Die Induktanz ist dann sehr groß, wenn die Selbstinduktion L und die Periodenzahl ν $(\omega = 2\pi\nu)$ groß sind. Der Strom erzeugt nun wiederum eine Gegenspannung, welche gegen den Strom um weitere 90^0 verschoben ist. Die Phase der Gegenspannung ist also gegenüber der Phase der Klemmenspannung um insgesamt 180^0 verschoben, d. h. es fließt bei genügend hohem induktivem Widerstand überhaupt kein Strom durch die Spule. Dieser Idealfall wird bei den Transformatoren angenähert erreicht. Den geringen Stromverlust bezeichnet man als „Leerlaufstrom". Er soll bei einem guten Transformator höchstens 1—2 % der Gesamtleistungsfähigkeit betragen. Ein höherer Leerlaufstrom läßt auf einen Defekt am Transformator, vornehmlich auf einen Kurzschluß in der Sekundärspule schließen.

Wie ändern sich nun aber die Verhältnisse, wenn der Sekundärspule Strom entnommen wird? Die Buchstaben, die sich auf die Primärspule beziehen, sollen im folgenden mit dem Index p bezeichnet werden, die Buchstaben, die sich auf die Sekundärspule beziehen, mit dem Index s. Die Phasenverschiebung des primären Stromes gegenüber der Klemmenspannung sei ψ, die Phasenverschiebung des sekundären gegenüber dem primären Strom sei χ.

Die durch die Primärspule gehende effektive Stromstärke ist nach Gleichung (29):

$$(30)\quad J_p = \frac{E_p}{\sqrt{w^2 + \omega^2 L^2}}$$

und die Phasenverschiebung nach Gleichung (26):

$$(31)\quad \operatorname{tg} \psi = \frac{\omega L}{w}.$$

Die Indices für w und L wurden in den Gleichungen (30) und (31) fortgelassen, denn diese Werte sind nicht nur durch den Ohmschen Widerstand und die Induktanz der Primärspule bedingt, sondern dazu tritt die Veränderung der beiden Größen durch die Rückwirkung der Sekundärspule. Es würde zu weit führen, alle notwendigen Ableitungen zu bringen. Wir begnügen uns daher mit der Angabe der Resultate.[1] Die Sekundärspule sei durch den äußeren Widerstand w_a mit der Selbstinduktion L_a geschlossen. Dann ist:

$$w = w_p + \vartheta (w_s + w_a) \tag{32}$$

$$L = L_p - \vartheta (w_s + w_a) \tag{33}$$

$$\frac{J_s}{J_p} = \sqrt{\vartheta} \tag{34}$$

$$\vartheta = \frac{\varkappa\, \omega^2 L_p \cdot L_s}{(w_s + w_a)^2 + \omega^2 (L_s + L_a)^2}$$

$$\operatorname{tg} \chi = - \frac{w_s + w_a}{\omega (L_s + L_a)} \tag{35}$$

($\varkappa$ ist eine Zahl zwischen 0 und 1 und heißt der „Kuppelungsfaktor“. Er bringt zum Ausdruck, wie viel von der ganzen Selbstinduktion L_p und L_s an der gegenseitigen Induktion beteiligt ist.)

Ist w_a oder ωL_a unendlich groß, so ist der sekundäre Strom Null. Wir haben den vorhin besprochenen Fall $\psi = 90^0$, der primäre Strom ist gegenüber der primären Klemmenspannung um 90^0 verschoben. Die Phasenverschiebung des — unendlich geringen — sekundären Stromes gegenüber dem primären ist dann: $\chi = 90^0$. Da L kleiner ist als L_p und w größer als w_p, so folgt aus Gleichung (31), daß die primäre Phasenverschiebung ψ bei Belastung kleiner ist als bei Leerlauf. Für die Phasenverschiebung des sekundären Stromes ist das Entgegengesetzte der Fall, χ wächst gegen 180^0. Bei normalen Transformatoren ist χ schon bei $^1/_4$ der normalen Belastung nahezu 180^0. Der primäre und der sekundäre Strom haben dann also entgegengesetzte Phase. Die Gleichung (34) gibt die Abhängigkeit der Intensität des Primärstromes von der sekundären Stromentnahme wieder. Die Stromstärke des Primärstromes steigt mit sekundärer Stromentnahme an.

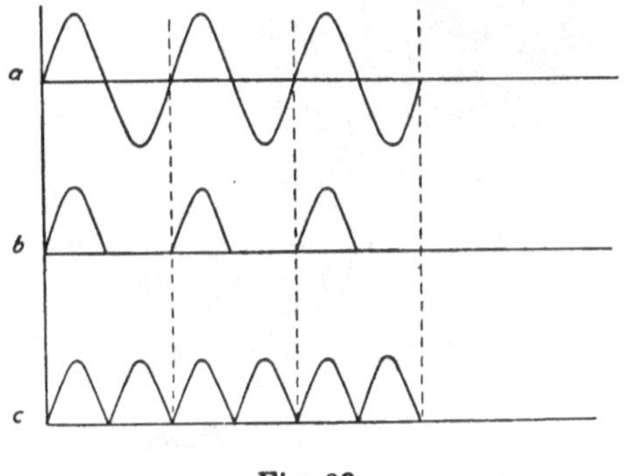

Fig. 83.
Hochspannungskurven eines Transformators. a) ohne Ventilröhre, b) mit einer Ventilröhre, c) mit mechanischem Gleichrichter oder Kombination an 4 Ventilröhren.

Wir kommen nunmehr auf die Anwendung des Wechselstromtransformators zur Erzeugung hochgespannten Stromes für den Betrieb eines Röntgenrohres zurück. Die sekundäre Spannung eines Transformators ist abhängig von der angelegten Primärspannung und dem Verhältnis der Windungszahlen, dem Übersetzungsverhältnis. Ist z. B. die Primärspannung 100 Volt und beträgt das Übersetzungsverhältnis 1 : 350, so ist die Sekundärspannung 35000 Volt (vgl. Gl. (19)). Fig. 83a sei die Stromkurve des sekundären Wechselstromes. Zum Betrieb eines Röntgenrohres

[1] Bezüglich der Ableitung der Gleichungen vgl. BENISCHKE, l. c.

wird nun aber kein Wechselstrom benötigt, sondern Gleichstrom. Auf Seite 64 wurde bereits erwähnt, daß jeder Verkehrtstrom ein Röntgenrohr sehr bald unbrauchbar macht. Es muß also dafür gesorgt werden, daß die entgegengesetzt gerichteten Halbwellen entweder durch eine Ventilvorrichtung unterbunden (Fig. 83b) oder in die gleiche Richtung gebracht werden (Fig. 83c). Am einfachsten liegen die Verhältnisse, wenn man eine Glühkathodenröntgenröhre in Anwendung bringen will; denn diese wirkt selbst als Ventil. Es geht nur die Halbwelle durch die Röhre für die der Glühdraht Kathode ist. Will man dagegen eine gashaltige Röntgenröhre verwenden, so muß man zur Sperrung der entgegengesetzten Halbwelle eine Glühkathodenventilröhre einschalten. (Gashaltige Ventilröhren sind nur bei der unsymmetrischen Charakteristik des Induktors ausreichend.) Eine solche Ventilröhre ist in Fig. 84 wiedergegeben. Wie bereits auf S. 42 näher erläutert, ist zum Transport der Elektronen durch das Vakuum eine gewisse Spannung erforderlich, die durch die Raumladung bedingt ist. Um diese Spannung weitgehend herabzusetzen, ist der Abstand Kathode–Anode bei der Ventilröhre möglichst klein gehalten.[1] Ferner ist es förderlich, den Brennfleck der Kathodenstrahlen groß zu machen und die Kathode nicht mit einer leitenden Hülle zu umgeben, weil hierdurch eine Vergrößerung der die Elektronen erzeugenden Fläche erzielt wird. Wird die Stromstärke durch die Ventilröhre so groß, daß der Elektronenvorrat an der Kathode völlig verbraucht wird, so steigt die Spannung an der Ventilröhre, ohne daß eine weitere Zunahme des Röhrenstromes erfolgt. Die Ventilröhre bewirkt dann einen großen Energieverlust und wird zudem durch starke Erwärmung der Anode schnell zerstört. Die Ventilkathode muß daher stets so hoch geheizt werden, daß der maximale Strom immer unterhalb des Sättigungsstromes liegt. Sobald die Kathode unterheizt ist, tritt an dem Anodenhals durch den Aufprall schneller Elektronen grüne Glasfluoreszenz auf.

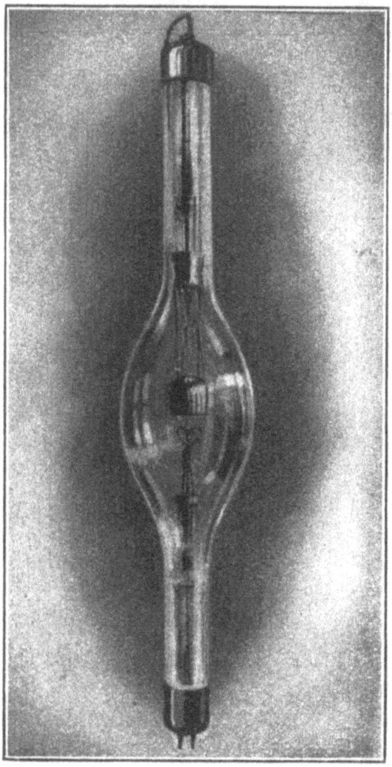

Fig. 84. Glühkathodenventilröhre, System Müller.

Bei Anwendung einer Glühkathodenröntgenröhre oder einer einzelnen

[1] Firma C. H. F. Müller, Hamburg, gibt an, daß die zur Überwindung der Raumladung der in Fig. 84 abgebildeten Ventilröhre nötige Spannung nur 1000—1500 Volt beträgt. Der Sättigungsstrom beträgt 300 Milliampère, doch soll die Röhre nur bis zu 60 Milliampère belastet werden.

Glühkathodenventilröhre wird nur die eine Halbwelle einer ganzen Periode ausgenutzt, während die zweite Halbwelle zwar nicht mit Bezug auf die Energieausbeute, aber mit Bezug auf die Expositionszeit verloren geht. Um beide Halbwellen nutzbar zu machen, benutzt man mechanische Gleichrichter oder Kombinationen von mehreren Ventilröhren.

Fig. 85 zeigt die vollständige Schaltungsskizze eines Transformators mit mechanischem Gleichrichter. Der aus dem Netz oder aus einem Gleichstrom-Wechselstromumformer entnommene Wechselstrom ist an einen Stufentransformator angeschlossen. Dieser gestattet die Entnahme verschiedener Spannungen. Der Stufentransformator ist über einen Vorschaltwiderstand (Stufenwiderstand) mit der Primärspule des Hochspannungstransformators verbunden. (Die beiden Klemmen der Primärspule sind zum Ausgleich von unvorhergesehenen Spannungsschwankungen über einen hochohmigen Silitwiderstand geerdet.) Zur Gleichrichtung des sekundären Wechselstromes ist auf der Achse eines Synchronmotors (bzw. auf der Achse des Gleichstromwechselstromumformers) eine Scheibe aus isolierendem Material (Pertinax) angebracht, die zwei Metallbügel trägt. Um diese Scheibe herum sind vier feststehende Elektroden (Bürsten) angeordnet, die abwechselnd mit der Sicherheitsfunkenstrecke (bzw. Röntgenrohr) und der Sekundärspule verbunden sind. Befinden sich die Bügel zwischen P_1 und P_2 bzw. zwischen P_3 und P_4, so kommt die eine Halbwelle zur Wirkung, befinden sich die Bügel dagegen zwischen P_2 und P_3 bzw. P_4 und P_1, so kommt die zweite Halbwelle zur Wirkung. Die Funkenbildung am Gleichrichter bewirkt die Entstehung von Hochfrequenzströmen, die auf die Sekundärwicklung des Transformators zurückwirken. Zum Schutze der Sekundärwicklung sind 2 Schutzspulen eingeschaltet. Zur Feststellung, ob Synchronismus vorhanden, ist auf der Achse des Synchronmotors eine kleine Scheibe mit einem Metallsegment angebracht, auf der 2 Bürsten schleifen. Die eine Bürste ist direkt, die andere über eine Glimmlampe mit dem Netz verbunden. Bei Synchronismus leuchtet nur die eine Elektrode auf, im andern Fall abwechselnd die eine und dann die andere Elektrode. Die Schaltungsskizze enthält ferner noch einen

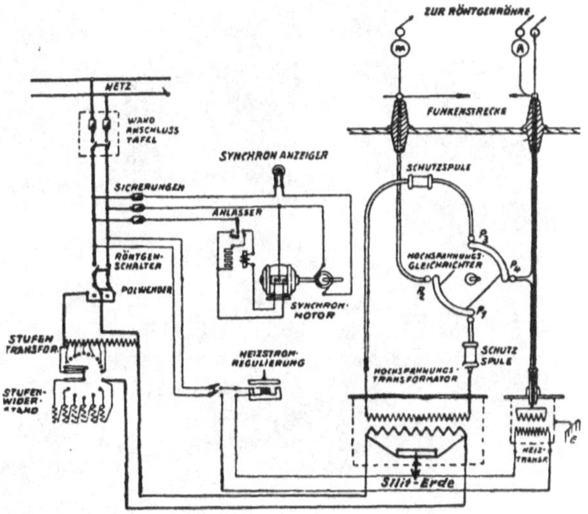

Fig. 85. Schaltungsskizze eines Transformators mit mechanischem Gleichrichter.

Heiztransformator zur Erzeugung niedergespannten Stromes von etwa 10 Volt zur Beheizung der Glühkathode des Röntgenrohrs. Das Ampèremeter (A) dient zur Messung der Heizstromstärke, das Milliampèremeter (MA) zur Messung der mittleren, durch das Rohr gehenden Stromstärke. Fig. 86 zeigt die Außenansicht eines solchen schrankumkleideten Transformators.

Die Kombination von mehreren Ventilröhren zur Ausnutzung beider Halbwellen ist aus Fig. 87 ersichtlich. T ist der Hochspannungstransformator, V_1, V_2, V_3, V_4 sind Glühkathodenventilröhren, die durch die

Fig. 86. Hochspannungstransformator mit mechanischer Hochspannungsgleichrichtung (Universal-Transverter der Fa. Koch & Sterzel, Dresden).

Heiztransformatoren H_1, H_2, H_3, H_4 beheizt werden. R ist ein Röntgenrohr. Bei der einen Halbwelle geht der Elektronenstrom über V_2, R, V_3, bei der nächsten Halbwelle über V_4, R, V_1.

Durch die Anwendung mechanischer Hochspannungsgleichrichter oder durch die Kombination mehrerer Ventilröhren gelingt es nun zwar, beide Halbwellen nutzbar zu machen, aber der erhaltene Gleichstrom ist ein pulsierender Gleichstrom. Die Spannung liegt daher während eines großen Teils der Periode unterhalb der günstigsten Arbeitsspannung (5fache Anregungsspannung, vgl. S. 180). Aus diesem Grunde geht man neuerdings dazu über, die Stromkurve durch Parallelschaltung von Kondensatoren möglichst zu glätten.[1] Man kann dabei einfach so verfahren, daß man bei Benutzung

[1] Bezüglich Schaltungen und Literatur vgl. JONA, Z. techn. Physik 5, 405 (1924).

eines gewöhnlichen Gleichrichterapparates eine Kapazität von ungefähr 0,05 bis 0,1 Mikrofarad (bei 50-periodigem Wechselstrom) parallel zur Röntgenröhre legt. Bei Benutzung eines mechanischen Gleichrichters muß der Kondensator durch Drosselspulen vor Hochfrequenzströmen, deren Entstehung infolge der Funkenbildung unvermeidlich ist, geschützt werden. Fig. 88 zeigt zwei von HULL[1] angegebene Kondensatorschaltungen. HULL benutzt zur weiteren Herabsetzung der Spannungsschwankungen an Stelle des 50-periodischen Wechselstromes einen 2000-periodischen Strom. Bei der ersten Schaltung wird allerdings nur die eine Halbwelle ausgenutzt. Bei der zweiten Schaltung der Fig. 88 werden infolge der Zweiteilung der Sekundärspule die Kondensatoren auf die halbe Sekundärspannung aufgeladen. Dadurch werden beide Halbwellen des primären Wechselstroms sekundär nutzbar gemacht.

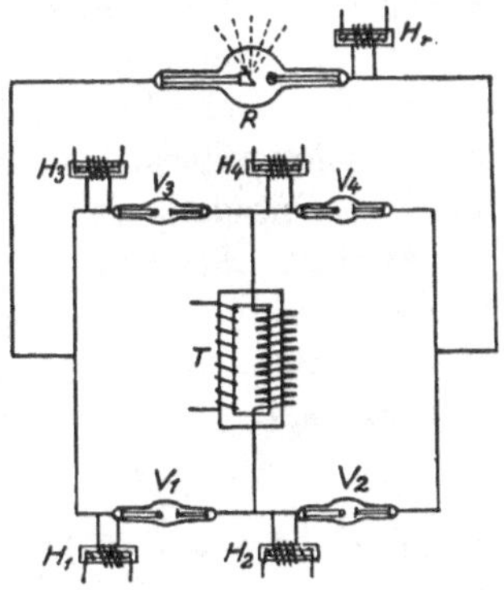

Fig. 87. Ventilröhrenschaltung zur Ausnutzung beider Halbwellen.

Kondensatorschaltungen, durch die es außerdem möglich ist, die Spannung zu verdoppeln, wurden von DELON[2] und GREINACHER[3] angegeben. Fig. 89

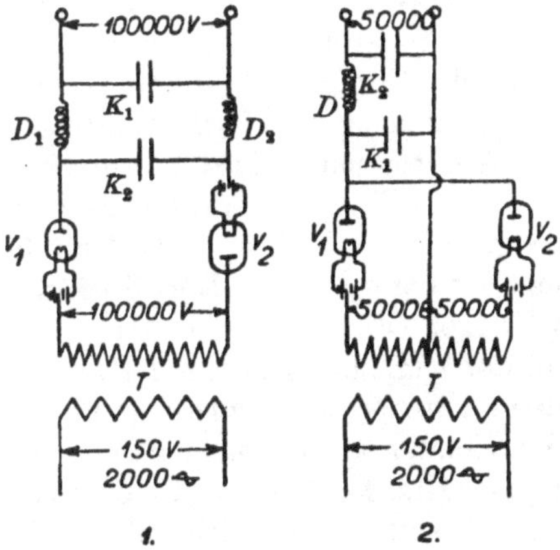

Fig. 88.
Kondensatorschaltungen von HULL.

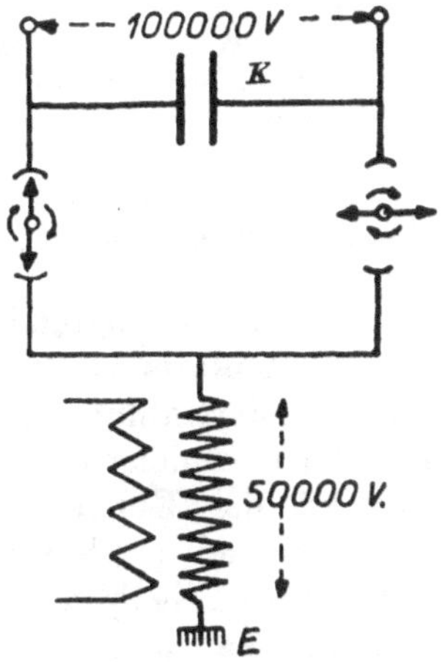

Fig. 89. Kondensatorschaltung von DELON.

zeigt die Schaltung von DELON. Der eine Pol der Sekundärwicklung ist bei dieser Schaltung geerdet. Beträgt nun die gesamte Sekundärspannung z. B. 50000 Volt, so ist es mit Hilfe der in der Zeichnung angedeuteten

---

[1] HULL, Am. Journ. of Roentgenology **1915**, 153.

[2] DELON, Bull. de la Soc. d. Elektriciens **1910**, 613. Elektrotechn. Ztsch. **1912**, 1179. D.R.P. 225399.

[3] GREINACHER, Verh. Dtsch. Physikal. Ges. **1914**, 320. LICHTENSTEIN, Elektrotechn. Ztschr. **1913**, 432; **1914**, 1009.

rotierenden Schaltvorrichtung möglich, die eine Belegung des Kondensators auf +50000 Volt, die andere Belegung auf −50000 Volt aufzuladen. Die Spannungsdifferenz des Kondensators beträgt also das Doppelte der Spannungsdifferenz der Sekundärwicklung. — GREINACHER benutzt an Stelle der rotierenden Schaltvorrichtung Ventilröhren. Das Prinzip der Schaltung geht aus Fig. 90 hervor. Die Sekundärwicklung des Transformators T ist auf der einen Seite mit den Kondensatoren K_1 und K_2 verbunden, auf der anderen Seite mit den Ventilröhren V_1 und V_2. Die kleinen Heiztransformatoren H_1, H_2 und H_r dienen zur Beheizung der Glühkathoden der Ventilröhren und der Röntgenröhre. Nehmen wir nun einmal an, der zwischen den Kondensatoren gelegene Pol der Sekundärwicklung sei geerdet und die Sekundärwicklung liefere 50000 Volt. Dann besitzt der andere Pol abwechselnd −50000 Volt und +50000 Volt. Im ersten Fall tritt das Ventil V_2 in Funktion und K_2 wird auf −50000 Volt aufgeladen. Im zweiten Fall tritt das Ventil V_1 in Funktion und K_1 wird auf +50000 Volt aufgeladen. Die an der Röhre liegende Spannungsdifferenz beträgt dann 100000 Volt. Die GREINACHERsche Schaltung wurde von JONA[1] in die Röntgentechnik eingeführt. Das Prinzip der Schaltung liegt mehreren neuerdings von verschiedenen Firmen herausgebrachten Instrumentarien zugrunde. Fig. 91 zeigt die Abbildung des Stabilivoltinstrumentariums der Firma Siemens-Reiniger-Veifa. Die Spektral-Konstant-Einrichtung der Fa. Koch & Sterzel (Fig. 92) kann mit Hilfe eines Hochspannungsumschalters (oben in der Fig. sichtbar) durch Parallelschaltung der Kondensatoren nach dem HULLschen Prinzip (einfache Spannung) und durch Serienschaltung der Kondensatoren nach dem GREINACHERschen Prinzip (doppelte Spannung) geschaltet werden. Die Spannungsschwankungen sollen bei einer guten Kondensatoranlage nicht über 5% betragen.

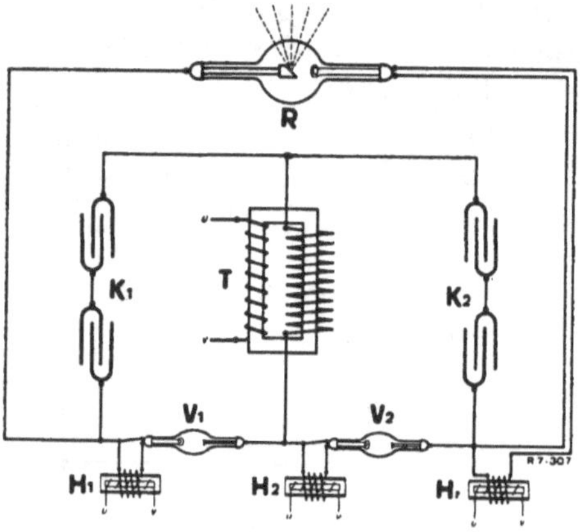

Fig. 90.
Kondensatorschaltung von GREINACHER.

Bezüglich der einseitigen Erdung eines Transformators gilt das gleiche, was über die einseitige Erdung eines Induktoriums auf S. 67 gesagt wurde.

Was die Leistungsfähigkeit der Transformatoren anbelangt, so kommt es für röntgenspektroskopische und strukturanalytische Zwecke auf große Dauerstromstärke an. Die größten gegenwärtig gebauten Transformatoren gestatten eine Dauerstromentnahme von 40 Milliampère bei 80000 Volt

[1] JONA, l. c.

Scheitelspannung (60000 Volt effektiv). Da man es durch die Kondensatorschaltung in der Hand hat, die Spannung noch zu verdoppeln, so dürfte ein solches Instrumentarium wohl allen Anforderungen genügen (über die Anregungsspannungen der Röntgenspektren vgl. S. 180).

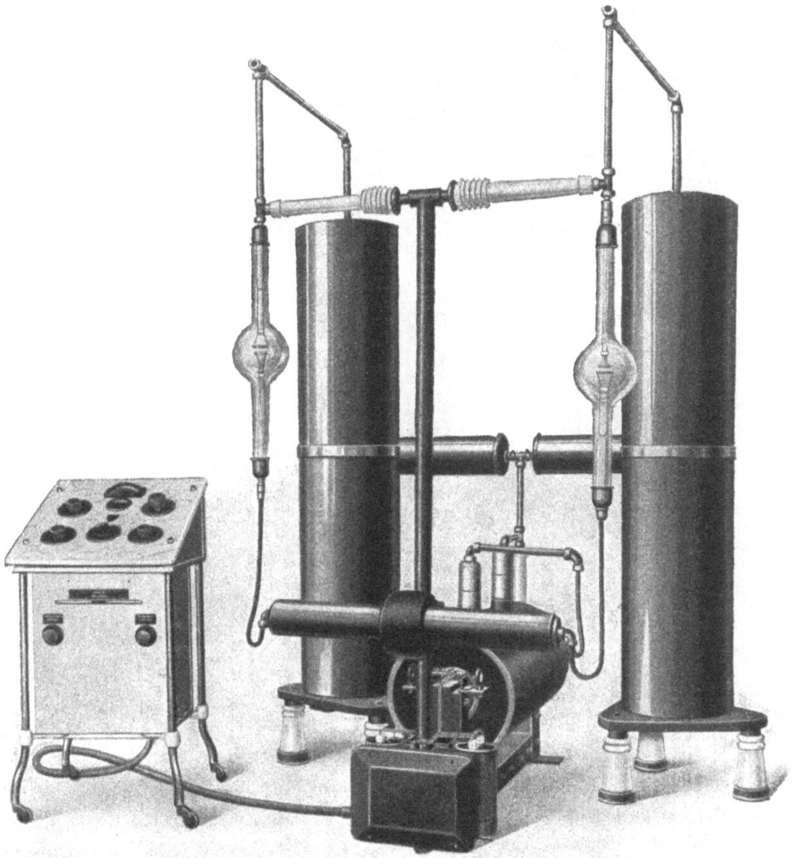

Fig. 91. Hochspannungstransformator mit Kondensatorschaltung nach Greinacher (Stabilivolt-Instrumentarium der Fa. Siemens-Reiniger-Veifa).

c) Strommessung.

Die Spannungsmessung besitzt praktische Bedeutung, da die Spannung maßgeblich ist für die kürzeste erzeugte Wellenlänge:

$$\lambda_{\min} = \frac{12360}{V},$$

wenn λ in Å.-E. (10^{-8} cm) und V in Volt gemessen wird (vgl. S. 174). Zur Spannungsmessung kann man geeignete Hochspannungsvoltmeter (statische Instrumente) benutzen, die von verschiedenen Firmen hergestellt werden.

Ungefähr läßt sich die Spannung auch aus der Funkenschlagweite ermessen. Man benutzt hierfür Meßfunkenstrecken, die man gleichzeitig als Sicherheitsfunkenstrecke (um bei Benutzung gasgefüllter Röhren und

Fig. 92. Hochspannungstransformator mit mechanischem Gleichrichter und umschaltbaren Kondensatoren (HULLsche oder GREINACHERsche Schaltung). Spektral-Konstant-Röntgeneinrichtung der Fa. Koch & Sterzel, Dresden.

Induktorbetrieb die Spannung nicht zu hoch ansteigen zu lassen) parallel zum Röntgenrohr schaltet. Tab. 6[1] gibt eine Zusammenstellung von

[1] Die Werte wurden von der Firma Koch & Sterzel mitgeteilt.

Schlagweiten für eine Nadelspitzen- und eine 10 cm-Kugelelektrodenfunkenstrecke. Die Werte für Nadelspitzen sind ungenau. Tab. 7[1] enthält die Schlagweiten von Kugelfunkenstrecken, bei denen mit steigender Spannung Kugelelektroden von steigendem Durchmesser benutzt werden. Wechselspannungen dürfen nicht mit Hilfe von Kugelfunkenstrecken geprüft werden, da diese unabhängig von der Stromrichtung nur die größte Spannungsamplitude anzeigen.[2] Steht eine Hochspannungsquelle mit nahezu konstanter Spannung zur Verfügung, so benutzt man am besten elektrostatische Spannungsmesser.

Tabelle 6.

Schlagweite für Nadelspitzen- und Kugelfunkenstrecken.

Schlagweite in Millimetern.

Kilovolt		Kürzeste Wellenlänge in Å.-E. (1 Å = 10^{-8} cm)	Schlagweite zwischen Nadelspitzen (ungenau)	Schlagweite zwischen Kugelelektroden 100 mm ⌀
Scheitelwert (Induktor oder Transformator)	Effektivwerte für Sinusform (Transformator)			
30	20	0,413	25	9,5
50	35	0,248	51	16,5
65	45	0,191	76	22
77	55	0,161	102	27
90	64	0,138	127	33
102	73	0,121	152	38
113	80	0,109	178	44
125	87	0,099	206	50
136	95	0,091	228	56
148	104	0,084	254	65
160	113	0,078	279	74
175	123	0,071	305	87
188	132	0,066	331	98
200	140	0,062	356	112
213	150	0,058	381	130
227	159	0,055	406	153
240	169	0,052	433	177
253	178	0,049	458	Bei längeren
266	188	0,047	483	Strecken
280	197	0,044	508	ungenau
295	206	0,042	534	
306	215	0,041	559	
320	225	0,039	584	
334	235	0,037	599	

[1] Aus dem American Institute of Electrical Engineers (1915).
[2] SIEGBAHN, Z. phys. Ch. **109**, 431 (1924).

Tabelle 7.

Schlagweite für Kugelfunkenstrecken.

Schlagweite in Millimetern.

Kilovolt		Kürzeste Wellenlänge in Å.-E. (1 Å = 10^{-8} cm)	Kugeldurchmesser							
			62,5 mm		125 mm		250 mm		500 mm	
Scheitelwert (Induktor oder Transformator)	Effektivwerte für Sinusform (Transformator)		Eine Kugel geerdet	Beide Kugeln geerdet	Eine Kugel geerdet	Beide Kugeln geerdet	Eine Kugel geerdet	Beide Kugeln geerdet	Eine Kugel geerdet	Beide Kugeln geerdet
14,1	10	0,872	4,2	4,2	—	—	—	—	—	—
28,3	20	0,436	8,6	8,6	—	—	—	—	—	—
42,4	30	0,290	14,1	14,1	14,1	14,1	—	—	—	—
56,5	40	0,218	19,2	19,1	19,1	19,1	—	—	—	—
70,7	50	0,174	25,5	25,0	24,4	24,4	—	—	—	—
84,8	60	0,145	34,5	32,0	30,0	30,0	29,0	29,0	—	—
99	70	0,124	46,0	39,5	36,0	36,0	35,0	35,0	—	—
113	80	0,109	62,0	49,0	42	42	41	41	41	41
127	90	0,096	—	60,5	49	49	46	45	46	45
141,4	100	0,087	—	—	56	55	52	51	52	51
170	120	0,072	—	—	79,7	71	64	63	63	62
198	140	0,062	—	—	108	88	78	77	74	73
226	160	0,054	—	—	150	110	92	90	85	83
255	180	0,048	—	—	—	138	109	106	97	95
283	200	0,043	—	—	—	—	128	123	108	106
311	220	0,039	—	—	—	—	150	141	120	117
340	240	0,036	—	—	—	—	177	160	133	130
368	260	0,033	—	—	—	—	210	180	148	144
396	280	0,031	—	—	—	—	250	203	163	158
424	300	0,029	—	—	—	—	—	231	177	171
452	320	0,027	—	—	—	—	—	265	194	187
481	340	0,025	—	—	—	—	—	—	214	204
509	360	0,024	—	—	—	—	—	—	234	221
537	380	0,023	—	—	—	—	—	—	255	239
566	400	0,022	—	—	—	—	—	—	276	257

Zur Messung der Stromstärke dienen isoliert aufgestellte Milliampèremeter (Drehspulinstrumente).

§ 4. Hochvakuumtechnik.

Literatur (zusammenfassende Darstellungen).

1922. A. Goetz, Physik und Technik des Hochvakuums; Samml. Vieweg, Heft 64, Braunschweig.

1924. L. Dunoyer, La Technique du Vide; Verl. Blanchard, Paris.

1925. A. Schleede, Hochvakuumtechnik im Handbuch der Arbeitsmethoden in der anorganischen Chemie von Tiede und Richter, Bd. II; Verl. Walter de Gruyter, Berlin.

1926. S. Dushman, High Vaccuum. Deutsche Übersetzung von Berthold und Reimann, Verl. Springer, Berlin.

a) Vakuumpumpen.

Die älteste Methode zur Erzeugung von Vakuum ist die von OTTO VON GUERICKE (1650). Sie beruht darauf, daß man in einem am Ende durch einen Hahn verschließbaren, zylindrischen Rohr einen sorgfältig eingeschliffenen Kolben bis an das Ende des Rohres verschiebt, darauf den Hahn mit dem zu evakuierenden Gefäß, dem Rezipienten, verbindet und nunmehr den Kolben wieder herauszieht. Das Gas verteilt sich gleichmäßig auf den Rezipienten und den Kolbenraum. Jetzt schließt man den Rezipienten ab, verbindet den Hahn mit der Luft, schiebt den Kolben wieder bis an das Ende des Rohres vor und kann nun die Reihenfolge der Operationen von neuem beginnen. Der Gasdruck im Rezipienten wird dabei immer geringer und theoretisch müßte man auf diese Weise einen absolut gasfreien Raum erzielen können. Hierfür ist es jedoch notwendig, daß der Kolben bis zum Hahn vollkommen luftdicht anschließt, was jedoch praktisch nicht zu erreichen ist. Es bleibt immer ein kleiner Raum, der sog. „schädliche Raum“, aus dem man das Gas nicht entfernen kann. Man kann sich leicht überlegen, daß mit Hilfe einer einstiefligen Kolbenpumpe der Luftdruck nicht unter den Betrag $\frac{s}{R+S} \cdot p$ mm Hg gebracht werden kann, wenn R das Volumen des Rezipienten, S das Volumen des Pumpenstiefels, s der schädliche Raum und p der äußere Luftdruck ist. Aus der Formel erhellt, daß man den Grenzdruck weiter herabsetzen kann, indem man den äußeren Druck durch Vorschaltung einer weiteren Luftpumpe verkleinert und ferner, indem man die Größe des schädlichen Raumes möglichst weit herabsetzt. Letzteres läßt sich nur mit Hilfe von schwer verdampfendem Öl erreichen, indem man den Pumpstiefel senkrecht stellt und auf den Kolben Öl bringt, das beim Hochziehen des Kolbens den schädlichen Raum bis zum Hahn oder Ventil anfüllt. Die Schwierigkeit der Bewegung der Ventile bei geringen Druckdifferenzen überwindet man dadurch, daß eine zwangsläufige Steuerung der Ventile entsprechend der Bewegung des Kolbens angebracht wird. Eine sehr gut durchkonstruierte Kolbenpumpe[1] stammt von GAEDE. Bei dieser bewegen sich in einem in drei Kammern unterteilten Zylinder drei Kolben. Wasser, das etwa in der Pumpe kondensiert werden sollte, wird bei dieser Pumpe in einer besonderen Vorrichtung nach dem spezifischen Gewicht vom Öl abgetrennt.

Der größte Nachteil der vorstehend beschriebenen Kolbenpumpe besteht darin, daß infolge der hin- und rückläufigen Bewegung des Kolbens komplizierte Ventile benötigt werden, was leicht zu Betriebsstörungen führt. Die rotierende GAEDEsche Kapselpumpe stellt daher einen wesentlichen Konstruktionsfortschritt dar, da bei ihr die Bewegung des Kolbens nur in einem Sinne erfolgt, wodurch Ventile ganz vermieden werden. Fig. 93a und b zeigen schematische Darstellungen der GAEDEschen Kapselpumpe, und zwar zeigt Fig. 93a einen Durchschnitt senkrecht zur Rotationsachse des Pumpwerkes, Fig. 93b einen vertikalen Längsschnitt

---

[1] Firma E. Leybolds Nachf. Köln.

durch die Rotationsachse. Der Zylinder *A* ist in dem Gehäuse *G* aus Rotguß exzentrisch angeordnet, so daß er gegen die obere Rundung des Gehäuses zwischen den beiden Bohrungen luftdicht abschließt. In dem Zylinder *A* sind die Stahlschieber *s* radial verschiebbar. Die beiden Schieber werden durch eine Feder gegen die Innenwandung des Gehäuses gedrückt. Wird nun der Zylinder in der Pfeilrichtung gedreht, so wird Luft aus dem Ansatztubus *C* angesaugt und nach einer halben Umdrehung durch das Ventil *D* und den Kanal *K* nach dem Windkessel *O* befördert. Das Ventil ist nicht unbedingt notwendig, doch müßte, wenn es fehlen würde, ständig der äußere Luftdruck überwunden werden und bei einem Aussetzen des Antriebes eine rückläufige Bewegung der Pumpe ein-

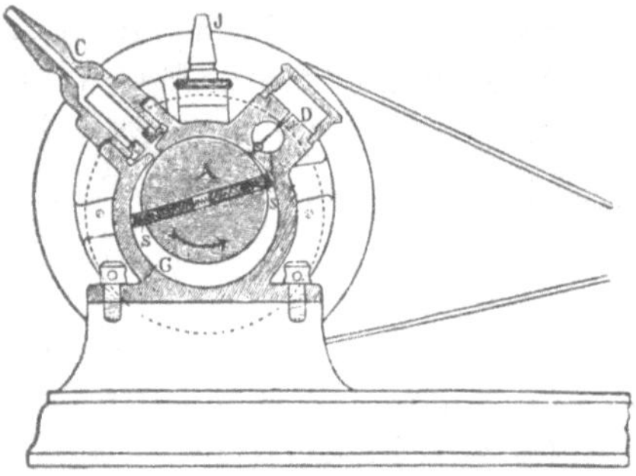

Fig. 93a.

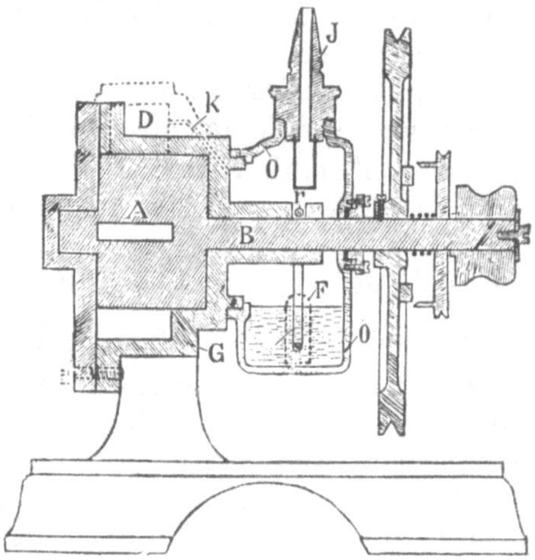

Fig. 93b.

Kapselpumpe von GAEDE.

setzen. In dem Windkessel *O* befindet sich auch das zur Schmierung und Abdichtung der aufeinander schleifenden Metallteile dienende Öl, das durch einen mittransportierten Ring *r* an die Achse *B* gebracht wird. Zur Kontrolle der Ölmenge dient das Fenster *F*. Die Tuben *C* und *J* sind mit Sieben versehen, um Verunreinigungen (Schlauchstücke und dergl.) fernzuhalten. Die Saugleistung ist proportional der Tourenzahl und beträgt bei 150 Umdrehungen in der Minute 27,5 ccm/sec. Das Grenzvakuum liegt, wenn keine Vorpumpe benutzt wird, bei ungefähr 0,01 mm Hg. Dieser Druck wird jedoch zumeist nicht erreicht. Bei Pumpen, die einige Zeit in Betrieb waren, liegt das Grenzvakuum bei etwa 3 mm.

Im wesentlichen nach dem gleichen Prinzip wie die Kolbenpumpen arbeiten die Quecksilberpumpen; der feste Kolben wird bei ihnen durch Quecksilber ersetzt und die TORRICELLIsche Leere zur Evakuierung des Rezipienten in Anwendung gebracht. Das Quecksilber ist zur Erzeugung der TORRICELLIschen Leere besonders geeignet, da es sich den Gefäßwandungen dicht anschmiegt ohne festzuhaften, und da es wegen seines hohen spezifischen Gewichtes nur der geringen Steighöhe von durchschnittlich 760 mm bedarf. (In der chemischen Technik wird auch Wasser für diesen Zweck benutzt, indem man eine Wassersäule von 10,25 m an den

Rezipienten hängt. Das erreichbare Vakuum ist dann durch den Partialdruck des Wasserdampfes begrenzt, der je nach der Außentemperatur zwischen 10 und 20 mm Hg liegt.) — Die älteste bekannte Konstruktion der Quecksilberluftpumpe wurde 1857 nach der Angabe von PLÜCKER von dem Glasbläser GEISSLER in Bonn ausgeführt. Das Prinzip dieser Konstruktion ist folgendes: Zwei Glaskugeln sind miteinander durch einen Schlauch verbunden. Die eine dieser Kugeln trägt an dem oberen Ende einen mit doppelter Bohrung versehenen Hahn und kann je nach der Stellung des Hahnes mit dem Rezipienten oder mit der Außenatmosphäre verbunden werden. Füllt man nun Quecksilber in die eine Kugel und den Schlauch, so kann man durch entsprechende Hahnstellung und Einstellung des an die Außenatmosphäre grenzenden Quecksilberniveaus in der mit Hahn versehenen Kugel so oft die TORRICELLIsche Leere herstellen und mit dem Rezipienten in Verbindung bringen, bis der gewünschte Grad des Vakuums erreicht ist. — Nach dem gleichen Prinzip ist die TOEPLERsche[1] Pumpe konstruiert, nur ist der Hahn durch Quecksilberabschluß (Barometerrohr, das mit der Außenatmosphäre in Verbindung steht) ersetzt. — Wesentlich verschieden ist das Prinzip der SPRENGELschen Tröpfelpumpe. Aus einem höher aufgestellten Reservoir wird Quecksilber durch ein enges Rohr getröpfelt, wobei zwischen je 2 Tropfen stets eine kleine Gasmenge aus dem seitlich angeschlossenen Rezipienten mit eingeschlossen und in ein tiefer aufgestelltes Reservoir mitgenommen wird.

Den vorstehend beschriebenen Quecksilberpumpen kommt nur noch eine untergeordnete Bedeutung zu. Trotzdem erschien es wesentlich, die Prinzipien kurz zu beschreiben. Die Schaukelbewegung der großen Quecksilbermengen behindert die Pumpgeschwindigkeit der Quecksilberpumpen noch in weit höherem Maße als die hin- und rückläufige Bewegung des Kolbens das Arbeiten mit der Kolbenpumpe. Das Bestreben mußte daher darauf gerichtet sein, rotierende Quecksilberpumpen zu konstruieren, und es gelang GAEDE[2], eine noch jetzt vereinzelt in Betrieb befindliche Konstruktion zu schaffen. GAEDE bediente sich dabei des Prinzips der Gasuhr, das natürlich nur dann anwendbar ist, wenn die Druckdifferenz, die hergestellt werden soll, nur 10—20 mm Hg beträgt, d. h. also, wenn mit einer Vorpumpe gearbeitet wird. Die Konstruktion der GAEDEschen Quecksilberpumpe[3] geht aus den schematischen Zeichnungen Fig. 94a und b hervor. In dem Gehäuse *G* aus emailliertem Eisen ist die Porzellantrommel *T* konzentrisch angeordnet. Die Porzellantrommel enthält verschiedene Kammern, deren Lage aus den Figuren ersichtlich ist. Das Rohr *R* dient zur Verbindung mit dem Rezipienten, das Rohr *r* zur Verbindung mit der Vorvakuumpumpe. Das Gehäuse ist vorne durch eine dicke Glasscheibe mit Hilfe einer Gummi-Quecksilberdichtung verschlossen. Die Abdichtungen der Achse *A* gegen das Gehäuse und des

---

[1] TOEPLER, Dingl. Journ. **163**, 426 (1862).
[2] GAEDE, Phys. Ztschr. **6**, 758 (1905).
[3] Ausgeführt von F. Leybolds Nachf. Köln.

Rohres *R* gegen die Glasplatte *B* werden ebenfalls durch Quecksilber bewirkt. Es wird dabei die Eigenschaft des Quecksilbers ausgenutzt, geringfügige Undichtigkeiten, durch die Gase hindurchtreten können, zu verstopfen. Die Kammern der Porzellantrommel sind durch die Öffnungen *f*

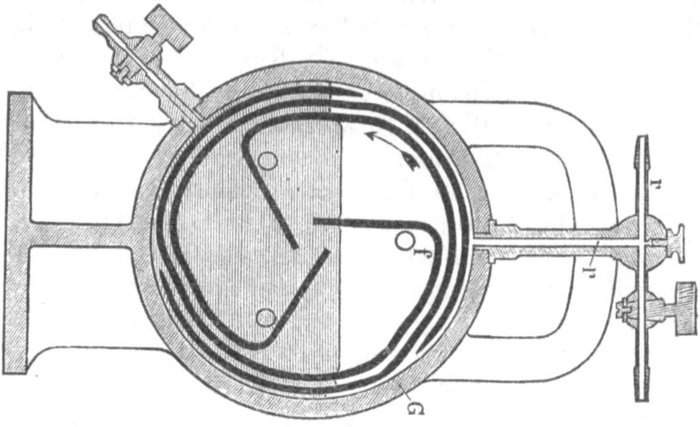

Fig. 94a.

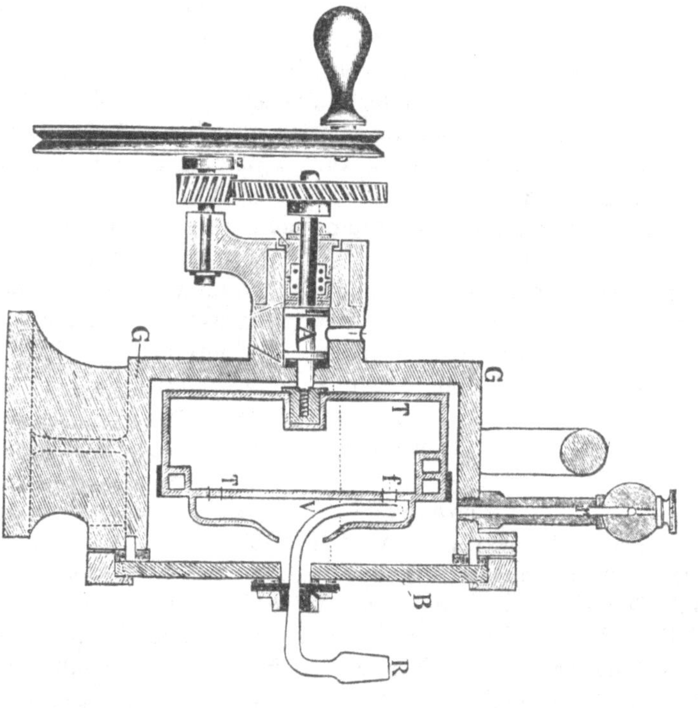

Fig. 94b.

Quecksilberpumpe von Gaede.

mit dem Rezipienten verbunden. Gehäuse und Porzellantrommel müssen etwas über die Hälfte mit Quecksilber gefüllt sein. Wird nun die Trommel in Richtung des Pfeiles gedreht, so schließen die drei Kammern nacheinander ein bestimmtes Gasvolumen ab und befördern es aus der Porzellantrommel heraus in das Vorvakuum. Bei Inbetriebnahme der Pumpe muß der Druck im Gehäuse und im Rezipienten zunächst gleichzeitig auf den Druck des Vorvakuums herabgesetzt werden, bevor die Verbindung zwischen Rezipient und Vorvakuum unterbrochen werden darf. Am besten benutzt man für die Verbindung zwischen Rezipient und Vorvakuum ein automatisch wirkendes Manometerventil[1], dessen Konstruktion aus Fig. 95 hervorgeht. Der Verbindungsweg bei *o* schließt sich erst, wenn ein bestimmter Druck von ungefähr 20 mm Hg unterschritten ist. Die Quecksilberfüllung beträgt ungefähr 20 kg. Die optimale Umdrehungszahl ist 21 in der Minute. Die Sauggeschwindigkeit ist dann 180 ccm/sec. Als Vorpumpen kommen die Wasserstrahlpumpe (siehe weiter unten) oder die GAEDEsche Kapselpumpe in Betracht. Dämpfe leicht siedender Flüssigkeiten werden von der Pumpe nicht gefördert.

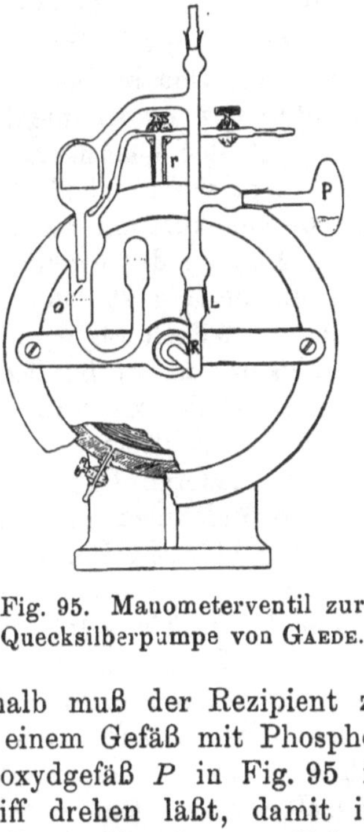

Fig. 95. Manometerventil zur Quecksilberpumpe von GAEDE.

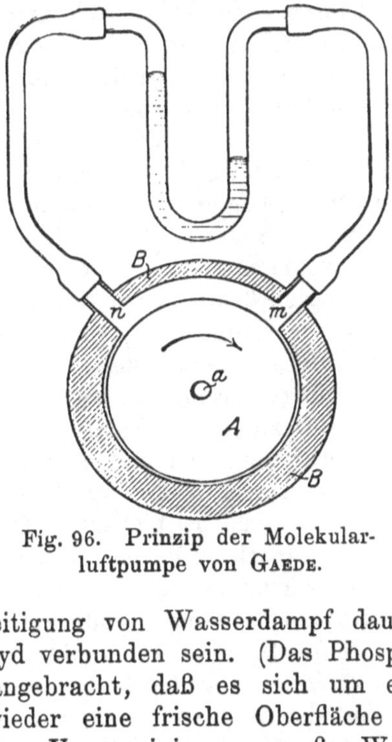

Fig. 96. Prinzip der Molekularluftpumpe von GAEDE.

Deshalb muß der Rezipient zur Beseitigung von Wasserdampf dauernd mit einem Gefäß mit Phosphorpentoxyd verbunden sein. (Das Phosphorpentoxydgefäß *P* in Fig. 95 ist so angebracht, daß es sich um einen Schliff drehen läßt, damit immer wieder eine frische Oberfläche hergestellt werden kann.) Gelangen andere Verunreinigungen außer Wasser in die Pumpe, so muß sie auseinandergenommen und sorgfältig gereinigt werden. Die Quecksilberreinigung soll noch weiter unten besprochen werden. Die Porzellantrommel behandelt man mit verdünnter Natronlauge und entfernt einen dabei entstehenden Beschlag mit 4%iger Essigsäure.

Die bisher beschriebenen Pumpen arbeiten im Grunde sämtlich nach dem ursprünglichen Prinzip GUERICKEs, wonach eine bestimmte Gasmenge vom Rezipienten abgeschlossen und nach außen befördert wird. Einen

---

[1] GAEDE, Phys. Ztschr. 8, 852 (1907).

wesentlich anderen Weg zur Vakuumerzeugung beschritt zuerst GAEDE[1] durch die Konstruktion seiner Molekularluftpumpe. Die schematische Darstellung des Prinzips der Molekularluftpumpe ist in Fig. 96 wiedergegeben. Ein um die Achse *a* drehbarer Zylinder *A* wird von einem Gehäuse *B* sehr eng, jedoch nicht anliegend, umschlossen. In das Gehäuse *B* ist eine von *n* bis *m* reichende Nute eingefräst. *n* und *m* sind durch ein mit Quecksilber gefülltes Manometerrohr miteinander verbunden. Setzt man nun den Zylinder *A* in Richtung des Pfeiles in Rotation, so entsteht zwischen *n* und *m* eine Druckdifferenz, die um so größer ist, je mehr Umdrehungen der Zylinder ausführt und je größer die innere Reibung der Gase ist. Bei konstanter Tourenzahl des Zylinders ist die Druckdifferenz bis zu niedrigen Drucken herab unabhängig von dem Gesamtdruck im Innern des Gehäuses. Es findet sich hierdurch das MAXWELLsche[2] Gesetz bestätigt, wonach die innere Reibung eines Gases unverändert bleiben muß, unabhängig von dem Druckzustand, in dem sich das Gas befindet. Bei niedersten Drucken bleibt die konstante Druckdifferenz jedoch nicht erhalten, da dann die Voraussetzung, daß sich auf der Oberfläche des Zylinders eine festhaftende Gasschicht befindet, nicht mehr zutrifft. Die mittlere freie Weglänge wird dann so groß, daß die Moleküle untereinander nur noch selten und fast ausschließlich mit den Wänden des evakuierten Raumes zusammenstoßen[3], wobei die Moleküle unabhängig von der Auftreffrichtung zurückgeworfen werden. Bewegt sich nun jedoch die Wandung (Rotation des Zylinders *A*) mit einer Geschwindigkeit, die größer ist als die Molekulargeschwindigkeit, so werden keine Moleküle mehr in einer der Bewegungsrichtung entgegengesetzten Richtung reflektiert. Bei der Rotation des Zylinders wird also auch bei extrem niederen Drucken bei *n* eine Verarmung und bei *m* eine Anhäufung von Molekülen stattfinden, d. h. es wird sich bei *n* ein Vakuum bilden. Bei höheren Drucken ist die Druckdifferenz, bei niedersten Drucken das Druckverhältnis unabhängig vom Gesamtdruck. Die eigentliche Konstruktion der Molekularluftpumpe ist in den Figg. 97a und b schematisch dargestellt. Der Zylinder besitzt keine glatte Oberfläche, sondern trägt eine größere Anzahl von Lamellen (Saugnuten). In diese Saugnuten ragen die am Gehäuse befestigten Lamellen *C* hinein, wodurch der Raum zwischen *m* und *n* derart geteilt wird, daß der Weg von *n* nach *m* möglichst groß wird. *S* wird mit dem Rezipienten, *T* mit dem Vorvakuum verbunden. Als Vorvakuumpumpe benutzt man am besten eine GAEDEsche Kapselpumpe. Die Pumpe soll 8000 Touren in der Minute machen. Die größte Annehmlichkeit der Molekularluftpumpe besteht darin, daß sie keine Quecksilberdämpfe abgibt. Ebenso werden alle Dämpfe in gleicher Weise abgesogen, so daß nicht über Phosphorpentoxyd gepumpt zu werden braucht. Die Sauggeschwindigkeit steigt mit wachsender Tourenzahl. Sie ist bei

---

[1] GAEDE, Ann. Phys. [4] **41**, 289, 337 (1913).
[2] MAXWELL, Phil. Trans. **156**, 249 (1866).
[3] KNUDSEN, Ann. Phys. [4] **28**, 75 (1909).

gleicher Tourenzahl um so größer, je geringer die Molekulargeschwindigkeit ist, d. h. je schwerere Gase vorliegen. Ferner ist die Sauggeschwindigkeit abhängig von dem Druck im Vorvakuum, und zwar liegt nach den Angaben von GAEDE ein Optimum bei 10^{-2} mm, doch kann das Optimum bei anderer Nutendimension auch bei höheren oder niederen Drucken liegen, da dann das Größenverhältnis zwischen den Nutendimensionen und der freien Weglänge ein anderes ist. — Die Molekularluftpumpen sind zur Evakuierung von Metallröntgenröhren von SIEGBAHN und seinen Mitarbeitern sehr viel benutzt worden.

Ein weiteres von den vorstehenden verschiedenes Prinzip liegt den Strahlpumpen zugrunde. Bewegt sich eine Flüssigkeit durch ein Rohr

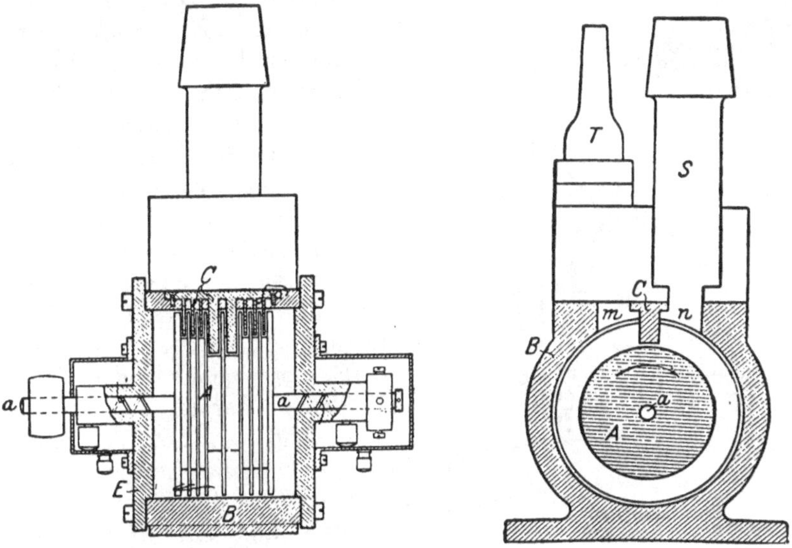

Fig. 97 a. Fig. 97 b.

Molekularluftpumpe von GAEDE.

von verschiedenem Querschnitt, so wird der Druck an den Stellen geringsten Querschnitts, d. h. größter Strömungsgeschwindigkeit am kleinsten sein. In dem weiteren Rohrteil, in dem sich die Flüssigkeit staut, ist der Druck um den hydrodynamischen Druck größer als in dem engeren Rohrteil. Der hydrodynamische Druck ist der Differenz der Geschwindigkeitsquadrate proportional.

Die erste Nutzanwendung dieser Strömungsgesetze ist die von BUNSEN erfundene Wasserstrahlpumpe, deren Konstruktion allgemein bekannt ist. Das Wasser tritt aus einer engen Düse, der Treibdüse, mit großer Geschwindigkeit aus, kommt mit der abzusaugenden Luft in Berührung und tritt dann zusammen mit der mitgerissenen Luft in eine zweite Düse, die Staudüse. Je größer die Geschwindigkeit des Wasserstrahles ist, um so größer ist die Saugwirkung. Dieser ist jedoch eine Grenze gesetzt, sobald der Druck der Luft auf den Druck der Dampfspannung des

Wassers erniedrigt ist. Der Wasserdampf drängt die Luft zurück, so daß die Luft nicht mehr direkt mit dem Wasserstrahl in Berührung kommt. Das Grenzvakuum der Wasserstrahlpumpe liegt daher je nach der Temperatur des Leitungswassers zwischen 10 und 20 mm. Bei Druckschwankungen in der Wasserleitung passiert es leicht, daß die Wasserstrahlpumpe zurückschlägt. Um den Rezipienten vor dem Eindringen von Wasser zu schützen, benutzt man Rückschlagventile verschiedener Konstruktion. Das Rückschlagventil wird außerdem mit einer Sicherheitsflasche verbunden, um bei etwa nicht ganz dicht schließendem Ventil kleine Mengen Wasser aufzufangen. Fig. 98 zeigt ein ganz einfaches Rückschlagventil[1], das man sich leicht mit Hilfe eines Gummistopfens herstellen kann. Ein Rückschlagventil (Schwimmer) der Firma Hanff & Buest[2] ist ferner in Fig. 106 zu sehen.

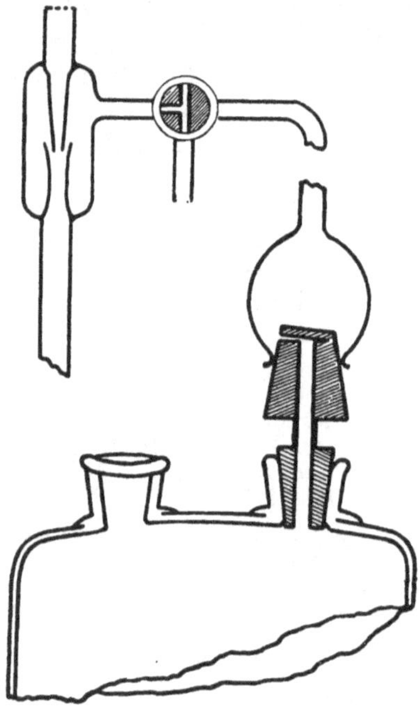

Fig. 98.
Rückschlagventil nach v. Angerer.

Dem hydrodynamischen Druck ähnlich ist die Saugwirkung der Dampfstrahlpumpen. Auch bei ihnen gilt für das erreichbare Grenzvakuum, daß der Luftdruck den Druck des Dampfes an der Stelle, an der die Luft mitgerissen werden soll, nicht unterschreiten kann.

Gaede[3] gebührt das Verdienst, als erster darauf hingewiesen zu haben, daß es auch bei einer mit Dampf betriebenen Luftpumpe möglich ist, den Druck des Dampfes zu unterschreiten und ein Hochvakuum zu erzeugen. Gaede[4] geht von der Tatsache aus, daß man in einem Rezipienten nach dem Evakuieren mit Hilfe einer Quecksilberpumpe durch ein Mc Leodsches Manometer einen Druck von 0,00001 mm messen kann, obgleich der Dampfdruck des Quecksilbers in der Pumpe bei Zimmertemperatur 0,0013 mm beträgt. Was gemessen wird, ist der Partialdruck der Luft. Würde man nun während des Evakuierens durch Ausfrieren jeglichen Quecksilberdampf von dem Rezipienten fernhalten, so müßte man als Grenzdruck 0,0013 mm messen. Das ist jedoch nicht so, sondern man mißt auch in diesem Fall 0,00001 mm. Die Luft ist also gegen einen höheren Totaldruck in der Pumpe aus dem Rezipienten entfernt

[1] v. Angerer, Technische Kunstgriffe bei physikalischen Untersuchungen, Sammlung Vieweg, Heft 71, Braunschweig 1924.
[2] Fa. Hanff & Buest, Berlin N 4.
[3] Gaede, Ann. Phys. [4] 46, 357 (1915).
[4] Gaede, Ztschr. f. techn. Phys. 4, 338 (1923).

worden. Dies bliebe unverständlich, wenn man nicht die Annahme einer Diffusionserscheinung machen würde, bei der nicht das Totaldruckgefälle, sondern das Partialdruckgefälle ausschlaggebend ist. Die Luft wird so lange aus dem Rezipienten entfernt werden, bis der Druck auf den Partialdruck der Luft in der Pumpe herabgesetzt ist. Diese Betrachtungen führten Gaede zur Konstruktion einer Diffusionsluftpumpe, deren Prinzip aus Fig. 99 hervorgeht. Durch das Rohr AB strömt Dampf. Das Ansatzrohr FC ist mit einem Rezipienten verbunden. Die in das Rohr FC hineingelangenden Dämpfe werden durch die Kühler K und K' bei E und E' kondensiert. Die Luft in dem Rezipienten wird nun das Bestreben haben, so lange in den Dampf zu diffundieren, bis die Partialdrucke gleich groß sind. Die bei F eindringende Luft wird nun aber ständig fortgespült, so daß sich die Drucke nicht ausgleichen können. Auf diesem Wege wird schließlich alle Luft aus dem Rezipienten entfernt. Als Treibmittel kommt für die Diffusionsluftpumpe praktisch nur Quecksilberdampf in Betracht, da der Dampfdruck des Quecksilbers bei Zimmertemperatur ausreichend niedrig ist. — Die Quecksilberdampfpumpe hat viele verschiedene Ausführungsformen erhalten, von denen die Autoren zum Teil annehmen, daß ihnen noch weitere Prinzipien zugrunde liegen (Kondensationspumpe von Langmuir[1], Dampfstrahlpumpe von Volmer[2], Dampfstrahlpumpe von Stintzing).[3]

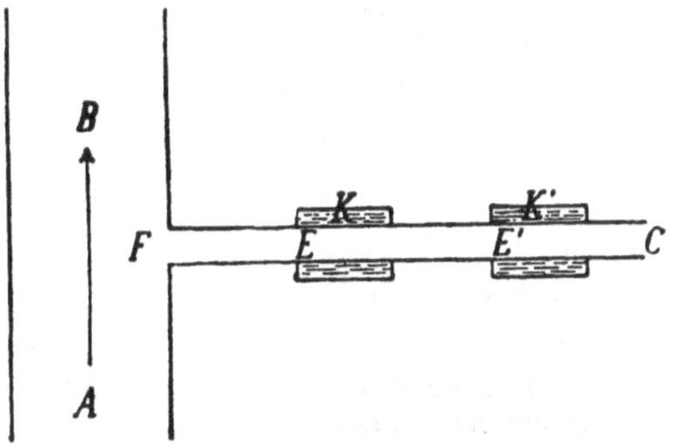

Fig. 99. Prinzip der Diffusionsluftpumpe.

Es kann jedoch als ziemlich sicher erwiesen angesehen werden, daß alle Dampfpumpen mehr oder weniger Kombinationen des Gaedeschen Diffusionsprinzips mit dem alten Dampfstrahlprinzip darstellen. Die Quecksilberdampfpumpen geben sämtlich (bis auf die Dampfstrahlpumpe von Volmer) — wenn Quecksilberdämpfe durch Kühlung mit flüssiger Luft vom Rezipienten ferngehalten werden — theoretisch unbegrenztes Vakuum.

Fig. 100 ist eine schematische Darstellung der aus Glas hergestellten Diffusionspumpe von Gaede. V ist mit dem Vorvakuum, H mit dem Rezipienten verbunden. Wz und Wa dienen für den Zu- und Abfluß von Kühlwasser. Das Quecksilber Q wird erhitzt, die Quecksilberdämpfe steigen in Richtung des Pfeiles auf und werden, nachdem sie den Diffusionsspalt S passiert haben, an dem Kühler K kondensiert. Das flüssige Quecksilber läuft an dem Kühler wieder zurück. Die Höhe des Vorvakuums muß 0,1 mm betragen. Die Sauggeschwindigkeit ist 220 ccm/sec.

---

[1] Langmuir, Phys. Rev. **8**, 48 (1916); Journ. Frankl. Inst. **182**, 719 (1916); Gen. El. Rev. **10**, 1060 (1916); Electrician **79**, 579 (1917).
[2] Volmer, Ber. **52**, 804 (1919); Z. angew. Ch. **34**, 149 (1921).
[3] Stintzing, Ztschr. f. techn. Phys. **3**, 373 (1922).

Fig. 101 zeigt die von LANGMUIR[1] als Kondensationspumpe bezeichnete Quecksilberdampfpumpe. Beim Erhitzen des Quecksilbers Q strömen die

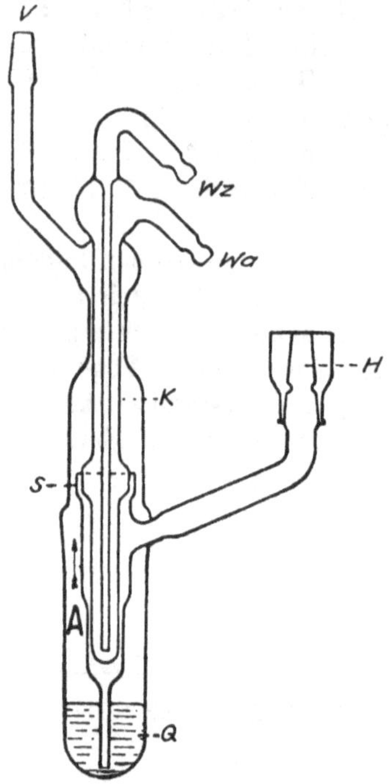

Fig. 100. Diffusionspumpe von GAEDE (aus Glas).

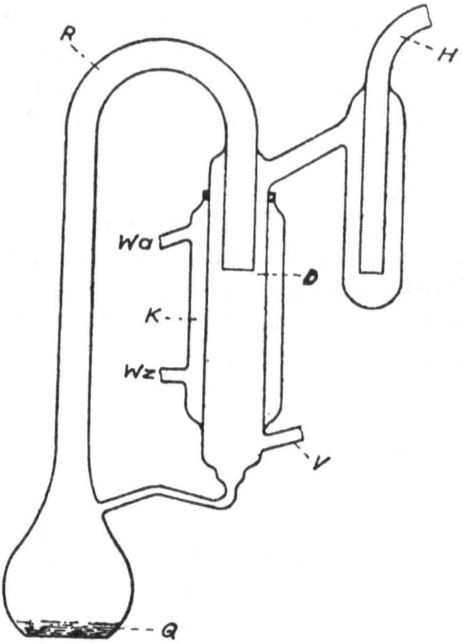

Fig. 101. Kondensationspumpe von LANGMUIR (aus Glas).

Dämpfe durch das Rohr R bei D in den Kühler K, wo sie kondensiert werden. Der Druck im Vorvakuum darf 0,1 mm nicht überschreiten. Die Sauggeschwindigkeit beträgt 1200 ccm/sec. — Fig. 102 ist eine schematische Darstellung der LANGMUIRschen Kondensationspumpe aus Stahl. Ihre Sauggeschwindigkeit beträgt bei den in der Figur angegebenen Maßen 3000 ccm/sec. Der Druck im Vorvakuum kann bis zu 0,5 mm betragen.

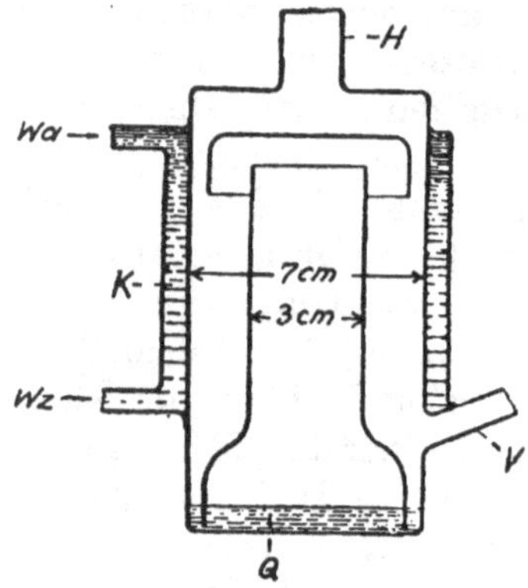

Fig. 102. Kondensationspumpe von LANGMUIR (aus Stahl).

Bei der Lichtbogenpumpe der Fa. Siemens & Halske wird das Quecksilber nicht von außen geheizt, sondern im Innern der Pumpe durch Ausbildung eines Quecksilber-Lichtbogens. Der eigentliche Pumpenteil entspricht der Kondensationspumpe von LANGMUIR (aus Glas). Vorvakuum und Saugleistung sind die gleichen wie bei der LANGMUIRschen Pumpe.

[1] GEHRTS, Ztschr. f. techn. Phys. 1, 61 (1920).

Die bisher beschriebenen einfachen (nicht unterteilten) Quecksilberdampfpumpen haben den Nachteil, ein relativ hohes Vorvakuum von etwa 0,1 mm zu benötigen. Kapselpumpen liefern jedoch dieses Vakuum nur selten, und mit einer Wasserstrahlpumpe kommt man im besten Falle bis zu etwa 6 mm. Durch Veränderung der Spaltdimensionen gelang es nun Volmer[1], zunächst eine Quecksilberdampfpumpe zu konstruieren, für die das Wasserstrahlvakuum ausreicht. Volmer bezeichnete diese Pumpe als Quecksilberdampfstrahlpumpe. Das Grenzvakuum dieser Pumpe liegt bei etwa 0,001 mm. Um Hochvakuum zu erzeugen, muß diese Pumpe mit irgendeiner der oben beschriebenen Diffusionspumpen kombiniert werden. Dies erreichte man anfänglich dadurch (Fa. Hauff & Buest, Berlin N.), daß man eine Volmersche Dampfstrahlpumpe durch Aneinanderschmelzen mit einer Diffusionspumpe verband. Bald wurde jedoch diese Art der Kombination überholt, und man ging dazu über, mehrere (zwei bis drei) Spaltkombinationen in einer Pumpe zu vereinigen. Diese in mehreren Stufen wirkenden Pumpen werden von der Firma Hanff & Buest aus dem ziemlich temperaturbeständigen Duraxglas und aus Quarz und von der Firma Leybolds Nachf., Köln, aus Stahl hergestellt.

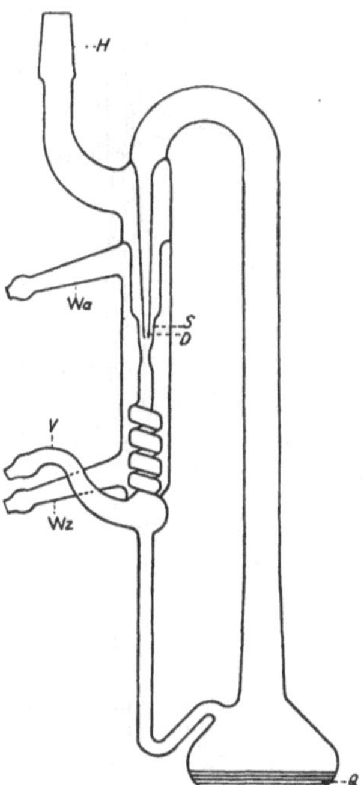

Fig. 103. Dampfstrahlpumpe aus Duraxglas von Volmer.

Fig. 103 zeigt die Dampfstrahlpumpe von Volmer und zwar in ihrer neuesten Ausführung aus Duraxglas. Bei dieser Pumpe strömt der Quecksilberdampf aus einer relativ engen Düse D von etwa 2 mm Durchmesser in den Kondensationsraum. Der Spalt ist ungefähr 0,5 mm weit. Die Saugleistung beträgt ungefähr 30 ccm/sec. Das höchste erreichbare Vakum liegt bei 0,001 mm.

Fig. 104 ist ein Querschnitt durch eine Stufenstrahlpumpe aus Duraxglas. Die Quecksilberdämpfe treten aus den Düsen D_1, D_2 und D_3 in den Kondensationsraum. Die Wirkung der Düse D_1 entspricht derjenigen in der Volmerschen Dampfstrahlpumpe, die Wirkungen der Düsen D_2 und D_3 derjenigen des Spaltes einer Gaedeschen Diffusionspumpe. Als Vorpumpe ist nur eine Wasserstrahlpumpe erforderlich. Die Sauggeschwindigkeit beträgt unterhalb 0,001 mm etwa 1000 ccm/sec.

Fig. 105 zeigt die Stufenstrahlpumpe der Fa. Hanff & Buest aus Quarz. Diese Pumpe besitzt gegenüber den Glaspumpen den Vorzug der größeren Widerstandsfähigkeit gegen chemische Agenzien.

Fig. 106 gibt ein Bild, in welcher Weise und mit welchen Sicherungen

[1] Volmer, Ber. 52, 804 (1919).

man am besten die Stufenstrahlpumpe an die Wasserstrahlpumpe anschaltet. Die Wasserstrahlpumpe ist zunächst mit einem Rückschlagventil verbunden, um im Fall eines Zurückschlagens des Wassers bei Druckschwankungen in der Wasserleitung das Eindringen des Wassers zu verhindern. Eine Sicherheitsflasche dient dazu, etwa durch ein nicht ganz dicht schließendes Ventil dringendes Wasser aufzufangen. Das Quecksilbermanometer end-

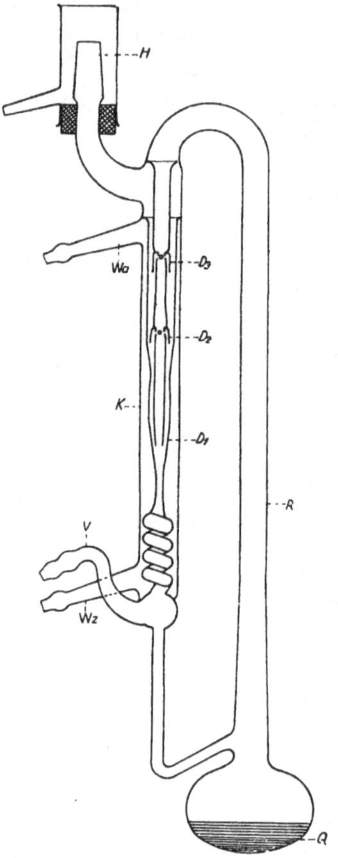

Fig. 104. **Stufenstrahlpumpe aus Duraxglas der Fa. Hanff & Buest.**

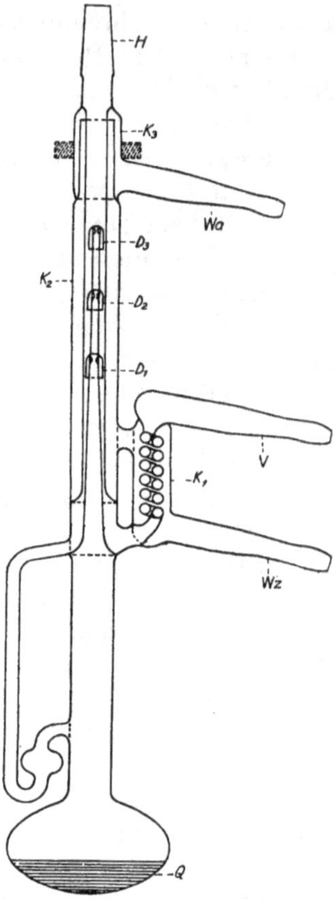

Fig. 105. **Stufenstrahlpumpe aus Quarz der Fa. Hanff & Buest.**

lich verfolgt den Zweck, die Gasleitung abzusperren, wenn der Druck im Vorvakuum zu hoch wird.

Die Leyboldsche mehrstufige Dampfpumpe aus Stahl ist in Fig. 107 wiedergegeben. Die Pumpe ist in drei Stufen unterteilt. Tubus H wird mit dem Rezipienten, Tubus V mit dem Vorvakuum, Tubus W_z und W_a werden mit der Kühlung verbunden. Die Quecksilberdämpfe steigen in dem Rohr R_1 auf und treten aus diesem in die Düsen D_1, D_2 und D_3. Die einzelnen Kammern sind voneinander durch die Ledermanschetten L und das sich darüber ansammelnde Quecksilber luftdicht voneinander abgeschlossen. Das Rohr R_2 dient für zurückfließendes Quecksilber, der Stahldraht *St* zur Kühlung des Quecksilbers in dem Rohr R_3, wodurch ein Hochschleudern vermieden wird. Der Gummiring *G* dient zur Abdichtung des Vorvakuums gegen die Außenatmosphäre, die Quecksilberdichtung *D* zur Abdichtung des Hauptvakuums gegen das Vorvakuum. Nach Abnehmen des Hauptvakuumschliffs *H* lassen sich sämtliche inneren Teile der Pumpe zugleich an dem Handgriff H_a herausziehen, so daß sich die Pumpe außerordentlich leicht reinigen läßt (trocken mit Pinsel oder Lappen). Den Hauptvakuumschliff verbindet man am besten durch einen mit Piceïn aufzukittenden Glasschliff mit dem Rezipienten. Die Höhe des Vorvakuums kann bis zu 20 mm betragen, so daß eine Wasserstrahlpumpe als Vorpumpe benutzt werden kann. Die Saugleistung ist mit 15000 ccm/sec wohl die größte aller Pumpenkonstruktionen.

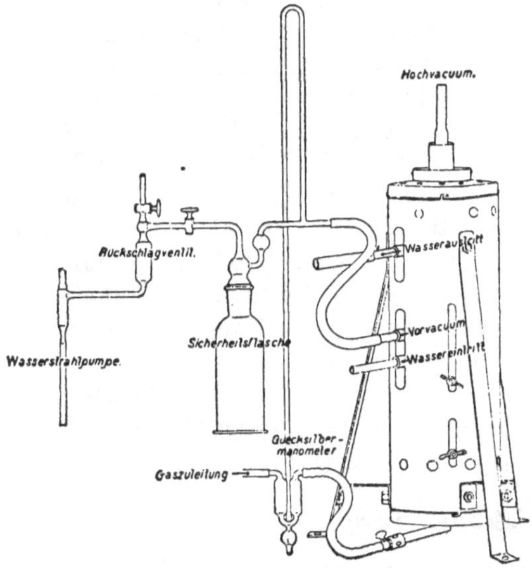

Fig. 106. Verbindung der Stufenstrahlpumpe mit der Wasserstrahlpumpe und der Gasleitung.

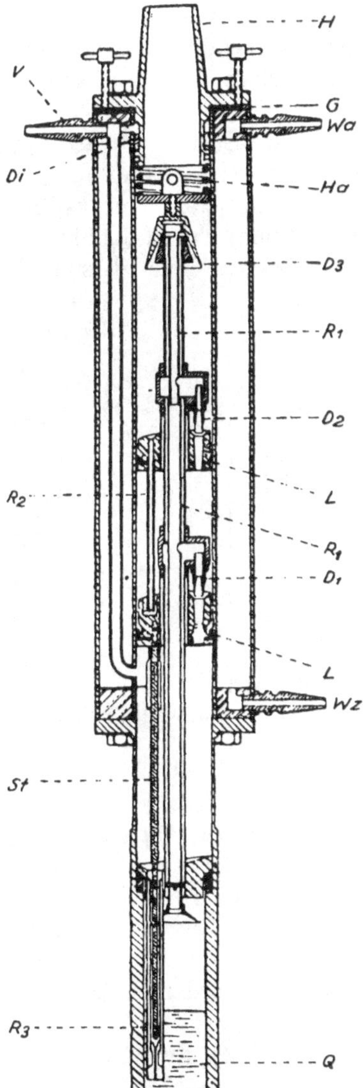

Fig. 107. Dreistufige Dampfpumpe der Fa. Leybolds Nachf.

b) Beseitigung von Wasserdampf und Quecksilberdampf.

Die Molekularpumpe und die Quecksilberdampfpumpen fördern Gase und Dämpfe leicht siedender Flüssigkeiten in gleicher Weise. Mithin müßte also auch die Entfernung von Wasser keinerlei Schwierigkeiten bieten. Trotzdem wird durch Feuchtigkeit die Erreichung eines Vakuums außerordentlich lange verzögert, — besonders bei Gegenwart von Substanzen, die sehr langsam Wasser abgeben, wie z. B. Gelatine, — so daß ein Arbeiten ohne Trockenmittel praktisch unmöglich ist. Als Hochvakuumtrockenmittel kommt eigentlich nur Phosphorpentoxyd in Betracht. Man bringt es am besten in dem S. 89 (Fig. 95) beschriebenen Gefäß unter.

Auf S. 93 wurde bereits hervorgehoben, daß man mit Hilfe der Quecksilberdampfpumpen ein unbegrenztes Vakuum erreichen kann, wenn man den Quecksilberdampf (Partialdruck bei Zimmertemperatur 0,0013 mm) durch Kühlung mit flüssiger Luft vom Rezipienten fernhält. Man benutzt für diesen Zweck Kühlvorrichtungen von den Formen Fig. 108 und 109. Das Gefäß Fig. 108 wird von außen mit Hilfe von flüssiger Luft gekühlt, die sich in einem Dewarschen Gefäß befindet. Letzteres wird bei Benutzung der Kühlvorrichtung Fig. 109 nicht benötigt, da diese selbst nach dem Prinzip des Dewarschen Gefäßes konstruiert ist. Der Raum zwischen Innen- und Außenwandung ist einerseits mit dem Rezipienten, andererseits mit der Pumpe verbunden, während die flüssige Luft direkt in das Innengefäß eingefüllt wird. Die Vorrichtung kann direkt auf die Pumpe aufgesetzt werden. Die obere Quecksilberdichtung ist infolge ihrer Nähe zum Kühlraum unbedenklich, da nur sehr kleine Mengen Quecksilberdampf durch den Schliff hindurchdiffundieren können. Für ganz saubere Arbeiten verbläst man die Leitung besser mit Hilfe eines Handgebläses. Bei Dimensionierung der Kühlvorrichtungen sowie ihrer Zu- und Ableitungen sind die Grundsätze zu beachten, die in einem Abschnitt über die Dimensionierung der Rohrleitungen besonders behandelt werden sollen.

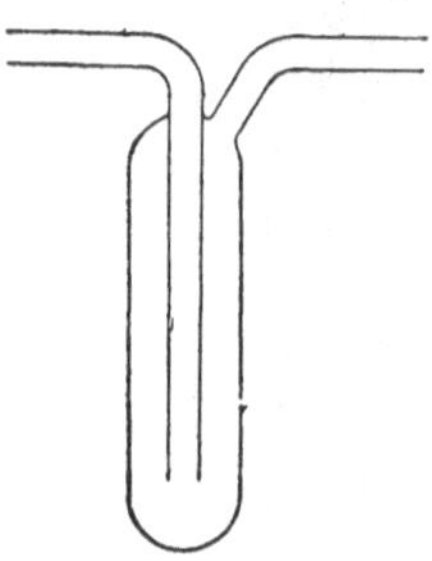

Fig. 108.

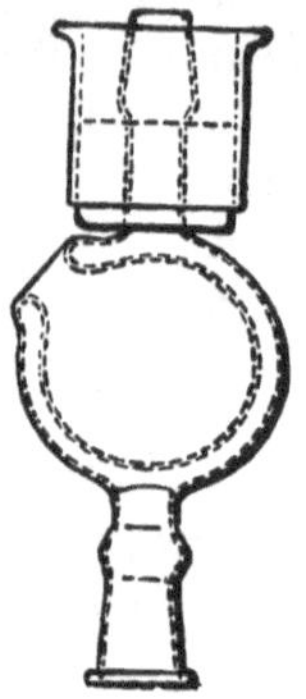

Fig. 109.

Quecksilberfallen.

c) Erzeugung von Vakuum durch Adsorption.

Zur Erzielung extremen Vakuums kann auch die von Dewar[1] eingehend untersuchte Gesetzmäßigkeit nutzbar gemacht werden, daß die Adsorptionsfähigkeit von „aktiver" Kohle für Gase durch Abkühlung mit Hilfe flüssiger Luft auf ungefähr den zwanzigfachen Wert erhöht werden kann. Dewar gibt in nachstehender Tabelle eine Zusammenstellung der Adsorptionsfähigkeit von Buchsbaumkohle bei 0° und bei −185°.

[1] Dewar, C. r. **139**, 261 (1904); Chem. N. **90**, 141 (1904); Ann. chim. phys. (8) **3**, 5 (1904).

Tabelle 8.

Adsorptionsfähigkeit von Buchsbaumkohle.

Gas	0°	– 185°
Wasserstoff . . .	4 faches Volumen	135 faches Volumen
Stickstoff	15 „ „	155 „ „
Sauerstoff	18 „ „	230 „ „
Argon	12 „ „	175 „ „
Helium	2 „ „	15 „ „
Kohlensäure . . .	21 „ „	190 „ „

Die beste „aktive“ Kohle ist gegenwärtig wohl die von der I. G., Leverkusen, in den Handel gebrachte Chlorzinkkohle. Da die aktive Kohle große Aufnahmefähigkeit für Wasserdampf besitzt, soll sie nach der Herstellung im Vakuumexsiccator aufbewahrt werden, was jedoch bei den fabrikmäßig hergestellten Präparaten nicht gut möglich ist. Um die aktive Kohle zum Evakuieren zu benutzen, füllt man sie am besten in ein Gefäß der Form Fig. 108 zwischen Rezipient und Pumpe und entgast darauf die gesamte Apparatur durch Erhitzen bis dicht unterhalb des Schmelzpunktes des Glases mit Hilfe eines überschiebbaren, durch Gas oder Elektrizität heizbaren Kastens. Darauf läßt man erkalten und bringt nun das Gefäß mit aktiver Kohle auf die Temperatur der flüssigen Luft. Entgasen und Abkühlen beansprucht mehrere Stunden.[1, 2]

d) Vakuummeßmethoden.

Das einfachste Vakuummeter ist das nach dem Prinzip des Heberbarometers konstruierte. Es ist hinreichend genau, solange es sich um Drucke von einigen Millimetern handelt. Verfeinerte Ablesemethoden gestatten, die Meßgenauigkeit bis zu 10^{-3} mm zu vervollkommnen.

Die größte Bedeutung zur Vakuummessung hat bis auf den heutigen Tag das bereits im Jahre 1874 von Mc Leod[3] angegebene Vakuummeter behalten. Das Mc Leodsche Vakuummeter beruht auf der Anwendung des Boyle-Mariotteschen Gesetzes, indem mit Hilfe von Quecksilber ein bekanntes Volumen vom Rezipienten abgeschlossen und alsdann auf ein ablesbares Volumen komprimiert wird. Erst in dem komprimierten Zustand wird der Druck gemessen und darauf der tatsächliche Druck im Rezipienten mit Hilfe des Volumenverhältnisses berechnet. Fig. 110 zeigt eine Abbildung des Mc Leodschen Vakuummeters. Der Glasballon B_1 ist durch einen starken Gummischlauch mit dem etwa 80 cm langen Rohr R_1 verbunden. An das obere Ende des Rohres ist einerseits ein Glasballon B_2 von genau bekanntem Volumen, andererseits das mit dem Rezipienten verbundene Rohr R_2 angesetzt. Das obere Ende des Glas-

[1] Dember, Ann. Phys. [4] **30**, 137 (1909).
[2] Gehrts, Ann. Phys. [4] **36**, 995 (1911).
[3] Mc Leod, Phil. Mag. **48**, 110 (1874).

ballons B_2 ist zu einer Capillaren ausgezogen, die auf Volumen geeicht ist. Will man nun den Druck messen, so hebt man den mit Quecksilber gefüllten Ballon B_1. Das im Rohr R_1 aufsteigende Quecksilber schließt beim Verzweigungspunkt V den Ballon B_2 vom Rezipienten ab. Man hebt nun den Ballon B_1 so weit, daß der Ballon B_2 mindestens bis zum Beginn der Capillaren mit Quecksilber gefüllt ist. Ist die Niveaudifferenz im Capillarrohr und dem mit dem Rezipienten verbundenen Rohr R_2 b, und beträgt das mit Quecksilber angefüllte Volumen des Ballons B_2 v_2, das nicht ausgefüllte Volumen der Capillaren dagegen v_1, so berechnet sich der Druck im Rezipienten $p = b \cdot \frac{v_1}{v_2}$. — Das Mc Leodsche Vakuummeter beansprucht infolge seiner Höhe von etwa 1—1½ m sehr viel Raum. Diesem Übelstand suchen spätere Konstruktionen dadurch abzuhelfen, daß sie den Gasdruck in dem Ballon B_1 auf Vorvakuumdruck herabzusetzen gestatten. Die Fig. 111, 112 zeigen verschiedene Konstruktionen verkürzter Mc Leodscher Vakuummeter.[2] — Zu erwähnen ist auch das Vakuummeter von Reiff[3], bei dem das Quecksilber durch Drehung des gesamten Vakuummeters um eine horizontale Achse bewegt wird. Es sei besonders darauf hingewiesen, daß man bei einer Ablesung mit dem Mc Leodschen Vakuummeter nur den Partialdruck der Gase abliest, unabhängig vom Partialdruck des Quecksilbers. Für den Fall, daß ohne Kühlmittel gearbeitet wird, muß man, um den Totaldruck zu erhalten, noch den Partialdruck des Quecksilbers zu demjenigen des Gases addieren.

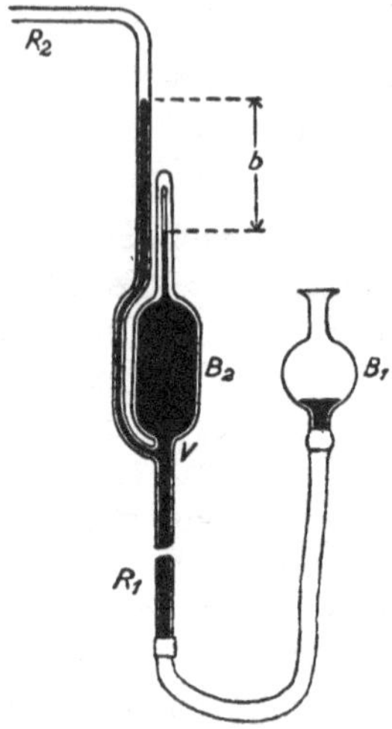

Fig. 110. Vakuummeter nach Mc Leod.

Vakuummeter sind ferner noch nach folgenden Prinzipien konstruiert worden: Durchbiegung einer elastischen Membran, Bourdonsche Spirale, Reibung (nach Langmuir[4], Gegenstück zur Molekularluftpumpe, Drucke bis 10^{-7} mm), Radiometerprinzip (Knudsen[5], Drucke bis 10^{-7} mm), Wärmeleitung (Drucke bis 10^{-7} mm). Im einzelnen soll auf die verschiedenen Konstruktionen nicht eingegangen werden; hierfür wird auf die Monographie von Goetz[6] verwiesen. Die verschiedenen, in speziellen Fällen gut brauchbaren Konstruktionen haben jedoch keine allgemeinere Bedeutung erlangen können.

[1] Zeichnung entnommen aus Goetz, l. c.

[2] Eine Herabsetzung der Quecksilbermassen läßt sich dadurch erreichen, daß man dem abschließenden Volumen eine andere Form gibt und das Quecksilber zum Teil durch einen Hohlkörper, einen starren Kolben, ersetzt (Brücke, Z. f. techn. Physik 8, 184 (1927).

[3] Reiff, Phys. Ztschr. 8, 125 (1907).

[4] Langmuir, Phys. Rev. (1) 337 (1913).

[5] Knudsen, Ann. Phys. [4] 32, 809 (1910).

[6] Goetz, Physik u. Technik des Hochvakuums, Sammlg. Vieweg, Heft 64 (1922).

Eine sehr einfache Möglichkeit zur Beurteilung des Vakuums geben auch die in ihrem Aussehen vom Gasdruck abhängigen elektrischen

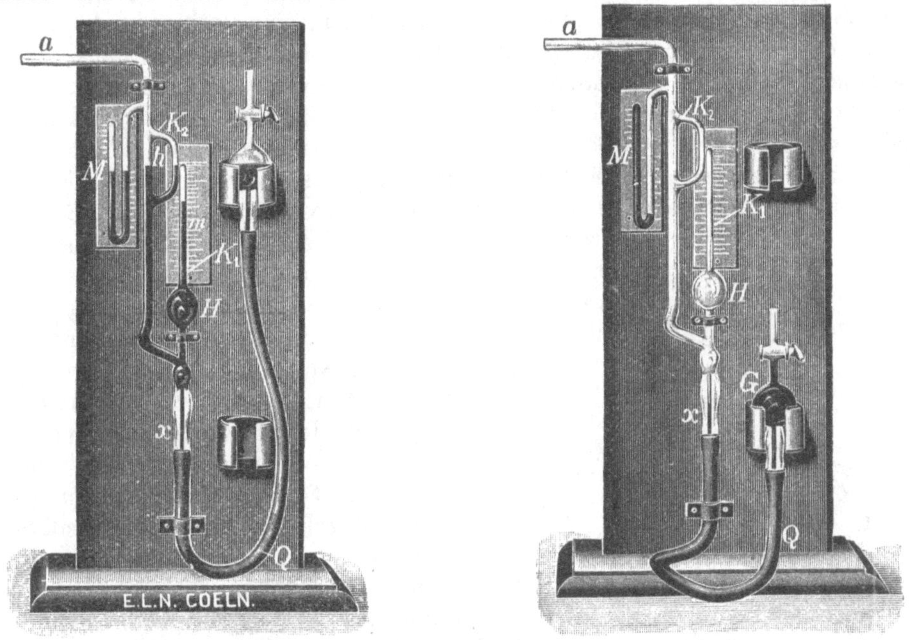

Fig. 111. Verkürztes Mc LEOD sches Vakuummeter nach GAEDE.

Entladungserscheinungen. Bekannt sind die besonders bei chemischen Arbeiten häufig an die Apparatur angeschmolzenen Prüfröhren mit zwei Aluminiumelektroden, die mit den Polen eines kleinen Funkeninduktors verbunden werden. Geht gar keine Entladung über, so entspricht dies einem Druck unterhalb 0,001 mm. Das Auftreten der grünen Glasfluoreszenz entspricht einem Druck von 0,005 bis 0,01 mm. Bei steigendem Druck entwickelt sich von der Anode ausgehend eine leuchtende Säule, die in dem Druckintervall zwischen 1 und 3 mm die bekannten Schichtungen zeigt. Die positive Säule ist von der Kathode durch den „FARADAYschen Dunkelraum" und daran anschließend durch das „negative Glimmlicht" und den „CROOKE schen Dunkelraum" getrennt. Oberhalb von 3 mm füllt die Entladungserscheinung nicht mehr das ganze Rohr aus und besteht gegen 10 mm nur noch aus einem schmalen Bande.

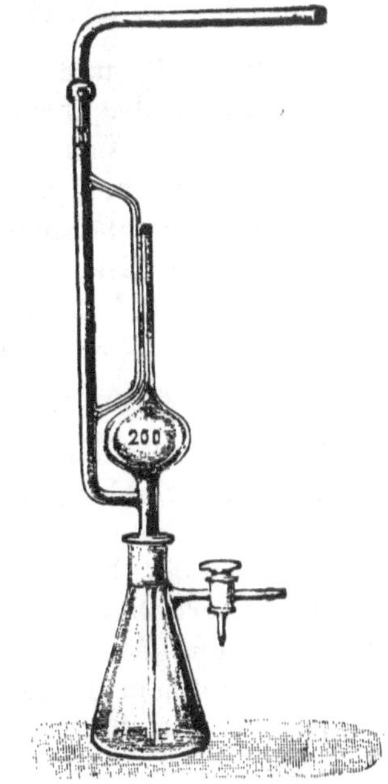

Fig. 112. Verkürztes Mc LEOD sches Vakuummeter der Fa. Hanff und Buest, Berlin N.

Für extrem niedere Drucke wurden durch die Forschungen über Elektronenröhren (Dreielektrodenröhren) Methoden zur Vakuummessung geschaffen, die jedoch an sehr empfindliche Meßinstrumente und große Erfahrung in der Entgasung von Metallteilen gebunden sind. Auf die Elektronenemission bei höherer Temperatur und den Elektronenstrom ist in § 1 dieses Kapitels näher eingegangen worden. Elektronenemission und Elektronenstrom folgen jedoch nur dann den einfachen beschriebenen Gesetzmäßigkeiten, wenn praktisch kein Gas vorhanden ist. Ist Gas vorhanden, so tritt Ionisation ein, und die Gasionen beteiligen sich an der Stromleitung. Das Auftreten von Gasionen läßt sich am einfachsten mit einer Hilfselektrode, wie sie als Gitter in den Verstärkerröhren vorhanden ist, feststellen. Die Versuchsanordnung[1] ist in Fig. 113 schematisch dargestellt. *K* ist eine Glühkathode, *A* die Anode. An die Anode *A* legt man eine positive Spannung von etwa 200 Volt. *G* ist eine Gitterelektrode. An diese legt man eine negative Spannung von einigen Volt. Ist nun die Röhre gasfrei, so fließt ein bestimmter Strom J_a von der Kathode zur Anode, während der Gitterkreis stromlos ist. Sind dagegen geringe Gasmengen vorhanden, so bilden sich durch Stoßionisation positive Gasionen, die zu einem geringen Teil zum Glühdraht, zum weitaus größeren Teil zum Gitter wandern, d. h. es beginnt im Gitterkreis ein Strom zu fließen. Dieser Ionenstrom J_g ist proportional der Gasdichte, der Anzahl der ionisierenden Elektronen (Anodenstrom J_a) und der von den Elektronen durchlaufenen Strecke. Das Verhältnis der Stromstärken J_g/J_a bezeichnet man in der Elektronenröhrentechnik als Vakuumfaktor, und dieser Faktor ist für eine bestimmte Elektrodenanordnung ein direktes Maß für das Vakuum, nachdem man einen Vergleich mit anderen Vakuummeßmethoden vorgenommen hat. — Eine ionentheoretische Ableitung, wie man der Größenordnung nach den Druck berechnen kann, geben Rukop und Hausser.[2] Sieht man ab von den direkt zur Kathode wandernden Ionen, so bedeutet ein Vakuumfaktor $\frac{J_g}{J_a} = \frac{1}{1000}$ im wesentlichen, daß im Mittel nur der tausendste Teil aller zur Anode fliegenden Elektronen ein Gasmolekül ionisiert. Es ist also die mittlere freie Weglänge der Elektronen tausendmal so groß als die von den Elektronen durchlaufene Strecke. Die mittlere freie Weglänge der Gasmoleküle beträgt bei Atmosphärendruck ungefähr 10^{-5} cm und nimmt proportional der Druckverminderung zu. Ist nun z. B. der Abstand Kathode–Anode $^1/_2$ cm, so entspricht eine freie Weglänge von $1000 \cdot {}^1/_2$ cm einem Druck von $2 \cdot 10^{-8}$ Atm. oder $1{,}5 \cdot 10^{-5}$ mm. — Voraussetzung für die Anwendung dieser Vakuummeßmethode ist die völlige

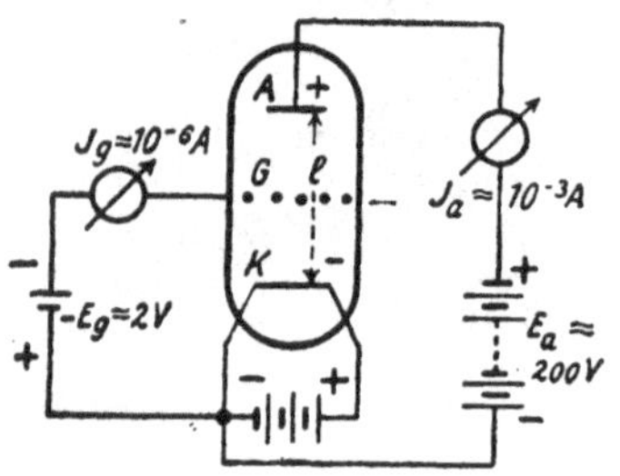

Fig. 113. Schaltung für eine elektrische Vakuummessung.

[1] Der Darstellung von Barkhausen: Elektronenröhren, Leipig 1923, entnommen.
[2] Zitiert nach Barkhausen: Rukop u. Hausser, Vortragsreihe im Elektrotechn. Verein. Berlin 1919.

Entgasung der Elektroden, stundenlanges Ausglühen im Vakuum. Bei unzureichender Isolierung des Gitters muß man Kriechströme längs der Glaswandung in Betracht ziehen und durch Differenzmessungen eliminieren. — Bei der Versuchsanordnung Fig. 113 läßt sich auch die Rolle von Anode und Gitter vertauschen. — Ist der Elektronenstrom so stark, daß Erwärmung der Anode stattfindet, so gibt die Schaltung eine Möglichkeit zur Kontrolle der Gasfreiheit der Anode bzw. — bei Vertauschung der Rolle von Gitter und Anode — des Gitters.

e) Dimensionierung der Rohrleitungen.

Von entscheidender Wichtigkeit bei Vakuumarbeiten ist die richtige Dimensionierung der Rohrleitungen. Es gibt kein einheitliches Gesetz, das die Reibung der Gase, mithin also auch die Strömungsgeschwindigkeit von Gasen für alle Drucke umfaßt. Es wird daher auf die diesbezügliche umfangreiche Originalliteratur[1], besonders auf die Arbeiten von KNUDSEN und GAEDE hingewiesen.

Bei Drucken, bei denen die mittlere freie Weglänge der Moleküle verschwindend klein ist gegenüber dem Rohrdurchmesser (bei Atmosphärendruck L = etwa 0,00001 cm), gehorcht die Gasströmung dem sinngemäß auf Gase angewandten POISEUILLEschen[2] hydrodynamischen Gesetz:

$$\text{I.} \quad Q_t = \frac{\pi}{8} \frac{1}{\eta} \cdot \frac{R^4}{L} \frac{p_1 + p_2}{2}.$$

Hierin ist Q_t die pro Sekunde und pro Einheit der Druckdifferenz durch das Rohr strömende und durch das Produkt von Druck und Volumen gemessene Gasmenge, p_1 der Anfangsdruck beim Eintritt in das Rohr, p_2 der Enddruck beim Austritt aus dem Rohr gemessen in Dyn/cm² (1 mm Hg = 1337 Dyn/cm²), R der Radius des Rohres gemessen in cm und η der Koeffizient der inneren Reibung (C^{-1} G S^{-1}). Man kann sich leicht berechnen, daß zu Beginn des Pumpens bei der Unterschreitung des Atmosphärendrucks die Strömungsgeschwindigkeit selbst bei Rohren von 0,5 cm Durchmesser so groß ist, daß die gebräuchlichen Pumpen mit einer Pumpgeschwindigkeit von 20—30 ccm/sec das nachströmende Gas bei weitem nicht abpumpen können.

Bei Drucken, bei denen die mittlere freie Weglänge über den Rohrdurchmesser hinauswächst, läßt sich die Strömung berechnen nach einem von KNUDSEN aufgestellten Ausdruck:

$$\text{II.} \quad Q_t = \frac{4}{3} \sqrt{2\pi} \frac{1}{\sqrt{\varrho_1}} \cdot \frac{R^3}{L}.$$

[1] GRAHAM, Pogg. **120**, 415 (1863) (dort auch ältere Literatur). — F. MEYER, Pogg. **125**, 185, 256, 262 (1865). — MAXWELL, Phil. Trans. **156**, 249 (1866). — KUNDT u. WARBURG, Pogg. **155**, 337, 525 (1875). — WARBURG, Pogg. **156**, 399 (1876). — CHRISTIANSEN, Wied. **41**, 565 (1890). — EGER, Ann. Phys. [4] **27**, 819 (1908). — HOGG, Phil. Mag. **20**, 376 (1910). — KNUDSEN, Ann. Phys. [4] **28**, 75 (1909); **28**, 999 (1909). — v. SMOLUCHOWSKI, Ann. Phys. [4] **33**, 1559 (1910). — GAEDE, Ann. Phys. [4] **41**, 289 (1913).

[2] POISEUILLE, Mém. de l'Inst. **9**, 433 (1846); Pogg. **58**, 424 (1843).

Hierin bedeutet ϱ_1 das spezifische Gewicht des Gases beim Druck 1 Dyn/cm² und bei der Temperatur der Röhre. Die Gültigkeit dieses Ausdrucks wurde von GAEDE für Drucke unterhalb 0,001 mm Hg bestätigt.

Für das Zwischengebiet stellte KNUDSEN eine Interpolationsformel auf, die jedoch von GAEDE nicht bestätigt werden konnte.

Für höhere Drucke, für welche die mittlere freie Weglänge der Gasmoleküle klein ist gegenüber dem Durchmesser des Rohres, besitzt das POISEUILLEsche Gesetz Gültigkeit, da die Anzahl der Zusammenstöße der Gasmoleküle mit der Glaswand verschwindend klein ist gegenüber der Anzahl der Zusammenstöße untereinander. Für niedere Drucke wächst nun die mittlere freie Weglänge in die Größenordnung der Rohrdimension hinein, und es muß die Reflexion der Gasmoleküle von der Rohrwandung in Betracht gezogen werden. KNUDSEN nimmt nun für diese Reflexion an, daß ihre Richtung unabhängig von der Auftreffrichtung ist. Diese Annahme trifft nach GAEDE jedoch nur für Drucke unterhalb 0,001 mm zu. Oberhalb dieses Druckes überzieht sich die Glaswandung mit einer Gasschicht. Die Anwesenheit dieser Gasschicht, welche die molekularen Unebenheiten der Glaswand überzieht, bewirkt nach GAEDEs Vorstellung, daß die Gasmoleküle vorzugsweise in die gleiche Richtung hinein reflektiert werden, aus der sie auftreffen. Findet gleichzeitig eine Gasströmung statt, so besagt dies, daß der Strömungswiderstand verstärkt wird, größer ist als der Berechnung entspricht.

Da von einem oberen Grenzdruck von 0,001 mm ab die KNUDSENsche Beziehung Gültigkeit hat, soll für diesen Druck die Strömungsgeschwindigkeit berechnet werden für $p_1 = 0{,}001$ mm Hg, $p_2 = 0$, $L = 100$ cm und drei verschiedene Radien $R = 0{,}25$; 0,5; 1 cm. Man findet so für Q_t ungefähr folgende Werte (Luft bei Zimmertemperatur):

$$R = 0{,}25\ \text{cm}, \qquad Q_t = 15\ \text{ccm/sec},$$
$$R = 0{,}5\ \text{„}, \qquad Q_t = 70\ \text{„},$$
$$R = 1\ \text{„}, \qquad Q_t = 1000\ \text{„}.$$

Aus dieser Zusammenstellung geht hervor, daß man zur Verbindung der Hochvakuumpumpe mit dem Rezipienten kurze, vor allem aber möglichst weite Rohre benutzen soll. Die Saugleistungen der modernen Quecksilberdampfpumpen betragen über 1 Liter/sec, doch wird man sich mit einem Rohrdurchmesser von 1,5 bis 2 cm wohl zumeist begnügen, da andernfalls die Herstellung der Verbindungen (besonders bei der Benutzung von Glasrohr) Schwierigkeiten bereitet.

f) Verbindungsschliffe, Hähne.

Zunächst mag betont sein, daß der beste und sorgfältigst zusammengesetzte Schliff niemals eine Anschmelzungsstelle Glas an Glas zu ersetzen vermag. Bei genügender Übung in der Benutzung eines Handgebläses beansprucht das Verblasen zweier Glasrohre wenig mehr Zeit als die sorgfältige Reinigung und das Zusammensetzen eines Schliffes. In Fig. 114

ist ein sehr bequemes Handgebläse nach STOCK wiedergegeben.[1] Erscheint es trotzdem notwendig, Schliffe zu verwenden, so kann man sich der verschiedensten Formen bedienen. Fig. 115 gibt eine Reihe aus dem Buch von GOETZ[2] entnommener Konstruktionen für Fett-[3] bzw. Quecksilberdichtung[4] wieder. Um die in das Vakuum eindringenden Fettdämpfe auf ein Minimum herabzusetzen, ist es ratsam, die Schliffe möglichst lang zu machen und nur das äußere Drittel mit Fett zu bestreichen. Bei Benutzung der Quecksilberdichtung kommt es darauf an, die Quecksilbersäule möglichst hoch zu machen (etwa 10 cm), da sonst zwischen Quecksilber und Schliff leicht ein Capillarspalt entsteht, durch den Luft langsam eindiffundiert. Um dieser Möglichkeit zu begegnen, empfiehlt GOETZ auch die Überschichtung des Quecksilbers mit Glycerin oder konzentrierter Schwefelsäure, doch wird dann das Auseinandernehmen und Reinigen derart kompliziert, daß ein Verblasen der Rohr-

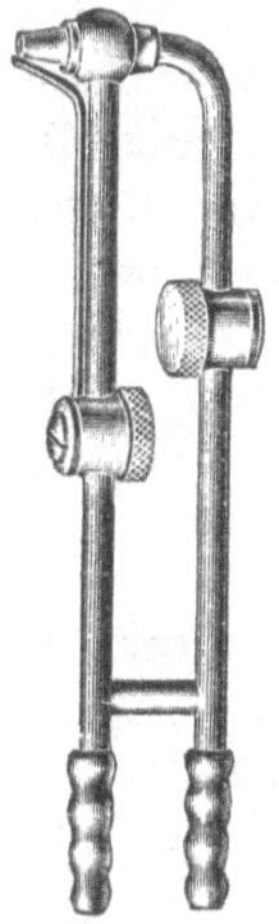

Fig. 114.
Handgebläse nach STOCK.

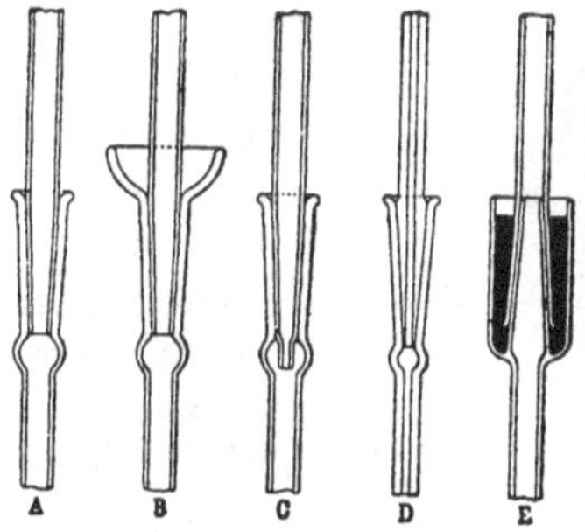

Fig. 115. Schlifformen.

leitung wesentlich bequemer und einfacher ist. Eine sehr gute und saubere Schliffabdichtung läßt sich erzielen, indem man als Dichtungsmittel Picein benutzt. Man erwärmt die Schliffe mit Hilfe eines eben entleuchteten Handgebläses auf etwa 60—70°, bestreicht das äußere Drittel des inneren Schliffes mit ganz wenig Picein und dreht die Schliffe ineinander. — Es darf nicht unterlassen werden, auf die Verwendungsmöglichkeit der neuerdings von verschiedenen Firmen[5] in den Handel gebrachten Normalschliffe hin-

[1] Firma Hanff und Buest, Berlin 114. [2] GOETZ, l. c.

[3] Am besten benutzt man sogenanntes Ramsayfett, hergestellt nach den Angaben von TRAVERS, Experimentelle Untersuchungen von Gasen, 1905, S. 24: Zwei Teile schwarzer, möglichst schwefelfreier Kautschuk werden erwärmt, bis der Kautschuk schmilzt und geruchlos wird. Dann setzt man ein Teil Vaselin und $^1/_8$ Teil Paraffin zu. (Dampfdruck bei Zimmertemperatur etwa 0,0001 mm.)

[4] Vor der Benutzung von Quecksilberdichtungen mit offener Oberfläche ist allerdings wegen der von STOCK nachgewiesenen Gefährlichkeit des Quecksilberdampfes dringend zu warnen. Lassen sich Quecksilberdichtungen nicht vermeiden, so überziehe man die offene Quecksilberfläche mit einer Schicht geschmolzenen Paraffins (vgl. S. 57).

[5] E. Leybolds Nachf., Köln, und Hanff und Buest, Berlin, N 4.

zuweisen. Die Normalschliffe passen sämtlich untereinander, so daß man nicht an die Benutzung bestimmter Paare gebunden ist.

Bei der Verbindung von Glas und Metall lassen sich — wenn man von Platineinschmelzungen absieht — Schliff- oder Kittverbindungen schwer vermeiden.

Für Vakuumarbeiten verwende man nur sorgfältigst hergestellte Hähne. Sind die Hahnküken der gewöhnlichen Glashähne nicht sauber eingeschliffen, so passiert es leicht, daß zwischen den Schliffwandungen von außen her oder aus dem abgeschlossenen Teil Luft in den Rezipienten eindringt. Zur richtigen Dimensionierung des Durchmessers, der Länge und der Bohrung des Kükens muß man daher darauf achten, daß in jeder Hahnstellung genügend Schliffläche zur Abdichtung vorhanden ist. Als Abdichtungsmittel und zugleich Schmiermittel empfiehlt sich Ramsayfett. Als Dichtungsmittel kann außerdem noch Quecksilber[1] benutzt werden. Fig. 116 zeigt einen Hahn, der durch Quecksilber abgedichtet werden kann. Bei Benutzung einer Quecksilberdichtung kann man als Schmiermittel auch sirupöse Phosphorsäure[2] nehmen, besonders dann, wenn jegliche Spuren von Kohlenwasserstoffen vermieden werden sollen. — Der Hauptübelstand der vorstehend beschriebenen Hähne liegt darin, daß sie ein Schmiermittel benötigen. Fettlose Ventile für Vakuumarbeiten, die als Abdichtungsmaterial nur Quecksilber, dagegen kein Schmiermittel benötigen, sind von Prytz[3] und Stock[4] angegeben worden.

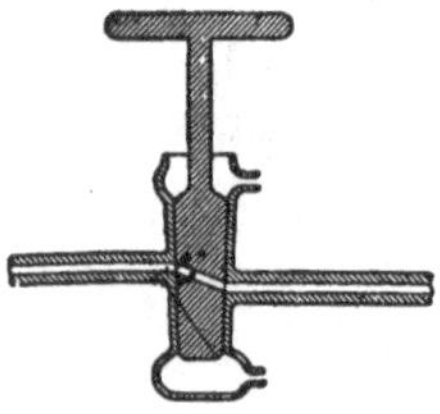

Fig. 116. Hahn mit Quecksilberdichtung.

g) Durchschmelzungen und Anschmelzungen.

Zur Herstellung einer leitenden, vakuumdichten Durchschmelzung durch Glas kommt nur ein Metall in Frage, das den gleichen Ausdehnungskoeffizienten hat wie Glas. Diese Bedingung ist beim Platin nahezu erfüllt. Platin besitzt fast den gleichen Ausdehnungskoeffizienten wie gewöhnliches Glas. Bei dickeren Platindrähten macht sich die Abweichung immerhin unangenehm bemerkbar. Aus diesem Grunde schmilzt man dickere Platindrähte nicht direkt in gewöhnliches Glas ein, sondern umwickelt den Draht erst mit Einschmelzglas, das in seinem Ausdehnungskoeffizienten mit dem des Platins vollkommen übereinstimmt. Das Einschmelzglas besteht im wesentlichen aus Bleiglas. Bei seiner Verarbeitung muß man darauf achten, daß von der Gebläseflamme nur die äußerste Spitze der Flamme mit dem Glas in Berührung kommt, da sonst infolge von Reduktion das Glas durch abgeschiedenes Blei schwarz gefärbt wird. Man benutzt als

[1] Vgl. S. 57 u. 105.
[2] An der Luft zerflossenes Phosphorpentoxyd.
[3] Prytz, Ann. Phys. 18, 617 (1905).
[4] Stock, Phys. Ztschr. 18, 103 (1917). Tiede-Richter, Handbuch der Arbeitsmethoden in der anorg. Chemie, Bd. II, S. 884.

Düse zur Einleitung der Luft in die Gebläseflamme am besten ein Glasrohr, bestehend aus einem Bündel von Capillaren (Fa. Bornkesselwerke, Berlin).

Ein guter Platinersatz ist ein Spezialnickelstahldraht von Krupp, erhältlich bei W. C. Heräus, Vakuumschmelze Hanau, Marke grau und Marke grün, zu verwenden mit Einschmelzglas. Der Fa. Philips, Eindhoven (Holland), ist es ferner gelungen, große Formstücke aus einer besonderen Chrom-Eisen-Legierung mit Glas hochvakuumdicht zu verschmelzen.[1] Zu erwähnen ist schließlich noch ein Verfahren der A.E.G. zur Herstellung von Durchschmelzungen aus Molybdändraht unter Zuhilfenahme von Molybdänglas und ein Verfahren der Fa. C. H. F. Müller, Hamburg 15, um mit Hilfe eines besonderen Einschmelzglases große Kupferkalotten hochvakuumdicht aufzuschmelzen.

Bei Benutzung von Platindraht oder Nickelstahldraht für eine Durchschmelzung stellt man gewöhnlich nur das tatsächlich im Glas haftende Stück aus diesem Draht her und verschweißt ihn nach außen mit Kupferlitze, nach innen mit Eisen, Molybdän usw. Die Schweißung führt man leicht aus mit Hilfe besonderer elektrischer Schweißapparate (Zange mit wassergekühlten Kupferbacken, Wechselstrom von geringer Spannung und hoher Stromstärke). Bei einiger Übung kann man die Schweißung auch mit einer kleinen spitzen Gebläseflamme ausführen, indem man der Luft eventuell noch etwas Sauerstoff beimischt. Da die Drähte verschiedene Wärmeleitfähigkeit besitzen, fasse man die Drähte mit der Zange so weit von dem zu verschweißenden Ende entfernt, daß sie gleiche Glühtemperatur (Helligkeit) erlangen. Beachtet man diese Vorsichtsmaßregel nicht, so passiert es leicht, daß z. B. das Platin weißglühend ist, während die Kupferlitze erst rot glüht. Stößt man in diesem Moment Platin und geschmolzene Kupferperle zusammen, so zieht sich letztere an dem Platindraht hoch von der Kupferlitze fort. Vor dem Schmelzen befeuchte man das Kupfer mit einem Tropfen Borsäure- oder Boraxlösung. Sobald man den richtig temperierten Platindraht mit dem geschmolzenen Kupfer, Aluminium oder Eisen in Berührung gebracht hat, blase man die Flamme zur Seite, damit sofortige Erstarrung eintritt. Will man den Platindraht mit dem niedrig schmelzenden Aluminium (Schmelzp. 657°) verbinden, so muß man den Platindraht 2—3 mm in das erweichte Metall stoßen und dann durch Gegenblasen schnell abkühlen. Nach der Herstellung der Metallverbindungen umwickelt man den Einschmelzdraht in der äußersten Spitze einer kleinen Gebläseflamme mit Einschmelzglas und schmilzt das Ganze in ein passendes Ansatzröhrchen des Apparates ein.

Für Quarzglas (zu verblasen zwischen 1600 und 1700°) gibt es keine vakuumdichten Durchschmelzungen. Zur Einführung von Elektroden benutzt man eingeschliffene Stöpsel eines Nickelstahls von nahezu gleichem Ausdehnungskoeffizienten wie Quarz. Dieser Schliff wird von außen mit Quecksilber gedichtet und dieses wiederum durch aufgegossenen Kitt fixiert. — v. Angerer erwähnt ferner folgendes Ver-

---

[1]) Vgl. II 1c, S. 50.

fahren[1]: Ein Wolframdraht wird in Quarzglas eingeschmolzen und dadurch mechanisch befestigt. Um die Einschmelzstelle vakuumdicht zu machen, wird sie durch eine Blei–Natriumlegierung überschichtet, welche sowohl an Quarz wie an Wolfram adhäriert. Gegen Oxydation wird diese Legierung durch einen Kittüberzug geschützt. Bedenklich erscheint hierbei die Verwendung von Natrium, wodurch Quarz naturgemäß angegriffen wird.

h) Kittungen.

Kann man aus bestimmten Gründen keine Durchschmelzungen anbringen, wie z. B. besonders bei der Einführung einer wassergekühlten Antikathode oder Kathode in eine Röntgenröhre, so ist man auf die Verwendung von Schliffen oder Kittungen angewiesen.

Der speziell beim Arbeiten mit Metallröntgenröhren am meisten in Anwendung gebrachte Kitt ist das Picein.[2] Letzteres wird bei 50° plastisch, bei 80° flüssig, wird von Wasser und Alkohol nicht angegriffen, von Benzin, Benzol und Terpentinöl dagegen leicht gelöst. Picein adhäriert äußerst leicht. Da es sich bei Zimmertemperatur gerade an der Grenze der Plastizität befindet, treten keine Haarrisse auf, ein Übelstand, den man häufig bei anderen Kitten und Siegellacken beobachtet.

v. Angerer empfiehlt ferner folgende Kitte:

Wachs-Kolophoniumkitt, bereitet durch Zusammenschmelzen gleicher Gewichtsteile von gelbem Bienenwachs und Kolophonium. Dieser Kitt wird bei 50° dünnflüssig und erstarrt bei 40°. Von Wasser wird er nicht, von Alkohol kaum angegriffen.

Weißer Kittlack[3] ist nach Ansicht v. Angerers das beste Material für Hochvakuumkittungen, da er ebenso wie Picein und im Gegensatz zu anderen käuflichen Siegellacken nicht die unangenehme Eigenschaft zeigt, durch Haarrisse Undichtigkeiten zu bilden. Erweichungs- und Schmelzpunkt liegen höher als beim Picein. Kittlack löst sich in Wasser etwas, in Alkohol leicht.

Klebwachs besteht aus 100 Tln. Wachs und 5 Tln. venezianischem Terpentin. Um es noch weicher zu machen, setzt man eventuell noch etwas Maschinenöl zu. Wegen des hohen Dampfdruckes kommt es für Vakuumarbeiten kaum in Frage.

Nach Rawson[4] haftet eine leicht schmelzende Legierung aus 40 Tln. Wismut, 25 Tln. Blei, 15 Tln. Quecksilber, 10 Tln. Zinn, 10 Tln. Cadmium gut sowohl an Glas wie an Metall. Eine solche Metallkittung schließt jedoch nicht hochvakuumdicht ab und muß nach außen hin noch mit einem weiteren Kitt abgedichtet werden.

---

[1] D.R.P. 289011/21 f.

[2] Hamburger Kautschuk-Comp. Piceïn wird empfohlen von Walter, Ann. Phys. [4] **18**, 860 (1905).

[3] Fa. Liliendahl Co., Neudietendorf (Thüringen).

[4] Rawson, Journ. Soc. Chem. Ind. **9**, 151 (1890).

v. ANGERER gibt ferner ein Rezept (nach Dr. ALEFELD) an für einen leicht schmelzenden Emailleﬂuß, der an Glas wie an Metall hochvakuumdicht haftet. 5 g geschlämmte Kieselsäure, 16 g Mennige, 4 g calcinierter Borax werden in einem hessischen Tiegel zusammengeschmolzen. Diese Emaille erweicht bei 350°. Von Quarzglas und schwer schmelzbarem Glas springt sie ab.

Weitere leicht schmelzende Emaillen bestehen nach OSTWALD-LUTHER[1] aus Bleiborat oder Zinkborat, oder nach Mc KELVY[2] aus gleichen Gewichtsteilen Zinkoxyd, Borax und Natronglaspulver.

Für kalt anzuwendende Kitte seien folgende Rezepte wiedergegeben:

Glycerin-Bleiglättekitt erhält man dadurch, daß man Bleiglätte mit Glycerin zu einem dicken Brei anrührt. Dieser erstarrt nach ungefähr einer halben Stunde und hält bis 270° aus, ist unempfindlich gegen Wasser, die meisten Säuren, Chlor, Alkalien.

Wasserglas-Talkumkitt wird hergestellt durch Zusammenrühren von dickflüssigem Natronwasserglas mit Talkum zu einem dicken Brei. Dieser Kitt hält hohe Temperaturen aus.

Vorstehende Kitte geben einen guten mechanischen Halt, aber keinen hochvakuumdichten Abschluß. Hierfür müssen sie mit einem anderen schmelzbaren Kitt überschichtet oder mit alkoholischer Schellacklösung oder mit einer Auflösung von Celluloid in Aceton bestrichen werden.

i) Reinigung der Gefäße.

Das beste, allgemein gebräuchliche Reinigungsmittel für Glasgefäße ist heiße Chrom-Schwefelsäure (am besten unmittelbar vor dem Gebrauch hergestellt durch Zusammengießen einer Lösung von Natriumchromat und konzentrierter Schwefelsäure). Die heiße Lösung bringt man langsam unter häufigem Umschwenken (um ein Springen zu vermeiden) in das Gefäß und erreicht eine durchgreifende Reinigung zumeist in einigen Minuten. Bei Verwendung der kalten Mischung läßt man diese einige Stunden lang in dem Gefäß.

Im übrigen wähle man die Reinigungsmittel nach der Natur der Verunreinigung aus. Es kommen in Betracht Salzsäure, Salpetersäure, Königswasser, Kalilauge, Natronlauge. Zur Beseitigung von Alkalimetall aus Entladungsröhren wasche man mit Alkohol aus. Größere Schwierigkeit bereitet es gewöhnlich, das durch elektrische Entladungen zersetzte Fett oder andere organische Zersetzungsprodukte von der Glaswandung eines Entladungsgefäßes zu entfernen. In diesem Fall benutzt man zweckmäßig verdünnte Flußsäure, die man 1—2 Minuten in dem Gefäß läßt. Die Flußsäure greift dabei das Glas oberflächlich an, und die Verunreinigungen lösen sich ab, auch wenn sie selbst nicht von der Flußsäure angegriffen werden.

---

[1] OSTWALD-LUTHER, Handbuch zur Ausführung physico-chemischer Messungen, 3. Aufl. Leipzig, W. Engelmann (1910).

[2] Mc KELVY u. TAYLOR, J. Am. Ch. S. 42, 1364 (1920).

Zur Trocknung der Röhren saugt man Luft hindurch. Um Staubteilchen aus der Luft zurückzuhalten, läßt man einfach ein Stückchen Filtrierpapier durch den Luftstrom gegen die Einströmöffnung des Rohres ansaugen. Man kann die Trocknung beschleunigen durch vorheriges Ausspülen mit reinstem Alkohol.

k) Reinigung des Quecksilbers.[1]

Die gebräuchlichste Reinigungsmethode ist folgende: Filtration durch sämisch gegerbtes Leder, Behandlung mit 17 %iger Salpetersäure (spez. Gewicht 1,1) nach LOTHAR MEYER, Vakuumdestillation nach VICTOR MEYER.

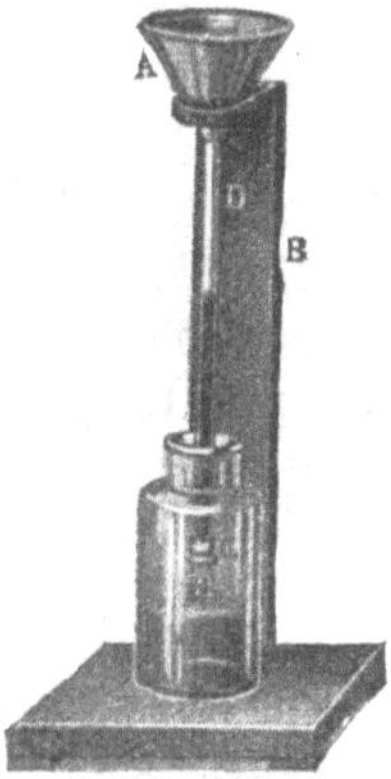

Fig. 117. Filtration von Quecksilber.

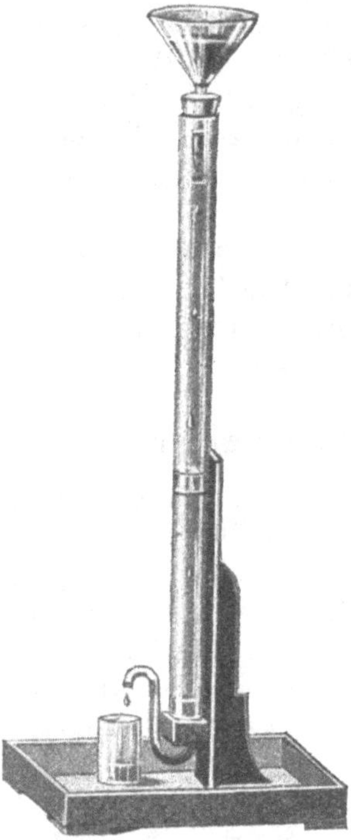

Fig. 118. Quecksilberreinigung nach LOTHAR MAYER mit verdünnter Salpetersäure.

Zur Filtration versieht man ein etwa 1 cm weites und etwa 20 cm langes Rohr an dem einen Ende mit einem Wulst, über den man das Leder spannt (Fig. 117).[2] GROSSMANN[3] empfiehlt für die Filtration SCHOTTsche Filter aus gefrittetem Glas (s. STÄHLER, Handbuch Bd. II, S. 956). Zur Behandlung mit Salpetersäure benutzt man ein ungleichschenkliges U-Rohr mit einem etwa 15 cm langen, 0,5 cm weiten und einem etwa 150 cm langen, 3 cm weiten Schenkel (Fig. 118).[2] Man füllt nun zunächst etwas Quecksilber ein und dann in den langen Schenkel die Salpetersäure. Wegen des geringeren spezifischen Gewichtes der Salpetersäure kann man das lange Rohr bis oben füllen. Das zu reinigende Quecksilber läßt man am besten unmittelbar nach der Filtration vom Leder aus durch die Salpetersäure fallen. Aus dem kürzeren Schenkel des U-Rohres fließt dann immer ebensoviel Quecksilber ab, wie oben zufließt. Durch die Behandlung

---

[1] Wegen der gesundheitsschädlichen Wirkung von Quecksilberdämpfen vgl. II, 2b, S. 57.

[2] Fa. Leybold Nachf., Köln.

[3] GROSSMANN, Chem. Ztg. **1924**, S. 506.

mit Salpetersäure reinigt man das Quecksilber von der größten Menge gelöster Metalle. Um die Reinigung von Fremdmetallen weiterzutreiben, muß man das Quecksilber im Vakuum destillieren.

Fig. 119 zeigt einen für gewöhnliche Reinigungszwecke[1] sehr brauchbaren Destillationsapparat aus Quarz. Die wesentlichsten Teile des Destillationsapparates sind die elektrisch heizbare Birne *B* und das Kühlrohr *K* (Luftkühlung reicht aus). Birne und Kühlrohr sind an den Enden mit je einem engeren Rohr von Barometerlänge verbunden. Beide Rohre müssen zu Beginn des Betriebes in die Quecksilbervorratsgefäße V_1 und V_2 eintauchen. Dann wird die Apparatur durch den Hahn *H* evakuiert. Das Quecksilber steigt dann aus dem Vorratsgefäß V_1 in die Destillationsbirne und destilliert aus der auf etwa 200° geheizten Birne mit ausreichender Geschwindigkeit in den Kühler *K* und läuft kontinuierlich in das Vorratsgefäß V_2 ab. Die niedrigste Temperatur, bei der sich eine Vakuumdestillation noch praktisch durchführen läßt, beträgt etwa 100° (Destillationsdauer für 1 kg etwa 100 Stunden).

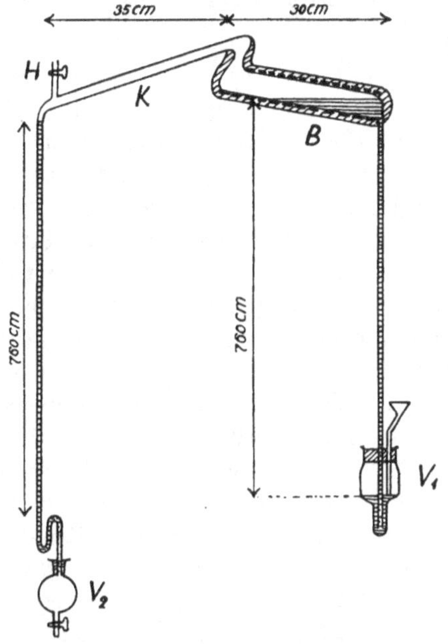

Fig. 119. Quarzapparat zur Vakuumdestillation von Quecksilber.

Neuerdings benutzt man vielfach an Stelle der Reinigung durch Salpetersäure die Oxydation von unedleren Fremdmetallen mit Hilfe von Luft oder auch von reinem Sauerstoff. Zu diesem Zweck leitet man längere Zeit Luft durch eine Quecksilbersäule oder schüttelt Quecksilber in einer Flasche, in der man die Luft durch reinen Sauerstoff verdrängt hat. Das Durchleiten der Luft muß man sehr lange (mindestens 24 Stunden) fortsetzen, um den größten Teil der Verunreinigungen zur Abscheidung zu bringen. Wesentlich beschleunigen kann man den Prozeß durch Temperaturerhöhung[2] auf 150°. Um Quecksilberverluste zu vermeiden, ist es allerdings ratsam, bei Anwendung höherer Temperatur zum Durch-

[1] Die Quecksilberdestillation ist infolge der von Miethe und Stammreich und von Nagáoka behaupteten elektrischen Umwandlung von Quecksilber in Gold Gegenstand zahlreicher Untersuchungen gewesen. Durch die Arbeiten von Riesenfeld und Haase, von Tiede, Schleede und Goldschmidt, von Haber, Jaenicke und Mathias, sowie von Duhme und Lotz wurde der Nachweis erbracht, daß eine Umwandlung nicht stattfindet. (Veröffentlichungen Naturwissenschaften, Z. anorg. allg. Chemie, Berichte Deutsche chem. Ges. aus den Jahren 1924—1926.)

[2] Harries, Z. angew. Chem. **34**, 359, 541 (1921).

leiten der Luft nicht Saugluft, sondern Druckluft zu verwenden. Den grauen Schlamm filtriert man ab und arbeitet ihn auf zurückgehaltenes Quecksilber auf durch Behandlung mit Salpetersäure oder nach Harries besser mit Salzsäure. Nach Riesenfeld [1] behandelt man den Schlamm mit Kaliumcyanidlösung. Durch die Lösungsmittel werden die Verunreinigungen gelöst, während sich das fein verteilte Quecksilber sammelt und so wiedergewonnen wird.

Ein weiteres Reinigungsverfahren beruht nach Riesenfeld darauf, daß man das Quecksilber mit einer gesättigten Mercurosulfatlösung überschichtet und rührt. Die unedleren Metalle werden dabei infolge ihrer größeren Elektronenaffinität durch das Quecksilberion in Ionenform übergeführt.

l) Entgasung.

Die Entgasung der Gefäßwände und der im Rezipienten befindlichen Metallteile spielt besonders dann eine große Rolle, wenn das Röntgenrohr oder Elektronenrohr nach der Erreichung des gewünschten Vakuums von der Pumpe durch Abschmelzen getrennt werden soll. Unsere Kenntnisse über die Bedeutung und die Praxis der Entgasung verdanken wir den Fortschritten in der Konstruktion der Glühkathodenröhren, wobei besonders auf die grundlegenden Arbeiten von Coolidge [2] und Langmuir [3] hingewiesen werden muß. Die größte Schwierigkeit bietet die Entgasung der Metallteile. Da man bei der Entgasung in einem Glasrezipienten eine durch die Erweichungstemperatur des Glases gesetzte Grenze auch für die Metallteile nur ungern überschreitet, so führt man nach Coolidge die Hauptentgasung der Metallteile am besten in einem besonderen Apparat aus Porzellan aus (Porzellanrohr mit Schliffen). Dabei ist es ratsam, zur Beseitigung von Oxyden die Metallteile zunächst bei den höchst zulässigen Temperaturen in einem Wasserstoffstrom einige Stunden lang und alsdann bei Kathodenstrahlvakuum bis zu 24 Stunden zu glühen. Erst dann setzt man die Metallteile in den Glasrezipienten ein. Neuerdings werden von Heräus, Hanau, auch vakuumgeschmolzene Metalle in den Handel gebracht. Für die nachträgliche Entgasung im Rezipienten können Joulesche Wärme, Wirbelströme und Elektronenbombardement in Anwendung gebracht werden. Praktischen Nutzen hat besonders Lilienfeld aus der Entgasung mit Hilfe von Elektronenbombardement bei der Konstruktion seiner Autoelektronenröhre gezogen. Lilienfeld bringt neben den Hauptelektroden kleine Nebenelektroden an, die zur Entgasung der Hauptelektroden als Kathoden geschaltet werden. Die Nebenelektrode hat die Form einer kleinen zackigen Fahne und kann auf ihrem Haltedraht durch Drehen und Neigen des Rohres beliebig verschoben und an verschiedene Stellen des zu entgasenden Metallteiles gebracht werden. Macht man nun die Fahne zur Kathode, die Metallteile zur Antikathode,

[1] Riesenfeld, Anorganisch-chemisches Praktikum; 5. Aufl., S. 175 (1923).
[2] Coolidge, Phys. Rev. 2, 409 (1913).
[3] Langmuir, Electr. World **62**, 798 (1913).

so tritt bei geeigneter Spannungsdifferenz eine starke Erwärmung der Metallteile ein. — Besondere Vorsicht und Sorgfalt empfiehlt sich bei der Entgasung einer im Rezipienten befindlichen Glühkathode. An sich läßt sich der Glühdraht leicht mit Hilfe JOULEscher Wärme auf die gewünschte hohe Entgasungstemperatur bringen. Führt man den Erhitzungsprozeß jedoch nicht langsam genug aus, so tritt leicht eine starke Zerstäubung des Glühdrahtes ein, und der Draht brennt durch. Speziell Wolframdraht wird durch die Gegenwart von geringsten Spuren von Wasserdampf außerordentlich gefährdet, wodurch z. B. bei der Glühlampenfabrikation häufig recht große Schwierigkeiten entstehen, falls die Füllgase (Stickstoff) etwas Wasserdampf enthalten. Nach LANGMUIR beruht die Wirkung des Wasserdampfes darauf, daß das glühende Wolfram mit dem Dampf das flüchtige Wolframpentoxyd bildet, das abdestilliert und auf dem Wege zur Glaswandung durch den Wasserstoff rückwärts wieder zu Metall und Wasser umgesetzt wird. Dieser Kreisprozeß führt zur schnellen Zerstörung des Wolframdrahtes. Mit derselben Sorgfalt, wie die Entgasung der Metallteile, muß auch die Entgasung der Glaswandungen durchgeführt werden. Von besonderer Wichtigkeit ist, wie gerade eben gezeigt wurde, die Entfernung der auf der Oberfläche der Glaswandung haftenden Wasserhaut, die erst bei einer Temperatur über 300° verschwindet. Aus diesem Grunde muß man den gesamten Rezipienten während des Evakuierens durch geeignete Heizkästen (Gasheizung oder elektrische Heizung) bis nahe an den Erweichungspunkt des Glases erhitzen und zwar während mehrerer Stunden.

§ 5. Nachweis und Intensitätsbestimmung von Röntgenstrahlen.

Literatur (zusammenfassende Darstellungen).

1912. R. POHL, Die Physik der Röntgenstrahlen; Samml. Die Wissenschaft, Heft 45, Verl. Vieweg, Braunschweig (S. 1).

1917. R. GLOCKER, Die Meßmethoden der Röntgenstrahlen, Phys. Ztschr. **18**, 302.

1921. R. LEDOUX-LEBARD und A. DAURILLER, La physique des Rayons X; Verl. Gauthiers-Villars et Cie, Paris (S. 293).

1925. A. SCHLEEDE, Experimentelle Methoden der Röntgenspektroskopie und Strukturanalyse im Handbuch der Arbeitsmethoden der anorganischen Chemie von TIEDE und RICHTER, Band II 2, Verl. Walter de Gruyter u. Co., Berlin (S. 1159).

1925. H. B. DORGELO, Die photographische Spektralphotographie; Zusammenfassender Bericht Phys. Ztschr. **26**, 774.

Röntgenstrahlen werden vornehmlich durch drei verschiedene Wirkungen nachgewiesen:

Erregung von sichtbarer Fluoreszenz,
Wirkung auf die photographische Platte,
Ionisation.

Am bequemsten ist der Nachweis durch Erregung von sichtbarer Fluoreszenz (Bariumplatincyanür, Zinksulfid, Zinksilikat), doch ist das spektral zerlegte Röntgenlicht meist so wenig intensiv, daß das erregte Lumineszenzlicht kaum sichtbar wird. Zur direkten Beobachtung von Röntgenspektrogrammen ist die Lumineszenzerregung daher im allgemeinen ungeeignet[1], dagegen leistet sie gute Dienste zur Justierung eines ausgeblendeten Röntgenstrahlbündels mit Bezug auf eine Spektrographenanordnung. Ferner können blau fluoreszierende Calciumwolframatschirme zur Verstärkung der photographischen Wirkung in Anwendung gebracht werden, worauf weiter unten zurückgekommen werden soll.

Die gebräuchlichsten Methoden zum Nachweis von Röntgenstrahlen sind die photographische und die Ionisations-Methode. Am einfachsten in der Handhabung ist die photographische Methode. Ihr kommt daher der größte Anwendungsbereich zu. Sie wurde bei den Präzisionsmessungen der Röntgenspektren durch Siegbahn benutzt und wird ferner für die Strukturanalyse — abgesehen von der Bragg schen Methode — fast ausschließlich in Anwendung gebracht. — Die Ionisationsmethode beruht darauf, daß ein Röntgenstrahl beim Hindurchgehen durch ein Gas in diesem Ionen erzeugt, wodurch das Gas elektrisch leitend wird, und zwar ist die Leitfähigkeit proportional der Anzahl der erzeugten Ionen. Für spektroskopische Zwecke ist die Ionisationsmethode der photographischen Methode in zweierlei Hinsicht überlegen: Sie arbeitet schneller und gestattet eine einwandfreiere Intensitätsabschätzung. Da sie jedoch eine durch ein Fenster zu verschließende, gasgefüllte Kammer erfordert, so kann sie nur für solche Wellenlängen in Frage kommen, für die das Fenster durchlässig ist, bis etwa 18 Å.-E. (vgl. S. 52).

Schwierig gestalten sich die Verhältnisse, wenn man über den bloßen Nachweis hinaus zu einer Intensitätsbestimmung von Röntgenstrahlen gelangen will. Die Messung der Intensitäten ist aber nicht nur für die Röntgenspektroskopie und die Rückschlüsse auf den Atombau von größter Wichtigkeit, sondern auch für die Kristallstrukturanalyse, sobald es sich um kompliziertere Strukturen handelt. Da die Wärmewirkung letzten Endes die Grundlage jeder Energiemessung im absoluten Maß ist, so wollen wir zunächst auf die thermische Methode zur Intensitätsbestimmung eingehen und dann erst die Ionisationsmethode und die photographische Methode betrachten.

a) Die thermische Methode.

Um die Intensität gewöhnlichen Lichtes im absoluten Maß (ausgedrückt in Erg) zu messen, ist es nur notwendig, das Licht (polychromatisch oder monochromatisch) mit Hilfe eines schwarzen Körpers vollständig zu

[1] Soweit den Verfassern bekannt ist, findet ein Lumineszenzschirm nur Verwendung beim Röntgenspektrometer nach March, Staunig und Fritz zur Feststellung der kürzesten Wellenlänge für strahlentherapeutische Zwecke (Werkstätten für Präzisionsmechanik, Gebrüder Müller, Innsbruck). Vgl. auch Fritz, Wien. klin. Wchschr. **37**, 950. Zentr. **1924**, II, 2634.

absorbieren und die dadurch erzielte Temperaturerhöhung z. B. durch Widerstandsänderung eines Drahtes (bolometrisch) zu messen. Eine solche Messung wurde für die Hefnerkerze von Ångström[1] durchgeführt. Die Anwendung des Prinzips der vollständigen Absorption im Gebiet der Röntgenstrahlen galt bis vor kurzer Zeit als undurchführbar, da hierfür große Mengen von Elementen höchsten Atomgewichts angebracht werden müssen, wodurch die Wärmekapazität der Anordnung so groß wird, daß bei der geringen eingestrahlten Röntgenenergie der Effekt nur sehr klein sein kann. Aus diesem Grunde hat man in allen bis 1926 ausgeführten Arbeiten[2] von einer quantitativen Absorption abgesehen und zum Zweck der Energiebestimmung den Absorptionskoeffizienten in dem absorbierenden Medium in Rechnung gestellt. Dabei bleibt zu berücksichtigen, daß die absorbierte Energie keineswegs vollkommen in Wärme umgesetzt, sondern zum großen Teil gestreut wird. Da man aber den gestreuten Teil schlecht bestimmen kann, so ist mithin eine absolute Energiebestimmung, z. B. zum Zweck des Umsatzes der Kathodenstrahlenergie in Röntgenenergie überhaupt unmöglich. Alle diese Bestimmungen können daher bestenfalls Annäherungen an die wirklichen Verhältnisse darstellen. Dagegen dürfte die Methode der teilweisen Absorption für relative Intensitätsvergleiche von Wellenlängen, die nicht zu sehr verschieden voneinander sind, gute Dienste leisten. Dieser Weg wurde in Kombination mit der Ionisationsmethode von Grebe und Kriegesmann[2] und in Kombination mit der Methode der photographischen Registrierung von Bouwers beschritten, worauf weiter unten zurückgekommen werden soll.

Die Konstruktion eines schwarzen Körpers für Röntgenstrahlen, durch den die Gesamtenergie der einfallenden Strahlung samt der Rückstrahlung in absoluten Einheiten gemessen werden kann, ist neuerdings Rump[3] gelungen (Fig. 120). Das Auffangegefäß für die Röntgenstrahlen besteht aus einem zylindrischen, doppelwandigen Glasbecher A von 5 cm lichter Weite und 12 cm Tiefe. Der Zwischenraum zwischen den Wandungen dient zur Aufnahme der absorbierenden Substanz und der Ausdehnungsflüssigkeit (Hg, Br, Pb + $(C_2H_5)_2O$, Pb + C_5H_{12}, Bi + $(C_2H_5)_2O$, Bi + C_5H_{12}). An den Hohlraum ist unten eine Kapillare K angesetzt, die in die Meß-

[1] Ångström, Wied. Ann. **67**, 633 (1899); Phys. Zeitschr. **3**, 257 (1902); Astrophys. Journ. **15**, 223 (1903).

[2] Dorn, Wied. Ann. **63**, 160 (1897): Luftthermometer; Schöps, Dissertation, Halle 1899: Bolometer; Rutherford und Mc Clung, Phys. Ztschr. **2**, 53 (1900): Bolometer; Leininger, Phys. Ztschr. **2**, 691 (1901): Bolometer; v. Angerer, Ann. d. Physik **21**, 87 1906); **24**, 370 (1907): Bolometer; Carter, Ann. d. Physik **21**, 955 (1906): Bolometer; Adams, Proc. Americ. Acad. **42**, 671 (1907): Radiomikrometer von Boys; W. Wien, Ann. d. Physik **18**, 991 (1907): Thermosäule; Bumstead, Phil. Mag. **11**, 292 (1906); **15**, 432 (1908): Radiometer; Hoepner, Ann. d. Physik **46**, 577 (1915): Thermosäule; Weeks, Phys. Rev. (2) **10**, 564 (1917): Bolometer; Boos, Ztschr. f. Phys. **10**, 1 (1922): Bolometer; Grebe und Kriegesmann, Ztschr. f. Physik **28**, 91 (1924), **25**, 599 (1924), **32**, 542 (1925): Luftthermometer; Kircher und Schmitz, Zschr. f. Physik **36**, 484 (1926): Luftthermometer; Aurén, Acta Rad. **6**, 105 (1926): Thermosäule; Kulenkampff, Ann. d. Phys. **79**, 97 (1926): Thermosäule.

[3] Rump, Ztschr. f. Physik **43**, 254 (1927).

kapillare M übergeht. Gelangt nun Röntgenstrahlung in den Glasbecher A, so wird die Strahlung samt der Rückstrahlung von der absorbierenden

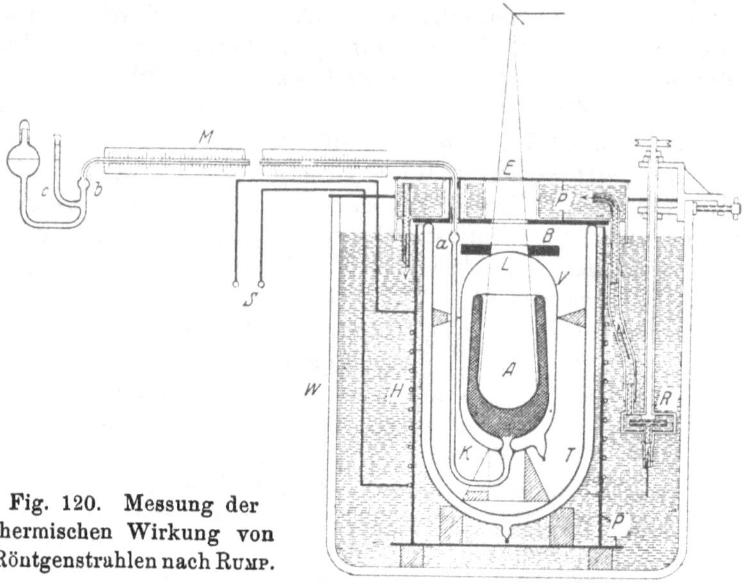

Fig. 120. Messung der thermischen Wirkung von Röntgenstrahlen nach RUMP.

Substanz der Doppelwandung quantitativ absorbiert. Die dadurch hervorgerufene Erwärmung kann an der Meßkapillare abgelesen werden. Die Meßkapillare hat 0,01 cm lichte Weite und 60 cm Meßbereich. Die Volumenzunahme beträgt für 1 Kalorie

$$\Delta V = \frac{\Sigma(V \cdot \beta)}{\Sigma(V \cdot \varrho \cdot c)},$$

wenn β kubischer Ausdehnungskoeffizient, ϱ Dichte, c spez. Wärme ist. Sind die Volumenverhältnisse des Kalorimeters 100 ccm = 1130 g Pb, 67 ccm Äther, 65 ccm Glas, so verursacht 1 cal eine Verschiebung des Index um 168 mm, und es konnte bis herab zu $1 \cdot 10^{-6} \frac{\text{cal}}{\text{sec}} \cdot \text{cm}^2$ einfallender Energie mit Sicherheit gemessen werden.

Zur Erreichung genügender Temperaturkonstanz befindet sich das Gefäß A in einem evakuierten Gefäß V. Das Ganze ist zum weiteren Wärmeschutz in einen Dewarbecher T eingesetzt, der sich in einem gläsernen Wasserbehälter W von 35 Liter Fassungsvermögen befindet.

Mit Hilfe dieser Anordnung führte RUMP folgende Messungen aus:

1. Abhängigkeit der Röntgenstrahlenergie von der Spannung zwischen 43—150 Kilovolt. Es scheint sich zu bestätigen, daß die Gesamtenergie mit dem Quadrat der Spannung ansteigt.

2. Nutzeffekt der Röntgenstrahlenergie von der erzeugenden Kathodenstrahlenergie. Dieser wurde beträchtlich höher gefunden als bisher angenommen und zwar von 43—150 Kilovolt zu 0,5—1,6 %.

3. Bestimmung der Energiemenge, die notwendig ist, um mit Röntgenstrahlen verschiedener Qualität in Luft ein Ionenpaar zu erzeugen. Diese

wurde gefunden zu etwa 40 Volt/Ionenpaar und ist wahrscheinlich von 28—107 Kilovolt bzw. 0,43—0,12 Å.-E. konstant.

b) Die auf Ionisation beruhenden Methoden.

Die durch einen Röntgenstrahl in einem Gas hervorgerufene Ionisation wird dadurch nachgewiesen, daß das ionisierte Gas einem elektrischen Feld ausgesetzt wird. Die Ionen bewegen sich in dem Feld nach den entgegengesetzt geladenen Elektroden und vermitteln so einen elektrischen Strom zwischen den beiden Elektroden. Dieser Strom ist bei genügend großer Feldstärke unabhängig von dieser und nur abhängig von der Zahl der in der Zeiteinheit durch den Röntgenstrahl erzeugten positiven und negativen Teilchen. Erst bei sehr großen Feldstärken wird die Stromstärke von der Feldstärke beeinflußt, weil dann die den Ionen durch die Feldstärke erteilte Geschwindigkeit hinreicht, um neue Ionen zu erzeugen.[1] Im allgemeinen benutzt man bei den üblichen Ionisationskammern Spannungen von einigen hundert Volt. Die durch die Ionisation hervorgerufenen Ströme sind zumeist so gering (10^{-12} Ampère), daß sie galvanometrisch nicht gemessen werden können, sondern nur aus der Entladungs- oder Aufladungsgeschwindigkeit von empfindlichen Elekrometern.[2]

Es fragt sich nun, inwieweit sich die Intensität eines Röntgenstrahls aus der Ionisationsmessung herleiten läßt. v. Angerer[3] hat innerhalb eines engen Härtebereichs festgestellt, daß der Sättigungsstrom proportional der bolometrisch gemessenen Energie der Röntgenstrahlen ist. Daraus geht hervor, daß jedenfalls für eine Strahlung konstanter Zusammensetzung, also auch für monochromatische Strahlung, die Ionisation der Intensität proportional ist. — Verschiedene Wellenlängen dagegen werden verschieden stark in der Ionisationskammer absorbiert. Um in diesem Fall zu einem Intensitätsvergleich zu gelangen, geht man bisher so vor, daß man den Absorptionskoeffizienten des Gases für verschiedene Wellenlängen bestimmt und mit Hilfe dieses Koeffizienten die totale Ionisation berechnet, die bei vollständiger Absorption in der Kammer erzeugt würde. In dieser Weise wurden z. B. die Intensitätsmessungen des Bremsstrahlspektrums von Wagner und Kulenkampff[4] durchgeführt. Dieser Intensitätsvergleich hat zur Voraussetzung, daß von allen Wellenlängen der gleiche Bruchteil der Gesamtenergie zur Erzeugung von Ionen verwandt wird, was jedoch sicher nicht zutrifft. Holthusen[5] ging zunächst von der Annahme aus, daß die absorbierte Röntgenenergie in der Energie der sekundären Elektronen wiedererscheint. Trifft das zu, so ergibt sich aus den Zahlen-

---

[1] Von dieser Tatsache machten Moseley u. Darwin [Phil. Mag. 26, 210 (1913)] Gebrauch, um Strahlungen sehr geringer Intensität nachzuweisen.

[2] Quarzfadenelektrometer nach Wulf (Fa. Günther & Tegetmeyer, Braunschweig; Edelmann, München; Leybold, Köln).

[3] v. Angerer, Ann. Phys. [4] 21, 100 (1906).

[4] Wagner und Kulenkampff, Ann. Phys. 68, 369 (1922); Kulenkampff, Ann. Phys. 69, 548 (1922).

[5] Holthusen, Fortschr. a. d. Geb. d. Röntgenstr. 26, 211 (1919).

angaben LENARDS[1] über den Zusammenhang zwischen der Geschwindigkeit ionisierender Elektronen und gebildeter Ionenzahl, daß die durch Absorption von 1 Erg Strahlenenergie verursachte Ionisation mit der Frequenz stark ansteigt, mit der Wellenlänge also abnimmt. Dagegen fand Boos[2], daß genau das Gegenteil der Fall ist. GREBE[3] zeigte dann, daß die LENARDschen Zahlen die von Boos gefundene Abhängigkeit ergeben, wenn man die Comptonelektronen (vgl. S. 256) berücksichtigt. KRIEGESMANN[4] endlich bestätigte die Boosschen Messungen, so daß als wahrscheinlich angesehen werden kann, daß die durch Absorption von 1 Erg Strahlenenergie bewirkte Ionisation für Wellenlängen zwischen 0,15 und 0,6 Å.-E. mit der Wellenlänge stark ansteigt.[5]

Die Annahme HOLTHUSENS, daß die absorbierte Röntgenenergie in der Energie des sekundären Elektrons wieder erscheint, ist also zumindest zweifelhaft. Es ist daher ein Vorschlag von KOSSEL[6] von besonderem Interesse, nicht die kinetische Energie des Elektrons zur Messung zu verwenden, sondern die am Atom aufgespeicherte Abreißarbeit. Es seien N Atome angeregt worden. Ein Bruchteil u_G emittiere eine Fluoreszenzwelle von der Frequenz ν_S. Auf N absorbierte Quanten der Primärfrequenz ν_P kommen demnach $N \cdot u_S$ Quanten der Sekundärfrequenz ν_G. Wird von dem absorbierenden Material die Intensität i absorbiert, $i = N h \nu_P$, so beträgt die sekundär ausgestrahlte Energie $s = u_G \cdot N \cdot h \nu_S = u_S \cdot \frac{\nu_S}{\nu_P} \cdot i$, oder wenn das ganze Primärbündel absorbiert würde: $S = u_S \cdot \frac{\nu_S}{\nu_P} \cdot J$. Betrachtet man nun zwei Primärbündel von den Frequenzen ν_1 und ν_2, welche beide die Sekundärfrequenz ν_S anzuregen vermögen, so sind die von ihnen erzeugten Sekundärintensitäten:

$$S_1 = u_S \cdot \frac{\nu_S}{\nu_1} \cdot J_1,$$

$$S_2 = u_G \cdot \frac{\nu_S}{\nu_1} \cdot J_2 .$$

Für das Intensitätsverhältnis der Primärstrahlungen verschiedener Wellenlänge ergibt sich daraus:

$$\frac{J_2}{J_1} = \frac{S_2}{S_1} \cdot \frac{\nu_2}{\nu_1} .$$

Da nun die Sekundärintensitäten S in Form der gleichen Frequenz gegeben sind, so können sie mit Hilfe der Ionisationsmethode gemessen werden.

Diese von KOSSEL vorgeschlagene Methode hat bisher noch keine praktische Anwendung gefunden.

---

[1] LENARD, Quantitatives über Kathodenstrahlen aller Geschwindigkeiten. Abh. Heidelberger Akad. Wiss. 1918, Nr. 5.

[2] Boos, Z. f. Physik **10**, 1, 1922.

[3] GREBE, Z. f. Physik **24**, 264 (1924), GREBE und KRIEGESMANN, Z. f. Physik. 28, 91 (1924).

[4] KRIEGESMANN, Z. f. Physik **32**, 542 (1925).

[5] Vgl. hierzu aber die neueste Messung RUMPS (S. 115) und die Diskussion der GREBE-KRIEGESMANNschen und BOUWERschen (Diss. Utrecht 1924) Messungen durch BERTHOLD und GLOCKER [Z. f. Physik **31**, 259 (1925)].

[6] KOSSEL, Z. f. Physik **19**, 333 (1923).

Der empfindlichste Nachweis von Röntgenstrahlen beruht auf der Anwendung der GEIGERschen[1] Spitzenkammer. Diese Kammer besteht aus einem würfelförmigen Metallkasten von 5 cm Kantenlänge. In der Mitte der einen Seitenfläche ist eine Öffnung (Spalt) angebracht. Ferner ist in die Kammer eine feine Drahtspitze isoliert eingeführt. Wird nun die Spitze in geeigneter Weise gegen den Metallkasten negativ aufgeladen, so kann man diese Anordnung zur Zählung von α- und β-Teilchen in Anwendung bringen. Jedes in die Kammer eintretende und in der Nähe der Spitze vorbeifliegende Teilchen bewirkt die Auslösung eines scharf begrenzten Entladungsstoßes. Dieser Entladungsstoß kann z. B. durch die Aufladung eines Elektrometers und dessen Entladung über einen hohen Widerstand (z. B. einen Tuschestrich) beobachtet und photographisch registriert werden. Die von GEIGER[2] und KUTZNER[3] aufgestellten Erklärungen für die Wirkungsweise beruhen auf der Annahme einer Oberflächenhaut mit großem Widerstand, und zwar nimmt GEIGER an, daß diese Oberflächenhaut sich auf der Spitze befindet, während KUTZNER eine Oberflächenhaut auf der Kammerwandung annimmt. BEHNKEN, JAEKEL und KUTZNER[4] haben nun festgestellt, daß die GEIGERsche Spitzenkammer als „hochempfindliches" Reagens auf Röntgenstrahlen benutzt werden kann. Läßt man den Röntgenstrahl in die Kammer eintreten, so werden in der empfindlichen Spitze und im Luftraum im Innern der Kammer Elektronen losgelöst, die dann Entladungsstöße hervorrufen. Unter der Voraussetzung, daß diese Deutung des Spitzeneffekts bei Röntgenstrahlen zutrifft, würde man in der Lage sein, einzelne Röntgenlichtquanten zu zählen, wobei allerdings zu berücksichtigen bleibt, daß nicht alle in die Kammer eintretenden Quanten registriert werden. Dagegen läßt sich wohl mit Sicherheit sagen, daß — unter der Voraussetzung monochromatischen Röntgenlichts — die Anzahl der Entladungen proportional ist der Anzahl der absorbierten Quanten. Die Methode würde also ebenso wie die gewöhnliche Ionisationsmethode geeignet sein, die Intensitäten gleicher Wellenlängen miteinander zu vergleichen. Für den Vergleich der Intensitäten verschiedener Wellenlängen dagegen gilt das bereits oben über die gewöhnliche Ionisationsmethode Gesagte. Die GEIGERsche Spitzenkammer wurde von SIEGBAHN und JÖNSSON[5] für die Messung der relativen Intensitäten einer Anzahl von Linien in den L-Reihen von Wolfram und Platin verwendet.

Schließlich kann auch noch die Änderung des elektrischen Widerstandes von Selen unter dem Einfluß von Röntgenstrahlen zu Intensitätsmessungen benutzt werden. Die Selenzelle zeigt jedoch nach Untersuchungen von KRÖNIG und FRIEDRICH[6] und von KÜSTNER[7] gegenüber

[1] GEIGER, Verh. d. D. Physik. Ges. **15**, 534 (1913).
[2] GEIGER, Z. f. Physik **27**, 10 (1924). [3] KUTZNER, Z. f. Physik **23**, 117 (1924).
[4] BEHNKEN, JAECKEL und KUTZNER, Z. f. Physik. **20**, 188 (1923).
[5] JÖNSSON, Z. f. Physik **36**, 426 (1926).
[6] KRÖNIG und FRIEDRICH, Phys. und biologische Grundlagen der Strahlentherapie S. 99, Verl. Urban u. Schwarzenberg, Berlin 1918.
[7] KÜSTNER, Z. f. Physik **27**, 124 (1924).

der Ionisationskammer ein deutliches Maximum der Empfindlichkeit. Praktische Verwendung zu Intensitätsmessung hat die Selenzelle nur in der Röntgenologie gefunden.[1]

Die gewöhnliche Ionisationsmethode hat eine weitgehende experimentelle Durcharbeitung erfahren. Um eine möglichst hohe Empfindlichkeit zu erzielen, verwendet man für die Füllung der Ionisationskammern vornehmlich solche Gase, die ein starkes Absorptionsvermögen

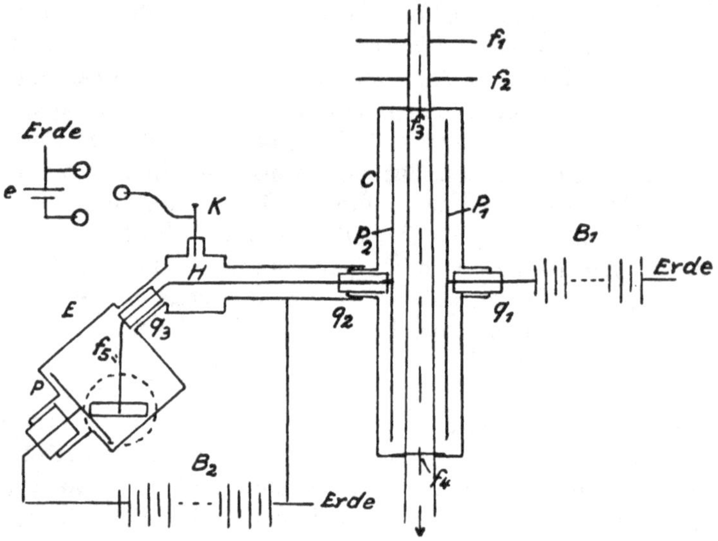

Fig. 121. Meßanordnung für Ionisationsströme nach Ledoux-Lebard und Dauvillier.

aufweisen, wie SO_2, C_2H_5Br, CH_3J. Setzt man die Ionisation in Luft gleich 1, so beträgt nach Messungen Crowthers[2] für weiche Strahlen diejenige in C_2H_5Br etwa 72, in CH_3J etwa 145, und zwar weitgehend unabhängig von der Wellenlänge. Sobald die charakteristische Strahlung im Gas erregt wird, steigt die Ionisation stark an. Eine Hauptschwierigkeit beim Arbeiten mit Ionisationskammern liegt nach Siegbahn[3] besonders in der Wahl der Isolatoren. CH_3J, C_2H_5Br, SO_2 machen Isolatoren wie Hartgummi und Bernstein infolge chemischen Angriffes bald leitend. Auch Schwefel ist als Isolator von unsicherer Wirkung; am besten bewährt sich Quarz.

Fig. 121 zeigt eine von Ledoux-Lebard und Dauvillier[4] angegebene Meßanordnung für Ionisationsströme. Nach dem Passieren der Blenden f_1 und f_2 tritt das Röntgenstrahlbündel durch das dünne Glimmerfenster f_3 in die geerdete Metallkammer C ein; f_4 ist gleichfalls ein Glimmerfenster.

[1] Intensimeter von Fürstenau, Fa. Radiologie, Berlin.

[2] Crowther, Proc. Cambr. Philos. Soc. 15, 39 (1908). G. W. C. Kaye, X-Rays, 4. Aufl. S. 154 (London 1923).

[3] Siegbahn, Jahrb. Radioakt. u. Elektronik 18, 273 (1922).

[4] Ledoux-Lebard u. Dauvillier, La physique des rayons X, S. 305 (Paris 1921).

Durch Bedecken mit einer dünnen Bleischicht oder mit Aluminiumfolie sind beide Fenster leitend gemacht. Die im Abstand von einigen Zentimetern angebrachten Aluminiumplatten P_1 und P_2 sind durch Quarzröhren q_1 und q_2 isoliert eingeführt und einerseits über eine Akkumulatorenbatterie B_1 von einigen hundert Volt mit der Erde, andererseits mit dem Goldblatt f_5 eines WILSONschen Neigeelektroskops verbunden. Durch den Schlüssel K kann P_2 nach Belieben mit der Erde oder einem Normalelement e verbunden werden. B_2 ist eine Batterie von 160 bis 240 Volt Spannung. Da die Konstanz der Spannungen von B_1 und B_2 sehr wichtig ist, läßt man sie am besten vor der Messung 10 Stunden ungeschlossen stehen. Zur Messung erdet man zunächst P_2 bei durchgehendem Röntgenstrahl, isoliert die Elektrode sodann und mißt die Stellung des Goldblattes nach Ablauf einer bestimmten Zeit (z. B. 10 Sek.) mittels eines Mikroskopes mit Okularmikrometer.

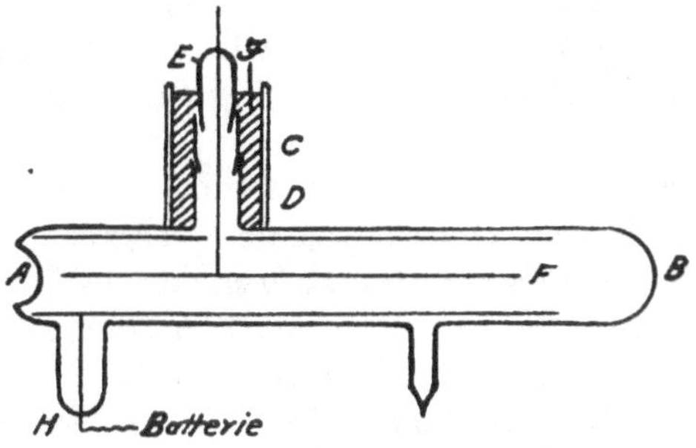

Fig. 122.
Ionisationskammer von BLAKE und DUANE.

Fig. 122 zeigt eine Ionisationskammer von BLAKE und DUANE.[1] Diese Kammer ist ganz aus Glas geblasen und an der Vorderseite durch

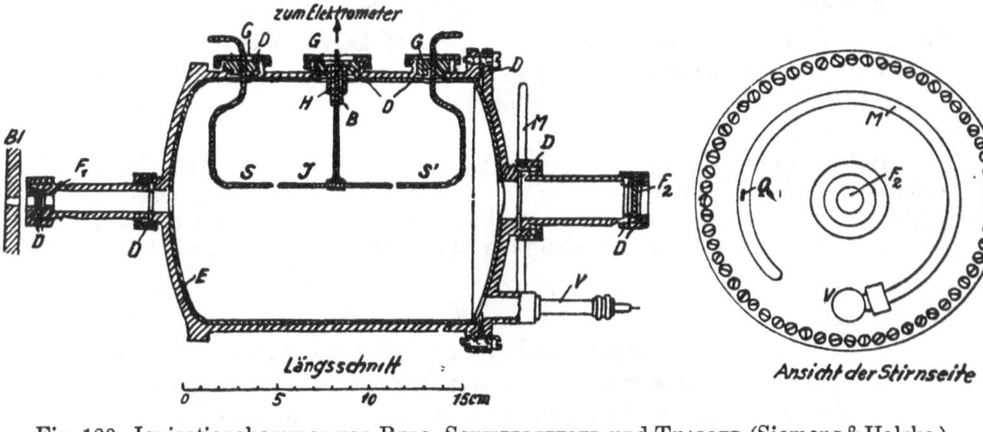

Fig. 123. Ionisationskammer von BERG, SCHWERDTFEGER und THALLER (Siemens & Halske.)

eine Einbuchtung sehr dünnwandig gemacht. Die eine Elektrode wird durch die leitend gemachte Innenwandung der Röhre gebildet, während die innere stabförmige Elektrode an einem Halter aus Quarz montiert ist, der eingeschliffen und eingekittet in einem Seitenrohr sitzt. Der Gasdruck in dieser Kammer hält sich längere Zeit konstant.

[1] BLAKE u. DUANE, Phys. Rev. [2] **10**, 626 (1917).

Neuere Untersuchungen über die Ionisationswirkung der Röntgenstrahlen von 0,5—0,05 Å.-E. im Laboratorium von Siemens & Halske führten zur Konstruktion eines Normalmeßgerätes für Röntgenstrahlen[1], das in Fig. 123 abgebildet ist. Die Wandungen der Ionisationskammer, die mit Luft von 6 Atm. Druck gefüllt wird, bestehen aus autogen geschweißtem, 2 mm starkem Eisenblech mit Aluminiumverkleidung *E*. Das Eintrittsfenster F_1 besteht aus 1 mm starkem Cellon und hat einen Durchmesser von 6 mm. Die Bleiblende B_1 begrenzt den Querschnitt des Strahlenbündels. Das Austrittsfenster F_2 besteht aus 3 mm starkem Glas von 12 mm Durchmesser. Ein 3 mm starker Aluminiumstab *J* dient als Innenelektrode. *S* und *S'* sind geerdete Schutzelektroden, *D* Dichtungen aus Blei oder Gummi. Die Isolation von *J* besteht aus Bernstein *B* und Hartgummi *G*. *H* ist eine geerdete Schutzhülse. Die Druckluft tritt durch das Ventil *V* ein. *M* ist ein Manometer aus einer geschlossenen, kreisförmig gebogenen Glascapillare mit Quecksilbertropfen *Q* bestehend. Die Meßeinrichtung enthält ein Quadrantelektrometer und eine Ladevorrichtung für die Kammerwand, die mittels Glühkathodenventilen eine konstante Spannung von 1000 Volt herzustellen erlaubt.

Bezüglich der experimentellen Anwendung der Geigerschen Spitzenkammer zur Intensitätsmessung sei auf die Originalarbeit von Jönsson verwiesen.

c) Die photographische Methode.

Schwärzungsgesetze.[2]

Während bei der Intensitätsmessung von Strahlungen gleicher Wellenlänge nach der Ionisationsmethode eine direkte Proportionalität besteht zwischen dem Ionisationsstrom und der Intensität, besteht diese direkte Proportionalität zwischen dem photographischen Schwärzungseffekt und der Intensität nicht.

Die Schwärzung einer photographischen Platte wird photometrisch gemessen, indem man einen Lichtstrahl von der Intensität J_0 auf den zu untersuchenden Bereich der Platte auffallen läßt und feststellt, auf welchen Betrag *J* die Intensität des Lichtstrahles herabgesetzt wird. Die Schwärzung wird dann definiert durch die Gleichung:

$$S = \log \frac{J_0}{J} \, .$$

Die erste, von Friedrich und Koch[3] gefundene Gesetzmäßigkeit ist: Für die photographische Schwärzung durch Röntgenstrahlen ist im Gegensatz zu der photographischen Schwärzung durch Licht kein Schwellenwert vorhanden. Trägt man, wie in Fig. 124, die Belichtungszeiten als Abszissen auf, die zugehörigen Schwärzungen als Ordinaten, so verläuft die durch Röntgenstrahlen erhaltene Schwärzungskurve bis zu $S = 0$ herab geradlinig, was bei der dem gewöhnlichen Licht zukommenden Schwärzungs-

---

[1] Berg, Schwerdtfeger u. Thaller, Wiss. Veröff. a. d. Siemens-Konzern **3**, Heft 2, S. 162ff. (1924).

[2] Vgl. hierzu Dorgelo, Phys. Ztschr. **26**, 790 (1925).

[3] Friedrich u. Koch, Ann. Phys. [4] **45**, 399 (1914).

kurve nicht der Fall ist. Aus diesem Grunde findet eine Sensibilisierung von Röntgenplatten durch kurze Vorbelichtung nicht statt.

Während nun die Schwärzung für geringe Schwärzungswerte der Belichtungszeit direkt proportional ist, wird sie für größere Werte dem Logarithmus der Belichtungszeit porportional. Für Hauff-Röntgenplatten und Adurolentwicklung von 18° fanden GLOCKER und TRAUB[1], daß die Schwärzungskurve als Funktion der Zeit genau linear bis etwa $S = 0{,}6$ (nach Abzug des Schleiers von 0,2 im Mittel) verläuft, dann etwas weniger abnimmt als der Proportionalität mit der Zeit entspricht, um von $S = 1{,}3$ ab genau dem Logarithmus der Zeit proportional zu werden. Bei sehr langen Expositionszeiten nimmt die Schwärzung schließlich wieder ab (Solarisation beobachtet man häufig bei der Herstellung von Strukturdiagrammen am Durchstoßungspunkt). Durch Untersuchungen von BOUWERS[2] hat sich ergeben, daß die Schwärzung S in Abhängigkeit von der Zeit wiedergegeben wird durch die Formel von BUSÉ[3]:

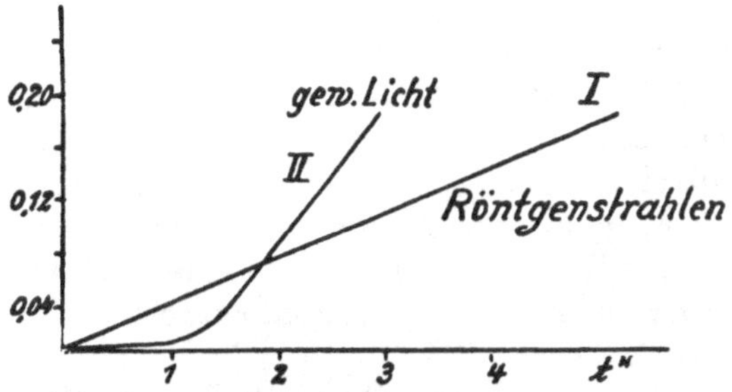

Fig. 124. Photographische Schwärzung durch Licht und Röntgenstrahlen.

$$S = C \log\left(\frac{t}{\tau} + 1\right).$$

C und τ sind Konstanten. C ist von der Entwicklungszeit abhängig und nimmt mit ihr bis zu einem Grenzwert zu. SHEPPARD und MEES[4] und BOUWERS fanden, daß die Schwärzung S in Abhängigkeit von der Entwicklungszeit wiedergegeben wird durch die Formel:

$$S_t = S(1 - e^{at}),$$

wobei die Konstante a ungefähr 0,15 ist.

Die Beziehung zwischen der Zeit und der Intensität wird beim gewöhnlichen Licht hergestellt durch das SCHWARZSCHILDsche Gesetz: Gleiche Schwärzung ergibt sich immer dann, wenn $i t^p = \text{const}$, wobei i die Lichtintensität und t die Expositionszeit bedeutet. p liegt beim Licht ungefähr zwischen 0,85 und 0,95. Für nicht homogene Röntgenstrahlen ist diese Beziehung von KRÖNCKE[5] und BOUWERS[6] geprüft worden, und es wurde p nahezu gleich 1 gefunden. Dieser Wert wurde von GLOCKER und

[1] GLOCKER u. TRAUB, Phys. Ztschr. **22**, 345 (1921). Vgl. ferner die Arbeit von BERTHOLD, Ann. Phys. [4] **76**, 409 (1925), die nicht mehr berücksichtigt werden konnte.

[2] BOUWERS, Z. f. Physik **14**, 174 (1923); Physika **3**, 113 (1923); **5**, 8 (1925); Dissertation UTRECHT 1924.

[3] BUSÉ, Physika **2**, 64 (1922).

[4] SHEPPARD und MEES, Z. f. wiss. Phot. **3**, 354 (1905).

[5] KRÖNCKE, Dissertation. Göttingen 1913.

[6] BOUWERS, l. c.

Traub bestätigt. Daraus geht hervor, daß obige Gesetze auch gelten, wenn man Belichtungszeit durch Intensität ersetzt, und man kann demnach das Schwärzungsgesetz folgendermaßen schreiben:

$$S = C \log \left(\frac{i\,t}{a} + 1 \right) \cdot$$

Eine weitere von Glocker und Traub gefundene und von Bouwers bestätigte wichtige Gesetzmäßigkeit ist, daß innerhalb des Wellenlängengebietes $\lambda = 1{,}1$ bis $0{,}4$ Å.-E. C nicht von der Wellenlänge abhängig ist, daß sich also für alle Wellenlängen gleiche Schwärzungs-Zeit-Kurven ergeben, ganz unabhängig davon, ob es sich um Wellenlängen handelt, für die das Bromsilber der Platte eine erhöhte Empfindlichkeit besitzt (Wellenlängen beim Unterschreiten der Silber- bzw. Bromabsorptionskante, vgl. S. 192).

Abgesehen von diesen Stellen erhöhter Plattenempfindlichkeit nimmt die photographische Wirkung mit abnehmender Wellenlänge ab, ebenso wie ja auch die Strahlenabsorption in der Schicht abnimmt. Um möglichst starke Schwärzungen zu erhalten, kommt es für Röntgenplatten und Filme darauf an, die photographische Schicht möglichst dick zu machen. Dies ist bei den Spezialröntgenplatten der Fall, und die Filme werden neuerdings zur Verstärkung der Schichtdicke beiderseitig begossen.

Aber nur wenn die gesamte Röntgenstrahlung in der photographischen Schicht absorbiert würde, könnte die Schwärzung als Maß der spektralen Energieverteilung benutzt werden. Dies ist in den meisten praktischen Fällen der Röntgenspektroskopie mit einem einzigen Film nicht möglich. Um den Fehler, der durch die selektive Absorption entsteht, zu eliminieren, stellt Bouwers in der Kassette des Spektrographen an Stelle eines einzigen Films fünf Filme hintereinander (vgl. hierzu die Methode der quantitativen Spektralanalyse von Stintzing, S. 279). Bei stärkerer Absorption nimmt die Schwärzung der aufeinanderfolgenden Filme schneller ab, als bei geringer Absorption. Infolgedessen hat die Schwärzungskurve in Abhängigkeit von der Wellenlänge beim ersten Film einen anderen Verlauf wie beim fünften Film (Kurve I und V der Fig. 125). Nimmt man gleichzeitig mit demselben Filmmaterial eine Schwärzungs-Zeitskala (Schwärzung in Abhängigkeit von der Belichtungszeit) auf, so kennt man damit das Schwärzungsgesetz $S = C \log \left(\frac{it}{a} + 1 \right)$. Man kann also mit Hilfe der Schwärzungsskala aus den Schwärzungskurven des ersten und fünften Films die Intensitätskurven der beiden Filme herleiten (Fig. 126). Aus diesen so gefundenen Intensitätsverteilungen läßt sich für jede Wellenlänge die Absorption für jeden Film berechnen. Auf den ersten Film falle die Intensität i_1. Die auf den zweiten Film fallende Intensität ist abgeschwächt und betrage $i_2 = i_1\,x$. Die auf den fünften Film fallende Intensität ist durch vier Filme abgeschwächt auf $i_5 = i_1\,x^4$ (Lambertsches Absorptionsgesetz). Findet man nun zum Beispiel, daß für die Wellenlänge 0,5 Å.-E. die Intensität i_5 nur 76 Prozent der Intensität i_1 ausmacht, so gilt $i_5 = i_1 x^4 = i_1 \cdot 0{,}76$ und $x = 0{,}934$. Für die Wellenlänge 0,5 Å.-E. wird aber die Intensität durch jeden Film um 6,6 % geschwächt. Führt man nun diese Rechnung für alle Wellenlängen aus und bestimmt die mit einer Absorption von 10 % korrespondierenden Intensitäten, so erhält man

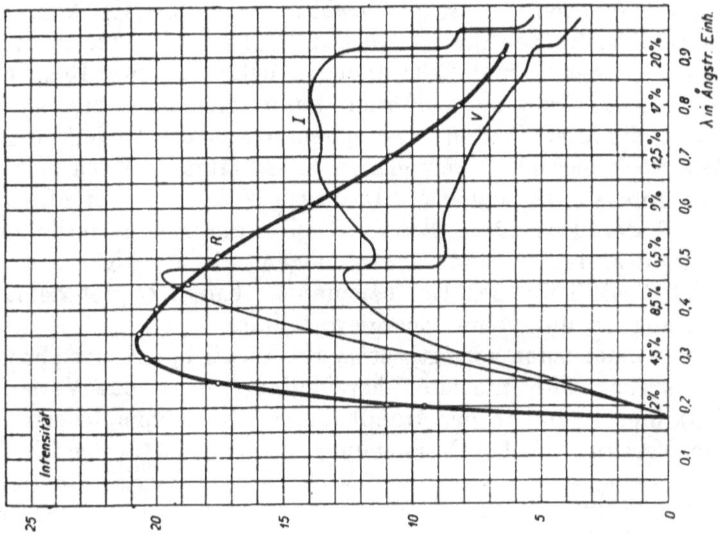

Fig. 126.

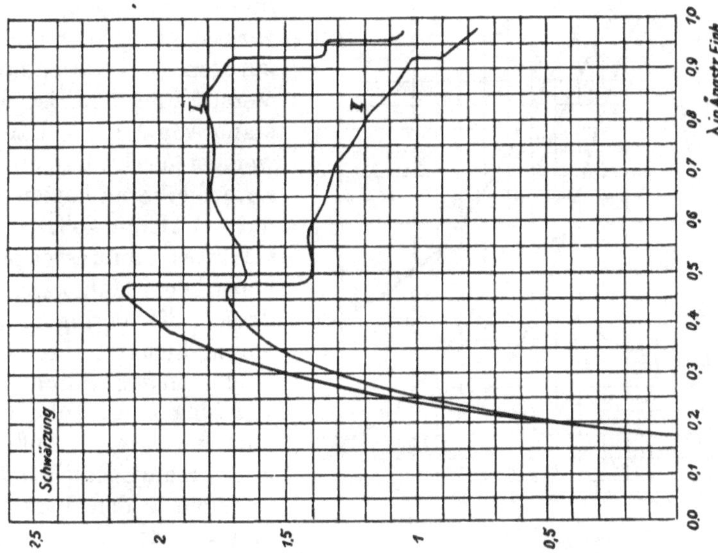

Fig. 125.

die in Fig. 126 wiedergegebene stark ausgezogene Kurve *R*. Sie entspricht schon wesentlich besser dem tatsächlichen Intensitätsverlauf.

Vollkommen richtig ist jedoch auch diese Intensitätskurve noch nicht. So fälscht die Überlagerung verschiedener Ordnungen die Intensitätskurve, und ferner sind die Intensität der Kristallreflexion und der „photographische Effekt“ auch noch abhängig von der Wellenlänge. Um diese Schwierigkeiten zu umgehen, benutzte BOUWERS eine bolometrische Eichung des Spektrographen mit fünf verschiedenen monochromatischen Strahlungen (Pt filtriert durch Wo, Wo durch Hf, Sb durch Cd, Ag durch Pd, Mo durch Zr, vgl. Erzeugung monochromatischer Strahlung S. 290). Man kann dadurch die Korrektion bestimmen für die Überlagerungen der 2. und 3. Ordnungen (Die Intensitäten der 2. und 3. Ordnungen betragen etwa 15% bzw. 8% derjenigen der 1. Ordnung). Ferner kann man aus den gefundenen Schwärzungen die Koeffizienten *s* bestimmen, welche das Verhältnis zwischen den in dem Spektrographen gefundenen Intensitäten und den bolometrisch gemessenen Intensitäten angeben. In Fig. 127 ist Kurve *A* identisch mit der Kurve *R* der Fig. 126. Kurve *B* gibt die Energieverteilung nach Berücksichtigung der 2. und 3. Ordnungen wieder. Kurve *C* endlich entsteht aus *B* mit Hilfe des Koeffizienten *s*. Kurve *C* gibt demnach die beste Näherung an die wahre Energieverteilung.

Wie im vorstehenden gezeigt, ist es also möglich, aus der photographischen Schwärzung die Intensität herzuleiten. Aber das Verfahren erfordert Zeit und Übung in der Handhabung. Noch komplizierter werden jedoch die Verhältnisse bei Verwendung einer Verstärkungsfolie.[1] Man benutzt hierbei die Eigenschaft der Röntgenstrahlen, kristallisiertes Calciumwolframat zu blauer, photographisch stark wirksamer Fluoreszenz anzuregen. Bei Anwendung einer Verstärkungsfolie ist der Umstand von Nutzen, daß die am wenigsten schwärzenden, wenig absorbierbaren harten Strahlen auf Calciumwolframat am stärksten fluoreszenzerregend einwirken. Man kann infolgedessen die geringere Plattenempfindlichkeit bei kürzeren Wellenlängen durch die Anwendung einer Folie zum Teil kompensieren. Außer der Schwärzungs-Zeit-Kurve muß man noch den Verstärkungsfaktor für die betreffende Wellenlänge kennen. Dieser wird nach SCHLECHTER[2] definiert durch $V = \frac{t_0}{t}$, worin t_0 die Expositionszeit ohne Schirm und t diejenige mit Schirm bedeutet, wenn die Platte

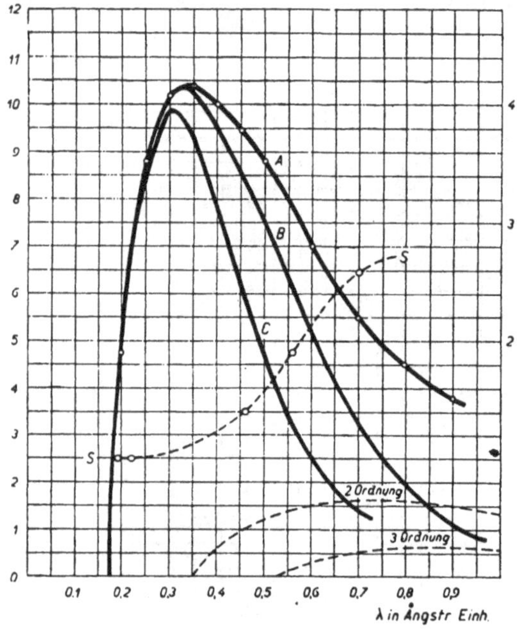

Fig. 127.

[1] z. B. von den Firmen Heyden, Radebeul-Dresden und Kahlbaum, Berlin-Adlershof.

[2] SCHLECHTER, Phys. Ztschr. 24, 29 (1923).

mit gleichbleibender Wellenlänge bis zur gleichen Schwärzung belichtet wird. SCHLECHTER untersuchte den Verstärkungsfaktor von Heydenfolie in Abhängigkeit von der Wellenlänge bei der Schwärzung $S = 0,4$. Das Ergebnis ist aus Fig. 128 zu ersehen. Die Kurve I bezieht sich auf die

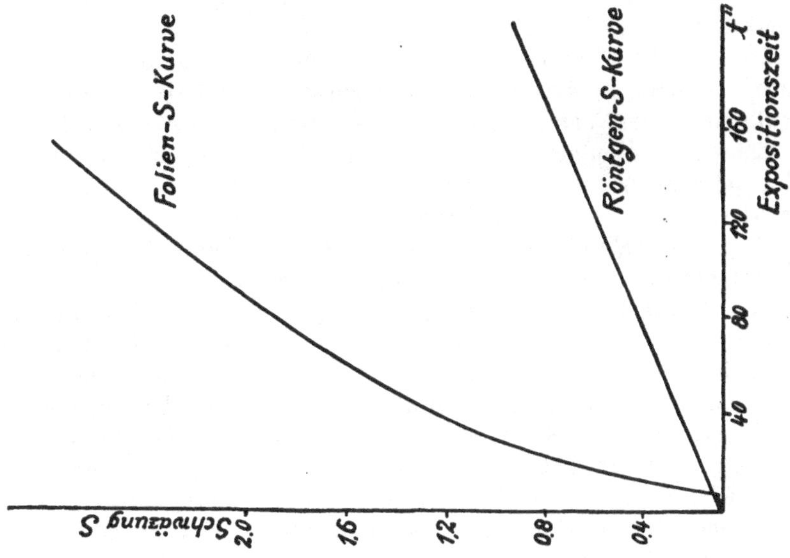

Fig. 129.
Schwärzungskurve mit und ohne Verstärkungsschirm.

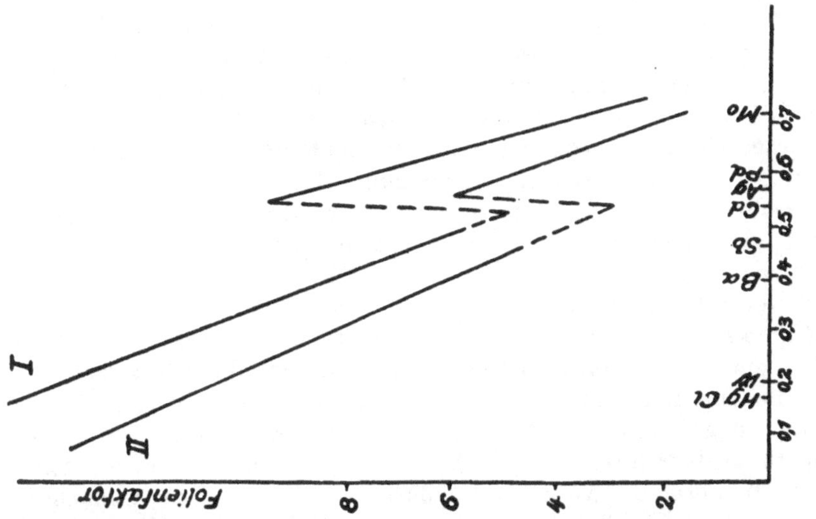

Fig. 128.
Verstärkungsfaktor von Heydenfolie.

Anordnung Antikathode-Platte-Folie, die Kurve II auf die Anordnung Antikathode-Folie-Platte. Beim Überschreiten der Silberbandkante zeigen beide Kurven einen plötzlichen Sprung. An dieser Grenze fällt die Absorption im Bromsilber der Platte plötzlich stark ab, so daß die verstärkende Wirkung der Folie mehr in Erscheinung tritt. Infolge der in der Folienfabrikation neuerdings erzielten Verbesserungen, dürfte der Sprung an der Silberkante wesentlich geringer sein. Bei doppelt begossenen Filmen kann man zwei Folien, vor und hinter dem Film, in Anwendung bringen. Dadurch wird eine weitere Herabsetzung des Sprunges bewirkt. Bei weichen Strahlen, unterhalb etwa 0,8 Å.-E. (Zr-K-Strahlung), ist die Anwendung einer Verstärkungsfolie zwecklos.

Würde nun der Verstärkungsfaktor für eine bestimmte Wellenlänge eine Konstante sein, so würden die Verhältnisse noch relativ einfach liegen. Bei Benutzung eines Verstärkungsschirmes setzt sich die schwärzende Energie aus einem Röntgenanteil und einem Lichtanteil zusammen, von denen der letztere überwiegt. Der Schwärzungsfaktor ist dadurch stark abhängig von der Intensität der Strahlung. Dies erkennt man am besten aus den in Fig. 129 wiedergegebenen Schwärzungs-Zeit-Kurven (Ag-Strahlung). Für eine Schwärzung $S = 2{,}0$ beträgt der Verstärkungsfaktor 8,0, während er bei $S = 0{,}4$ nur noch 6,2 beträgt. Bei ganz geringen Schwärzungsgraden ($S = 0{,}05$) wird der Verstärkungsfaktor kleiner als 1, d. h. also, wenig intensive Linien werden nicht verstärkt, während an sich bereits intensive Linien eine wesentliche Verstärkung erfahren. Ist bei der Anordnung Folie-Platte die Strahlung so wenig intensiv, daß der optische Schwellenwert nicht erreicht wird, so kann es geschehen, daß eine Linie überhaupt nicht erscheint, die bei der Anordnung Platte-Folie noch eben sichtbar werden könnte. Auf jeden Fall muß also eine Anordnung Platte (Film)-Folie im allgemeinen für spektroskopische (strukturanalytische) Zwecke bevorzugt werden.[1]

Was die Entwicklungsmethoden anbelangt, so liegen bei Röntgenaufnahmen nach Schlechter dieselben Verhältnisse vor, wie bei Aufnahmen mit Licht. Es brauchen daher bei der Entwicklung von Röntgenaufnahmen keine besonderen Regeln beachtet zu werden.

Im vorhergehenden wurde bisher von der photographischen Schwärzung schlechthin gesprochen. Betrachtet man nun jedoch eine entwickelte und fixierte Schicht mit Hilfe eines Mikroskops, so sieht man, daß die Schwärzung keine kontinuierliche ist, sondern daß die Schicht aus vielen verschiedenen dicht gepackten Silberkörnern besteht. Diese Tatsache macht bei der weiter unten zu behandelnden Mikrophotometrie gewisse Schwierigkeiten. Man kann sie aber auch — wie Günther und Wilcke[2] zeigten — unmittelbar zur Intensitätsbestimmung von Röntgenstrahlen benutzen, indem man die Anzahl der Silberkörner pro Flächeneinheit auszählt. Durch die Untersuchungen von Eggert und Noddack[3] wurde festgestellt, daß jedes vom Bromsilber absorbierte Lichtquant ein oder mehrere Silberatome frei macht. Wie groß die Anzahl der dadurch entwicklungsfähig gemachten Bromsilberkörner ist, läßt sich nicht sagen, doch fanden Eggert und

---

[1] Über Wirkung der Verstärkungsschirme bei Röntgenspektrogrammen vgl. auch de Broglie, C. r. **170**, 1053 (1920). O. Fritz, Fortschr. a. d. Geb. d. Röntgenstr. **29**, 717 (1922). Phys. Ber. **4**, 310 (1923).

[2] Günther und Wilcke, Z. phys. Ch. **119**, 219 (1920).

[3] Eggert und Noddack, Lit. siehe Günther und Wilcke.

Noddack, daß Quanten von wenig verschiedener Größe praktisch die gleiche Anzahl von Bromsilberkörnern entwicklungsfähig machen. Daraus geht hervor, daß sich die Methode der Silberkornzählung für den Intensitätsvergleich von Röntgenstrahlen von wenig verschiedener Wellenlänge benutzen läßt. Die Zählung ist nur ausführbar, wenn die Dichte der entwickelten Körner gering ist. Die Methode eignet sich daher besonders, wenn man aus irgendwelchen Gründen (z. B. bei der quantitativen Röntgenspektralanalyse) mit kurzen Belichtungszeiten und folglich kleinen Schwärzungen arbeiten muß. Bezüglich der Ausführung und der Anwendungsmöglichkeit der Methode wird auf die Originalarbeit von Günther und Wilcke verwiesen.

Photometrie.[1]

Für die Ausmessung der photographischen Schwärzungseffekte benutzt man zwei verschiedene Methoden je nachdem, ob es sich um die Ausmessung von Spektrogrammen oder Strukturdiagrammen (Lauediagrammen) handelt. Im ersteren Fall ist es nur notwendig, die photographische Platte in einer Richtung zu bewegen, im zweiten Fall dagegen in zwei aufeinander senkrechten Richtungen.

Selbstregistrierende Photometer zur Vermessung von Spektrogrammen.

Das Prinzip der Registrierphotometer ist folgendes: Ein schmales, eng begrenztes Lichtband fällt durch die zu photometrierende, senkrecht zum Lichtband bewegte Platte hindurch entweder nach P. P. Koch[2] auf eine Elster-Geitelsche lichtelektrische Zelle oder nach Siegbahn[3] auf eine Thermosäule. Durch das Auftreffen des Lichts auf den Kaliumbelag der lichtelektrischen Zelle werden Elektronen ausgelöst, die Zelle wird leitend und ermöglicht einen Stromdurchgang, der durch die Entladung eines Elektrometers nachgewiesen werden kann. In der Thermosäule Siegbahns wird ein elektrischer Strom erzeugt, der auf ein Galvanometer einwirkt. Die Elektrometer- bzw. Galvanometerausschläge werden durch eine entsprechende optische Vorrichtung auf einer photographischen Platte registriert. Während des Registriervorgangs müssen also beide Platten, die zu photometrierende Platte und die Registrierplatte, bewegt werden. Die Bewegung der zu photometrierenden Platte muß auf die Registrierplatte übertragen werden. Diese Übertragung ist einfach, wenn die Registrierplatte mit der gleichen Geschwindigkeit bewegt werden soll, wie die zu photometrierende Platte, wie z. B. bei der Photometrierung von ganzen Spektrogrammen (Übersetzungsverhältnis 1 : 1). Schwieriger wird die Übertragung, wenn die Registrierplatte schneller bewegt werden soll, was für die Photometrierung schmaler Objekte, wie z. B. Spektrallinien, notwendig ist (Übersetzungsverhältnis 1 : 10 bis 1 : 50).

---

[1] Vgl. den zusammenfassenden Artikel von Dorgelo, Phys. Ztschr. **26**, 774 (1927).

[2] P. P. Koch, Ann. Phys. [4] **39**, 705 (1912).

[3] Siegbahn, Phil. Mag. [6] **48**, 217 (1924): ältere Konstruktionen: Siegbahn, Ann. Phys. [4] **42**, 689 (1913); **46**, 289 (1915); Lindh, Z. f. Physik **6**, 307 (1921).

Um die Registrierplatte mit größerer Geschwindigkeit als die zu photometrierende Platte zu bewegen, kann man verschiedene Mechanismen benutzen: 1. Man bringt nach KOCH für die Bewegung der beiden Plattenhalter zwei auf der gleichen Achse eingeschnittene Schraubengewinde verschiedener Ganghöhe in Anwendung, oder 2. Man benutzt nach Goos[1] eine indirekte Bewegungsübertragung mit Hilfe eines Lichtzeigers, oder 3. Man verwendet nach SIEGBAHN[2] einen Präzisionskeil, der an dem Halter der Registrierplatte befestigt ist und den Halter der zu photometrierenden Platte langsam senkrecht zur Bewegungsrichtung der Registrierplatte weiterschiebt.

Ein abschließendes Urteil, welcher von den vorstehend gekennzeichneten Übertragungsmechanismen vorzuziehen ist, läßt sich bisher noch nicht fällen. Die lichtelektrische Registrierung nach KOCH und die thermoelektrische Registrierung nach SIEGBAHN haben sich nach den bisherigen Erfahrungen als gleich gut verwendbar erwiesen. Die bei der ersten Ausführungsform des KOCHschen Registrierphotometers benutzten Photozellen zeigten eine beträchtliche Trägheit.[3] Bei den neuerdings benutzten Zellen wird eine Herabsetzung der Trägheit dadurch erzielt, daß die Zellen innen ganz mit Silber überzogen werden, wobei für den Eintritt des Lichtes nur eine kleine Öffnung freigelassen wird.[4] Der Kaliumbelag befindet sich auf dem Silberüberzug gegenüber der Öffnung.

Registrierphotometer ohne Übersetzung (Registrierender Komparator).[5]

Das Prinzip des Apparates geht aus Fig. 130 hervor. Die zu photometrierende Platte P und die Registrierplatte R sind beide auf dem vertikal verschiebbaren Schlitten g angebracht. Die Platte P wird durch die Lichtquelle L_1 unter Zwischenschaltung der Kondensorlinse K_1 beleuchtet. Auf der andern Seite kann das Licht nur durch eine kleine Blendenöffnung B austreten und gelangt dann in die lichtelektrische Zelle Z_1. Die Blende B drückt schwach federnd gegen die Platte P und gleitet während der Bewegung des Schlittens g über die Platte hinweg. Durch eine zweite Kondensorlinse K_2 beleuchtet die Lichtquelle L_1 gleichzeitig die lichtelektrische Zelle Z_2. Der Stromverlauf ist folgender: Das Kalium der Zelle Z_1 ist über einen Silitwiderstand ($10^6\ \Omega$) mit dem negativen Pol einer kleinen Akkumulatorenbatterie von etwa 200 Volt verbunden. Der positive Pol der Batterie ist geerdet, ebenso wie die Elektrode der Zelle Z_2.

---

[1] Goos, Z. Instr. **41**, 313 (1921).

[2] SIEGBAHN a. a. O.

[3] Die Trägheit ist durch die elektrostatische Aufladung der Glaswandung bedingt. Vgl. ELSTER und GEITEL, Phys. Ztschr. **21**, 362 (1920).

[4] Solche Photozellen werden hergestellt von der Fa. Salzmann, Hamburg, Durchschnitt 22.

[5] Nach dem KOCHschen Prinzip konstruiert von Goos, Phys. Ztschr. 22, 648 1921). Der Apparat wurde von der Fa. Krüß, Hamburg, ausgeführt und in der Phys. Techn. Reichsanstalt aufgestellt [Z. Elektrochemie **29**, 587 (1923)].

Die Elektrode der Zelle Z_1 hat mit dem Kaliumbelag der Zelle Z_2 und dem Elektrometer leitende Verbindung. Findet nun durch die Einwirkung des Lichtes in der Zelle Z_1 ein geringer Stromübergang statt, so ladet sich das Elektrometer für einen kurzen Moment auf und entladet sich durch die dauernd belichtete Zelle Z_2 wieder. Die gleichzeitige Verwendung von L_1 zur Belichtung beider lichtelektrischer Zellen hat den Vorteil, daß man dadurch von Helligkeitsschwankungen der Lichtquelle weitgehend unabhängig wird. — Zur Aufzeichnung der Registrierkurve dient ein zweiter Lichtweg. Der Faden eines Cremer-Edelmann-Elektrometers[1] wird durch die Lichtquelle L_2 mit Hilfe der Kondensorlinse K_3 beleuchtet. Von diesem Faden wird dann ein kleines Stück mit Hilfe des Mikroskops M und der Zylinderlinse Cy auf der Registrierplatte R scharf abgebildet. Das kleine Fadenelement führt während der Photometrierung horizontale Bewegungen aus, während sich die Registrierplatte selbst gleichzeitig vertikal bewegt. — Die vertikale Bewegung des Schlittens wird durch ein Uhrwerk bewirkt, dessen Geschwindigkeit durch eine Wirbelstrombremse verändert werden kann. Der Antrieb ist ausrückbar, so daß der Schlitten mit der Hand in jede beliebige Höhenlage gebracht werden kann.

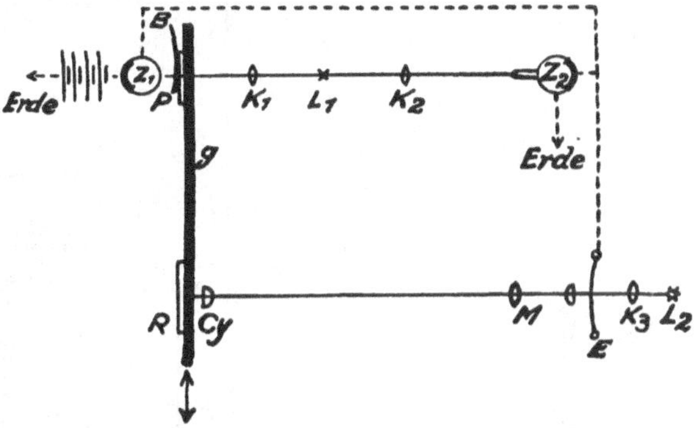

Fig. 130. Registrierender Komparator.

Registriermikrophotometer nach P. P. Koch mit Schrauben-Übersetzung.[2]

Die optische Einrichtung dieses Photometers entspricht im Prinzip vollkommen derjenigen des vorstehend beschriebenen Komparators. Der Unterschied besteht lediglich in dem Übersetzungsverhältnis. Die Bewegung der Halter der zu photometrierenden Platte und der Registrierplatte wird durch zwei auf der gleichen Achse eingeschnittene Schraubengewinde derart bewirkt, daß die Ganghöhe des Gewindes zur Bewegung der zu photometrierenden Platte etwa $\frac{1}{20}$ von der Ganghöhe des Gewindes der Registrierplatte beträgt. Fig. 131 zeigt eine Schnittzeichnung.

---

[1] Fa. Dr. Edelmann, München.

[2] Erwin Freundlich, Das Turmteleskop der Einstein-Stiftung; Verl. Springer, Berlin 1927. Das Photometer wird von den Askaniawerken (Bambergwerk), Berlin-Friedenau hergestellt.

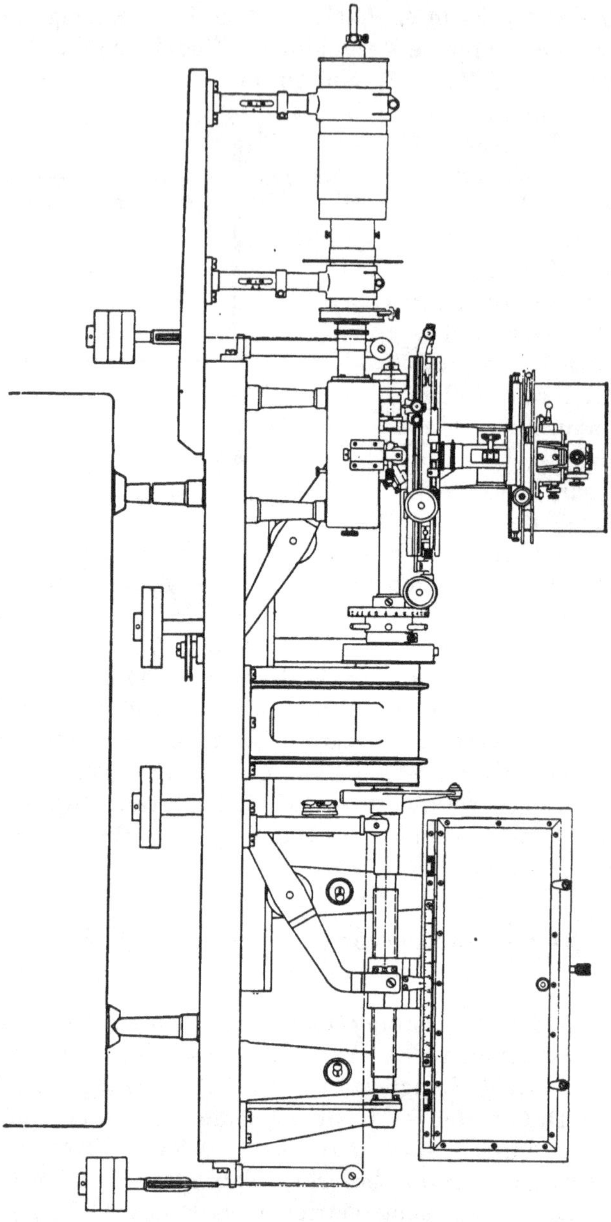

Fig. 131. Registriermikrophotometer nach KOCH-FREUNDLICH.

Registriermikrophotometer nach Goos[1] mit Lichtzeiger-Übersetzung.

Die Durchbildung des KOCHschen Registrierphotometers hatte durch den Krieg eine Unterbrechung erfahren. Gleich nach Beendigung des

[1] Goos, Ztschr. Instr. **49**, 313 (1921). Ein von der Firma Krüß, Hamburg, hergestelltes Photometer mit den Übersetzungsverhältnissen 1 : 7,786 und 1 : 46,60 wurde im phys. Institut der Universität Hamburg aufgestellt (Z. f. Physik 8, 256 [1922]).

Krieges machte die präzisionstechnische Herstellung von vollkommen exakt arbeitenden Schraubengewinden ziemliche Schwierigkeit. Hierdurch wurde Goos veranlaßt, von einer direkten Bewegungsübertragung abzusehen und dafür eine indirekte durch einen Lichtzeiger einzuführen (Fig. 132). Der verschiebbare Mikroskoptisch T mit der zu photometrierenden Platte P ist mit einem Hebel H gekoppelt (Stahlkugel-Achatplatte). An

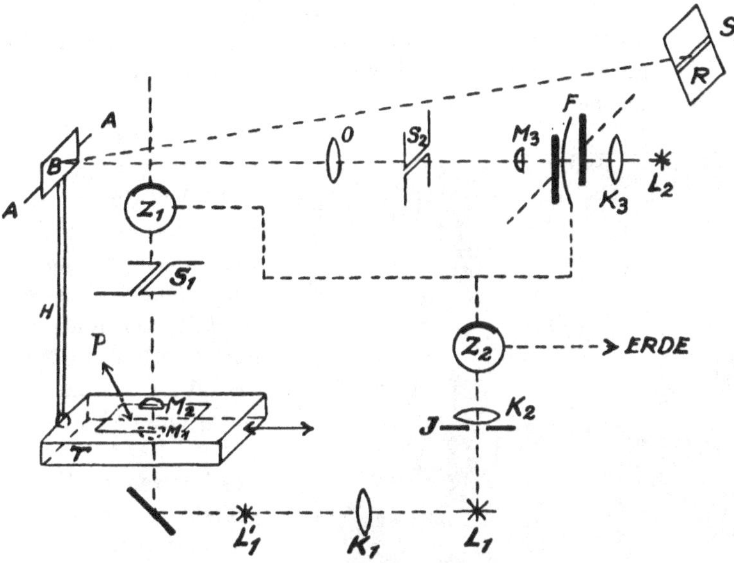

Fig. 132. Registriermikrophotometer nach Goos.

der Achse A dieses Hebels befindet sich ein Spiegel B, der das Bild des Elektrometerfadens auf eine fest aufgestellte Registrierplatte R reflektiert. Die Strahlenwege zur Erregung der Photozellen entsprechen denjenigen beim Registrierkomparator, nur gestattet die Optik des Mikrophotometers die Erfassung bedeutend kleinerer Bereiche der zu photometrierenden Platte P. Die Bewegung des Mikroskoptisches wird durch eine von einem kleinen Motor angetriebene, mit Leinenbänderübertragung versehene Antriebsvorrichtung bewirkt. Die Geschwindigkeit wird nach Goos vorteilhaft so einreguliert, daß das Spaltbild S_2' in etwa 10 Min. über die 12 cm lange Registrierplatte R bewegt wird. Der Apparat ist sehr empfindlich gegen Erschütterungen und muß daher auf schweren H-Trägern gelagert sein. Goos erreichte mit ihm eine Meßgenauigkeit von 0,0001 mm.

Registriermikrophotometer nach Siegbahn[1] mit Keilschieberübersetzung.

Während P. P. Koch zur Messung der durch die zu photometrierende Platte hindurchgelassenen Lichtintensität Elster-Geitelsche Photozellen

[1] Siegbahn, l. c. Ein ähnliches Photometer wurde von Moll [Kon. Akad. van Wetenschappen, Amsterdam 28, 566 (1919)] konstruiert und wird von der Fa. Kipp und Zonen, Delft (Holland) fabrikatorisch hergestellt.

benutzt, verwendet SIEGBAHN hierfür eine Thermosäule. Der Thermostrom wirkt auf ein Galvanometer, dessen Ausschläge photographisch registriert werden.

Die Bewegungsübertragung zwischen der zu photometrierenden Platte und der Registrierplatte erreicht SIEGBAHN auf folgende Weise: Die auszumessende Platte ist auf einem horizontal verschiebbaren Schlitten (Fig. 133) angebracht, während die Registrierplatte an einem vertikal verschiebbaren Schlitten *G* befestigt ist. An dem unteren Teil des Schlittens *G* sind zwei starke Stahlschienen von rechteckigem Querschnitt befestigt, die einen beliebig verstellbaren spitzen Winkel miteinander bilden. Wird nun der Schlitten *G* abwärts bewegt, so schiebt sich der durch die beiden Stahlschienen gebildete Keil zwischen zwei Achatzylinder, von denen der eine am Gestell, der andere an dem horizontalen Schlitten befestigt ist. Wenn die beiden Stahlschienen genau gerade Seiten haben, wird einer bestimmten vertikalen Verschiebung des Schlittens *G* eine bestimmte Verschiebung des horizontalen Schlittens entsprechen. SIEGBAHN erreichte mit dieser Anordnung eine Meßgenauigkeit bis zu 0,002 mm. — Die Vorrichtung zur langsamen Bewegung der registrierenden Teile ist oberhalb des vertikal verschiebbaren Schlittens fest montiert. Durch Übertragung mittels unendlicher Schraube wird die Umdrehungsgeschwindigkeit eines kleinen Motors auf einen solchen Betrag herabgesetzt, daß die Registrierung einer Kurve ungefähr 5 Minuten in Anspruch nimmt.

Fig. 133. Registriermikrophotometer nach SIEGBAHN.

Der horizontal verschiebbare Schlitten besteht aus zwei mikrometrisch justierbaren Teilen, deren Einstellungen auf 0,01 mm abgelesen und auf 0,001 mm geschätzt werden können. Hierdurch wird eine subjektive Messung von Abständen (z. B. der Schwärzungsmaxima zweier Spektrallinien) ermöglicht, wenn die kleinsten Galvanometerausschläge direkt beobachtet werden.

Der optische Teil des Apparats besteht aus der Lichtquelle A (Autolampe von 6—12 Volt mit starkem Spiraldraht), einem Kondensor C, einem Objektiv D und einem mikrometrisch justierbaren Spalt E. Mittels der Kondensorlinse C wird der Draht der Glühlampe auf der nach unten gekehrten Schichtseite der Platte abgebildet. Von der photographischen Schicht wird weiterhin ein Bild auf dem (mikrometrisch justierbaren) Spalt E entworfen.

Dies geschieht am besten auf folgende Weise: Der Kondensor wird zunächst etwas niedriger geschoben, damit ein größerer Teil der Schicht beleuchtet wird. Darauf klebt man ein Stückchen weißes Papier an die Spaltbacken und bewegt das Objektiv so lange weiter, bis das photographische Korn scharf abgebildet erscheint. Dann wird der Spalt so justiert, daß die Spektrallinien genau parallel zum Spalt erscheinen. Hierauf wird der Kondensor wieder zurückgestellt, am besten in der Weise, daß man den Kondensor so lange verschiebt, bis der größte Galvanometerausschlag erreicht ist.

Wenn man die Spaltweite durch die Vergrößerung des Objektivs teilt, erhält man nahezu die Breite des Teiles der zu photometrierenden Platte, der registriert wird. Bei einer 10fachen Vergrößerung und einer Spaltweite von 0,2 mm wird also aus der photographischen Platte ein Band von 0,02 mm Breite herausgeschnitten. Einer Spaltlänge von 15 mm entspricht eine Bandlänge von 1,5 mm.

Um für das Galvanometer einen stabilen Nullpunkt zu erhalten, ist die Thermosäule in einem schweren Kupferzylinder und dieser wiederum in einem luftdicht verschlossenen zweiten Kasten untergebracht.

Mikrophotometer zur Vermessung von flächenhaften Photogrammen (Lauediagrammen).

Handelt es sich um die Vermessung von Schwärzungseffekten, die wie bei den Lauediagrammen punktförmig über eine Platte verteilt sind, also nicht in Richtung einer geraden Linie liegen wie bei den Spektrogrammen, so lassen sich die vorstehend beschriebenen, selbstregistrierenden Photometer nicht benutzen. Das Photometer muß so beschaffen sein, daß man die in zwei Richtungen verschiebbare Platte zunächst so weit verschiebt, bis die kleine zu photometrierende Stelle von dem schmalen, von unten her durch die Platte gehenden Lichtbündel getroffen wird. Die dadurch bewirkte Verdunkelung wird mit dem Bilde eines Teils eines photographischen Keils (eine photographische Platte, deren Schwärzung allmählich abnimmt) verglichen. Durch Verschiebung des Keils wird diejenige Stelle des Keils eingestellt, welche die gleiche Schwärzung hat wie der eingestellte Bereich der zu photometrierenden Platte. Die Stellung des Keils wird dann abgelesen.

Der Vergleich der Schwärzungen kann nun auf verschiedene Weise durchgeführt werden: 1. Man vergleicht nach Hartmann[1] auf subjektivem Wege mit Hilfe eines Prismas von Lummer und Brodhun, oder 2. Man läßt nach Rosenberg[2] das durch die photographische Platte und das

[1] Hartmann, Z. Instr. **19**, 97 (1899).

[2] Rosenberg, Z. Instr. **45**, 313 (1925).

durch den photographischen Keil gehende Lichtbündel auf zwei lichtelektrische Zellen wirken und verschiebt die Einstellung des Keils so weit, bis das Elektrometer auf Null einspielt.

Bei dem subjektiven Vergleich nach HARTMANN macht sich der Umstand störend bemerkbar, daß die beiden zu vergleichenden Teile der Platte und des Keils meistens nicht von gleichem Aussehen sind. Durch das Bild der Silberkörner wird die Einstellung des Keils auf gleiche Flächenhelligkeit erschwert. Um zu erreichen, daß die Silberkörner nicht zu erkennen sind, kann man entweder die Objektive etwas unscharf einstellen, oder aber durch zwei gleich weite Blenden ersetzen. FABRY und BUISSON[1] erreichen die unscharfe Einstellung dadurch, daß sie das scharfe Bild von Platte und Keil nicht auf die Netzhaut des Auges, sondern auf die Pupille projizieren. Sehr günstig für den Vergleich ist es, die zu benutzenden Meßkeile aus demselben Material herzustellen, aus dem die Platte besteht, bei gleichem Entwicklungs-, Fixage- und Wässerungsvorgang. Zur Herstellung der allmählich abnehmenden Schwärzung belichtet man den Plattenstreifen in einem Sensitometer nach SCHEINER-TOEPFER hinter einer mit einem keilförmigen Schlitz versehenen rotierenden Kreisplatte.

Bei dem lichtelektrischen Vergleich nach ROSENBERG ist man unabhängig von der Plattenkörnung, und man kann daher an Stelle des photographischen Keils ein Nikolsystem benutzen.

Mikrophotometer nach Hartmann.[2]

Fig. 134 zeigt eine Schnittzeichnung. Die Lichtquelle R beleuchtet sowohl die zu photometrierende Platte Y mit Hilfe des Prismas T und des Objektivs J als auch den Meßkeil O mit Hilfe der Linse C' und des Prismas S. Form und Größe des belichteten Plattenstücks werden durch die im Schieber U_1 befindlichen Diaphragmen bestimmt. Die belichtete Fläche ist nur sehr wenig größer als der im Spiegel des LUMMER-BRODHUN-Prismas B-C gesehene Ausschnitt der Platte. Das Objektiv G dient zur Abbildung des zu vermessenden Plattenstücks auf dem Spiegel g—h des LUMMER-BRODHUN-Prismas, das Objektiv D zur Abbildung des Meßkeils in der Spiegelebene, so daß die photographischen Schichten der Platte und des Meßkeils gleich scharf im Gesichtsfeld des Okulars A erscheinen. Das obere Okular A_1 dient zum Einrichten des Objekts. Hierfür wird der unterhalb des Objekttisches befindliche Schieber U_2 nach rechts bis zum Anschlag geschoben und der Spiegel im LUMMER-BRODHUN-Prisma selbst als Einstellmarke benutzt. Nach der Einrichtung wird der Schieber U_2 wieder zurückgeschoben. Der Objekttisch besitzt zwei aufeinander senkrechte mit Nonius ablesbare Verschiebemöglichkeiten und kann außerdem gedreht werden, wobei die Drehung an einem Teilkreis abgelesen werden kann. Eine Eichung der Meßkeile kann mit einem Nikolsystem vor-

[1] FABRY und BUSSON, C. r. **154**, 359 (1913); Journal de Phys. [5] **9**, 37 (1919); Revue d'Optique **1**, 6 (1924). (Fa. Jobin, Paris).

[2] In der konstruktiven Ausführung der Askaniawerke, Berlin-Friedenau.

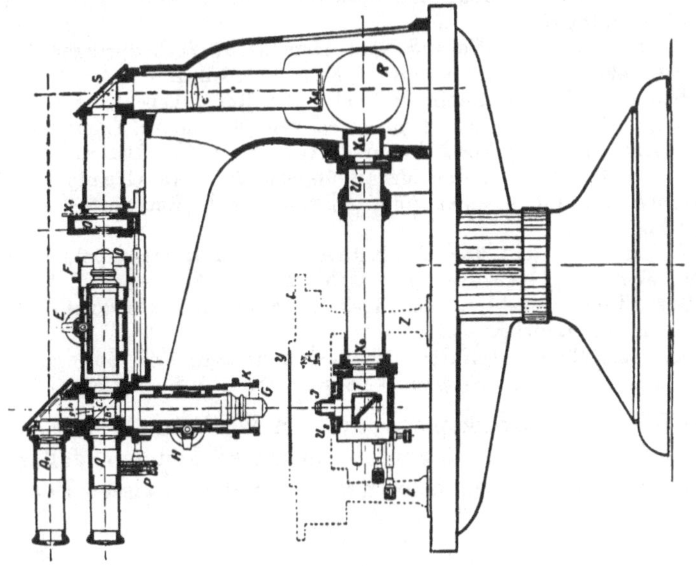

Fig. 134. Mikrophotometer nach Hartmann.

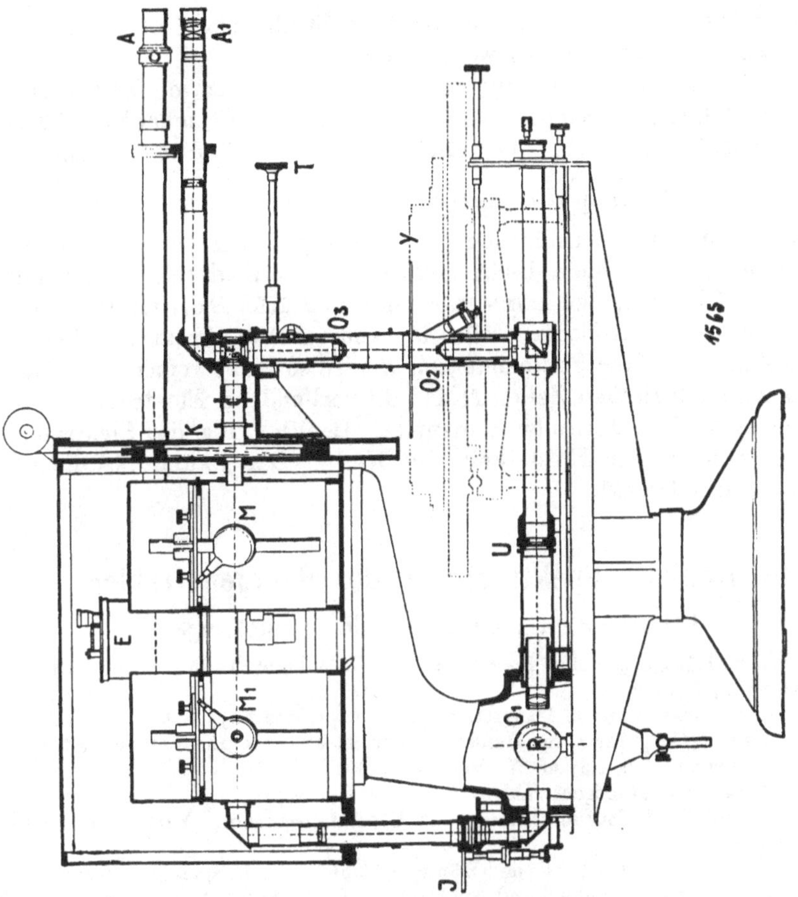

Fig. 135. Mikrophotometer nach Rosenberg.

genommen werden, das in den senkrechten Strahlengang nach Entfernung des Objektivs *G* eingeschaltet werden kann.

Bei 3,6facher Vergrößerung kann ein Flächenstück von 0,4 mm Durchmesser bzw. $0{,}056 \times 0{,}28\ mm^2$ vermessen werden, bei 12facher Vergrößerung ein Flächenstück von 0,04 mm Durchmesser bzw. $0{,}016 \times 0{,}08\ mm^2$.

Mikrophotometer nach Rosenberg.[1]

Die konstruktive Ausführung geht aus Fig. 135 hervor. Das von der Lichtquelle *R* ausgehende Licht gelangt einerseits durch die zu photometrierende Platte *Y*, den Lummer-Brodhun-Würfel *B C*, den Photometerkeil *K* zur lichtelektrischen Zelle *M*, andererseits direkt zur lichtelektrischen Zelle M_1. Der Photometerkeil *K* wird so lange verschoben, bis das mit den lichtelektrischen Zellen *M* und M_1 verbundene Elektrometer *E* auf Null einspielt. Das Fernrohr *A* dient zur Beobachtung des Elektrometers und zum Ablesen der Einstellung des Keils. Das Okular A_1 dient zur Einstellung des Objekts.

III. Kapitel. Spektroskopie der Röntgenstrahlen.

Literatur (zusammenfassende Darstellungen).

1919 E. Marx, Röntgenstrahlen im Hdbch. der Radiologie, V. Bd.; Verl. Akad. Verlagsges., Leipzig.

1921 R. Ledoux-Lebard und A. Dauviller, La Physique des Rayons X; Verl. Gauthiers-Villars et Cie., Paris, im Handbuch der Elektrizität und des Magnetismus.

1922. M. de Broglie, Les Rayons X; Verl. Blanchard, Paris.

1923 P. Cermak, Die Röntgenstrahlen: Verl. Barth, Leipzig.

1924 W. H. und W. L. Bragg, X-Rays and Crystal Structure; Verl. Bell and Sons, London.

1924 M. Siegbahn, Spektroskopie der Röntgenstrahlen; Verl. Springer, Berlin.

1924 A. Sommerfeld, Atombau und Spektrallinien; 4. Aufl ; Verl. Vieweg & Sohn, Braunschweig.

1924 W. Kossel, Valenzkräfte und Röntgenspektren; Verl. Springer, Berlin.

1925 M. Siegbahn, The Spectroscopy of X-Rays; Oxford.

1925 A. Schleede, Experimentelle Methoden der Röntgenspektroskopie und Strukturanalyse im Hdbch. der Arbeitsmethoden der anorg. Chemie von Tiede und Richter, Bd. II 2; Verl. Walter de Gruyter & Co., Berlin.

1926 H. Mark, Die Verwendung der Röntgenstrahlen in Chemie und Technik im Hdbch. der angewandten phys. Chemie von G. Bredig, Bd. 14; Verl. Barth, Leipzig.

1927 A. E. Lindh, Bericht über die Entwicklung der Röntgenspektroskopie während der Jahre 1921–1925; Phys. Ztschr. 28, 24, 93.

1927 O. Berg, Röntgenspektren im Hdbch. phys. Optik von Gehrke, Bd. II 2, S. 466; Verl. Barth, Leipzig.

1927 R. Glocker, Materialprüfung mit Röntgenstrahlen; Verl. Springer, Berlin.

1927 G. L. Clark, Applied X-Rays; Verl Mc Graw-Hill-Book Comp., New York.

Die Röntgenspektroskopie wurde von W. H. und W. L. Bragg dadurch begründet (vgl. I. Kapitel, § 3), daß sie zeigen konnten, daß ein Röntgenstrahl von den Netzebenen eines Kristalls unter gewissen Bedingungen ge-

---

[1] Askaniawerke, Berlin-Friedenau.

spiegelt werden kann, nämlich dann, wenn zwischen dem Einfallswinkel, dem senkrechten Netzebenenabstand und der Wellenlänge die BRAGGsche Bedingung:

$$n.\lambda = 2d \sin\vartheta$$

erfüllt ist.[1] Die verschiedenen röntgenspektroskopischen Methoden beruhen auf diesem Gesetz und unterscheiden sich — wie im folgenden zunächst gezeigt werden soll — nur durch verschiedene Versuchsanordnungen. Daran anschließend sollen dann die einzelnen spektrographischen Apparaturen behandelt werden. Letztere gehen in der Hauptsache auf SIEGBAHN und SEEMANN zurück. SIEGBAHN verdanken wir die meisten Präzisionsbestimmungen der Emissions- und Absorptionsspektren.

§ 1. Methoden der Spektroskopie.

a) Methode von W. H. und W. L. Bragg mit schwach divergentem Primärstrahl und drehbarem Kristall.

Das Prinzip der BRAGGschen Spektrometeranordnung wurde bereits im I. Kapitel, § 3, behandelt. Es sei hier noch einmal an Hand von Fig. 136 kurz wiederholt: Die von der Antikathode A ausgehenden Strahlen treten durch eine enge Spaltblende B und treffen dann auf den Kristall K. Ist der Kristall zu dem Primärstrahl so orientiert, daß die BRAGGsche Beziehung erfüllt ist, so findet eine Interferenzreflexion statt, die mit Hilfe eines Films F nachgewiesen und in ihrer Intensität gemessen werden kann. Der Kristall ist auf einem drehbaren Tischchen derart angebracht, daß die Drehachse in der reflektierenden Fläche des Kristalles liegt. Die zur Drehachse parallele Spaltblende B und der Film F befinden sich auf einem Kreise um diese Drehachse.

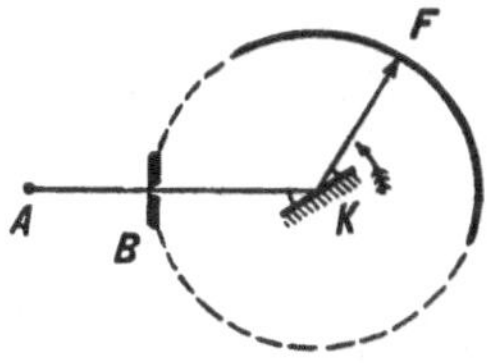

Fig. 136. Prinzip des BRAGGschen Spektrometers.

Wenn nun das Primärstrahlbündel parallel wäre, so würde bei bestimmter Einstellung des Kristalls zum Primärstrahl nur eine bestimmte, durch die BRAGGsche Grundgleichung gegebene Wellenlänge reflektiert werden können. In anderer Stellung des Kristalls würde eine andere Wellenlänge reflektiert werden, und bei einer kontinuierlichen Drehung des Kristalls um seine Achse würde ein bestimmter Spektralbezirk zur Abbildung kommen. Dieses Verfahren hätte zwei Nachteile: 1. Wenn die vom Primärstrahl getroffene Kristallstelle etwas fehlerhaft ist, so bildet sich der Fehler im Spektrum ab. 2. Jede Wellenlänge kommt nur während des kurzen Moments, in dem gerade die BRAGGsche Beziehung erfüllt ist, zur Abbildung, d. h. die Expositionszeit ist eine sehr lange.

Diese beiden Mängel wurden nun von W. H. und W. L. BRAGG dadurch behoben, daß sie bei gedrehtem Kristall ein schwach divergentes Primärstrahlbündel benutzten und die Abstände Blende–Drehachse

[1] Über die Gültigkeit der BRAGGschen Beziehung vgl. S. 165.

und Drehachse–Film einander gleich machten. Dadurch erreichten sie eine Fokussierung der reflektierten Strahlen derart, daß die gleiche Wellenlänge immer genau an die gleiche Stelle des Filmes F reflektiert wird. Das Zustandekommen dieses „Fokuseffekts" geht am besten aus Fig. 137 hervor. Der von B kommende Strahl wird im Drehpunkt der Kristallfläche K unter dem Winkel ϑ nach dem Punkt P des Filmes F reflektiert. Dreht man nun den Kristall in die Lage K', so liegt der Reflexionspunkt auf dem Schnittpunkt von K' mit einem Kreise durch die Drehachse, B und P (Sehnen-Tangentenwinkel und Peripheriewinkel). Folglich muß auch der von K' reflektierte Strahl durch P gehen (Peripheriewinkel).

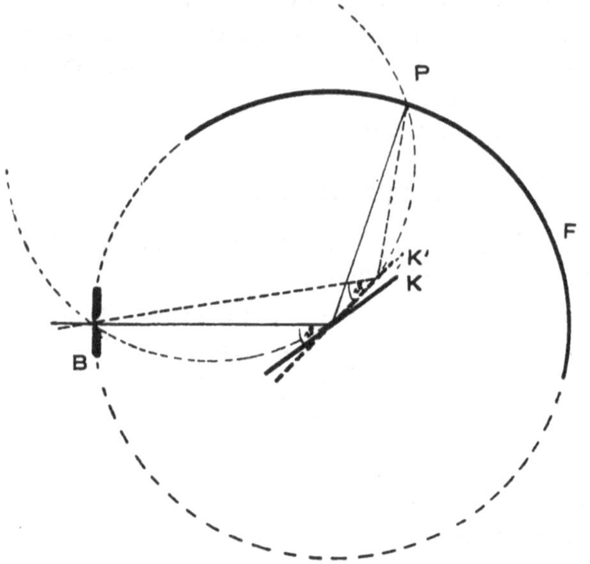

Fig. 137. Fokuseffekt.

Bei der Braggschen Fokussierungsmethode reflektiert also nicht nur eine Stelle des Kristalls, sondern es wird während der Drehung des Kristalls eine Wellenlänge nacheinander von verschiedenen Stellen des Kristalls reflektiert. Dadurch werden eventuelle Unregelmäßigkeiten und Verwerfungen im Kristall eliminiert, und die einzelne Wellenlänge wird nicht nur einen Moment, sondern während der ganzen Schwenkung exponiert. Die Eliminierung der Verwerfungen im Kristall durch die Drehung während der Aufnahme sei durch die Fig. 138a und b von Wagner[1] illustriert. In Fig. 138a ist das kontinuierliche Spektrum neben dem L-Spektrum des Platins mit gedrehtem Kristall photographiert worden, welches kurz hinzuexponiert wurde. Fig. 138b zeigt dasselbe Spektrum mit feststehendem Kristall aufgenommen, während die Linien (b) wieder mit gedrehtem Kristall kurz hinzuexponiert wurden. Wie man sieht, scheint in diesem Fall die kontinuierliche Schwärzung linienartig aufgelöst zu sein, was jedoch lediglich auf Faltungen innerhalb des Kristalls zurückzuführen ist.

Die Linienbreite ist bei der Reflexion eines scharf begrenzten Röntgenstrahls von einer Kristalloberfläche abhängig von der Eindringungstiefe des

[1] Wagner, Ann. Phys. [4] **46**, 868 (1915); Phys. Ztschr. **16**, 30 (1915). Für Spektralphotographien wurde der Fokuseffekt zuerst von de Broglie benutzt: C. r. **57**, 1924, 1413 (1913); **158**, 177 (1914).

Strahls in den Kristall. Bei kurzwelligen Strahlen (z. B. *K*-Strahlung des Wolframs) und Kristallen aus Elementen von niederem Atomgewicht (z. B. Kalkspat) tritt eine merkliche Verbreiterung der Linien ein. Das ist zunächst nach der allgemeinen Interferenztheorie unverständlich, da

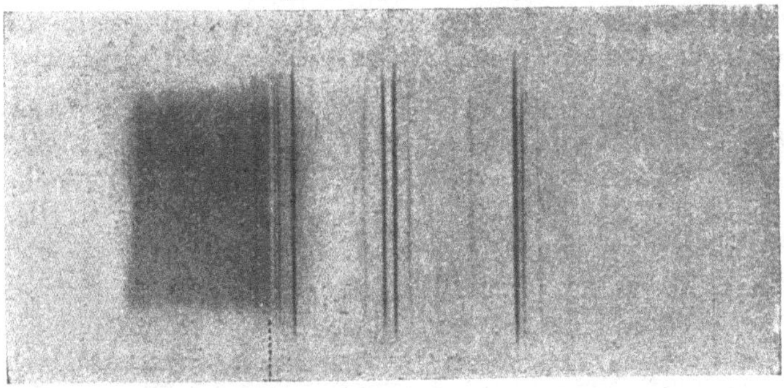

Fig. 138 a. Drehkristallspektralaufnahme des kontinuierlichen Spektrums neben dem Platin-*L*-Spektrum.

die durch die Reflexion hervorgerufene Absorption (Extinktion) bereits in den obersten Schichten (etwa 10^{-4} cm) quantitativ erfolgen sollte. Der Grund dafür, daß dem nicht so ist, liegt darin, daß die Kristalle nicht einheitlich, sondern aus kleinen Bereichen zusammengesetzt sind, die annähernd gleiche Orientierung besitzen. Die Unterschiede in der Orientierung sind jedoch groß genug, um bei einer großen Anzahl dieser Bereiche keine Reflexion zustande kommen zu lassen, so daß keine Extinktion, sondern nur einfache Massenabsorption zustande kommt. Harte Strahlung kann daher bei leichten Kristallen relativ weit eindringen, bis vollständige Absorption stattfindet. Bei Benutzung der gebräuchlichsten Kristalle (Kalkspat, Gips, Zucker) benutzt man die BRAGGsche Methode vorteilhaft nur oberhalb 1—2 Å.-E.

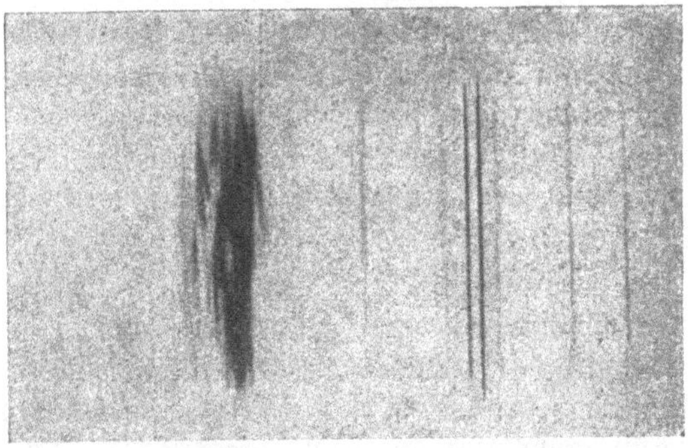

Fig. 138 b. Aufnahme des kontinuierlichen Spektrums mit feststehendem Kristall. Die (*b*)-Linien des Platin-*L*-Spektrums wurden mit gedrehtem Kristall kurz hinzuexponiert.

b) Methoden mit divergentem Primärstrahl und festem Kristall.

Bei divergentem Primärlicht kann man mit gedrehtem Kristall ein Spektralgebiet nur dann photographieren, wenn die vorstehend beschriebenen BRAGGschen Fokusbedingungen erfüllt sind. Andernfalls müssen

Spalt, Kristall und photographische Platte fest zueinander orientiert sein. Es sind nun drei verschiedene Kombinationen möglich:

1. Spalt vor dem Kristall (Reflexionsmethode mit weitem Öffnungswinkel).
2. Spalt auf dem Kristall (Schneidenmethode).
3. Spalt hinter dem Kristall (Lochkamera-, Transmissions- und Fenstermethode).

Die Reflexionsmethode mit weitem Öffnungswinkel wurde zuerst von Moseley bei seinen grundlegenden Untersuchungen über die Spektren der Elemente angewandt. Das Prinzip der Methode geht aus Fig. 139 hervor. Das von der Blende B (mit dem virtuellen Bild B') kommende Licht wird von dem Kristall K nach der Platte P reflektiert. Entsprechend den verschiedenen Einfallswinkeln ϑ_1 und ϑ_2 erscheinen die verschiedenen Wellenlängen λ_1 und λ_2 nebeneinander auf der Platte. Um einen weiten Öffnungswinkel zu erhalten, der die ganze wirksame Kristallfläche erfaßt, müssen Blende und Kristall entsprechend nahe an den ausgedehnten Brennfleck der Antikathode herangebracht werden. Da jede Linie während der ganzen Expositionsdauer Licht empfängt, liegen die Verhältnisse mit Bezug auf die Expositionsausbeute günstig. Quantitative Intensitätsvergleiche sind jedoch nur dann möglich, wenn der ganze Spektrograph während der Aufnahme kontinuierlich um einen kleinen Winkelbereich um die Schneide als Achse geschwenkt wird. Die von den einzelnen Punkten des Brennflecks ausgehenden Strahlen haben nämlich keineswegs gleiche Intensität, so daß bei fester Anordnung einige Wellenlängen relativ mehr Energie empfangen würden als andere Wellenlängen. Der Hauptnachteil der Methode beruht darauf, daß — im Gegensatz zur Braggschen Methode — Unregelmäßigkeiten und Verwerfungen innerhalb der Kristalloberfläche sehr störend ins Gewicht fallen. Bilden z. B. zwei Oberflächenelemente einen kleinen Winkel miteinander, so wird eine reflektierte Wellenlänge an zwei dicht nebeneinanderliegenden Stellen erscheinen, und das kontinuierliche Spektrum kann — wie schon an den Aufnahmen von Wagner gezeigt — an solchen Stellen derartige Verstärkungen erfahren, daß Linien vorgetäuscht werden, wo gar keine Linien sind. Bezüglich der Linienbreite gilt das bereits oben Gesagte.

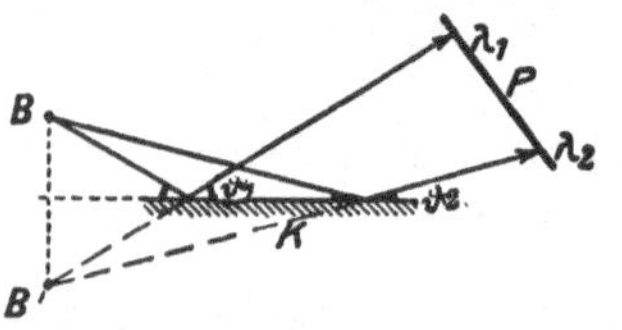

Fig. 139. Reflexionsmethode mit weitem Öffnungswinkel.

Die Schneidenmethode von Seemann[1] unterscheidet sich von der einfachen Reflexionsmethode dadurch, daß der Spalt durch Aufsetzen einer Schneide aus schwerem Material (Blei, Wolfram) auf die Kristalloberfläche verlegt ist (Fig. 140). Reflexion wird dann nicht durch die ganze Kristalloberfläche bewirkt, sondern nur durch das kleine, unmittelbar unter der Schneide gelegene Stück. Solche kleinen Bereiche lassen sich nach einigen

[1] Seemann, Ann. Phys. [4] **49**, 470 (1916); Phys. Ztschr. **18**, 242 (1917).

Probeaufnahmen an den Kristallen zumeist leicht auffinden. Die auf der einen Seite der Schneide einfallende Strahlung E, E_1, E_2 usw. wird unter dem der BRAGGschen Beziehung entsprechenden Winkel ϑ von der Netzebenenschar unmittelbar unter der Schneide S reflektiert. Das reflektierte Strahlenbündel ist je nach der Eindringungstiefe der Strahlen in den Kristall verschieden scharf begrenzt, wie ja bereits bei Betrachtung der BRAGGschen Methode ausgeführt wurde. Für Präzisionsmessungen kürzerer Wellenlängen (etwa unterhalb 1 Å.-E.) kann man die Schneidenmethode nur dann in Anwendung bringen, wenn man einen genügend schweren Kristall oder aber Kristalle von geringer Schichtdicke (z. B. Glimmer- oder Gipsblättchen) benutzt.

Die störende Linienverbreiterung wird bei der ebenfalls von SEEMANN[1] angegebenen Lochkamerамethode dadurch vermieden, daß der Spalt

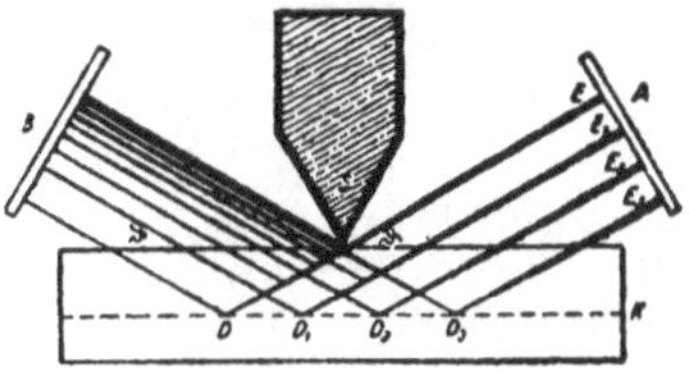

Fig. 140.
Schneidenmethode.

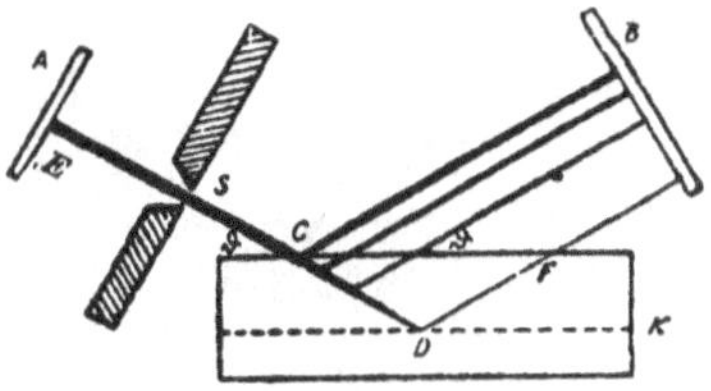

Fig. 141.
Lochkamerамethode von SEEMANN.

hinter dem Kristall angebracht wird. Die Wirkung des Spaltes in diesem Fall ersieht man am besten aus Fig. 141. Nehmen wir zunächst an, die Lichtquelle befände sich in A, und es fiele ein Röntgenstrahl E durch den Spalt S unter dem Winkel ϑ auf den Kristall. Durch die verschiedene Eindringungstiefe des Strahles wird auf dem Schirm B eine nach der einen Seite scharf begrenzte, nach der anderen Seite breit verwaschene Spektrallinie entstehen. Wird dagegen für den Strahlengang die Lichtquelle A mit dem Schirm B vertauscht, so vereinigen sich alle aus der Tiefe kommenden, unter dem Glanzwinkel ϑ reflektierten Strahlen zu einem Strahl. Die Lochkamerамethode hat ebenso wie die gewöhnliche Reflexionsmethode mit weitem Öffnungswinkel fehlerfreie Kristalle zur Voraussetzung, obgleich die Störungen, zum Teil wenigstens, durch den hinter dem Kristall angeordneten Spalt herausgefangen werden. Wenn aber z. B. gerade an einer Stelle, an der eine Linie reflektiert werden soll, eine geringe Verwerfung vorliegt, so wird die fehlerhaft reflektierte Linie durch den Spalt abgeblendet und erscheint überhaupt nicht auf der Platte. Unter der Voraussetzung guter Kristalle ist jedoch die Methode für Präzisionsmessungen am geeignetsten. Ihr wichtigster Vorteil ist der, daß die Eindringungstiefe der Strahlung in den Kristall nicht fehlerhaft wirksam werden kann. Für weiche Strahlungen hat sie gegenüber der BRAGGschen Methode und der Schneidenmethode keinerlei Nachteile. Man

[1] SEEMANN, Ann. Phys. [4] **51**, 391 (1916); Phys. Ztschr. **18**, 242 (1917).

kann also mit dieser Methode das ganze Spektrum messen, wodurch sich besser vergleichbare Resultate erzielen lassen, was besonders für quantitative Intensitätsmessungen von großer Wichtigkeit ist. Die Methode gewinnt daher steigende Bedeutung.[1] — Der Kristall muß um so länger sein, je größer die Spaltweite und je kleiner der Reflexionswinkel ist (bei Spaltweiten über 0,5 mm und Reflexionswinkeln unter 1° bis zu einigen Zentimetern).

Die Anordnung des Spalts hinter dem Kristall wurde bereits vor SEEMANN von RUTHERFORD und DA ANDRADE[2] bei der sog. Transmissionsmethode in Anwendung gebracht. RUTHERFORD und DA ANDRADE benutzten für die Reflexion jedoch nicht eine äußere Begrenzungsfläche eines Kristalls, sondern innere Netzebenen. Das Prinzip der RUTHER-

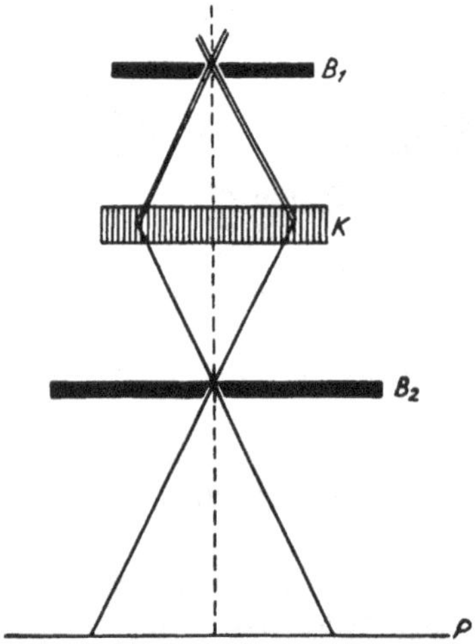

Fig. 142. Prinzip der Transmissionsmethode von RUTHERFORD und DA ANDRADE.

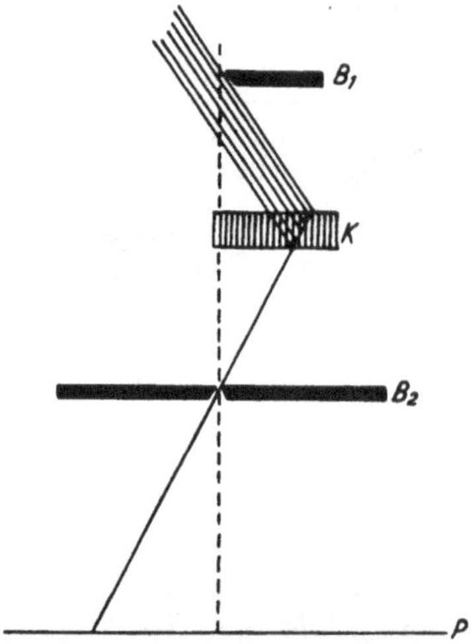

Fig. 143. Fenstermethode von FRIEDRICH und SEEMANN.

FORDschen Anordnung geht aus Fig. 142 hervor. Die durch den Spalt der Blende B_1 gelangenden Strahlen werden unter bestimmtem Reflexionswinkel ϑ im Innern des Kristalls reflektiert und zwar von zwei symmetrisch zum Spalt gelegenen Stellen. Hinter dem Kristall befindet sich — ebenso wie bei der Lochkamerametbode — die Blende B_2, in deren Spalt sich die symmetrisch verlaufenden, im Kristall reflektierten Strahlen überschneiden. Auf der photographischen Platte P erscheinen dann zwei spiegelbildlich gelegene Spektren.

FRIEDRICH und SEEMANN[3] haben gezeigt, daß man durch Verzicht auf eines der spiegelbildlich gelegenen Spektren zu einer wesentlich

[1] Vgl. LEIDE, Z. f. Physik **39**, 686 (1926).

[2] RUTHERFORD u. DA ANDRADE, Phil. Mag. [6] **28**, 263 (1914). Die Methode wurde zuerst für die Messung der γ-Strahlung von RaC in Anwendung gebracht. Für die kürzeste Wellenlänge ergab sich dabei $\lambda = 0{,}072$ Å.

[3] FRIEDRICH und SEEMANN, Phys. Ztschr. **20**, 55 (1919).

besseren Strahlenausbeute und kürzeren Expositionszeit gelangen kann. Bei der RUTHERFORDschen Methode reflektiert der Kristall nur aus einer durch die Breite des Spalts B_1 gegebenen Schichtdicke. FRIEDRICH und SEEMANN lassen nun bei ihrer Fenstermethode die eine Spaltbacke von B_1 fort, so daß ein breites Lichtband auf den Kristall fällt (Fig. 143) und dieser mithin aus seiner Gesamttiefe reflektiert.

Die Transmissionsmethode bzw. die Fenstermethode ist nicht so abhängig von der Güte der Oberflächenbeschaffenheit des Kristalls wie die Lochkamerамethode. Wenn man den Kristall unmittelbar auf den Spalt der Blende B_2 legt, kann die Blende B_1 ganz fortfallen, und man kommt mit ganz kleinen Kristallen aus. Der große Nachteil der Methode liegt darin, daß sie quantitativ ganz anders reflektiert wie die andern Methoden. Sehr harte Strahlen werden bei bestimmter Kristalldicke — in Ermangelung der notwendigen Schichtdicke — zu schwach reflektiert, während weiche Strahlungen etwa oberhalb 0,5 Å.-E. vollständig absorbiert werden. In neuerer Zeit wird die Methode daher nur noch wenig benutzt.

§ 2. Spektroskopische Apparaturen.

Bei der Konstruktion röntgenspektrographischer Apparaturen und ihrer Dimensionierung muß man sich zunächst die Frage vorlegen, was die gebräuchlichen Kristalle (s. S. 163) bei der Reflexion in der 1., 2. und 3. Ordnung zu leisten vermögen. Reflexionswinkel ϑ oberhalb 45° kommen praktisch nicht in Frage, weil darüber die Reflexionen zu lichtschwach und die Linien zu unscharf werden. Praktisch bleibt man nach Möglichkeit unter 30°. In der nachfolgenden Tabelle 9 sind nun vier der am häufigsten benutzten Kristalle mit ihren Netzebenenabständen d angegeben. Dazu wurden nach der BRAGGschen Beziehung $n\,\lambda = 2\,d \sin \vartheta$ die Wellenlängen in Å.-E. berechnet, welche in den ersten drei Ordnungen bei $\vartheta = 5°$ und $\vartheta = 45°$ reflektiert werden (abgerundete Zahlen).

Tabelle 9.

Kristall	Fläche	d in Å.-E.	1. Ordnung 5°	1. Ordnung 45°	2. Ordnung 5°	2. Ordnung 45°	3. Ordnung 5°	3. Ordnung 45°
Steinsalz	Spaltfläche	2,81400	0,39	3,98	0,19	2,0	0,13	1,3
Kalkspat	„	3,02904	0,42	4,28	0,21	2,1	0,14	1,4
Gips	„	7,5776	1,3	10,7	0,66	5,4	0,44	3,6
Zucker	100	10,572	1,8	15,0	0,92	7,5	0,61	5,0
Palmitinsäure		35,49	7,0	56,5	3,5	28,3	2,3	18,8

Aus dieser Tabelle folgt, daß man mit den äußeren Begrenzungsflächen der vorstehenden Kristalle das Gebiet von etwa 14 Å.-E. (Na-K-Strahlung) bis etwa 0,5 Å.-E. (Sn-K-Strahlung) in erster Ordnung erfassen kann. Für noch kürzere Wellenlängen muß man mit Steinsalz oder Kalkspat zu höherer Ordnung und sehr kleinen Reflexionswinkeln (bis 1°) übergehen. Um in diesem Fall noch eine genügende Dispersion zu erhalten, muß der

Spektrograph lang gebaut sein (Abstand Spalt–Kristallplatte 0,5 m bis 4 m). Für mittlere und lange Wellen ist der Reflexionswinkel größer, und die Dispersion in 1. Ordnung gestattet es, den Spektrographen entsprechend kürzer zu konstruieren. Im Wellenlängengebiet zwischen 0,5 und 2 Å.-E. ist die Eindringungstiefe in den Kristall noch beträchtlich. Man bringt daher in diesem Gebiet am besten die SEEMANNsche Lochkameramethode in Anwendung. Oberhalb 2 Å.-E. kann man sich der BRAGGschen Methode oder der SEEMANNschen Schneidenmethode bedienen. Da sich oberhalb 2 Å.-E. die Absorption der Röntgenstrahlung durch Luft sehr störend bemerkbar macht, muß der Spektrograph unmittelbar mit der Röntgenröhre verbunden und evakuierbar sein.[1]

Im folgenden soll nun ein Überblick über die wichtigsten Spektrographenkonstruktionen gegeben werden.

a) Das Spektrometer von W. H. und W. L. Bragg.

Das Spektrometer von W. H. und W. L. BRAGG ist in Fig. 144 schematisch dargestellt. Die tangential von der Antikathode Q ausgehende Strahlung tritt durch die enge Spaltblende A und die weitere Blende B und trifft dann auf den Kristall C. Von diesem wird sie reflektiert und gelangt durch die Spaltblende D in die Ionisationskammer. Die Blenden A und D haben von der Drehachse des Kristalltischchens gleiche Entfernung. Die Drehungen des Tischchens und der Ionisationskammer um die gleiche Achse können an einem Teilkreis abgelesen werden. Die gesamte Versuchsanordnung ist in Fig. 145 wiedergegeben. L ist ein Bleischirm zum Schutz gegen direkte Strahlung. A, B und D sind die auch schon bei Erläuterung der Fig. 144 erwähnten Spalte. C ist der Kristall, I die Ionisationskammer, V der Nonius des Kristalltischchens,

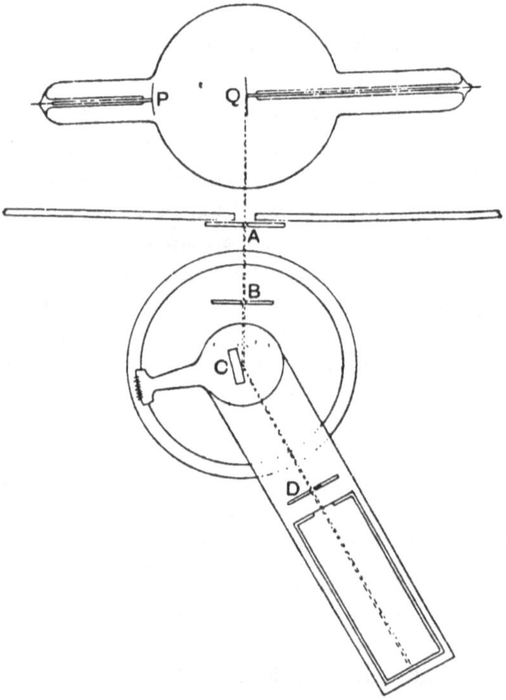

Fig. 144. Ionisationsspektrometer von W. H. und W. L. BRAGG.

[1] In das Gebiet oberhalb 2 Å.-E. fallen ein Teil der K-Reihe, der größte Teil der L-Reihe und sämtliche weiteren Reihen. Der erste Vakuumspektrograph wurde von MOSELEY (Phil. Mag. [6] 27, 703 [1914]) angegeben und für seine systematischen Messungen der Emissionsspektren der Elemente benutzt.

V' der Nonius der Ionisationskammer, K ein Erdungsschlüssel, E das Elektroskop, M das Mikroskop zur Beobachtung des Elektroskopausschlages. Bei der Beobachtung muß der Arm, an dem die Ionisationskammer befestigt ist, immer um den doppelten Winkel gedreht werden, um den der Kristall gedreht wird.

Fig. 145. Versuchsanordnung für Spektrometermessungen von W. H. und W. L. Bragg.

Von Soller[1] ist das Bragg sche Spektrometer durch Einfügung von 2 Kollimatorröhren verändert worden. Der dem Röntgenrohr zugewandte Kollimator besteht aus parallelen Spalten von 1,24 mm Breite und 206 mm Länge. Die aus Bleifolie bestehenden Scheidewände besitzen eine Dicke von 0,08 mm. Die Dimensionen der Spalte im zweiten Kollimator sind 0,62 × 103 mm. Der Vorteil dieses Multipelspalts liegt darin, daß der Querschnitt des in die Ionisationskammer reflektierten Strahlenbündels vervielfacht wird, was eine entsprechende Vervielfachung der Ionisationswirkung zur Folge hat. Hinsichtlich Messungen an guten Einzelkristallen wird jedoch anscheinend nicht mehr erreicht als mit kleinem Brennfleck und Verwendung von 2 Spalten.[2] Dagegen kann man beliebige Stücke eines kristallisierten Materials verwenden; z. B. wurden Messungen mit gewöhnlichem Stahlblech gemacht.

b) Das registrierende Spektrometer von Compton.[3]

Der Kristall C und die Ionisationskammer I sind um die gleiche Achse drehbar angeordnet (Fig. 146). Beide werden durch eine entsprechende Antriebsvorrichtung MQ gedreht, derart, daß die Ionisationskammer doppelt so schnell gedreht wird wie der Kristall. Die Antriebsvorrichtung wirkt gleichzeitig auf eine Trommel P mit photographischem Papier. Die eine Elektrode der Ionisationskammer ist mit dem negativen Pol einer mit dem anderen Pol geerdeten Batterie G verbunden. Die andere Elektrode ist einerseits mit dem einen Quadrantenpaar eines Elektrometers E verbunden, andererseits über einen großen Widerstand R mit der Erde. Die Ausschläge des Elektrometers sind dann immer proportional der Leitfähigkeit der Ionisationskammer. Die Ausschläge werden mit Hilfe des von der Lichtquelle N kommenden und vom Spiegel des

[1] Soller, Phys. Rev. [2] 24, 158 (1924).
[2] Kulenkampff in Phys. Ber. 5, 1779 (1924).
[3] Compton, Phys. Rev. [2] 7, 646 (1916).

Elektrometers reflektierten Lichtstrahls auf dem photographischen Papier registriert. Um die durch Schwankungen in der Totalintensität etwa vorgetäuschten Ausschläge eliminieren zu können, wird die Totalintensität durch eine besondere Ionisationskammer *I'* mit Elektrometer *E'* mit registriert.

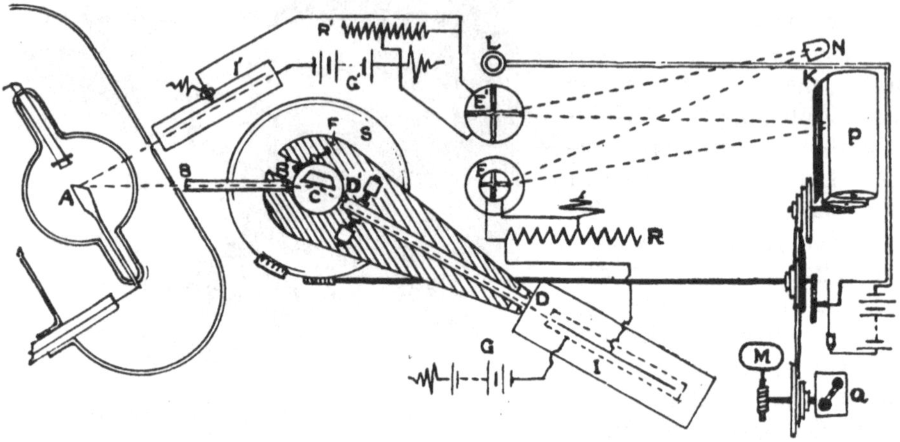

Fig. 146. Selbstregistrierendes Spektrometer von Compton.

Die Ionisationskammer *I* ist an den Enden durch ein Glimmerblättchen und die Glasplatte *g* verschlossen (Fig. 147). Das Drahtnetz *f*

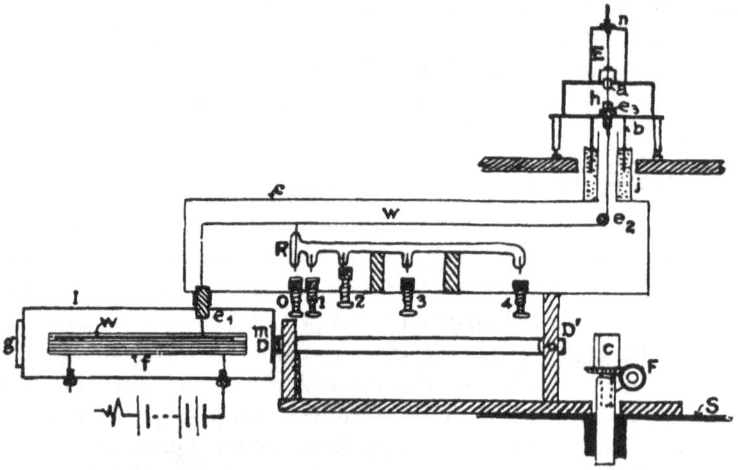

Fig. 147. Senkrechter Schnitt durch die Ionisationskammer- und Elektrometeranordnung des Spektrometers von Compton.

wird so hoch aufgeladen, daß ein Sättigungsstrom über *w* zum Elektrometer *E* fließt. *R* ist ein Alkohol und Xylol enthaltendes Glasrohr. e_1, e_2 und e_3 sind Ebonitstöpsel. Der Draht *w* kann durch Hochschrauben der Quecksilberkuppe *O* direkt geerdet werden; die anderen Quecksilberkuppen *1*, *2*, *3* und *4* dienen zur Erdung über den Widerstand. Ein schwerer Kupferkasten *c* und das Messingrohr *b* bilden den elektrischen Schutz. Das Elektrometer sitzt bei *j* auf der Achse des Spektrometers und ist durch einen Ölverschluß gegen die Kammer *c* abgedichtet. Die Elektrometerquadranten haben 1,3 cm Durchmesser; das eine Paar ist mit dem Gehäuse verbunden und geerdet; das andere ist durch einen in der Bernsteinisolation *a* sitzenden Messingstab mit dem Quecksilbernapf *h* verbunden. Die Nadel hängt an einem platinierten Quarzfaden.

Bezüglich Ionisationsspektrometer vgl. ferner:

Duane und Blake, Phys. Rev. **10**, 98, 697 (1917).
Webster, Phys. Rev. **11**, 1 (1918).
Duane und Clark, Phys. Rev. **23**, 761 (1924).
Duane, Phys. Rev. **23**, 551 (1925).
Duane, Proc. of the Nat. Akad. of Sc. **11**, 175 (1925).
Duane, Proc. of the Nat. Akad. of Sc. **11**, 489 (1925).

c) Die Siegbahnschen Spektrographen.[1]

Spektrograph für kurze Wellenlängen (bis 0,5 Å.-E.).[2]

Das Prinzip der Konstruktion geht aus Fig. 148a hervor. Die durch die starke Bleiblende *B* ausgeblendete Strahlung trifft auf den unmittelbar vor dem aus Gold gefertigten Spalt S_1 angebrachten Kristall *K*. Der

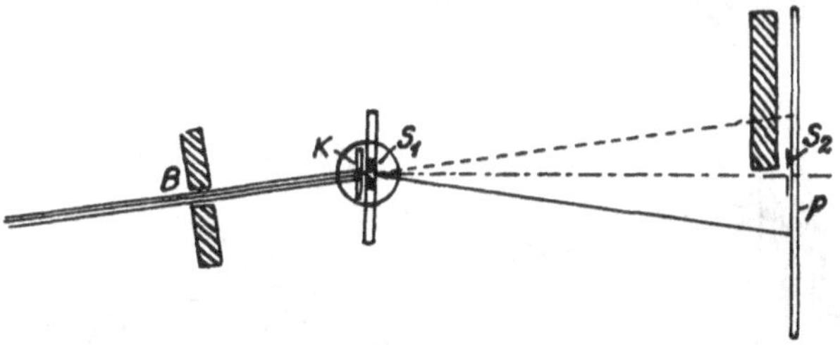

Fig. 148a.
Prinzip des Spektrographen für kurze Wellenlängen (bis 0,5 Å.-E.) von Siegbahn.

Kristall besteht aus Kalkspat (2—4 mm dick, je nach dem Durchdringungsvermögen der zu untersuchenden Strahlung). Die photographische Platte *P* ist in einem Abstand von 50 cm parallel zur Spaltebene und senkrecht zu der reflektierenden Ebene angebracht. Platte, Spalt und Kristall sind starr miteinander verbunden, können jedoch zusammen unabhängig von der Blende *B* um eine durch den Spalt S_1 gehende Achse gedreht werden. Die Spektrallinie wird nun zunächst in der gezeichneten Lage photographiert, wobei die Platte vor der Einwirkung des (gestrichelt gezeichneten) Primärstrahles durch einen verschiebbaren Bleiklotz geschützt

[1] Die Benutzung der Siegbahnschen Spektrographen ist neuerdings auch der Allgemeinheit zugänglich geworden durch die Übertragung der fabrikatorischen Herstellung der Spektrographen an Herrn Dr. C. Leiss, Berlin-Friedenau, Stubenrauchplatz 1.

[2] Siegbahn, Jahrbuch der Radioaktivität und Elektronik **18**, 269 (1921).

wird. Darauf wird der Spektrograph so weit um seine Achse gedreht, bis die symmetrisch gelegene Reflexion stattfindet, wobei der Bleiklotz nach der entgegengesetzten Seite verschoben wird. Zur Markierung der Plattenmitte ist außerdem vor der Platte noch der justierte Spalt S_2 angebracht,

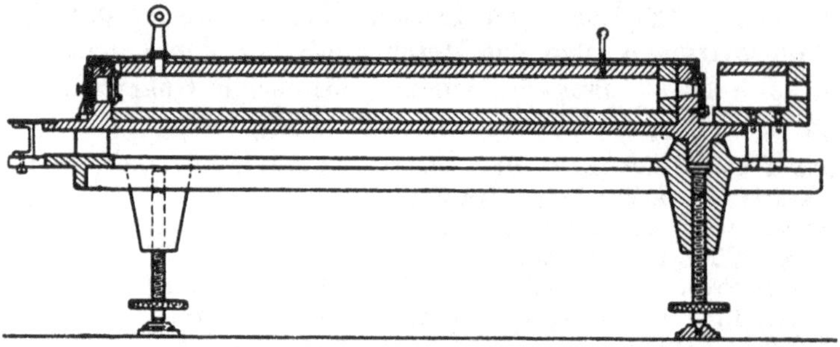

Fig. 148b. Spektrograph für kurze Wellenlängen (Vertikalschnitt).

der einen Moment mit direktem Röntgenlicht belichtet wird. — Die konstruktive Ausgestaltung des Spektrographen geht aus den Abbildungen Fig. 148b und 148c hervor. Zum Schutz gegen durchdringende Strahlung ist der trapezförmige Kasten, dessen schmalste Seite durch Spalt und

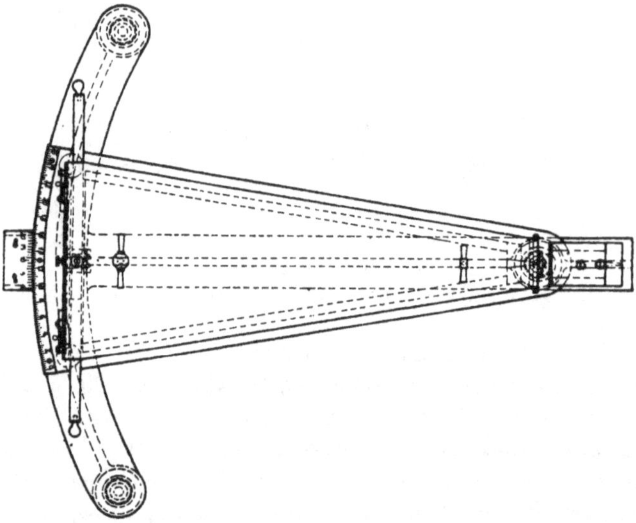

Fig. 148c. Spektrograph für kurze Wellenlängen (Horizontalschnitt).

Kristall verschlossen ist und vor dessen entgegengesetzter Wandung sich die Platte befindet, mit 1 cm dickem Blei ausgekleidet. Zur Messung der Drehung des Spektrographen ist ein entsprechender Teilkreis angebracht (Fig. 148c). Der Reflexionswinkel berechnet sich aus dem Abstand der beiden photographierten Linien auf der Platte und dem einmal bestimmten Abstand Spalt–Platte.

Spektrograph für mittlere Wellenlängen (0,5 bis 2 Å.-E.).[1]

Die vorstehend beschriebene Methode ist nur so lange brauchbar, wie der auf der photographischen Platte zu vermessende Abstand klein ist. Wird für größere Wellenlängen der Winkel und damit der Linienabstand zu groß (Linienabstand größer als etwa 6 cm), so kann das Resultat durch Unebenheiten der Platte sehr an Genauigkeit einbüßen. SIEGBAHN hat daher für Wellenlängen oberhalb 0,5 Å.-E. die Methode so abgeändert, daß die auf der Platte auszumessenden Abstände klein werden. Dies läßt sich nur so bewerkstelligen, daß Kristall und Platte unabhängig voneinander um dieselbe Achse drehbar angeordnet werden. Das Prinzip der Aufnahmemethodik ersieht man am besten aus Fig. 149a. Das durch zwei breite Spalte ausgeblendete Röntgenstrahlbündel wird vom Kristall zunächst in den in Stellung *1* befindlichen pyramidenförmigen Kasten reflektiert. Dieser ist etwa 25 cm lang und trägt an der dem Strahl zugewandten Seite einen Spalt (vgl. Lochkameramethode von SEEMANN, S. 158), an der entgegengesetzten Seite die photographische Platte. Der Kristall ist mit einer Kreisteilung starr verbunden, der Kasten dagegen mit der Grundplatte der Kreisteilung. Dadurch ist die Einstellung des Kristalles gegen die Richtung Spalt–Plattenmitte genau bestimmbar. Kristall und Platte lassen sich dann noch gemeinsam um dieselbe Achse drehen. Nachdem nun die zu vermessende Linie in der Stellung *1* photographiert wurde, wird der Spektrograph mit Bezug auf die beiden feststehenden breiten Spalte in die Lage *2* gedreht und darauf der Kristall allein um die gleiche Achse, so daß wieder Reflexion stattfindet.[2] Wenn diese letztere Drehung mit Bezug auf die Richtung Spalt–Plattenmitte genau 2ϑ betragen würde, so würden sich die in beiden Stellungen erhaltenen Linien überdecken. Man wählt daher den Winkel etwas größer oder kleiner, so daß die beiden Linien dicht

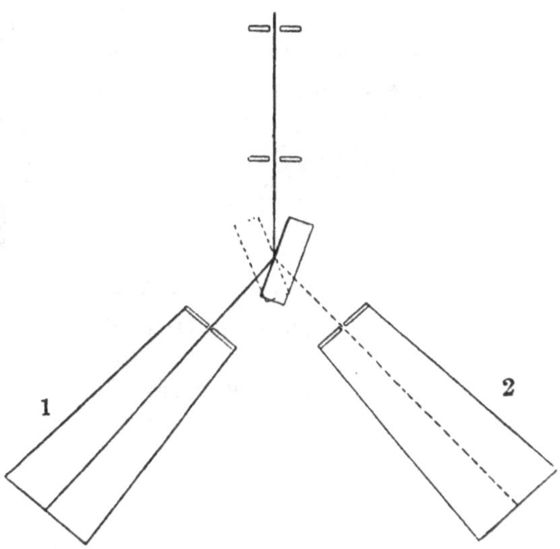

Fig. 149a. Prinzip des Spektrographen für mittlere Wellenlängen (0,5 bis 2 Å.-E.) von SIEGBAHN.

[1] SIEGBAHN, Jahrb. d. Radioakt. und Elektronik 18, 267 (1921).

[2] Diese Methode der Nullpunktsbestimmung geht im Prinzip auf CORNU zurück: Ann. éc. norm. [2] 3, 421 (1874); 9, 21 (1880); Journ. de Phys. [2] 5, 341 (1886); vgl. KAYSERS Hdbch. der Spektroskopie Bd. I (1900) S. 738.

nebeneinander auf der photographischen Platte erscheinen. Der kleine Winkelabstand kann aus dem Abstand der Linien und dem Abstand

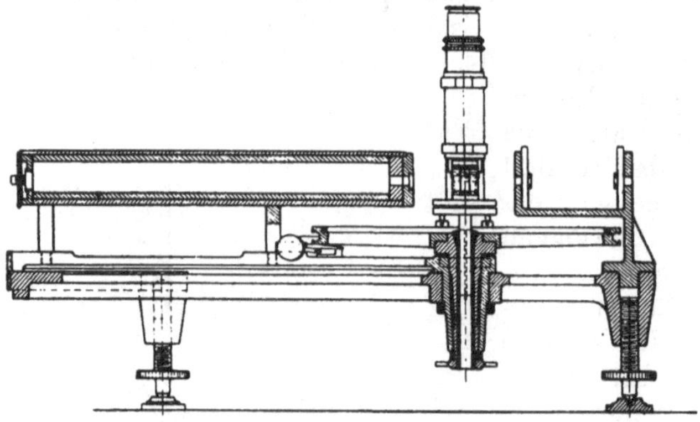

Fig. 149b. Spektrograph für mittlere Wellenlängen (Vertikalschnitt).

Drehachse–Platte berechnet werden und muß von dem an der Kreisteilung abgelesenen Winkel subtrahiert bzw. zu demselben addiert werden. Die

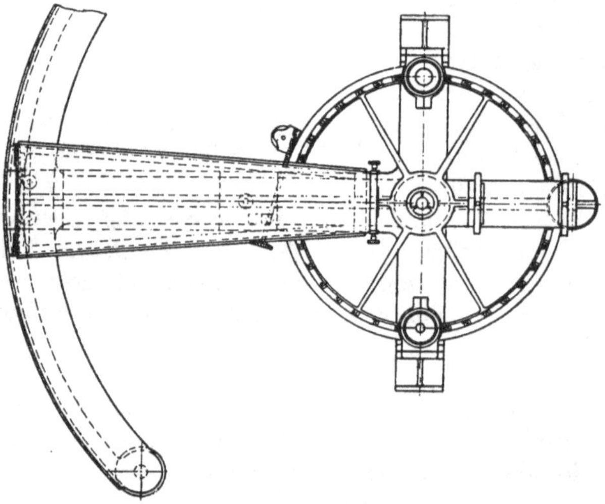

Fig. 149c. Spektrograph für mittlere Wellenlängen (Horizontalschnitt).

Fig. 149b und 149c zeigen die konstruktiven Einzelheiten des Spektrographen.

Spektrograph für Wellenlängen oberhalb 2 Å.-E.[1] (Vakuumspektrograph).

Die SIEGBAHNschen Vakuumspektrographen sind nach dem Prinzip der BRAGGschen Methode gebaut. Es befinden sich also Spalt und Platte

[1] SIEGBAHN, Jahrb. Radioakt. und Elektronik 18, 261 (1921).

in gleichem Abstand von der Drehachse des Kristalles. Das Prinzip der Aufnahmemethodik ist aus Fig. 150a ersichtlich. Für die Aufnahmen wird ebenso wie bei dem SIEGBAHNschen Spektrographen für mittlere Wellenlängen die CORNUsche Umlegemethode benutzt, derart, daß die Strahlung einmal durch den Kristall in Stellung *1* auf die Platte in Stellung *AA'* reflektiert wird und das andere Mal durch den Kristall in Stellung *2* auf die Platte in Stellung *BB'*. Während jedoch im Fall des Spektrographen für mittlere Wellenlängen der Reflexionswinkel durch Messung des Drehungswinkels des Kristalles mit Bezug auf die Linie Spalt–Plattenmitte bestimmt wurde, wird im Fall des Vakuumspektrographen der Reflexionswinkel aus der Drehung des Plattenhalters bestimmt. Wird bei feststehender Platte *AA'* der Kristall in der Stellung *1* während der Aufnahme um geringe Beträge um die Drehachse geschwenkt, so bildet sich auf der Platte ein entsprechendes Spektralgebiet ab. Dreht man

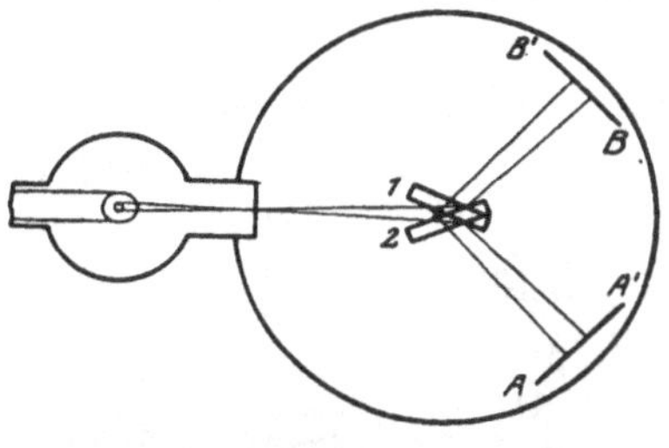

Fig. 150a. Prinzip des Vakuumspektrographen (Wellenlängen oberhalb 2 Å.-E.) von SIEGBAHN.

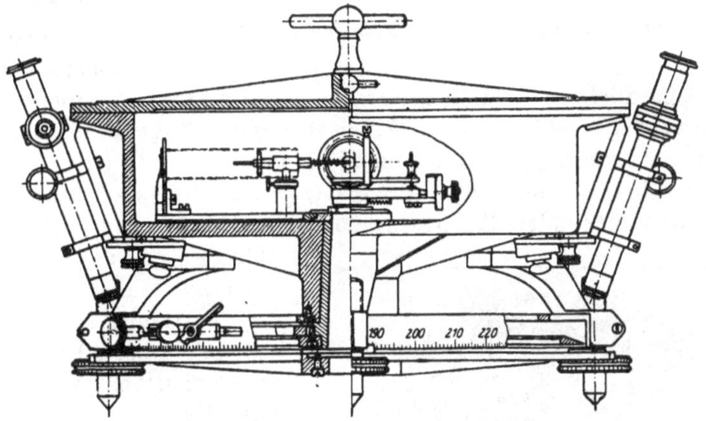

Fig. 150b. Vakuumspektrograph (Vertikalschnitt).

nun den Kristall in Stellung *2*, die Platte in Stellung *BB'*, so erhält man eine spiegelbildlich gelegene Abbildung desselben Spektralgebietes. Eine zu bestimmende Spektrallinie erscheint also 2 mal auf der Platte. Würde man den Plattenhalter genau um den vierfachen Betrag des durch die BRAGGsche Beziehung gegebenen Reflexionswinkels (also um 4ϑ) drehen, so würden die Linien zusammenfallen. SIEGBAHN wählt daher den Drehungswinkel etwas größer oder kleiner, so daß der Abstand der beiden identischen Linien auf der Platte gut vermeßbar wird (1—3 mm). Der diesem Abstand entsprechende Winkel berechnet sich leicht mit Hilfe des Abstandes der Platte von der Drehungsachse. Er muß zu dem vermessenen Winkel addiert bzw. von demselben subtrahiert werden. — Die konstruktive Ausführung des Vakuumspektrographen geht aus den Fig. 150b—d hervor. Kristallhalter und Plattenhalter sind durch zwei ineinander und zusammen in den Boden des Vakuumgefäßes eingeschliffene konische Schliffe von außen her drehbar angebracht. Der innere Conus trägt an dem oberen, im Vakuumgefäß befindlichen Ende einen verstellbaren Tisch T (vgl. hierzu auch Fig. 150a), der es gestattet, den auf ihm angebrachten Kristall K so einzustellen, daß die reflektierende Ebene mit der Drehachse zusammenfällt. Zu diesem Zweck ist der Tisch vermöge einer Mikrometerschraube in horizontaler Richtung senkrecht zur Kristallfläche verschiebbar und kann außerdem um eine horizontale, parallel zur Kristallfläche gelegene Achse vermöge einer vertikalen Justierschraube gedreht werden. An dem unteren äußeren Ende trägt der innere Conus ein vierarmiges Kreuz mit je einem Nonius an jedem Arm. Mit Hilfe dieser Nonien und eines einfachen, gleichzeitig als Schutz für den Präzisionskreis dienenden Teilkreises kann man die Drehung des Kristalles ablesen. Der äußere Conus trägt an seinem oberen Ende den Plattenhalter und ist an seinem unteren Ende fest mit dem Präzisionskreis verbunden. Die Drehung des letzteren (mithin also die Drehung des Plattenhalters) kann mit Hilfe von zwei mit Okularskalen versehenen Mikroskopen abgelesen werden. — Für die Benutzung des Spektrographen kommt es darauf an, daß die reflektierende Kristallfläche absolut genau mit der Drehungsachse zusammenfällt. Zunächst wird die Kristallfläche mit Hilfe von Skala und Fernrohr und einer gegen die Kristallfläche gedrückten planparallelen Glasplatte parallel zur Drehachse eingestellt

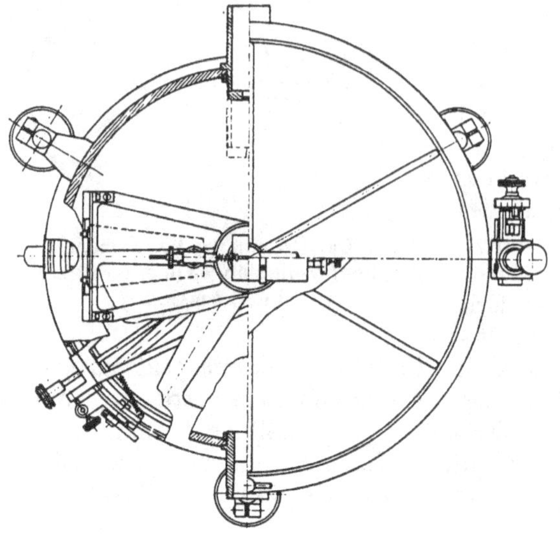

Fig. 150c. Vakuumspektrograph (Horizontalschnitt).

Fig. 150d. Vakuumspektrograph von SIEGBAHN.

durch Drehung des Kristalltischchens um die Horizontalachse. Dann wird der Kristalltisch durch die Mikrometerschraube so weit verschoben, bis die spiegelnde Kristallfläche mit der Drehachse zusammenfällt. Hierfür ist eine Hilfseinrichtung erforderlich, deren Anbringung aus Fig. 150b hervorgeht.

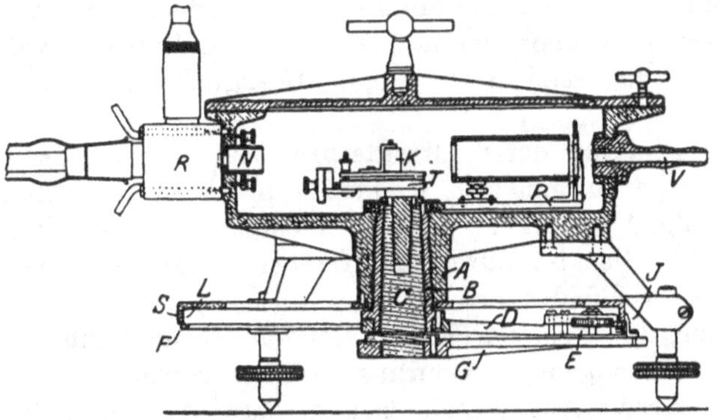

Fig. 151a. Vakuumspektrograph für relative Wellenlängenmessungen (Vertikalschnitt) von SIEGBAHN.

Auf dem Plattenhalter ist eine mikrometrisch verstellbare Elfenbeinspitze angebracht. Diese Spitze wird unter Drehung des Plattenhalters mit Hilfe

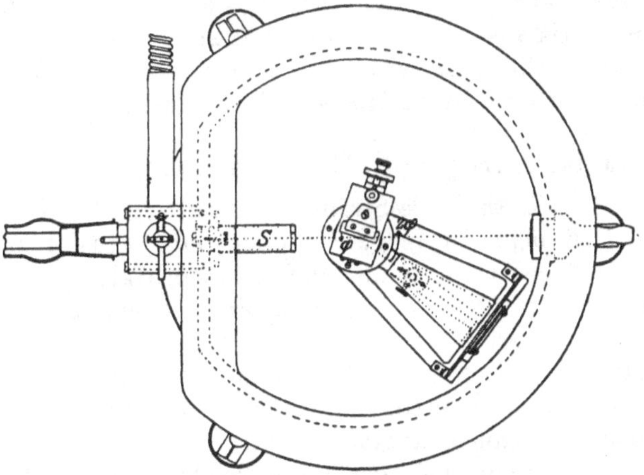

Fig. 151b. Vakuumspektrograph für relative Wellenlängenmessungen (Horizontalschnitt).

eines Mikroskopes genau auf die Drehachse eingestellt. Darauf schiebt man den Kristall mit Hilfe der Mikrometerschraube des Kristalltischchens allmählich so weit gegen die Elfenbeinspitze vor, bis der Kristall mit der Spitze gerade in Berührung kommt. Diese Stelle läßt sich bekanntlich sehr genau finden, da sich dann die Spitze mit ihrem Spiegelbild gerade berührt. — Wie Fig. 150c zeigt, ist die Röntgenröhre (Typ gasfreie SIEGBAHNsche Metallröntgenröhre, vgl. S. 46) direkt an dem Spektrographengefäß befestigt. Die Strahlen treten von der Röhre durch das beschriebene (S. 47 u. 53), mit Goldschlägerhaut bedeckte Spaltfenster mit einer Spaltweite von 0,02—0,03 mm in das Vakuumgefäß, in dem sich die Spektrographenanordnung befindet. Als Abschluß dient (ähnlich wie bei einem Exsikkator) ein mit Fett abzudichtender Deckel. Die Röntgenröhre wird mit der Hochvakuumpumpe verbunden, das Spektrographengefäß mit dem Vorvakuum (Ölpumpe).[1] Der Radius des Vakuumgefäßes beträgt etwa 14 cm, seine Tiefe 7 cm. Bezüglich der Fenstermaterialien vgl. S. 52.

Eine Verkleinerung der Spaltweite bzw. Vergrößerung der Dimensionen über die angegebenen Dimensionen hinaus brachten nach SIEGBAHN keine Vergrößerung der Dispersion (0,4 X-E. erscheinen in erster Ordnung gerade noch getrennt). Dies ist durch die Größenordnung der im allgemeinen vorhandenen Kristallfehler bedingt.

Auf Grund der Arbeiten SIEGBAHNS und seiner Schüler besitzen wir heute eine ziemlich genaue Kenntnis sämtlicher Röntgen-Emissions- und Absorptionsspektren. Aus diesem Grunde kann man sich, wie SIEGBAHN gezeigt hat (ebenso wie in der optischen Spektroskopie) in den meisten Fällen mit einer relativen Wellenlängenmessung begnügen. Der Vakuumspektrograph wird dann in seiner Konstruktion bedeutend einfacher, da man auf den sehr kostspieligen Präzisionsteilkreis verzichten kann. Die konstruktiven Einzelheiten eines solchen Spektrographen für relative Wellenlängenmessungen gehen aus den Fig. 151 a und 151 b hervor. Die Drehungen des Kristalls und des Plattenhalters können an demselben einfachen Teilkreis abgelesen werden. Dimensionen und Dispersion entsprechen dem vorstehend beschriebenen Präzisionsspektrographen.

Universalspektrograph (Hochvakuumspektrograph).[2]

Oberhalb 18 Å.-E. wird die Strahlung durch jegliches Fenstermaterial absorbiert, so daß man für längere Wellen ohne Fenster arbeiten muß. Würde man nun für die Erzeugung der Röntgenstrahlen eine Ionenröhre oder eine Elektronenröhre mit Wolframspirale benutzen, so würde die Lumineszenz des Gases bzw. das Licht des weißglühenden Wolframdrahtes die Platte verderben. Man kann dann nur mit einer Elektronenröhre mit einer Glühkathode arbeiten, welche schon bei Dunkelrotglut genügend Elektronen abgibt.[3]

Bei der Konstruktion eines geeigneten Spektrographen, bei dem nicht nur die Röntgenröhre, sondern auch die Kamera unter Hochvakuum steht ist SIEGBAHN von der großen Vakuumtrommel abgegangen. Das hat, einmal den Vorteil, daß sich der Spektrograph leichter und schneller evakuieren läßt[4], dann aber lassen sich auch die Entfernungen

[1] Bezüglich der Pumpen vgl. den Abschnitt II 4, „Hochvakuumtechnik“ S. 84.

[2] SIEGBAHN und THORÄUS, Journal of the Optical and Scientific Inst. of America, 13, 235 (1926).

[3] Bzgl. der Herstellung derartiger Kathoden siehe II 1 b, S. 41.

[4] Das wäre jedoch in Anbetracht der wirksamen modernen Quecksilberdampfpumpen nicht ausschlaggebend.

Spalt-Kristall-phot. Platte beliebig vergrößern, so daß man außer der Braggschen Methode auch die für kurze und kürzeste Wellenlängen besonders geeigneten Seemannschen Methoden anwenden kann. Mit dem neuen

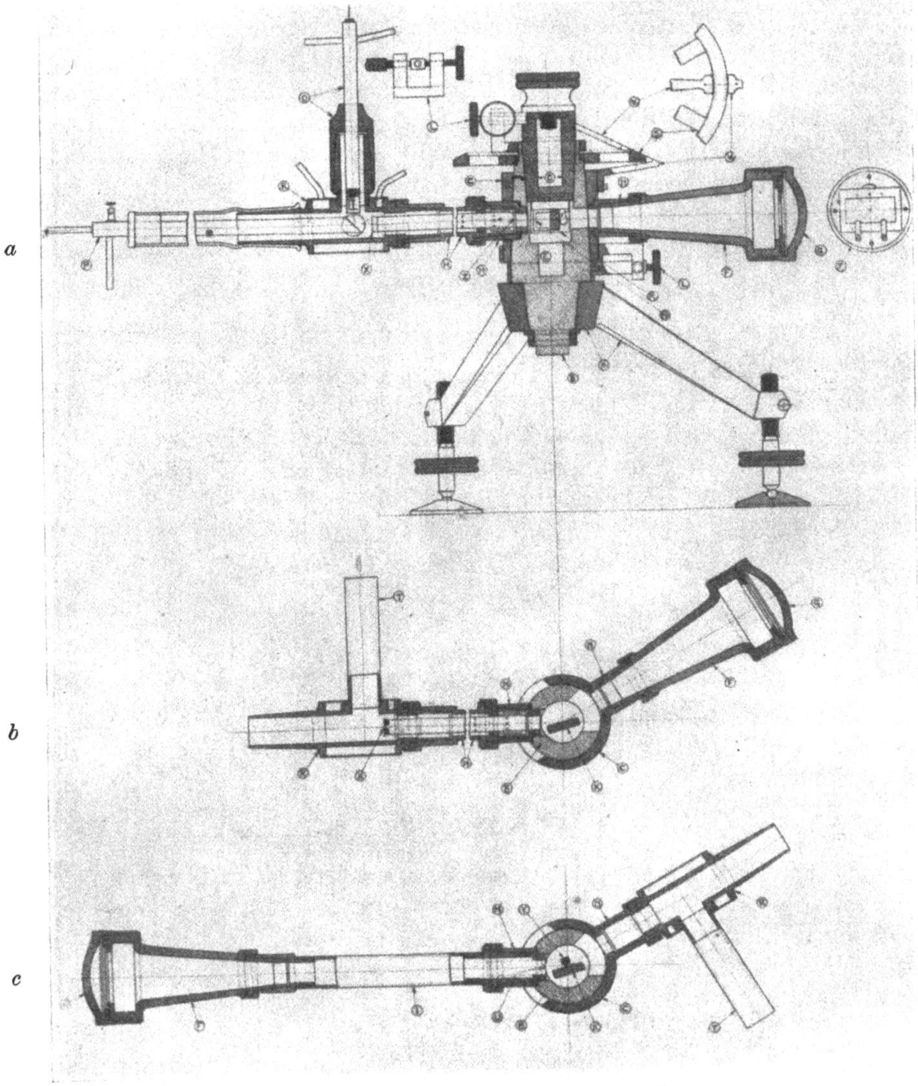

Fig. 152. Universalspektrograph (Hochvakuumspektrograph) von Siegbahn.

Spektrographen hat Siegbahn also eine Art Universalspektrograph geschaffen, mit dem man fast alle Röntgenwellenlängen — bis zu den längsten — erfassen kann. Einzelheiten der Konstruktion ersieht man aus Fig. 152. Der Spektrograph ähnelt in gewisser Weise dem Schumannschen Ultraviolett-Spektrographen. Der zentrale Teil besteht aus einem hohlen Stahlconus, in den von oben her der Kristall eingesetzt werden kann. Der Conus trägt auf der einen Seite einen fest eingesetzten Schlifftubus und ist auf der anderen Seite mit einer etwa 70° umfassenden Öffnung versehen. Auf den inneren Conus paßt nun ein ebenfalls mit Schlifftubus und Ausschnitt versehener zweiter Tubus. Seine Einstellung mit Bezug auf den inneren Tubus kann an der Kreisteilung abgelesen werden. Will man nun die BRAGGsche Methode in Anwendung bringen, so setzt man an den Tubus des inneren Conus das Röntgenrohr mit Spalt, an den Tubus des äußeren Conus die Kamera (Fig. 152 a und b). Will man dagegen die Schneiden- oder Lochkameramethode benutzen, so setzt man das Röntgenrohr an den Tubus des äußeren Conus, die verlängerte Kamera an den Tubus des inneren Conus (Fig. 152c). Der Spektrograph ist selbstverständlich nur für relative Wellenlängenmessungen geeignet.

d) Die Seemannschen Spektrographen.[1]

Die bereits auf S. 143 und 144 beschriebenen SEEMANNschen Methoden haben eine weitgehende apparative Durchbildung erfahren.[2] Ihr Hauptvorteil liegt darin, daß sie keinen Teilkreis benötigen. Wie aus Fig. 153 zu ersehen ist, genügt es bei der Schneidenmethode — und das Entsprechende gilt für Lochkamara- und Fenstermethode —, den senkrechten Abstand Spalt–Platte (OS) und den Abstand der Interferenzlinie R_0 vom Punkte 0 zu kennen, um den Winkel ϑ zu berechnen:

$$\operatorname{tg} \vartheta = \frac{O R_0}{O S}.$$

Bei der praktischen Ausführung der Methoden sind Spalt, Kristall und Platte starr miteinander verbunden. Will man einen bestimmten Wellenlängenbereich aufnehmen, so berechnet man nach der BRAGGschen Beziehung den zugehörigen Winkelbereich und schwenkt den ganzen Spektrographen um den Spalt als Drehachse während der Aufnahme dauernd um diesen Winkelbereich mit Bezug auf den primären Röntgenstrahl R. Befindet sich eine ausgedehnte (nicht punktförmige) Röntgenlichtquelle unmittelbar am Spektrographen, so erübrigt sich das Schwenken.

Schwierigkeiten bereitet bei den SEEMANNschen Methoden die Festlegung der Nullinie SO auf der photographischen Platte. Ihre Kenntnis ist jedoch nur für absolute Wellenlängenmessungen erforderlich. Für relative Messungen kann man den Spektrographen leicht eichen mit Hilfe bekannter Wellenlängen.

Zur Festlegung der Nullinie kann man sich bei der Schneidenmethode folgender Verfahren bedienen:

Bei dem von VOGEL[3] konstruierten Spektrographen sind die Schneide und der Kristall an einem besonderen Halter angebracht, der in der aus

---

[1] Die Seemannspektrographen werden von dem Seemannlaboratorium in Freiburg (Br.) fabrikatorisch hergestellt.

[2] SEEMANN, Phys. Ztschr. 22, 580 (1921); Z. f. techn. Phys. 3, 58 (1922); Elektrotechn. Ztschr. 1922, Heft 7; vgl. ferner die Prospekte des Seemannlaboratoriums.

[3] W. VOGEL, Z. f. Physik 4, 257 (1921) und Dissertation Bonn 1921.

Fig. 154 ersichtlichen Weise um 180° gedreht werden kann. Die Drehung wird mit Fernrohr und Spiegel abgelesen. Man erhält auf diese Weise zwei spiegelbildlich zueinander gelegene Spektrallinien R_0 und R_0', deren Nullpunkte O und O' einen kleinen Abstand voneinander haben. Dieser Abstand ergibt sich aus der Exzentrizität der Schneidenkante bei der Drehung aus Stellung S in Stellung S'. Die Exzentrizität muß daher mit möglichster Genauigkeit gemessen werden.

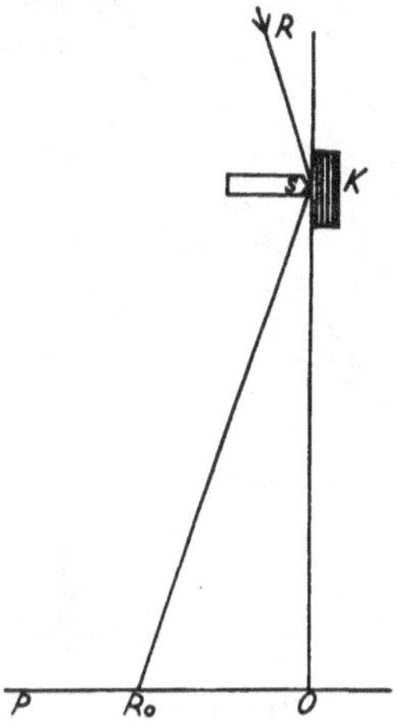

Fig. 153. Schneidenmethode.

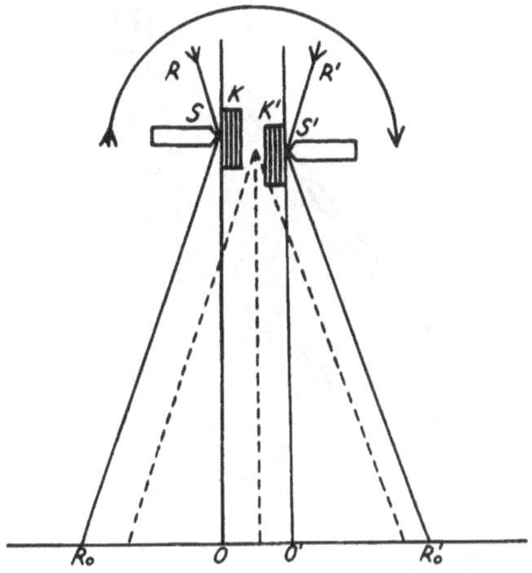

Fig. 154. Schneidenmethode (Nullpunktsbestimmung nach W. Vogel).

Bei dem von Weber[1] angegebenen und von Seemann[2] weiter durchgearbeiteten Verfahren bleibt die Schneide fast stehen, während der Kristall allein um eine zur photographischen Platte parallele, zur Schneidenkante senkrecht verlaufende Achse um 180° gedreht wird (vgl. Fig. 155). Die in beiden Stellungen reflektierten Spektrallinien R_1 und R_2 liegen auf der photographischen Platte um so näher beieinander, je genauer die reflektierende Kristallfläche senkrecht zur Drehachse orientiert ist. Bei den Seemannschen Spektrographen ist der Kristall an einem Halter F aus 60%ig. Bleiglas festgekittet. Dieser Halter wird mit den Schliffflächen m und n gegen die vertikale, plangeschliffene Fläche MB aus Bleiglas gedrückt. Die 180°-Drehung erfolgt durch Drehung des ganzen Halters F, wodurch m und n vertauscht werden. Um zu erreichen, daß die Schneide S genau in der Mitte von mn liegt, ist der Anschlag B angebracht. Zur Fixierung des Nullpunktes auf der photographischen Platte läßt man nun einen direkten Röntgenstrahl zwischen den Blei–Wismuteinsätzen von m,

[1] A. P. Weber, Z. f. Physik 4, 360 (1921) und Dissertation Bonn 1921; vgl. auch Lang, Ann. Phys. 75, 489 (1924) (Röntgennormalen); Weber, Z. f. wiss. Photographie 23, 149 (1925) (Röntgennormalen); Weber, Z. f. Physik 33, 767 (1925). (Beweis der Nichtexistenz der Clark-Duaneschen Sekundärspektren.)

[2] Seemann, Phys. Ztschr. 27, 10 (1926); D. R. P. 445801.

S, n hindurchgehen. Man erhält dadurch auf der Platte eine verwaschene Schwärzung mit scharfem Kernschatten. Die Mitte dieses Kernschattens ist die Nullinie O. Liegen nun die Linien R_1 und R_2 sehr nahe beieinander, so ist der wahre Abstand der Spektrallinie vom Nullpunkt gegeben

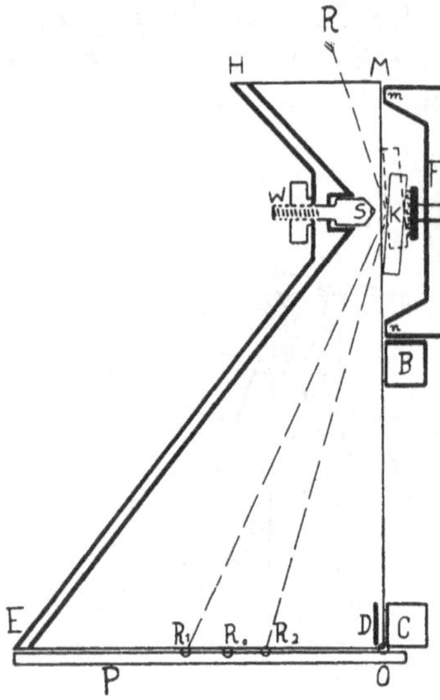

Fig. 155. Schneidenmethode (Nullpunktsbestimmung nach A. P. Weber und H. Seemann).

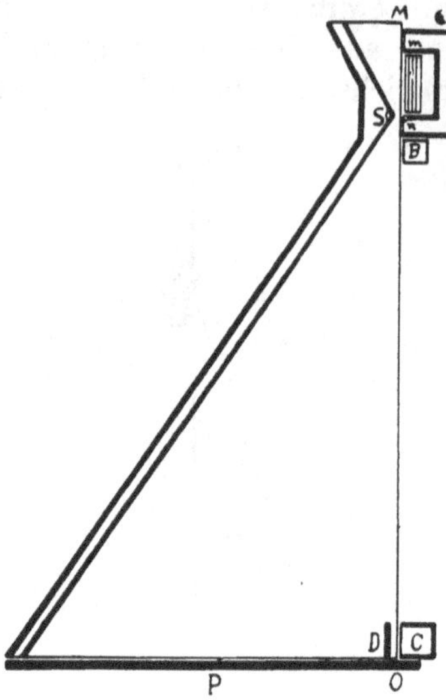

Fig. 156. Lochkamerامethode.

durch: $R_0 O = \frac{1}{2}(R_1 O + R_2 O)$. — Die Ausführung dieser Nullpunktsbestimmung beansprucht viel Zeit, da die Expositionsdauer sehr lang ist und ferner zur Feststellung der Mitte des Kernschattens eine Photometrierung vorgenommen werden muß. Diese Schwierigkeiten lassen sich nach Seemann umgehen, indem man die ganze Fläche MO als Planschliff ausbildet und zur Fixierung des Nullpunktes auf der Platte den Bleiglasklotz C gegen den Schliff drückt. Die Blende D bringt man in der gleichen Entfernung von C an, in der sich die Schneide S von MO befindet. Um nun den Nullpunkt auf der Platte zu fixieren, entfernt man die Schneide S etwas weiter von der Fläche MO und exponiert den Spalt CD mit direktem Röntgenlicht. — Endlich kann man noch, um den teueren langen Planschliff zu sparen, das erste Verfahren mit dem zweiten kombinieren, indem man die Abweichung des Spalts CD aus der Ebene MO mit Hilfe der Kernschattenmethode feststellt und als Kamerakonstante festlegt.

Fig. 157. Fenstermethode.

Die gleiche Umlegemethode zur Nullpunktsfixierung läßt sich nach Seemann in entsprechender Weise für die Lochkamera- und für die Fenstermethode anwenden (vgl. Fig. 156 und 157).

Die Schwierigkeiten bei der Festlegung des Nullpunkts können umgangen werden, wenn man sich eines Teilkreises bedient. Man kann sich dann — wie bereits auf S. 151 gezeigt — der CORNUschen Methode zur Nullpunktsbestimmung bedienen.

Die nachfolgenden Figuren 158—160 geben ein Bild von der apparativen Durchbildung des Seemannspektrographen.

Fig. 158 zeigt einen Seemann-Vakuumspektrographen mit Teilkreis. Als Röntgenbildquelle dient eine hochvakuumdicht angeschlossene Philipsröhre (vgl. S. 50). Die Evakuierung erfolgt mit Hilfe eines Gaede-Aggregates. Der Spektrograph läßt sich sowohl für Bragg-aufnahmen als auch für Seemannaufnahmen herrichten. Neben dem Vakuumtopf ist aufrechtstehend eine Seemannkamera abgebildet. Wie aus der Figur zu ersehen ist, kann die photographische Platte in drei verschiedenen Entfernungen vom Kristall angebracht werden. Mit Hilfe des unterhalb des Tisches sichtbaren Uhrwerkes *R* kann der Kristall bzw. die Kamera im Innern des Vakuumtopfes während der Aufnahme um einen bestimmten Winkelbereich geschwenkt werden.

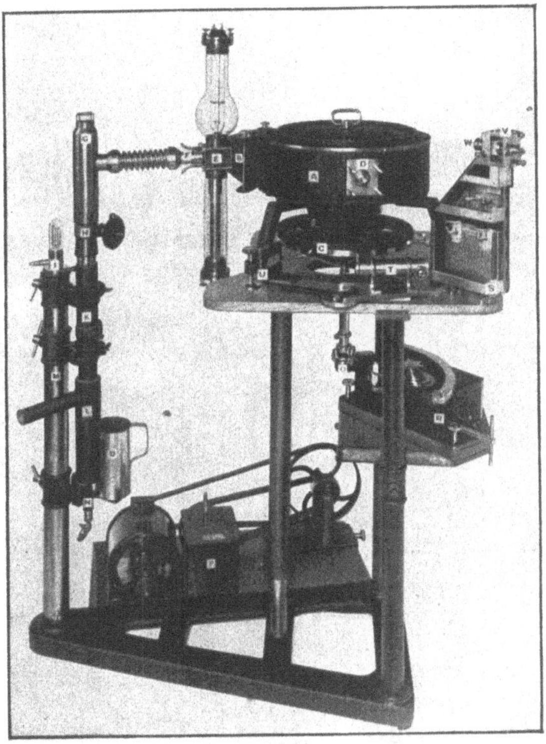

Fig. 158. Seemann-Vakuumspektrograph.

Die Figuren 159 u. 160 zeigen einen Spektrographenunterbau, der sich je nach dem beabsichtigten Verwendungszweck für jede Methode herrichten läßt. — In der Fig. 159 ist eine etwa 50 cm lange Kamera für die Seemannmethoden aufmontiert. An der Kamera lassen sich für besondere Zwecke, zur Erzielung sehr großer Dispersion bei Brechungsmessungen, Verlängerungsansätze bis zu 4 m anbringen. Als Röntgenlichtquelle ist in diesem Fall die Seemannionenröhre (vgl. S. 35) angebracht, zu deren Evakuierung die ebenfalls aus der Figur ersichtliche GAEDEsche Diffusionspumpe dient. — Fig. 160 zeigt den gleichen Spektrographenunterbau mit aufmontierter Ionisationsspektrometeranordnung. Diese Anordnung[1] unterscheidet sich von der BRAGGschen dadurch, daß mit einem möglichst parallelen Primärstrahlbündel und feststehender Ionisationskammer gearbeitet wird. Nur der Kristall wird geschwenkt.

[1] D.P.R. 338065.

Fig. 159. Seemannspektrograph für Fenster-, Lochkamera- und Schneidenmethode.

Fig. 160. Seemannspektrograph mit aufmontierter Ionisationsspektrometeranordnung.

Die Ionisationskammer muß daher — um einen größeren Winkelbezirk erfassen zu können — ein entsprechend breites Eintrittsfenster haben.

Weitere in der Literatur beschriebene Spektrographenkonstruktionen bringen nichts prinzipiell Neues, so daß von einer Beschreibung an dieser Stelle abgesehen werden kann.

§ 3. Kristalle.[1]

Die Kristalle, die in der Röntgenspektroskopie am meisten Verwendung finden, sind in Tab. 10 zusammengestellt. In der Tabelle sind die Gitterkonstantenwerte (Netzebenenabstände) d für 18°, die Logarithmen der doppelten Netzebenenabstände, die linearen Ausdehnungskoeffizienten senkrecht zur reflektierenden Fläche und die zugehörigen Literaturnachweise angegeben.

Tabelle 10.

Kristall	Fläche	$d_{18°}$	lg 2 $d_{18°}$	Linearer Ausd.-Koeff.	Literatur
Steinsalz .	Spaltfl.	2,81400 Å.-E.	0,7503541	0,0000404	MOSELEY, Phil. Mag. **26**, 1024 (1913).
Kalkspat .	desgl.	3,02904	0,7823347	0,0000104	SIEGBAHN, Jahrb. Rad. Elektro. **18**, 240 (1921).
Quarz . .	Prismafl.	4,24664	0,9290750	0,0000142	SIEGBAHN, Z. f. Physik **9**, 68 (1922).
Gips . . .	Spaltfl.	7,5776	1,1805620	0,000025	HJALMAR, Z. f. Physik **1**, 43 (1920).
$K_4[Fe(CN)_6]$	100	8,408	1,22572		SIEGBAHN, Ann. Phys. **59**, 56 (1919).
Glimmer .	Spaltfl.	9,9250	1,29776		LARSSON, Z. f. Physik **35**, 401 (1926).
Zucker . .	100	10,572	1,32512		STENSTRÖM, Ann. Phys. **57**, 347 (1918).

Den Gitterkonstantenwerten liegt der MOSELEYsche Wert für Steinsalz zugrunde, wie er von MOSELEY[2] auf Grund der durch W. L. BRAGG[3] erschlossenen Kristallstruktur des NaCl berechnet wurde (vgl. S. 24). Nun ist aber Steinsalz aus verschiedenen Gründen für Präzisionsmessungen ungeeignet: 1. wegen der unvollkommenen Beschaffenheit der Spaltfläche sind die Linien leicht verwaschen, besonders bei der Reflexion in den höheren Ordnungen, 2. ist der Ausdehnungskoeffizient relativ groß. Diese Nachteile sind beim Kalkspat, der fast den gleichen Gitterkonstantenwert besitzt, nicht vorhanden, weshalb man diesen anstelle von Steinsalz als Grundlage für Präzisionsmessungen benutzt. Die Gitterkonstanten vom

[1] Fa. Steeg & Reuter, Homburg.
[2] MOSELEY, Phil. Mag. **26**, 1024 (1913).
[3] W. L. BRAGG, Proc. Roy. Soc. A **89**, 248 (1913).

Steinsalz und Kalkspat wurden von SIEGBAHN unter Benutzung der K_{α_1}-Linien von Cu und Fe und der L_{α_1}-Linie von Sn miteinander verglichen, wobei sich der in der Tabelle angegebene Wert ergab. Diese Messung steht in Übereinstimmung mit dem zuletzt von COMPTON, BEETS und DE FOE[1] auf Grund der Strukturbestimmung des Kalkspats von W. L. BRAGG[2] berechneten Wert.

Für die Untersuchung von sehr langwelligen Röntgenstrahlen kann man nach MÜLLER[3] als Kristall die festen Fettsäuren benutzen. Um ein brauchbares Gitter zu erhalten, schmilzt man ein wenig von der betreffenden Fettsäure auf einer Glasplatte und kühlt langsam ab, oder man läßt eine Fettsäurelösung auf einer Glasplatte durch Abdunsten des Lösungsmittels kristallisieren. Es findet dann eine parallel zur Glasplatte orientierte Anordnung der Kristalle statt, so daß ein Fettsäurescheibchen die Wirkung eines einheitlichen Kristalls hat. In Tab. 11 sind die Gitterkonstantenwerte für die von MÜLLER untersuchten Fettsäuren angegeben. Die Gitterkonstante d_1 entspricht der jeweils am besten reflektierenden Ebene, während die Werte d_2 und d_3 aus schwächeren, diffusen Reflexionen berechnet sind.

Tabelle 11.

Säure	Schmp.	d_1	d_2	d_3
Caprinsäure $C_{10}H_{20}O_2$	31,4°	23,2 Å.-E.	—	—
Laurinsäure $C_{12}H_{24}O_2$	44°	27,0	4,11	3,68
Myristinsäure $C_{14}H_{28}O_2$	54°	32,2	4,12	3,72
Palmitinsäure $C_{16}H_{32}O_2$	62,6°	34,7	4,08	3,65
Stearinsäure $C_{18}H_{36}O_2$	69,3°	38,7	4,05	3,62
Behensäure $C_{22}H_{44}O_2$	84°	47,8	4,10	3,66

SIEGBAHN und THORÄUS[4] fanden für das Laurinsäuregitter $d_1 = 27{,}268$ Å.-E., und für das Palmitinsäuregitter $d_1 = 35{,}49$ Å.-E.

Bei Wellenlängenmessungen mit Kristallen von größerer Gitterkonstante, besonders in höherer Ordnung, muß die im nächsten Paragraphen besprochene Abweichung vom BRAGGschen Reflexionsgesetz berücksichtigt werden.

---

[1] COMPTON, BEETS und DE FOE, Phys. Rev. [2] 25, 625 (1925), fanden:

Dichte NaCl : 0° 2,1685 ± 0,0004 20° 2,1632 ± 0,0004
$CaCO_3$: 0° 2,7100 ± 0,0004 20° 2,7102 ± 0,0004

und berechneten mit der LOSCHMIDTschen Zahl $L = (6{,}0594 \pm 0{,}006) \cdot 10^{23}$:

d_{20^0} NaCl : 2,8147 ± 0,0009 Å.-E.
$CaCO_3$: 3,0291 ± 0,0010 Å.-E.

[2] W. L. BRAGG, Proc. Roy. Soc. A 89, 468 (1913).

[3] ALEX MÜLLER, Journ. Chem. Soc. 123, 2043 (1923); s. auch TRILLAT, Ann. de Physique 6, 5 (1926); C. r. 182, 843 (1926).

[4] THORÄUS, Phil. Mag. 1, 312 (1926).

§ 4. Über die Abweichungen vom Braggschen Gesetz. Brechung, Totalreflexion, Interferenz am gewöhnlichen Strichgitter.

a) Das Braggsche Reflexionsgesetz.

Bei den bisherigen Ausführungen war angenommen worden, daß das BRAGGsche Reflexionsgesetz

$$n\lambda = 2d\sin\vartheta_n$$

strenge Gültigkeit besitzt. C. G. DARWIN[1] und P. P. EWALD[2] folgerten zuerst aus theoretischen Arbeiten über die Interferenz der Röntgenstrahlen im Kristallgitter, daß Abweichungen vom Reflexionsgesetz vorhanden sein müßten. Experimentell entdeckt wurden die Abweichungen von STENSTRÖM.[3] Bei der Bestimmung der Gitterkonstanten von Zucker nahm STENSTRÖM die $L\alpha_1$-Linie des Zinns in verschiedenen Ordnungen auf. Dabei stellte sich heraus, daß der Ausdruck

$$\frac{\lambda}{2d} = \frac{\sin\vartheta_n}{n},$$

der bei Gültigkeit des BRAGGschen Gesetzes bei der Reflexion in verschiedenen Ordnungen konstant sein sollte, tatsächlich mit wachsendem n eine geringe, aber immerhin deutliche Abnahme zeigt. Mit steigender Ordnungszahl findet also ein scheinbares Wachsen der Gitterkonstanten statt. Analoge Abweichungen wurden dann von STENSTRÖM und ferner mit immer mehr verfeinerten Meßmethoden von HJALMAR[4], von DUANE und PATTERSON[5] und von LARSSON[6] auch an anderen Kristallen festgestellt. Während nämlich anfänglich die Auffindung des recht kleinen Effektes nur bei Kristallen unbekannter Struktur mit relativ großen Gitterkonstanten (Zucker $d = 10{,}572$ Å.-E. und Gips $d = 7{,}5776$ Å.-E.) gelang, konnten DUANE und PATTERSON und LARSSON den Effekt auch an dem in seiner Struktur bekannten Kalkspat ($d = 3{,}02904$) nachweisen. Eine Verstärkung des Effekts von 3″ auf etwa 30″ wurde von BERGEN-DAVIS[7] und seinen Mitarbeitern dadurch erzielt, daß die Oberfläche des Kristalls in

---

[1] C. G. DARWIN, Phil. Mag. 27, 315, 675 (1914): Die Theorie der X-Strahlreflexion.

[2] P. P. EWALD, Ann. d. Phys. 54, 519 (1917): Die Kristalloptik der Röntgenstrahlen.

[3] STENSTRÖM, Experimentelle Untersuchung der Röntgenstrahlen. Dissertation Lund 1919.

[4] HJALMAR, Z. f. Physik 1, 439 (1920); 15, 65 (1923): Gips; Ann. d. Phys. [4] 79, 550 (1926).

[5] DUANE u. PATTERSON, Phys. Rev. 16, 532 (1920): Kalkspat.

[6] LARSSON, Ark. f. Mat., Astr. och Fys. 19 (A), No. 14 (1925); Z. f. Physik 35, 401 (1926): Glimmer; Z. f. Physik 41, 507 (1927): Kalkspat (Steinsalz).

[7] BERGEN-DAVIS und TERRILL, Proc. Nat. Acad. Sc. 8, 357 (1922): Kalkspat; Phil. Mag. 45, 463 (1923): Kalkspat und Steinsalz; HATLEY und BERGEN-DAVIS, Phys. Rev. 23, 290 (1924): Kalkspat; BERGEN-DAVIS und v. NARDROFF, Proc. Nat. Acad. Sc. 10, 60, 384 (1924); Phys. Rev. 23, 291 (1924): Pyrit. v. NARDROFF, Phys. Rev. 24, 143 (1924): Pyrit.

der aus Fig. 161 ersichtlichen Weise abgeschliffen wurde. Der einfallende Strahl bildet mit der reflektierenden Ebene den Winkel ϑ mit der Oberfläche des Kristalls also einen sehr kleinen Winkel, kleiner als 1^0.

Nach den theoretischen Untersuchungen von DARWIN[1] und EWALD[2] kann die Abweichung vom BRAGGschen Gesetz wie ein Brechungsphänomen in dem Kristall behandelt werden. Beim Durchgang von Licht der Frequenz ν durch materielle Körper werden alle diejenigen Elektronen zum Mitschwingen angeregt, deren Eigenfrequenz ν_r gleich oder kleiner als ν ist. Dadurch wird Energie des Primärstrahls absorbiert, die Amplitude wird verringert. Die angeregten Elektronen (Resonatoren) senden von sich aus Kugelwellen aus, die mit dem Primärstrahl interferieren, wodurch eine geringe Verschiebung der Phase des Primärstrahls bewirkt wird. Eine Verschiebung der Phase ist aber gleichbedeutend mit einer Veränderung der Fortpflanzungsgeschwindigkeit, das Medium besitzt einen Brechungsexponenten. Nach DRUDE-LORENTZ ist μ, das Quadrat des Brechungsindex, gegeben durch:

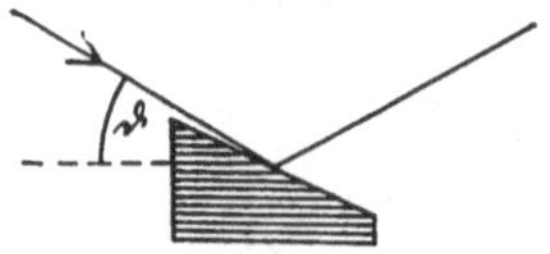

Fig. 161.
Methode von BERGEN-DAVIS zur Vergrößerung der Abweichung vom BRAGGschen Gesetz.

(1) $$\delta = 1 - \mu = \sum \frac{N_r e^2}{2\pi m (\nu^2 - \nu_r^2)}.$$

Hierbei bedeutet N_r die Anzahl der Elektronen pro Volumeneinheit von der Eigenfrequenz ν_r, e und m Ladung und Masse des Elektrons. Es wird summiert über die verschiedenen Elektronentypen. Beim Durchgang von Röntgenstrahlen durch leichte Atome ist die Frequenz ν gewöhnlich wesentlich größer als die Eigenfrequenz ν_r. Der obige Ausdruck (1) geht dann über in:

(2) $$\delta = \frac{N \cdot e^2}{2\pi m \nu^2},$$

wobei N die gesamte Anzahl der Elektronen pro Volumeneinheit ist:

$$N = \frac{\sum \text{Ordnungszahlen} \cdot L \cdot \varrho}{\text{Mol. Gewicht}} \quad (L = 6{,}06_1 \cdot 10^{23},\ \varrho \text{ Dichte}).$$

δ ist eine sehr kleine positive Zahl, folglich ist $\mu = 1 - \delta < 1$, d. h. der einfallende Strahl wird vom Einfallslot fortgebrochen. Setzen wir $\nu = \frac{c}{\lambda}$, so ergibt sich:

(3) $$\frac{\delta}{\lambda^2} = \frac{N e^2}{2\pi m c^2} \quad (e = 4{,}77_4 \cdot 10^{-10}\,\text{dyn}^{\frac{1}{2}}\,\text{cm},\ m = 9{,}02 \cdot 10^{-28}\,\text{g},\ c = 2{,}998_5 \cdot 10^{10}\,\text{cm sec}^{-1}).$$

Berechnet man diesen Wert für Kalkspat ($\varrho = 2{,}710$), so ergibt sich:

(4) $$\frac{\delta}{\lambda^2} = 3{,}69 \cdot 10^{-6}.$$

[1] DARWIN, l. c.
[2] EWALD, Z. f. Physik **2**, 332 (1920); **30**, 1 (1924).

Unter der Annahme, daß die Abweichung vom BRAGGschen Gesetz durch die Brechung des Röntgenstrahls im Kristall zustande kommt, läßt sich $\delta = 1 - \mu$ leicht aus den Reflexionswinkeln in verschiedenen Ordnungen nach einer von STENSTRÖM abgeleiteten Formel berechnen:

(5) $$\delta = \frac{\frac{\sin\vartheta_1}{1} - \frac{\sin\vartheta_n}{n}}{\frac{1}{\sin\vartheta_1} - \frac{1}{n\sin\vartheta_n}}.$$

LARSSON berechnete mit Hilfe dieser Formel auf Grund sehr sorgfältiger Messungen an Kalkspat die in Tab. 12 angegebenen Werte $\frac{\delta}{\lambda^2}$, die eine sehr gute Übereinstimmung mit dem nach der Dispersionsformel (3) berechneten theoretischen Wert (4) zeigen. (HATLEY hatte mit Mo-K_{α_1} für Kalkspat gefunden $\frac{\delta}{\lambda^2} = 2{,}03 \cdot 10^{-6}$).

Tabelle 12.

Linie	Ordnung	ϑ	$\delta \cdot 10^6$	$\frac{\delta}{\lambda^2} \cdot 10^6$
Mo K_{α_1}	1	6° 42′ 35,32″	—	—
	2	13° 30′ 44,9″	$\delta_{1,2} =$ 1,91	3,83
	3	20° 31′ 0,1″	$\delta_{1,3} =$ 1,81	3,62
Fe K_{α_1}	1	18° 35′ 52,3″	—	—
	2	39° 37′ 34,8″	$\delta_{1,2} =$ 14,6	3,92

Das wegen der Brechung korrigierte BRAGGsche Gesetz hat die Form:

(6) $$n\lambda = 2d\left(1 - \frac{4d^2}{n^2} \cdot \frac{\delta}{\lambda^2}\right)\sin\vartheta_n.$$

Dabei bedeutet λ die Wellenlänge im Vakuum und d den wahren Netzebenenabstand. Da $\frac{\delta}{\lambda^2}$ konstant ist, so kann man für (6) schreiben:

(7) $$n\lambda = 2d_n \sin\vartheta_n,$$

worin d_n der scheinbare Netzebenenabstand für die n-te Ordnung ist.

Die Tatsache der notwendigen Korrektur des BRAGGschen Gesetzes hat nun für die Röntgenspektroskopie eine weittragende Bedeutung: es müßten für jeden neubestimmten Wert von δ sämtliche Wellenlängen umgerechnet werden. Das würde unübersehbare Schwierigkeiten bereiten. Die meisten Präzisionsbestimmungen wurden nun mit Kalkspat als Gitter in 1. Ordnung ausgeführt. SIEGBAHN[1] hat daher vorgeschlagen, für Kalkspat zu setzen:

$$d_1 = d\left(1 - 4d^2\frac{\delta}{\lambda^2}\right) = 3{,}02904 \text{ Å.-E.}$$

Das ergibt $d = 3{,}02945$ Å.-E. Dieser Wert der wahren Gitterkonstanten stimmt innerhalb der Fehlergrenzen mit der Berechnung der

[1] SIEGBAHN, The Spectroskopy of x-Rays, Oxford 1925.

Gitterkonstanten von COMPTON, BEETS und DE FOE (vgl. S. 164) $d = 3{,}0291 \pm 0{,}0010$ A.-E. überein. Die Neubestimmung von δ hat dann lediglich zur Folge, daß der wahre Abstand d und die in höheren Ordnungen gemessenen Wellenlängen etwas geändert werden, während die in 1. Ordnung gemessenen Werte ungeändert bleiben.

Für praktische Rechenzwecke kann man sich nach LARSSON für Kalkspat und Steinsalz folgender Werte bedienen:

Kalkspat $\frac{\delta}{\lambda^2}$ (berechnet) $= 3{,}69 \cdot 10^{-6}$, $d_1 = 3029{,}040$ X.-E.,

$$n\lambda = 2d\left(1 - \frac{135}{n^2} \cdot 10^{-6}\right) \sin\vartheta_n \quad \text{oder} \quad n\lambda = 2d_n \cdot \sin\vartheta_n$$

$d_1 = 3029{,}040$	$\lg 2d_1 = 3{,}782\,3350$
$d_2 = 3029{,}347$	$\lg 2d_2 = 3{,}782\,3787$
$d_3 = 3029{,}404$	$\lg 2d_3 = 3{,}782\,3872$
$d_4 = 3029{,}423$	$\lg 2d_4 = 3{,}782\,3898$
$\lim\limits_{n=\infty} d_n = d = 3029{,}449$	$\lg 2d = 3{,}782\,3937.$

Steinsalz $\frac{\delta}{\lambda^2}$ (berechnet) $= 2{,}81 \cdot 10^{-6}$, $d_1 = 2814{,}000$ X.-E.

$$n\lambda = 2d\left(1 - \frac{89}{n^2} \cdot 10^{-6}\right) \cdot \sin\vartheta_n \quad \text{oder} \quad n\lambda = 2d_n \cdot \sin\vartheta_n$$

$d_1 = 2814{,}000$	$\lg 2d_1 = 3{,}750\,3541$
$d_2 = 2814{,}188$	$\lg 2d_2 = 3{,}750\,3831$
$d_3 = 2814{,}222$	$\lg 2d_3 = 3{,}750\,3884$
$\lim d_n = d = 2814{,}250$	$\lg 2d = 3{,}750\,3927.$

Das normale Verhalten von δ wird unterbrochen, wenn ν durch die Eigenfrequenz der Resonatoren hindurchgeht, wenn also die Bedingung $\nu \gg \nu_r$ nicht erfüllt ist. Dieser Fall tritt praktisch ein, wenn man lange Wellen mißt. Solche Diskontinuitäten wurden zuerst von SIEGBAHN und HJALMAR[2] nachgewiesen und dann besonders eingehend im Fall des Gipses von HJALMAR und FRAGERBERG[3] untersucht. Es zeigte sich, daß $\frac{\delta}{\lambda^2}$ deutliche Diskontinuitäten an den Stellen der K-Grenzen des Ca und des S zeigt (Fig. 162).

---

[1] Die Berechnung nimmt man am einfachsten auf folgende Weise vor: Nach (6) und (7) ist:

$$d_n = d\left(1 - \frac{4d^2}{n^2}\,\frac{\delta}{\lambda^2}\right).$$

Wir setzen nun: $d = d_n + x$, wobei x die Korrektion ist. Dann ist:

$$d_n = (d_n + x)\left[1 - \frac{4}{n^2}\,\frac{\delta}{\lambda^2}(d_n + x)^2\right] = d_n + x - \frac{4}{n^2}\,\frac{\delta}{\lambda^2}(d_n + x)^3,$$

oder, wenn wir beachten, daß $\frac{\delta}{\lambda^2}$ und x sehr klein sind, so daß $\frac{\delta}{\lambda^2}x$, $\frac{\delta}{\lambda^2}x^2$, $\frac{\delta}{\lambda^2}x^3$ fortgelassen werden können:

$$x = \frac{4}{n^2}\,\frac{\delta}{\lambda^2}\,d_n^{\,3}.$$

[2] SIEGBAHN, Journ. de Physique **6**, 228 (1925).

[3] HJALMAR, Ann. der Physik (4) **79**, 550 (1926).

Setzt man die Dichte von Gips ($CaSO_4 \cdot 2\,H_2O$) $\varrho = 2{,}32$, so berechnet sich $\frac{\delta}{\lambda^2} = 3{,}22 \cdot 10^{-6}$. Nimmt man ferner $d_1 = 7{,}5776$ Å.-E. als richtig an, so würde sich nach S. 168 (Fußnote) der wahre Netzebenen-

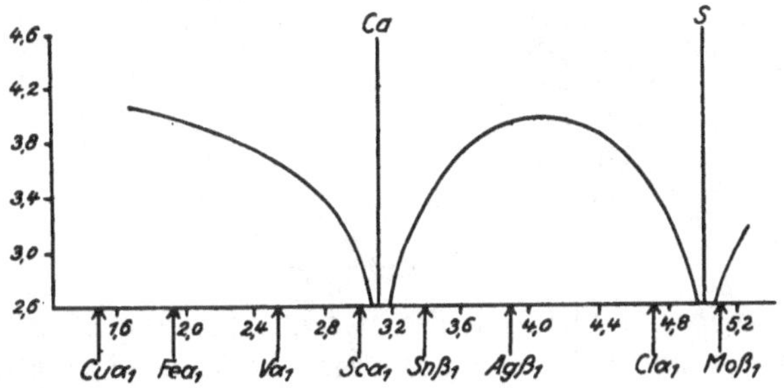

Fig. 162. $\frac{\delta}{\lambda^2}$ für verschiedene Wellenlängen bei der Reflexion von Gips.

abstand d berechnen zu $d = 7{,}5832$ Å.-E. Das korrigierte Bragg sche Gesetz für Gips würde demnach abgesehen von den Diskontinuitäten lauten:

$$n\lambda = 2 \cdot 7{,}5832 \left(1 - \frac{741}{n^2} \cdot 10^{-6}\right) \sin \vartheta_n .$$

Diskontinuitäten wurden von Larsson[1] auch an Glimmer festgestellt, jedoch noch nicht eingehender untersucht. Die Dichte verschiedener Glimmersorten ist verschieden zwischen $\varrho = 2{,}8$ bis $3{,}2$. Nimmt man das Mittel $\varrho = 3{,}0$, so berechnet sich $\frac{\delta}{\lambda^2}$ zu $4{,}05 \cdot 10^{-6}$. Das korrigierte Bragg sche Gesetz für Glimmer ist:

$$n\lambda = 2d \left(1 - 5{,}40\,\varrho\,\frac{d^2}{n^2} \cdot 10^{-6}\right) \sin \vartheta_n .$$

Für ein auf Glas aufgekittetes Glimmerplättchen fand Larsson:

$$n\lambda = 2 \cdot 9{,}94052 \left(1 - \frac{1565}{n^2} \cdot 10^{-6}\right) \sin \vartheta_n .$$

b) Totalreflexion.

Da der Brechungsindex für Röntgenstrahlen kleiner ist als 1, so muß ein Strahl, der eine ebene Oberfläche eines amorphen oder kristallinen Körpers genügend flach streift, total reflektiert werden. Der Grenzwinkel ist:

$$\cos \vartheta = \mu \qquad \text{oder} \qquad \sin \vartheta = \sqrt{2\,\delta}$$

und Totalreflexion muß eintreten für:

$$\cos \vartheta > \mu \qquad \text{oder} \qquad \sin \vartheta < \sqrt{2\,\delta} .$$

Die Erscheinung der Totalreflexion wurde zuerst von Compton[2] nachgewiesen und dann ferner von Siegbahn[3] untersucht. Die von Compton

[1] Larsson, Z. f. Physik 35, 401 (1926).
[2] Compton, Phil. Mag. 45, 1121 (1923).
[3] Siegbahn, Fysisk Tidsskr. 21, 170 (1923).

gefundenen Werte sind in Tab. 13 zusammen mit den nach der Dispersionstheorie berechneten Werten angegeben.

Tabelle 13.

Substanz	Dichte	Wellenlänge	Grenzwinkel	δ (exp.)	δ (ber.)
Glas	2,52	1,279 Å.-E.	10′	$4{,}2 \cdot 10^{-6}$	$5{,}2 \cdot 10^{-6}$
Glas	2,52	0,52 „	4′	$0{,}4 \cdot 10^{-6}$	$0{,}7 \cdot 10^{-6}$
Silber	10,5	1,279 „	22,5′	$21{,}5 \cdot 10^{-6}$	$19{,}8 \cdot 10^{-6}$
Lack	—	1,279 „	11,0′	$5{,}1 \cdot 10^{-6}$	—

c) Brechung.

Der experimentelle Nachweis der Brechung gelang LARSSON, SIEGBAHN und WALLER[1]) mit einem Prisma aus amorphem oder kristallinem Material

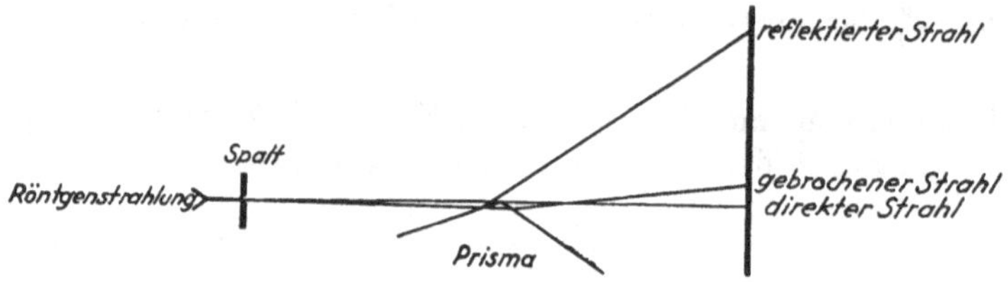

Fig. 163. Versuchsanordnung für den Nachweis der Brechung von Röntgenstrahlen.

mit großem brechenden Winkel. Die Anordnung ist in Fig. 163 wiedergegeben.

Die mit einem Glasprisma erhaltenen Resultate sind in Tab. 14 zusammengestellt.

Tabelle 14.

	Linie	λ	$\delta \cdot 10^{-6}$	$\frac{\delta}{\lambda^2} \cdot 10^{-6}$
Fe	$K\alpha_{12}$	1,933	12,38 ± 0,4	3,31 ± 0,10
	$K\beta$	1,750	10,00 ± 0,4	3,26 ± 0,10
Cu	$K\alpha_{12}$	1,538	8,125 ± 0,05	3,435 ± 0,02
	$K\beta$	1,389	6,648 ± 0,05	3,443 ± 0,03
Mo	$K\alpha_{12}$	0,708	1,64 ± 0,10	3,3 ± 0,2
	$K\beta$	0,630	1,22 ± 0,15	3,1 ± 0,4

d) Interferenz am gewöhnlichen Strichgitter.

Nachdem von COMPTON die Totalreflexion nachgewiesen worden war, lag es nahe die Interferenz von Röntgenstrahlen am gewöhnlichen Strichgitter noch einmal zu versuchen. Die Untersuchung von COMPTON (vgl. S. 169) hatte ergeben, daß bei Benutzung eines Silberspiegels und bei Wellenlängen unter 1,6 Å.-E. totale Reflexion für Glanzwinkel unterhalb 25′ stattfindet. Unter Benutzung so kleiner Glanzwinkel nahmen COMPTON und

[1]) LARSSON, SIEGBAHN und WALLER, Naturwissenschaften 12, 1212 (1924).

DOAN[1]) die Interferenzversuche mit einem gewöhnlichen Strichgitter erneut auf.

Die Interferenzgleichung für ein einfaches Gitter lautet:

$$n\lambda = D(\sin i - \sin \Phi), \tag{1}$$

wobei i der Einfallswinkel ist und Φ der Beugungswinkel für die n-te Ordnung. Diese Gleichung soll umgeformt werden in:

$$n\lambda = D\big(\cos\theta - \cos(\theta + \alpha)\big), \tag{2}$$

wenn θ der Glanzwinkel ist und α der Winkel zwischen der nullten und der n-ten Ordnung (Fig. 165). Für die kleinen hier in Betracht kommenden Winkel kann man schreiben:

$$\lambda = \frac{D}{n}\left(\alpha\theta + {}^1/_2\,\alpha^2\right). \tag{3}$$

Aus dieser Gleichung ersieht man, daß man eine relativ große Gitterkonstante benutzen muß, um mehrere Ordnungen innerhalb des kritischen Intervalls (Grenzwinkels) zu erhalten. COMPTON und DOAN benutzten ein Gitter mit der Konstanten

$$D = 2{,}000 \cdot 10^{-3}\ \text{cm}.$$

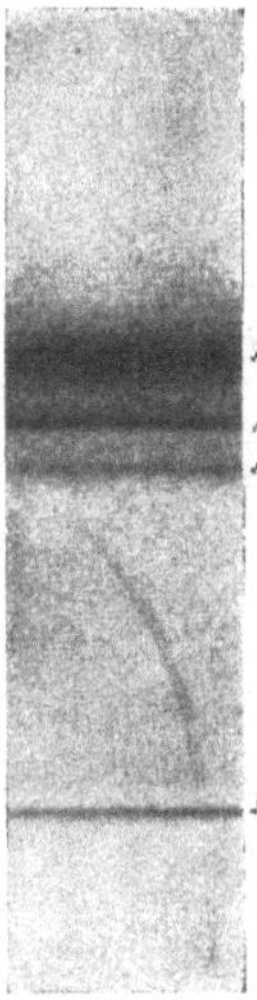

Fig. 164. Brechung von Röntgenstrahlen in einem Glasprisma nach LARSSON, SIEGBAHN und WALLER.

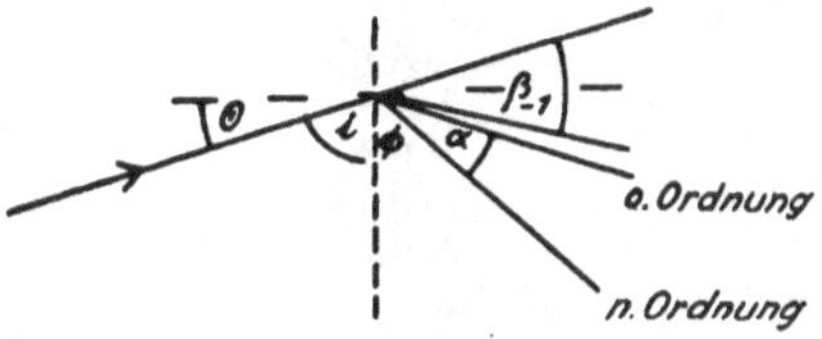

Fig. 165.

Da die Trennung von α- und β-Linien auf diese Weise nicht möglich ist, wurde bei den Versuchen Mo K_{α_1} von Kalkspat reflektiert. Die Versuchs-

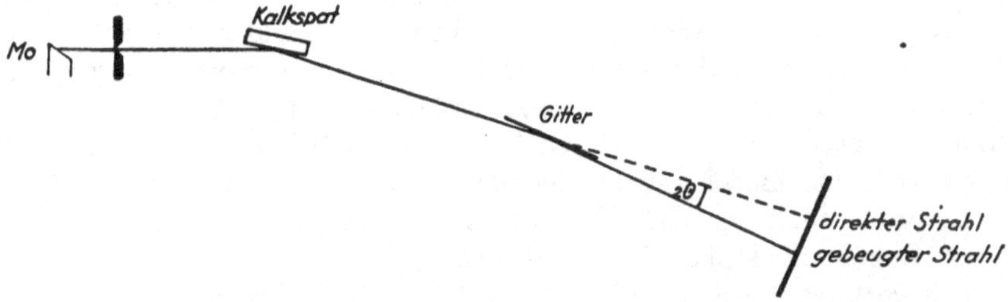

Fig. 166. Versuchsanordnung von COMPTON und DOAN für die Interferenz von Röntgenstrahlen am gewöhnlichen Strichgitter.

anordnung ist in Fig. 166 wiedergegeben. Bei einer Expositionszeit von

[1]) COMPTON und DOAN, Proc. Nat. Acad. Sc. 11, 598 (1925).

9 Stunden wurden 1 innere und 3 äußere Ordnungen erhalten (Fig. 167). Wenn β_{-1} der Winkel vom direkten Strahl bis zur 1. inneren Ordnung ist, β_{+1} bis zur 1. äußeren Ordnung, so ist der Glanzwinkel gegeben durch:

$$\theta = \frac{\beta_{-1}^2 + \beta_{+1}^2}{2(\beta_{-1} + \beta_{+1})} .$$

Durch Einsatz dieses Winkels in Gleichung (3) kann die Wellenlänge berechnet werden. Es wurde gefunden:

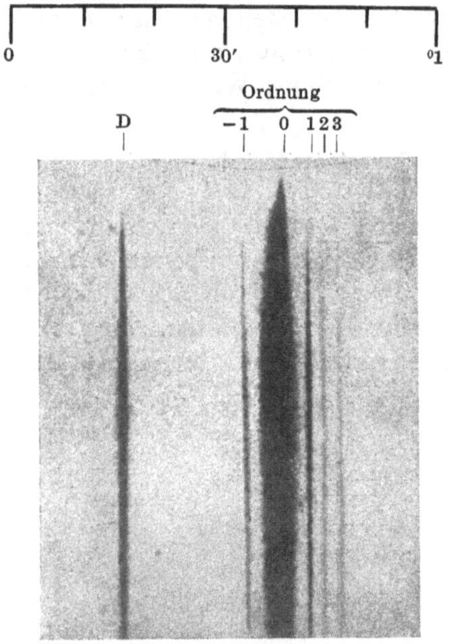

Fig. 167. Interferenz von Mo $K\alpha_1$ an einem einfachen Strichgitter nach COMPTON und DOAN.

$$\beta_{-1} = 0{,}004815$$
$$\beta_{+1} = 0{,}00725$$
$$\theta = 0{,}003140$$
$$\alpha_{-1} = -0{,}001462$$
$$\alpha_{+1} = 0{,}000972$$
$$\lambda = 0{,}704 \text{ Å.-E.}$$

Als Mittelwert aus 5 Filmen mit 1. bis 4. Ordnung wurde Mo K_{α_1} erhalten:

$$\lambda = 0{,}707 \pm 0{,}003 \text{ Å.-E.}$$

Mit Hilfe des Kalkspatgitters wurde erhalten:

$$\lambda = 0{,}7078 \pm 0{,}0002 \text{ Å.-E.}$$

Beide Werte stehen also in bester Übereinstimmung. Dieser Versuch ist ein unmittelbarer Beweis für die Richtigkeit der von W. L. BRAGG durchgeführten Erschließung der Kristallstruktur (vgl. S. 24 bis 27).

§ 5. Die Emissions- und Absorptionsspektren.

Zu einer vollständigen Spektraluntersuchung gehört die geometrische Vermessung der einzelnen Wellenlängen und die Bestimmung ihrer Intensität. Die Messung der Wellenlängen läßt sich unter der Voraussetzung genau bekannter Gitterkonstanten mit großer Präzision durchführen. Während sich nun im optischen Gebiet die Gitterkonstante bei der Herstellung der Gitter präzisionstechnisch genau bestimmen läßt, sind wir im Röntgengebiet an die natürlichen Kristalle gebunden[1], deren Gitterkonstanten mit Hilfe der LOSCHMIDTschen Zahl und des spezifischen Gewichts aus der Struktur berechnet werden (vgl. S. 27 u. 164). Jede Neubestimmung der LOSCHMIDTschen Zahl oder des spezifischen Gewichts würde daher eine

[1] Bei der im vorhergehenden Paragraphen beschriebenen Interferenz am gewöhnlichen Strichgitter ist der Beugungswinkel so klein, daß die Methode für Präzisionsmessungen nicht geeignet ist.

Umrechnung sämtlicher bis dahin bestimmter Wellenlängen zur Folge haben. Um diese Schwierigkeit zu umgehen, sieht man — einem Vorschlage SIEGBAHNs entsprechend — von einer Umrechnung ab und macht die Annahme, daß die Gitterkonstante des Kalkspats bei der Reflexion in der 1. Ordnung[1]) bei 18° mit $d_{18} = 3{,}02904$ Å.-E. richtig ist (vgl. S. 163 und 168). Unter dieser Annahme ist die exakte Wellenlängenbestimmung von Röntgenstrahlen nur eine Frage der Präzisionstechnik. — Bei relativen Wellenlängenmessungen muß man sich auf exakt bestimmte „Normallinien" beziehen können. Als solche „Normale" kann im Röntgengebiet eigentlich nur die Ca K_{α_1}-Linie angesprochen werden, da sie von mehreren Autoren sehr exakt bestimmt wurde. Die Resultate sind:

SIEGBAHN-HJALMAR[2]	1537,26 X-E. (10^{-11} cm)
LANG[3]	1537,32 X-E.
WEBER[4]	1537,42 X-E.
LEIDE[5]	1537,29 X-E.

Wie aus der vorstehenden Zusammenstellung ersichtlich, unterscheiden sich die Werte nur sehr wenig. Als der genaueste Wert muß wahrscheinlich der SIEGBAHNsche angesprochen werden, da er mit zwei verschiedenen Spektrographen [Vakuumspektrograph (S. 152) und Tubusspektrograph (S. 156)] fast übereinstimmend gefunden wurde.

Die Intensitätsbestimmung läßt sich aus Gründen, die bereits auf S. 113, behandelt wurden, weit weniger exakt durchführen. Abgesehen von den bereits beschriebenen Schwierigkeiten muß bei einer Röntgenspektraluntersuchung noch besonders beachtet werden, daß der Röntgenstrahl in der Entstehungsschicht der Antikathode[6], in der Luft, im Fenstermaterial zum Teil absorbiert wird, und daß er bei der Reflexion im Kristall eine Schwächung[7] erleidet. Alle diese Einflüsse[8] sind für verschiedene Wellenlängen verschieden stark. Ganz besonders muß aber darauf geachtet werden, daß sich beim Spektroskopieren eines größeren Wellenlängengebiets die Reflexionen verschiedener Ordnungen einander überschneiden können, so daß an die gleiche Stelle zwei verschiedene Wellenlängen hinreflektiert werden. Bei der Korrektur muß daher der Anteil der höheren Ordnung berücksichtigt werden, wobei man

---

[1] Bei der Reflexion in höherer Ordnung muß die Abweichung vom BRAGGschen Gesetz berücksichtigt werden (S. 165).

[2] SIEGBAHN und HJALMAR, Ark. f. Mat., Astr. o. Fys. **19** (A), Nr. 24 (1925).

[3] LANG, Ann. Phys. **75**, 489 (1924).

[4] A. P. WEBER, Z. wiss. Photographie **23**, 149 (1925) (Schneidenspektrograph, vgl. S. 158).

[5] LEIDE, Diss. Lund 1925; C. r. 1203 (1925).

[6] WEBSTER und HENNINGS, Phys. Rev. **21**, 301 (1923).

[7] COMPTON. Phys. Rev. **10**, 95 (1917); W. L. BRAGG, Phil. Mag. **12**, 309 (1921), **13**, 1 (1921); BERGEN-DAVIS und STEMPEL, Phys. Rev. **17**, 608 (1921), **19**, 504 (1922); KÜSTNER, Z. f. Phys. **7**, 97 (1921); WAGNER und KULENKAMPFF, Ann. Phys. **68**, 369 (1922); KIRKPATRIK, Phys. Rev. **22**, 414 (1923).

[8] KULENKAMPFF, Ann. Phys. **69**, 548 (1922); WEBSTER und HENNINGS, Phys. Rev. 21, 312 (1923); KIRKPATRIK, Phys. Rev. **22**, 37 (1923).

den Intensitätsabfall in Rechnung stellen muß. Dieser beträgt im „Normalfall" nach W. L. BRAGG[1]:

1. Ordn. : 2. Ordn. usw. = 1 : 0,2 ; 0,07 : 0,03 : 0,01.

Dieser Intensitätsabfall trifft jedoch keineswegs in allen Fällen zu, weshalb man sich immer erst über die strukturelle Eigenart des Kristalles, über sein Reflexionsvermögen in verschiedenen Ordnungen (vgl. S. 292) Klarheit verschaffen muß.

Wie bereits früher (vgl. I 1) gezeigt wurde, gehen vom Brennfleck einer Röntgenröhre zwei Strahlenarten aus: 1. die Bremsstrahlung, die in ihrer Zusammensetzung inhomogen ist und daher vergleichbar dem gewöhnlichen weißen Licht, und 2. eine homogene charakteristische Strahlung, vergleichbar dem Linienspektrum der gewöhnlichen Optik. Die Gesamtintensität (Summe der Teilintensitäten der gesamten Wellenlängen) der Bremsstrahlung übertrifft diejenige der charakteristischen Strahlung um ein Vielfaches. Trotzdem kann die Intensität der charakteristischen Strahlung für eine bestimmte Wellenlänge sechs bis acht mal größer sein als eine größte Teilintensität der Bremsstrahlung.

a) Das Bremsspektrum.

Literatur (zusammenfassende Berichte).

WAGNER, Jahrb. d. Rad. u. Elektrotechnik **16**, 190 (1919); KULENKAMPFF, Ann. d. Phys. **69**, 548 (1922).

Die Intensitätsverteilung des Bremsspektrums entspricht ungefähr derjenigen des gewöhnlichen optischen kontinuierlichen Spektrums, aber mit dem Unterschied, daß ersteres nach der kurzen Wellenlängenseite plötzlichen Abfall zeigt. Die Wellenlänge des plötzlichen Abfalls hängt von der angelegten Röhrenspannung ab (vgl. Fig. 168) und entspricht der Maximalgeschwindigkeit der durch einen einzigen Zusammenstoß auf der Antikathode abgebremsten Elektronen. Wellenlänge und Spannung sind verknüpft durch die EINSTEINsche Beziehung:

(1) $$eV = h\nu$$

[e Ladung des Elektrons ($4{,}77_4 \cdot 10^{-10}$ dyn$^{\frac{1}{2}}$ cm); V Spannung (dyn$^{\frac{1}{2}}$); h PLANCKsches Wirkungsquantum ($6{,}55 \cdot 10^{-27}$ erg · sec); ν Schwingungszahl sec^{-1}], oder:

(2) $$\frac{eV}{300} = \frac{hc}{\lambda}$$

[V Spannung in Volt; c Lichtgeschwindigkeit ($2{,}998_5 \cdot 10^{10}$ cm · sec^{-1}); λ Wellenlänge (cm)].

(Diese Beziehung ist zur Bestimmung des PLANCKschen Wirkungs-

[1] W. L. BRAGG, Proc. Soc. **89**, 476 (1914).

[2] DUANE u. HUNT, Phys. Rev. **6**, 166 (1915); WEBSTER, Phys. Rev. **7**, 599 (1916); BLAKE u. DUANE, Phys. Rev. **9**, 568; **10**, 93 (1917); MÜLLER, Phys. Ztschr. **19**, 489 (1918); Arch. sc. phys. **46**, 63 (1918); ULREY, Phys. Rev. **11**, 401 (1918); WAGNER, Ann. Phys. **57**, 401 (1918); DUANE, PALMER u. CHI-SUN-YEH, Phys. Rev. **18**, 98 (1921).

quantums benutzt worden. Die Präzisionsbestimmungen ergaben im Durchschnitt

$$h = 6{,}55 \cdot 10^{-27}$$

in guter Übereinstimmung mit den übrigen Bestimmungsmethoden.)

Durch Einsetzen der Zahlenwerte in Gl. (2) erhält man

$$\lambda = \frac{12\,360}{V}, \tag{3}$$

wenn V in Volt und λ in Ångströmeinheiten (10^{-8}) gemessen wird.

Fig. 168 zeigt die Intensitätsverteilungen (gemessen durch den Ionisationsstrom, vgl. S. 117[1]) des kontinuierlichen Spektrums nach Messungen von Ulrey. Die Figur zeigt sehr schön den Intensitätsabfall nach der kurzwelligen Wellenlängenseite und die Verschiebung dieses Abfalls mit steigender Spannung nach kürzeren Wellenlängen.

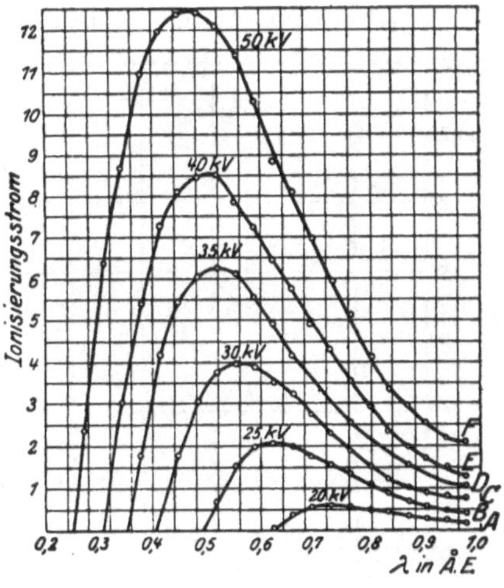

Fig. 168.
Kontinuierliche Spektren einer Wolframantikathode bei verschiedenen Röhrenspannungen nach Ulrey.

Wie bereits auf S. 6 näher ausgeführt, ist nach der Impulstheorie eine Abhängigkeit der Impulsbreite (halbe Wellenlänge) von der Bremsrichtung (Richtung des erzeugenden Kathodenstrahls) relativ zur Beobachtungsrichtung zu erwarten. Diese Abhängigkeit wurde durch ältere Beobachtungen (Stark) gefunden. Man müßte nun hiernach zunächst erwarten, daß sich die Lage der kürzesten Wellenlängenseite mit der Bremsrichtung ändert. Das ist jedoch, wie die Unteruchungen von Wagner[2] und Webster[3] ergeben haben, nicht der Fall, sondern es ist lediglich die Lage des Intensitätsmaximums (die Steilheit des Intensitätsabfalls nach der kurzen Wellenlängenseite) mit der Bremsrichtung veränderlich (wie in Fig. 169 angedeutet), während die Grenze selbst unverändert bleibt.

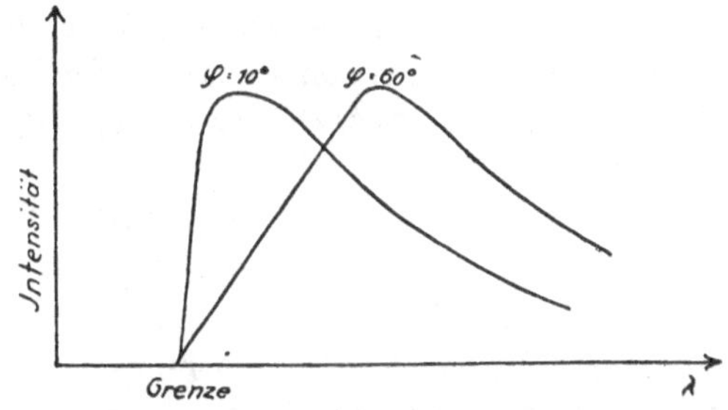

Fig. 169. Abhängigkeit der Lage des Intensitätsmaximums von dem Winkel φ zwischen Bremsrichtung und Beobachtungsrichtung (vgl. Fig. 4 auf S. 8).

---

[1] Die Kurven von Ulrey sind nicht korrigiert.
[2] Wagner, Phys. Ztschr. 21, 621 (1920).
[3] Webster, Phys. Rev. 18, 155, 321 (1921).

Die Fig. 168 läßt ferner die Abhängigkeit der Gesamtintensität von der angelegten Röhrenspannung erkennen. Die Gesamtintensität wächst bei gleichbleibender Stromstärke und gleichbleibendem Antikathodenmaterial proportional zum Quadrat der angelegten Spannung.[1] Die Erhöhung der Stromstärke hat bei festgehaltener Spannung und gleichbleibendem Elektrodenmaterial ein proportionales Ansteigen der Gesamtintensität zur Folge.

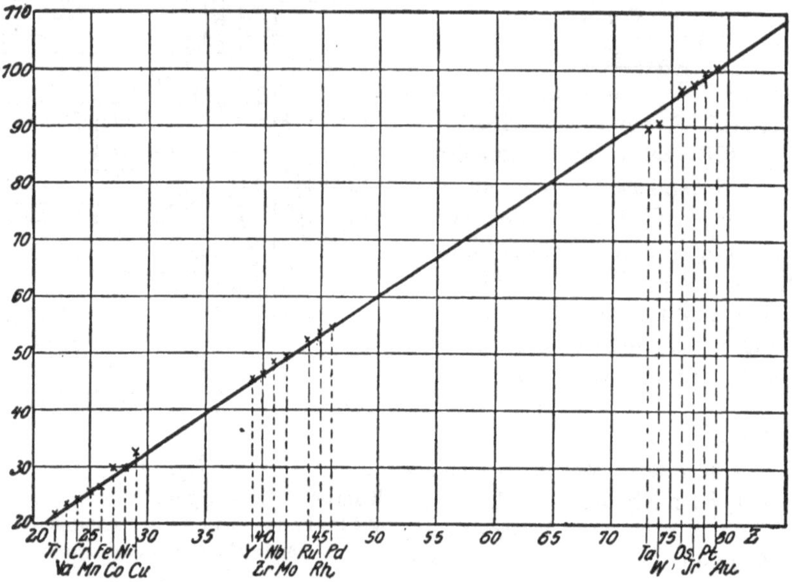

Fig. 170. Gesamtintensität in Abhängigkeit von der Ordnungszahl Z des Antikathodenmaterials (nach KAYE).

Durch eine Veränderung des Antikathodenmaterials endlich wird die Gesamtintensität proportional zur Ordnungszahl Z des betreffenden Antikathodenelements bewirkt[2] (vgl. Fig. 170). Die Gesamtintensität ist demnach gegeben durch:

$$I = \text{Konst.} \cdot V^2 \cdot i \cdot Z. \tag{4}$$

Der proportionale Anstieg der Intensität mit der Ordnungszahl Z läßt sich leicht erklären. Die Bremsstrahlung entsteht, wie bereits früher ausgeführt, durch die Abbremsung der schnell bewegten Elektronen des Kathodenstrahls auf der Antikathode. Die Gültigkeit der EINSTEINschen Beziehung $e\,V = h\,\nu$ für die kurze Wellenlängengrenze lehrt uns, daß diese durch diejenigen Elektronen hervorgerufen wird, die ihre ganze durch die

[1] SEITZ, Phys. Ztschr. **7**, 689 (1906); CARTER, Ann. Phys. **21**, 955 (1906); WHIDDINGTON, Proc. Roy. Soc. **85**, 323 (1911); BEATTY, Proc. Roy. Soc. **87**, 511 (1913); BRAININ, Phys. Rev. **11**, 461 (1918); RUTHERFORD u. BARNES, Phil. Mag. **30**, 361 (1915); WEEKS, Phys. Rev. **12**, 564 (1917).

[2] RÖNTGEN, Würzb. Stzgsber. 1896, S. 11; KAUFMANN, Verh. D. phys. Ges. **16**, 116 (1897); ROITI, Phil. Mag. **45**, 503 (1898); KAYE, Proc. Cambr. Phil. Soc. **14**, 236 (1908); BRAININ, a. a. O.; ULREY, Phys. Rev. **11**, 401 (1918); DUANE und SHIMIZU, Phys. Rev. **11**, 491 (1918); **14**, 525 (1919); KAYE, Phil. Trans. A **209**, 123 (1918).

Röhrenspannung gegebene Geschwindigkeit plötzlich verlieren. Dieser Fall wird umso häufiger eintreten, je dichtere Atome in der Antikathode vorliegen, d. h. je höher die Ordnungszahl Z ist. Aber auch bei den Atomen von hoher Ordnungszahl ist der Fall, daß ein Elektron plötzlich auf Null abgebremst wird, ein sehr seltenes Ereignis. Das hat zur Folge, daß der Energieumsatz bei der Erzeugung der Röntgenstrahlen, das Verhältnis der Energie des erzeugten Röntgenstrahls zur Energie des erzeugenden Kathodenstrahls sehr ungünstig ist. Die Energie des Kathodenstrahls ist:

$$E_K = V \cdot i. \tag{5}$$

Die Energie des erzeugten Röntgenstrahls ist gegeben durch (4). Der Energieumsatz beträgt mithin:

$$\frac{E_R}{E_K} = \text{Konst.} \cdot V \cdot Z. \tag{6}$$

Eine große Anzahl von Messungen hat für den Energieumsatz etwa $^1/_{1000}$ ergeben.[1] Dieser Wert steht in Übereinstimmung mit dem nach Wentzel[2] theoretisch zu erwartenden Wert. Nur $^1/_{1000}$ der Kathodenstrahlenergie wird in Röntgenstrahlenergie verwandelt, während die ganze übrige Energie fast ausschließlich in Wärme übergeführt wird.

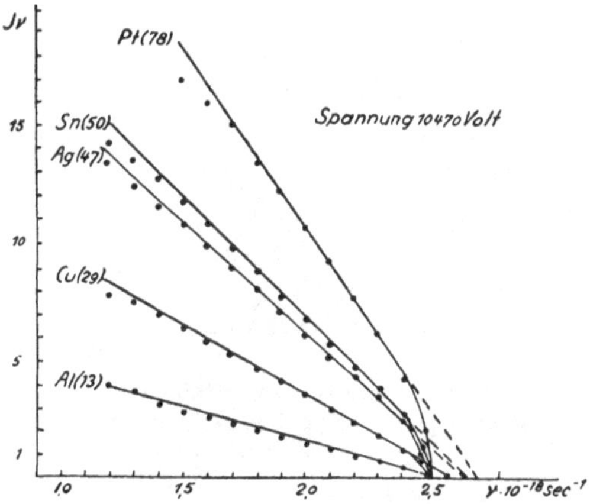

Fig. 171. Korrigierte Intensitätsverteilungen des Bremsspektrums verschiedener Antikathoden bei gleicher Erregungsspannung von 10470 Volt (nach Kulenkampff).

Wesentlich schwieriger als die Bestimmung der Gesamtintensität ist die exakte Messung des Intensitätsverlaufs im Bremsspektrum, d. h. also die Bestimmung der Intensität als Funktion der Wellenlänge λ oder, was auf dasselbe herauskommt, als Funktion der Frequenz $\nu = \frac{c}{\lambda}$. Solche Messungen wurden unter Berücksichtigung aller möglichen Korrektionen besonders von Wagner und Kulenkampff[3] und Kirkpatrik[4] ausgeführt (vgl. S. 113 ff.). Die von Wagner und Kulenkampff nach der Ionisationsmethode mit verschiedenen Antikathoden bei der gleichbleibenden Spannung von 10470 Volt ausgeführten Messungen sind in Fig. 171 wieder-

[1] W. Wien, Ann. Phys. **18**, 991 (1905); Carter, Ann. Phys. **21**, 955 (1906): Seitz, Phys. Ztschr. **7**, 689 (1906). Die Kathodenstrahlenergie wurde gemessen durch Verwendung der Antikathode als Kalorimeter.

[2] Wentzel, Z. f. Physik **27**, 257 (1924); vgl. auch Kramers, Phil. Mag. **46**, 836 (1923) und Bubb, Phys. Rev. **24**, 177 (1924).

[3] Kulenkampff, Ann. Phys. **69**, 548 (1922).

[4] Kirkpatrik, Phys. Rev, **22**, 37 (1923).

gegeben. Die Kurven zeigen einen nahezu geradlinigen Verlauf mit Abweichungen bei der Grenzfrequenz $\nu_0 = 2{,}55 \cdot 10^{-18}\,\mathrm{sec}^{-1}$. Würde die Kurve (wie das beim Al angenähert der Fall ist) bis zur Grenzfrequenz ν_0 geradlinig verlaufen, so würde die Abhängigkeit der Intensität I_ν von der Frequenz gegeben sein durch eine Gleichung:

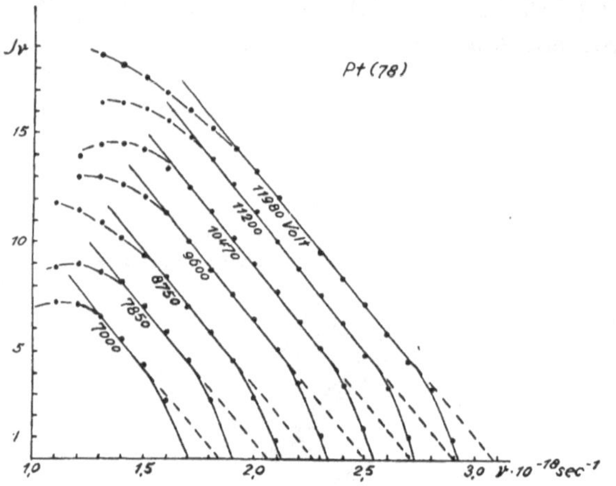

Fig. 172. Korrigierte Intensitätsverteilungen des Bremsspektrums von Pt bei verschiedenen Spannungen (nach Kulenkampff).

$$(7) \qquad I_\nu = a(\nu_0 - \nu).$$

Da die Kurven für die Elemente mit höherer Ordnungszahl jedoch nicht bis zur Grenzfrequenz geradlinig verlaufen, die Geraden die Abszisse also nicht bei ν_0 schneiden, so kommt zu dem obigen Ausdruck (1) noch eine Konstante b hinzu.

$$(8) \qquad I_\nu = a(\nu_0 - \nu) + b.$$

Der Vergleich der Neigungen der Geraden hat ergeben, daß a proportional Z und b proportional Z^2 ist, d. h. $a = a'Z$ und $b = b'Z^2$. Die Gleichung für die Intensität würde also lauten:

$$(9) \qquad I_\nu = a' Z(\nu_0 - \nu) + b' Z^2.$$

Die Untersuchung bei gleichem Antikathodenmaterial und verschiedenen Spannungen (Fig. 172) hat ergeben, daß lediglich eine Parallelverschiebung stattfindet, wobei sowohl die Neigung der Geraden (a), als auch die Länge der Abweichung (b) die gleichen bleiben.

Rechnet man die Frequenzen auf Wellenlängen um[1], so erhält man Kurven gemäß Fig. 168:

$$(10) \qquad I_\lambda = I_\nu \cdot \frac{c}{\lambda^2} = a' Z \frac{c^2}{\lambda^2}\left(\frac{1}{\lambda_0} - \frac{1}{\lambda}\right) + b' Z^2 \frac{c}{\lambda^2}.$$

Vernachlässigt man das sehr kleine zweite Glied und berechnet das Maximum der Intensität, so findet man, daß dieses liegt bei

$$(11) \qquad \lambda \doteq \frac{3}{2}\lambda_0$$

(wobei allerdings der Winkel zwischen Bremsrichtung und Beobachtungsrichtung nicht berücksichtigt ist).

[1] Die Beziehung der Intensität I_ν zur Intensität I_λ ergibt sich folgendermaßen:

$$\nu = \frac{c}{\lambda}, \quad d\nu = -\frac{\nu^2}{c} \cdot d\lambda, \quad I_\nu \cdot d\nu = -I_\lambda \cdot d\lambda, \quad I_\nu = \frac{c}{\nu^2} \cdot I_\lambda.$$

Die Integration der Gleichung (9) nach ν_0 von 0 bis ν ergibt die Gesamtintensität I:

$$I = \int_0^{\nu_0} I_\nu \cdot d\nu = \frac{1}{2} a' Z \nu_0^2 + b' Z^2 \nu_0 . \tag{12}$$

Anstelle ν läßt sich mit Hilfe der EINSTEINschen Beziehung $eV = h\nu$ die Spannung einführen:

$$I = \frac{1}{2} a' \frac{e^2}{h^2} \cdot Z \cdot V^2 + b' \frac{e}{h} \cdot Z^2 V . \tag{13}$$

Wenn man das zweite Glied, das ja sehr klein ist, vernachlässigt, ist Gleichung (13) identisch mit Gleichung (4). Die Gesamtintensität steigt mit dem Quadrat der Spannung und proportional zur Ordnungszahl an.

Die auf S. 8 angeführten älteren Untersuchungen über die Polarisation der Bremsstrahlung sind durch neuere Arbeiten[1] bestätigt worden.

b) Die charakteristischen Emissionsspektren.

Die Auffindung der charakteristischen Strahlung und die Einordnung zu einer härteren K- und einer weicheren L-Reihe geht auf BARKLA

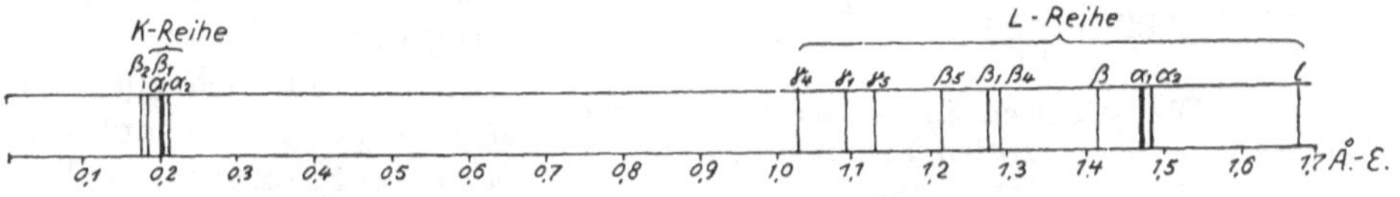

Fig. 173. Hauptlinien der K- und L-Reihe von Wolfram.

zurück (vgl. S. 10). Durch die BRAGGschen Untersuchungen stellte sich dann heraus, daß die charakteristische Strahlung eines Elements aus wenigen scharf definierten Spektrallinien besteht, und die von MOSELEY[2] an einer großen Anzahl von Elementen vorgenommenen Messungen führten zu einer glänzenden Bestätigung der BARKLAschen Entdeckung. MOSELEY fand, daß die Elemente ein kurzwelligeres (härteres) K-Spektrum und ein langwelligeres (weicheres) L-Spektrum aussenden (Fig. 173), und daß sich der allgemeine Charakter der Röntgenspektren von Element zu Element im periodischen System mit einer geringen Verschiebung nach kürzeren Wellenlängen regelmäßig wiederholt. Spätere Untersuchungen fügten zu der K- und L-Reihe noch die langwelligere M- und N-Reihe hinzu. Einen guten Überblick über die Emissionsspektren der Elemente gibt die Darstellung Fig. 174 (SIEGBAHN[3]), in der die stärksten Linien der verschiedenen Reihen jedes dritten Elements angegeben sind. Wie man sieht, ist die Verschiebung der analogen Spektren von Element zu Element eine durchaus gesetzmäßige. Diese Gesetzmäßigkeit tritt noch wesentlich deutlicher hervor, wenn man an Stelle der Wellenlängen die Quadratwurzeln aus den Schwingungszahlen ($\nu = \frac{c}{\lambda}$, c = Lichtgeschwindigkeit) benutzt. Setzt

[1] KIRKPATRIK, Phys. Rev. 22, 226 (1923).
[2] MOSELEY, Phil. Mag. 26, 1024 (1913); 27, 703 (1914).
[3] SIEGBAHN, Z. f. Physik 4, 62 (1921).

man $\sqrt{\nu}$ in Beziehung zu den Atomgewichten der Elemente (Fig. 175), so findet man eine angenähert lineare Abhängigkeit. Setzt man $\sqrt{\nu}$ dagegen in Beziehung zu den Ordnungszahlen der Elemente im periodischen System (Fig. 176), so ist die lineare Abhängigkeit vollkommen erfüllt. Diese Gesetzmäßigkeit wurde von MOSELEY[1] entdeckt und gilt für alle Reihen (*K*, *L*, *M*, usw.).

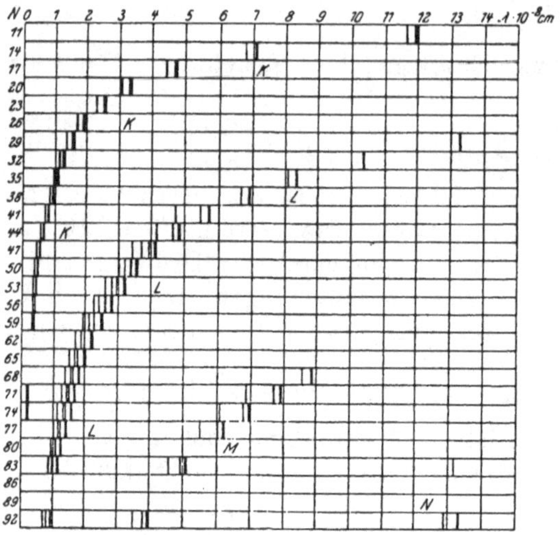

Fig. 174. Die stärksten Linien der verschiedenen Röntgenreihen jedes dritten Elements von 11 bis 92 (SIEGBAHN).

Für die Erregung liegen die Verhältnisse am einfachsten bei der *K*-Reihe. Die *K*-Gruppe eines Elements wird als Ganzes bei Überschreiten eines gewissen Schwellenwertes der Spannung erregt.[2] Dieser Schwellenwert läßt sich aus der *K*-Absorptionsbandkante mit Hilfe der EINSTEINschen Beziehung (Gleichung 2 und 3)

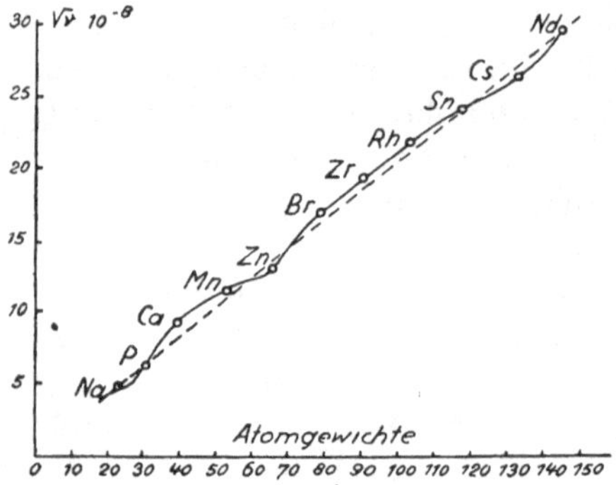

Fig. 175.
Quadratwurzel aus der Schwingungszahl von *Kα* in Abhängigkeit vom Atomgewicht.

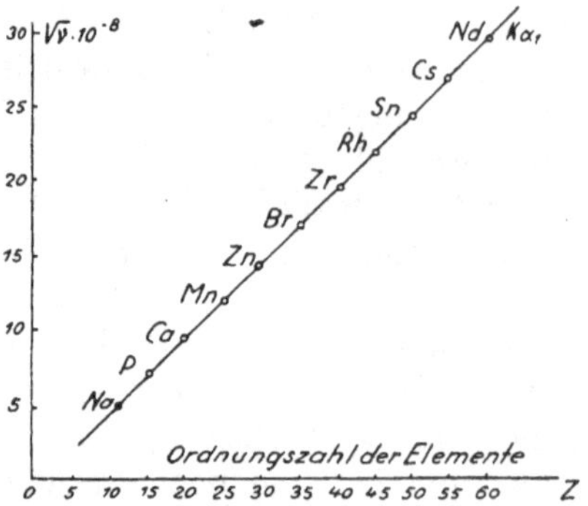

Fig. 176.
Quadratwurzel aus der Schwingungszahl von *Kα* in Abhängigkeit von der Ordnungszahl.

[1] MOSELEY, l. c. S.

[2] SADLER, Phil. Mag. 18, 107 (1909); BARKLA und SADLER, Phil. Mag. 16, 550 1909) fanden bereits nach der Sekundärstrahlmethode (vgl. S. 9), daß die erregende Strahlung von größerer Härte sein muß als die erregte Strahlung. WIDDINGTON, Proc. Roy. Soc. 85, 323 (1911) benutzte ebenfalls die Sekundärstrahlmethode und erzeugte Röntgenstrahlen verschiedener Härte, indem er den primären Kathodenstrahl durch ein Magnetfeld zerlegte. WEBSTER, Proc. Nat. Acad. Sc. 2, 90 (1910); Phys. Rev. 7, 403, 599 (1916).

berechnen. Die Absorptionsbandkante ist ein wenig kurzwelliger als die kurzwelligste K-Linie der Gruppe (z. B. liegt die K-Absorptionsbandkante von Cu bei 1377,65 X.-E. (10^{-11} cm), die kurzwellige Linie Cu $K\beta_2$ dagegen bei 1378,0 X.-E.; über die Absorptionsbandkante vgl. weiter unten. Der Unterschied in der Wellenlänge ist so gering, daß es praktisch gleichgültig ist, ob man bei der Rechnung die kurzwellige Linie oder die Absorptionsbandkante einsetzt). Bei der Erregung mit der so berechneten Spannung wird die ganze K-Gruppe angeregt. Da die Intensität des Linienspektrums entsprechend einer überschießenden Spannung jedoch stark ansteigt, so überschreitet man praktisch die Grenzspannung wesentlich. Nach WEBSTER und CLARK[1] steigt die Intensität proportional $(V - V_{min})^{\frac{3}{2}}$, wenn V_{min} die berechnete Anregungsspannung ist. — Tab. 15 enthält die relativen Intensitäten von Mo $K\alpha$ für verschiedene Spannungen nach HULL.[2]

Tabelle 15.

Intensität von Mo $K\alpha$ bei verschiedenen Anregungsspannungen.

Kilovolt	20	22	24	26	28	30	32	34	36	40
Intensität	0	1,25	2,75	4,80	7,30	9,60	12,65	15,2	18,5	23,4

Etwas komplizierter liegen die Verhältnisse bei den übrigen Reihen So zerfallen die Linien einer L-Gruppe in drei Untergruppen, wobei die Gesetze der K-Gruppe für jede Untergruppe getrennt gelten. Die Zahl der Untergruppen beträgt in der M-Reihe fünf, in der N-Reihe sieben.

Zur Erzeugung der charakteristischen Strahlung eines Elements wird dieses entweder selbst als Antikathode in einem Röntgenrohr angebracht oder in Form einer möglichst schwer flüchtigen Verbindung auf die aufgerauhte Metallantikathode (etwa Kupfer) in Pulverform aufgerieben. Bei der Wahl der Trägerantikathode muß man darauf achten, daß eine ihrer charakteristischen Strahlungen nicht zu nahe derjenigen der zu untersuchenden Elemente liegt.

Ausführliche Wellenlängentabellen sind in folgenden Büchern enthalten:

1923. BEHNKEN in ROTH, SCHEEL, REGENER, Konstanten der Atomphysik aus LANDOLT-BÖRNSTEIN, Phys.-chem. Tabellen, 5. Aufl. Bd. II; Verl. Springer, Berlin.
1924. M. SIEGBAHN, Spektroskopie der Röntgenstrahlen; Verl. Springer, Berlin.
1925. M. SIEGBAHN, The Spectroscopy of X-Rays; Oxford.
1926. H. MARK, Die Verwendung der Röntgenstrahlen in Chemie und Technik; Verl. Barth, Leipzig.
1927. A. E. LINDH, Bericht über die Entwicklung der Röntgenspektroskopie während der Jahre 1921—1925, Phys. Ztschr. **28**, 24, 93.
1927. O. BERG, Röntgenspektren im Hdbch. der phys. Optik von GEHRKE, Bd. II, 2, S. 466; Verl. Barth, Leipzig.

Bezüglich der Originalliteratur für die nachfolgenden Wellenlängentabellen wird auf die Literatursammlungen bei SIEGBAHN und LINDH verwiesen.

---

[1] WEBSTER und CLARK, Phys. Rev. **9**, 571 (1917).

[2] HULL, Phys. Rev. **10**, 661 (1917).

Tabelle 16. *K*-Reihe.

Atomnummer	Element	Anregungsspannung in K. V.	$L_{21}K_{11}$	$L_{22}K_{11}$	$M_{22}K_{11}$	$N_{22}K_{11}$	Absorption
			α_2	α_1	β_1	β_2	
			α'	α	β	γ	
11	Na	1,07	11883,6		11591	—	—
12	Mg	1,30	9897,75		9534,5	—	9511,2
13	Al	1,55	8319,40		7940,5	—	7947,0
14	Si	1,83	7109,17		6739,3	—	6731,0
15	P	2,14	6141,71		5786,2	—	5774,9
16	S	2,46	5363,75	5360,90	5021,3	—	5008,8
17	Cl	2,82	4721,36	4718,21	4394,6	—	4384,4
18	Ar	—	—	—	—	—	3865,7
19	K	3,59	3737,06	3733,68	3446,80	—	3431,0
20	Ca	4,03	3354,95	3351,69	3083,43	—	3064,0
21	Sc	4,49	3028,40	3025,03	2773,94	—	2751,7
22	Ti	4,95	2746,81	2743,17	2508,98	2493,7	2491,2
23	V	5,45	2502,13	2498,35	2279,72	2264,6	2263,0
24	Cr	5,98	2288,95	2284,84	2080,45	2067,0	2066,3
25	Mn	6,54	—	2097,32	1905,91	1893,2	1892,1
26	Fe	7,10	1936,51	1932,30	1752,72	1740,6	1740,5
27	Co	7,71	1789,56	1785,28	1617,13	1605,4	1601,8
28	Ni	8,29	1658,54	1654,61	1497,03	1485,4	1489,0
29	Cu	8,86	1541,16	1537,26	1389,33	1378,0	1377,65
30	Zn	9,65	1435,87	1432,06	1292,60	1280,97	1280,8
31	Ga	10,4	—	—	—	—	1190,2
32	Ge	11,1	1255,21	1251,30	1126,74	1114,62	1114,6
33	As	11,9	1177,40	1173,43	1055,18	1042,93	1042,63
34	Se	12,7	1106,43	1102,42	990,25	977,90	977,73
35	Br	13,5	1041,60	1037,56	930,84	918,26	918,09
36	Kr	—	—	—	—	—	—
37	Rb	15,2	927,72	923,60	827,03	814,84	814,10
38	Sr	16,1	877,54	873,37	781,53	769,19	768,37
39	Y	17,0	831,19	827,01	739,31	726,92	725,5
40	Zr	18,0	788,50	784,29	700,47	688,34	687,38
41	Nb	19,0	748,82	744,57	664,49	652,55	651,58
42	Mo	20,0	712,08	707,80	631,24	619,69	618,48
43	Ma	—	—	—	—	—	—
44	Ru	22,1	646,15	641,81	571,43	560,48	558,4
45	Rh	23,2	616,41	612,15	544,70	534,13	533,03
46	Pd	24,4	588,58	584,19	519,74	509,38	507,95
47	Ag	25,5	562,64	558,21	496,33	486,10	484,80
48	Cd	26,7	538,29	533,86	474,29	464,39	463,13
49	In	27,9	515,46	511,03	453,72	444,08	442,98
50	Sn	29,1	493,95	489,48	434,40	424,86	423,94
51	Sb	30,4	473,87	469,31	416,23	407,10	406,09
52	Te	31,8	454,91	450,37	399,26	390,37	389,24
53	J	33,2	437,03	432,49	383,29	374,71	373,44
54	X	—	—	—	—	—	—

Fortsetzung.

Atom-nummer	Element	Anregungs-spannung in K. V.	$L_{21}\ K_{11}$	$L_{22}\ K_{11}$	$M_{22}\ K_{11}$	$N_{22}\ K_{11}$	Ab-sorption
			α_2	α_1	β_1	β_2	
			α'	α	β	γ	
55	Cs	35,9	404,0	399,5	353,6	345,2	344,07
56	Ba	37,4	388,9	384,3	340,2	332,2	330,70
57	La	38,7	374,6	370,0	327,3	319,7	318,14
58	Ce	40,3	361,0	356,4	315,0	307,7	306,26
59	Pr	41,9	348,0	343,4	303,6	296,2	294,6
60	Nd	43,6	336,0	331,3	292,8	—	284,58
61	—	—	—	—	—	—	—
62	Sm	46,8	313,2	308,5	212,5	265,8	263,6
63	Eu	48,6	302,7	298,0	263,1	256,4	254,3
64	Gd	50,3	292,4	287,7	253,9	247,6	245,6
65	Tb	52,0	282,9	278,2	245,5	239,1	239,8
66	Dy	53,8	273,6	268,9	237,1	231,2	229,4
67	Ho	55,8	264,99	260,30	—	—	222,64
68	Er	57,5	256,7	252,0	222,1	216,7	—
69	Tu	59,5	248,6	243,9	214,9	—	208,5
70	Yb	61,4	241,0	236,2	208,3	203,2	201,6
71	Cp	63,4	233,6	228,8	201,7	196.4	195,1
72	Hf	65,4	226,5	221,7	195,2	190,4	190,1
73	Ta	67,4	219,7	214,9	189,9	184,5	183,6
74	W	69,3	213,52	208,85	184,36	179,40	178,06
75	Re	—	—	—	—	—	—
76	Os	73,8	201,3	196,4	173,6	168,8	168,3
77	Ir	76,0	195,5	190,6	168,5	163,8	—
78	Pt	78,1	190,10	185,28	163,4	158,2	157,8
79	Au	80,5	184,8	179,2	159,0	154,3	152,4
80	Hg	82,9	—	—	—	—	147,9
81	Tl	85,2	170,0	165,2	146,1	142,6	142, 7
82	Pb	87,6	—	—	—	—	138,5
83	Bi	90,1	165,2	160,4	142,0	136,2	134,6
84	Po	—	—	—	—	—	—
85	—	—	—	—	—	—	—
86	Em	—	—	—	—	—	—
87	—	—	—	—	—	—	—
88	Ra	—	—	—	—	—	—
89	Ac	—	—	—	—	—	—
90	Th	109	—	—	—	—	112,7
91	Pa	—	—	—	—	—	—
92	U	115	131,0	126,4	111,9	108,4	107,5

Anm. Die Bezeichnungen $L_{21}K_{11}$ usw. kennzeichnen die Entstehung der Linie durch Angabe des Anfangs- und Endniveaus (vgl. S. 216 ff). Die Bezeichnungen α_2, α_1 usw. wurden von Siegbahn, die Bezeichnungen α', α usw. von Sommerfeld eingeführt.

Tabelle

Atom-nummer	Element	Anregungs-spannung in K. V.	$M_{11} L_{22}$	$M_{32} L_{22}$	$M_{33}' L_{22}$		$M_{11} L_{21}$	$M_{21} L_{11}$	$N_{11} L_{22}$	$M_{32} L_{21}$		$M_{22} L_{11}$		$N_{33} L_{22}$		
			l	α_2	α_1	σ_3	η	β_4	β_6	β_1	β_{13}	β_3	β_{14}	β_2	β_{11}	β
			ε	α'	α		η	φ'	ι	β		φ		γ		
24	Cr	0,68	—	—	21530	—	—	—	—	21190	—	—	—	—	—	—
25	Mn	0,75	—	—	19390	—	—	—	—	19040	—	—	—	—	—	—
26	Fe	0,83	20120	—	17580	—	19650	—	—	17220	—	—	—	—	—	—
27	Co	0,92	18200	—	15940	—	17770	—	—	15620	—	—	—	—	—	—
28	Ni	1,01	16550	—	14528	—	16170	—	—	14235	—	—	—	—	—	—
29	Cu	1,10	15190	—	13308	—	14830	—	—	13029	—	—	—	—	—	—
30	Zn	1,20	13950	—	12224	—	13610	—	—	11958,—	—	—	—	—	—	—
31	Ga	1,31	—	—	—	—	—	—	—	—	—	—	—	—	—	—
32	Ge	1,41	—	—	10413	—	—	—	—	—	—	—	—	—	—	—
33	As	1,52	11047	—	9650,3	9617,3	10710	—	—	9394,0	—	—	—	—	—	—
34	Se	1,64	10271	—	8970,6	8938,6	9939	—	—	8717,2	—	—	—	—	—	—
35	Br	1,77	9563	—	8356,6	8326,2	9234	—	—	8107,6	—	—	—	—	—	—
36	Kr	—	—	—	—	—	—	—	—	—	—	—	—	—	—	—
37	Rb	2,05	—	—	7302,7	7272,7	8029,0	6802,8	6967,5	7060,4	—	6769,9	—	—	—	—
38	Sr	2,19	7821,—	—	6847,8	6818,3	7505,—	6385,5	6503,0	6609,2	—	6349,9	—	—	—	—
39	Y	2,36	—	—	6434,9	6406,5	—	6001,9	—	6198,4	—	5967,8	—	—	—	—
40	Zr	2,51	6898,—	—	6055,9	6027,2	6593,1	5652,7	5693,5	5822,8	—	5618,2	—	5573,4	—	—
41	Nb	2,68	6509,—	5717,—	5711,3	5688,6	6195,—	5331,4	5346,1	5479,6	—	5295,9	—	5225,3	5161,—	
42	Mo	2,87	—	5400,—	5394,3	5372,1	5835,—	5035,8	—	5165,8	—	5000,2	—	4909,2	4859,7	484
43	Ma	—	—	—	—	—	—	—	—	—	—	—	—	—	—	—
44	Ru	3,24	—	4843,67	4835,67	4818,—	—	4512,6	4476,4	4611,00	—	4476,4	—	4361,9	—	—
45	Rh	3,43	5207,0	4595,56	4587,78	4572,—	4911,2	4277,8	4230,1	4364,00	—	4241,3	—	4122,1	4048,8	407
46	Pd	3,64	4939,6	4366,60	4358,50	4344,—	4650,2	4062,3	4007,0	4137,30	—	4025,7	—	3900,7	3867,6	385
47	Ag	3,79	4697,6	4153,82	4145,64	4131,70	4410,1	3861,1	3799,4	3926,64	—	3824,45	—	3693,83	3663,3	365
48	Cd	4,07	4471,3	3956,36	3947,82	3933,—	4187,5	3674,25	3607,3	3730,08	—	3636,42	—	3506,4	3477,5	346
49	In	4,28	4259,3	3772,42	3763,67	3749,91	3976,1	3499,0	3428,0	3547,83	—	3461,9	—	3331,2	3304,0	329
50	Sn	4,49	4063,3	3601,08	3592,18	—	3781,8	3336,3	3262,2	3377,92	—	3298,9	—	3167,9	3142,6	313
51	Sb	4,69	3880,3	3440,75	3431,77	—	3599,6	3184,3	3107,8	3218,36	—	3145,14	—	3016,6	2993,4	298
52	Te	4,93	3710,1	3291,00	3281,99	—	—	3040,0	2964,4	3069,97	—	3001,3	—	2876,1	—	—
53	J	5,18	—	3150,87	3141,66	—	—	2906,—	—	2930,93	—	2867	—	2746,08	—	—
54	Xe	—	—	—	—	—	—	—	—	—	—	—	—	—	—	—
55	Cs	5,71	—	2895,60	2886,10	—	2983,3	2660,5	2587,5	2677,84	—	2622,93	—	2506,4	2483,—	
56	Ba	5,99	3128,7	2779,02	2769,64	—	2857,1	2549,8	2477,2	2562,24	—	2511,0	—	2399,3	2381,7	
57	La	6,26	3000,—	2668,93	2659,68	—	2734,—	2443,8	2373,9	2453,30	—	2405,3	—	2298,0	—	—
58	Ce	6,54	—	2565,11	2556,00	—	2614,7	2344,2	2276,9	2351,00	—	2305,9	2212,1	2204,1	—	—
59	Pr	6,83	2778,1	2467,63	2457,70	—	2507,—	2250,1	2185,9	2253,90	—	2212,4	2122,0	2114,8	—	—
60	Nd	7,12	2670,3	2375,63	2365,31	—	2404,2	2162,2	2099,3	2162,21	—	2122,2	2038,8	2031,4	—	—
61	—	—	—	—	—	—	—	—	—	—	—	—	—	—	—	—
62	Sm	7,73	2477,0	2205,68	2195,01	—	2214,—	1996,4	1942,2	1993,57	1987,1	1958,0	1885,1	1878,1	—	—
63	Eu	8,04	2390,3	2127,33	2116,33	—	—	1922,1	1870,5	1916,31	1909,2	1882,7	1781,4	1808,2	—	—
64	Gd	8,37	2307,1	2052,62	2041,93	—	—	1849,3	1803,1	1842,46	1835,5	1810,9	1748,1	1741,9	—	—
65	Tb	8,70	2229,0	1982,31	1971,49	—	—	1781,4	1737,5	1772,68	1765,5	1742,5	1685,1	1679,0	—	—
66	Dy	9,03	2154,0	1915,64	1904,60	—	1892,2	1716,7	1677,7	1706,58	1699,2	1677,7	1625,1	1619,8	—	—
67	Ho	9,38	2082,1	1852,06	1840,98	—	1822,0	1655,3	1618,8	1643,52	1635,5	1616,0	1567,—	1563,7	—	—
68	Er	9,73	2015,1	1791,40	1780,40	—	1754,8	1596,4	1563,6	1583,44	1575,6	1557,9	1512,—	1510,6	1501,4	
69	Tu	10,1	1951,1	1733,9	1722,8	—	1692,3	1541,2	1511,5	1526,8	—	1502,3	—	1460,2	—	—
70	Lu	10,5	1890,0	1678,9	1667,79	—	1631,0	1488,2	1462,7	1472,5	—	1449,4	—	1412,8	—	—
71	Cp	10,9	1831,8	1626,36	1615,51	—	1573,8	1437,2	1414,3	1420,7	—	1398,2	—	1367,2	1359,—	
72	Hf	11,3	1777,4	1577,04	1566,07	—	1519,7	1389,3	1371,1	1370,17	—	1349,7	—	1323,5	—	—
73	Ta	11,7	1724,2	1529,4	1518,25	—	1465,5	1342,2	1326,7	1323,54	—	1303,3	—	1281,0	—	—
74	W	12,1	1675,05	1484,52	1473,48	—	1417,7	1298,74	1287,1	1276,17	—	1260,00	—	1241,91	1235,4	
75	Re	—	—	—	—	—	—	—	—	—	—	—	—	—	—	—
76	Os	13,0	—	1398,2	1388,16	—	—	1215,0	1204,8	1194,59	—	1177,2	—	1186,38	—	—
77	Ir	13,4	—	1359,39	1348,34	—	—	1176,4	1171,7	1154,95	—	1137,9	—	1132,87	—	—
78	Pt	13,9	1497,23	1321,21	1310,08	—	1240,1	1139,8	1139,8	1117,22	—	1099,50	—	1099,50	—	—
79	Au	14,4	1456,54	1284,89	1273,55	—	1199,5	1104,4	1110,6	1080,93	—	—	—	1067,75	—	—
80	Hg	14,8	1418,3	1249,7	1238,5	—	1161,9	1068,6	1077,4	1045,8	—	1030,1	—	—	—	—
81	Tl	15,3	—	1216,03	1204,71	—	1125,—	1037,1	1048,0	1012,66	—	997,8	—	1007,86	—	—
82	Pb	15,8	1346,62	1183,52	1172,02	—	1090,2	1004,69	1018,8	979,90	—	966,02	—	979,90	—	—
83	Bi	16,4	1312,95	1153,3	1141,15	—	1057,—	975,4	991,6	949,30	—	935,7	—	952,93	—	—
88	Ra	—	—	—	—	—	—	—	—	—	—	—	—	—	—	—
89	Ac	—	—	—	—	—	—	—	—	—	—	—	—	—	—	—
90	Th	20,5	1112,41	965,24	953,42	—	—	789,—	826,2	762,59	—	752,1	—	791,08	—	—
91	Pa	—	—	—	—	—	—	—	—	—	—	—	—	—	—	—
92	U	21,7	1064,77	920,14	908,33	—	802,9	745,4	786,6	718,07	—	708,4	—	752,68	—	—

Anm.: Die Anregungsspannung bezieht sich auf die härteste Liniengruppe (L_{11}).

-Reihe.

			$O_{11}\,L_{22}$	$O_{33}\,L_{22}$	$N_{11}\,L_{21}$		$N_{32}\,L_{21}$	$O_{32}\,L_{21}$		$O_{11}\,L_{21}$		$N_{21}\,L_{11}$	$N_{22}\,L_{11}$	$O_{22}\,L_{11}$	Absorption		
	β_9	β_8	β_7	β_5	γ_5	γ_9	γ_1	γ_6	γ_7	γ_8	γ_{10}	γ_2	γ_3	γ_4	L_{22}	L_{21}	L_{11}
			λ	ζ	$\varkappa$		δ	ϑ		μ		χ'	χ	ψ			
	—	—	—	—	—	—	—	—	—	—	—	—	—	—	—	—	—
	—	—	—	—	—	—	—	—	—	—	—	—	—	—	—	—	—
	—	—	—	—	—	—	—	—	—	—	—	—	—	—	—	—	—
	—	—	—	—	—	—	—	—	—	—	—	—	—	—	—	—	—
	—	—	—	—	—	—	—	—	—	—	—	—	—	—	—	—	—
	—	—	—	—	—	—	—	—	—	—	—	—	—	—	—	—	—
	—	—	—	—	—	—	—	—	—	—	—	—	—	—	—	—	—
	—	—	—	—	—	—	—	—	—	—	—	—	—	—	—	—	—
	—	—	—	—	—	—	—	—	—	—	—	—	—	—	—	—	—
	—	—	—	—	—	—	—	—	—	—	—	—	—	—	—	—	—
	—	—	—	—	—	—	—	—	—	—	—	—	—	—	—	—	—
	—	—	—	—	—	—	—	—	—	—	—	—	—	—	—	—	—
	—	—	—	—	—	—	—	—	—	—	—	—	—	—	—	—	—
	—	—	—	—	6738,6	—	—	—	—	—	—	6028,2		—	—	—	—
	—	—	—	—	6278,8	—	—	—	—	—	—	5629,4		—	—	—	—
	—	—	—	—	—	—	—	—	—	—	—	—		—	—	—	—
	—	—	—	—	5481,0	—	5373,0	—	—	—	—	4941,2		—	—	—	—
	—	—	—	—	—	—	5024,1	—	—	—	—	4639,—		—	—	—	—
	—	—	—	—	4819,0	—	4711,1	—	—	—	—	4361,3		—	—	—	—
	—	—	—	—	—	—	—	—	—	—	—	—		—	—	—	—
	—	—	—	—	4276,6	—	4172,82	—	—	—	—	3887,9		—	—	—	—
	—	—	—	—	4035,2	—	3935,7	—	3896,8	—	—	3677,0		—	—	—	—
	—	—	—	—	3811,6	—	3716,36	—	3676,—	—	—	3480,9		—	—	—	—
—	3620,—	—	—	—	3607,3	—	3514,85	—	3479,5	—	—	3299,7		—	3684,4	3504,7	3260,5
	—	—	—	—	3418,1	—	3328,00	—	3302,—	—	—	3131,6		—	—	—	—
8	3259,8	—	3317,—	—	3241,8	—	3155,29	—	3125,—	—	—	2973,6		2919,1	—	—	—
4	3108,1	—	3149,—	—	3077,4	—	2994,93	—	2968,5	—	—	2827,3		2771,3	3146,9	—	—
5	2965,8	—	—	—	2925,6	—	2845,07	—	—	—	—	2688,9		2633,6	2994,5	2831,0	2632,7
	—	—	—	—	2783,1	—	2706,47	—	—	—	—	2564,9		2505,7	2847,0	2683,7	2502,6
	—	—	—	—	—	—	2577,48	—	—	—	—	—	—	—	2712,4	2548,3	2381,9
	—	—	—	—	—	—	—	—	—	—	—	—	—	—	2587,5	2425,3	2272,4
	2473,—	—	2480,—	—	2411,1	—	2342,52	—	—	—	2236,9	2232,2	2227,0	2169,1	2467,8	2307,3	2160,5
	2371,2	—	2375,6	—	2302,3	—	2236,60	—	2218,—	2218,—	2140,2	2134,0	2129,5	2071,5	2357,7	2199,5	2060,2
—	2277,—	—	2270,—	—	2200,8	—	2137,20	—	—	—	2048,1	2041,6	2036,5	1978,7	2253,7	2098,9	1968,9
,6	2184,0	—	2176,3	—	2105,6	2051,—	2044,33	—	2029,—	2019,—	1962,3	1955,9	1950,9	1895,2	2159,7	2006,7	1835,6
,5	2095,8	—	2087,4	—	2016,1	1962,2	1956,81	—	1942,2	1932,2	1881,1	1875,0	1869,9	1815,3	2072,7	1919,7	1808
,3	2011,7	—	2004,3	—	1931,3	1880,4	1873,83	—	1859,—	—	—	1797,4	1792,5	1740,8	1990,3	1837,6	1736
	—	—	—	—	—	—	—	—	—	—	—	—	—	—	—	—	—
,7	1858,1	—	1852,3	—	1775,1	1728,5	1723,09	—	—	—	—	1655,9	1651,7	1603,3	1841	1701	1608
—	1788,—	—	1784,—	—	1705,—	1659,3	1654,3	—	1644,—	1629,—	—	1593,9	1587,7	—	1773	—	—
,1	—	—	1719,6	—	1637,6	1593,6	1558,63	—	—	—	—	1531,0	1525,9	1481,8	1706,2	1558,7	—
—	—	—	1655,8	—	1574,2	1531,4	1526,6	—	—	—	—	1473,8	1468,3	1423,9	—	—	—
	—	—	1595,7	—	1515,2	—	1469,7	—	—	—	—	1420,3	1413,9	1371,4	1587,0	1441,4	1364,8
	—	—	—	—	1459,—	1416,—	1414,2	—	—	—	—	1367,7	1361,3	1319,7	—	—	—
	1482,3	—	1489,2	—	1403,—	—	1362,3	—	—	—	—	1318,4	1311,8	1273,2	1479,6	1334,9	1266,0
	—	—	—	—	1352,3	—	1312,7	—	—	—	—	1271,2	1265,3	1226,4	1429,9	1284,9	1219,6
	—	—	—	—	1303,0	—	1264,8	—	—	—	—	1225,6	1219,8	1182,0	1382,4	1242	1176
,8	1333,0	—	1345,9	—	1256,—	—	1220,3	—	—	—	—	1183,2	1177,5	1141,1	1337,7	1194,5	1136,2
	—	—	1303,5	—	1212,1	—	1176,5	—	—	—	—	1141,3	1135,6	1100,1	1293,0	1159,5	1097
,6	1242,9	1273,8	1260,0	1250,6	1170,0	—	1134,71	1110,0	—	—	—	1102,0	1096,2	1062,4	1253	1111,8	1058
,4	1202,1	1235,4	1220,8	1212,5	1129,2	—	1095,53	1072,0	—	1079,—	—	1065,84	1059,65	1026,47	1213,6	1072,6	1024
	—	—	—	—	—	—	—	—	—	—	—	—	—	—	—	—	—
	—	—	—	1140,—	—	—	1022,47	—	—	—	—	—	—	—	1138	998,5	951,5
	—	1126,7	—	1103,0	—	—	988,41	963,6	—	—	—	963,6	956,6	—	1103,6	965	919,5
,0	1051,9	1092,8	1078,5	1070,1	985,5	—	955,45	931,7	—	—	—	931,7	925,6	895,0	1070,4	932,1	892,1
,7	1018,8	1060,9	1046,5	1038,2	954,2	—	924,37	901,25	—	—	—	901,25	895,68	866,3	1038,3	901,1	861,3
	—	—	1007,8	1007,8	914,4	—	893,5	—	—	—	—	869,5	869,5	834,8	1006,7	870,0	833,5
	—	—	988,—	978,3	894,2	—	865,29	841,7	—	—	—	844,7	837,9	810,0	977,6	841,5	805,5
	922,3	973,5	959,0	949,52	863,9	—	837,08	813,70	—	—	—	818,2	813,70	783,6	949,7	813,3	780,3
	893,8	—	—	922,3	837,8	—	810,65	787,4	—	—	—	792,9	787,4	761,—	921,6	787,2	756,5
	—	—	—	—	—	—	—	—	—	—	—	—	—	—	802	668	—
	—	—	—	—	—	—	—	—	—	—	—	—	—	—	—	—	—
	—	—	—	762,59	—	—	651,03	630,1	—	—	—	—	—	—	759,6	628,6	604,4
	—	—	—	—	—	—	—	—	—	—	—	—	—	—	—	—	—
	—	—	736,—	724,13	—	—	612,83	592,6	—	—	—	604,4	597,0	—	721,4	591,8	568,5

Vgl. ferner Fußnote zu Tab. 16.

Tabelle 18.

Atom-nummer	Element	Anregungs-spannung in K. V.	$P_{22}M_{11}$	$O_{22}M_{11}$	$O_{32}M_{21}$	$N_{22}M_{11}$	$N_{32}M_{21}$	$N_{21}M_{11}$	$O_{33}M_{22}$	$O_{11}M_{22}$	$N_{11}M_{21}$		$N_{33}M_{…}$
												γ'	γ
					ϑ	χ	δ	χ'	ζ		η		γ
66	Dy	2,04	—	—	—	—	—	—	—	—	—	—	—
67	Ho	2,13	—	—	—	—	—	—	—	—	—	—	—
68	Er	2,22	—	—	—	—	—	—	—	—	—	—	—
69	Tu	2,31	—	—	—	—	—	—	—	—	—	—	—
70	Lu	2,41	—	—	—	—	—	—	—	—	—	—	—
71	Cp	2,50	—	—	—	—	—	—	—	—	—	—	6780
72	Hf	2,60	—	—	—	—	—	—	—	—	—	—	—
73	Ta	2,71	—	—	—	—	—	—	—	—	—	—	6301
74	W	2,81	—	—	—	—	—	—	—	—	—	6066	6085
75	—	—	—	—	—	—	—	—	—	—	—	—	—
76	Os	3,05	—	—	—	4779	4949	—	—	—	5802	5652	5672
77	Ir	3,17	—	—	—	4548	4768	—	—	—	—	—	5484
78	Pt	3,30	—	—	—	4407	—	—	—	—	—	—	5303
79	Au	3,43	—	—	—	4230	—	—	—	—	—	—	5131
80	Hg	3,57	—	—	—	—	—	—	—	—	—	—	—
81	Tl	3,71	—	—	—	3932	4095	—	—	—	—	4798	4806
82	Pb	3,85	—	—	—	3789	3945	—	—	—	4646	—	4666
83	Bi	4,09	—	—	—	3672	3816	3884	—	—	—	4497	4513
84	Po	—	—	—	—	—	—	—	—	—	—	—	—
85	—	—	—	—	—	—	—	—	—	—	—	—	—
86	Em	—	—	—	—	—	—	—	—	—	—	—	—
87	—	—	—	—	—	—	—	—	—	—	—	—	—
88	Ra	—	—	—	—	—	—	—	—	—	—	—	—
89	Ac	—	—	—	—	—	—	—	—	—	—	—	—
90	Th	5,17	—	2437	2612	2917	2999	3127	3109	3276	3530	3645	3657
91	Pa	—	—	—	—	—	—	—	—	—	—	—	—
92	U	5,54	2248	2299	2439	2750	2815	2909	2927	3107	3321	3459 | 3466	3472

Anmerkung: Vgl. Fußnote zu Tab. 16.

Tabelle 19. N-Reihe.

Atom-nummer	Element	Anregungs-spannung in K. V.	Emission				
			$P_{22}N_{11}$	$O_{22}N_{11}$	$O_{32}N_{21}$	$P_{11}N_{22}$	$O_{33}N_{22}$
83	Bi	0,96	13208	—	—	—	—
90	Th	1,33	9367	10030	11046	13149	13805
92	U	1,44	8691	9619	10385	12250	12874

Fußnoten zu Tabelle 20.

[1, 2] C nach der Elektronenstoßmethode von Lukirsky [Phil. Mag. 47, 466 (1924)], Li nach der Elektronenstoßmethode von Rollefson [Phys. Rev. 25, 740 (1925)] bestimmt. Die übrigen Werte von Rollefson intrapoliert.

[3] C röntgenographisch von Dauviller, [C. r. 182, 1083 (1926)], F röntgenographisch von Thoraeus, [Phil. Mag. 1, 321 (1926)].

M-Reihe.

M_{33}	$O_{21}M_{32}$				$N_{43}M_{32}$			$N_{44}M_{33}$	$N_{43}M_{33}$	$N_{11}M_{22}$	$N_{22}M_{32}$	Absorption				
		β'	β''	β'''	β	α'	α''	α_1	α_2							
					β			α	α'	ε		M_{33}	M_{32}	M_{22}	M_{21}	M_{11}
–	—	—	—	—	9323	—	—	—	—	-	—	—	—	—	—	—
–	—	—	8919	—	8943	—	—	9150	—	—	—	—	—	—	—	—
–	—	—	—	—	8573	—	—	8783	—	—	—	—	—	—	—	—
–	—	—	—	—	—	—	—	—	—	—	—	—	—	—	—	—
–	—	7852	7870	—	7891	8090	8111	8125	—	—	—	—	—	—	—	—
–	—	—	7560	—	7582	7787	7803	7820	—	—	—	—	—	—	—	—
–	—	—	—	—	—	—	—	—	—	—	—	—	—	—	—	—
–	—	—	—	—	7001	—	—	7238	—	—	—	—	—	—	—	—
–	—	—	6726	—	6745	—	6952	6973	—	—	—	—	—	—	—	—
–	—	—	—	—	—	—	—	—	—	—	—	—	—	—	—	—
–	—	—	6233	—	6256	—	6459	6481	—	6882	—	—	—	—	—	—
–	—	—	6011	—	6030	—	6223	6250	—	6663	8012	—	—	—	—	—
–	—	—	5797	—	5820	—	6026	6041	—	—	—	—	—	—	—	—
–	—	—	—	—	5619	—	5812	5831	—	6264	—	—	—	—	—	—
–	—	—	—	—	—	—	—	—	—	—	—	—	—	—	—	—
–	5185	—	5210	—	5233	—	5427	5443	—	5879	—	—	—	—	—	—
–	4994	—	5042	—	5065	5242	5250	5273	—	5687	6727	—	—	—	—	—
–	4815	—	4875	—	4894	5078		5107	5117	5525	6498	4762	4569	3894	—	—
–	—	—	—	—	—	—		—	—	—	—	—	—	—	—	—
–	—	—	—	—	—	—		—	—	—	—	—	—	—	—	—
–	—	—	—	—	—	—		—	—	—	—	—	—	—	—	—
–	—	—	—	—	—	—		—	—	—	—	—	—	—	—	—
–	—	—	—	—	—	—		—	—	—	—	—	—	—	—	—
–	—	—	—	—	—	—		—	—	—	—	—	—	—	—	—
53	3792	3921	3925	—	3931	4097		4129	4138	4569	5245	3721	3552	3058	2571	2388
–	—	—	—	—	—	—		—	—	—	—	—	—	—	—	—
14	3570	3684	3696	3700	3709	—	3885	3901	3913	4326	4929	3491	3326	2873	2385	2228

Tabelle 20. *K*-Werte der leichtesten Elemente.

Atom-nummer	Element	Anregungs-spannung[1] in Volt	[2]	[3]
3	Li	43,07	286,5	
4	Be	93,0	132,8	
5	B	166	74,4	
6	C	252	49,0	45,3
7	N	372	33,2	
8	O	507	24,4	
9	F	664	18,6	18,30
10	Ne	835	14,8	

Fußnoten 1 bis 3 zu dieser Tabelle siehe vorige Seite.

Tabelle 21. Funkenlinien.

Atom-nummer	Element	α_2	α_1	α''	α'	α_3	α_4	α_5	α_6	β_3	β'	β_1	β''	β_2
11	Na	11883,6		—	11835	11802	11781	—	—	—	—	11591	—	—
12	Mg	9897,75		—	9826,5	9799,4	9786,2	9730,2	9711,8	9647	—	9534,5	—	—
13	Al	8319,40		—	8285,6	8264,6	8253,0	8205,9	8189,2	8025	—	7940,5	—	—
14	Si	7109,17		—	7083	7063,8	7053,7	7014	7003	6793,3	6744,2	6739,3	—	—
15	P	6141,71		—	—	6102,2	6095,0	—	—	5820,4	—	5786,2	—	—
16	S	5363,75	5360,90	—	5340,6	5329,4	5323,3	5262,6	—	5044,7	5045,0	5021,3	—	5012,7
17	Cl	4721,36	4718,21	4712	4702,5	4688	4684	—	—	4406,0	—	4394,6	4390,8	—
18	Ar	—	—	—	—	—	—	—	—	—	—	—	—	—
19	K	3737,06	3733,68	3730	3718,7	3711,0	3708,8	—	—	—	—	3446,80	3442,5	3434,6
20	Ca	3354,95	3351,69	3349	—	3332,3	3330,0	—	—	—	3091,1	3083,43	3079,6	3067,4
21	Sc	3028,40	3025,03	3023	—	3006		—	—	—	2799,2	2773,94	—	2755,5
22	Ti	2746,81	2743,17	—	—	2726,9		—	—	—	2515,1	2508,98	—	2493,7
23	V	2502,13	2498,35	—	—	2484,6		—	—	—	2285,3	2279,72	—	2264,6
24	Cr	2288,95	2284,84	—	—	2273,3		—	—	—	2085,7	2080,45	—	2067,0
25	Mn	—	2097,32	—	—	2087,9		—	—	—	1910,5	1905,91	—	1893,2
26	Fe	1936,51	1932,30	—	—	1923,3		—	—	—	1756,0	1752,72	—	1740,6
27	Co	1789,56	1785,28	—	—	1777,4		—	—	—	1619,7	1617,13	—	1605,4
28	Ni	1658,54	1654,61	—	—	1647,6		—	—	—	1499,0	1497,03	—	1485,4
29	Cu	1541,16	1537,26	—	—	1530,7		—	—	—	—	1389,33	—	1378,0
30	Zn	1435,87	1432,06	—	—	1426,5		—	—	—	—	1292,60	—	1280,97

[Nach Messungen von Siegbahn und Dolejšek, Dolejšek, Berg (Zn α_3).]

Die K-Reihe.

Die K-Spektren sind vom schwersten Element bis herab zum Fluor[1] ($Z = 9$) und Kohlenstoff[2] ($Z = 6$) röntgenspektrographisch vermessen worden. Die K-Gruppe besteht aus einer intensiveren Linie (α) und einer schwächeren Linie (β). Bei Anwendung eines Spektrographen von größerer Dispersion lösen sich beide Linien zu Dubletts (α_1, α_2 und β_1, β_2) auf[3] (vgl. Fig. 177a). Derselbe allgemeine Charakter wiederholt sich durch das ganze periodische System hindurch, wobei der Abstand α_1—α_2 fast konstant 4,0 X.-E. ($4{,}0 \cdot 10^{-11}$ cm) bleibt. Der Abstand des β-Dubletts β_1—β_2 beträgt beim Uran 3,5 X.-E. und nimmt mit abnehmender Ordnungszahl zu. Er beträgt beim Titan 15,3 X.-E.

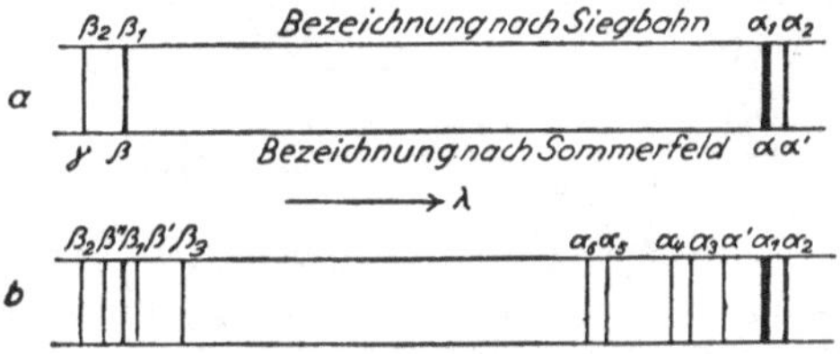

Fig. 177. a) Schematische Darstellung eines einfachen K-Spektrums.
b) Schematische Darstellung der K-Gruppe eines leichten Elementes mit den sog. Funkenlinien (Hjalmar).

Die Untersuchungen über die Intensitätsverhältnisse sind infolge der Schwierigkeit einwandfreier Intensitätsmessungen noch wenig abgeschlossen. Für die schweren Elemente (Wolfram) gilt nach Duane und Stenström[3] angenähert:

$$\beta_2 : \beta_1 : \alpha_1 : \alpha_2 = 15 : 35 : 100 : 50 .$$

Das Verhältnis $\alpha_1 : \alpha_2$ ist durch das System hindurch wahrscheinlich ziemlich konstant.[4] Das $K\beta$-Dublett wird bei den leichteren Elementen relativ zu $K\alpha$ immer schwächer[5], wobei sich das Verhältnis $\beta_1 : \beta_2$[6] derart ändert, daß β_2 mit abnehmender Ordnungszahl ungefähr beim Ti ($Z = 22$) vollkommen verschwindet.

Von der Ordnungszahl 30 an treten mit kleiner werdender Ordnungszahl weitere Linien (Satelliten) hinzu (Fig. 177b).[7] Da sich die Linien

---

[1] Thoraeus, Phil. Mag. [7] 1, 312 (1926), $F\,K\alpha$ 13,3 Å.-E.

[2] Dauvillier, C. r. 182, 1083 (1926), $C\,K\alpha$ 45,3 Å.-E.

[3] Duane und Stenström, Proc. Nat. Acad. Sc. 6, 477 (1920).

[4] Duane und Stenström, Proc. Nat. Acad. Sc. 6, 477 (1920) (Ionisationsmethode); Duane und Patterson, Proc. Nat. Acad. Sc. 6, 518 (1920) (Ionisationsmethode); Siegbahn und Žáček, Ann. Phys. 71, 187 (1923), Zn, Fe, Cu (photographisch-photometrische Methode); Jönsson, Z. f. Physik 36, 424 (1926). Mo (Geigersche Spitzenkammer); Richtmeyer und Spencer, Phys. Rev. 26, 724 (1925)?

[5] Unnewahr, Phys. Rev. 22, 529 (1923), Ag $\alpha : \beta = 100 : 23$, Cr $\alpha : \beta = 100 : 15$ (Ionisationsmethode).

[6] Allison und Armstrong, Phys. Rev. 26, 701 (1925). W $\beta_1 : \beta_2 = 100 : 37$, Mo $\beta_1 : \beta_2 = 100 : 13$, Cu $\beta_1 : \beta_2 = 100 : 2{,}5$ (Ionisationsmethode).

[7] de Broglie, C. r. 169, 962 (1919), 170 1245 (1920); Stenström, Diss. Lund 1920; Duane und Stenström, Phys. Rev. 15, 328 (1920); Duane und Patterson, Phys. Rev. 19, 542 (1922); Allison und Armstrong, l. c.; Hjalmar, Z. f. Physik 1, 439 (1920); Siegbahn und Dolejšek, Z. f. Physik 10, 159 (1922); Dolejšek, C. r. 174, 441 (1922).

zu dem normalen Röntgenspektrum verhalten wie die Funkenlinien des gewöhnlichen optischen Spektrums zum Bogenspektrum, so hat man ihnen den Namen „Funkenlinien" gegeben. Sie entsprechen mehrfach ionisierten Atomen. Die bisher gemessenen Funkenlinien sind in Tab. 21 zusammengestellt.

Neuerdings wurde von LEIDE[1] gefunden, daß auch bei den schwereren Elementen von Mo ($Z = 42$) bis Sn ($Z = 50$) Satelliten beim β-Dublett auftreten.

Die L-Reihe.

Die Spektren der wesentlich komplizierteren L-Reihe sind vom Uran bis herab zum Chrom ($Z = 24$) röntgenspektrographisch vermessen worden. Die L-Gruppen der schwersten Elemente sind am zahlreichsten. Sie setzen sich aus etwa 20 Linien zusammen. Bei den leichten Elementen fallen einige Linien fort. Außerdem findet mit abnehmender Ordnungszahl eine allmähliche Linienverbreiterung statt, wobei die Linien besonders nach der kurzwelligen Seite verwaschen erscheinen. Der allgemeine Charakter der L-Spektren und die allmähliche relative Verschiebung der Linien von Element zu Element ist in der schematischen Darstellung Fig. 178 wiedergegeben. Die Spektren einiger Elemente zwischen Ta ($Z = 73$) und U ($Z = 92$) sind so gezeichnet, daß die stärksten Linien untereinander zu liegen kommen. Die L-Gruppen zerfallen entsprechend den schon erwähnten drei Anregungsstufen in drei Untergruppen. WEBSTER und CLARK[2], sowie WEBSTER[3] und HOYT[4] konnten beim Pt-L-Spektrum nachweisen, daß bei langsam gesteigerter Spannung folgende Linienuntergruppen auftreten:

Spannung	Untergruppe
10,2 K. V.	l, α_2, α_1, β_2, β_5, β_6
11,6 „	η, β_1, γ_1
12,0 „	β_3, β_4, γ_4

Die Untergruppen liegen also nicht getrennt voneinander, sondern greifen ineinander über. Die mit Hilfe der EINSTEINschen Beziehung [Gl. (3)] aus den Anregungsspannungen berechneten Wellenlängen fallen mit den drei Absorptionsbandkanten zusammen.

Bezüglich des Intensitätsverhältnisses der Linien im L-Spektrum wurden Messungen ausgeführt am Wolfram von DUANE und PATTERSON[5]

---

[1] LEIDE, C. r. **180**, 1203 (1925).
[2] WEBSTER und CLARK, Proc. Nat. Acad. Sc. **3**, 181 (1917).
[3] WEBSTER, Proc. Nat. Acad. Sc. **6**, 26 (1920); Phys. Rev. **15**, 238 (1920).
[4] HOYT, Proc. Nat. Acad. Sc. **6**, 639 (1920).
[5] DUANE und PATTERSON, Proc. Nat. Acad. Sc. **6**, 518 (1920); **8**, 85 (1922); **19**, 542 (1922) (Ionisationsmethode).

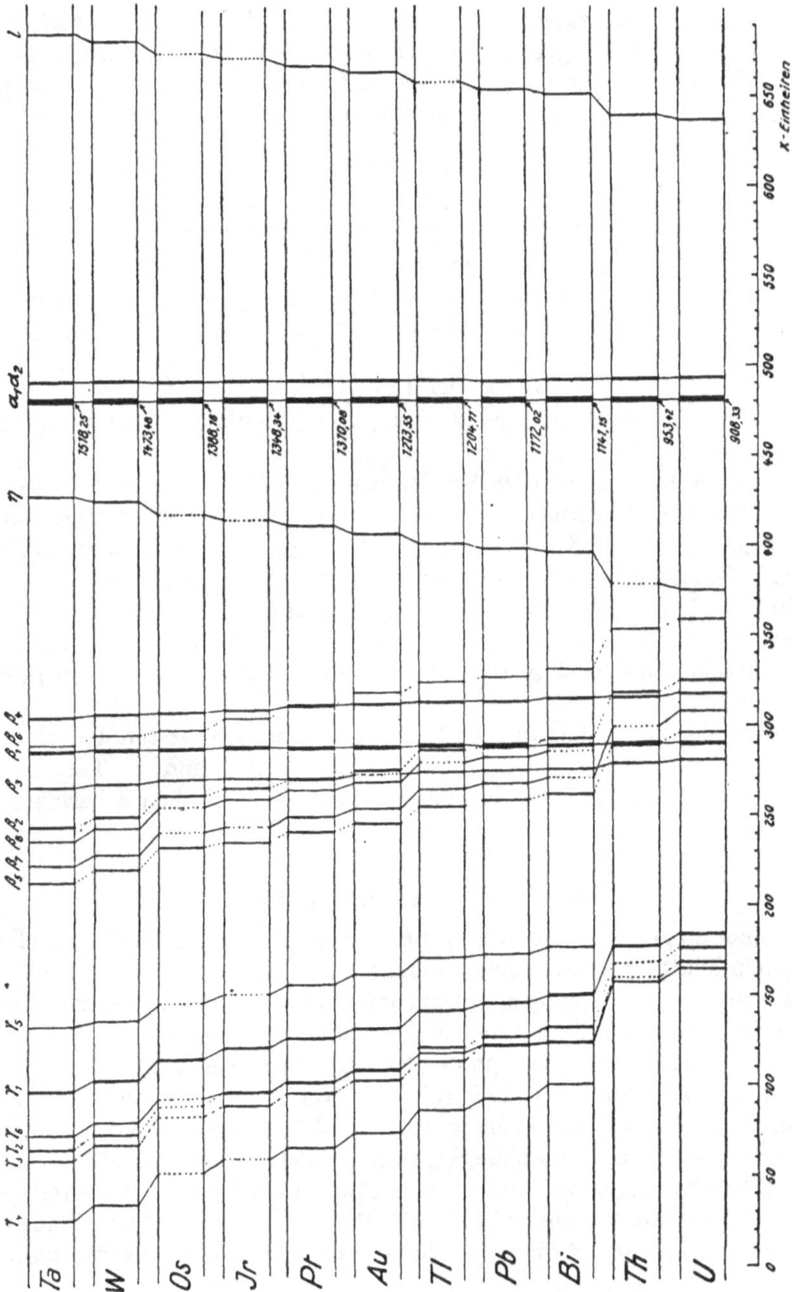

Fig. 178. Schematische Darstellung der *L*-Serie einiger der schwersten Elemente (nach SIEGBAHN).

und von ALLISON und ARMSTRONG[1], am Wolfram und Platin von JÖNSSON.[2] Letzterer berücksichtigte besonders die Tatsache, daß infolge der Zu-

[1] ALLISON und ARMSTRONG, Phys. Rev. **26**, 714 (1925) (Ionisationsmethode).

[2] JÖNSSON, Z. f. Physik **36**, 426 (1926) (GEIGERsche Spitzenkammer); s. auch NISHINA und RAY, Nature **117**, 120 (1926) (photographisch-photometrische Methode).

gehörigkeit der Linien zu drei Anregungsgruppen das Intensitätsverhältnis von der Spannung abhängig ist, und rechnete daher die mit der GEIGERschen Zählkammer gefundenen Werte auf unendliche Spannungen um. Die Werte sind in Tab. 22 zusammengestellt.

Tabelle 22.
Intensitätsverhältnis in der *L*-Reihe nach JÖNSSON.

	l	α_2	α_1	η	β_4	β_6	β_1	β_3	β_2	β_9	β_5	γ_1	γ_2	γ_3
Wolfram	3,2	11,5	100	1,3	5,2	1,0	51,8	8,2	10,0	0,7	0,2	2,1	1,48	2,1
Platin	3,4	11,2	100	1,5	5,2	1,5	50,8	8,2	22,7			11,1		

Die *M*- und *N*-Reihe.

Die *M*-Reihe wurde von SIEGBAHN[1], die *N*-Reihe von SIEGBAHN und DOLEJŠEK[2] entdeckt.

Linien der *M*-Reihe wurden bei den schweren Elementen vom U ($Z = 92$) bis zum Dy ($Z = 66$) vermessen.[3] Die Werte sind in Tab. 18 zusammengestellt. Die Linien sind viel weniger scharf als die der härteren *K*- und *L*-Reihe. Besonders nach der kurzen Wellenlängenseite sind sie abgeschattet und lassen einzelne Intensitätsmaxima erkennen, die in den Tabellen mit α', β' usw. bezeichnet sind. Die Linien der *M*-Serie zerfallen wahrscheinlich in 5 Anregungsgruppen, entsprechend 5 Absorptionsbandkanten.

Linien der *N*-Reihe wurden nur bei den schwersten U ($Z = 92$), Th ($Z = 90$), Bi ($Z = 83$) beobachtet.[4] Die Werte sind in Tab. 19 zusammengestellt. Die *N*-Serie besitzt — nach theoretischen Überlegungen zu schließen (vgl. S. 237) — 7 Anregungsstufen.

c) Die Absorptionsbanden.

Beobachtungen von plötzlichen Schwärzungsänderungen auf der photographischen Platte wurden zuerst von DE BROGLIE gemacht. DE BROGLIE[5] glaubte zunächst ein Bandenspektrum gefunden zu haben. Die Erklärung, daß die in den Spektrogrammen auftretende Struktur Absorptionsbanden des Silbers und Broms der photographischen Platte sind, stammt von BRAGG und SIEGBAHN. Fig. 179 zeigt ein von SIEGBAHN aufgenommenes Spektrum der Wolframantikathode einer Coolidgeröhre. Die Schwärzungsdiskontinuitäten treten unabhängig vom Antikathodenmaterial immer bei denselben Wellenlängen auf und liegen etwas unterhalb der kurzwelligsten *K*-Linien der Elemente Silber und Brom. Mit abnehmender Wellenlänge wird die Absorption in der Bromsilberschicht immer geringer, bis die kürzeste

[1] SIEGBAHN, Verh. Deutsche Phys. Ges. **18**, 278 (1916).
[2] DOLEJŠEK, Z. f. Phys. **10**, 129 (1922).
[3] STENSTRÖM, Ann. d. Phys. **57**, 347 (1918); KARCHER, Phys. Rev. **15**, 285 (1920); HJALMAR, Z. f. Phys. **15**, 65 (1923).
[4] HJALMAR, Z. f. Physik **15**, 91 (1923); DOLEJŠEK, Z. f. Physik **21**, 111 (1924).
[5] DE BROGLIE, C. r. **157**, 924 (1913).

Wellenlänge von Brom bzw. Silber um einen geringen Betrag unterschritten ist. Dann steigt die Absorption durch Erregung der betreffenden K-Strahlung plötzlich an, und es findet eine verstärkte Schwärzung der Bromsilberschicht statt. Entsprechend kann man durch unmittelbares Auflegen von Folien Absorptionsstreifen anderer, nicht in der photographischen Schicht

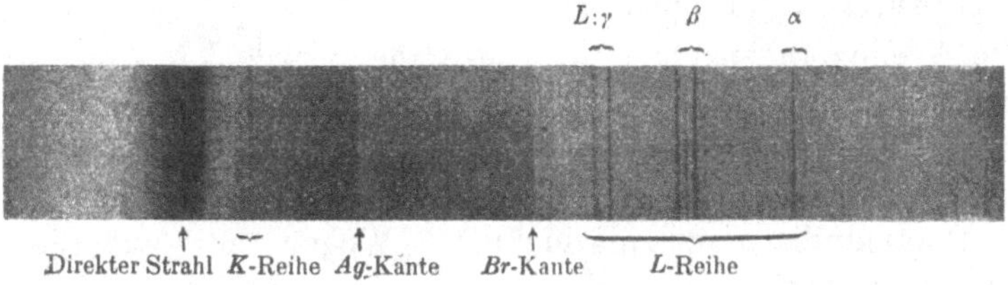

Fig. 179.
Spektrum einer Coolidgeröhre mit Wolframantikathode (nach SIEGBAHN.)

enthaltener Elemente erregen. An der Stelle, an der die Wellenlänge einer Absorptionskante des betreffenden Elements unterschritten wird, setzt bei genügend dünner Schicht eine verstärkte Plattenschwärzung ein. Zur Auffindung der Absorptionskante ist es jedoch, wie DE BROGLIE[1] und WAGNER[2] zeigen konnten, nicht nötig, daß die absorbierende Substanz die photographische Schicht berührt, sondern es genügt, die Substanz irgendwo zwischen Kathode und Platte in den Strahlengang zu bringen. Die Schwärzungsverteilung ist dann jedoch eine andere. Die beim Unterschreiten der kürzesten Wellenlänge in der Substanz erzeugte Strahlung wird diffus nach allen Richtungen gestreut und wirkt — bei genügend großer Entfernung von der Platte — auf diese nicht ein. Die Folge davon ist, daß die stärkere Schwärzung, von der Absorptionsgrenze an gerechnet, nicht nach der kürzeren Wellenlängenseite zu liegt, sondern nach der längeren Wellenlängenseite. Fig. 180 zeigt in dieser Weise von DE BROGLIE aufgenommene Absorptionsbanden der K-Reihe einiger Elemente.

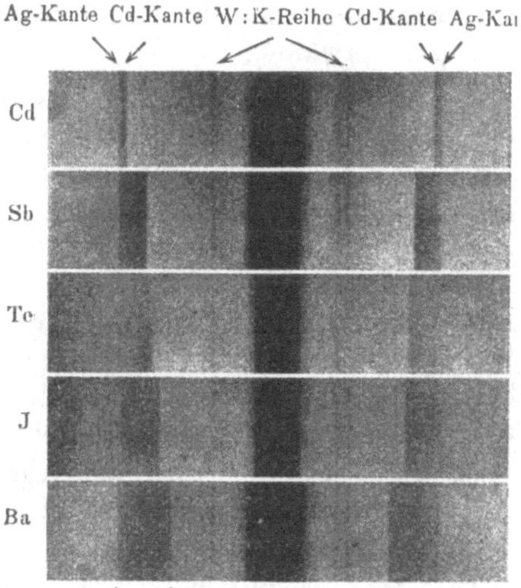

Fig. 180. Absorptionsspektren der K-Reihe einiger Elemente nach DE BROGLIE.

Während in dem Gebiet der K-Strahlung nur eine Absorptionskante vorhanden ist, existieren im Wellenlängengebiet der L-Strahlung drei Kanten

[1] DE BROGLIE, C. r. **158**, 1493 (1914).
[2] WAGNER, Ann. Phys. [4] **46**, 868 (1915).

WAGNER[1] fand zunächst die beiden langwelligeren von Pt und Au. Da jenseits der kurzwelligeren dieser beiden Grenzen noch Linien beobachtet worden waren, so mußte noch eine dritte Grenze vorhanden sein, die zuerst von DE BROGLIE[2] bei den Elementen Au, Bi, Th, U aufgefunden und gemessen wurde. Die drei Absorptionsgrenzen der L-Reihe entsprechen den drei Anregungsgruppen (vgl. S. 190).

Im Wellenlängengebiet der M-Reihe wurden 5 Absorptionsbanden festgestellt.

Die Zahlenwerte der bisher vermessenen Absorptionskanten sind bereits in Tab. 16, 17, 18 enthalten. Die Kanten sind dabei nach Sommerfeld durch Doppelindices gekennzeichnet. Wegen der außerdem üblichen Indices vgl. S. 229.

Bzgl. der Literatur muß auf die Zusammenstellungen bei SIEGBAHN und LINDH[3] verwiesen werden.

Bei geeigneter Schichtdicke der Substanz und großer Dispersion erhält man eine linienförmige Feinstruktur der Absorptionskante, (bei der Chlor-K-Absorption z. B. zwei um 12 X.-E. (10^{-11} cm) verschiedene Kanten K_1 und K_2).

Bzgl. der experimentellen Herstellung der Absorptionsbanden sei noch folgendes erwähnt:

Für die Aufnahme von Absorptionsbanden bringt man nach LINDH[4] die zu untersuchende Substanz am besten zwischen Spalt und Kristall an. Dies hat den Vorteil, daß eventuelle Inhomogenitäten in der Absorptionsschicht auf der photographischen Schicht nicht in Erscheinung treten. Absorptionsschichten fester Substanzen stellt man nach LINDH am besten so her, daß man die betreffende Substanz zunächst im Mörser zu feinem Pulver zerreibt und dann in ein Stück schwarzen Seidenpapiers einreibt. Bei Messungen der Absorptionskanten von Chlor, Schwefel und Phosphor befestigt LINDH die so hergestellte Schicht am Strahlenschutz S des SIEGBAHNschen Spektrographen für relative Wellenlängenmessungen (Fig. 151b). — Für die Untersuchung der Absorption in Gasen beschreibt LINDH ein Absorptionsgefäß, das in Fig. 181 abgebildet ist. Auf das mit 2 Seitenhähnen versehene Glasrohr G (Länge 6 cm, äußerer Durchmesser 20 mm, Wandstärke 2 mm) sind 2 Metallfassungen A und B mit Picein festgekittet. Auf diese Fassungen wird je 1 Fenster aus Goldschlägerhaut gebracht und darauf die Röhre durch Anschrauben der mit Gummipackungen versehenen Metallplatten C und D abgedichtet. Zur Befestigung des Absorptionsgefäßes im Spektrographen ist die Metallplatte C mit einer Fassung F versehen, mit deren Hilfe das Gefäß an den Zylinder N (Fig. 151a) festgeklemmt werden kann. — Schwierigkeiten bereitet häufig

[1] WAGNER, a. a. O., S. 193.

[2] DE BROGLIE, C. r. **163**, 87, 354 (1916).

[3] LINDH, Phys. Ztschr. **28**, 24, 93 (1927).

[4] LINDH, Die K-Röntgenabsorptionsspektra der Elemente Chlor, Schwefel und Phosphor, Lund 1923.

die Herstellung der Absorptionsschichten von Substanzen, die sich an der Luft schnell verändern. Als Beispiel, solche Schwierigkeiten zu umgehen, sei die von LINDH beschriebene Herstellung einer Absorptionsschicht von weißem Phosphor wiedergegeben: Ein Stückchen Phosphor wurde unter Wasser zu einem dünnen Blättchen ausgewalzt. Dieses Blättchen wurde dann in Äther gebracht, da dieser die Phosphoreszenz verhindert (die ja ein Oxydationsprozeß ist). Dann wurde es rasch zwischen zwei Stückchen Goldschlägerhaut gebracht, deren Ränder mit Kollodium bestrichen waren. Das Ganze wurde zwischen zwei Glasplatten fest zusammengepreßt, darauf am Strahlenschutz der Kamera befestigt und schwach mit Kollodium bestrichen.

Der Intensitätsverlauf der Absorptionsbanden ist Gegenstand vieler Untersuchungen gewesen. Trotzdem stimmen die erhaltenen Resultate wenig überein. Das hat einerseits seinen Grund in der Unsicherheit der Intensitäts-

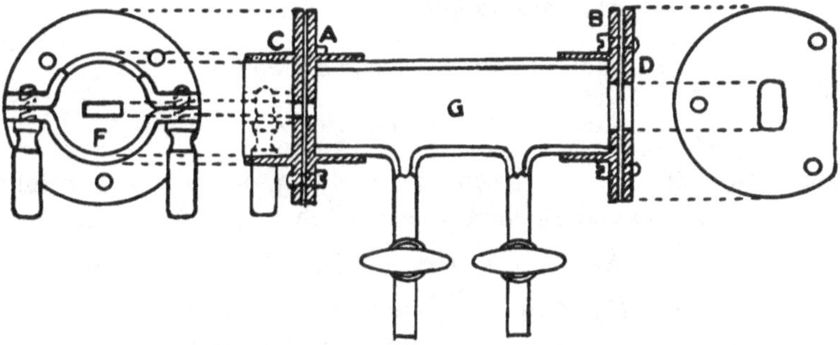

Fig. 181. **Absorptionsgefäß zur Untersuchung der Absorption in Gasen von LINDH.**

bestimmungen überhaupt. Dazu kommt andererseits eine prinzipielle Schwierigkeit, da der Intensitätsverlust des einfallenden Röntgenstrahls nicht allein durch „Absorption", sondern auch durch „Streuung", verursacht wird. Bei der eigentlichen Absorption wird die absorbierte Energie transformiert, sei es in charakteristische Röntgenstrahlung oder in eine andere Energieform, z. B. Wärme. Daneben erfährt das einfallende Röntgenstrahlenbündel einen Energieverlust durch Streuung, ähnlich wie das gewöhnliche Licht in einem trüben Medium, wobei keine Änderung der Wellenlänge stattfindet (abgesehen vom Comptoneffekt; vgl. S. 257).

Bei homogener Strahlung (einheitliche Wellenlänge) gilt das bekannte Absorptionsgesetz (vgl. S. 5):

$$J = J_0 \, e^{-\mu d}$$

wenn J_0 die Intensität beim Auftreffen und J die Intensität nach Durchlaufen der Schichtdicke d bedeutet. Der Schwächungskoeffizient μ zerfällt in zwei Teile, den Absorptionskoeffizienten $\bar{\mu}$ und den Streuungskoeffizienten s, derart daß

$$\mu = \bar{\mu} + s$$

und

$$J = J_0 e^{-\bar{\mu} d} \cdot e^{-s d}.$$

Bei großen Wellenlängen überwiegt $\bar{\mu}$, bei kurzen Wellenlängen s, das sich nur sehr wenig mit der Wellenlänge ändert. Bei der Wellenlänge 0 würde theoretisch nur s vorhanden sein. Man kann daher s mit gewisser Berechtigung durch Extrapolation auf die Wellenlänge 0 bestimmen.

Die Koeffizienten sind unabhängig von der Schichtdicke d und nur abhängig von dem durchstrahlten Medium. Die Dicke d kann man nach dem Vorgange BARKLAS ausdrücken als Quotient aus der durchstrahlten Masse und dem spezifischen Gewicht. Man erhält dann:

$$J = J_0 e^{-\frac{\mu}{\varrho} m} = J_0 e^{-\frac{\bar{\mu}}{\varrho} m} \cdot e^{-\frac{s}{\varrho} m}$$

und bezeichnet:

$\frac{\mu}{\varrho}$ als Massenschwächungskoeffizienten,

$\frac{\bar{\mu}}{\varrho}$ als Massenabsorptionskoeffizienten,

$\frac{s}{\varrho}$ als Massenstreukoeffizienten.

Die Massenkoeffizienten messen die Wirkung, wenn 1 g Substanz auf 1 qcm verteilt ist. Dividiert man die vorstehenden Massenkoeffizienten durch die Anzahl der Atome pro Gramm $\left(n = \frac{L}{A}\right)$[1], so erhält man die entsprechenden Atomkoeffizienten, welche angeben, wieviel Primärintensität von einem einzelnen Atom aus einem Röntgenstrahl von 1 qcm Querschnitt herausgenommen wird.

Die bisher gemessenen Massenschwächungs- und Massenstreukoeffizienten sind in einer Zusammenstellung von GLOCKER[2] im LANDOLT-BÖRNSTEIN zu finden.[3] Eine Auswahl ist in Tab. 23 wiedergegeben.

Für praktische Zwecke ist es häufig von Vorteil, die sogenannte Halbwertsdicke zu kennen, das ist diejenige Schichtdicke, welche die Strahlungsintensität auf die Hälfte herabsetzt. Diese läßt sich aus der Tab. 23 leicht berechnen:

$$\frac{J_0}{2} = J_0 e^{-\mu d_{\frac{1}{2}}}, \quad \frac{1}{2} = e^{-\mu d_{\frac{1}{2}}},$$

$$d_{\frac{1}{2}} = \frac{\ln 2}{\mu} = \frac{0{,}69}{\mu}.$$

Die Werte für die Halbwertsdicken sind in Tab. 24 zusammengestellt.

---

[1] L = LOSCHMIDTsche Zahl = $6{,}06 \cdot 10^{23}$, A = Atomgewicht.

[2] GLOCKER in LANDOLT-BÖRNSTEIN, Phys. chem. Tabellen, 5. Aufl., Verl. Springer, Berlin 1923 und Ergänzungsband 1927.

[3] Aus diesem Grunde wurden von uns auch die gleichen Bezeichnungsweisen eingeführt.

Tabelle 23a. Massenschwächungskoeffizienten $\frac{\mu}{\varrho}$.

Literatur	Charakt. Strahlung von	Wellenlänge von $K\alpha$ in Å.-E.	C (6)	Al (13)	Fe (26)	Cu (29)	Zn (30)	Ag (47)	Pb (82)	H_2O	Luft 0°, 760 mm
1)	Al	8,360	—	580	—	—	—	—	—	—	11,48[1]
2)	Ca	3,357	—	435	—	—	—	—	—	—	—
2)	Cr	2,286	15,3	136	103,8	143	170,5	580,5	—	—	—
2)	Fe	1,930	10,1	88,5	66,1	95,1	112,5	381	—	—	19,6[3]
2)	Cu	1,541	5,22	47,7	268	53,0	60,9	214	—	—	10,1[3]
2)	Se	1,107	2,04	18,9	116,3	149,8	174,6	87,5	—	—	3,4[3]
2)	Sr	0,873	1,16	9,4	57	76	—	45,2	—	—	2,0[3]
4)		0,958	1,119	12,19	79,63	—	—	—	—	2,43	—
5)		0,710	0,68	5,35	—	53,7	60,0	28,5	140,0	—	—
4)		0,666	0 477	4,08	31,05	—	—	—	—	0,910	—
5)		0,430	0,267	1,33	—	12,5	14,5	46,5	39,0	—	—
4)		0,373	0,229	0,825	5,66	—	—	—	—	0,301	—
5)		0,280	—	0,475	2,75	3,70	4,30	14,8	11,5	—	—
4)		0,130	0,156	0,179	0,437	—	—	—	—	0,165	—
5)		0,081	0,144	0,145	0,235	0,270	0,270	0,74	2,50	—	—

Massenstreukoeffizienten[7] $\frac{s}{\varrho}$.

Literatur	Charakt. Strahlung von	Wellenlänge	C (6)	Al (13)	Fe (26)	Cu (29)	Zn (30)	Ag (47)	Pb (82)	H_2O	Luft 0°, 760 mm
		0,12	0,14	0,14	—	0,18	—	0,35	0,67	—	—
		0,71	0,18	0,20	—	0,29	—	0,97	0,82	—	—

Tabelle 23b. Schwächungskoeffizienten μ einiger Gase.

Charakt. Strahlung von	Wellenlänge von $K\alpha$ in Å.-E.	Luft 0°, 760 mm	SO_2 0°, 760 mm [2]	C_2H_5Br 0°, 116 mm [2]	CH_3J 0°, 135 mm [2]
Al	8,360	1,484[1]	—	—	—
Fe	1,930	0,0254[3]	0,24	0,112	0,384
Cu	1,541	0,0130[3]	0,134	0,057	0,273
Se	1,107	0,0044[3]	0,0346	0,024	0,11
Sr	0,873	0,0026[3]	0,0281	0,071	0,035
Ag	0,565	—	0,0079	0,0236	0,020

[1] Whiddington, Proc. Roy. Soc. 85, 99 (1911).
[2] Barkla, Phil. Mag. 22, 396 (1911); Barkla u. Sadler, Phil. Mag. 17, 739 (1909); Barkla u. Collier, Phil. Mag. 23, 987 (1912).
[3] Owen, Proc. Roy. Soc. 86, 426 (1912).
[4] Hewlett, Phys. Rev. 17, 284 (1921).
[5] Allen, Phys. Rev. 24, 1 (1924).
[6] Die Wellenlängen der ersten 7 Reihen von Tab. 23a und die Wellenlängen von Tab. 23b wurden von Glocker (Land.-Börnst.) hinzugefügt.
[7] Glocker, Materialprüfung mit Röntgenstrahlen, Verl. Springer, Berl. 1927, S. 42.

Tabelle 24. Halbwertsdicken in cm.

Charakt. Strahlung von	Wellenlänge von $K\alpha$ in Å.-E.	C (6)	Al (13)	Fe (26)	Cu (29)	Zn (30)	Ag (47)	Pb (82)	H_2O	Luft 0°, 760 mm
Al	8,360	—	0,000441	—	—	—	—	—	—	0,465
Ca	3,357	—	0,000588	—	—	—	—	—	—	—
Cr	2,286	0,0205	0,00188	0,000852	0,000542	0,000570	0,000113	—	—	—
Fe	1,930	0,0311	0,00289	0,00134	0,000815	0,000864	0,000173	—	—	27,2
Cu	1,541	0,0600	0,00536	0,000330	0,00146	0,00160	0,000307	—	—	53,1
Se	1,107	0,154	0,0135	0,000761	0,000518	0,000557	0,000751	—	—	156,8
Sr	0,873	0,270	0,0272	0,00102	0,00102	—	0,00145	—	—	265,4
	0,958	0,280	0,0210	0,00111	—	—	—	—	0,284	—
	0,710	0,461	0,0478	—	0,00144	0,00162	0,00231	0,000436	—	—
	0,666	0,658	0,0626	0,00285	—	—	—	—	0,758	—
	0,430	1,18	0,192	—	0,00619	0,00670	0,00141	0,00157	—	—
	0,373	1,37	0,310	0,0156	—	—	—	—	2,29	—
	0,280	—	0,538	0,0322	0,0210	0,0226	0,00444	0,00531	—	—
	0,130	2,01	1,43	0,202	—	—	—	—	4,18	—
	0,081	2,18	1,76	0,376	0,287	0,359	0,0888	0,0244	—	—

Bei inhomogener Strahlung (verschiedenen Wellenlängen) ist der Absorptionskoeffizient und entsprechend der Schwächungskoeffizient nicht konstant, während sich der Streukoeffizient nur wenig ändert. Der Schwächungskoeffizient hatte daher vor der Entdeckung der Röntgenstrahlen für die Charakterisierung der „Impulsbreite" (halbe Wellenlänge) große Bedeutung (vgl. S. 3, 4). Die Tab. 2, S. 10, enthält die von Barkla veröffentlichten Massenabsorptionskoeffizienten (eigentlich Massenschwächungskoeffizienten; die durch den Massenstreukoeffizienten hervorgerufene Änderung ist aber unwesentlich) der charakteristischen Strahlungen der Elemente. Drückt man die ckarakteristischen Strahlungen in Wellenlängen aus, so findet man (Siegbahn[1], Kossel[2]), daß $\lg \frac{\mu}{\varrho}$ und $\lg \lambda$ bei schwereren Elementen und längeren Wellen $\left(\frac{\mu}{\varrho} \gg \frac{s}{\varrho}\right)$ in linearer Beziehung zu einander stehen. Mithin gilt:

$$\frac{\mu}{\varrho} = C \cdot \lambda^q .$$

Für die Abhängigkeit des Massenabsorptionskoeffizienten von der Wellenlänge liegt nun eine große Anzahl von Messungen[3] vor, deren

[1] Siegbahn, Phys. Ztschr. **15**, 753 (1914).

[2] Kossel, Verl. Deutsche Phys. Ges. **16**, 898 (1914).

[3] W. H. Bragg u. S. Pierce, Phys. Mag. **28**, 626 (1914); Owen, Proc. Roy. Soc. **94**, 516 (1918); Hull u. Rice, Phys. Rev. **8**, 326 (1916); Glocker, Phys. Z. **19**, 66 (1918); Hewlett, Phys. Rev. **17**, 284 (1921); Richtmeyer u. Mitarbeiter, Phys. Rev. **15**,

Werte jedoch nicht sehr gut übereinstimmen. Als angenäherte Beziehung hat sich nach GLOCKER[1] (ausgenommen sind natürlich die Absorptionskanten) ergeben:

$$\frac{\bar{\mu}}{\varrho} = k\,\lambda^3 Z^3,$$

worin Z die Ordnungszahl des absorbierenden Elements ist und k eine Konstante.

[Für den Atomabsorptionskoeffizienten ergibt sich entsprechend:

$$\frac{\bar{\mu}}{\varrho}\cdot\frac{1}{n} = \frac{\bar{\mu}}{\varrho}\cdot\frac{A}{L} = k\,\lambda^3 Z^3\cdot\frac{A}{L} = k'\,\lambda^3 Z^4].$$

Wenn $\frac{\bar{\mu}}{\varrho}$ sehr viel größer als $\frac{s}{\varrho}$ ist, gilt auch:

$$\frac{\mu}{\varrho} = k\,\lambda^3 Z^3.$$

Der Absorptionskoeffizient und mithin die Konstante k sind auf beiden Seiten des Absorptionssprunges verschieden. Die Größe des Absorptionssprunges wird durch das Verhältnis der kurzwelligen Seite zur langwelligen Seite ausgedrückt:

$$v = \frac{\mu_2}{\varrho} : \frac{\mu_1}{\varrho} = k_2 : k_1\,.$$

Die Werte für v einiger Elemente sind in Tab. 25 zusammengestellt.

Tabelle 25.

Größe des Absorptionssprunges für die K-Absorptionskante.

Al (13)	Cu (29)	Ag (47)	W (74)	Pt (78)	Pb (82)
11	8,0	7,1	6,0	5,3	4,5

Die L-Absorptionssprünge sind kleiner als der K-Absorptionssprung. GLOCKER gibt für Platin folgende Werte an:

L_{22}	1,4
L_{21}	1,8
L_{11}	2,8

Trägt man den Massenabsorptionskoeffizienten als Ordinate bei gleicher Ordnungszahl gegen die Wellenlänge oder aber bei konstant gehaltener

547 (1920); **17**, 264 (1921); **18**, 13 (1921); **22**, 539 (1923); **23**, 291 (1924); **27**, 1 (1926); WINDGÅRDH, Z. f. Phys. **8**, 363 (1922); **20**, 315 (1923); ALLEN, Phys. Rev. **23**, 291 1924); **24**, 1 (1924).

Zusammenfassung A. H. COMPTON, Bull. Nat. Res. Counc. Okt. 1922.

[1] GLOCKER, Materialprüfung mit Röntgenstrahlen, Verl. Springer, Berlin 1927, S. 40.

Wellenlänge gegen die Ordnungszahl als Abszisse in ein Koordinatensystem ein, so erhält man Kurven wie in Fig. 182 abgebildet.

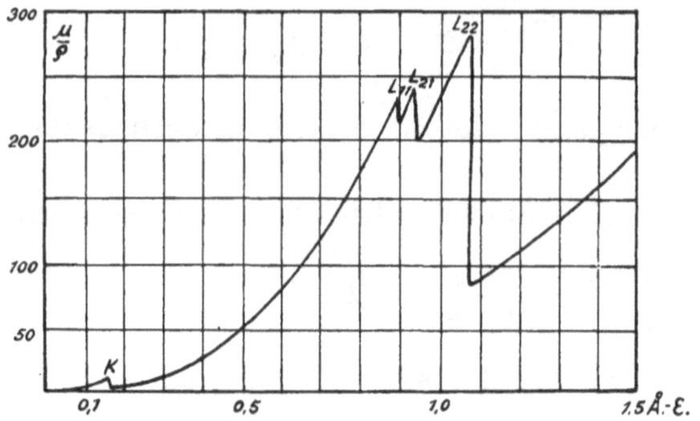

Fig. 182. Absorption von Platin.

Der Absorptionssprung kann nach GLOCKER für Zwecke der quantitativen Analyse benutzt werden (vgl. S. 280).

§ 6. Einiges über die Entwicklung der Bohrschen Atomtheorie.

Literatur.

N. BOHR, Abhandlungen über Atombau, Braunschweig 1921; Drei Aufsätze über Spektren und Atombau, 2. Aufl., Braunschweig 1924; Über den Bau der Atome, 2. Aufl., Berlin 1924.

A. SOMMERFELD, Atombau und Spektrallinien, 4. Aufl., Braunschweig 1924.

Sammlung Struktur der Materie in Einzeldarstellungen von M. BORN und J. FRANK, Verl. Springer, Berlin; 1. Bd. E. BACK und A. LANDÉ, Zeemaneffekt und Multipletstruktur der Spektrallinien, 1925; 2. Bd. M. BORN, Vorlesungen über Atommechanik, 1925; 3. Bd. J. FRANK und P. JORDAN, Anregung von Spektrallinien durch Stöße, 1926; 4. Bd. F. HUND, Linienspektren und periodisches System der Elemente, 1927.

W. PAULI, Quantentheorie im Hdbch. d. Physik von H. GEIGER und K. SCHEEL, Bd 23, Berlin 1926.

G. JOOS, Anregung der Spektren im Hdbch. d. Experimentalphysik von W. Wien und F. Harms, Bd. 21, Leipzig 1927.

H. CREMER, Atomtheorien im Hdbch. d. phys. Optik von GEHRKE, 2. Bd. Leipzig 1928.

Einfachere Darstellungen:

H. A. KRAMERS und H. HOLST, Das Atom und die Bohrsche Theorie seines Baus, deutsche Übers. von F. ARNDT, Berlin 1925.

J. KOPPEL, Der Bau der Atome und das periodische System, Leipzig 1927.

Die Entwicklung der Theorie und Systematik der Röntgenspektren ging Hand in Hand mit der Entwicklung der modellmäßigen Deutung des Zustandekommens der Spektrallinien und der Vorstellungen vom Atombau. Im folgenden soll daher ein kurzer Überblick der theoretischen Überlegungen gegeben werden, die mit der Ausarbeitung des BOHRschen Atommodells und des Korrespondenzprinzips zu einem gewissen Abschluß gelangten. Es muß jedoch betont werden, daß z. Zt. des Abschlusses dieses

Buches (Mitte 1927) die modellmäßigen Vorstellungen starken Wandlungen unterworfen sind. Die nachfolgend beschriebenen Quantenbedingungen und das Korrespondenzprinzip werden durch die HEISENBERGsche Quantenmechanik und die SCHRÖDINGERsche Wellenmechanik (vgl. § 8) überflüssig. Aber der aus dem periodischen System folgende schrittweise Aufbau der Atome aus Elektronen im Atommodell bestimmt die Anzahl der unabhängigen Variabeln in den Gleichungen von SCHRÖDINGER und von HEISENBERG, d. h. das BOHRsche Atommodell bleibt demnach in seinen Grundzügen erhalten. Dagegen müssen die ursprünglichen Vorstellungen eines zeitlichen Umlaufs des Elektrons um den Atomkern aufgegeben werden, was aber nicht hindert, sie als Veranschaulichungsmittel weiter zu benutzen, da sie sozusagen ein mathematisches Abbild der abstrakten Quantenzustände darstellen.[1]

a) Der harmonische Oszillator.

Nachdem es gelungen war, durch beschleunigte elektrische Ladungen HERTZsche Wellen zu erzeugen, lag es nahe, auch als Quellen des Lichtes beschleunigte elektrische Ladungen anzunehmen. Die Entdeckung des Zeemaneffektes bestätigte diese Annahme und zeigte, daß als solche Ladungen nur Elektronen in Frage kommen. Die einfachste Bewegung, die ein solches „strahlendes" Elektron ausführen kann, ist eine harmonische Schwingung um eine Ruhelage. Nennen wir die Entfernung aus der Ruhelage q, so wird die Bewegung beschrieben durch die Gleichung:

$$q = A \cos(\varphi_0 + \omega t). \tag{1}$$

Die Kraft, die das Elektron in die Ruhelage zurücktreibt, ist nach NEWTON:

$$k = m \ddot{q}, \tag{2}$$

wobei m die Masse des Elektrons ist und durch die Punkte die Differentiation von q nach der Zeit angedeutet wird. Es ist:

$$m = 9{,}02 \cdot 10^{-28}\,\mathrm{g}. \tag{3}$$

Aus (1) folgt:

$$\dot{q} = -A\omega \sin(\varphi_0 + \omega t), \tag{4}$$

$$\ddot{q} = -A\omega^2 \cos(\varphi_0 + \omega t) = -\omega^2 q, \tag{5}$$

$$k = -m\omega^2 q. \tag{6}$$

Das Elektron wird also in die Ruhelage zurückgezogen mit einer Kraft k, die der Elongation q proportional ist. Die Potentialtheorie zeigt nun, daß ein derartiger harmonischer Oszillator verwirklicht ist, wenn sich ein Elektron im Innern einer Kugel befindet, auf deren Oberfläche eine positive Ladung sitzt. THOMSON nahm daher an, daß die Atome aus solchen positiv geladenen Kugeln bestehen, in deren Innerem bei der Lichtemission ein Elektron um den Kugelmittelpunkt harmonische Schwingungen ausführt. Dieses Atommodell wurde durch die Versuche von RUTHERFORD über den Durchgang von α-Strahlen durch die Materie widerlegt. Trotzdem

[1] A. SOMMERFELD, Phys. Ztschr. 28, 231 (1927).

behält der harmonische Oszillator eine gewisse Bedeutung, und wir wollen an ihm eine Reihe von Begriffen erläutern, die für das Folgende von Wichtigkeit sind.

Ist V die potentielle Energie, so wird:

$$k = -\frac{\partial V}{\partial q}, \tag{7}$$

$$V = -\int k\, d\, q. \tag{8}$$

Daraus folgt (vgl. VI § 2 (13)):

$$V = \tfrac{1}{2} m\, \omega^2 q^2. \tag{9}$$

Die kinetische Energie ist (vgl. VI § 2 (14)):

$$E = \tfrac{1}{2} m\, \dot{q}^2. \tag{10}$$

Die Gesamtenergie ist daher:

$$W = V + E = \tfrac{1}{2} m\, \omega^2 q^2 + \tfrac{1}{2} m\, \dot{q}^2 \tag{11}$$

oder, wenn wir die Werte aus (1) und (4) einsetzen:

$$W = \tfrac{1}{2} m\, \omega^2 A^2. \tag{12}$$

Man führt nun den Ausdruck

$$p = \frac{\partial E}{\partial \dot{q}} = m\, \dot{q} \tag{13}$$

ein und bezeichnet ihn als Impuls. Es ist dann nach (2):

$$k = \dot{p} \tag{14}$$

und nach (10):

$$E = \frac{p^2}{2\, m}. \tag{15}$$

Die Gesamtenergie als Funktion von p und q bezeichnet man mit $H(p\, q)$ und nennt sie die HAMILTONsche Funktion. Nach (11) und (15) ist:

$$H(p\, q) = \frac{p^2}{2\, m} + V(q) = \frac{p^2}{2\, m} + \tfrac{1}{2} m\, \omega^2 q^2. \tag{16}$$

Aus (13) und (16) folgt:

$$\dot{q} = \frac{\partial H}{\partial p}. \tag{17}$$

Aus (7), (14) und (16) folgt:

$$\dot{p} = -\frac{\partial H}{\partial q}. \tag{18}$$

(17) und (18) bezeichnet man als die kanonische Form der Bewegungsgleichungen.

b) Die Hamilton-Jacobische Theorie.

Die Gl. (17) und (18) gelten nicht nur für den harmonischen Oszillator, für den sie oben abgeleitet wurden, sondern ganz allgemein. Sie haben den Vorzug, daß sie erhalten bleiben, wenn statt q irgendeine andere Koordinate eingeführt wird. Von besonderer Wichtigkeit sind dabei solche Koordinaten, die die Eigenschaft haben, daß H von ihnen unabhängig ist.

Eine derartige Koordinate bezeichnet man als zyklisch. Haben wir eine periodische Bewegung und hat die zyklische Koordinate die Eigenschaft, während einer Periode gerade um 1 zu wachsen, so nennt man sie Winkelvariable w und den zugehörigen Impuls Wirkungsvariable J. Nach (17) und (18) ist also:

(19) $$\dot{w} = \frac{\partial H}{\partial J}$$

und

(20) $$\dot{J} = -\frac{\partial H}{\partial w}.$$

Aus (19) folgt:

(21) $$w = w_0 + \nu t,$$

wobei

(22) $$\nu = \frac{\partial W}{\partial J}.$$

Aus (20) folgt, da H von w unabhängig ist:

(23) $$\dot{J} = 0.$$

Es ist also w von der Zeit linear abhängig und J von der Zeit unabhängig.

Der Übergang von q, p zu w, J wird nun vermittelt durch eine Funktion $S(q, J)$, für die

(24) $$p = \frac{\partial S(q, J)}{\partial q},$$

(25) $$w = \frac{\partial S(q, J)}{\partial J}$$

und

(26) J = Zunahme von S während einer Periode ist.

Für (26) können wir auch schreiben:

(27) $$S_1 - S_2 = J.$$

Daraus folgt:

$$\frac{\partial S_1}{\partial J} - \frac{\partial S_2}{\partial J} = \frac{\partial J}{\partial J}$$

oder nach (25):

(28) $$w_1 - w_2 = 1,$$

d. h. w hat tatsächlich die oben von einer Winkelvariablen verlangte Eigenschaft. Setzen wir den Wert von p aus (24) in die HAMILTONsche Funktion ein, so ergibt sich:

(29) $$H\left(q, \frac{\partial S}{\partial q}\right) = W.$$

Diese Gl. heißt die HAMILTON-JACOBIsche Differentialgleichung. Sie dient dazu, S zu berechnen, wenn H als Funktion von p und q gegeben ist, nicht aber p und q einzeln. Im letzteren Falle kann man S finden aus der Gl.:

(30) $$S = \int \frac{\partial S}{\partial q} dq = \int p\, dq.$$

Nach (26) ist dann:

$$J = \oint p\,dq\,, \tag{31}$$

wobei der Kreis beim Integralzeichen bedeuten soll, daß die Integration über eine Periode zu erstrecken ist.

Im Falle des harmonischen Oszillators ist:

$$p = -\,m\,A\,\omega\sin(\varphi_0 + \omega\,t)\,, \tag{32}$$

$$dq = -\,A\,\omega\sin(\varphi_0 + \omega\,t)\,dt\,, \tag{33}$$

$$S = m\,A^2\,\omega^2\int\sin^2(\varphi_0 + \omega\,t)\,dt\,, \tag{34}$$

$$S = \tfrac{1}{2}\,m\,A^2\,\omega\left[-\sin(\varphi_0 + \omega\,t)\cos(\varphi_0 + \omega\,t) + \omega\,t\right]. \tag{35}$$

Nach (1) bleibt q ungeändert, wenn t um

$$\tau = \frac{2\pi}{\omega} \tag{36}$$

wächst. Die Periode erstreckt sich also von $t = 0$ bis $t = \tau$. Daher folgt aus (26), (35) und (36):

$$J = \pi\,m\,A^2\,\omega\,. \tag{37}$$

Nach (12) und (37) ist:

$$W = \frac{\omega}{2\pi}\,J\,, \tag{38}$$

oder, wenn wir

$$\nu = \frac{\omega}{2\pi} \tag{39}$$

setzen:

$$W = \nu\,J\,. \tag{40}$$

Differenziert man Gl. (40) partiell nach J, so erkennt man, daß das durch (39) eingeführte ν mit dem durch (22) eingeführten identisch ist.

Dem Integral J kann man noch eine geometrische Deutung geben, indem man q und p als rechtwinklige Koordinaten in einer Ebene, der sogen. Phasenebene deutet. Aus (1) und (32) folgt dann:

$$\frac{q^2}{A^2} + \frac{p^2}{m^2\,A^2\,\omega^2} = 1\,. \tag{41}$$

Das ist die Gl. einer Ellipse mit den Hauptachsen

$$\begin{aligned} a &= A \\ b &= m\,A\,\omega\,, \end{aligned} \tag{42}$$

und J ist nach (31) ihr Flächeninhalt. Der Flächeninhalt einer Ellipse ist nun:

$$J = \pi\,a\,b\,, \tag{43}$$

und daraus ergibt sich nach (42) ebenfalls (37).

c) Der Plancksche Oszillator.

Bei der Ableitung einer mit der Erfahrung übereinstimmenden Strahlungsgleichung wurde Planck dazu geführt, einen neuen Oszillator einzuführen, der sich von dem gewöhnlichen dadurch unterscheidet, daß das Phasenintegral J nur diskrete Werte

$$J = nh \qquad (n = 1, 2, 3 \ldots) \tag{44}$$

annimmt. Nach (40) ist dann auch:

$$\frac{W}{\nu} = nh \qquad (n = 1, 2, 3 \ldots). \tag{45}$$

ν ist die reziproke Schwingungsdauer:

$$\nu = \frac{1}{\tau}. \tag{46}$$

$\frac{W}{\nu} = W \cdot \tau$ hat daher die Dimension: Energie mal Zeit, und dieselbe Dimension hat auch h. Es ist:

$$h = 6{,}55 \cdot 10^{-27}\,\text{erg} \cdot \text{sec}. \tag{47}$$

Sind J_1, W_1 und J_2, W_2 zwei benachbarte Werte von J und W, so folgt aus (44) und (45):

$$J_1 = \frac{W_1}{\nu} = nh,$$

$$J_2 = \frac{W_2}{\nu} = (n-1)h,$$

$$J_1 - J_2 = \frac{W_1 - W_2}{\nu} = h \tag{48}$$

oder:

$$\nu = \frac{W_1 - W_2}{h} = \frac{W_1 - W_2}{J_1 - J_2}. \tag{49}$$

Dafür können wir schreiben:

$$\nu = \frac{\Delta W}{\Delta J}. \tag{50}$$

Die Frequenz ν wird durch (22) in klassischer und durch (50) in quantentheoretischer Weise dargestellt. Man erkennt, daß sich die beiden Darstellungen zueinander verhalten wie der Differentialquotient zum Differenzenquotienten. Wird $h = \Delta J$ unendlich klein, so geht der Differenzenquotient in den Differentialquotienten, die Quantentheorie in die klassische Mechanik über.

d) Das Rutherfordsche Atommodell.

Bei dem Zerfall radioaktiver Elemente werden von den Atomen doppelt positiv geladene Heliumatome (α-Teilchen) und einfach negativ geladene Elektronen (β-Teilchen) ausgeschleudert. Die Bahn der α-Teilchen durch Gase läßt sich leicht sichtbar machen, indem man das Gas in der WILSONschen Wolkenkammer mit Wasserdampf sättigt und darauf den Druck plötzlich etwas verringert. Es findet dann längs der α-Bahnen eine Tröpfchenbildung statt, und es erscheinen weiße Nebelstreifen, die photographiert werden können. Bei der Untersuchung der α-Bahnen zeigte sich nun, daß sie in Gasen von Atmosphärendruck eine durchschnittliche Länge von 3 bis 4 cm aufweisen. Dann brechen sie plötzlich ab. Die Bahnen verlaufen im allgemeinen geradlinig, vereinzelt treten jedoch auch Knicke auf.

Die relativ große Reichweite der α-Teilchen zeigt nun, daß sie durch den Wirkungsbereich von vielen Gasatomen hindurchfliegen können, ohne in ihrer Bewegung beeinflußt zu werden. Längs ihrer Bahn werden von den α-Teilchen aus den Gasatomen Elektronen losgerissen und dadurch positive Ionen gebildet. Diese Gasionen wirken dann in der WILSONschen Wolkenkammer als Kondensationskerne. Durch die α-Strahlen-Versuche wird demnach das THOMSONsche Atommodell (vgl. S. 201) mit positiv geladener Atomoberfläche widerlegt. Der äußere Bereich der Gasatome besteht entgegen dieser Annahme offenbar aus einer sehr lockeren Hülle von Elektronen. Die äußere Hülle des Atoms ist also nicht positiv, sondern negativ geladen. Da das Atom als Ganzes jedoch nach außen hin neutral wirkt, so muß auch eine äquivalente positive Ladung im Atom enthalten sein. Diese positive Ladung ist nach RUTHERFORD im Atomkern zu lokalisieren, der die Masse des Atoms enthält, von dem Atombereich aber nur einen verschwindend kleinen Raum einnimmt. Das Auftreten der Knicke und das plötzliche Abbrechen der α-Bahnen läßt sich dann durch die Annahme erklären, daß das α-Teilchen in die Nähe eines Kernes gekommen bzw. mit einem Kern zusammengestoßen ist.

Der positiven Kernladungszahl kommt eine grundlegende Bedeutung zu. Dies zeigte sich zuerst bei der Aufklärung der Gesetzmäßigkeiten der radioaktiven Zerfallserscheinungen. Aus dem Auftreten doppelt positiv geladener Heliumatome und negativer Elektronen beim Zerfall radioaktiver Atome geht hervor, daß die Kerne aus diesen Bausteinen zusammengesetzt sein müssen. Auch einfach positiv geladene Wasserstoffatome (Wasserstoffkerne) konnten durch die α-Strahlen-Atomzertrümmerung von RUTHERFORD[1] als Bausteine nachgewiesen werden. Nach dem SODDY-FAJANSschen Verschiebungssatz (1913) läßt nun die Abgabe einer positiven Kernladung (α-Teilchen) ein Element mit einer um zwei Einheiten verringerten Ordnungszahl entstehen, die Abgabe einer negativen Kernladung (β-Teilchen) dagegen ein Element mit einer um eine Einheit erhöhten Ordnungszahl. Bei der Abgabe von einem α-Teilchen und zwei β-Teilchen entsteht ein Element von gleichen Eigenschaften, aber verminderter Masse. Die Tatsache der Existenz von Elementen verschiedenen Atomgewichts bei sonst vollkommen gleichem chemischem und physikalischem Verhalten, also von Elementen, die an die gleiche Stelle des periodischen Systems gehören (Isotope) zwang dazu, das Atomgewicht als ordnendes Prinzip zu verlassen. Obgleich bei der ursprünglichen Aufstellung des periodischen Systems durch MENDELEJEFF und LOTHAR MEYER (1869) das Atomgewicht das ordnende Prinzip bildete, mußte man bei einigen Elementen von diesem Prinzip abgehen und für die Einreihung das chemische und physikalische Verhalten der betreffenden Elemente heranziehen. So mußte Tellur (A.-G. 127,5) vor Jod (A.-G. 126,9), Kobalt (A.-G. 58,97) vor Nickel (A.-G. 58,86) und Argon (A.-G. 39,88) vor Kalium (A.-G. 39,10) eingefügt werden. Auf Grund von ausgedehnten vergleichenden Zahlenstudien wies dann RYDBERG[2] (1897) darauf hin, daß die regelmäßigen,

[1] RUTHERFORD und CHADWICK, Phil. Mag. **42**, 809 (1921).
[2] RYDBERG, Z. anorg. u. allg. Ch. **14**, 66 (1897) und Phil. Mag. **28**, 144 (1914).

schrittweisen Veränderungen in den Eigenschaften der Elemente viel klarer hervortreten, wenn man den zahlenmäßigen Ausdruck dieser Eigenschaften nicht auf das Atomgewicht, sondern auf die Ordnungszahl der Elemente bezieht. Die radioaktiven Erscheinungen legten es nahe, eine Übereinstimmung zwischen der Ordnungszahl und der Kernladungszahl anzunehmen (VAN DEN BROEK[1], 1913). Diese Vermutung wurde durch CHADWICK[2] (1920) bestätigt, dem es gelang, aus der Streuung der α-Teilchen beim Durchgang durch Kupfer, Silber und Platin die positiven Kernladungszahlen dieser Elemente im absoluten Maß zu bestimmen. Er fand vollkommene Übereinstimmung mit den Ordnungszahlen dieser Elemente.

e) Der Rotator.

Die Vorstellung vom Aufbau des Atoms aus positivem Kern und negativer Elektronenhülle folgt — wie wir soeben ausführten — aus rein experimentellen Feststellungen. Wie kommt nun aber die Stabilität der Elektronenhülle zustande? Wenn wir die Elektronen in der Hülle als ruhend annehmen, so sollten sie infolge der anziehenden Wirkung des Kerns zu diesem herangezogen werden. Da dies nicht der Fall ist, muß eine Kraft vorhanden sein, durch die das einzelne Elektron in bestimmter Entfernung vom Kern festgehalten wird. Eine solche Kraft entsteht, wenn das Elektron nicht ruht, sondern sich in schneller Bewegung um den positiven Kern befindet. Die einfachste Bewegung, die ein Elektron um den positiven Kern ausführen kann, ist die Kreisbewegung.

Auch der Rotator muß nach den Gesetzen der Elektrodynamik strahlen. An Stelle der für den Oszillator geltenden Gleichungen treten hier die folgenden:

(51) $$q = \varphi = \varphi_0 + \omega t\,,$$

(52) $$\dot{q} = \omega\,,$$

(53) $$\ddot{q} = 0\,,$$

(54) $$k = 0\,.$$

Die Bewegung des Rotators ist also kräftefrei. Daher ist auch:

(55) $$V = \text{const}\,.$$

Ist r der Bahnradius, so ist das Trägheitsmoment:

(56) $$\Theta = m r^2\,,$$

und es gelten weiter die Formeln:

(57) $$E = \tfrac{1}{2}\Theta \dot{q}^2\,,$$

(58) $$p = \frac{\partial E}{\partial \dot{q}} = \Theta \dot{q}\,,$$

(59) $$E = \frac{p^2}{2\Theta}\,.$$

---

[1] VAN DEN BROEK, Phys. Ztschr. 14, 32 (1913).

[2] CHADWICK, Phil. Mag. 40, 734 (1920).

Aus (52) und (58) folgt:

(60) $$\omega = \frac{p}{\Theta}$$

oder nach (39):

(61) $$\nu = \frac{p}{2\pi\Theta}.$$

Die bei der Rotation auftretende Zentrifugalkraft ist, wenn man (39) beachtet:

(62) $$m r \omega^2 = 4\pi^2 m r \nu^2.$$

Diese Kraft muß gleich der zwischen Kern und Elektron wirksamen COULOMBschen Anziehungskraft sein. Ist E die Ladung des Kernes und e die des Elektrons, so ist also:

(63) $$\frac{E\cdot e}{r^2} = 4\pi^2 m r \nu^2$$

oder auch nach (46):

(64) $$\tau^2 = \left(\frac{4\pi^2 m}{E e}\right) r^3 \quad \text{(3. KEPLERsches Gesetz).}$$

Hierbei ist:

(65) $$e = 4{,}77_4\, 10^{-10}\, g^{\frac{1}{2}} cm^{\frac{3}{2}} sec^{-1},$$

(66) $$E = Z\cdot e,$$

wobei Z die Ordnungszahl des betreffenden Elementes ist.

Die potentielle Energie ist:

(67) $$V = -\frac{eE}{r},$$

denn dann ist (vgl. Gl. (7)):

(68) $$\frac{\partial V}{\partial r} = \frac{eE}{r^2}.$$

Die Gesamtenergie ist daher:

(69) $$W = -\frac{eE}{r} + \frac{p^2}{2\Theta}.$$

f) Die Linienspektren und das Bohrsche Atommodell.

Wenn das rotierende Elektron strahlt, so verliert es Energie. Dadurch wird aber seine Zentrifugalkraft verringert, und die COULOMBsche Anziehung wird schließlich überwiegen und das Elektron in den Kern stürzen. Der Rotator kann daher ebensowenig die Quelle der Strahlung sein wie der Oszillator. Das RUTHERFORDsche Atommodell muß daher noch irgendwie modifiziert werden. In welcher Weise, darauf weist eine Eigentümlichkeit der Strahlung hin, die in den Linienspektren zum Ausdruck kommt.

Die Linienspektren sind dadurch gekennzeichnet, daß die Linien in bestimmter gesetzmäßiger Weise aufeinander folgen, daß sie sich zu „Serien" ordnen lassen. Die Abstände werden nach der kurzen Wellenlängenseite immer kleiner bis zu einer scharfen Grenze, an der die Serie abbricht. BALMER gelang es (1885), eine zahlenmäßige Formulierung für die nach ihm benannte Wasserstoffhauptserie zu finden:

(70) $$\lambda = 3646{,}13\,\frac{m^2}{m^2-4}\cdot 10^{-8}\,\text{cm}; \quad m = 3, 4, 5\,\ldots$$

Die BALMERsche Serienformel benutzt man zumeist in umgeformter Schreibweise, indem man nicht die Wellenlänge λ, sondern ihren reziproken Wert $\left(\text{Wellenzahl } \frac{1}{\lambda} = \nu'\right)$ ausdrückt:

$$\frac{1}{\lambda} = \nu' = 109\,677{,}69\left(\frac{1}{2^2} - \frac{1}{m^2}\right) = R\left(\frac{1}{2^2} - \frac{1}{m^2}\right); \quad m = 3, 4, 5 \ldots \tag{71}$$

Die Konstante R bezeichnet man als „RYDBERGsche Konstante". Sie kehrt auch bei den Spektren der anderen Elemente wieder. Ihr Zahlenwert beträgt für Wasserstoff $R_H = 109\,677{,}691 \pm 0{,}06\ \text{cm}^{-1}$ (vgl. S. 211).

In ähnlicher Weise lassen sich die anderen Serien des Wasserstoffes ausdrücken:

(72) II. Nebenserie (LYMAN[1]) $\nu' = R\left(\frac{1}{1^2} - \frac{1}{m^2}\right), \quad m = 2, 3, 4 \ldots$

(73) I. Nebenserie (PASCHEN[2]) $\nu' = R\left(\frac{1}{3^2} - \frac{1}{m^2}\right), \quad m = 4, 5, 6 \ldots$

(74) Bergmannserie (BRACKETT[3]) $\nu' = R\left(\frac{1}{4^2} - \frac{1}{m^2}\right), \quad m = 5, 6, 7 \ldots$

Die Schwingungszahlen ergeben sich durch Multiplikation der Wellenzahlen mit der Lichtgeschwindigkeit c. Für die Balmerserie ergibt sich z. B.:

$$\frac{c}{\lambda} = \nu = 3{,}2887 \cdot 10^{15}\left(\frac{1}{2^2} - \frac{1}{m^2}\right) = R'\left(\frac{1}{2^2} - \frac{1}{m^2}\right),$$

wobei die Konstante $R' = c\,R = 3{,}2887 \cdot 10^{15}\ \text{sec}^{-1}$ wird.

Die Wasserstoffserien sind also durch die Differenz zweier Zahlenausdrücke, eines konstanten Terms und eines variablen Terms (Laufterms), gekennzeichnet:

$$\nu' = T - T'. \tag{75}$$

Die Einordnung der Spektren der übrigen Elemente zu Serien der vorstehenden Form ist noch in voller Entwicklung begriffen. Relativ einfach liegen die Verhältnisse nur bei den ersten drei Gruppen des periodischen Systems; bei den Elementen der weiteren Gruppen dagegen nimmt die Linienzahl so ungeheuer zu, daß ihre Einordnung noch viel Arbeit beanspruchen wird. Die Spektren einer Gruppe des periodischen Systems zeigen gleichen Charakter. Durch die Gl. (75) kommt das RITZsche[4] Kombinationsprinzip zum Ausdruck: Die Differenz zweier Terme ergibt die Wellenzahl einer Serienlinie. Diese allgemeine Fassung unterliegt jedoch auswählenden Einschränkungen.

BOHR nahm nun an, daß die Rotation des Elektrons gar nicht die Ursache der Strahlung ist, sondern daß eine Reihe von Bahnen existiert, in denen sich das Elektron entgegen der klassischen Elektrodynamik

---

[1] TH. LYMAN, Astrophys. Journ. **23**, 181 (1906); **43**, 89 (1916); vgl. MILLIKAN, Astrophys. Journ. **52**, 47, 286 (1920); **53**, 150 (1921).

[2] F. PASCHEN, Ann. d. Physik **27**, 537 (1908).

[3] F. S. BRACKETT, Astrophys. Journ. **56**, 154 (1922).

[4] W. RITZ, Phys. Ztschr. **9**, 521 (1908); Gesammelte Werke, herausgegeben von der Schweizer Phys. Ges., S. 162, Verl. Gauthier-Villars, Paris 1911.

bewegen kann, ohne zu strahlen. Strahlung soll dagegen ausgesandt werden, wenn das Elektron von der einen dieser Bahnen auf eine andere überspringt. Diese „stationären“ Bahnen sollen sich nun genau so ergeben, wie die möglichen Schwingungszustände des PLANCKschen Oszillators, d. h. es soll das Phasenintegral J ein ganzzahliges Vielfaches des PLANCKschen Wirkungsquantums h sein (vgl. (31) und (44)). Da p konstant ist, und q während einer Periode von 0 bis 2π wächst, so ist:

(76) $$J = 2\pi p$$

oder nach (52), (56) und (58):

(77) $$J = 2\pi m r^2 \omega$$

oder nach (39):

(78) $$J = 4\pi^2 m r^2 \nu .$$

Aus (44), (63) und (78) können r und ν berechnet werden. Es ergibt sich:

(79) $$r = \frac{n^2 h^2}{4\pi^2 m E e},$$

(80) $$\nu = \frac{4\pi^2 m E^2 e^2}{n^3 h^3}.$$

Setzen wir in (79) $E = e$ und $n = 1$, so erhalten wir die kleinstmögliche Bahn des Wasserstoffatoms. Setzen wir für m ($9{,}02 \cdot 10^{-28}$ g), e ($4{,}77_4 \cdot 10^{-10}\ \mathrm{g}^{\frac{1}{2}}\ \mathrm{cm}^{\frac{3}{2}}\ \mathrm{sec}^{-1}$) und h ($6{,}55 \cdot 10^{-27}$ erg · sec) die Zahlenwerte ein, so ergibt sich:

(81) $$r = 0{,}529 \cdot 10^{-8}\ \mathrm{cm}.$$

Setzen wir in (69) für r den Wert (79), für Θ den Wert (56) und für p den aus (44) und (76) folgenden Wert:

(82) $$p = \frac{n h}{2\pi}$$

ein, so ergibt sich:

(83) $$W = -\frac{2\pi^2 m e^2 E^2}{h^2 n^2}.$$

Aus (80) und (83) folgt:

(84) $$\frac{d W}{d (h n)} = \nu$$

oder nach (44):

(85) $$\frac{d W}{d J} = \nu_{kl},$$

wobei ν_{kl} die klassische Frequenz bedeuten soll (vgl. Gl. (22)).

Springt nun das Elektron von der n-ten auf die $(n-1)$-te Bahn, so soll Licht emittiert werden von der quantentheoretischen Frequenz ν_q, die sich genau so ergibt wie die quantentheoretische Frequenz beim Oszillator. Es ist also nach (50):

(86) $$\nu_q = \frac{\Delta W}{\Delta J}$$

oder

(87) $$\nu_q = \frac{W_1 - W_2}{h}.$$

Setzen wir für W den Wert (83) ein, so ist:

$$\nu_q = \frac{2\pi^2 m e^2 E^2}{h^3}\left(\frac{1}{n_1^2} - \frac{1}{n_2^2}\right). \tag{88}$$

Dafür können wir nach (66) schreiben:

$$\nu_q = \frac{2\pi^2 m e^4}{h^3} Z^2 \left(\frac{1}{n_1^2} - \frac{1}{n_2^2}\right). \tag{89}$$

Für Wasserstoff ist $Z = 1$, und wir erhalten:

$$\nu_q = \frac{2\pi^2 m e^4}{h^3}\left(\frac{1}{n_1^2} - \frac{1}{n_2^2}\right). \tag{90}$$

Diese theoretisch berechnete Serienformel entspricht den empirisch gefundenen (Gl. 71, 72, 73, 74 auf S. 209), wenn man die RYDBERGsche Konstante setzt:

$$R' = \frac{2\pi^2 m e^4}{h^3}. \tag{91}$$

Setzt man die Zahlenwerte für e, m und h (S. 210) ein, so findet man, daß der so errechnete Wert für R' angenähert mit dem empirisch gefundenen Wert übereinstimmt.

Als Ursache für die Balmerserie (Gl. 71) kann man demnach Elektronenübergänge von den äußeren Quantenbahnen auf die zweite Bahn annehmen, für die Lymanserie (Gl. 72) Elektronenübergänge von äußeren Bahnen auf die erste Bahn und für die Paschenserie (Gl. 73) Elektronenübergänge von den äußeren Bahnen auf die dritte Bahn.

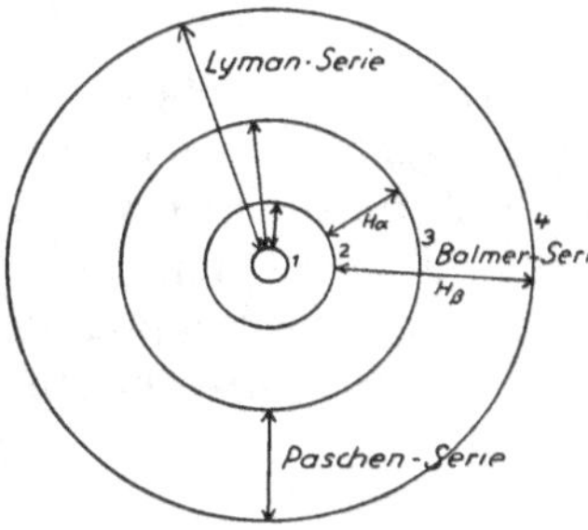

Fig. 183. Schematische Darstellung der stationären Zustände des Wasserstoffatoms. $r = 0{,}529 \cdot 10^{-8} n^2$ cm.

Serien der allgemeinen Form (89) ergibt ein einzelnes Elektron gegenüber der Kernladungszahl Z. Dieser Fall ist realisiert im Fall des He^+-Atoms, das die positive Ladung $Z = 2$, aber nur ein Elektron besitzt und angenähert eine Serie der Form

$$\nu_q = R' \cdot 2^2 \left(\frac{1}{n'^2} - \frac{1}{n^2}\right) \tag{92}$$

ergibt.

Die modellmäßigen Berechnungen des H- und des He^+-Spektrums geben jedoch keine exakten Übereinstimmungen mit den Beobachtungen. Berechnet man nämlich R $\left(R = \frac{R'}{c}\text{, vgl. S. 209}\right)$ aus den Spektralbeobachtungen, so findet man:

$$R_H = 109\,677{,}691 \pm 0{,}06\ \text{cm}^{-1}, \tag{93}$$

$$R_{He} = 109\,722{,}144 \pm 0{,}04\ \text{cm}^{-1}. \tag{94}$$

Die Rydbergkonstante ist also im Fall des Wasserstoffs ($Z = 1$) etwas kleiner als im Fall des He ($Z = 2$). Diese Tatsache läßt sich modellmäßig als eine Mitbewegung der Kernmasse deuten. Die Bewegung des Elektrons bewirkt eine — wenn auch nur sehr kleine — Mitbewegung des Kerns, derart, daß sich die Verbindungslinie von Kern und Elektron mit gleicher Winkelgeschwindigkeit um den gemeinsamen Schwerpunkt bewegt. Die BOHRsche Formel erfährt dadurch eine kleine Korrektion. Es wird:

$$R' = \frac{2\pi^2 m e^4}{h^3\left(1 + \frac{m}{M}\right)} = \frac{R'_\infty}{1 + \frac{m}{M}}, \tag{95}$$

wenn m die Masse des Elektrons und M die Masse des Kerns ist. R'_∞ ist die Rydbergkonstante für unendlich große Kernmasse. Da $R' = cR$, so gilt natürlich auch:

$$R = \frac{R_\infty}{1 + \frac{m}{M}} . \tag{96}$$

Der mit Hilfe dieser Korrektion errechnete Unterschied zwischen den Rydbergkonstanten für Wasserstoff und Helium steht in gutem Einklang mit der Erfahrung. Aus Spektralbeobachtungen hat sich ergeben:

$$R_\infty = 109\,737{,}11 \pm 0{,}06 \text{ cm}^{-1}. \tag{97}$$

g) Allgemeinere Fassung der Quantenvorschriften (Korrespondenzprinzip).

Wir hatten oben das BOHRsche Atommodell im Anschluß an den Rotator entwickelt. Es ist jedoch nicht nötig, daß die stationären Bahnen des Elektrons Kreisbahnen sind, und wir müssen nun allgemeinere Bewegungen betrachten.

Unter einem anharmonischen Oszillator versteht man einen Massenpunkt, dessen Bewegungen statt durch (1) durch die allgemeinere Gl.:

$$q = \sum_{n=1}^{\infty} A_n \cos(\varphi_{on} + 2\pi n \nu t) \tag{98}$$

beschrieben wird. Eine solche Summe bezeichnet man als eine FOURIERsche Reihe. Die Frequenz ν heißt die Grundfrequenz. Ist weiter der Massenpunkt nicht, wie der Oszillator, an eine Gerade oder der Rotator an eine Kreisbahn gebunden, sondern ist er frei im Raum beweglich, so existieren 3 derartige Grundfrequenzen ν_1, ν_2, ν_3, und an Stelle von (98) tritt:

$$\underset{(k=1,2,3)}{q_k} = \sum_{n_1}\sum_{n_2}\sum_{n_3} A^k_{n_1 n_2 n_3} \cos\left[\varphi^k_{0 n_1 n_2 n_3} + 2\pi(n_1\nu_1 + n_2\nu_2 + n_3\nu_3)t\right]. \tag{99}$$

In der klassischen Mechanik wird nun gezeigt, daß sich Winkelvariable w_k und Wirkungsvariable J_k einführen lassen, derart, daß die Energie W nur von den J_k abhängt, und die Grundfrequenzen durch die Gleichung:

$$\nu_k = \frac{\partial W}{\partial J_k} \tag{100}$$

gegeben sind.

Im atomaren System bleiben in den stationären Zuständen die J_k konstant. Bei einem Übergang ändert sich jedes J_k um ein ganzzahliges Vielfaches von h, und es wird gestrahlt die Frequenz:

$$\nu = \frac{1}{h}\left[W(J_1 J_2 J_3) - W(J_1 - n_1 h,\ J_2 - n_2 h,\ J_3 - n_3 h)\right] . \tag{101}$$

Diese quantentheoretische Frequenz korrespondiert dabei mit der klassischen Kombinationsfrequenz:

(102) $$\nu = n_1 \nu_1 + n_2 \nu_2 + n_3 \nu_3 .$$

Fehlt (102) im klassischen Modell, so kommt auch (101) im atomaren System nicht vor (Korrespondenzprinzip).

Besteht zwischen den klassischen Frequenzen eine lineare Beziehung:

(103) $$n_1 \nu_1 + n_2 \nu_2 + n_3 \nu_3 = 0 ,$$

wobei $n_1\, n_2\, n_3$ ganze Zahlen sind, so heißt das System entartet. In diesem Falle lassen sich neue Größen $w_l\, J_l\, \nu_l$ einführen, derart, daß die ν_l linear unabhängig sind. Die Anzahl der $w_l\, J_l\, \nu_l$ ist dabei kleiner als die der $w_k\, J_k\, \nu_k$.

Wird z. B. ein Elektron vom Kern nach dem Coulombschen Gesetz angezogen, so beschreibt es im allgemeinen eine Keplerellipse, während die in d) und e) betrachteten Kreise nur Spezialfälle darstellen. Drückt man die Energie durch die zu den räumlichen Polarkoordinaten r, φ, ϑ gehörigen Phasenintegrale $J_r\, J_\varphi\, J_\vartheta$ aus, so wird sie:

(104) $$W = -\frac{2\pi^2 e^2 E^2 m}{(J_r + J_\varphi + J_\vartheta)^2} .$$

Es liegt also eine doppelte Entartung vor, da die Energie nur von der Summe:

(105) $$J = J_r + J_\varphi + J_\vartheta ,$$

also von einer einzigen Größe abhängig ist. Es sind daher auch nicht die $J_r\, J_\varphi\, J_\vartheta$ einzeln zu quanteln, sondern nur ihre Summe. Daher unterscheiden sich für die Lichtemission diese Ellipsenbahnen wenig von den Kreisbahnen. Es wird weder in der Lage noch in der Zahl der Spektrallinien eine Änderung hervorgerufen.

§ 7. Theorie und Systematik der Röntgenspektren.

Literatur: Siehe § 6, S. 200; ferner: M. Siegbahn, S. 138; A. Sommerfeld, Three Lectures on Atomic Physics, Verl. Methuen & Co. Ltd., London 1926; A. Sommerfeld, Über die Theorie des periodischen Systems und die Entwicklung der Wellenmechanik, Z. angew. Chem. **41**, 1 (1928).

a) Die Röntgenspektren und die Unterteilung der Elektronenhülle nach Kossel[1].

Im § 5b (S. 180) wurde bereits das Moseleysche Gesetz erwähnt. Dieses Gesetz lautet: Die Quadratwurzel aus der Schwingungszahl entsprechender Linien der Röntgenspektren hängt linear zusammen mit der Ordnungszahl der Elemente im periodischen System. Zu den Atomgewichten besteht dagegen keine einfache Beziehung. Die Entdeckung dieses Gesetzes erwies die Berechtigung des bereits bei der Behandlung des Rutherfordschen Kernmodells erwähnten Rydbergschen Vorschlags, nicht das Atomgewicht, sondern die Ordnungszahl als Maßzahl für die chemischen und physikalischen Eigenschaften der Elemente zu nehmen. Es zeigte sich, daß die Einordnung der nach ihrem Atomgewicht sonst

[1] W. Kossel, Valenzkräfte und Röntgenspektren, 2. Aufl., Berlin 1924; Verh. Deutsche Phys. Ges. **16**, 898, 953 (1914); **18**, 339 (1916); Ann. d. Phys. **49**, 229 (1926).

nicht in die Reihenfolge des periodischen Systems hineinpassenden Elemente genau im Einklang steht mit der Lage ihrer Röntgenspektren, daß das Röntgenspektrum von Blei identisch ist mit dem Spektrum der γ-Strahlung von Radium B und daß die Röntgenspektren der Bleiisotopen (A.-G. 206 und 207,2) übereinstimmen. Das MOSELEYsche Gesetz berechtigt daher, die noch offenen Stellen im periodischen System mit absoluter Genauigkeit festzustellen. Würde man in einer Darstellung wie in Fig. 176 S. 180 an der Stelle eines fehlenden Elements keine Lücke offen lassen, so würde in der geraden Linie ein Sprung auftreten. Auf diese Weise gelangte man zur Feststellung der Anzahl der seltenen Erden und zur Vorausberechnung der Röntgenspektren der seither entdeckten Elemente Hafnium, Masurium, Rhenium und Illinium (vgl. S. 272).

Durch die Untersuchungen von RUTHERFORD und seinen Mitarbeitern war nun andererseits erwiesen worden, daß die Ordnungszahl der Elemente übereinstimmt mit der positiven Kernladungszahl. Man kann daher das MOSELEYsche Gesetz auch folgendermaßen aussprechen: Die Quadratwurzel aus der Schwingungszahl entsprechender Linien der Röntgenspektren hängt linear zusammen mit der positiven Kernladungszahl der Elemente.

Das MOSELEYsche Gesetz läßt sich im Gebiet der K-Reihe wiedergeben durch die Formel:

$$\nu'_{K\alpha} = R(Z-1)^2\left(\frac{1}{1^2} - \frac{1}{2^2}\right) \tag{1}$$

und im Gebiet der L-Reihe durch die Formel:

$$\nu'_{L\alpha} = \frac{5}{36} R(Z-7{,}4)^2 = R(Z-7{,}4)^2\left(\frac{1}{2^2} - \frac{1}{3^2}\right), \text{ wobei } \nu' = \frac{\nu}{c}\,. \tag{2}$$

Die Serienformel (1) deutet formal auf einen Elektronenübergang von einer Bahn mit der Hauptquantenzahl 2 auf eine Bahn mit der Hauptquantenzahl 1, die Formel (2) dagegen auf einen Übergang von einer Bahn mit der Hauptquantenzahl 3 auf eine Bahn mit der Hauptquantenzahl 2. Vergleicht man die Formeln (1) und (2) mit der Gl. (89) von S. 211, so erkennt man, daß die quadrierten Klammerausdrücke die positive Ladung andeuten, in deren Feld sich das Elektron bewegt. Bei der K-Serie, bei der das Elektron auf die innerste Bahn übergeht, tritt fast die ganze positive Kernladung in Wirksamkeit. Bei der L-Serie, bei der das Elektron von einer äußeren auf die zweitinnerste Bahn übergeht, erscheint die positive Kernladung dagegen um über 7,4 Einheiten verringert. Die positive Kernladung kommt nicht mehr zu voller Wirksamkeit. Das erscheint durchaus plausibel, wenn man bedenkt, daß sich zwischen der zweitinnersten Bahn und dem Kern andere Elektronen befinden, wodurch die Wirkung der positiven Ladung abgeblendet wird. Geht man immer weiter nach außen, so macht sich diese Abblendung immer stärker geltend. Befindet sich schließlich das Elektron ganz außerhalb des Atoms, so erscheint der Atomrest als positives Ion mit der positiven Ladung 1, entspricht also in seiner Wirksamkeit dem Wasserstoffkern. Das stimmt nun mit der

Erfahrung vollkommen überein; denn hohe Serienglieder schwerer Atome decken sich mit denen des Wasserstoffs. Es findet also ein allmählicher Übergang statt von den Vorgängen im Atominnern bis zu den Vorgängen über der Oberfläche der Atome. Im Innersten und ganz außerhalb des Atoms liegen die Verhältnisse am einfachsten. Im Innersten haben wir die Wirkung fast der vollen Kernladung, über der Oberfläche die Wirkung der positiven Ladung 1. Dazwischen sind die Verhältnisse sehr verwickelt.

Die Absorptionsverhältnisse im Röntgengebiet wurden auf S. 192 besprochen. Die Röntgenabsorption unterscheidet sich wesentlich von der optischen Absorption. Während nämlich die optischen Linien auch in der Absorption erhalten werden können (z. B. Natrium oder Quecksilber), ist das bei den Röntgenlinien nicht der Fall. Die K_α-Wellenlängen werden durch eine Schicht desselben Elements durchgelassen, ohne absorbiert zu werden. Geht man aber zu etwas kürzeren Wellenlängen über, so setzt bei einer ganz bestimmten Wellenlänge plötzliche Absorption ein, wobei im absorbierenden Medium die *K*-Serie als ganzes angeregt wird. Nach Bohr kommt nun — wie wir bei der Besprechung der Bohrschen Modellvorstellungen gesehen hatten — Absorption dadurch zustande, daß ein Elektron von einer inneren Bahn auf eine äußere Bahn gehoben wird, Emission dagegen dadurch, daß ein Elektron von einer äußeren Bahn auf eine innere Bahn zurückfällt. Die Tatsache, daß die Röntgenabsorption erst bei kürzeren Wellenlängen einsetzt, bedeutet also, daß das Elektron zunächst um einen hohen Energiebetrag gehoben werden muß, während die Tatsache, daß Wellenlängen niederer Frequenz emittiert werden, erkennen läßt, daß ein Elektronenrückfall in kleineren Stufen erfolgt, so daß die ausgesandten Energiebeträge und mithin auch die Schwingungszahlen kleiner sind als die der absorbierten Strahlung. Im Gegensatz zeigt die optische Linienabsorption, daß im optischen Gebiet jeder Schritt nach außen und der gleiche nach innen getan werden kann. Dieser eigenartige Unterschied zwischen dem Röntgengebiet und dem optischen Gebiet erklärt sich auf Grund der oben aus dem Moseleyschen Gesetz gezogenen Folgerung. Die *K*-Serie kommt aus dem innersten Teil der Elektronenhülle, die folgenden Serien aus weiter außen gelegenen Teilen und über der Oberfläche gehen die Spektren in den optischen Balmertyp über. Im optischen Gebiet kann also das Elektron jeden Schritt auf eine nächstäußere Bahn beliebig tun (Linienabsorption), im Gebiet der Röntgenspektren dagegen sind die nächstäußeren Bahnen mit Elektronen besetzt, so daß auf den möglichen Bahnen kein Platz mehr ist. Die Energie muß erst einen Betrag erreichen, damit sie imstande ist, das Elektron von einer der inneren Bahnen bis an die Oberfläche des Atoms zu befördern, es kann also keine Linienabsorption stattfinden. Mit dieser Deutung des Zustandekommens der Röntgenabsorption steht im Einklang, daß beim Einsetzen der Röntgenabsorption an der Absorptionskante auch eine Elektronenemission einsetzt. Das sind die Elektronen, die aus dem Innern herausgerissen und von dem Atom losgelöst werden.

Wie kommt es nun aber, daß bei der Emission scharfe Linien ausgesandt werden? Für das Zustandekommen der *K*-Serie hatten wir auf Elektronenübergänge von den äußeren auf die innerste (1) Quantenbahn geschlossen, für das Zustandekommen der *L*-Serie auf Elektronenübergänge von den äußeren auf die zweitinnerste (2) Bahn usw. Aus der Absorption schlossen wir nun, daß alle inneren Bahnen mit Elektronen besetzt sind. Findet nunmehr eine *K*-Absorption statt, so wird ein Elektron aus der 1-Bahn bis über die Oberfläche befördert, es entsteht in dem *K*-Niveau eine Lücke. Diese wird durch ein Elektron einer 2-Bahn (*L*-Niveau) unter Emission von K_α-Strahlung aufgefüllt, oder — was bereits weniger wahrscheinlich ist — durch ein Elektron einer 3-Bahn (*M*-Niveau) unter Emission von K_β-Strahlung, oder — was noch viel unwahrscheinlicher ist — durch ein Elektron einer 4-Bahn (*N*-Niveau) unter Emission von K_γ-Strahlung. Je weiter das Elektron von außen kommt, um so größer ist der Energiebetrag, um so kurzwelliger die emittierte Strahlung. Die kurzwelligste Emission würde erreicht, wenn das Elektron von der Oberfläche in einem einzigen Schritt bis auf das innerste *K*-Niveau fällt. Diese Linie würde mit der *K*-Absorptionsgrenze zusammenfallen. Eine Stütze dieser Schlußfolgerung ist darin zu erblicken, daß die K_γ-Linie bereits ganz nahe der Absorptionsgrenze liegt. Entsprechende Überlegungen gelten für die übrigen Röntgenserien (*L*-, *M*-, usw.).

Diese Vorstellung vom Mechanismus der Röntgenemission führt zu gewissen zahlenmäßigen Beziehungen der Schwingungszahlen, die durchaus mit der Erfahrung übereinstimmen. Die Aussendung der K_β-Strahlung läßt sich deuten als Elektronensprung vom *M*-Niveau auf das *K*-Niveau. Dieser Sprung kann nun in zwei Schritten vorgenommen werden: vom *M*-Niveau auf das *L*-Niveau und vom *L*-Niveau auf das *K*-Niveau. Im ersteren Fall wird $\nu_{L\alpha}$ emittiert, im zweiten $\nu_{K\alpha}$. Es muß also gelten:

(3) $$\nu_{K\beta} = \nu_{L\alpha} + \nu_{K\alpha}\,.$$

Die Schwingungszahl der *K*-Absorptionsgrenze ν_{KG} entspicht einem Elektronenübergang von dem innersten *K*-Niveau bis zur Oberfläche des Atoms (erste unbesetzte Bahn außerhalb des Atoms). Diesen Übergang kann man sich in zwei aufeinander folgende Schritte zerlegt denken; von dem *K*-Niveau bis zum *L*-Niveau und vom *L*-Niveau bis zur Oberfläche. Der erste Schritt entspricht der Emission $\nu_{K\alpha}$, der zweite der *L*-Absorptionsgrenze ν_{LG}. Es gilt also:

(4) $$\nu_{KG} = \nu_{K\alpha} + \nu_{LG}\,.$$

Entsprechend ist:

(5) $$\nu_{LG} = \nu_{L\alpha} + \nu_{MG}\,.$$

Eine weitere, mit der Erfahrung übereinstimmende Folgerung ergibt sich für die Absorptionsgrenze. Wenn ein Elektron aus einer inneren Bahn herausgerissen und an die Oberfläche befördert worden ist, kann es sich auf verschiedenen optischen Bahnen außerhalb des Atoms befinden. Diese optischen Bahnen sind energetisch etwas verschieden voneinander.

Wenn nun auch diese Energieunterschiede im Vergleich zu der gesamten an dem Elektron geleisteten Arbeit nur gering sind, so reichen sie doch hin, um eine Feinstruktur der Absorptionsbandkante hervorzubringen, wie sie auch tatsächlich beobachtet worden ist (vgl. S. 194, 217, 265).

Aus den vorstehenden Ausführungen geht nun hervor, daß wir für den Aufbau der Elektronenhülle der Atome „eine Reihe aufeinanderfolgender Zonen oder Schalen aus Elektronen" anzunehmen haben. Jede

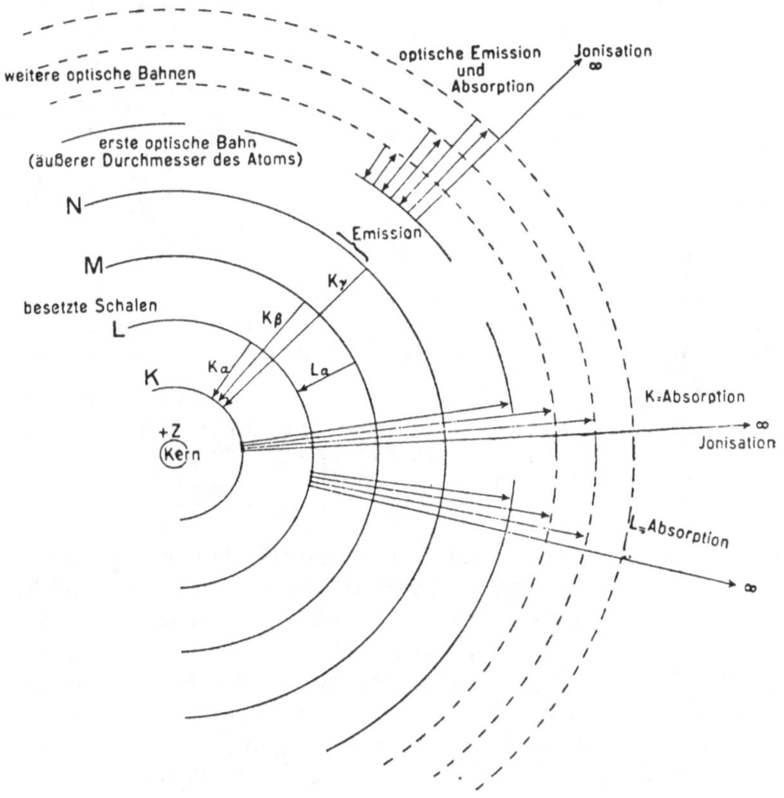

Fig. 184. Atomschalen, Absorption und Emission (GERLACH).[1]

dieser Schalen ist Träger einer Röntgenserie und stellt dementspechend ein bestimmtes Energieniveau dar. In Fig. 184 sind die verschiedenen Schalen *K*, *L*... schematisch als Kreise gezeichnet. Die Pfeile zeigen die verschiedenen, schon besprochenen Absorptionen und Emissionen an.

KOSSEL[2] wies zuerst darauf hin, daß eine solche Anordnung der Elektronen in Schalen auch durch den regelmäßigen Wechsel der chemischen Eigenschaften der Elemente, wie er im periodischen System zum Ausdruck kommt, nahegelegt wird. Die Elemente der ersten Gruppen des periodischen

[1] GERLACH, Materie, Elektrizität, Energie, Dresden und Leipzig 1923.
[2] KOSSEL, Ann. d. Physik **49**, 229 (1926); Naturwissenschaften **7**, 339 (1919).

Systems (Tab. 26 in der zuerst von WERNER in Anwendung gebrachten langperiodigen Schreibweise) sind dadurch ausgezeichnet, daß sie besonders leicht Elektronen abgeben, und zwar geben die Alkalimetalle ein Elektron, die Erdalkalimetalle zwei Elektronen leicht ab. Man muß annehmen,

Tabelle 26. Periodisches System der Elemente.

Ia	IIa	IIIb	IVb	Vb	VIb	VIIb	VIII			Ib	IIb	IIIa	IVa	Va	VIa	VIIa	0
1 H																	2 He
3 Li	4 Be											5 B	6 C	7 N	8 O	9 F	10 Ne
11 Na	12 Mg											13 Al	14 Si	15 P	16 S	17 Cl	18 A
19 K	20 Ca	21 Sc	22 Ti	23 V	24 Cr	25 Mn	26 Fe	27 Co	28 Ni	29 Cu	30 Zn	31 Ga	32 Ge	33 As	34 Se	35 Br	36 Kr
37 Rb	38 Sr	39 Y	40 Zr	41 Nb	42 Mo	43 Ma	44 Ru	45 Rh	46 Pd	47 Ag	48 Cd	49 Jn	50 Sn	51 Sb	52 Te	53 J	54 X
55 Cs	56 Ba	57—71 La usw.	72 Hf	73 Ta	74 W	75 Re	76 Os	77 Jr	78 Pt	79 Au	80 Hg	81 Tl	82 Pb	83 Bi	84 Po	85 —	86 Em
87 —	88 Ra	89 Ac	90 Th	91 Pa	92 U	—	—	—	—	—	—	—	—	—	—	—	118 —

daß diese Elektronen auf der Oberfläche der Atome exponiert angeordnet sind, da bereits chemische Vorgänge hinreichen, um das Na-Atom in eine Na^+ überzuführen. Dieser Annahme entspricht auch die Tatsache, daß die optischen Serienspektren sehr einfach sind. KOSSEL denkt sich nun die Atome der Elemente schrittweise durch Addition jeweils eines Elektrons beim Übergang von einem Element zum folgenden aufgebaut. Beim Alkalimetall liegt ein Elektron exponiert an der Oberfläche der Elektronenhülle, beim Erdalkalimetall zwei Elektronen, und KOSSEL fährt nun in der gleichen Weise fort, um bei dem nächsten Alkaliatom wiederum ein Elektron exponiert anzuordnen. Bei dem vorhergehenden Edelgas wird also eine Schale fertig, wodurch die chemische Indifferenz der Edelgase zum Ausdruck kommt. Diese Annahme, daß bei den Edelgasen jeweils eine Schale abgeschlossen wird, befindet sich im Einklang mit den chemischen Eigenschaften der vor den Edelgasen stehenden Gruppen des periodischen Systems. Die Elemente der Fluor- und Sauerstoff-Gruppe sind dadurch ausgezeichnet, daß sie leicht Elektronen aufnehmen, und zwar das Fluor unter Aufnahme von einem Elektron und Bildung von F^-, der Sauerstoff unter Aufnahme von zwei Elektronen unter Bildung von O^{--}. Die Entstehung polarer chemischer Verbindungen ist demnach gekennzeichnet durch die Tendenz der Atome, in ihrer äußeren Elektronenkonfiguration die Edelgasform anzunehmen. Bei der Entstehung der Verbindung LiF z. B. gibt das Li ein Elektron ab, während das F ein Elektron aufnimmt. Durch den Übergang von Li in Li^+ entsteht die Form des He, durch den Übergang von F in F^- die Form des Ne. Das Entsprechende gilt für die Entstehung anderer Alkalihalogenide, der Alkalioxyde, der Erdalkalihalogenide, der Erdalkalioxyde usw.[1] Für die Edelgasgruppe und für die Gruppen Ia (Alkaligruppe) und Ib (Kupfergruppe) ergeben sich folgende Elektronenbesetzungszahlen:

Tabelle 27. Edelgasgruppe.

Z	Element	$n = 1$	2	3	4	5	6
2	He	2	—	—	—	—	—
10	Ne	2	8	—	—	—	—
18	A	2	8	8	—	—	—
36	Kr	2	8	18	8	—	—
54	X	2	8	18	18	8	—
86	Em	2	8	18	32	18	8

Tabelle 28. Gruppe Ia (Alkaligruppe).

Z	Element	$n = 1$	2	3	4	5	6	7
3	Li	2	1	—	—	—	—	—
11	Na	2	8	1	—	—	—	—
19	K	2	8	8	1	—	—	—
37	Rb	2	8	18	8	1	—	—
55	Cs	2	8	18	18	8	1	—
87	Eka Cs	2	8	18	32	18	8	1

Tabelle 29. Gruppe Ib (Kupfergruppe).

Z	Element	$n = 1$	2	3	4	5	6
29	Cu	2	8	18	1		
47	Ag	2	8	18	18	1	
79	Au	2	8	18	32	18	1

Wenn nun die aus dem periodischen System folgende Anordnung der Elektronen zu Schalen identisch ist mit der aus den Röntgenspektren folgenden, so können nach der Modellvorstellung Kossels die höheren Glieder der Röntgenserien erst von den Elementen an auftreten, von denen im periodischen System die betreffende Außenschale entsteht (Swinne[2]). Zur Entstehung der K_α-Linie muß eine L-Schale, zur Entstehung der K_β-Linie eine M-Schale und zur Entstehung der K_γ-Linie eine N-Schale vorhanden sein (vgl. Fig. 184). Die K_α-Linie darf daher erst vom *Li*, die K_β-Linie

[1] Die feineren Zusammenhänge sollen erst später (S. 237 und II. Band, S. 284 ff.) besprochen werden.

[2] Swinne, Phys. Ztschr. 17, 481 (1916).

vom *Na* und die K_γ-Linie vom *K* an auftreten. Das stimmt mit der Erfahrung gut überein, da K_β erst vom *Na* an beobachtet wurde und die sehr wenig intensive K_γ-Linie ($K_{\beta 2}$) sogar erst vom *Ti* an (vgl. S. 182). Wie ist es nun aber bei den Edelgasen, bei denen gerade eine Schale abgeschlossen ist? Wird aus dieser Schale ein Elektron auf die erste optische Bahn gehoben und fällt wieder zurück, so müßte eine Linie emittiert werden, die der stärksten Linie der langwelligsten Serie des folgenden Elements entspricht. Die sehr verwickelten Spektren der Edelgase gaben hierfür keinen sicheren Anhalt. Dagegen führten die Elektronenstoßbeobachtungen von Frank und Hertz zu einer Bestätigung der obigen Folgerung. Durch die Elektronenstoßversuche kann man feststellen, welche Mindestgeschwindigkeit ein Elektron besitzen muß, um eine Spektrallinie zu erregen. Läßt sich die Spektrallinie selbst nicht beobachten, so kann man aus der Stromstärke-Spannungs-Kurve Schlüsse ziehen. Diese Kurve zeigt bei den Spannungswerten Unstetigkeiten, bei denen ein Elektron von einem Niveau auf ein anderes gehoben wird. Da — wie bereits oben betont — im optischen Gebiet die Schwingungszahl der absorbierten und emittierten Spektrallinie übereinstimmt, so läßt sich aus den gemessenen Spannungswerten die zugehörige Schwingungszahl bzw. Wellenlänge nach der Einsteinschen Beziehung berechnen.

b) Das vollständige Niveauschema.

Die Betrachtungen des vorhergehenden Abschnitts waren unter der vereinfachenden Annahme durchgeführt worden, daß jedes Röntgenniveau (*K*, *L*, *M*...) einheitlich ist. Diese Annahme ist jedoch, wie die Erfahrung gezeigt hat (vgl. III. Kapitel, § 5), nicht ausreichend. Sie trifft nur für das *K*-Niveau zu. Das *L*-Niveau muß jedoch, wie aus dem Vorhandensein von drei Anregungsstufen (S. 190) und drei Absorptionsgrenzen (S. 194) hervorgeht in drei Niveaus unterteilt werden. Für das *M*-Niveau folgen — den fünf *M*-Absorptionsgrenzen entsprechend — fünf Teilniveaus. Die Unterteilung der Niveaus folgt aber nicht nur aus dem Vorhandensein von mehreren *L*- und *M*-Absorptionsgrenzen, sondern auch aus dem Vorhandensein von gewissen Linien der Emissionsspektren, deren Deutung durch Niveauübergänge sonst nicht zu befriedigenden Resultaten führen würde. (Die historische Entwicklung der Erkenntnis der Teilniveaus hat ihren Weg sogar vornehmlich über die Liniensystematik genommen.) So folgt aus dem Auftreten von zwei K_α-Linien bereits, daß zwei *L*-Niveaus vorhanden sein müssen. Weitere Folgerungen ergeben sich aus den sogenannten Kombinationsdefekten, welche besagen, daß die im vorhergehenden Abschnitt erwähnten Kosselschen Kombinationsrelationen zwar angenähert, aber nicht genau zutreffen. Die Unterteilungen der *N*-, *O*-, *P*-Niveaus lassen sich aus den Absorptionsgrenzen nicht herleiten, da diese bisher nicht gemessen werden konnten. Man ist hierfür auf die Liniensystematik angewiesen.

Um zu einer übersichtlichen Termdarstellung der Röntgenspektren zu gelangen, bildet man am besten für alle beobachteten Linien und Absorptionsgrenzen die Werte $\frac{\nu'}{R}$ (Rydbergfrequenzen), was in den nachfolgenden Tabellen 30—33 geschehen ist.

Für $\sqrt{\frac{\nu'}{R}}$ gilt das Moseleysche Gesetz der linearen Abhängigkeit von der Ordnungszahl. Wie aus den Fig. 185 u. 186 hervorgeht, trifft es für die K-Linien mit großer Genauigkeit zu. Bei den L-Linien dagegen zeigen sich schon deutliche Abweichungen und zum Teil auch Überschneidungen.

Tabelle 30. $\frac{\nu'}{R}$-Werte der K-Reihe.

Atom-nummer	Element	$L_{21}K_{11}$ α_2 α'	$L_{22}K_{11}$ α_1 α	$M_{22}K_{11}$ β_1 β	$N_{22}K_{11}$ β_2 γ	Absorption
11	Na	76,68		78,62	—	—
12	Mg	92,34		95,57	—	95,81
13	Al	109,53		114,76	—	114,67
14	Si	128,18		135,21	—	135,38
15	P	148,37		147,41	—	157,80
16	S	169,89	169,98	181,48	—	181,96
17	Cl	193,01	193,14	207,36	—	207,84
18	Ar	—	—	—	—	235,73
19	K	243,84	244,07	264,38	—	265,60
20	Ca	271,61	271,88	295,51	—	297,41
21	Sc	300,90	301,24	328,51	—	331,18
22	Ti	331,75	332,20	363,20	365,42	365,80
23	V	364,19	364,75	399,72	402,40	402,69
24	Cr	398,11	398,83	438,00	440,86	441,02
25	Mn	—	434,49	478,13	481,34	481,62
26	Fe	470,56	471,60	519,90	523,54	523,58
27	Co	509,20	510,44	563,51	567,63	568,93
28	Ni	549,42	550,75	608,72	613,48	612,01
29	Cu	591,27	592,76	655,91	661,30	661,51
30	Zn	634,65	636,34	704,99	711,39	711,50
31	Ga	—	—	—	—	765,65
32	Ge	725,99	728,26	808,77	817,56	817,54
33	As	773,96	776,59	863,61	873,78	874,02
34	Se	823,62	826,61	920,24	931,86	932,03
35	Br	874,88	878,28	978,98	992,39	992,55
36	Kr	—	—	—	—	—
37	Rb	982,27	986,65	1101,9	1118,3	1119,4
38	Sr	1038,4	1043,4	1166,0	1184,7	1186,0
39	Y	1096,4	1101,9	1232,6	1253,6	1256,1
40	Zr	1155,7	1161,9	1300,9	1323,8	1325,7
41	Nb	1216,9	1223,9	1371,4	1396,5	1395,4
42	Mo	1279,7	1287,5	1443,6	1470,5	1473,4
43	Ma	—	—	—	—	—
44	Ru	1410,3	1419,9	1594,7	1625,9	1631,9
45	Rh	1478,4	1488,9	1673,0	1706,1	1709,6
46	Pd	1548,3	1559,9	1753,3	1789,0	1794,0
47	Ag	1619,6	1632,5	1836,0	1874,7	1879,7

Tabelle 30. Fortsetzung.

Atom-nummer	Element	$L_{21} K_{11}$ α_2 α'	$L_{22} K_{11}$ α_1 α	$M_{22} K_{11}$ β_1 β	$N_{22} K_{11}$ β_2 γ	Absorption
48	Cd	1692,9	1707,0	1921,3	1962,2	1967,7
49	In	1767,9	1783,2	2008,4	2052,0	2057,2
50	Sn	1844,9	1861,7	2097,8	2144,9	2149,6
51	Sb	1923,0	1941,7	2189,3	2238,4	2244,1
52	Te	2003,2	2023,4	2282,4	2334,4	2341,2
53	J	2085,2	2107,0	2377,5	2432,0	2440,2
54	X	—	—	—	—	—
55	Cs	2256	2281	2577	2640	2648,6
56	Ba	2343	2371	2679	2743	2755,6
57	La	2432	2463	2785	2850	2864,4
58	Ce	2524	2557	2893	2961	2975,5
59	Pr	2619	2654	3002	3076	3093
60	Nd	2712	2750	3112	—	3202
61	—	—	—	—	—	—
62	Sm	2909	2953	—	3428	3457
63	Eu	3010	3058	3462	3554	3583
64	Gd	3116	3166	3589	3642	3710
65	Tb	3221	3276	3711	3811	3800
66	Dy	3330	3389	3844	3941	3972
67	Ho	3438	3500	—	—	4093,0
68	Er	3550	3616	4102	4205	—
69	Tu	3664	3736	4240	—	4371
70	Yb	3781	3857	4374	4484	4520
71	Cp	3900	3983	4517	4639	4671
72	Hf	4023	4111	4669	4786	4794
73	Ta	4148	4240	4798	4939	4964
74	W	4267,8	4366,2	4942,9	5079,5	5118,1
75	Re	—	—	—	—	—
76	Os	4527	4639	5250	5397	5415
77	Ir	4661	4781	5407	5562	—
78	Pt	4793	4918	5577	5760	5775
79	Au	4932	5083	5730	5905	5980
80	Hg	—	—	—	—	6161
81	Tl	5360	5515	6235	6390	6386
82	Pb	—	—	—	—	6580
83	Bi	5644	5682	6415	6691	6770
84	Po	—	—	—	—	—
85	—	—	—	—	—	—
86	Em	—	—	—	—	—
87	—	—	—	—	—	—
88	Ra	—	—	—	—	—
89	Ac	—	—	—	—	—
90	Th	—	—	—	—	8274,2
91	Pa	—	—	—	—	—
92	U	6955	7209	8145	8403	8674,4

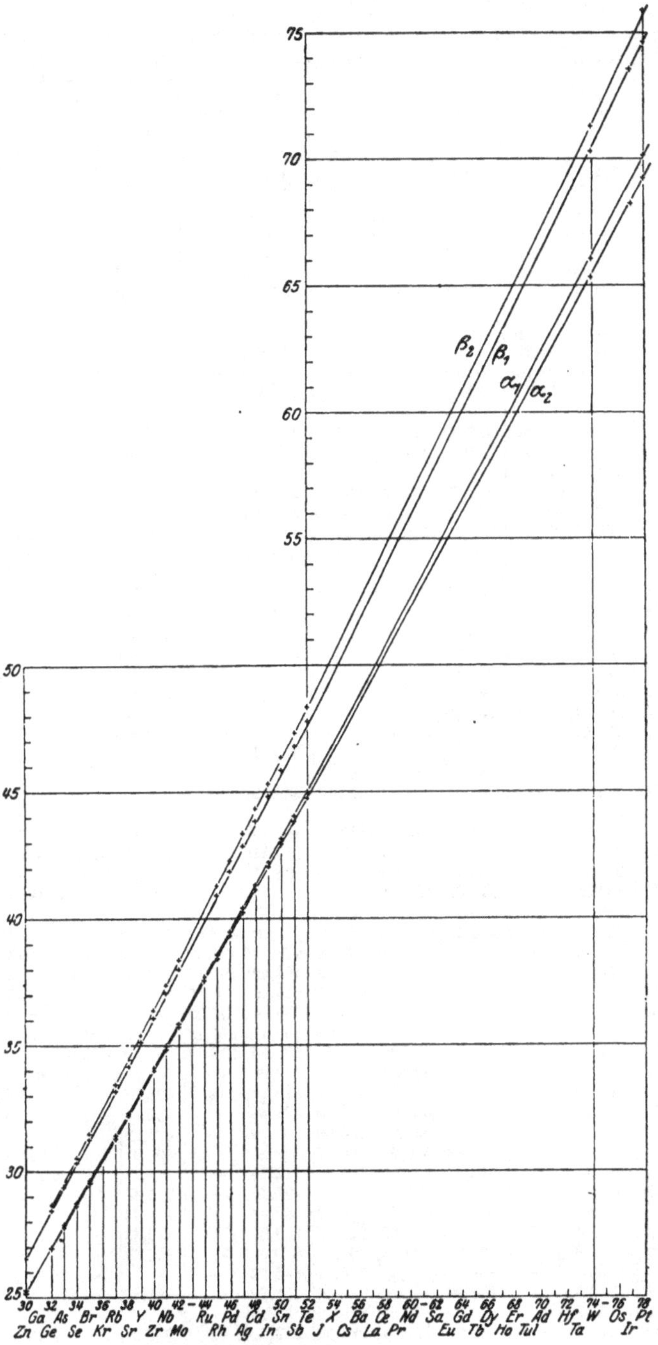

Fig. 185. $\sqrt{\frac{\nu'}{R}}$ der K-Linien als Funktion der Ordnungszahlen der Elemente (nach SIEGBAHN).

Tabelle

Atom-nummer	Element	$M_{11}L_{22}$	$M_{32}L_{32}$	$M_{33}L_{22}$		$M_{11}L_{21}$	$M_{21}L_{11}$	$N_{11}L_{22}$	$M_{32}L_{21}$		$M_{22}L_{11}$		$N_{33}L_{22}$		
		l	σ_2	σ_1	α_3	η	β_4	β_6	β_1	β_{13}	β_3	β_{14}	β_2	β_{11}	β_{12}
		ε	α'	α		η	φ'	ι	β		φ		γ		
24	Cr	—	—	42,32	—	—	—	—	43,00	—	—	—	—	—	—
25	Mn	—	—	46,99	—	—	—	—	47,86	—	—	—	—	—	—
26	Fe	45,29	—	51,83	—	46,37	—	—	52,92	—	—	—	—	—	—
27	Co	50,05	—	57,17	—	51,28	—	—	58,34	—	—	—	—	—	—
28	Ni	55,06	—	62,72	—	56,35	—	—	64,01	—	—	—	—	—	—
29	Cu	59,99	—	68,47	—	61,44	—	—	69,94	—	—	—	—	—	—
30	Zn	65,32	—	74,56	—	66,95	—	—	76,25	—	—	—	—	—	—
31	Ga	—	—	—	—	—	—	—	—	—	—	—	—	—	—
32	Ge	—	—	87,51	—	—	—	—	—	—	—	—	—	—	—
33	As	—	—	94,43	94,75	85,08	—	—	97,01	—	—	—	—	—	—
34	Se	—	—	101,58	101,95	91,68	—	—	104,54	—	—	—	—	—	—
35	Br	—	—	109,05	109,45	98,68	—	—	112,40	—	—	—	—	—	—
36	Kr	—	—	—	—	—	—	—	—	—	—	—	—	—	—
37	Rb	—	—	124,79	125,30	113,50	133,96	130,79	129,07	—	134,61	—	—	—	—
38	Sr	116,5	—	133,07	133,65	121,4	142,71	140,13	137,88	—	143,51	—	—	—	—
39	Y	—	—	141,61	142,24	—	151,83	—	147,02	—	152,70	—	—	—	—
40	Zr	132,1	—	150,48	151,19	138,22	161,21	160,05	156,50	—	162,20	—	163,50	—	—
41	Nb	140,0	159,4	159,56	160,19	147,1	170,93	170,46	166,30	—	172,07	—	174,40	176,5	
42	Mo	—	168,7	168,93	169,63	156,1	180,96	—	176,40	—	182,25	—	185,62	187,52	188,21
43	Ma	—	—	—	—	—	—	—	—	—	—	—	—	—	—
44	Ru	—	188,14	188,45	189,1	—	201,94	203,57	197,63	—	203,57	—	208,92	—	—
45	Rh	175,01	198,29	198,63	199,3	185,55	213,02	215,43	208,82	—	214,86	—	221,07	225,07	223,76
46	Pd	184,48	208,69	209,08	209,7	195,96	224,32	227,42	220,26	—	226,36	—	233,62	235,62	236,28
47	Ag	193,99	219,38	219,81	220,56	206,63	236,01	239,85	232,07	—	238,27	—	246,70	248,76	249,41
48	Cd	203,80	230,33	230,83	231,70	217,62	248,02	252,62	244,30	—	250,59	—	259,89	262,05	262,73
49	In	213,95	241,56	242,12	243,01	229,19	260,44	265,83	256,85	—	263,22	—	273,56	275,81	276,49
50	Sn	224,27	253,05	253,68	—	240,96	273,14	290,34	269,77	—	276,23	—	287,66	289,97	290,70
51	Sb	234,85	264,85	265,54	—	253,16	286,18	293,22	283,15	—	289,74	—	302,09	304,43	305,20
52	Te	245,62	276,83	277,66	—	—	299,76	307,40	296,83	—	303,63	—	316,84	—	—
53	J	—	289,21	290,05	—	—	313,5	—	310,91	—	317,8	—	331,87	—	—
54	Xe	—	—	—	—	—	—	—	—	—	—	—	—	—	—
55	Cs	—	314,71	315,74	—	305,46	342,52	352,18	340,30	—	347,42	—	363,58	367,0	
56	Ba	291,26	327,91	329,02	—	318,95	357,39	367,86	355,65	—	362,91	—	379,81	382,61	
57	La	303,7	341,44	342,62	—	333,3	372,89	383,87	371,45	—	378,86	—	396,55	—	—
58	Ce	—	355,26	356,52	—	348,52	388,73	400,22	387,31	—	395,19	411,9	413,44	—	—
59	Pr	328,02	369,29	370,78	—	363,4	404,99	416,89	404,31	—	411,89	429,44	430,90	—	—
60	Nd	341,26	383,59	385,26	—	379,03	421,44	434,08	421,45	—	429,40	446,96	448,59	—	—
61	—	—	—	—	—	—	—	—	—	—	—	—	—	—	—
62	Sm	367,89	413,15	415,16	—	411,15	456,46	469,19	457,10	458,59	465,41	483,41	485,21	—	—
63	Eu	381,24	428,36	430,59	—	—	474,10	487,18	475,53	477,30	484,02	511,55	503,97	—	—
64	Gd	394,99	443,95	446,28	—	—	492,76	505,39	494,59	496,47	503,21	521,29	523,15	—	—
65	Tb	408,82	459,70	462,22	—	—	511,55	524,47	514,06	516,15	522,97	540,78	542,75	—	—
66	Dy	423,06	475,70	478,46	—	481,59	530,83	543,17	533,94	536,29	543,17	560,75	562,58	—	—
67	Ho	437,67	492,03	494,99	—	500,15	550,52	562,93	554,46	557,18	563,90	581,5	582,77	—	—
68	Er	452,22	508,69	511,83	—	519,30	570,83	582,80	575,50	578,36	584,93	602,6	603,25	606,95	
69	Tu	467,05	525,57	528,93	—	538,49	591,26	602,90	596,84	—	606,60	—	624,10	—	—
70	Yb	482,15	542,78	546,39	—	558,72	612,33	623,01	618,86	—	628,72	—	645,01	—	—
71	Cp	497,47	560,31	564,08	—	579,01	634,06	644,33	641,42	—	651,75	—	666,52	670,5	
72	Hf	512,70	577,84	581,89	—	599,66	655,91	664,60	664,60	—	675,20	—	688,51	—	—
73	Ta	528,50	595,83	600,20	—	621,83	678,93	686,87	688,51	—	699,23	—	711,40	—	—
74	W	544,03	613,85	618,45	—	642,78	701,66	708,00	712,39	—	723,23	—	733,76	737,63	
75	Re	—	632,50	637,31	—	—	725,32	730,10	737,30	—	748,38	—	756,95	—	—
76	Os	—	651,75	656,45	—	—	748,25	756,33	762,83	—	774,08	—	780,58	—	—
77	Ir	—	670,35	675,84	—	—	774,62	777,75	788,99	—	800,82	—	804,39	—	—
78	Pt	608,64	689,73	695,58	—	734,82	799,52	799,52	815,65	—	828,80	—	828,80	—	—
79	Au	625,63	709,22	715,53	—	759,97	825,15	820,51	843,02	—	—	—	853,46	—	—
80	Hg	642,50	729,19	735,79	—	784,29	852,77	845,80	871,36	—	884,86	—	—	—	—
81	Tl	—	749,39	756,42	—	810,3	878,64	869,49	899,88	—	913,2	—	904,16	—	—
82	Pb	676,70	769,96	777,51	—	835,90	907,01	894,50	929,98	—	943,3	—	929,98	—	—
83	Bi	694,07	790,20	798,54	—	862,3	934,22	918,97	959,93	—	973,8	—	956,28	—	—
88	Ra	—	—	—	—	—	—	—	—	—	—	—	—	—	—
89	—	—	—	—	—	—	—	—	—	—	—	—	—	—	—
90	Th	819,19	944,08	955,78	—	—	1055,0	1002,7	1194,94	—	1211,6	—	1151,93	—	—
91	—	—	—	—	—	—	—	—	—	—	—	—	—	—	—
92	U	855,84	990,37	1003,23	—	1134,9	1222,5	1158,7	1269,08	—	1286,2	—	1210,70	—	—

$\frac{\nu'}{R}$-Werte der L-Reihe.

		$O_{11}L_{22}$	$O_{33}L_{22}$	$N_{11}L_{21}$		$N_{32}L_{21}$	$O_{32}L_{21}$		$O_{11}L_{21}$		$N_{23}L_{11}$	$N_{22}L_{11}$	$O_{22}L_{11}$	Absorption		
β_9	β_8	β_7	β_5	γ_5	γ_9	γ_1	γ_6	γ_7	γ_8	γ_{10}	γ_2	γ_3	γ_4	L_{22}	L_{21}	L_{11}
		λ	ζ	$\varkappa$		δ	ϑ		μ		χ'	χ	ψ			
—	—	—	—	—	—	—	—	—	—	—	—	—	—	—	—	—
—	—	—	—	—	—	—	—	—	—	—	—	—	—	—	—	—
—	—	—	—	—	—	—	—	—	—	—	—	—	—	—	—	—
—	—	—	—	—	—	—	—	—	—	—	—	—	—	—	—	—
—	—	—	—	—	—	—	—	—	—	—	—	—	—	—	—	—
—	—	—	—	—	—	—	—	—	—	—	—	—	—	—	—	—
—	—	—	—	—	—	—	—	—	—	—	—	—	—	—	—	—
—	—	—	—	—	—	—	—	—	—	—	—	—	—	—	—	—
—	—	—	—	—	—	—	—	—	—	—	—	—	—	—	—	—
—	—	—	—	—	—	—	—	—	—	—	—	—	—	—	—	—
—	—	—	—	—	—	—	—	—	—	—	—	—	—	—	—	—
—	—	—	—	—	—	—	—	—	—	—	—	—	—	—	—	—
—	—	—	—	—	—	—	—	—	—	—	—	—	—	—	—	—
—	—	—	—	135,23	—	—	—	—	—	—	151,17		—	—	—	—
—	—	—	—	145,13	—	—	—	—	—	—	161,88		—	—	—	—
—	—	—	—	—	—	—	—	—	—	—	—		—	—	—	—
—	—	—	—	166,25	—	169,60	—	—	—	—	174,42		—	—	—	—
—	—	—	—	—	—	181,38	—	—	—	—	196,4		—	—	—	—
—	—	—	—	189,10	—	193,43	—	—	—	—	208,94		—	—	—	—
—	—	—	—	—	—	—	—	—	—	—	—		—	—	—	—
—	—	—	—	213,08	—	218,38	—	—	—	—	234,39		—	—	—	—
—	—	—	—	225,83	—	231,54	—	—	—	—	247,83		—	—	—	—
—	—	—	—	239,08	—	245,20	—	247,90	—	—	261,79		—	—	—	—
51,7	—	—	—	252,62	—	259,26	—	261,90	—	—	276,17		—	247,33	260,02	279,49
—	—	—	—	266,60	—	273,82	—	275,98	—	—	290,99		—	—	—	—
79,55	—	274,7	—	281,10	—	288,81	—	291,61	—	—	306,45		312,17	—	—	—
93,19	—	289,3	—	296,12	—	304,27	—	306,98	—	—	322,31		328,82	289,61	—	—
07,26	—	—	—	311,48	—	320,30	—	—	—	—	338,90		346,02	304,31	321,89	346,14
—	—	—	—	327,43	—	336,70	—	—	—	—	355,26		363,68	320,08	339,56	364,13
—	—	—	—	—	—	353,55	—	—	—	—	—		—	335,97	357,60	382,59
—	—	—	—	—	—	—	—	—	—	—	—		—	352,19	375,75	401,02
68,4	—	367,4	—	377,95	—	389,01	—	—	—	407,38	408,24	409,19	420,2	369,27	394,95	421,84
84,31	—	383,60	—	395,81	—	407,44	—	410,8	410,8	425,79	427,02	427,93	439,91	386,51	414,31	442,32
00,2	—	401,4	—	414,06	—	426,38	—	—	—	444,93	446,35	447,45	460,54	404,35	434,17	462,83
17,25	—	418,72	—	432,78	444,3	445,75	—	449,1	451,3	464,39	465,91	467,10	480,83	421,95	454,12	496,46
34,81	—	436,56	—	452,00	464,41	465,69	—	469,19	471,62	484,43	486,01	487,34	501,99	439,65	474,70	505,41
52,99	—	454,66	—	471,84	484,61	486,31	—	490,1	—	—	506,99	508,38	523,48	457,86	495,91	524,93
—	—	—	—	—	—	—	—	—	—	—	—	—	—	—	—	—
90,43	—	491,97	—	513,36	527,20	528,86	—	—	—	—	550,32	551,72	568,37	494,91	535,67	563,21
09,6	—	510,8	—	534,4	549,19	550,85	—	454,3	559,4	—	571,72	573,96	—	521,13	—	—
—	—	529,93	—	556,47	571,83	573,62	—	—	—	—	595,21	597,20	614,98	534,10	584,62	—
—	—	550,35	—	578,88	595,06	596,93	—	—	—	—	618,31	620,63	639,98	—	—	—
—	—	571,08	—	601,42	—	620,04	—	—	—	—	641,60	644,51	664,48	574,21	632,23	667,70
—	—	—	—	624,5	643,5	644,37	—		—	—	666,28	669,41	690,5	—	—	—
14,77	—	611,92	—	649,5	—	668,92	—	—	—	—	691,19	694,67	715,73	627,31	682,63	719,82
—	—	—	—	673,88	—	694,23	—	—	—	—	716,83	720,22	743,03	637,30	709,22	747,18
—	—	—	—	699,3	—	720,49	—	—	—	—	743,53	747,07	770,96	659,20	733,72	774,88
83,62	—	677,07	—	725,5	—	746,76	—	—	—	—	770,17	773,90	798,59	681,23	762,88	802,05
—	—	699,08	—	751,80	—	774,55	—	—	—	—	798,46	802,48	827,68	704,77	785,92	830,70
33,22	715,60	723,30	728,63	778,86	—	803,09	820,98	—	—	—	826,90	831,28	857,74	727,28	819,66	861,32
58,07	737,63	746,45	751,56	807,00	—	831,81	850,07	—	844,5	—	854,98	859,97	887,77	750,88	849,60	889,92
—	760,62	—	775,53	—	—	—	—	—	—	—	—	—	—	—	—	—
—	—	—	799,6	—	—	891,25	—	—	—	—	—	—	—	800,78	912,64	957,72
—	808,82	—	826,18	—	—	921,96	945,6	—	—	—	945,6	952,6	—	825,70	944,32	991,06
66,28	833,90	844,93	851,57	924,71	—	953,77	978,07	—	—	—	978,07	984,52	1018,17	851,36	977,66	1021,5
94,44	858,94	870,77	877,70	955,0	—	985,83	1011,12	—	—	—	1011,12	1017,41	1051,8	877,64	1011,3	1058,0
—	—	904,22	904,22	996,5	—	1019,89	—	—	—	—	1048,0	1048,0	1091,6	905,18	1047,4	1093,3
—	—	922,6	931,4	1019,1	—	1053,12	1082,6	—	—	—	1078,8	1087,5	1125,0	932,16	1082,9	1131,3
87,82	936,0	950,2	959,72	1054,8	—	1088,37	1119,97	—	—	—	1113,8	1119,9	1162,8	959,54	1120,5	1167,9
19,6	—	—	987,98	1087,7	—	1124,10	1157,5	—	—	—	1149,2	1157,5	1196,8	988,80	1027,1	1204,6
—	—	—	—	—	—	—	—	—	—	—	—	—	—	1136,3	1364,2	—
—	—	—	—	—	—	—	—	—	—	—	—	—	—	—	—	—
—	—	—	1194,94	—	—	1399,74	1446,2	—	—	—	—	—	—	1199,4	1449,7	1507,8
—	—	—	—	—	—	—	—	—	—	—	—	—	—	—	—	—
—	—	1238,1	1258,43	—	—	1486,98	1537,7	—	—	—	1507,8	1526,4	—	1263,2	1539,8	1603,0

Tabelle 32.

Atomnummer	Element	$P_{22}M_{11}$	$O_{22}M_{11}$	$O_{32}M_{21}$ ϑ	$N_{22}M_{11}$ χ	$N_{32}M_{21}$ δ	$N_{21}M_{11}$ χ'	$O_{33}M_{22}$ ε	$O_{11}M_{22}$	$N_{11}M_{21}$ η	γ'	$N_{33}M_{22}$ γ	$P_{22}M_{33}$	$O_{21}M_{32}$
66	Dy	—	—	—	—	—	—	—	—	—	—	—	—	—
67	Ho	—	—	—	—	—	—	—	—	—	—	—	—	—
68	Er	—	—	—	—	—	—	—	—	—	—	—	—	—
69	Tu	—	—	—	—	—	—	—	—	—	—	—	—	—
70	Yb	—	—	—	—	—	—	—	—	—	—	—	—	—
71	Cp	—	—	—	—	—	—	—	—	—	—	134,4	—	—
72	Hf	—	—	—	—	—	—	—	—	—	—	—	—	—
73	Ta	—	—	—	—	—	—	—	—	—	—	144,6	—	—
74	W	—	—	—	—	—	—	—	—	—	150,2	143,8	—	—
75	Re	—	—	—	—	—	—	—	—	—	—	—	—	—
76	Os	—	—	—	190,7	184,1	—	—	—	157,1	161,2	160,7	—	—
77	Ir	—	—	—	200,4	191,1	—	—	—	—	—	166,2	—	—
78	Pt	—	—	—	206,8	—	—	—	—	—	—	171,8	—	—
79	Au	—	—	—	215,4	—	—	—	—	—	—	177,6	—	—
80	Hg	—	—	—	—	—	—	—	—	—	—	—	—	—
81	Tl	—	—	—	231,8	222,5	—	—	—	—	190,8	189,6	—	175,7
82	Pb	—	—	—	240,5	231,0	—	—	—	196,1	—	195,3	—	182,5
83	Bi	—	—	—	248,2	238,8	234,6	—	—	—	202,7	201,9	—	189,2
84	Po	—	—	—	—	—	—	—	—	—	—	—	—	—
85	—	—	—	—	—	—	—	—	—	—	—	—	—	—
86	Em	—	—	—	—	—	—	—	—	—	—	—	—	—
87	—	—	—	—	—	—	—	—	—	—	—	—	—	—
88	Ra	—	—	—	—	—	—	—	—	—	—	—	—	—
89	Ac	—	—	—	—	—	—	—	—	—	—	—	—	—
90	Th	—	374,0	348,9	312,4	303,8	291,4	293,1	278,2	258,1	250,0	249,2	242,8	240,4
91	Pa	—	—	—	—	—	—	—	—	—	—	—	—	—
92	U	406,5	396,5	373,5	331,4	324,1	313,3	311,2	293,3	274,3	263,4 | 262,9	262,5	259,3	255,8

Tabelle 33. $\frac{\nu'}{R}$-Werte der N-Reihe.

Atomnummer	Element	$P_{22}N_{11}$	$O_{22}N_{11}$	$O_{32}N_{21}$	$P_{11}N_{22}$	$O_{33}N_{22}$
83	Bi	68,995	—	—	—	—
90	Th	97,286	90,856	82,500	69,303	66,009
92	U	104,85	94,738	87,748	74,390	70,783

Es seien nunmehr die zahlenmäßigen Beziehungen etwas näher betrachtet.

Zunächst sei untersucht, ob die aus den Anregungsstufen nach der Einsteinschen Beziehung $eV = h\nu$ berechneten Niveauwerte $\frac{\nu'}{R}$ übereinstimmen mit den aus den Absorptionskanten berechneten.[1] Die Werte für das *Pt-L*-Spektrum (vgl. S. 190 u. 185) sind in der nachfolgenden Tabelle zusammengestellt.

[1] Es ist $\nu = \frac{e}{h} \cdot \frac{V}{300}$, wenn V in Volt gemessen wird. Da $\nu' = \frac{1}{\lambda} = \frac{\nu}{c}$ (vgl. S. 209), so ergibt sich $\frac{\nu'}{R} = \frac{e}{c \cdot h \cdot 300 \cdot R} \cdot V$ ($e = 4{,}77_4 \cdot 10^{-10}$ dyn $^{\frac{1}{2}}$ cm, $h = 6{,}55 \cdot 10^{-27}$ erg · sec, $c = 2{,}998_5 \cdot 10^{10}$ cm sec^{-1}, $R = 109\,737{,}11$ cm^{-1}).

$\frac{\nu'}{R}$-Werte der M-Reihe.

			$N_{43}M_{32}$			$N_{44}M_{33}$	$N_{43}M_{33}$	$N_{11}M_{22}$	$N_{22}M_{33}$	Absorption				
β'	β''	β'''	β	α'	α''	α_1	α_2			M_{33}	M_{32}	M_{22}	M_{21}	M_{11}
			β			α	α'	ε						
—	—	—	97,74	—	—	—	—	—	—	—	—	—	—	—
—	102,2	—	101,9	—	—	99,58	—	—	—	—	—	—	—	—
—	—	—	106,3	—	—	103,7	—	—	—	—	—	—	—	—
—	—	—	—	—	—	—	—	—	—	—	—	—	—	—
116,1	115,8	—	115,5	112,6	112,3	112,2	—	—	—	—	—	—	—	—
—	120,5	—	120,2	117,0	116,8	116,5	—	—	—	—	—	—	—	—
—	—	—	—	—	—	—	—	—	—	—	—	—	—	—
—	—	—	130,2	—	—	125,9	—	—	—	—	—	—	—	—
—	135,5	—	135,1	—	131,1	130,7	—	—	—	—	—	—	—	—
—	—	—	—	—	—	—	—	—	—	—	—	—	—	—
—	146,2	—	145,7	—	141,1	140,6	—	132,4	—	—	—	—	—	—
—	151,6	—	151,2	—	146,4	145,8	—	136,8	113,7	—	—	—	—	—
—	157,2	—	156,6	—	151,2	150,8	—	—	—	—	—	—	—	—
—	—	—	162,2	—	156,8	156,3	—	145,5	—	—	—	—	—	—
—	—	—	—	—	—	—	—	—	—	—	—	—	—	—
—	174,9	—	174,1	—	167,9	167,4	—	155,0	—	—	—	—	—	—
—	180,7	—	179,9	173,8	173,6	172,8	—	160,2	135,6	—	—	—	—	—
—	186,9	—	186,1	179,5		178,4	178,1	164,9	140,2	191,36	199,44	233,9	—	—
—	—	—	—	—	—	—	—	—	—	—	—	—	—	—
—	—	—	—	—	—	—	—	—	—	—	—	—	—	—
—	—	—	—	—	—	—	—	—	—	—	—	—	—	—
—	—	—	—	—	—	—	—	—	—	—	—	—	—	—
—	—	—	—	—	—	—	—	—	—	—	—	—	—	—
—	—	—	—	—	—	—	—	—	—	—	—	—	—	—
232,4	232,1	—	231,8	222,3		220,9	220,4	199,4	173,7	244,90	256,55	297,99	354,4	381,6
—	—	—	—	—	—	—	—	—	—	—	—	—	—	—
247,3	246,5	246 3	245,7	—	234,6	233,6	232,9	210,6	184,9	261,03	273,99	317,18	382,1	408,9

Tabelle 34.

Anregungsspannungen	Aus den Spannungen berechnete Niveauwerte $\frac{\nu'}{R}$	$\frac{\nu'}{R}$-Werte der Absorptionskanten
10,2 K.-V.	753,1	L_{22}: 851,36
11,6 „	856,5	L_{21}: 977,66
12,0 „	886,0	L_{11}: 1021,5

Bei der Schwierigkeit der Spannungsmessungen muß diese Übereinstimmung als ausreichend bezeichnet werden. Die Absorptionskanten sind wesentlich leichter zu messen und können daher zur Aufstellung der Niveauwerte herangezogen werden.

Sehr genau ist jedoch auch dieser Weg nicht, da die Einstellung bei der Vermessung der Kante durch deren zumeist geringe Schärfe (Feinstruktur) erschwert wird. Zur exakten Bestimmung der Niveauwerte wird man daher die Linienvermessungen benutzen, die sich mit der größten Präzision durchführen lassen. Daß man zu übereinstimmenden Resultaten gelangt, geht aus folgenden Zahlen hervor. Nach Gl. 4 auf S. 216 ist:

$$\nu_{KG} = \nu_{K\alpha} + \nu_{LG}.$$

Die Gleichung gilt natürlich auch, wenn wir ν ersetzen durch $\frac{\nu'}{R}$. Da nun zwei $K\alpha$-Linien vorhanden sind, so ist das nur so möglich, daß das K-Niveau oder das L-Niveau in zwei Teilniveaus aufgespalten ist. Tat-

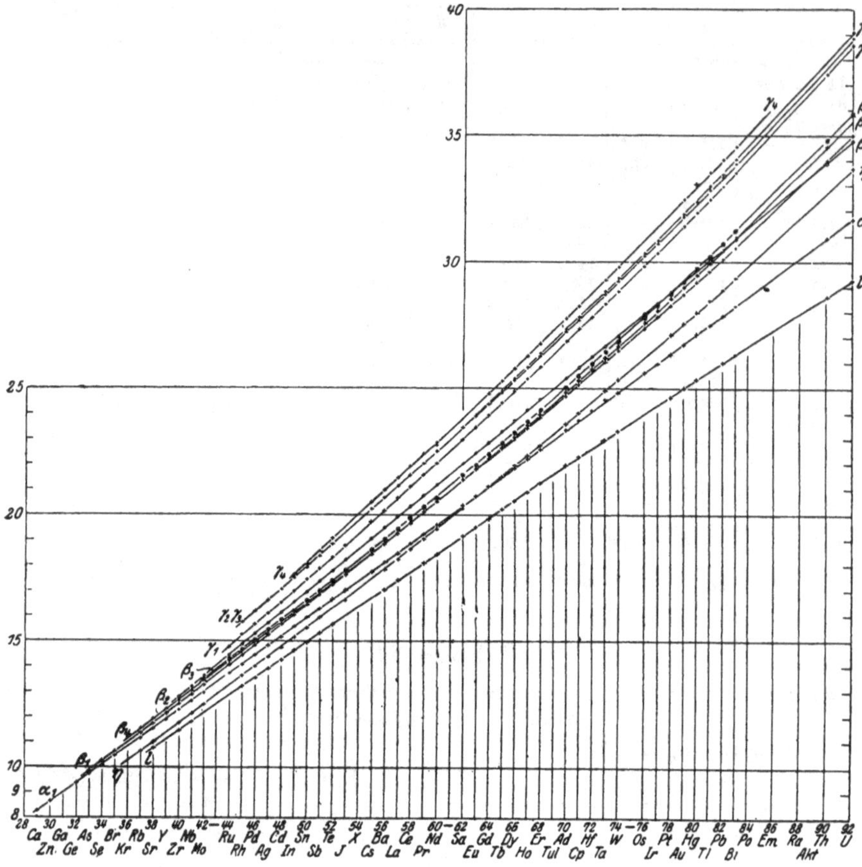

Fig. 186. $\sqrt{\frac{\nu'}{R}}$ der L-Linien als Funktion der Ordnungszahlen der Elemente (nach SIEGBAHN).

sächlich ist das K-Niveau immer einfach, das L-Niveau dagegen unterteilt. Wir erhalten daher:

$$\left(\frac{\nu'}{R}\right)_{KG} = \left(\frac{\nu'}{R}\right)_{K\alpha_1} + \left(\frac{\nu'}{R}\right)_{Lx} \quad \text{oder} \quad \left(\frac{\nu'}{R}\right)_{Lx} = \left(\frac{\nu'}{R}\right)_{KG} - \left(\frac{\nu'}{R}\right)_{K\alpha_1}$$

und

$$\left(\frac{\nu'}{R}\right)_{KG} = \left(\frac{\nu'}{R}\right)_{K\alpha_2} + \left(\frac{\nu'}{R}\right)_{Ly} \quad \text{oder} \quad \left(\frac{\nu'}{R}\right)_{Ly} = \left(\frac{\nu'}{R}\right)_{KG} - \left(\frac{\nu'}{R}\right)_{K\alpha_2}.$$

Der Einsatz der Zahlenwerte für Platin ergibt:

$$\left(\frac{\nu'}{R}\right)_{Lx} = 5774{,}9 - 4918 = 856{,}9 = \left(\frac{\nu'}{R}\right)_{L_{22}},$$

$$\left(\frac{\nu'}{R}\right)_{Ly} = 5774{,}9 - 4793 = 981{,}9 = \left(\frac{\nu'}{R}\right)_{L_{21}}.$$

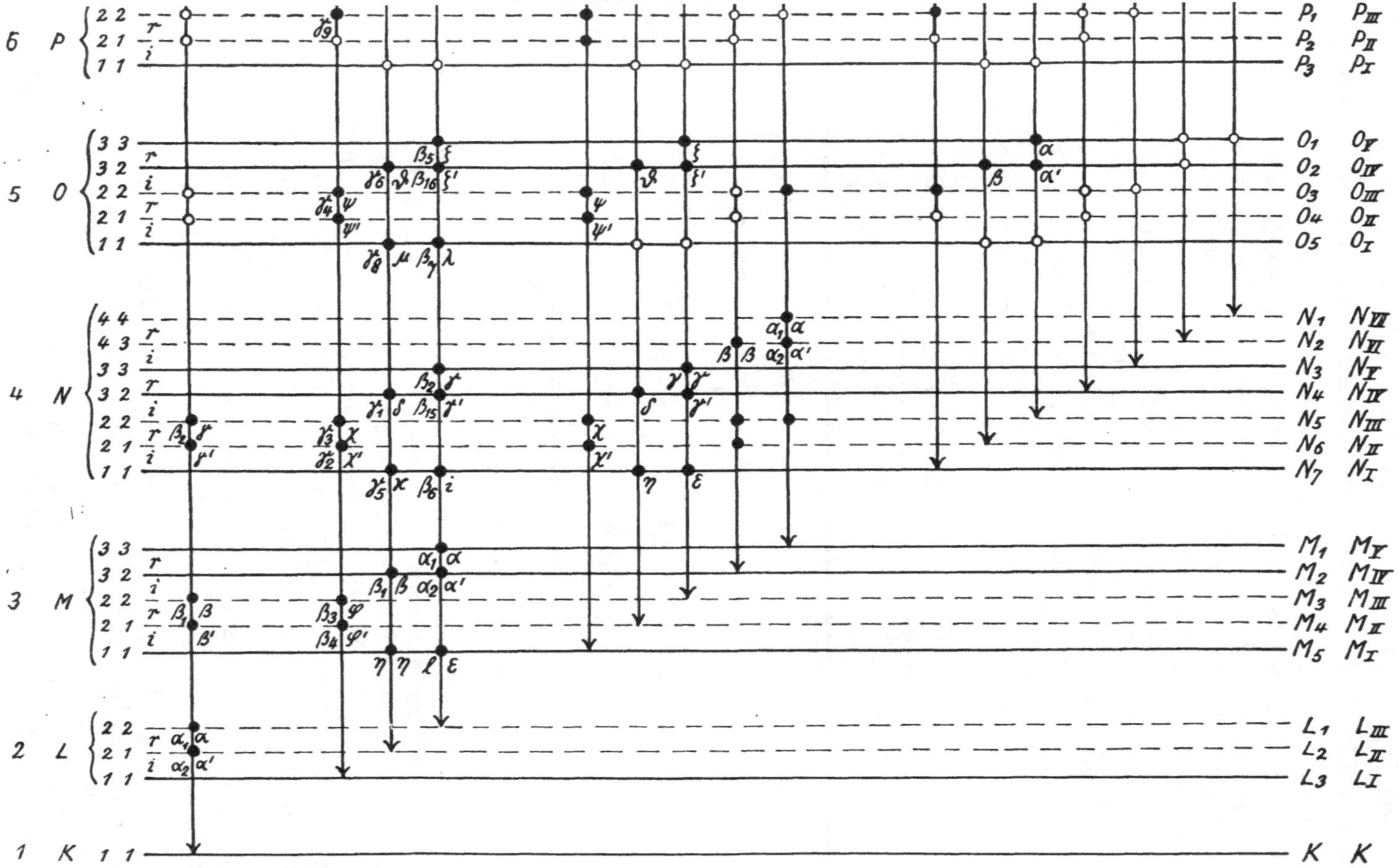

Fig. 187. Niveauschema. **Links Niveaubezeichnung (P_{22} usw.). Auf der rechten Seite sind noch zwei ältere Niveaubezeichnungen angegeben. Die leeren Kreise geben das Anfangsniveau einer nach den Auswahlregeln ($\triangle k_1 = \pm 1$, $\triangle k_2 = \pm 1$ oder 0) möglichen Linie an, die gefüllten Kreise das Anfangsniveau einer auch beobachteten Linie. Die Niveaus sind durch ausgezogene Linien dargestellt, wenn k_1 ungerade ist und durch gestrichelte Linien, wenn k_1 gerade ist. Nach der ersten Auswahlregel kombinieren dann nur Niveaus verschiedener Kennzeichnung miteinander. Links unter dem Kreis steht die Bezeichnung der Linie nach Siegbahn, rechts unter dem Kreis die Bezeichnung der Linie nach Sommerfeld. Die zwischen den Niveaus gesetzten Buchstaben *r* und *i* bedeuten: *r* reguläres Dublett (früher Relativitätsdublett, jetzt magnetisches oder Kreiseldublett), *i* irreguläres Dublett (früher Abschirmungs-, jetzt Abschirmungs- und Relativitätsdublett).**

Wie hieraus hervorgeht, stimmen also die aus der K-Grenze und den $K\alpha$-Linien berechneten $\left(\frac{\nu'}{R}\right)$-Werte der L-Grenzen mit den gemessenen L-Grenzen, soweit es die Meßgenauigkeit gestattet, überein.

Die Absorptionsgrenzen wurden im vorstehenden durch zwei Zahlen k_1 und k_2 gekennzeichnet (L_{22}, L_{21}, L_{11}). Diese Bezeichnungsweise geht auf SOMMERFELD zurück und soll im folgenden zur Niveaubezeichnung benutzt werden. k_1 und k_2 sind zwei Quantenzahlen, auf deren Bedeutung auf S. 242 noch zurückgekommen werden soll. Ältere Bezeichnungsweisen benutzen arabische und römische (BOHR) Kennziffern. Einen Überblick über die verschiedenen Bezeichnungsweisen enthält das vollständige Niveauschema Fig. 187 auf S. 229 und auch der Kopf der Tabelle 40. Das Niveauschema Fig. 187 auf S. 229 ist nach dem gleichen Prinzip gezeichnet wie Fig. 184 auf S. 217. Es müssen unterschieden werden 1 K-, 3 L-, 5 M-, 7 N-, 5 O-, 3 P-Niveaus.

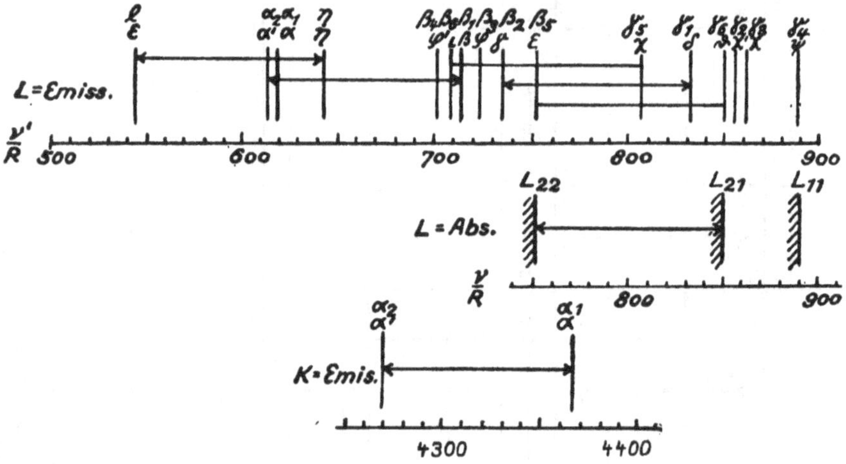

Fig. 188. L-Dubletts beim Platin.

Daß die Anzahl der Teilniveaus zunächst zu- und dann wieder abnimmt, liegt daran, daß bei den schwereren Elementen die O- und P-Niveaus nicht mehr vollständig mit Elektronen aufgefüllt sind.

Die Zuteilung der Linien zu bestimmten Niveauübergängen würde nun erhebliche Schwierigkeiten bereiten, wenn nicht die Dublettbeziehungen hinzukämen, auf deren Bedeutung von SOMMERFELD zuerst hingewiesen wurde.

Eine erste Dublettbeziehung erkennt man, wenn man z. B. in der L-Serie die Differenzen verschiedener $\left(\frac{\nu'}{R}\right)$-Kombinationen bildet, wie nach SIEGBAHN in Fig. 188 angedeutet. Es zeigt sich, daß in der L-Reihe eines Elements die Differenzen $\eta - l$, $\beta_1 - \alpha_2$, $\gamma_5 - \beta_6$, $\gamma_1 - \beta_2$, $\gamma_6 - \beta_5$ für jedes Element konstant sind. Dieselbe Differenz findet sich nun in der K-Serie für $\alpha_1 - \alpha_2$ wieder und stimmt überein mit der Differenz $L_{21} - L_{22}$. Daraus muß geschlossen werden, daß alle diese Dubletts durch die Niveaudifferenz $L_{21} - L_{22}$ veranlaßt werden. Man bezeichnet diese Dubletts daher als L_{22}, L_{21}-Dubletts. Die Differenzen der $\left(\frac{\nu'}{R}\right)$-Werte sind für einige Elemente in Tab. 35 zusammengestellt.

Dieselben Linienpaare geben aber noch eine andere Dublettbeziehung, wenn man nicht die Differenzen der $\left(\frac{\nu'}{R}\right)$-Werte betrachtet, sondern die Wellenlängenabstände. Es zeigt sich dann, daß die Wellenlängenabstände für ein Linienpaar durch die Reihe der Elemente hindurch nahezu konstant sind. Man vergleiche hierzu Fig. 178 auf S. 191 und die Tab. 36. Bei den leichteren Elementen ist ein geringer systematischer Gang zu erkennen.

Tabelle 35. $\left(\frac{\nu'}{R}\right)$-Wert = Differenzen der L_{22}, L_{21}-Dubletts.

Atomnummer	Element	L					K	Abs.
		$\eta - l$ $\eta - \varepsilon$	$\beta_1 - \alpha_2$ $\beta - \alpha'$	$\gamma_5 - \beta_6$ $\varkappa - \iota$	$\gamma_1 - \beta_2$ $\delta - \gamma$	$\gamma_6 - \beta_5$ $\vartheta - \zeta$	$\alpha_1 - \alpha_2$ $\alpha - \alpha'$	$L_{21} - L_{22}$
37	Rb	—	—	4,4	—	—	4,4	—
42	Mo	—	7,7	—	7,8	—	7,8	—
47	Ag	12,6	12,7	12,8	12,6	—	12,9	12,7
51	Sb	18,3	18,3	18,3	18,2	—	18,7	17,6
57	La	29,6	30,0	30,2	29,8	—	31	29,8
62	Sm	43,4	43,9	44,2	43,7	—	44	40,8
68	Er	67,1	66,8	66,7	65,7	—	66	55,3
74	W	98,8	98,5	99,0	98,1	98,5	98	98,7
82	Pb	159,2	160,0	160,3	158,4	160,3	—	161,1
92	U	279,1	278,7	—	276,3	279,3	254	276,6

Tabelle 36. Wellenlängenabstände der L_{22}, L_{21}-Dubletts.

Atomnummer	Element	L					K	Abs.
		$l - \eta$ $\varepsilon - \eta$	$\alpha_2 - \beta_1$ $\alpha' - \beta$	$\beta_6 - \gamma_5$ $\iota - \varkappa$	$\beta_2 - \gamma_1$ $\gamma - \delta$	$\beta_5 - \gamma_6$ $\zeta - \vartheta$	$\alpha_2 - \alpha_1$ $\alpha' - \alpha$	$L_{22} - L_{21}$
37	Rb	—	—	228,9	—	—	4,1	—
42	Mo	—	234,2	—	198,1	—	4,3	—
47	Ag	287,5	227,2	192,1	179,0	—	4,4	423,9
51	Sb	280,7	222,4	182,2	171,5	—	4,6	361,8
57	La	266,—	215,6	173,1	160,8	—	4,6	154,8
62	Sm	263,0	212,1	167,1	155,0	—	4,7	140
68	Er	260,3	208,0	160,6	148,3	—	4,7	144,7
74	W	257,3	208,4	157,9	146,4	140,5	4,7	141,0
82	Pb	256,4	203,6	154,9	142,8	135,8	—	136,4
92	U	261,9	202,1	—	139,9	131,5	4,6	129,6

Die Beziehungen zwischen dem L- und M-Niveau sind aus den Tabellen 37 und 38 zu ersehen. Die Verhältnisse liegen ganz analog wie zwischen dem K- und L-Niveau.

Noch eine ganze Anzahl weiterer Dubletts läßt sich aus dem Niveauschema ablesen und mit Hilfe der Tabellen 30 bis 33 nachprüfen. Es zeigt sich, daß alle in dem Niveauschema durch ein zwischengeschriebenes r (r von „regulär“ im Gegensatz zu den nachfolgenden „irregulären“ Dubletts) gekennzeichneten Niveaus in analogen Dublettbeziehungen (konstante Frequenzdifferenz $\left(\frac{\nu'}{R}\right)$ bei gleichem Element und konstante Wellenlängendifferenz bei verschiedenen Elementen) zueinander stehen.

Tabelle 37. $\frac{\nu'}{R}$-Wert = Differenzen der M_{33}, M_{32}-Dubletts.

Atomnummer	Element	M $\beta - \alpha_2$ $\beta - \alpha'$	L $\alpha_1 - \alpha_2$ $\alpha - \alpha'$	Abs. $M_{32} - M_{33}$
83	Bi	8,0	0,3	8,1
90	Th	11,4	0,5	11,7
92	U	12,8	0,7	13,0

Tabelle 38. Wellenlängenabstände der M_{33}, M_{32}-Dubletts.

Atomnummer	Element	M $\alpha_2 - \beta$ $\alpha' - \beta$	L $\alpha_2 - \alpha_1$ $\alpha' - \alpha$	Abs. $M_{33} - M_{32}$
37	Rh	—	—	—
42	Mo	—	5,7	—
47	Ag	—	8,2	—
51	Sb	—	9,0	—
57	La	—	9,3	—
62	Sm	—	10,7	—
68	Er	—	11,0	—
74	W	—	11,0	—
83	Bi	223	12,2	193
90	Th	207	11,8	169
92	U	204	11,8	165

Dagegen besitzt noch eine zweite Art von Dubletts eine besondere Wichtigkeit. Dies sind die von Hertz[1] aufgefundenen und von Sommerfeld als irregulär bezeichneten Dubletts. Es war bereits erwähnt worden, daß 3 L-Niveaus unterschieden werden müssen. Bei den bisherigen Dublettbetrachtungen spielten aber nur zwei Niveaus, L_{22} und L_{21}, eine Rolle, während das Niveau L_{11}, dessen Existenz aus den drei Anregungsstufen und den drei Absorptionsbanden sicher gefolgert werden muß, nicht beachtet wurde. Dieses dritte Niveau L_{11} steht nun mit dem zweiten Niveau L_{21}, wie von Hertz gezeigt wurde, in einer Dublettbeziehung, die man erkennt, wenn man die $\sqrt{\frac{\nu'}{R}}$-Werte der L-Absorptions-

[1] Hertz, Z. f. Physik 3, 19 (1920).

kanten über der Ordnungszahl der Elemente als Abszisse aufträgt (Fig. 189). Es zeigt sich dann, daß die so erhaltenen Moseleygeraden für L_{11} und L_{21} nahezu parallel verlaufen, während die Richtung von L_{22} mit der Richtung von L_{11}, L_{21} einen Winkel bildet. Inwieweit die HERTZsche Dublettbeziehung erfüllt ist, geht aus den Zahlenwerten Tab. 39 hervor.

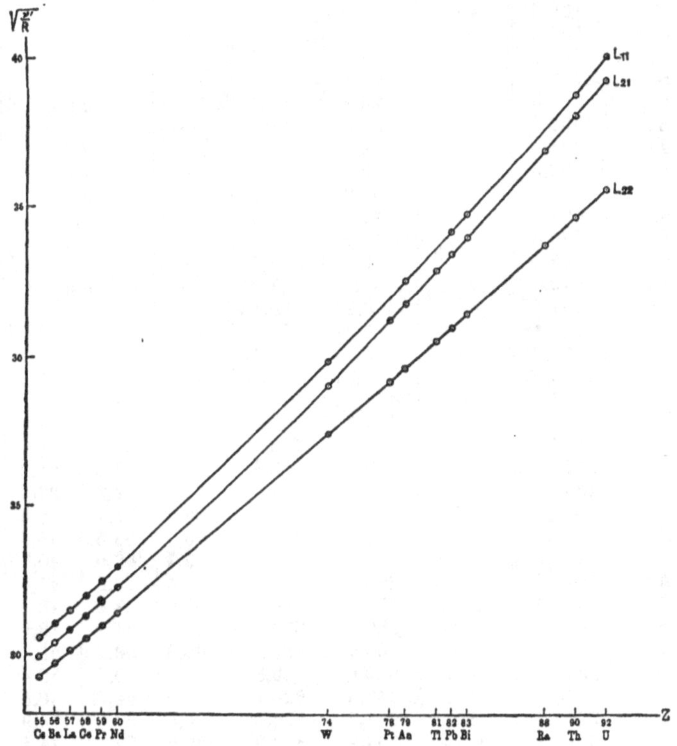

Fig. 189. $\sqrt{\frac{\nu'}{R}}$ -Werte der L-Absorptionskanten in Abhängigkeit von der Ordnungszahl.

Tabelle 39. $\sqrt{\frac{\nu'}{R}}$-Wert = Differenzen der irregulären Dubletts.

Atom-nummer	Element	$\sqrt{L_{11}} - \sqrt{L_{21}}$	$\sqrt{M_{11}} - \sqrt{M_{21}}$	$\sqrt{M_{22}} - \sqrt{M_{32}}$	$\sqrt{N_{11}} - \sqrt{N_{21}}$	$\sqrt{N_{22}} - \sqrt{N_{32}}$	$\sqrt{N_{33}} - \sqrt{N_{43}}$
47	Ag	0,60	0,70	1,14	0,9	1,1	—
51	Sb	0,66	0,58	1,22	0,65	1,16	—
57	La	0,67	0,54	1,28	0,47	1,09	—
68	Er	0,70	0,58	1,26	0,39	1,31	2,6
74	W	0,68	0,67	1,19	0,63	1,21	2,8
82	Pb	0,69	0,65	1,28	0,69	1,34	2,4
92	U	0,76	0,67	1,26	0,58	1,21	2,1

Tabelle 40. Niveauwerte (Termwerte)

Atomnummer	Element	K	L_{11} $L_3\,L_I$	L_{21} $L_2\,L_{II}$	L_{22} $L_1\,L_{III}$	M_{11} $M_5\,M_I$	M_{21} $M_4\,M_{II}$	M_{22} $M_3\,M_{III}$	M_{32} $M_2\,M_{IV}$	M_{33} $M_1\,M_V$
12	Mg	95,8	—	3,5		—	—		—	—
13	Al	114,7	—	5,2		—	0		—	—
15	P	158,3	—	9,9		—	0,8		—	—
16	S	181,8	—	11,8		—	0,3		—	—
17	Cl	207,8	—	14,8	14,7	—	0,4		—	—
19	K	265,3	—	21,4	21,2	—	0,9		—	—
20	Ca	297,5	—	25,9	25,6	—	2,0		—	—
21	Sc	331,2	—	30,3	30,0	—	2,7		—	—
22	Ti	365,4	—	32,6	32,2	—	2,2		—	—
23	V	402,3	—	38,2	37,6	—	2,6		—	—
24	Cr	441,1	—	43,0	42,3	—	3,5		—	—
25	Mn	482,4	—	48,7	47,9	—	4,2		—	—
26	Fe	523,8	—	53,2	52,2	—	4,0		—	—
27	Co	568,9	—	59,7	58,5	—	5,3		—	—
28	Ni	612,0	—	62,6	61,3	—	3,3		—	—
29	Cu	661,47	—	70,11	68,69	—	—	5,54	—	0,22
30	Zn	711,48	—	76,81	75,14	—	—	6,47	—	0,58
33	As	874,01	—	100,02	97,42	—	—	10,40	—	3,00
34	Se	932,02	—	108,37	105,40	—	—	11,78	—	3,82
35	Br	992,57	—	117,69	114,29	—	—	13,6	—	5,24
37	Rb	1119,4	152,1	137,1	132,7	23,6	18,1	17,5	—	7,9
38	Sr	1186,0	163,5	147,6	142,6	26,2	20,8	20,0	—	9,5
40	Zr	1325,7	187,0	170,0	163,8	31,8	25,8	24,8	—	13,4
41	Nb	1398,5	199,2	181,6	174,6	34,5	28,3	27,1	15,2	15,0
42	Mo	1473,4	212,1	193,7	185,9	37,6	31,4	29,8	17,2	17,0
45	Rh	1709,6	251,5	231,2	220,7	45,6	38,5	36,6	22,4	22,1
46	Pd	1794,0	267,1	245,7	234,1	49,7	42,9	40,7	25,4	25,0
47	Ag	1879,7	282,0	260,1	247,2	53,4	46,0	43,6	27,8	27,4
48	Cd	1967,6	296,9	274,7	260,6	57,0	48,8	46,1	30,3	29,8
49	In	2057,2	312,0	289,3	274,0	60,1	51,8	48,8	32,4	31,9
50	Sn	—	329,4	306,2	289,5	65,3	56,2	53,1	36,5	35,9
51	Sb	2241,7	346,1	323,6	305,3	70,4	60,0	56,4	40,4	39,7
52	Te	2345,0	364,1	340,3	320,1	74,5	64,4	60,5	43,2	42,4
53	J	2448,3	382,6	357,6	336,0	79,3	69,0	64,9	46,8	45,9
55	Cs	2649,1	421,8	394,9	369,3	89,8	79,3	74,4	54,6	53,6
56	Ba	2756,4	441,9	414,3	386,7	95,4	84,6	79,0	58,8	57,6
57	La	—	462,9	434,2	404,4	100,7	90,0	84,0	62,9	61,7
58	Ce	2972,2	483,3	454,1	421,9	106,2	94,6	88,1	66,7	65,4
59	Pr	3093,3	504,3	474,6	439,6	111,6	99,3	92,4	70,3	68,9
60	Nd	3214,2	526,2	495,5	457,8	116,5	104,8	96,8	74,2	72,5
62	Sm	3457,0	571,2	538,9	495,0	127,2	114,7	105,8	81,9	79,9
63	Eu	3583,4	594,3	561,5	514,4	133,1	120,2	110,3	86,0	83,8
64	Gd	3711,9	618,2	584,6	533,9	139,0	125,5	115,0	90,0	87,7
65	Tb	—	642,6	608,3	553,9	145,0	131,0	119,6	94,2	91,6
66	Dy	3972,5	667,7	632,2	574,2	151,2	136,9	124,5	98,5	95,8
67	Ho	4115,9	693,2	657,1	594,7	157,1	142,7	129,3	102,7	99,8
68	Er	—	719,6	682,6	615,9	163,6	148,8	134,7	107,2	104,0
69	Tu	—	746,8	708,6	637,3	170,3	155,5	140,2	111,7	108,4
70	Yb	—	774,6	735,4	659,2	177,1	162,2	145,8	116,4	112,8
71	Cp	—	802,6	762,9	681,2	183,8	168,6	150,9	120,9	117,2
72	Hf	—	830,7	791,4	704,6	191,9	174,8	155,5	126,8	122,7
73	Ta	—	862,2	820,8	728,0	199,5	183,2	162,9	132,2	127,8
74	W	5113,8	893,0	850,6	752,1	208,1	191,3	169,8	138,3	133,7
78	Pt	5764,0	1026,8	978,7	832,0	243,4	227,3	198,0	162,3	156,4
79	Au	5940,4	1060,2	1014,4	878,5	252,9	235,1	202,8	169,3	163,0
80	Hg	6115,9	1094,6	1048,6	906,1	—	—	—	—	—
81	Tl	6289,0	1132,4	1084,2	933,2	273,9	253,8	219,2	184,8	176,8
82	Pb	6463,0	1169,3	1121,9	960,5	283,8	262,3	226,0	190,5	183,0
83	Bi	6646,7	1207,9	1159,4	990,0	295,9	273,6	234,0	199,4	191,4
90	Th	8073,5	1509,7	1451,5	1200,6	381,6	354,4	298,0	256,6	244,9
92	U	8477,0	1603,5	1543,1	1264,3	408,9	382,1	317,2	274,0	261,0

er Röntgenspektren in Einheiten der Rydbergfrequenz (ν'/R).

N_{11} N_7N_I	N_{21} N_6N_{II}	N_{22} N_5N_{III}	N_{32} N_4N_{IV}	N_{33} N_3N_V	N_{43} N_2N_{VI}	N_{44} N_1N_{VII}	O_{11} O_5O_I	O_{21} O_4O_{II}	O_{22} O_3O_{III}	O_{32} O_2O_{IV}	O_{33} O_1O_V	P_{11} P_3P_I	P_{21} P_2P_{II}	P_{22} P_1P_{III}
—	—	—	—	—	—	—	—	—		—		—		—
—	—	—	—	—	—	—	—	—		—		—		—
—	—	—	—	—	—	—	—	—		—		—		—
—	—	—	—	—	—	—	—	—		—		—		—
—	—	—	—	—	—	—	—	—		—		—		—
—	—	—	—	—	—	—	—	—		—		—		—
—	—	—	—	—	—	—	—	—		—		—		—
—	—	—	—	—	—	—	—	—		—		—		—
—	—	—	—	—	—	—	—	—		—		—		—
—	—	—	—	—	—	—	—	—		—		—		—
—	—	—	—	—	—	—	—	—		—		—		—
—	—	—	—	—	—	—	—	—		—		—		—
—	—	—	—	—	—	—	—	—		—		—		—
—	—	—	—	—	—	—	—	—		—		—		—
—	—	—	—	—	—	—	—	—		—		—		—
—	—	0,16	—	—	—	—	—	—		—		—		—
—	—	0,17	—	—	—	—	—	—		—		—		—
—	—	0,23	—	—	—	—	—	—		—		—		—
—	—	0,17	—	—	—	—	—	—		—		—		—
—	—	0,19	—	—	—	—	—	—		—		—		—
1,9	0,9	1,1	—	—	—	—	—	—		—		—		—
2,5	1,6	1,3	—	—	—	—	—	—		—		—		—
3,7	2,6	1,9	0,4	0,3	—	—	—	—		—		—		—
4,1	2,9	2,0	0,2	0,2	—	—	—	—		—		—		—
4,6	3,2	2,9	0,3	0,3	—	—	—	—		—		—		—
5,3	3,7	3,5	—	—	—	—	—	—		—		—		—
6,7	5,3	5,0	0,5	0,5	—	—	—	—		—		—		—
7,3	5,8	4,9	0,8	0,5	—	—	—	—		—		—		—
8,0	5,9	5,3	0,9	0,7	—	—	—	—		—		—		—
8,2	5,5	5,2	0,5	0,4	—	—	—	—		—		—		—
10,2	7,1		2,0	1,9	—	—	0,2	0,6		—		—		—
12,1	7,2		3,3	3,2	—	—	—	0,1		—		—		—
12,7	8,9		3,6	3,2	—	—	—	0,5		—		—		—
14,0	9,4		4,1	4,1	—	—	—	0,7		—		—		—
17,1	13,6	12,6	6,0	5,7	—	—	1,9	1,7		—		—		—
18,8	14,9	14,0	6,9	6,9	—	—	3,1	2,0		—		—		—
20,5	16,5	15,4	7,8	7,8	—	—	3,0	2,3		—		—		—
21,7	17,4	16,2	8,4	8,5	—	—	3,2	2,5		—		—		—
22,7	18,3	16,9	8,9	8,7	—	—	3,1	2,3		—		—		—
23,7	19,2	17,8	9,2	9,2	—	—	3,1	2,7		—		—		—
25,9	20,9	19,5	10,0	9,8	—	—	3,1	2,8		—		—		—
27,2	22,6	20,4	10,7	10,4	—	—	3,6	2,9		—		—		—
28,6	23,0	21,0	11,0	10,8	—	—	4,0	3,3		—		—		—
29,4	24,3	22,0	11,4	11,1	—	—	3,5	2,6		—		—		—
31,0	26,1	23,2	12,2	11,6	0,8	—	3,1	3,2		—		—		—
31,8	26,9	23,8	12,8	12,0	0,8	0,2	—	2,7		—		—		—
33,1	28,4	24,9	13,7	12,6	0,9	0,3	3,9	3,9		—		—		—
34,4	30,0	26,6	14,5	13,2	0,9	0,4	—	3,8		—		—		—
36,2	31,0	27,5	14,9	14,2	0,9	0,6	—	3,6		—		—		—
36,9	32,5	28,7	16,1	14,7	1,0	0,7	4,2	4,0		—		—		—
40,0	32,2	28,2	16,8	16,3	1,7	1,6	5,6	3,0		—		—		—
41,2	35,3	30,9	17,8	16,6	2,2	2,2	4,7	4,4		—		—		—
44,1	38,0	33,0	18,8	18,4	2,9	2,8	5,7	5,2		—		—		—
52,5	48,7	42,3	24,5	23,2	5,2		7,1	8,6		0,4		—		—
58,0	49,1	42,8	26,4	25,0	6,4		7,8	8,3		0,8		—		—
—	—	—	—	—	—	—	—	—		—		—		—
63,7	53,6	44,9	30,6	29,0	10,0	9,6	10,6	7,4		1,7		—		—
66,0	55,4	49,3	32,2	30,5	10,8	10,3	10,3	6,4		0,8		—		—
71,0	58,7	50,3	35,7	33,7	13,6	13,0	—	11,0		2,0		—		0,1
97,8	—	—	51,2	48,7	24,8	24,1	—	—		5,7		1,9		1,6
06,6	95,7	77,1	56,3	53,6	28,4	27,6	26,2	15,4		5,8		2,1		1,8

Im *M*- und *N*-Niveau findet sich, wie von WENTZEL[1] gezeigt wurde, das gleiche Gesetz der konstanten $\sqrt{\frac{\nu'}{R}}$ -Niveaudifferenzen bei den Niveaus, die in dem Niveauschema durch ein zwischengeschriebenes *i* (von „irregulär") gekennzeichnet sind. In dem vollständigen Niveauschema wechseln reguläre und irreguläre Dubletts miteinander ab. Ihren Namen „irreguläre Dubletts" verdanken sie der Tatsache, daß sie zur Bildung von regulären Liniendubletts infolge der gleich zu besprechenden Auswahlregeln nicht befähigt sind.

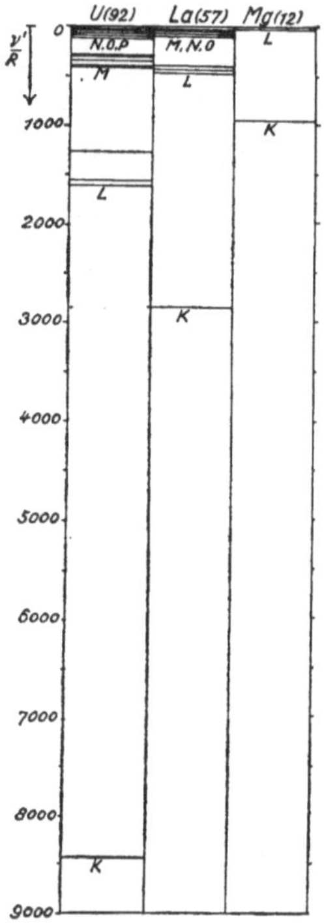

Fig. 190. Niveauwerte von Uran ($Z = 92$), Lanthan ($Z = 57$) und Mg ($Z = 12$) im richtigen Maßstab.

Die Dublettbeziehungen befähigen uns nun, in erster Linie das Niveauschema (Fig. 187) aufzustellen und die Niveauwerte $\left(\frac{\nu'}{R}\right)$ (Tab. 40, S. 234, Werte von LINDH, Phys. Ztschr. **28**, 98 (1927)) zu berechnen. In dem Niveauschema sind die Elektronenübergänge, die einer Linie entsprechen, durch Pfeile gekennzeichnet. Die eingezeichneten Pfeile erschöpfen nun keineswegs die nach dem RITZschen Prinzip denkbaren Kombinationsmöglichkeiten, sondern es bestehen gewisse Auswahlregeln, die sich mit Hilfe der Quantenzahlen k_1 und k_2 leicht formulieren lassen. Die Quantenzahlen k_1 und k_2 sind durch folgende Bedingung eingeschränkt:

$$n \geqq k_1 \geqq k_2 ,$$
$$k_1 - k_2 \leqq 1 .$$

Die Emission von Linien ist nun an folgende drei Bedingungen gebunden:

Elektronenübergänge finden zwischen Teilniveaus nicht statt, sondern nur zwischen Niveaus mit verschiedener Hauptquantenzahl *n*; diese muß abnehmen.

k_1 muß bei einem Übergang um 1 größer oder kleiner werden: $\triangle k_1 = \pm 1$.

k_2 darf um 1 größer oder kleiner werden oder ändert sich überhaupt nicht: $\triangle k_2 = 0$ oder $\triangle k_2 = \pm 1$.

Es sei noch besonders darauf hingewiesen, daß das Niveauschema kein richtiges Bild von den Größenverhältnissen der Niveauwerte gibt. Aus diesem Grunde ist in Fig. 190 noch eine Darstellung der Niveauwerte von Uran, Lanthan und Magnesium im richtigen Maßstab gegeben.

An der Ausarbeitung des Niveauschemas und der Auswahlregeln war eine größere Anzahl von Forschern[2] beteiligt. Bezüglich eines weiteren

[1] WENTZEL, Z. f. Physik **6**, 84 (1921).

[2] SWINNE, Phys. Ztschr. **17**, 485 (1916). — VEGARD, Verh. Deutscher Phys. Ges. **19**, 328 (1917); Phys. Ztschr. **20**, 97, 121 (1919); **22**, 271 (1921). — SOMMERFELD, Z. f. Phys. **1**, 135 (1920). — SMEKAL, Z. f. Phys. **4**, 26; **5**, 91, 121 (1921). — WENTZEL, Z. f.

Studiums wird auf die Originalarbeiten und die Bücher von SOMMERFELD und SIEGBAHN verwiesen.

c) Die Verfeinerung der Vorstellung vom Bau der Elektronenhülle.

In dem Abschnitt a dieses Paragraphen haben wir die Unterteilung der Elektronenhülle bis zu den K-, L-, M-, ... Schalen durchgeführt. Die einzelnen „Schalen“ entsprechen den verschiedenen Röntgenniveaus mit den Hauptquantenzahlen $n = 1, 2, 3, \ldots$ Das vollständige Niveauschema zeigt uns nun, daß die Unterteilung noch weiter getrieben werden muß. Eine solche Verfeinerung wurde zuerst von BOHR und COSTER[1] begonnen, indem sie durch Hinzunahme der Nebenquantenzahl k ($k = k_1$) die Elektronenschalen zu 1 K-, 2 L-, 3 M-, 4 N-, 3 O-, 2 P-Untergruppen unterteilten. Von MAIN SMITH[2] und STONER[3] wurde dann die Unterteilung, dem vollständigen Niveauschema entsprechend, durch Anfügung der inneren Quantenzahl j ($j = k_2 - \frac{1}{2}$) weitergeführt zu 1 K-, 3 L-, 5 M-, 7 N-, 5 O-, 3 P-Untergruppen. Tab. 41 gibt eine Übersicht über die Elektronenbesetzungszahlen der verschiedenen Untergruppen im Normalzustand der Atome.

Im einzelnen ist hierzu noch folgendes zu sagen: Die K-Schale weist keine Untergruppen auf. Ihre Besetzung ist mit 2 Elektronen beim Helium abgeschlossen. Beim Lithium wird ein neues Elektron in der Untergruppe L_{11} eingefügt. Diese Untergruppe ist bereits beim nächsten Element, dem Beryllium, abgeschlossen. Das beim Bor hinzutretende Elektron wird in der nächsten Untergruppe L_{21} gebunden. Die Bindung in dieser Untergruppe ist schwächer als in der vorhergehenden, was aus der kleineren Schwingungszahl der L_{21}-Absorptionsgrenzen hervorgeht. Die L_{21}-Untergruppe ist beim Kohlenstoff abgeschlossen. Die Anordnung der 4 Außenelektronen des Kohlenstoffs zu zwei Untergruppen steht in Einklang mit der Zweiwertigkeit des Kohlenstoffs im CO und der Vierwertigkeit im CO_2. Im Sinne KOSSELs werden beim CO 2 Elektronen in der dritten Untergruppe L_{22} des Sauerstoffs gebunden, beim CO_2 dagegen zwei weitere Elektronen in der Untergruppe L_{22} eines zweiten Sauerstoffatoms. Die Gleichwertigkeit der 4 Kohlenstoffvalenzen in den organischen Verbindungen und auch im Diamanten dagegen erklärt sich dadurch, daß die Untergruppe L_{22} des Kohlenstoffs durch die Elektronen der Nachbaratome besetzt wird.[4] Die dritte Untergruppe L_{22} wird beim Neon mit 4 Elektronen abgeschlossen. Die Besetzung der L-Schale, bleibt von da ab durch das ganze periodische System hindurch erhalten. Vom Natrium an erfolgt Besetzung der M-Schale, und zwar werden die Elektronen

---

Phys. **6**, 84 (1921); **8**, 85 (1921). — COSTER, Z. f. Phys. **6**, 185 (1921); Phil. Mag. **43**, 1070; **44**, 546 (1922). — BOHR und COSTER, Z. f. Phys. **12**, 350 (1923).

[1] BOHR und COSTER, Z. f. Phys. **12**, 342 (1923).

[2] MAIN SMITH, J. Chem. Ind. **43**, 323 (1924); Phil. Mag. **50**, 878 (1925); vgl. auch MAIN SMIHT, Chemistry and Atomic Structure. London 1924.

[3] STONER, Phil. Mag. **48**, 719 (1924); **49**, 1289 (1925).

[4] Vgl. hierzu GRIMM u. SOMMERFELD, Z. f. Physik **36**, 36 (1926) (vgl. II. Band, S. 294).

Tabelle 41a. Elektronengruppen

Atom-nummer	Element	K	L_{11}	L_{21}	L_{22}	M_{11}	M_{21}	M_{22}	M_{32}	M_{33}
	n	1	2	2	2	3	3	3	3	3
	k_1	1	1	2	2	1	2	2	3	3
	k_2	1	1	1	2	1	2	1	2	3
1	H	1								
2	He	2								
3	Li	2	1							
4	Be	2	2							
5	B	2	2	1						
6	C	2	2	2						
7	N	2	2	2	1					
8	O	2	2	2	2					
9	F	2	2	2	3					
10	Ne	2	2	2	4					
11	Na	2	2	2	4	1				
12	Mg	2	2	2	4	2				
13	Al	2	2	2	4	2	1			
14	Si	2	2	2	4	2	2			
15	P	2	2	2	4	2	2	1		
16	S	2	2	2	4	2	2	2		
17	Cl	2	2	2	4	2	2	3		
18	A	2	2	2	4	2	2	4		
19	K	2	2	2	4	2	2	4		
20	Ca	2	2	2	4	2	2	4		
21	Sc	2	2	2	4	2	2	4	(3)	
—	—	—	—	—	—	—	—	—	—	
29	Cu	2	2	2	4	2	2	4	4	6
30	Zn	2	2	2	4	2	2	4	4	6
31	Ga	2	2	2	4	2	2	4	4	6
—	—	—	—	—	—	—	—	—	—	—
36	Kr	2	2	2	4	2	2	4	4	6
37	Rb	2	2	2	4	2	2	4	4	6
38	Sr	2	2	2	4	2	2	4	4	6
—	—	—	—	—	—	—	—	—	—	—
47	Ag	2	2	2	4	2	2	4	4	6
48	Cd	2	2	2	4	2	2	4	4	6
49	In	2	2	2	4	2	2	4	4	6
—	—	—	—	—	—	—	—	—	—	—
54	X	2	2	2	4	2	2	4	4	6
55	Cs	2	2	2	4	2	2	4	4	6
56	Ba	2	2	2	4	2	2	4	4	6
57	La	2	2	2	4	2	2	4	4	6
58	Ce	2	2	2	4	2	2	4	4	6
59	Pr	2	2	2	4	2	2	4	4	6
—	—	—	—	—	—	—	—	—	—	—
71	Cp	2	2	2	4	2	2	4	4	6
72	Hf	2	2	2	4	2	2	4	4	6
—	—	—	—	—	—	—	—	—	—	—
79	Au	2	2	2	4	2	2	4	4	6
80	Hg	2	2	2	4	2	2	4	4	6
81	Tl	2	2	2	4	2	2	4	4	6
—	—	—	—	—	—	—	—	—	—	—
86	Em	2	2	2	4	2	2	4	4	6
87	—	2	2	2	4	2	2	4	4	6
88	Ra	2	2	2	4	2	2	4	4	6

der Atome im Normalzustand.

N_{11}	N_{21}	N_{22}	N_{32}	N_{33}	N_{43}	N_{44}	O_{11}	O_{21}	O_{22}	O_{32}	O_{33}	P_{11}	P_{21}	P_{22}	?
4	4	4	4	4	4	4	5	5	5	5	5	6	6	6	
1	2	2	3	3	4	4	1	2	2	3	3	1	2	2	
1	1	2	2	3	3	4	1	1	2	2	3	1	1	2	
1															
2															
—															
—															
1															
2															
2	1														
—	—														
2	2	4													
2	2	4					1								
2	2	4					2								
—	—	—					—								
2	2	4	4	6			1								
2	2	4	4	6			2								
2	2	4	4	6			2	1							
—	—	—	—	—			—	—							
2	2	4	4	6			2	2	4						
2	2	4	4	6			2	2	4			1			
2	2	4	4	6			2	2	4			2			
2	2	4	4	6			2	2	4	3					
2	2	4	4	6	1		2	2	4	3					
2	2	4	4	6	2		2	2	4	3					
—	—	—	—	—	—		—	—	—	—					
2	2	4	4	6	6	8	2	2	4	3					
2	2	4	4	6	6	8	2	2	4	(4)					
—	—	—	—	—	—	—	—	—	—	—					
2	2	4	4	6	6	8	2	2	4	4	6	1			
2	2	4	4	6	6	8	2	2	4	4	6	2			
2	2	4	4	6	6	8	2	2	4	4	6	2	1		
—	—	—	—	—	—	—	—	—	—	—	—	—	—		
2	—	4	4	6	6	8	2	2	4	4	6	2	2	2	
2	2	4	4	6	6	8	2	2	4	4	6	2	2	2	1
2	2	4	4	6	6	8	2	2	4	4	6	2	2	2	2

ganz analog wie in der ersten Reihe des periodischen Systems eingebaut. Bis zum Argon hin sind vollständig besetzt die Untergruppen M_{11}, M_{21}, M_{22}. Beim Kalium setzt dann zunächst eine N-Schale an, derart, daß N_{11} beim Kalium mit 1 Elektron, beim Calcium mit 2 Elektronen besetzt ist. Vom Scandium an verhalten sich die folgenden Elemente dagegen grundsätzlich anders. Es folgen die langen Perioden. Vom Titan bis zum Kupfer sind die Elemente durch einen unbestimmten Charakter in der Wertigkeit (bis zu gewissem Grade Stehenbleiben der Wertigkeit), durch die Farbigkeit ihrer Ionen, durch paramagnetisches Verhalten gekennzeichnet.[1] Das läßt bereits darauf schließen, daß der Einbau in die N-Schale nicht analog zu dem Einbau in die vorhergehenden Schalen weitergeht. Aus den optischen Spektren (nicht Röntgenspektren) des Scandiums kann man ferner darauf schließen, daß die Valenzelektronen des Scandiums nicht im N-Niveau ($n = 4$), sondern im M-Niveau ($n = 3$) gebunden sind. Es ist daher anzunehmen, daß der Einbau der Elektronen vom Scandium ab derart vor sich geht, daß eine Auffüllung der bis zum Ca noch unbesetzten Untergruppe der M-Schale stattfindet. Dieser Einbau ist beim Nickel abgeschlossen. Vom Kupfer an beginnt dann die Besetzung der N-Schale in analoger Weise wie die Besetzung der L-Schale beim Lithium. Die N-Schale erfährt dann einen ersten Abschluß mit je 2 Elektronen in den Untergruppen N_{11}, N_{21} und 4 Elektronen in der Untergruppe N_{22} beim Krypton. In der nunmehr folgenden zweiten langen Periode des Systems erfolgt die Auffüllung der Untergruppen in analoger Weise wie bei der vorhergehenden langen Periode. Beim Xenon wird ein zweiter Abschluß der N-Schale mit 4 Elektronen in der Untergruppe N_{32} und 6 Elektronen in der Untergruppe N_{33} (Gesamtzahl 18 Elektronen wie in der M-Schale) und ein erster Abschluß der O-Schale mit je 2 Elektronen in den Untergruppen O_{11} und O_{21} und 4 Elektronen in der Untergruppe O_{22} erreicht. Für die nun folgenden Elemente Cäsium, Barium und Lanthan muß angenommen werden, daß der Elektroneneinbau analog erfolgt wie bei den Elementen Kalium, Calcium und Scandium, zunächst mit 1 und 2 Elektronen in der P-Schale (P_{11}) und dann beim Lanthan mit 3 Elektronen in der Untergruppe O_{32}. Vom Lanthan ab tritt nun aber weiterhin eine neue Erscheinung ein. Die nun folgenden Elemente, die 14 seltenen Erden, sind durch eine konstante Dreiwertigkeit und so ähnliches chemisches Verhalten ausgezeichnet, daß die Annahme nahegeliegt, daß der Einbau der Elektronen vom Lanthan an nicht mehr an der Oberfläche des Atoms stattfindet, sondern in der durch die Xenonschale (erster Abschluß der O-Schale) abgeschirmten N-Schale. Der vollständige Abschluß der N-Schale ist beim Cassiopeium mit 6 Elektronen in der Untergruppe N_{43} und 8 Elektronen in der Untergruppe N_{44} (Gesamtzahl 32 Elektronen) vollendet. Eine Auffüllung über 32 Elektronen war aus Symmetriegründen nicht anzunehmen. Bohr schloß

[1] Diese Zusammenhänge wurden zuerst von Ladenburg, Naturwissenschaften **8**, 5 (1920); Z. Elektr. **26**, 262 (1920) erörtert.

daher, daß der Einbau des nächsten Elektrons bei dem folgenden Element 72 (Hafnium) wieder an der Oberfläche erfolgen müßte, daß also das bis dahin unbekannte Element 72 keine seltene Erde, sondern ein typisch vierwertiges Element, ein Homologes des Zirkons, sein müßte. Die auf diese Voraussage hin von COSTER und v. HEVESY[1] unternommene röntgenographische Prüfung von Zirkonmineralien führte zur Entdeckung des Hafniums. Vom Hafnium bis zur Emanation erfolgt der Elektroneneinbau dann in ganz entsprechender Weise wie bei den vorhergehenden langen Perioden.

Den zunächst rein qualitativen Überlegungen kann noch ein quantitatives Argument hinzugefügt werden. Die Auffüllung der M-Schale, die erste und zweite Auffüllung der N-Schale und die Auffüllung der O-Schale kommt nämlich sehr schön in den Niveauwerten der Röntgenspektren zum Ausdruck, wenn man nach BOHR und COSTER die Quadratwurzeln aus den Niveauwerten $\sqrt{\frac{\nu'}{R}}$ als Funktion der Ordnungszahl der Elemente aufträgt. Man erhält dann das in Fig. 191 abgebildete Moseleydiagramm. An den Stellen, an denen Auffüllungen beginnen und abschließen, zeigen sich Knicke in dem geradlinigen Verlauf der Schaulinien (durch horizontale Strecken unterhalb der Abszisse angedeutet).

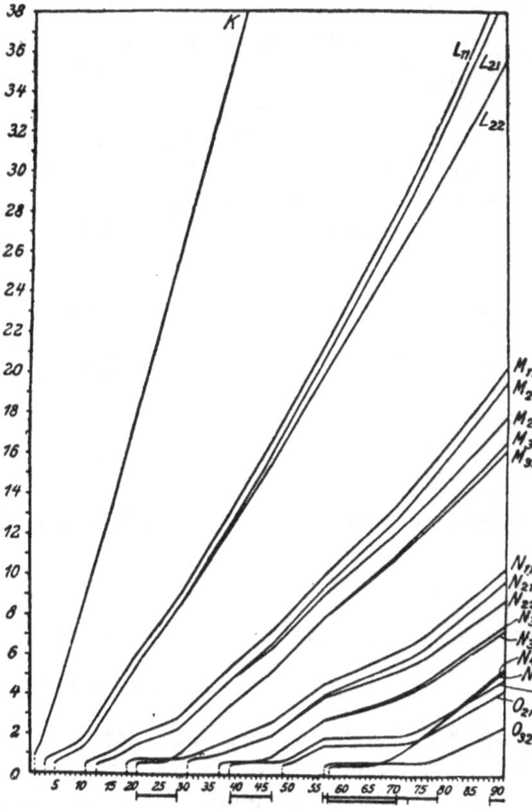

Fig. 191. $\sqrt{\frac{\nu'}{R}}$-Werte der Röntgenniveaus (nach BOHR und COSTER).

Bezüglich des weiteren Studiums dieser Überlegungen vgl. besonders die Veröffentlichungen von:

SWINNE, Z. Elektr. **31**, 417 (1925); Z. f. techn. Phys. **7**, 166, 205 (1926); Wiss. Veröffentlichungen des Siemenskonzerns **5**, 80 (1926), in denen sich auch weitere Literaturangaben finden.

[1] COSTER und v. HEVESY, Nature 10. II. 1923; Naturwissenschaften **11**, 133 (1923).

d) Die modellmäßige Bedeutung der Quantenzahlen.

Die Überlegungen der Abschnitte a, b und c dieses Paragraphen waren unter der vereinfachenden Voraussetzung durchgeführt worden, daß die Serienlinien einfach auftreten. Diese Voraussetzung trifft, wie wir im vorhergehenden gesehen haben, im Wellengebiet der Röntgenstrahlen nicht zu, und das gleiche gilt für die gewöhnlichen, optischen Spektren. Um mit den experimentellen Erfahrungen der Feinstruktur in Übereinstimmung zu kommen, ist außer der Hauptquantenzahl n die Hinzunahme von zwei weiteren Quantenzahlen k_1 und k_2 erforderlich, und es fragt sich nun, welche modellmäßige Bedeutung diesen Quantenzahlen zukommt.

Zunächst ist nach SOMMERFELD[1] zu beachten, daß man für die Bewegung des Leuchtelektrons Geschwindigkeiten erhält, die nicht mehr klein gegen die Lichtgeschwindigkeit sind. Die Größenordnung läßt sich im Fall der Kreisbahn (nach S. 210) leicht berechnen. Es ist:

$$v = r\omega = 2\pi r \nu . \tag{6}$$

Setzen wir für r und ν die Werte aus (79) und (80) von S. 210 ein, so ist:

$$v = \frac{2\pi E e}{n h} . \tag{7}$$

Für die 1. Bahn des Wasserstoffes ist also

$$v = \frac{2\pi e^2}{h} . \tag{8}$$

Das Verhältnis dieser Geschwindigkeit zur Lichtgeschwindigkeit ist:

$$\frac{v}{c} = \frac{2\pi e^2}{h c} . \tag{9}$$

Setzen wir für h, e und c die Zahlenwerte (S. 226) ein, so folgt:

$$\frac{v}{c} = 7{,}29 \cdot 10^{-3} . \tag{10}$$

Das ist ein Wert, der bei der hohen Genauigkeit der spektroskopischen Messungen schon ins Gewicht fällt. An Stelle der klassischen Mechanik muß daher die relativistische Mechanik treten. Die gewöhnliche Masse (Ruhmasse) m_0 des Elektrons ist durch die relativistische Masse $m = \frac{m_0}{\sqrt{1 - \frac{v^2}{c^2}}}$ zu ersetzen. Die Elektronenmasse m ist also von der Geschwindigkeit abhängig. Würde diese Geschwindigkeitsabhängigkeit nicht vorhanden sein, so würden alle zur gleichen Hauptquantenzahl n gehörigen Bahnen (mit gleicher großer Achse) den gleichen Energieinhalt besitzen; es würde aber nichts an der Lage und an der Schärfe der Spektrallinien geändert werden. Die Geschwindigkeit auf den verschiedenen Ellipsenbahnen ist jedoch in verschiedener Weise ungleichförmig periodisch. Durch das Eingehen der relativistischen Massenveränderlichkeit erfahren die Energiegleichungen der verschiedenen, zur gleichen Hauptquantenzahl n

[1] SOMMERFELD, Atombau und Spektrallinien. Berlin 1924.

gehörigen Bahnen kleine Korrekturen, und die Spektrallinien werden aufgespalten.

Man kann nun zeigen, daß die Wirkung der Massenveränderlichkeit auf den Ablauf der Elektronenbewegung die gleiche ist, wie die einer Zusatzkraft, die bei unveränderter Masse zu der COULOMBschen Kraft hinzutritt. Eine solche Zusatzkraft ist aber noch aus einem anderen Grunde anzunehmen. Sind im Atom mehrere Elektronen vorhanden, so wirkt auf das Leuchtelektron nicht nur der Kern, sondern auch die übrigen in der Elektronenhülle befindlichen Elektronen, der sogenannte Elektronenrumpf. Es genügt nun nicht, die Ladung des Kernes einfach um die Ladung des Elektronenrumpfes zu vermindern, sondern die Wirkung von Kern + Elektronenrumpf erfolgt nicht mehr nach dem COULOMBschen Gesetz. Unter der Annahme, daß die Wirkung wenigstens noch zentrosymmetrisch (nur von der Entfernung r abhängig) ist, wirken Elektronenrumpf und relativistische Massenveränderlichkeit in derselben Weise auf das Leuchtelektron ein.

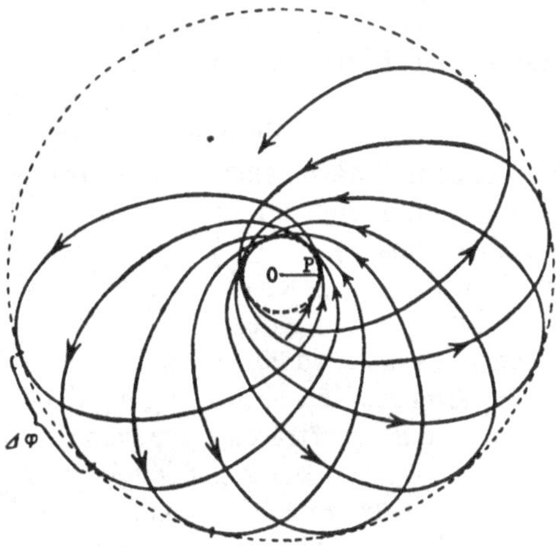

Fig. 192. Präzession der Keplerellipse infolge relativistischer Massenveränderlichkeit und Abschirmung.

Diese Wirkung besteht darin, daß an Stelle der Keplerellipse mit der Gleichung

$$r = \frac{p}{1 + \varepsilon \cos \varphi} \tag{11}$$

eine Bewegung tritt, für welche die Gleichung

$$r = \frac{p}{1 + \varepsilon \cos \gamma \varphi} \tag{12}$$

gilt. Hierbei ist:

$p = a\,(1 - \varepsilon^2)$ der Parameter,
ε die numerische Exzentrizität,
γ eine sehr wenig von 1 verschiedene Zahl.

Die durch (12) dargestellte Bewegung kann man nach Fig. 192 beschreiben als eine Keplerellipse, die sich in ihrer Ebene um einen Brennpunkt gleichförmig dreht (Präzession). Diese Bewegung ist also nicht mehr rein periodisch.[1] Zu der Umlaufsfrequenz des Elektrons kommt dadurch eine zweite unabhängige Frequenz hinzu, die Frequenz der Ellipsendrehung. Ihr entspricht nach der jetzigen Auffassung die azimutale Quantenzahl

[1] Man kann zeigen, daß Oszillator und Keplerellipse (Rotator) die einzigen Fälle rein periodischer Bewegung sind.

(SOMMERFELD) oder Nebenquantenzahl (BOHR) $l = k - 1 = k_1 - 1$.[1] Dabei bedeutet l den Drehimpuls der Elektronenbahn (oder der SCHRÖDINGERschen Ladungsverteilung, vgl. S. 247 ff.) in Einheiten von $\frac{h}{2\pi}$ gemessen (wie auch die Hauptquantenzahl n).

Die zweite, neu hinzukommende Quantenzahl, die sogenannte innere Quantenzahl j, wurde von SOMMERFELD[2] zunächst rein formal eingeführt, da die Hauptquantenzahl n und die azimutale Quantenzahl l nicht ausreichten, um die Vielfachheit der Terme zu erklären. Die innere Quantenzahl bezeichnet den Gesamtimpuls des betreffenden Atomzustandes, der sich aus dem Drehimpuls der Bahn und einem Zusatzimpuls zusammensetzt: $j = l \pm \frac{1}{2}$ (k_2 ist definiert durch: $k_2 = j + \frac{1}{2}$). Der Zusatzimpuls ist nach LANDÉ[3] dem Atomrumpf (Kern + Elektronenrumpf), nach UHLENBECK und GOUDSMIT[4] jedoch dem Elektron („Kreiselelektron", „spinnendes Elektron") zuzuschreiben. Für die letztere Annahme sprechen die experimentellen Erfahrungen, der anormale Zeemaneffekt in schwachen Feldern, das Auftreten der magnetooptischen Verwandlung in starken Feldern (PASCHEN-BACK-Effekt) beim Wasserstoff und die Wechselwirkungsregeln für mehrere Elektronen.[5] Dem Kreiselelektron müssen nach UHLENBECK und GOUDSMIT zwei Orientierungsmöglichkeiten, ein mechanischer Drehimpuls von $s\frac{h}{2\pi} = \frac{1}{2}\frac{h}{2\pi}$ und ein magnetisches Moment von 1 Magneton, s. unten) zugeschrieben werden.

Infolge seiner Bahn- und Kreiselbewegung ruft das Elektron ein magnetisches Moment hervor (Kreisstrom). Zwischen dem magnetischen Moment M und dem mechanischen Impulsmoment P besteht die klassische Beziehung:

$$M = \frac{e}{2mc} P. \tag{13}$$

Das mechanische Impulsmoment ist nun $P = j\frac{h}{2\pi}$. Folglich ist:

$$M = \frac{eh}{4\pi mc} j. \tag{14}$$

(Zumeist muß noch der sogenannte Aufspaltungsfaktor g [LANDÉ] hinzugefügt werden, worauf hier jedoch nicht weiter eingegangen werden soll.)

Aus der Gleichung für M folgt, daß eine allgemeine Einheit des magnetischen Moments existiert, die nur von universellen Konstanten abhängt, das BOHRsche „Magneton"

$$M_0 = \frac{eh}{4\pi mc} = 9{,}21 \cdot 10^{-21} \frac{\text{erg}}{\text{Gauss}}. \tag{15}$$

---

[1] SOMMERFELD, Atombau und Spektrallinien. Berlin 1924.

[2] SOMMERFELD, Ann. d. Phys. **63**, 221 (1920); **70**, 32 (1923).

[3] LANDÉ, Verh. Deutsche Phys. Ges. **21**, 585 (1919).

[4] E. UHLENBECK u. S. GOUDSMIT, Naturwissenschaften **13**, 953 (1925); Nature **117**, 264 (1926); Physica **6**, 273 (1926). — Ferner: A. H. COMPTON, Journ. Frankl. Inst. **192**, 145 (1921). J. FRENKEL, Z. f. Physik **37**, 243 (1926). W. HEISENBERG u. P. JORDAN, Z. f. Physik **37**, 203 (1926).

[5] Vgl. F. HUND, Linienspektren, Berlin 1927.

Wenn ein schwaches äußeres Magnetfeld einwirkt, so gilt für die zum Felde parallele Komponente:

(16) $$Q = m \frac{h}{2\pi}.$$

m hat in diesem Fall nichts mit der Masse des Elektrons zu tun, sondern ist die sogenannte magnetische Quantenzahl. Der Winkel ϑ zwischen der Impulsmomentachse und der Richtung des schwachen äußeren Feldes ist bestimmt durch:

(17) $$\cos\vartheta = \frac{m}{j}.$$

Daraus folgt:

(18) $$-j \leqq m \leqq +j,$$

d. h. es besteht nur eine beschränkte Anzahl, $2j+1$, von möglichen Neigungen des Atoms gegenüber der Feldrichtung (vgl. Fig. 193). Die größten Werte von m entsprechen denjenigen Lagen des Atoms, für welche j parallel oder antiparallel zum Feld gerichtet ist.

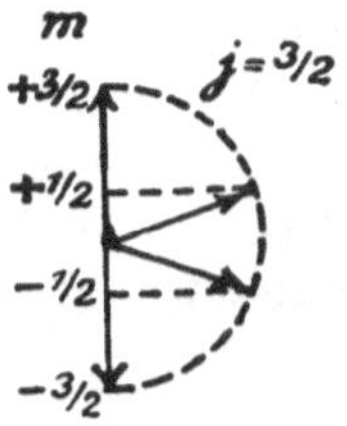

Fig. 193. Zusammenhang zwischen magnetischer und innerer Quantenzahl.

m kennzeichnet das magnetische Gesamtmoment des Atomzustandes und entsteht durch vektorielle Zusammenfügung aus dem magnetischen Moment der Elektronenbahn m_l und dem magnetischen Moment des Kreiselelektrons m_s. Für diese beiden magnetischen Quantenzahlen gelten die entsprechenden Beschränkungen, wie für m:

(19) $$-l \leqq m_l \leqq +l \quad \text{und} \quad -s \leqq m_s \leqq +s.$$

Da $s = \frac{1}{2}$, so folgt $m_s = \pm\frac{1}{2}$.

In der folgenden Tabelle 41b sind die verschiedenen Quantenzahlen für $n = 1$ und $n = 2$ einander gegenübergestellt.

Tabelle 41b. Quantenzahlen-Zuordnung.

n	l	j	m	m_l	m_s
1	0	$\frac{1}{2}$	$-\frac{1}{2}$	0	$-\frac{1}{2}$
			$+\frac{1}{2}$		$+\frac{1}{2}$
2	0	$\frac{1}{2}$	$-\frac{1}{2}$	0	$-\frac{1}{2}$
			$+\frac{1}{2}$		$+\frac{1}{2}$
	1	$\frac{1}{2}$	$-\frac{1}{2}$	0	$-\frac{1}{2}$
			$+\frac{1}{2}$		$+\frac{1}{2}$
		$\frac{3}{2}$	$-\frac{3}{2}$	-1	$-\frac{1}{2}$
			$-\frac{1}{2}$		$+\frac{1}{2}$
			$+\frac{1}{2}$	$+1$	$-\frac{1}{2}$
			$+\frac{3}{2}$		$+\frac{1}{2}$

n Hauptquantenzahl.
$l = k_1 - 1 = k - 1$ azimutale Quantenzahl (Nebenquantenzahl).
$j = k_2 - \frac{1}{2} = l \pm \frac{1}{2}$ innere Quantenzahl.
m magnetische Quantenzahl $-j \leqq m \leqq +j$.
m_l magnetisches Moment der Elektronenbahn $-l \leqq m_l \leqq +l$.
m_s magnetisches Moment des Kreiselelektrons $-s \leqq m_s \leqq +s$ $(s = \frac{1}{2})$.

Unter der Voraussetzung der Richtigkeit der vorstehenden modellmäßigen Vorstellungen läßt sich das Zustandekommen der regulären und irregulären Dubletts folgendermaßen deuten: Die regulären Dubletts (früher als relativistische Dubletts bezeichnet) sind durch gleiches k_1 aber verschiedenes k_2 gekennzeichnet. Sie rühren also von den beiden Orientierungsmöglichkeiten des Kreiselelektrons her. Man könnte sie daher als „Kreiseldubletts" oder „magnetische Dubletts" bezeichnen. Die irregulären Dubletts dagegen weisen verschiedenes k_1, aber gleiches k_2 auf. Sie kommen demnach zustande durch die Wirkung der Relativität und durch die elektrische Wechselwirkung der Leuchtelektronen mit der Elektronenhülle (Abschirmung). Die frühere Bezeichnung „Abschirmungsdubletts" ist daher wenigstens zum Teil noch zutreffend.

e) Das Eindeutigkeitsprinzip von Pauli.

Dieses Prinzip wurde von Sommerfeld folgendermaßen formuliert: „Die einzelne Elektronenbahn ist eindeutig bestimmt durch vier geeignet gewählte Quantenzahlen; es gibt keine zwei Elektronenbahnen mit den gleichen Werten für diese vier Quantenzahlen." Als Quantenzahlen kann man nehmen n, l, j, m oder n, l, m_l, m_s. Die Anzahl von vier Quantenzahlen erweist die Notwendigkeit, daß dem Elektron — außer den drei

Tabelle 41c.

Die 4 Quantenzahlen n, l, m_l, m_s und das periodische System der Elemente.

	n	l	m_l	m_s		I	II	III	IV	V	VI	Periode
K	1	0	0	$\pm\frac{1}{2}$	2	2	2	2	2	2	2	K
L	2	0	0	$\pm\frac{1}{2}$	2	—						
		1	0, ± 1	$\pm\frac{1}{2}$	6	—	8	8	8	8	8	L
M	3	0	0	$\pm\frac{1}{2}$	2	—	—					
		1	0, ± 1	$\pm\frac{1}{2}$	6	—	—	8	18	18	18	M
		2	0, ± 1, ± 2	$\pm\frac{1}{2}$	10	—	—	—				
N	4	0	0	$\pm\frac{1}{2}$	2	—	—	—				
		1	0, ± 1	$\pm\frac{1}{2}$	6	—	—	—	8	18		
		2	0, ± 1, ± 2	$\pm\frac{1}{2}$	10	—	—	—	—		32	N
		3	0, ± 1, ± 2, ± 3	$\pm\frac{1}{2}$	14	—	—	—	—	—		
O	5	0	0	$\pm\frac{1}{2}$	2	—	—	—	—			
		1	0, ± 1	$\pm\frac{1}{2}$	6	—	—	—	—	8	18	
		2	0, ± 1, ± 2	$\pm\frac{1}{2}$	10	—	—	—	—	—		
		3	0, ± 1, ± 2, ± 3	$\pm\frac{1}{2}$	14	—	—	—	—	—	—	
		4	0, ± 1, ± 2, ± 3, ± 4	$\pm\frac{1}{2}$	18	—	—	—	—	—	—	
P	6	0	0	$\pm\frac{1}{2}$	2	—	—	—	—	—		
		1	0, ± 1	$\pm\frac{1}{2}$	6	—	—	—	—	—	8	
						2	**10**	**18**	**36**	**54**	**86**	
						Helium	Neon	Argon	Krypton	Xenon	Emanation	

Freiheitsgraden des Massenpunktes — noch ein vierter Freiheitsgrad zuerteilt werden muß, wie dies in der Hypothese von UHLENBECK und GOUDSMIT vom Kreiselelektron geschehen ist. Das PAULIsche Prinzip besagt nun, daß jede durch die vier Quantenzahlen nach Größe, Gestalt und Raumlage gekennzeichnete Elektronenbahn nur einmal im Atom existiert. Ist die Elektronenbahn durch ein Elektron besetzt, so findet kein weiteres Elektron mehr auf der Bahn Platz. Das Eindeutigkeitsprinzip beantwortet also die Frage nach dem Abschluß der Elektronenschalen der Elemente und verallgemeinert die Überlegungen von MAIN SMITH und STONER (S. 237) über die Theorie des periodischen Systems (vgl. Tab. 41c).

Man erkennt, daß die I. Periode beim Helium (2) nach Vollendung der *K*-Schale abgeschlossen ist und die II. Periode beim Neon (10) nach Vollendung der *K*- und *L*-Schale. Die III. Periode dagegen findet beim Argon (18) ihr Ende, ohne daß die *M*-Schale vollendet ist. Diese wird erst in der IV. bis zum Krypton (36) reichenden Periode vollendet, und die *N*-Schale bleibt in der IV. und der V., bis zum Xenon (54) reichenden Periode unvollendet und ist erst in der VI., bis zur Emanation (86) reichenden Periode fertig. Die aus 50 Elektronen bestehende *O*-Schale schließlich wird wie die folgende *P*-Schale innerhalb des periodischen Systems überhaupt nicht mehr abgeschlossen.

Die Erklärung der Quantenzahlen n, l, m_l, m_s und ihr Zusammenhang mit den Quantenzahlen m und j findet sich in Tab. 41b.

§ 8. Quantenmechanik und Wellenmechanik.

Literatur.

P. JORDAN, Die Entwicklung der neuen Quantenmechanik, Naturwissenschaften **15**, 614, 636 (1927).

N. BOHR, Das Quantenpostulat und die neuere Entwicklung der Atomistik, Naturwissenschaften **16**, 245 (1928).

A. HAAS, Materiewellen und Quantenmechanik. Leipzig 1928.

A. SOMMERFELD, Zum gegenwärtigen Stand der Atomphysik, Phys. Ztschr. **28**, 231 (1927).

—, Über die Theorie des periodischen Systems und die Entwicklung der Wellenmechanik, Z. angew. Chem. **41**, 1 (1928).

H. FALKENHAGEN, Quantentheorie und Chemie, Leipzig 1928.

Mit der Einführung des Kreiselelektrons ist die Atom- und Quantentheorie in ihrer ursprünglichen Fassung zu einem gewissen Abschluß gelangt. Sie gibt teils zu wenig, teils zu viel. Zu wenig insofern, als sie nur die Frequenz des ausgesandten Lichtes zu berechnen gestattet, über Intensität, Phase und Polarisationszustand aber nur unvollkommene Auskunft gibt. Zu viel insofern, als sie den Elektronen ganz bestimmte Bahnen vorschreibt, die aber der Beobachtung prinzipiell unzugänglich zu sein scheinen. Völlig ungeklärt bleibt ferner vor allen Dingen das Verhältnis der klassischen Kontinuumsphysik zur neuen Quantenphysik. Die Frage nach der Entstehung der Spektrallinie erweitert sich zu der Frage nach dem Wesen von Materie und Strahlung und ihrem gegenseitigen Verhältnis. Im folgenden soll in einem ganz kurzen Abriß gezeigt werden, welche Theorien hierüber anschließend an ältere Vorstellungen in allerneuester Zeit gebildet worden sind.

a) Fermat und Maupertuis.

Die ersten Versuche, Optik und Mechanik von einem gemeinsamen Gesichtspunkte aus zu begreifen, sind verknüpft mit den Namen FERMAT uud MAUPERTUIS.[1] Man war damals der Meinung, daß die Natur bestrebt sei, mit dem kleinsten Aufwand von Mitteln die größten Wirkungen hervorzubringen, weil das der Weisheit Gottes besonders angemessen sei. Aus dieser gemeinsamen Wurzel entstand in der Optik das Prinzip von FERMAT und in der Mechanik das von MAUPERTUIS. Das erstere besagt: Pflanzt sich ein Lichtstrahl von A nach B fort, so ist der Weg, den er dabei einschlägt, dadurch ausgezeichnet, daß das Licht zu seiner Zurücklegung weniger Zeit benötigt als zum Durchlaufen irgendeines anderen von A nach B führenden Weges. Ist

$$v = \frac{ds}{dt}$$

die Lichtgeschwindigkeit, die in verschiedenen Medien verschieden groß ist, so ist

$$dt = \frac{ds}{v},$$

und das FERMATsche Prinzip wird ausgedrückt durch die Formel:

$$t = \int_A^B \frac{ds}{v} = \text{Minimum}. \tag{1}$$

Das zweite Prinzip besagt: Bewegt sich ein materieller Körper von A nach B, so ist der Weg, den er dabei einschlägt, vor allen anderen zwischen A und B möglichen Wegen durch die kleinste Wirkung ausgezeichnet. Als Maß der Wirkung sieht MAUPERTUIS dabei in ziemlich willkürlicher Weise das Produkt mvs an. Ist m konstant, so kann das Prinzip also durch folgende Formel ausgedrückt werden:

$$\int_A^B v\,ds = \text{Minimum}. \tag{2}$$

Vergleichen wir (1) und (2), so erkennen wir, daß die Analogie dadurch gestört wird, daß in (2) die mechanische Geschwindigkeit selbst, in (1) dagegen der reziproke Wert der Lichtgeschwindigkeit auftritt, ein Umstand, der für das Folgende von allergrößter Bedeutung ist.

b) Die ersten Anfänge einer Wellenmechanik.

Später, als sich statt Mechanik und Optik allgemeiner die Physik der Materie und die Physik des Äthers gegenüberstanden, wurde das Verhältnis beider besonders erörtert bei der Frage nach dem Wesen der Gravitation.[2] Die einen versuchten sie von der Physik der Materie, nämlich der kinetischen Gastheorie aus zu begreifen, indem sie annahmen, daß auch der Äther aus kleinsten Teilen bestehe, die in steter Bewegung seien und

---

[1] MACH, Die Mechanik historisch-kritisch dargestellt. Leipzig, 8. Aufl., 1921.

[2] Vgl. den Artikel ZENNECK: Gravitation in der Enzyklopädie der mathem. Wissenschaften V 2.

auf die Körper Stöße ausübten. Stehen sich nun 2 Körper gegenüber, so schirmen sie sich gegenseitig gegen diese Ätherstöße etwas ab, und dadurch soll die Anziehung zustande kommen. Andere versuchten umgekehrt, die Gravitation von der Physik des Äthers her zu verstehen. Außer den transversalen Ätherwellen, welche die elastische Lichttheorie annahm, sollen auch longitudinale Ätherwellen möglich sein. Jedes Materieteilchen befindet sich in Schwingungen, und diese Schwingungen erregen im Äther Longitudinalwellen. Treffen diese Wellen auf ein zweites Materieteilchen, so wird durch sie eine Anziehung zwischen beiden Materieteilchen bewirkt. Geht man nun noch einen Schritt weiter und versteht unter der Materie weiter nichts als den Ausgangsort dieser Longitudinalwellen, so ist man bereits zu einer „Wellenmechanik" gelangt. Die Grundlage dieser Wellenmechanik bildeten die elastischen Eigenschaften des Äthers, und mit der Abkehr der Physiker von der elastischen Lichttheorie wurde dieser ersten Wellenmechanik die Grundlage entzogen. Man kann aber noch in ganz anderer Weise von Materieschwingungen zu Wellenbewegungen gelangen, nämlich durch die Relativitätstheorie.

c) Wellenmechanik und Relativitätstheorie.

Die Grundlage der Relativitätstheorie bildet die Annahme, daß die Lichtgeschwindigkeit eine universelle Konstante, also vom Bewegungszustand des Beobachters unabhängig ist. Aus dieser Annahme folgt die sogen. Lorentztransformation. Sind x, y, z, t einerseits und x_b, y_b, z_b, t_b andererseits Raum- und Zeitkoordinaten zweier Beobachter, die sich mit der Geschwindigkeit v gegeneinander bewegen, so ist, wenn v speziell die Richtung der x-Achse hat:

(3) $$x_b = \beta\,(x - v\,t); \quad y_b = y; \quad z_b = z; \; t_b = \beta\left(t - \frac{v}{c^2}x\right),$$

wobei β ein Abkürzung für

(4) $$\beta = \frac{1}{\sqrt{1 - \frac{v^2}{c^2}}}$$

ist. Werden dann nämlich in die Gleichung

(5) $$x_b^2 + y_b^2 + z_b^2 - c^2 t_b^2 = 0$$

für x_b, y_b, z_b, t_b die Werte aus (3) eingesetzt, so folgt:

(6) $$x^2 + y^2 + z^2 - c^2 t^2 = 0\,.$$

(5) und (6) sind aber die Ausdrücke dafür, daß für beide Beobachter die Lichtgeschwindigkeit c ist.

Wir betrachten nun x, y, z, t als unser eigenes Koodinatensystem und denken uns einen Körper, der relativ zum System x_b, y_b, z_b, t_b ruht, der sich also gegen uns mit der Geschwindigkeit v bewegt.

Dieser Körper führe Schwingungen aus von der Form:

(7) $$S = A \cos 2\pi \nu_b t_b\,.$$

Setzen wir hier für t_b den Wert aus (3) ein, so wird:

$$S = A \cos 2\pi \nu_b \beta \left(t - \frac{v}{c^2} x\right). \tag{8}$$

Setzen wir zur Abkürzung:

$$\nu = \beta \nu_b\,, \tag{9}$$

$$\nu' = \nu \frac{v}{c^2}\,, \tag{10}$$

so wird:

$$S = A \cos 2\pi (\nu t - \nu' x). \tag{11}$$

Der Schwingungsvorgang (7) stellt sich also in unserem Koordinatensystem x, y, z, t als die Wellenbewegung (11) dar. Für die Translationsgeschwindigkeit v des schwingenden Körpers und die Geschwindigkeit

$$v_w = \frac{\nu}{\nu'} \tag{12}$$

der ihn in gewisser Weise ersetzenden Welle folgt aus (10):

$$v \cdot v_w = c^2. \tag{13}$$

Die Geschwindigkeiten v und v_w sind also zueinander reziprok genau so, wie die Geschwindigkeiten in (1) und (2). Da der Proportionalitätsfaktor nach (13) c^2 ist, folgt, daß die erhaltenen „Materiewellen" Überlichtgeschwindigkeit besitzen.

d) Die Gruppengeschwindigkeit.

Die Tatsache, daß die Wellengeschwindigkeit der Materiewellen und die Translationsgeschwindigkeit der Materie selbst zueinander reziprok sind, daß die Wellen sich also umso rascher fortpflanzen sollen, je mehr der Körper selbst zur Ruhe kommt, erscheint natürlich zunächst als Widerspruch. Es zeigt sich jedoch, daß die Geschwindigkeit v, mit der sich der Körper bewegt, auch für die Materiewelle eine bestimmte Bedeutung hat. Zwischen v und ν besteht nach (4) und (9) der Zusammenhang:

$$\nu = \frac{\nu_b}{\sqrt{1 - \frac{v^2}{c^2}}}. \tag{14}$$

Denken wir uns nun zwei verschiedene Geschwindigkeiten v_1 und v_2, so gehören zu ihnen nach (14) auch zwei verschiedene Frequenzen ν_1 und ν_2. Wir haben dann nach (11) auch zwei verschiedene Wellen:

$$\begin{aligned} S_1 &= A \cos 2\pi\, (\nu_1 t - \nu_1' x), \\ S_2 &= A \cos 2\pi\, (\nu_2 t - \nu_2' x). \end{aligned} \tag{15}$$

Für ihre Summe können wir nach einer bekannten trigonometrischen Formel schreiben:

$$S_1 + S_2 = 2A \cos 2\pi \left(\frac{\nu_1 + \nu_2}{2} t - \frac{\nu_1' + \nu_2'}{2} x\right) \cos 2\pi \left(\frac{\nu_1 - \nu_2}{2} t - \frac{\nu_1' - \nu_2'}{2} x\right). \tag{16}$$

Die Summe nimmt ihren größten Wert $2A$ an, wenn beide cos den Wert 1 erhalten. Das ist der Fall, wenn

(17) $$\frac{x}{t} = \frac{\nu_1 + \nu_2}{\nu_1' + \nu_2'}$$

und

(18) $$\frac{x}{t} = \frac{\nu_1 - \nu_2}{\nu_1' - \nu_2'} .$$

Sind nun ν_1 und ν_2 nur unendlich wenig voneinander verschieden, so folgt aus (17) und (12):

(19) $$\frac{x}{t} = \frac{\nu}{\nu'} = v_w ,$$

die Wellengeschwindigkeit, und der aus (18) folgende Bruch

(20) $$\frac{x}{t} = \frac{d\nu}{d\nu'} = v_g$$

heißt die Gruppengeschwindigkeit. Mit dieser Geschwindigkeit pflanzen sich die Stellen fort, an denen sich die beiden Wellen verstärken (Energiezentren der Wellengruppe).

Aus (10) folgt nun:

(21) $$\frac{d\nu'}{d\nu} = \frac{v}{c^2} + \frac{\nu}{c^2}\frac{dv}{d\nu}$$

und aus (14):

(22) $$\frac{d\nu}{dv} = \frac{\nu v}{c^2 - v^2} .$$

Setzt man (22) in (21) ein, so folgt:

(23) $$\frac{d\nu'}{d\nu} = \frac{v}{c^2} + \frac{c^2 - v^2}{c^2 v} = \frac{1}{v} .$$

Daher ist nach (20):

(24) $$v_g = v .$$

Die Geschwindigkeit der Materie ist also zwar nicht mit der Wellengeschwindigkeit, wohl aber mit der Gruppengeschwindigkeit der Materiewelle identisch.

c) Die Wellenmechanik de Broglies. [1]

De Broglie vereinigte nun die Vorstellung der Materiewellen mit der Quantentheorie, indem er annahm, daß die Energie einer elementaren Materiewelle gleich dem elementaren Wirkungsquantum $h\nu$ sei:

(25) $$E = h\nu .$$

Die Energie eines Materieteilchens hängt nun nach der Relativitätstheorie mit der Masse m zusammen durch die Formel:

(26) $$E = m \cdot c^2 .$$

Daher ist die Masse eines solchen Materietropfens

(27) $$m = \frac{h \cdot \nu}{c^2}$$

und sein Impuls

(28) $$\mathrm{I} = m \cdot v = \frac{h\nu \cdot v}{c^2}$$

oder nach (10)

(29) $$\mathrm{I} = h\nu' = \frac{h}{\lambda} .$$

[1] L. de Broglie, La mécanique ondulatoire, Paris 1928.

Wir hatten nun im vorigen § gesehen, daß bei Bewegung des Leuchtelektrons um den Kern

$$\oint \mathrm{I}\, ds = n h \quad (n = 1, 2, 3 \ldots) \tag{30}$$

war. Im Falle einer mit konstanter Geschwindigkeit durchlaufenen Kreisbahn ist der Impuls konstant, also:

$$\mathrm{I} \oint ds = n h\,. \tag{31}$$

Daher folgt aus (29):

$$\oint ds = n \cdot \lambda\,, \tag{32}$$

d. h. es sind nur solche Bahnen zulässig, für welche die Bahnlänge ein ganzzahliges Vielfaches der Wellenlänge darstellt. Das ist offenbar eine sehr plausible Formulierung der Quantenvorschrift.

f) Die Theorie von Schrödinger.[1]

Die Wellenmechanik de Broglies ging letzten Endes von der Analogie zwischen Optik und Mechanik aus, wie sie durch Fermat und Maupertuis formuliert wurde. Schrödinger erweiterte nun sozusagen diese Analogie von der geometrischen Strahlenoptik eines Fermat auf die physikalische Wellenoptik eines Huygens.

Die Grundgleichung der Wellenoptik lautet:

$$\frac{\partial^2 S}{\partial t^2} = v_w{}^2 \triangle S\,, \tag{33}$$

wobei $\triangle S$ eine Abkürzung ist für:

$$\triangle S = \frac{\partial^2 S}{\partial x^2} + \frac{\partial^2 S}{\partial y^2} + \frac{\partial^2 S}{\partial z^2}\,. \tag{34}$$

Nimmt man S speziell in der Form an:

$$S = A e^{2 \pi i \nu t}\,, \tag{35}$$

so ist:

$$\frac{\partial^2 S}{\partial t^2} = -4 \pi^2 \nu^2 S\,, \tag{36}$$

und (33) geht über in:

$$\triangle S + \frac{4 \pi^2 \nu^2}{v_w{}^2} S = 0\,, \tag{37}$$

oder nach (12):

$$\triangle S + 4 \pi^2 \nu'^2 S = 0\,, \tag{38}$$

wobei nach (10) und (27):

$$\nu' = \frac{\nu}{c^2} v = \frac{m v}{h}\,. \tag{39}$$

---

[1] E. Schrödinger, Ann. d. Phys. **79**, 361 (1926). E. Schrödinger, Ann. d. Phys. **79**, 734 (1926). C. Eckart, Phys. Rev. **28**, 711 (1926). E. Schrödinger, Abhandlungen zur Wellenmechanik, Leipzig (1927) und „Vier Vorlesungen über Wellenmechanik“ übersetzt von H. Kopfermann (1928).

Ist nun W die Gesamtenergie und V die potentielle Energie, so ist die kinetische Energie:

$$W - V = \tfrac{1}{2} m v^2 . \tag{40}$$

Nach (39) ist daher:

$$v'^2 = \frac{2m}{h^2}(W - V) . \tag{41}$$

Setzen wir (41) in (38) ein, so ergibt sich schließlich:

$$\triangle S + \frac{8\pi^2 m}{h^2}(W - V) S = 0 . \tag{42}$$

Die Mathematik hatte sich nun mit derartigen Differentialgleichungen schon ausführlich beschäftigt[1], und es ist das Verdienst SCHRÖDINGERS, diese mathematischen Forschungen für die Atom- und Quantentheorie nutzbar gemacht zu haben. Von allen Lösungen der Gl. (42) interessieren die Physik natürlich nur diejenigen, die überall eindeutig, endlich und stetig sind, und es zeigt sich, daß derartige Lösungen nur für gewisse Werte von W existieren. Diese Werte bezeichnet man in der Mathematik als die Eigenwerte der Differentialgleichung und die zugehörigen Lösungen von (42) als Eigenfunktion. Die Eigenwerte entsprechen den stationären Zuständen der alten Atomtheorie. Die beim Übergang zwischen zwei stationären Zuständen auftretende Frequenz

$$v = \frac{1}{h}(W_n - W_m)$$

kann dann als Schwebungsfrequenz

$$v = v_n - v_m \tag{43}$$

gedeutet werden, indem den stationären Zuständen die Frequenzen

$$v_n = \frac{W_n}{h}, \qquad v_m = \frac{W_m}{h} \tag{44}$$

zugeordnet werden.

g) Die Matrizentheorie Heisenbergs.[2]

Während SCHRÖDINGER versuchte, von der Kontinuumsphysik her zu einer Neubegründung der Atommechanik zu gelangen, kehrt die Quantenmechanik HEISENBERGS im Gegensatz dazu gerade den diskontinuierlichen Charakter der Quantentheorie von Anfang an besonders deutlich hervor. Demgemäß sind auch die verwendeten mathematischen Hilfsmittel verschieden. Während SCHRÖDINGER Differentialgleichungen benutzt, zieht HEISENBERG die höhere Algebra heran. Die der HEISENBERGschen Theorie zugrunde liegenden Gedanken sind etwa die folgenden:

Die klassische Mechanik betrachtet es als ihre Aufgabe, die Bewegung eines Massenpunktes zu beschreiben, indem sie seine Koordinaten als Funktionen der Zeit angibt. Diese Vorstellung ist gebildet worden an

---

[1] Vgl. z. B. COURANT-HILBERT, Methoden der mathematischen Physik. Berlin 1924.

[2] W. HEISENBERG, Ztschr. f. Phys. **33**, 879 (1925). P. A. M. DIRAC, Proc. of the Roy. Soc., London, A. **109**, 642 (1925). M. BORN und P. JORDAN, Ztschr. f. Phys. **34**, 858 (1925). M. BORN, W. HEISENBERG und P. JORDAN, Ztschr. f. Phys. **35**, 557 (1925).

Massenpunkten, deren materielle Träger so groß waren, daß sie sehend und messend verfolgt werden konnten. Das ist nun aber für die Elektronen im Atomverband nicht mehr der Fall, und es ist daher nicht gesagt, ob die klassische Vorstellung vom bewegten Massenpunkt hier noch brauchbar ist. Die HEISENBERGsche Theorie verzichtet also auf diese Vorstellung und beschränkt sich lediglich auf die der Beobachtung zugänglichen Größen. Das wird manchem als eine Art Kapitulation erscheinen, indem man auf eine eigentliche Erklärung der Vorgänge zu verzichten scheint. Man muß sich aber daran erinnern, wieviel Mühe beispielsweise seinerzeit darauf verwendet worden ist, um die elektromagnetischen Felder aus irgendwelchen Spannungszuständen des Äthers mechanisch zu erklären, weil die Zurückführung auf mechanische Vorgänge damals als die einzig mögliche Erklärungsweise der Welt erschien. Auch dort hat man sich aber schließlich damit abfinden müssen, daß eine Erklärung der neuen Tatsachen aus alten Vorstellungen heraus nicht möglich war.

Ausgangspunkt der neuen Quantenmechanik soll also lediglich der experimentelle Befund sein. Dieser besteht in einer Reihe von stationären Zuständen und den zwischen ihnen möglichen Übergängen. Haben wir 2 Zustände n und m mit den Energien W_n und W_m, so wird beim Übergang eine Frequenz $\nu(n, m)$ ausgestrahlt, für die nach der BOHRschen Frequenzbedingung gilt:

$$h\,\nu(n,m) = W_n - W_m. \tag{45}$$

Zu dieser Frequenz gehöre die Amplitude $q(n,m)$. Die Schwingung kann dann in komplexer Form dargestellt werden durch:

$$q(n,m)\,e^{2\pi i \nu(n,m)t}$$

(vgl. VI, § 3). Schreiben wir diese Ausdrücke der Reihe nach auf, so ergibt sich folgendes quadratisches Schema:

$$\begin{matrix} q(0,0) & q(0,1)\,e^{2\pi i \nu(0,1)t} & q(0,2)\,e^{2\pi i \nu(0,2)t} & \dots \\ q(1,0)\,e^{2\pi i \nu(1,0)t} & q(1,1) & q(1,2)\,e^{2\pi i \nu(1,2)t} & \dots \\ \dots & \dots & \dots & \dots \end{matrix}$$

$q(n,n)$ bezieht sich dabei nicht auf die Übergänge, sondern auf die stationären Zustände selbst. In der Mathematik bezeichnet man ein derartiges Schema als eine Matrix und diese Matrizen treten in der neuen Theorie an Stelle der Koordinaten des Massenpunktes der klassischen Mechanik. Es ist nun die Aufgabe der neuen Theorie, die Rechenregeln für diese Matrizen zu finden. Eine Matrix wird z. B. differentiiert, indem man ihre Glieder einzeln differentiiert, und 2 Matrizen werden multipliziert wie die Matrizen in der Determinantentheorie (vgl. II. Band, S. 61ff.). Ist also bei einem System mit einem Freiheitsgrad die Matrix gegeben, die der klassischen Koordinate q entspricht, so kann man nach diesen Rechenregeln die Matrix finden, die dem Impuls p entspricht. Verstehen wir aber jetzt unter q und p Matrizen, so gilt für das Produkt $p \cdot q$ nicht mehr das kommutative Gesetz

$$p \cdot q = q \cdot p. \tag{46}$$

Dieses Gesetz kann man schreiben:

$$p \cdot q - q \cdot p = 0 . \tag{47}$$

Tatsächlich ist vielmehr:

$$p \cdot q - q \cdot p = \frac{h}{2 \pi i} \cdot 1 . \tag{48}$$

Hierbei soll 1 die Einheitsmatrix bedeuten, d. h. das Schema:

$$\begin{matrix} 1 & 0 & 0 & \dots \\ 0 & 1 & 0 & \dots \\ 0 & 0 & 1 & \dots \\ \dots & \dots & \dots & \dots \end{matrix}$$

Die Gl. (48) zeigt, daß p und q zwar nicht exakt kommutativ sind, daß die Abweichung aber nur klein, nämlich proportional zu h ist. Man sieht also an (48), daß bei großen Quantenzahlen (relativ kleinem h) die Quantenmechanik asymptotisch in die klassische Mechanik übergeht.

h) Das Verhältnis der Heisenbergschen Theorie zu der von Schrödinger.

Die beiden neuen Quantentheorien stehen sich einander scheinbar widersprechend gegenüber und stimmen doch in ihren Resultaten weitgehend überein. Es liegt das wohl daran, daß überhaupt beim augenblicklichen Stande der physikalischen Forschung die Natur zwei Seiten zu haben scheint, eine kontinuierliche und eine diskontinuierliche. Das Licht z. B. verhält sich bei Interferenz und Beugungserscheinungen wie eine kontinuierliche Welle, beim Comptoneffekt[1] wie ein dahinfliegendes Geschoß, und die Kathodenstrahlen, die sich bei allen bisherigen Versuchen wie Korpuskularstrahlen verhielten, zeigen bei neuesten Versuchen[2] auch Interferenz und Beugungserscheinungen. Es ist nun also die Frage, wie sich die beiden Theorien miteinander versöhnen lassen.

Zunächst kann man rein formal die Wellenmechanik der Matrizentheorie angleichen durch Einführung von Operatoren. Darunter versteht man folgendes: Den Differentialquotienten $\frac{dy}{dx}$ kann man symbolisch darstellen als das Produkt $\frac{d}{dx} \cdot y$ aus dem Operator $\frac{d}{dx}$ und y. Der Operator $a \frac{d}{dx}$ besagt dann, daß man erst nach x differenzieren und dann mit a multiplizieren soll, und entsprechend besagt $\frac{d}{dx} \cdot a$, daß man erst mul-

[1] Vgl. S. 257.

[2] Streuung von Elektronen durch Kristalle: C. Davisson und L. H. Germer, Nature **119**, 558 (1927); Phys. Rev. **30**, 705 (1927). H. Bethe, Naturwissenschaften **15**, 786 (1927). G. P. Thomson, Nature **120**, 802 (1927); Proc. Roy. Soc. (A) **117**, 600 (1927); **119**, 651 (1928). A. Reid, Proc. Roy. Soc. **119**, 663 (1928). R. Ironside, Procy. Roy. Soc. **119**, 668 (1928). E. Rupp, Ann. d. Physik, **85**, 981 (1928).

Streuung von Elektronen durch Gase (Helium): E. H. Dymond, Phys. Rev. **29**, 433 (1927).

tiplizieren und dann differenzieren soll. Spezialisieren wir z. B. die Gl. (42) auf einen Freiheitsgrad, so können wir sie schreiben:

$$\frac{1}{2m} \cdot \left(\frac{h}{2\pi i}\right)^2 \frac{\partial^2 S}{\partial x^2} + (V - W) S = 0 \tag{49}$$

oder

$$\left\{\frac{1}{2m} \cdot \left(\frac{h}{2\pi i}\right)^2 \frac{\partial^2}{\partial x^2} + V - W\right\} S = 0 \, . \tag{50}$$

Vergleichen wir den Klammerausdruck mit der klassischen Gl. (16) von S. 202, so erkennen wir, daß der Impuls p ersetzt ist durch den Operator $\frac{h}{2\pi i} \frac{\partial}{\partial x}$. Wichtig ist nun, daß für diese Operatoren dieselbe Vertauschungsregel besteht, wie in (48) für die Matrizen. Es ist:

$$\frac{h}{2\pi i} \frac{\partial}{\partial x} \cdot x - x \cdot \frac{h}{2\pi i} \frac{\partial}{\partial x} = \frac{h}{2\pi i} \, . \tag{51}$$

Diese Gleichung zeigt den engen Zusammenhang der beiden Theorien. Mit einer solchen formalen Angleichung der Wellenmechanik an die Quantenmechanik kann man sich aber natürlich nicht zufrieden geben, sondern wird nach der physikalischen Ursache der Übereinstimmungen fragen. Da ist nun von besonderer Wichtigkeit eine Deutung, die Born den Wellenamplituden gegeben hat.[1] Danach sollen sowohl die Lichtquanten als auch die Elektronen ihre korpuskulare Sonderexistenz behalten und die letzteren im Atom nicht zu wellenförmigen Ladungsverteilungen „verschmieren“. Aber über die Bewegungen einer solchen Korpuskel können wir keine Aussagen im klassischen Sinne machen; sie läßt sich weder genau lokalisieren, noch genau begrenzen, ja es ist nicht einmal sicher, ob ein solches Einzelindividuum überhaupt noch den Gesetzen der Kausalität gehorcht. Lichtquanten und Elektronen lassen sich vielmehr, wie auch die lebenden Individuen, nur mit den Methoden der Statistik behandeln. Die neuere Forschung hat sich daher besonders den verschiedenen statistischen Methoden zugewandt.[2] Auch die Wellenamplitude soll nun eine Wahrscheinlichkeit im statistischen Sinne sein und kann daher wie eine kontinuierlich veränderliche und kausal determinierte Größe behandelt werden. Auf diese Weise scheint es tatsächlich möglich zu sein, die Gegensätze, welche die Physik bisher beherrschten, wesentlich zu mildern.

§ 9. Über die Eigenschaften der gestreuten Sekundärstrahlung.

Bereits die ältere Forschung unterschied zwei verschiedene Arten von Sekundärstrahlung: die „gestreute“ und die „charakteristische“ Sekundärstrahlung. Ihr Unterscheidungsmerkmal war nach Barkla (vgl. S. 3) die Impulsbreite (halbe Wellenlänge). Während sich nämlich die Impulsbreite der charakteristischen Sekundärstrahlung als charakteristisch für das

[1] M. Born, Z. f. Phys. **37**, 863 (1926); **38**, 803 (1926).

[2] S. N. Bose, Z. f. Phys. **26**, 178 (1924); **27**, 384 (1925). E. Fermi, Z. f. Phys. **36**, 902 (1926).

sekundärstrahlende Element erwiesen hatte, zeigte die gestreute Sekundärstrahlung die gleiche Impulsbreite wie die erregende Strahlung. Der Streuungsprozeß entspricht also demjenigen des gewöhnlichen Lichts in einem trüben Medium.

Das Merkmal der gleichen Impulsbreite, gleichen Wellenlänge, trifft jedoch nur angenähert zu. Bei der Spektroskopierung der gestreuten Sekundärstrahlung findet man nämlich, wie A. H. COMPTON[1] im Jahre 1923 entdeckte, an Stelle einer einzelnen Spektrallinie noch eine zweite um etwa 0,02 Å.-E. nach der längeren Wellenlängenseite verschobene Linie. Fig. 194 zeigt zwei aus einer Arbeit von H. KALLMANN und H. MARK[2] entnommene Spektralphotographien des Effekts. Zu ihrer Herstellung wurde ein Streustrahler (beliebiger Elementzusammensetzung) mit dem von einer

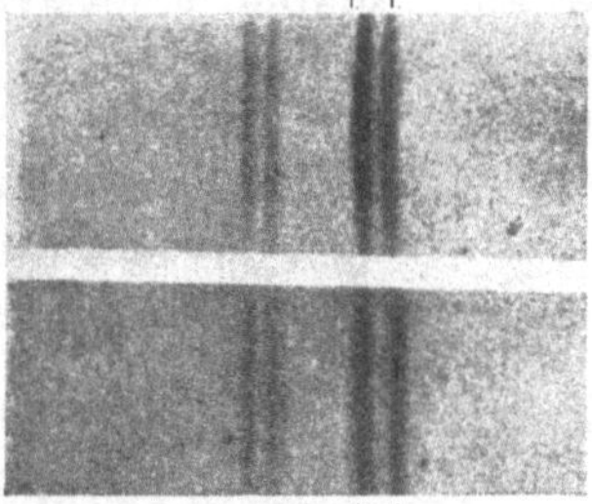

Fig. 194. Spektralphotographie des Comptoneffekts (nach H. KALLMANN).

Molybdänantikathode kommenden, durch zwei Bleiblenden parallel ausgeblendeten Röntgenlicht bestrahlt. Die von dem Streustrahler ausgehende Strahlung wurde dann unter verschiedenen Winkeln ($\vartheta = 90^0$ und $\vartheta = 72^0$) in bezug auf den Primärstrahl (vgl. Fig. 195) spektroskopiert.

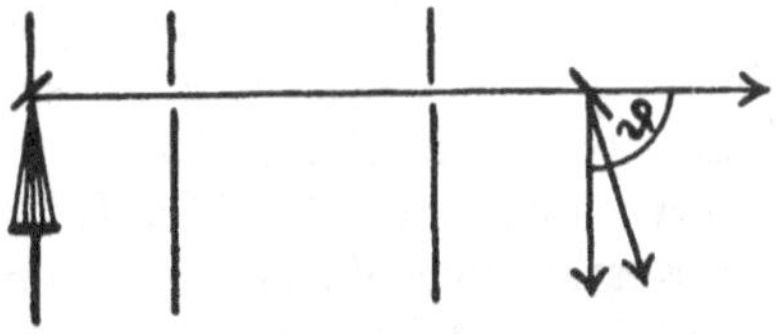

Fig. 195. Schematische Darstellung der Versuchsanordnung zur Registrierung des Comptoneffekts.

Die photographische Registrierung des Comptoneffekts beansprucht eine sehr lange Expositionszeit, da man bereits rein geometrisch nur etwa $^1/_{10000}$ der Energie des primären Röntgenstrahls mit dem Spektrographen erfassen kann. KALLMANN und MARK[3] brachten bei den noch weiter unten zu erwähnenden Versuchen Expositionszeiten bis zu 420 Stunden in Anwendung. Für die Registrierung des Comptoneffekts geeigneter dürfte

[1] A. H. COMPTON, Phys. Rev. **21**, 207, 483 (1923).
[2] H. KALLMANN und H. MARK, Naturw. **13**, 297 (1925).
[3] KALLMANN und MARK, Naturwissenschaften **13**, 1012 (1925).

daher die von verschiedenen Forschern benutzte Ionisationsmethode sein, besonders bei Verwendung des SOLLERschen Multipelspalts (vgl. S. 147).

Die Deutung des Comptoneffekts wurde gleichzeitig von COMPTON[1] und DEBYE[2] gegeben.[3] Nach der klassischen Theorie kommt die Streuung der Röntgenstrahlen dadurch zustande, daß der einfallende Wellenzug die Elektronen in dem Streustrahler zum Mitschwingen anregt. Die schwingenden Elektronen senden von sich aus neue Wellenzüge aus. Die Frequenz des gestreuten Lichts muß nach dieser Vorstellung mit derjenigen des Primärstrahls übereinstimmen. Das Auftreten einer kleineren Frequenz (längeren Wellenlänge) läßt sich dagegen auf Grund der klassischen Theorie nicht erklären. Man könnte zunächst daran denken, zur Erklärung einen Dopplereffekt heranzuziehen, unter der Annahme, daß die Elektronen durch die Einwirkung des Lichts (durch den Lichtdruck) in Bewegung kommen und daher in verschiedenen Richtungen verschiedene Frequenzen emittieren. Dann müßte aber sowohl eine Freqenzerhöhung als auch eine Frequenzerniedrigung zu beobachten sein, es müßte also zu der ursprünglichen Spektrallinie, die den ruhenden, fester gebundenen Elektronen zuzuschreiben wäre, je eine nach längeren und nach kürzeren Wellen zu verschobene Linie hinzutreten. Es ist tatsächlich aber nur eine nach längeren Wellenlängen zu verschobene Linie zu beobachten.

Zur Erklärung des Effekts mußten daher quantentheoretische Überlegungen herangezogen werden. Nach EINSTEIN[4] besteht ein Lichtstrahl nicht aus einem ebenen Wellenzug, sondern aus vielen mit Lichtgeschwindigkeit parallel nebeneinander herfliegenden Lichtquanten. Diese Lichtquanten lassen sich auffassen als materielle Teilchen (NEWTONsche Korpuskeln) besonderer Art, deren Masse gegeben ist durch das Produkt aus dem PLANCKschen Wirkungsquantum ($h = 6{,}55 \cdot 10^{-27}$ erg · sec) und der Frequenz ν, dividiert durch das Quadrat der Lichtgeschwindigkeit ($c = 2{,}998_5 \cdot 10^{10}$ cm · sec^{-1}):

$$\mu = \frac{h\nu}{c^2}\,. \tag{1}$$

Die Energie des Lichtsquants ist gleich $h\nu$, der Impuls gleich $\frac{h\nu}{c}$. Während nun aber ein gewöhnliches Massenteilchen Energie nur dadurch einbüßen kann, daß es Geschwindigkeit verliert, ist dies bei einem Lichtquant nicht möglich, da die Lichtgeschwindigkeit nach der Relativitätstheorie konstant ist. Ein Energieverlust des Lichtquants kann also nur auf Kosten der Masse eintreten. Da h und c in der Gleichung für die Masse μ konstant sind, so ist letzteres nur auf Kosten der Schwingungszahl ν möglich.

Was geschieht nun, wenn ein Lichtquant mit einem ruhenden, freien Elektron in Wechselwirkung tritt? Wir wollen diese Frage behandeln

[1] COMPTON, Phys. Rev. **21**, 483 (1923); Bull. Nat. Res. Council No. 20, S. 27 (1922).

[2] DEBYE, Phys. Ztschr. **24**, 161 (1923).

[3] Vgl. hierzu MARK, Naturwissenschaften **13**, 494 (1925). Bezügl. der Theorien vgl. ferner WENTZEL, Phys. Ztschr. **26**, 436 (1925).

[4] EINSTEIN, Ann. d. Physik **17**, 132 (1905); **20**, 199 (1906); Phys. Ztschr. **18**, 121 (1917).

unter der Annahme, daß ein elastischer Stoß zwischen dem Elektron und dem Lichtquant stattfindet, und bringen die Sätze von der Erhaltung der Energie und des Impulses in Anwendung. Das einfallende Lichtquant hat die Energie $h\nu$. Durch das Auftreffen des Lichtquants auf das Elektron wird diesem eine Geschwindigkeit v erteilt, so daß das Elektron nach dem Stoß die kinetische Energie $\frac{m v^2}{2}$ besitzt. Um diesen Energiebetrag ist das gestreute Lichtquant gegenüber dem einfallenden Lichtquant vermindert. Das gestreute Lichtquant führt also die Energie

$$h\nu' = h\nu - \frac{m v^2}{2} \tag{2}$$

mit sich. Mit Hilfe des Satzes der Erhaltung des Impulses erhält man zwei weitere Beziehungen, wenn man einmal die Komponente in Richtung des Primärstrahls und das andere Mal senkrecht dazu betrachtet (Fig. 196). In Richtung des Primärstrahls ergibt sich:

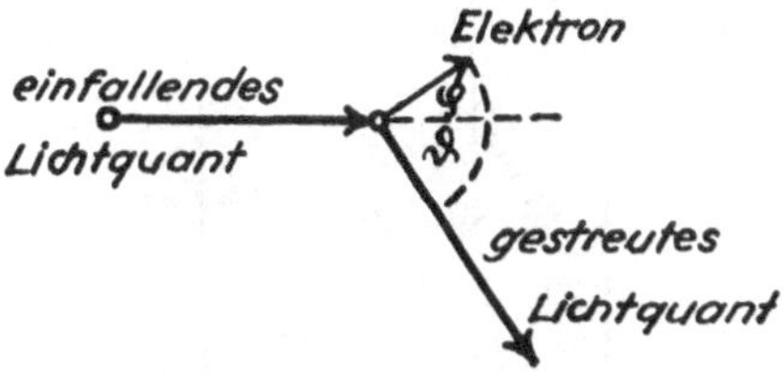

Fig. 196. Wechselwirkung zwischen einem Lichtquant und einem freien Elektron.

$$\frac{h\nu}{c} = \frac{h\nu'}{c}\cos\vartheta + m v \cos\varphi \tag{3}$$

und in Richtung senkrecht dazu:

$$0 = \frac{h\nu'}{c}\sin\vartheta + m v \sin\varphi\,. \tag{4}$$

In diesen Gleichungen (2), (3) und (4) sind h, m und c universelle Konstanten, ν die Frequenz des einfallenden Lichtquants und ϑ der Winkel, unter dem die Streustrahlung beobachtet wird. Unbekannt ist dagegen ν', die Frequenz des gestreuten Lichtquants, der Winkel φ zwischen der Bewegungsrichtung des Elektrons und der Richtung des primären Lichtquants und die Geschwindigkeit v des gestoßenen Elektrons. Die Berechnung ergibt für diese drei Unbekannten, wenn man beachtet, daß ν' wenig von ν verschieden ist:

$$\nu' = \frac{\nu}{1 + \frac{h\nu}{m c^2}(1 - \cos\vartheta)} = \frac{\nu}{1 + \frac{2 h\nu}{m c^2}\sin^2\frac{\vartheta}{2}}, \tag{5}$$

$$\operatorname{tg}\varphi = \frac{-1}{1 + \frac{h\nu}{m c^2}}\operatorname{ctg}\frac{\vartheta}{2}, \tag{6}$$

$$\frac{m v^2}{2} = h\nu - h\nu' = h\nu\,\frac{1 - \cos\vartheta}{\frac{m c^2}{h\nu} + (1 - \cos\vartheta)}\,.\text{[1]} \tag{7}$$

---

[1] An Stelle $\frac{m v^2}{2}$ muß nach der Relativitätstheorie eigentlich gesetzt werden $m c^2\left(\frac{1}{\sqrt{1 - \frac{v^2}{c^2}}} - 1\right)$ [Gl. (7) und (2)].

Führt man nun an Stelle der Schwingungszahl ν die Wellenlänge $\lambda = \frac{c}{\nu}$ ein, so erhält man:

$$\lambda' = \lambda + \frac{2h}{mc}\sin^2\frac{\vartheta}{2} = \lambda + 0{,}0486\sin^2\frac{\vartheta}{2}\,. \tag{8}$$

Aus dieser Gleichung folgt also für die Streuung eines Lichtquants

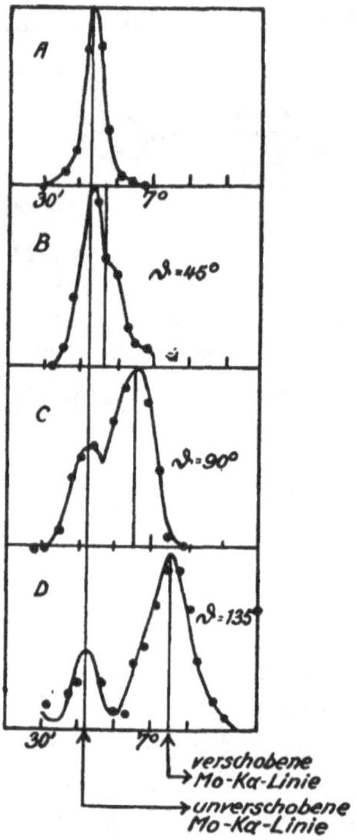

Fig. 197. Linienverschiebung in Abhängigkeit von dem Streuwinkel bei der Streuung von *Mo-Kα*-Strahlung von Graphit.

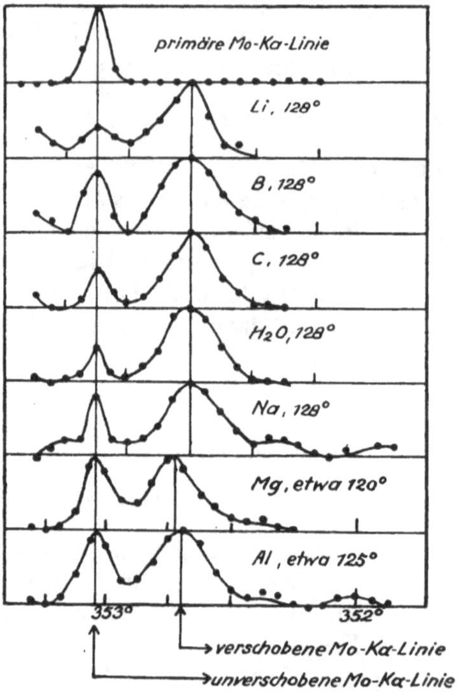

Fig. 198. Die Linienverschiebung ist unabhängig von der Natur der in dem Streustrahler enthaltenen Elemente.

an einem ruhenden, freien Elektron eine Wellenlängenverschiebung nach längeren Wellenlängen zu um den Betrag:

$$\lambda' - \lambda = 0{,}0486\sin^2\frac{\vartheta}{2}\ \text{Å.-E.} \tag{9}$$

Diese Wellenlängenverschiebung steht aber durchaus in Einklang mit der Erfahrung. Die Verschiebung wird mit wachsendem Streuwinkel ϑ größer. In Fig. 197 sind einige der ersten von Compton erhaltenen Ionisationsspektrometerkurven wiedergegeben. Die Kurven *A* sind die Ionisationsspektrometerkurven der primären *Mo-Kα*-Strahlung, die Kurven *B*, *C* und *D* dagegen die von Graphit unter verschiedenen Winkeln gestreute Strahlung. Wie man sieht, wird die Wellenlängendifferenz mit wachsendem Winkel ϑ größer (vgl. hierzu auch Fig. 194).

Soweit sich die bisherigen Beobachtungsergebnisse übersehen lassen, ist die Linienverschiebung nur abhängig von dem Streuwinkel, dagegen unabhängig von den in dem Streustrahler enthaltenen Elementen. Fig. 198 zeigt einige von DUANE und ALLISON[1] mit Mo-$K\alpha$-Strahlung und verschiedenen Streustrahlern unter nahezu gleichen Streuwinkeln aufgenommene Ionisationsspektrometerkurven.

Der Untersuchung der Streustrahlung bei schwerenen Elementen stehen technische Schwierigkeiten entgegen, da eine sehr hohe Primärintensität erforderlich ist, um eine ausreichende Sekundärintensität zu erhalten. Man muß daher möglichst nahe mit dem Streustrahler an den Brennfleck herangehen. Das läßt sich dadurch erreichen, daß man Röhren von kleinem Durchmesser benutzt. Diese haben jedoch nur geringe Lebensdauer. Oder aber man bringt den Streustrahler in der Röhre selbst an. In der letzteren Weise verfuhr ROSS[2], der zwei Coolidgeröhren mit Wolfram- und Molybdän-Antikathode benutzte und die Streustrahlung untersuchte, die von der Molybdänhülle ausging, von welcher der Glühfaden der Kathode umgeben war. Der Spektrographenspalt befand sich dabei im Schatten der Antikathode, die Streustrahlung ging von der inneren Fläche der Molybdänhülle aus. — Mit Hilfe der photographischen Methode wurden von ROSS[3] noch folgende schwereren Elemente untersucht: Cu, Ag, Pb mit Mo-$K\alpha$-Strahlung (Streuwinkel $\vartheta = 90^0$) und Ag mit W-K-Strahlung (Streuwinkel $\vartheta = 135^0$).

Eine Präzisionsbestimmung der Linienverschiebung wurde mit Mo-$K\alpha$-Strahlung und Paraffin als Streustrahler ausgeführt. SHARP[4] erhielt als Mittelwert von 16 photographischen Aufnahmen bei einem Streuwinkel von $169{,}7^0$:

$$\Delta\lambda = (0{,}04825 \pm 0{,}00017)\,\text{Å.-E.},$$

während der berechnete Wert beträgt:

$$\Delta\lambda = (0{,}04798 \pm 0{,}00009)\,\text{Å.-E.}$$

Neben der verschobenen Linie tritt nun aber in den Spektrogrammen immer noch die unverschobene Linie auf. Das Auftreten dieser Linie steht durchaus in Einklang mit der klassischen Wellentheorie. Aber auch die Quantentheorie gibt eine Erklärung hierfür. Bei der Berechnung der Linienverschiebung hatten wir nämlich angenommen, daß das streuende Elektron frei beweglich ist. Diese Annahme trifft wahrscheinlich für die ganze Elektronenhülle zu, dagegen sicher nicht für die in dem Atomkern gebundenen Elektronen. Durch die feste Bindung überträgt sich die dem Elektron mitgeteilte Energie auf die große Masse des Atomkerns. Für m ist daher in Gl. (8) die ganze Masse des Atoms einzusetzen. Dadurch wird das Korrektionsglied aber so klein, daß $\lambda = \lambda'$ wird, d. h. wir müssen neben der verschobenen Linie auch eine unverschobene Linie beobachten.

---

[1] DUANE und ALLISON, Phys. Rev. **26**, 300 (1925).

[2] ROSS, Proc. of the Nat. Acad. of Sc. **11**, 567 (1925).

[3] ROSS, Phys. Rev. **23**, 662 (1924) [Spektrograph]; Proc. of the Nat. Acad. of Sc. **10**, 304 (1924). ROSS und WEBSTER, Proc. Nat. Acad Sc. **11**, 56 (1925).

[4] SHARP, Phys. Rev. **26**, 691 (1925).

Weitere Aussagen macht die Quantentheorie nun ferner noch über die Richtung und die Geschwindigkeit des fortbewegten Elektrons. Daß bei der Streuung eines Lichtquants ein Elektron tatsächlich Impuls erhält, wurde von BOTHE und GEIGER[1] und von COMPTON und W. SIMON[2] experimentell nachgewiesen. COMPTON und SIMON erbrachten ferner den Nachweis, daß die Richtung des gestoßenen Elektrons mit der Gl. (6) übereinstimmt. Die Geschwindigkeit des Elektrons gemäß Gl. (7) wurde bisher noch nicht gemessen.

Die Quantentheorie gibt also eine befriedigende und hinreichende Erklärung des Comptoneffekts. Die verschobene Linie der Streustrahlung rührt her von den freien oder locker gebundenen Elektronen der Elektronenhülle, die unverschobene Linie dagegen von den fester gebundenen Elektronen des Atomkerns.

Die Interferenzreflexion von einem Kristall ist nun ebenfalls ein Streuungsprozeß. Entsprechend dem Comptoneffekt sollte man daher erwarten, daß bei der Reflexion einer monochromatischen Strahlung von einem Kristall neben der unverschobenen Linie eine nach längeren Wellenlängen zu verschobene Comptonlinie hinzutritt. Das ist jedoch nicht der Fall. Daraus folgt bereits, daß die Interferenzen nur von den festgebundenen Elektronen des Atoms herrühren. — Einen wesentlichen Beitrag zu dieser Frage lieferten KALLMANN und MARK[3], welche das Intensitätsverhältnis zwischen der unverschobenen und der verschobenen Linie der von einem Kristallpulver ausgehenden Streustrahlung einmal zwischen zwei DEBYE-SCHERRER-Ringen (vgl. S. 295) und das andere Mal auf einem DEBYE-SCHERRER-Ring gemessen haben.[4] Dabei zeigte sich, daß die Intensität der unverschobenen Linie auf dem DEBYE-SCHERRER-Ring stark anwuchs, während die Intensität der verschobenen Comptonlinie die gleiche Intensität behielt wie zwischen zwei DEBYE-SCHERRER-Ringen. Die von den locker gebundenen Elektronen der Elektronenhülle ausgehende Comptonstrahlung gibt also sicher keine Interferenzmaxima.

Durch die Untersuchung von KALLMANN und MARK wurde ferner der Nachweis erbracht, daß die Schwingungsrichtung der gestreuten Strahlung (unverschoben und verschoben) mit der Schwingungsrichtung der Primärstrahlung übereinstimmt.

Neben der bereits angegebenen Literatur wird verwiesen auf:

P. A. ROSS, Proc. Nat. Acad. Sc. **9** (1923), **10** (1924), **11** (1925); Phys. Rev. **23** (1924).
A. H. COMPTON, Phys. Rev. **24**, 168 (1924); Phil. Mag. **46**, 897 (1923).
A. H. COMPTON und Mitarbeiter, Proc. Nat. Acad. Sc. **10** (1924), **11** (1925), Phys. Rev. **25**, **26**, (1925).
Y. H. WOO, Proc. Nat. Acad. Sc. **11**, 123 (1925); Phys. Rev. **25**, **444** (1925).
J. A. BECKER, Proc. Nat. Acad. Sc. **10**, 324 (1924); — und Mitarbeiter, Phys. Rev. **23**, 763 (1924).

---

[1] BOTHE und GEIGER, Z. f. Physik **26**, 44; **32**, 639 (1925); Naturw. **13**, 440 (1925).
[2] COMPTON und W. SIMON, Phys. Rev. **26**, 289 (1925).
[3] KALLMANN und MARK, Naturw. **13**, 1012 (1925); Z. f. Phys. **36**, 120 (1926).
[4] Vgl. hierzu KULENKAMPF, Z. f. Phys.k **19**, 27 (1923).

BERGEN DAVIS, Phys. Rev. **25**, 737 (1925).
W. DUANE und Mitarbeiter, Proc. Nat. Acad. Sc. **10** (1924), **11** (1925).
G. E. M. JAUNCEY und Mitarbeiter, Proc. Nat. Acad. Sc. **10** (1924), **11** (1925); Phys. Rev. **23** (1924), **25**, **26** (1925); Phil. Mag. **48** (1924), **49** (1925); Nature **113** (1924), **115** (1925).

§ 10. β-Strahlspektren.

Bei der Erregung charakteristischer Sekundärstrahlung werden Photoelektronen ausgelöst. Die von den Photoelektronen mitgeführte kinetische Energie läßt sich leicht durch magnetische Ablenkung analysieren. Liegt ein homogenes elektrisches Feld von der Feldstärke H vor, und ist der Krümmungsradius r, so läßt sich die Geschwindigkeit des Elektrons leicht berechnen aus der Beziehung

$$r H = \frac{m v}{e}$$

(m = Masse und e = Ladung des Elektrons).

Da die Geschwindigkeiten relativ groß sind, so muß die Relativitätskorrektion der Masse berücksichtigt werden:

$$m = \frac{m_0}{\sqrt{1 - \frac{v^2}{c^2}}}.$$

Die Wirkung der durch magnetische Ablenkung erhältlichen β-Strahlspektren auf die photographische Platte ist jedoch sehr schwach. Man bedient sich zu ihrer Aufnahme nach ROBINSON und RAWLINSON [1] am besten der von RUTHERFORD für die Analyse radioaktiver β-Strahlspektren ausgearbeiteten Fokussierungsmethode (s. Fig. 199). Die erregende Strahlung tritt durch den mit einem Aluminiumfenster verschlossenen Spalt Sp_1 in die evakuierte Aufnahmekammer und trifft hier auf den Streustrahler S. Die von diesem ausgehenden Elektronen werden durch ein senkrecht zur Papierebene zu denkendes homogenes Magnetfeld durch den ziemlich weiten, in der Ebene der photographischen Platte befindlichen Spalt Sp_2 abgelenkt. Elektronen gleicher Geschwindigkeit bewegen sich auf gleich großen Kreisen. Wie aus der Figur zu ersehen ist, treffen diese Kreise die photographische Platte nahezu an der gleichen Stelle.

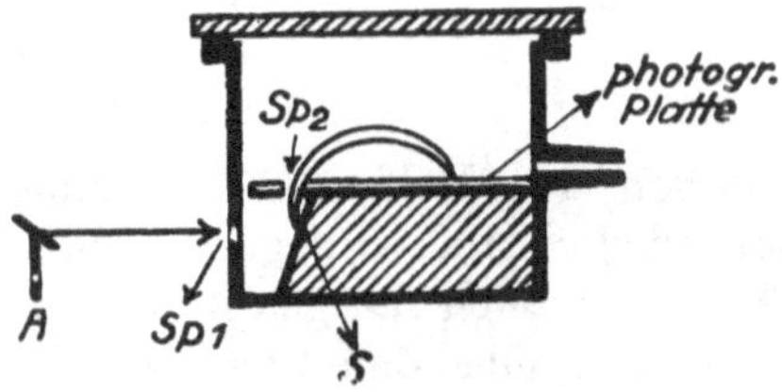

Fig. 199. Versuchsanordnung zur Aufnahme von β-Strahl-Spektren.

Eine weitere Verringerung der Expositionszeit erreicht WHIDDINGTON [2] dadurch, daß er den Streustrahler möglichst nahe an die Antikathode T (Fig. 200) seiner aus Quarz hergestellten Röntgenröhre B heranbringt. Die sekundärstrahlende Substanz wird auf die Wände der kleinen durch den Spalt J gebildeten dreieckigen Kammer gestrichen. Die Elektronen werden

[1] ROBINSON und RAWLINSON, Phil. Mag. **28**, 277 (1914).
[2] WHIDDINGTON, Proc. Cambr. Phil. Soc. **20**, 442 (1921); Phil. Mag. **43**, 1116 (1922).

durch ein homogenes, mit Hilfe von eisenfreien Spulen erzeugtes Magnetfeld H_1 abgelenkt. Um die Einwirkung auf die primären Kathodenstrahlen zu verhindern, wird das Feld in der Röhre durch ein zweites Magnetfeld H_2 kompensiert.

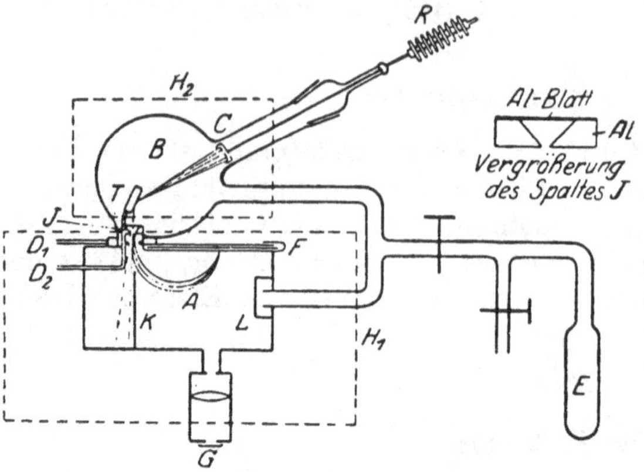

Fig. 200. Versuchsanordnung von WHIDDINGTON zur Aufnahme von β-Strahl-Spektren.

Die Deutung der β-Strahl-Spektren wurde von DE BROGLIE gegeben. Durch die von DE BROGLIE[1] nach der Methode von ROBINSON und RAWLINSON ausgeführten Messungen stellte sich heraus, daß die aus der Ablenkung folgende kinetische Energie der Elektronen gegeben ist durch die Differenz des Energiequantums der einfallenden Strahlung und des Energiequantums einer der Absorptionsgrenzen des sekundärstrahlenden Elements:

$$h\nu - h\nu_G .$$

Bei der Bestrahlung einer Silberplatte mit Wolfram-K-Strahlung erhielt DE BROGLIE ein β-Strahlspektrum aus sechs Linien. Drei der Linien entsprachen folgenden Energiebeziehungen:

$$h\nu_{W K \alpha_1} - h\nu_{Ag K} ,$$
$$h\nu_{W K \alpha_2} - h\nu_{Ag K} ,$$
$$h\nu_{W K \beta} - h\nu_{Ag K} .$$

Die von der Wolfram-K-Strahlung ausgelöste Silber-K-Strahlung vermag nun wiederum die Silber-L- und -M-Strahlung zu erregen, wobei abermals Photoelektronen ausgelöst werden. Dementsprechend genügen die drei weiteren Linien den Energiebeziehungen:

$$h\nu_{Ag K \alpha} - h\nu_{Ag L} ,$$
$$\begin{cases} h\nu_{Ag K \beta} - h\nu_{Ag L} , \\ h\nu_{Ag K \alpha} - h\nu_{Ag M} , \end{cases}$$
$$h\nu_{Ag K \beta} - h\nu_{Ag M} .$$

Umfangreiche Messungen wurden ferner von WHIDDINGTON und von ROBINSON[2] ausgeführt. ROBINSON benutzte als Primärstrahlung Cu-$K\alpha$-Strahlung (erhalten durch Filterung mit Nickelfolie von 0,015 – 0,025 mm Dicke; vgl. S. 290) und untersuchte eine Reihe von Sekundärstrahlern von

[1] M. DE BROGLIE, C. r. **172**, 274, 746, 802 (1921); **174**, 939 (1922). Journ. de phys. et le Radium **2**, 165 (1921). M. DE BROGLIE et J. CABRERA, Journ. de phys. et le Radium **6**, 224 (1923).

[2] ROBINSON, Proc. Roy. Soc. London **104**, 455 (1923).

den leichtesten bis zu den schwersten Elementen [O(8) bis Bi (83)]. Die aus den β-Strahl-Spektren berechneten Niveauwerte ergaben sich in guter Übereinstimmung mit den aus den Absorptionsmessungen und Linienspektren folgenden (Tab. 40).

§ 11. Der Einfluß der chemischen Bindung auf Emission und Absorption.

Die Röntgenspektren sind im Gegensatz zu den optischen Spektren vollkommen unabhängig von dem chemischen Charakter der Elemente; sie ändern sich nur kontinuierlich mit der Ordnungszahl. Dagegen ist ein zwar geringfügiger, aber immerhin meßbarer Einfluß der chemischen Bindung der Elemente vorhanden. Eine solche Abhängigkeit wurde zuerst bei den Absorptionsspektren von Bergengren[1] aufgefunden und dann besonders von Lindh[2] und von Stelling[3] bei den leichteren Elementen näher untersucht. Der Einfluß der chemischen Bindung auf die Emissionsspektren ist so gering, daß er erst später bei Präzisionsmessungen der $K\,\beta$-Linien der Elemente Phosphor und Chlor von Lindh und Lundquist[4] entdeckt wurde. Daneben macht sich noch ein Einfluß des Materials der Trägerantikathode geltend. Die auf Siegbahns Veranlassung hin von Ray[5] unternommenen Untersuchungen des $K\alpha_1, \alpha_2$-Dubletts ergaben ferner eine Abhängigkeit des Dublettabstandes von der chemischen Bindung.

a) Absorption.

Der Einfluß der chemischen Bindung auf die Lage der Absorptionskanten wurde bisher untersucht im Gebiet der K-Reihe der Elemente Chlor, Schwefel, Phosphor, Silicium, Kalium, Calcium, Titan, Vanadin, Chrom, Mangan, Eisen. Bei großer Dispersion zeigen die Kanten eine Feinstruktur (K_1, K_2 und auch K_3; vgl. S. 194 und 217; in der Nähe der Hauptkante K_1 treten ferner in vielen Fällen eine bis drei helle Linien auf). Die Messungen von Lindh und von Stelling führten zu dem Resultat, daß mit zunehmender Valenz eine Verschiebung der Absorptionskanten gegen kürzere Wellenlängen stattfindet. Auch durch Substitution wird die Lage der Absorptionskanten beeinflußt. Substituiert man z. B. Sauerstoff durch ein anderes Radikal, so findet Verschiebung nach längeren Wellen statt. Die Sauerstoffverbindungen ergeben also die härtesten Kanten. Eine Verschiebung nach längeren Wellen findet auch statt, wenn Wasserstoff durch Kohlenstoff substituiert wird, dagegen bewirkt die Substitution

---

[1] J. Bergengren, Z. f. Physik **2**, 247 (1920); C. r. **171**, 624 (1920).

[2] A. E. Lindh, Z. f. Physik **6**, 303 (1921); Fysisk Tidskr. **20**, 132 (1922); C. r. **175**, 25 (1922); Die K-Röntgenabsorptionsspektra der Elemente Chlor, Schwefel und Phosphor, Lund 1923; Z. f. Physik **31**, 210 (1925).

[3] O. Stelling, Z. anorg. u. allg. Chem. **131**, 481 (1923); Z. phys. Chem. **117**. 161, 175, 194 (1925); Svensk Kem. Tidskr. **38**, 318 (1926); Ber. D. Chem. Ges. **60**, 650 (1927).

[4] A. E. Lindh u. O. Lundquist, Ark. f. Mat. Astr. och. Fys. **18**, Nr. 14, 34, 35 (1924). O. Lundquist, Z. f. Physik **33**, 914 (1925).

[5] B. Ray, Phil. Mag. **49**, 168; **50**, 505 (1925).

von Wasserstoff gegen Stickstoff eine Verschiebung nach kürzeren Wellen. Doch ist die Art der Substitution nicht alleine maßgeblich für die Verschiebung der Kanten, sondern auch die Natur der übrigen gebundenen Atome, wie z. B. aus der Lage der Sulfat-Absorptionskante bei den Sulfaten und Thiosulfaten hervorgeht.[1]

Im nachfolgenden sollen die bisher erhaltenen, wichtigsten Versuchsresultate zusammengefaßt werden.

1. Element 17, Chlor (LINDH), Tab. 42.

Es wurden untersucht außer freiem Chlor, an einwertigen Chlorverbindungen HCl und 11 Chloride, an fünfwertigen Chlorverbindungen sechs verschiedene Chlorate, an siebenwertigen Verbindungen zwei Perchlorate. Die Schwankungen betrugen bei jeder Wertigkeitsstufe um 1 X.-E. (10^{-11} cm). Die Mittelwertsresultate gehen aus Tab. 42 hervor. In der Tabelle sind enthalten die Wellenlängen der Kanten K_1, K_2, die Differenz von der entsprechenden Kante des elementaren Chlors und schließlich die zugehörigen Anregungsspannungen.

Tabelle 42.

Absorptionsmessungen bei Chlor.

	λ_{K_1} in X-E.	Diff. λ_{K_1}	V_{K_1} in Volt	Diff. V_{K_1}	λ_{K_2}	Diff. λ_{K_2}	V_{K_2}	Diff. V_{K_2}
Cl_2	4393,8	0	2799,4	0	4381,6	0	2807,3	0
HCl	4385,3	8,5	2804,9	5,5	—	—	—	—
1 wertiges Cl	4382,9	10,9	2806,4	7,0	4360,0	21,6	2821,1	13,8
5 wertiges Cl	4376,9	16,9	2810,2	10,8	4357,4	24,2	2822,8	15,5
7 wertiges Cl	4369,8	24,0	2814,9	15,5	4347,8	33,8	2829,1	21,8

2. Element 16, Schwefel (LINDH), Tab. 43 und 44.

Es wurden untersucht, monokliner Schwefel, rhomb. Schwefel; die zweiwertigen Schwefelverbindungen H_2S, CS_2 und 16 Sulfide; die vierwertigen Schwefelverbindungen SO_2 und 8 Sulfite; an sechswertigen Schwefelverbindungen 24 Sulfate; mit 2- und 6wertigem Schwefel zwei Thiosulfate und ferner 16 organische Schwefelverbindungen mit verschiedener Wertigkeit. Die Werte des elementaren Schwefels sind in beiden Modifikationen gleich groß. Die Werte des zweiwertigen Schwefels zeigen eine Verschiebung teils nach längeren, teils nach kürzeren Wellen. Die kürzeste Wellenlänge findet man beim Zinksulfid, die längste beim Chromsulfid. Die Werte des 4- und 6-wertigen Schwefels sind mit steigender Wertigkeit nach kürzeren Wellen zu verschoben. Die Thiosulfate, die 2- und 6-wertigen Schwefel enthalten, zeigen Sulfid- und Sulfat-Absorptionskanten.[2]

[1] Herstellung und Anbringung der Absorptionsschichten s. S. 194.

[2] Die Sulfatabsorptionskante ist bei den Thiosulfaten allerdings etwas (um etwa 3,7 X.-E.) nach längeren Wellen zu verschoben, was wahrscheinlich darauf zurück-

Interessant sind ferner die Feinstrukturverhältnisse bei den Sulfaten von *Li*, *Na* und *K*. Die Differenz $K_1 - K_2$ ist beim Lithium am größten, beim Kalium am kleinsten.

Tabelle 43.

Absorptionsmessungen bei Schwefel.

	λ_{K_1} in X-E.	Diff. λ_{K_1}	V_{K_1} in Volt	Diff. V_{K_1}	λ_{K_2}	Diff. λ_{K_2}	V_{K_2}	Diff. V_{K_2}
S monoklin	5009,0	—	2455,6	—	4994,6	—	2462,7	—
S rhombisch	5008,6	—	2455,8	—	4993,8	—	2463,2	—
S Mittelwert	5008,8	0	2455,7	0	4994,2	0	2462,9	0
2 wertiger S	ZnS 5005,3 Cr_2S_3 5011,7	3,5 − 2,9	2457,5 2454,3	1,7 − 1,5	4987,8 4996,9	6,4 − 2,7	2466,1 2461,6	3,2 − 1,3
4 wertiger S	4996,0	12,8	2462,0	6,2	4988,1	6,5	2465,9	3,0
6 wertiger S	4987,9	20,9	2466,0	10,2	—	—	—	—

Tabelle 44.

	λ_{K_1}	λ_{K_2}	λ_{K_3}	Diff. $\lambda_{K_1} - \lambda_{K_2}$
Li_2SO_4 . . .	4987,8	4962	4937	50,8
Na_2SO_4 . . .	4987,8	4972	4960	27,8
K_2SO_4 . . .	4988,4	4978,3	4965,9	22,5

3. Element 15, Phosphor (STELLING), Tab. 45 und 46.

Von den Phosphormodifikationen ergab der farblose Phosphor den größten λ-Wert[1], der rote und der schwarze (BRIDGMAN) Phosphor dagegen miteinander übereinstimmend einen um 5,4 X.-E. niedrigeren Wert. Ferner wurden untersucht eine große Reihe von Hypophosphiten, Phosphiten, Phosphaten und organischen Phosphorverbindungen.

---

zuführen ist, daß das Sulfat-Schwefel-Atom nicht gleichmäßig von 4 Sauerstoffatomen, sondern von 3 Sauerstoffatomen und 1 Sulfid-Schwefel-Atom umgeben ist. Eine befriedigende Erklärung der zwischen Sulfat- und Sulfid-Absorptionskante gelegenen dritten Absorptionskante konnte bisher nicht gegeben werden.

[1] Im Gegensatz zu der Untersuchung von BERGENGREN, der die Kante des farblosen Phosphors in Übereinstimmung mit derjenigen der Phosphorsäure und der Phosphate gefunden hatte. Die langwelligste Absorptionskante fand BERGENGREN beim schwarzen Phosphor. Da er ferner beim roten (violetten) Phosphor zwei Absorptionsgrenzen fand, von denen die eine mit dem schwarzen, die andere mit dem farblosen Phospor (Phosphorsäure, Phosphate) übereinstimmte, so glaubte er hierdurch eine Bestätigung der Behauptung gefunden zu haben, daß der rote Phosphor eine Mischung von schwarzem und farblosem Phosphor sei. Durch die Untersuchung von LINDH und STELLING ist diese Ansicht jedoch hinfällig geworden.

Tabelle 45. Absorptionsmessungen bei Phosphor.

	λ	Diff. λ	V	Diff. V
P farblos	5776,9	0	2129,0	0
P rot	5771,5	5,4	2131,0	2,0
P schwarz	5771,5	5,4	2131,0	2,0
Hypophosphit	5757,5	19,4	2136,2	7,2
Phosphit	5754,1	22,8	2137,4	8,4
Phosphat	5750,7	26,2	2138,7	9,7

Tabelle 46.
Absorptionsmessungen an einigen organischen Phosphorverbindungen.

	λ	Diff. λ		λ	Diff. λ
$(RO)_3PO$	5750,7	26,2	$(RN)_2(RO)PO$	5754,1	22,8
$(RO)_2HPO$	5754,1	22,8	$(RN)_3PO$	5756,5	20,4
$(RO)H_2PO$	5757,5	19,4	$(RC)_3PS$	5763,2	13,7
$(RO)_2(RC)PO$	5755,1	21,8	$RO(RC)(H)PO$	5758,1	18,8
$(RO)(RC)_2PO$	5759,1	17,8	$(RO)_3P$	5759,9	17,0
$(RC)_3PO$	5760,4	16,5	$(RC)_3P$	5767,6	9,3
$(RC)_4POR$	5763,0	13,9	$(RO)Cl_2P$	5760,2	16,7
$(RN)(Cl)_2PO$	5758,8	18,1	$(RC)_3P$, CuCl	5764,5	12,4
$(RN)(RO)(Cl)PO$	5755,9	21,0	$(RO)_3P$, CuCl	5758,9	18,0
$(RN)(RO)_2PO$	5751,2	25,7			

4. Die wichtigsten, bei den übrigen, oben erwähnten Elementen erhaltenen Resultate sind in der nachfolgenden Tab. 47 zusammengestellt.

Tabelle 47.
Absorptionsmessungen bei den Elementen Si, K, Ca, Ti, V, Cr, Mn, Fe.

Atom-nummer	Element	Substanz	Valenz	λ_{K_1} in X.-E.	Diff. λ_{K_1}	Diff. V_{K_1} in Volt	λ_{K_2} in X.-E.
14	Si	Si	—	6731,0	0	0	—
		SiO_2	IV	6707,5	23,5	6,4	—
		Na_2SiO_3	IV	6707,3	23,7	6,5	—
19	K	K	—	3431,0	0	0	—
		KCN	I	3429,3	1,7	1,8	—
		KSCN	I	3428,7	2,3	2,4	—
		KJ	I	3428,3	2,7	2,8	—
		KCl	I	3428,0	3,0	3,1	—
		$K_2S_2O_8$	I	3427,3	3,7	3,9	—
		K_2SO_4	I	3426,7	4,3	4,5	—
		$KClO_4$	I	3426,3	4,7	4,9	—

Atomnummer	Element	Substanz	Valenz	λ_{K_1} in X.-E.	Diff. λ_{K_1}	Diff. V_{K_1} in Volt	λ_{K_2} in X.-E.
20	Ca	Ca	—	3064,3	0	0	—
		$CaCO_3$	II	3060,5	3,8	5,0	—
22	Ti	Ti	—	2491,2	0	0	—
		TiO_2	IV	2482,6	8,6	17,0	2490,7
23	V	V	—	2263,0	0	0	—
		V_2O_5	V	2257,2	5,8	14,0	2263,5
		NH_4VO_3	V	2257,1	5,9	14,2	2263,1
24	Cr	Cr	—	2066,3	0	0	—
		Cr_2S_3	III	2063,9	2,4	6,9	—
		$Cr(OH)_3$	III	2061,9	4,4	12,7	—
		$Cr_2(SO_4)_3$	III	2062,2	4,1	11,9	—
		K_2CrO_4	VI	2060,0	6,3	18,2	2066,0
		$Bi(CrO_4)_3$	VI	2059,7	6,6	19,1	2065,7
		$K_2Cr_2O_7$	VI	2059,5	6,8	19,7	2066,0
25	Mn	Mn	—	1892,1	0	0	—
		Manganoverbindungen	II	1889,4	2,7	9,3	—
		MnO_2	IV	1887,7	4,4	15,2	—
		$KMnO_4$	VII	1886,3	5,8	20,0	1892,3
26	Fe	Fe	—	1740,5	0	0	—
		FeS	II	1738,9	1,6	6,5	—
		$FeSO_4$	II	1738,3	2,2	9,0	—
		Ferriverbindungen	III	1737,2	3,3	13,4	—

Sehr wichtig für die Autklärung der Beziehungen zwischen Absorption und chemischer Bindung ist der Hinweis von CHAMBERLAIN[1], daß Röntgenstrahlen auf höhere Oxyde wie z. B. $KMnO_4$, HJO_3 reduzierend einwirken. Auf diese Weise erklärt LINDH das Zustandekommen der von COSTER[2] auf der langwelligen Seite der Hauptabsorptionskante K_1 bei den Verbindungen TiO_2, V_2O_5, Na_2CrO_4, $KMnO_4$ gefundenen weißen Linie. Diese weiße Linie stimmt nämlich nach LINDH in ihrer Lage mit der Absorptionskante K_1 des reinen Elements überein. LINDH nimmt daher an, daß bei diesen Substanzen während der Aufnahme eine Reduktion stattgefunden hat, so daß die Kante des reinen Elements als weiße Linie hinzutritt.

In dem Gebiet der L-Reihe wurde ein Einfluß der chemischen Bindung auf die Lage der Absorptionskanten zuerst von TANDBERG[3] aufgefunden. Die von TANDBERG beim Jod erhaltenen Meßresultate sind in Tab. 48 zusammengestellt.

[1] KATHERINE CHAMBERLAIN, Phys. Rev. 28, 525 (1925).
[2] D. COSTER, Z. f. Phys. 25, 83 (1924).
[3] J. G. TANDBERG, Ark. f. Mat., Astr. och Fysik 18, 1 (1924).

Tabelle 48. Absorptionsmessungen in der L-Reihe des Jods.

Grenze	Substanz	Valenz	λ in X.-E.	Diff. λ	Diff. V
L_{11}	J	—	2402	0	0
	NaJ	I	2397	5	11
	$NaJO_3$	V	2398	4	9
	$NaJO_4$	VII	2397	5	11
L_{21}	J	—	2548	0	0
	NaJ	I	2542	6	12
	$NaJO_3$	V	2544	5	9
	$NaJO_4$	VII	2541	7	14
L_{22}	J	—	2711	0	0
	NaJ	I	2708	3	5
	$NaJO_3$	V	2709	2	4
	$NaJO_4$	VII	2703	8	13

Nach Coster tritt bei den höheren Sauerstoffverbindungen auch im Gebiet der L-Reihe eine weiße Linie auf, so bei den Elementen J, Te, Sb, Sn. Nach Chamberlain und Lindh ist auch diese Linie den freien Elementen zuzuschreiben.

b) Emission.

Lindh und Lundquist fanden zuerst, daß die Emission durch zwei Faktoren beeinflußt wird, durch die chemische Bindung und durch das Material der Antikathode, auf der sich die emittierende Substanz befindet. So ergaben sich für Ag_2S und Ag_2SO_4 für die β_1-Linie die in Tab. 49 zusammengestellten Resultate. Die β_1-Linie des Schwefels erscheint bei Benutzung einer Trägerantikathode aus Kupfer sowohl beim Ag_2S als auch beim Ag_2SO_4 aufgespalten (β_1 und β_x). Befinden sich die Verbindungen auf einer Eisenantikathode, so fehlt die Aufspaltung in beiden Fällen. Auf einer Aluminiumantikathode erscheint β_1 nur bei Ag_2S aufgespalten, bei Ag_2SO_4 dagegen nicht. Beim Ag_2S auf Aluminium ist jedoch die Intensitätsverteilung eine andere als beim Ag_2S auf Kupfer (vgl. Fig. 201).

Tabelle 49.

Substanz	Antikathode		
	Kupfer	Eisen	Aluminium
Ag_2S	β_1 = 5021,0 X.-E. β_x = 5013,4 „	β_{1x} = 5017,8 X.-E.	β_1 = 5023,6 X.-E. β_x = 5015,0 „
Ag_2SO_4	β_1 = 5020,9 „ β_x = 5012,7 „	β_{1x} = 5018,1 „	β_{1x} = 5015,1 „

Ähnliche Verhältnisse wurden von LUNDQUIST für die β_1-Linie des Chlors und des Phosphors festgestellt. Dagegen zeigte sich beim Kalium kein Einfluß der chemischen Bindung.

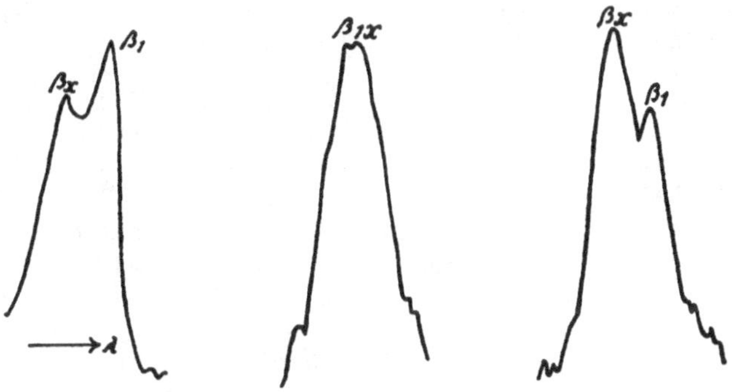

Ag₂S auf Kupfer-antikathode — Ag₂S auf Eisen-antikathode — Ag₂S auf Aluminium-antikathode

Fig. 201.

Die Lage des α-Dubletts in Abhängigkeit von der chemischen Bindung und vom Antikathodenmaterial wurde von BÄCKLIN[1] bei den Elementen Al, Si, P, S gemessen. Eine Übersicht über die erhaltenen Resultate findet sich in Tab. 50. Mit steigender Valenz findet eine Verschiebung nach längeren Wellen statt.

Tabelle 50. Verschiebung des α-Dubletts.

Atom-nummer	Element	Substanz	Antikathode	Diff. λ in X.-E.
13	Al	Al	Al	—
		Al_2O_3	Cu	1,72
14	Si	Si	„	—
		SiO_2	„	2,34
15	P	P (rot)	„	—
		P_2O_5, Na_3PO_4	„	2,72
16	S	S	Al	—
		$BaSO_4$	„	3,02

Andeutungen für eine Abnahme des Dublettabstandes $\alpha_2 - \alpha_1$ mit steigender Valenz wurden von RAY bei den Elementen S, W, V, F gefunden. Aber auch das in allen Verbindungen 1-wertige *K* zeigte geringe Veränderungen. Die von RAY gefundenen Werte sind in Tab. 51 zusammengestellt.

[1] E. BÄCKLIN. Z. f. Physik **33**, 547 (1925).

Tabelle 51. Dublettabstände $\alpha_2 - \alpha_1$.

16 S	$\alpha_2 - \alpha_1$	17 Cl	$\alpha_2 - \alpha_1$
S (elementar und Sulfide)	3,0 X.-E.	Chloride	3,15 X.-E.
Sulfate und Sulfite	2,4 „	Chlorate	2,99 „
		$KClO_4$	2,92 „

23 V	$\alpha_2 - \alpha_1$	26 Fe	$\alpha_2 - \alpha_1$	19 K	$\alpha_2 - \alpha_1$
V (met.)	3,68	Fe (met.)	4,20	KCl	3,40
NH_4VO_3	3,60	$(NH_4)_2Fe(SO_4)_2$	4,13	$KClO_3$	3,22
		$NH_4Fe(SO_4)_2$	4,01	$KClO_4$	3,16

§ 12. Analyse.[1]

Ebenso wie die gewöhnlichen optischen Spektren lassen sich auch die Röntgenemissions- und Absorptionsspektren für analytische Zwecke verwenden. Die Röntgenspektralanalyse weist jedoch gegenüber der gewöhnlichen optischen Spektralanalyse wesentliche Vorteile auf infolge der verhältnismäßigen Einfachheit der Röntgenspektren, der weitgehenden Unabhängigkeit von der Art der chemischen Bindung der Elemente und infolge der Tatsache, daß sich der allgemeine Charakter von Element zu Element im periodischen System mit einer geringen Verschiebung der Wellenlänge regelmäßig wiederholt. Mit Hilfe des Moseleyschen Gesetzes lassen sich die Röntgenspektren auch der bisher noch unbekannten Elemente genau vorausberechnen. Die Röntgenspektralanalyse ist daher der beste Wegweiser bei der Suche nach den bisher noch unbekannten Elementen und führte bereits zu der Entdeckung der Elemente Hafnium (Element Nr. 72)[2], Masurium (Element Nr. 43),[3] Rhenium (Element Nr. 75)[3] und Illinium (Element Nr. 61).[4]

---

[1] Die Ausführung der Analysen erfordert eine genaue Kenntnis der Emissions- und Absorptionsspektren. Besonders für analytische Zwecke geeignete Tabellen wurden von Günther zusammengestellt:

P. Günther, Tabellen zur Röntgenspektralanalyse, Verl. Springer, Berlin 1924.

[2] D Coster und G. v. Hevesy, Nature 10. II. 1923; Naturwissenschaften **11**, 133 (1923).

[3] W. Noddack, J. Tacke und O. Berg, Naturwissenschaften **13**, 567 (1925); Verh. Preuß. Akad. Wiss. **1925**, 400.

[4] Harris, Yntema und Hopkins, Journ. Amer. Chem. Soc. **48**, 1585 (1926); vgl. auch R. J. Meyer, Schumacher und Kotowski, Naturwiss. **14**, 771 (1926), Dehlinger, Glocker und Kaupp, Naturwiss. **14**, 772 (1926).

Zu (3) und (4) vgl. Prandtl, Z. angew. Chem. **39**, 1049 (1926) und **39**, 897 (1926), der den Nachweis der Elemente 43, 75 und 61 noch nicht für gesichert hält. Inzwischen ist es jedoch J. und W. Noddack gelungen, die Trennungsmethoden zu vervollkommenen (vgl. hierzu J. und W. Noddack, Ergebnisse der exakten Naturwissenschaften **6**, 334 1927) und Vortrag von J. Noddack in der D. Chem. Ges. am 13. 2. 28) und H. Beuthe konnte bereits 16 Linien des *L*-Spektrums des Rheniums vermessen (Z. f. Phys. **46**, 873 (1928)).

Für eine Röntgenemissionspektralanalyse muß die zu untersuchende Substanz als Antikathodenmaterial in einem Röntgenrohr angebracht werden. Zumeist verfährt man so, daß man eine durch einen Schliff einführbare Antikathode mit Kupferfläche oberflächlich aufrauht und die zu untersuchende Substanz als Pulver einreibt. Die Anbringung der Substanz ist also an sich sehr einfach und leicht ausführbar, aber die Tatsache, daß die Substanz unter dem Elektronenbombardement im Vakuum besonders leicht verdampft, setzt der Anwendbarkeit der Röntgenspektralanalyse in vielen Fällen eine Grenze. Für die qualitative Analyse darf die Substanz nur geringe Verdampfung zeigen, für die quantitative Analyse muß jegliche Verdampfung vermieden werden. Die Antikathoden von Röntgenröhren für analytische Zwecke müssen daher sorgfältigst gekühlt werden, und die Strombelastung darf im Fall schwach flüchtiger Substanzen nicht zu groß sein. Ferner kann man durch die Wahl eines geeigneten Einbettungskörpers noch etwas weiter kommen. Ein solcher ist nach STINTZING[1] Graphit und Wasserglas. Diese werden mit der zu untersuchenden Substanz zusammen in einer geeigneten, an die Antikathode anschraubbaren Form festgepreßt. Durch Prüfung des Gewichtes vor und nach der Aufnahme kann man feststellen, ob etwa Verdampfung stattgefunden hat. Andere geeignete Einbettungskörper sind geschmolzener Borax oder geschmolzene Borsäure. Schließlich besteht noch die Möglichkeit, die Substanz für analytische Zwecke außerhalb des Kathodenrohres anzubringen, doch ist diese Methode infolge der Luftabsorption nur für Wellenlängen unterhalb 3 Å.-E. anwendbar. In dem Gebiet oberhalb 3 Å.-E. liegen aber gerade die K-Strahlungen der Elemente mit einer Ordnungszahl kleiner als 20 (Ca).

Wesentlich einfacher ist die Anbringung der zu untersuchenden Substanz bei Benutzung der Absorptionsspektren für analytische Zwecke. Hierauf wurde bereits bei Besprechung der Methoden zur Herstellung von Absorptionsspektren eingegangen (S. 194).

Für qualitativ-analytische Zwecke sind bisher — wohl ausschließlich — die Emissionsspektren benutzt worden. Bei quantitativen Untersuchungen kann man sich dagegen, wie GLOCKER gezeigt hat, des Absorptionsverfahrens bedienen.

a) Qualitative Analyse.

Ein für orientierende analytische Zwecke geeigneter Spektrograph ist der bei Gelegenheit der BRAGGschen Methode der Strukturanalyse zu beschreibende SIEGBAHNsche Spektrograph (Fig. 216 auf S. 293). Der Spektrograph besitzt nur eine geringe Dispersion. SIEGBAHN warnt daher davor, aus Aufnahmen mit diesem Spektrographen definitive Rückschlüsse auf die An- oder Abwesenheit von Elementen zu ziehen, da die Linien erster und höherer Ordnung sehr nahe zusammenfallen. Man kann sich dann bei

[1] H. STINTZING, Z. phys. Chem. **108**, 54 (1924).

Anwesenheit mehrerer Elemente leicht Täuschungen aussetzen. Außerdem ist der Spektrograph nicht evakuierbar. Er kann daher nur für Wellenlängen unterhalb 3 Å.-E. benutzt werden.

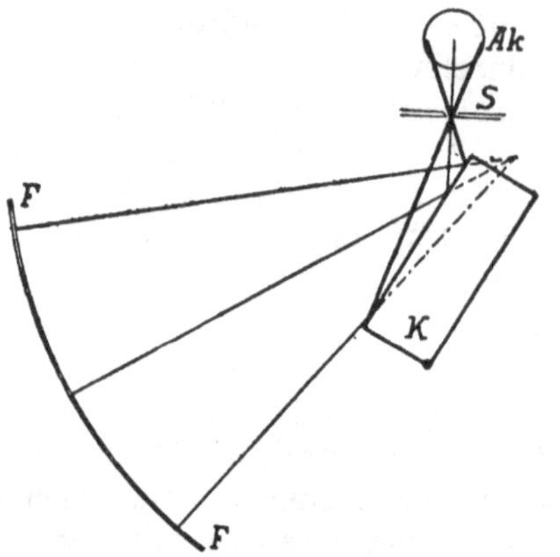

Fig. 202a. Prinzip des Spektrographen für die qualitative Analyse von SIEGBAHN, LINDH und STENSSON.

Für Wellenlängen oberhalb 3 Å.-E. muß man einen Vakuumspektrographen benutzen. Eine besondere Spektrographenkonstruktion mit großer Dispersion für analytische Zwecke wurde von SIEGBAHN, LINDH und STENSSON[1] angegeben. Wie Fig. 202a[2] zeigt, ist das zur Anwendung gebrachte Prinzip dasjenige der Reflexionsmethode mit großem Öffnungswinkel (vgl. S. 142). Der Öffnungswinkel beträgt sowohl für den von der Antikathode *Ak* kommenden Strahlenkegel, als auch für das von dem reflektierenden Kristall *K* umfaßte Winkelgebiet etwa 40°. Der für die Aufnahme bestimmte Filmstreifen *F* und der Kristall *K* sind so orientiert, daß der Film *F* auf einem um den Bildpunkt des Spaltes *S* mit Bezug auf die reflektierende Fläche geschlagenen Kreise liegt. Die konstruktive Ausführung ist im horizontalen Querschnitt in Fig. 202b wiedergegeben.

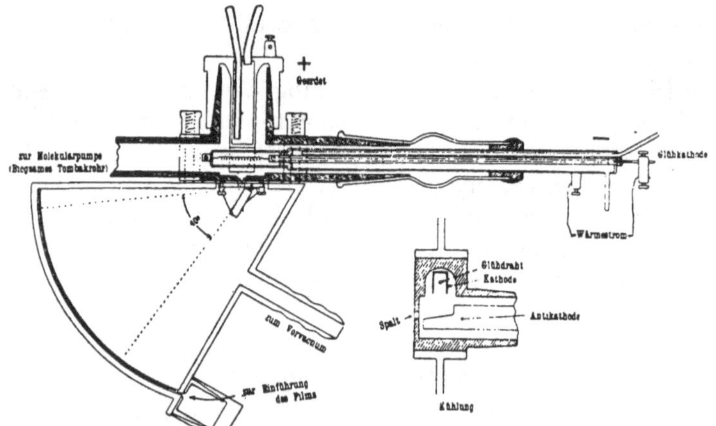

Fig. 202b. Spektrograph für die qualitative Analyse.

Die Metallröntgenröhre ist ebenso wie bei den übrigen SIEGBAHNschen Vakuumspektrographen direkt am Spektrographen befestigt. Zur Erzielung des großen Öffnungswinkels muß auf der Antikathode ein länglicher

[1] SIEGBAHN, LINDH u. STENSSON, Z. f. Physik 4, 61 (1921).

[2] Entnommen aus HADDING, De röngenkristallografiska Apparaterna, Lund 1921.

Brennfleck erzeugt werden, was sich durch entsprechende, aus der Figur sofort erkennbare Anbringung der Glühkathode erreichen läßt. Die Konstruktion der Röntgenröhre entspricht sonst durchaus den in dem Abschnitt über gasfreie Röhren beschriebenen SIEGBAHNschen Metallröntgenröhren. Vor dem Zusammenschrauben der Röhre mit dem Spektrographen wird der Spalt (4 × 0,1 mm) mit einer Aluminiumfolie überdeckt, die mit einer runden Messingplatte durch Schrauben angepreßt wird. An dieser Platte ist der Kristall in geeigneter Stellung angekittet. Zur photographischen Registrierung dienen Filmstreifen, die beim Einschieben in den Spektrographen kreisförmig gebogen werden. Die für die Einführung des Filmes bestimmte Öffnung kann durch einen Schliff verschlossen werden. Das Röntgenrohr wird mit der Hauptvakuumpumpe verbunden, die Kamera mit dem Vorvakuum. Der Radius der Kamera beträgt etwa 10 cm.

Geeignete Kristalle sind Kalkspat und Gips. Die Kristalle werden so angebracht, daß Strahlen zwischen 10° und 50° zur Reflexion gelangen. Auf Wellenlängen unterhalb 1 Å.-E. wird von vornherein verzichtet. Alle Elemente mit einer Ordnungszahl oberhalb 35 haben zwar ein *K*-Spektrum kleiner als 1 Å.-E., können aber durch ihr *L*-Spektrum identifiziert werden. Betrachtet man nur die Spektren 1. Ordnung, so findet man aus der BRAGGschen Beziehung $\lambda = 2d \sin \vartheta$, daß mit Kalkspat als Gitter ($2d = 6{,}060$ Å.-E.) dem aufgenommenen Winkelgebiet von 10—50° die Wellenlängen 1,0—4,6 Å.-E. und bei Gips ($2d = 15{,}15$ Å.-E.) die Wellenlängen 2,6—11,6 Å.-E. entsprechen. Zwei Aufnahmen genügen also zur Registrierung aller in Frage kommenden Wellenlängen. Eine Zusammenstellung der Linienreihen, die zur Identifizierung herangezogen werden können, findet sich in Tab. 52.

Tabelle 52.

Zusammenstellung der Linienreihen, die zur Identifizierung herangezogen werden können.

Reihe	Ordnungszahl N und Element	Wellenlängengebiet Å.-E.	Mit Kalkspat werden erhalten	Mit Gips werden erhalten
K	33 As bis 12 Hg	1,17—9,9	As—Cl	Cl—Mg
L	83 Bi „ 33 As	1,14—9,7	Bi—Pd	Pd—As
M	92 U „ 83 Bi	3,9—5,1		U—Bi

Statt die Wellenlängen durch Messung zu bestimmen, kann man vorteilhaft zur schnellen Orientierung einen Schlüssel benutzen, wie in Fig. 203 dargestellt. Man trägt in die gleichmäßige Winkelskala, welche die Reflexionswinkel an dem Kristall wiedergibt, die verschiedenen *K*-, *L*- oder *M*-Hauptlinien ein. In Fig. 203a ist z. B. die stärkste *K*-Linie für die Elemente Zn bis Cl in der Lage, wo sie hinreflektiert wird, eingetragen, wenn Kalkspat als Gitter benutzt wird. Mit Gips als Gitter erscheinen von der *K*-Reihe die Linien der Elemente Cl bis Mg, wie in Fig. 203b dargestellt. Bei der Deutung der Spektrogramme hat man diese nur an die Seite der Schlüssel zu legen. Man sieht dann sofort, welche Elemente durch ihre Linien vertreten sind. Zur Kontrolle der Deutung kann man sich dann nachher überzeugen, daß die schwächeren Linien derselben Gruppe auch in entsprechender Intensität in dem Spektrogramm vorhanden sind. Es muß auch darauf geachtet werden, daß verschiedene Ordnungen repräsentiert sein können, was schon an der mit zunehmender Ordnungszugehörigkeit steigenden Unschärfe der Linien zu erkennen ist. — An der Seite der Schlüssel sind einige aufgenommene Spektrogramme wiedergegeben. Im ersten Spektrogramm bestand das untersuchte Präparat aus Ti, Ca, Fe. Die *K*-Linien der zwei erstgenannten Elemente sind in erster Ordnung sofort zu erkennen Von Eisen ist nur die zweite Ordnung erschienen, da in diesem Fall der benutzte Kalkspatkristall etwas zu klein war, um den ganzen Strahlenkegel umfassen zu können. Für die zweite Aufnahme wurde eine Mischung von K, V, Cr, Mn benutzt. Sämtliche *K*-Linien sind leicht zu erkennen, außerdem die *K*-Linien von Ti und Ca, die von der vorhergehenden Aufnahme noch auf der Antikathode in Spuren vorhanden waren. Schließlich ist noch die Kupferlinie zweiter Ordnung zu erkennen, da in diesem Fall die Erregungsspannung hoch genug war, um die Cu-Strahlung zu erregen. Die Cu-Linie erster Ordnung fehlt wieder wegen des zu kleinen Kalkspatkristalles. Präparat IV enthielt Al und Mg und Präparat V Cl und P.

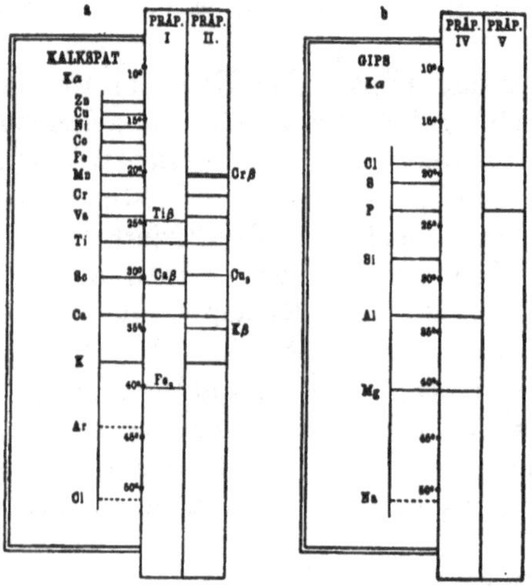

Fig. 203.
Schlüssel zur schnellen Orientierung.

Nach demselben Prinzip wie der Spektrograph von Siegbahn, Lindh und Stensson ist der von Günther und Stranski[1] beschriebene Spektrograph[2] konstruiert. Die Einzelheiten der Konstruktion sind aus den Fig. 204a und 204b zu ersehen. Auch bei diesem Spektrographen sind Kristall und Film so orientiert, daß der Mittelpunkt des vom Film gebildeten Kreisbogens mit dem Bildpunkt des in der Kristallfläche gespiegelten Spaltes zusammenfällt. Die Stellung der Kristallfläche ist also durch die gegenseitige Lage von Film und Spalt zueinander geometrisch eindeutig festgelegt. Man kann daher nach Siegbahn, Lindh und Stensson bei der praktischen Herstellung des Apparats einen entsprechenden Kristallhalter fest vor dem Spalt anbringen und braucht dann nur den

[1] Günther u. Stranski, Z. phys. Ch. **106**, 433 (1923).

[2] Der Spektrograph wird hergestellt von der Firma Schmidt & Hänsch, Berlin NO.

Kristall mit einer Feder gegen den Halter zu drücken. Es kommt also in diesem Fall auf präziseste technische Arbeit an. Um etwa hierin

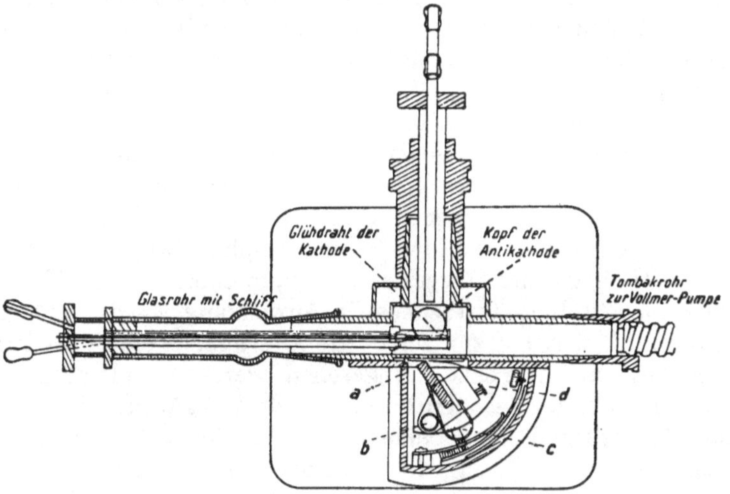

Fig. 204 a.
Spektrograph für die qualitative Analyse von GÜNTHER und STRANSKI (Horizontalschnitt).

liegende Unsicherheiten zu umgehen, montieren GÜNTHER und STRANSKI den Kristall auf einem beweglichen Tischchen und justieren nachträglich ein. Der Kristall wird mit einer Feder gegen einen vertikalen Messing-

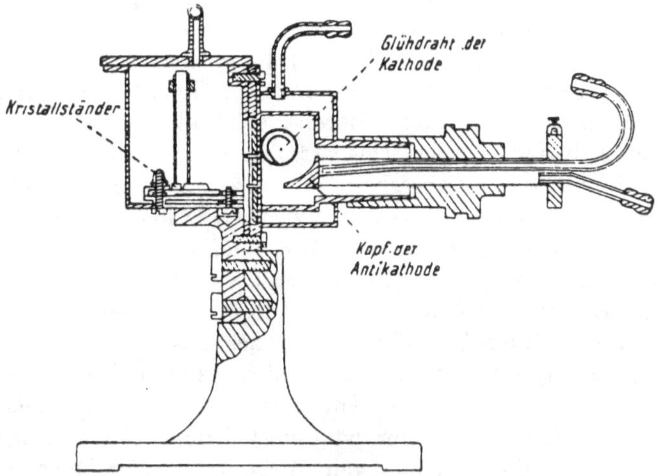

Fig. 204 b.
Spektrograph für die qualitative Analyse von GÜNTHER und STRANSKI (Vertikalschnitt).

rahmen geklemmt, der auf einer mit geringem Spielraum um eine Achse drehbaren Metallplatte befestigt ist. Diese Achse verbindet den Rahmenträger mit einer nochmals um eine andere, den Boden des Spektrographen fest durchsetzende Achse drehbaren Metallplatte, so daß durch eine Drehung um diese beiden Achsen die Kristallfläche um jeden Winkel gedreht und auch parallel mit sich selbst nach vorn und hinten verschoben werden kann. *a* und *b* sind die beiden Achsen, *c* und *d* willkürliche Merkteilungen zur Fixierung der Kristallstellung. Der Spektrograph besteht aus einem Zylinderquadranten von 8 cm Höhe und 10 cm Durchmesser und ist durch eine oben aufgeschliffene Metallplatte verschließbar. Zum Gegendrücken des Filmes gegen die Zylinderwandung dienen besondere Federn. Der Abstand der Antikathode von dem aus Bleibacken gebildeten Spalt (von 0,1—0,2 mm Breite und 10 mm Höhe) beträgt etwa 1 cm. Für die Evakuierung der Röhre und des Spektrographen bringen Günther und Stranski zwei getrennte Quecksilberdampfpumpen nach Volmer mit Quecksilberfallen (Kohlensäureschnee) in Anwendung, so daß Röntgenröhre und Spektrograph fast bis zur selben Höhe evakuiert sind. Es kann dann von einem besonderen Fenster abgesehen werden, und es ist lediglich notwendig, zum Schutz des Kristalles vor dem Auftreffen von Sekundärelektronen ein Stück dünnen Seidenpapiers in den Strahlengang vor den Kristall zu bringen. — Bezüglich des Auflösungsvermögens des Spektrographen geben Günther und Stranski an, daß zwei um 1 Å.-E. verschiedene Linien auf dem Film um 13 mm getrennt erscheinen.

b) Quantitative Analyse.

Während zur qualitativen Analyse bisher nur die Emissionsspektren Verwendung gefunden haben, gewannen für die quantitative Analyse sowohl Emissions- wie Absorptionsspektren Bedeutung.

Bei Benutzung der Emissionsspektralanalyse besteht, wie Hadding feststellte, die Schwierigkeit, daß das durch Schätzung der Linienintensität ermittelte Mengenverhältnis dem prozentualen Gehalt der Grundstoffe im Präparat nicht proportional ist. Bereits sehr kleine Mengen eines Elementes geben sich durch verhältnismäßig deutliche Linien zu erkennen. Um diese Schwierigkeit zu umgehen, wurde von Coster[1] ein relatives Verfahren ausgearbeitet, das von Coster und v. Hevesy[2] bei der Untersuchung des Vorkommens des Elementes Hafnium in Zirkonmineralien benutzt wurde. Es beruht darauf, daß der zu untersuchenden Substanz eine bekannte Menge eines Elementes von benachbarter Ordnungszahl beigemischt wird. Aus dem Vergleich der Intensität der Linien des zugesetzten Elementes mit derjenigen des zu untersuchenden Elementes kann auf die Konzentration des letzteren geschlossen werden. Die in Fig. 205 wiedergegebenen Photometerkurven[3] der Schwärzung der photographischen Platte zeigen, wie in dieser Weise der Hafniumgehalt von Zirkonmineralien bestimmt wurde. Die obere Kurve betrifft ein Zirkonmineral aus dem Ural. Es mußten

---

[1] Coster, Z. Elektr. **29**, 344 (1923); Chem. N. **127**, 65 (1923). Neuere Kritik der Methode bei Coster und Nishina, Chem. N. **130**, 149 (1925).

[2] Coster u. v. Hevesy, Nature, 10. II. 23; Naturwissenschaften **11**, 133 (1923).

[3] Mit Hilfe eines Mollschen Mikrophotometers der Firma Kipp (Delft, Holland) aufgenommen.

5 % Tantal zugemischt werden, damit die $L\alpha_1$-Linien mit fast gleicher Intensität erschienen. Der Hafniumgehalt des Minerals beträgt also etwas mehr als 5 %. Zwischen den L_α-Linien des Hafniums und Tantals liegen die Kupfer-$K\alpha$-Linien vom Kupfer der Antikathode. Damit die Zirkon-$K\alpha$-Linien, die in zweiter Ordnung fast genau an derselben Stelle liegen wie die Hf-$L\alpha$-Linien, nicht erscheinen, wurde die Röhrenspannung unterhalb der kritischen Spannung der Zirkonlinien (18000 Volt) gehalten. Die untere Kurve betrifft ein brasilianisches Zirkonmineral mit etwas weniger als 2 % Hafnium. — Ein auf dem gleichen Prinzip beruhendes Analysenverfahren wurde zu etwa gleicher Zeit — unabhängig von COSTER — von STINTZING[1] vorgeschlagen. Nur der Intensitätsvergleich wird dabei etwas anders ausgeführt. Hierfür schaltet STINTZING eine größere Anzahl von photographischen Filmen hintereinander und zählt nach dem Entwickeln ab, bis zu welchem Film die Strahlung des zu untersuchenden Elementes und des Vergleichselementes durchgedrungen ist.

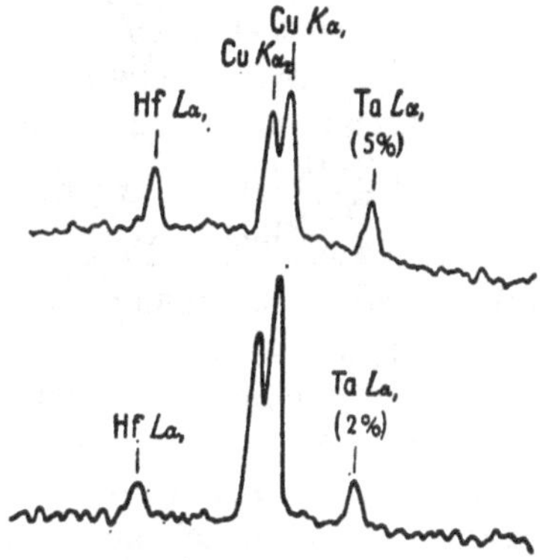

Fig. 205. Photometerkurve zum quantitativen Vergleich von Hafnium und Tantal.

Die Vergleichsmethode arbeitet jedoch keineswegs immer einwandfrei. Bereits v. HEVESY und COSTER beoachteten, daß es bei dem Vergleich von $L\alpha_1$ des Hafniums mit $L\alpha_1$ des Tantals nicht gleichgültig ist, ob das Tantal in vierwertiger Form, als TaO_2, oder in fünfwertiger Form, als Ta_2O_5, vorliegt. v. HEVESY und THAL JANTZEN[2] nehmen einen Vergleich der Linienintensitäten des Hafniums und Tantals vor bei Gegenwart von 94 % ZrO_2. Es zeigte sich, daß sich nur dann, wenn das Tantal als TaO_2 und das Hafnium als HfO_2 vorliegt, vergleichbare Resultate ergeben und gleiche Atomkonzentrationen mit gleicher Intensität erscheinen. Liegt das Tantal dagegen als TaO_2 vor, so ist bei gleicher Atomkonzentration die $L\alpha_1$-Linie des Tantals etwa $2\frac{1}{2}$ mal schwächer als diejenige des Hafniums. Dasselbe tritt aber auch ein, wenn das Tantal als TaO_2 vorhanden ist und 7 % Cp_2O_3 zugegen sind. — Ähnliche Ergebnisse erhielten COSTER und NISHINA. Sie untersuchten ein Gemisch von SnO und Sb_2O_3 von gleichen Atomkonzentrationen Sn und Sb. Enthielt das Gemisch 6,2 % $CaSO_4$, so erschien die $L\alpha_1$-Linie des Antimons 6 mal so intensiv, wie diejenige des Zinns. Dagegen wurden gleiche Intensitäten erzielt, wenn der $CaSO_4$-Zusatz auf 88,5 % erhöht wurde. — Wie diese Effekte zu erklären sind, ist bisher zweifelhaft. COSTER und NISHINA nehmen an, daß sich beim Einsetzen des Elektronenbombardements auf der Antikathode ein Gleich-

[1] H. STINTZING, Z. f. physik. Chem. **108**, 51 (1923); Phys. Ztsch. **27**, 844 (1926).
[2] v. HEVESY und THAL JANTZEN, Naturw. **12**, 730 (1924).

gewicht der Atomkonzentrationen einstellt, das durch die Natur der in dem Analysengemisch enthaltenen Verbindungen bedingt ist. Wie dem auch sei, jedenfalls müssen die Effekte bei quantitativen Analysen berücksichtigt und von Fall zu Fall durch Vergleichsaufnahmen in Rechnung gestellt werden. Für die Hafniumbestimmung wird von den genannten Autoren ein Vergleich der Hf $L\beta_1$-Linie mit der Cp $L\beta_2$-Linie, die sich nur um 4 X.-E. unterscheiden, als besonders brauchbar empfohlen. Bei gleichen Atomkonzentrationen von Hf und Cp, und wenn das Hf als HfO_2, das Cp als Cp_2O_3 vorliegt, und die Spannung 20 K.-V. beträgt, erscheint Hf β_1 2,6 mal so intensiv wie Cp β_2. Für die Tantalbestimmung ist nach v. Hevesy und Böhm[1] ein Vergleich der Ta α_1-Linie mit der Er β_2-Linie sehr geeignet. Beide Linien unterscheiden sich um 7,6 X.-E. und erscheinen bei einer Effektivspannung von 22,5 K.-V. gleich intensiv, wenn ein Mischungsverhältnis $\frac{Er_2O_3}{Ta_2O_5} = 4{,}7$ vorliegt. Das Intensitätsverhältnis wird durch Gegenwart von TiO_2, Fe_2O_3, ZrO_2. Nb_2O_3 nicht beeinflußt. Auch eine Erhöhung der Spannung läßt das Intensitätsverhältnis ungeändert. — Folgende allgemeine Grundsätze lassen sich für die Auswahl der zu vergleichenden Linien aufstellen: Um möglichst kleine Mengen bestimmen zu können und mit kurzen Expositionszeiten auszukommen, wähle man von dem zu untersuchenden Element die stärksten Linien. Als Vergleichslinien des beizumischenden Elements können auch schwächere Linien genommen werden, sofern sie nur nahe genug (etwa 10 X.-E.) bei der Bestimmungslinie liegen. Natürlich müssen Koinzidenzen vermieden werden. v. Hevesy und Böhm haben in einer Tabelle für die meisten Elemente zwischen Natrium und Uran günstige Vergleichslinien zusammengestellt (Tab. 53 auf S. 281).

Sehr wichtig ist für quantitative Zwecke die Absorptionsspektralanalyse geworden durch die Arbeiten von Glocker und seinen Mitarbeitern.[2] Bei der Glockerschen Methode wird der sprunghafte Schwärzungsabfall der Absorptionskante photometrisch bestimmt. Sie wird besonders dann erfolgreich Anwendung finden, wenn es sich um Substanzen handelt, die unter dem Einfluß von Kathodenstrahlen schnell verdampfen.

Die theoretischen Zusammenhänge sind folgende: Die Intensität eines Röntgenstrahls nach dem Durchgang durch eine absorbierende Schicht vom Absorptionskoeffizienten μ beträgt bekanntlich:

$$J = J_0\, e^{-P\frac{\mu}{\varrho}}\,.$$

Hierin ist J_0 die Energie beim Auftreffen, P die Masse und ϱ das spezifische Gewicht der Substanz. $\frac{\mu}{\varrho}$ bezeichnet man als Massenabsorptionskoeffizienten.

---

[1] G. v. Hevesy und J. Böhm, Z. anorg. allg. Chem. **164**, 69 (1927).

[2] Glocker, Fortschr. a. d. Gebiet d. Röntgenstrahlen **31**, 90 (1923). Phys. Ber. **4**, 1486 (1923). Glocker u. Frohnmayer, Ann. d. Physik [4] **76**, 369 (1925). Vgl. auch W. Fricke, Fys. Tidskr. **18**, 80 (1919/20).

Tabelle 53.

Für die quantitative Emissionsspektralanalyse geeignete Vergleichslinien nach v. HEVESY und BÖHM.

Das zu bestimmende Element	Linie	Wellenlänge	Vergleichselement	Linie	Wellenlänge	Das zu bestimmende Element	Linie	Wellenlänge	Vergleichselement	Linie	Wellenlänge
Na	$K\alpha_1$	11884	Zn	$L\beta_1$	11951	Ag	$L\alpha_1$	4146	Pd	$L\beta_1$	4137
Mg	$K\beta_1$	9535	As	$L\beta_1$	9394	Cd	$L\beta_1$	3730	K	$L\alpha_1$	3734
Al	$K\alpha_1$	8319	Br	$L\alpha_1$	8357	In	$L\beta_2$	3331	Cd	$L\gamma_1$	3328
Si	$K\alpha_1$	7109	Rb	$L\beta_1$	7060	Sn	$L\beta_1$	3378	Ca	$K\alpha_1$	3352
P	$K\alpha_1$	6142	Y	$L\beta_1$	6198	Sb	$L\alpha_1$	3432	K	$K\beta_2$	3435
S	$K\beta_1$	5021	Nb	$L\gamma_1$	5024	Te	$L\beta_1$	3070	Ca	$K\beta_2$	3067
Cl	$K\alpha_1$	4718	Mo	$L\gamma_1$	4711	J	$L\beta_2$	2746	Ti	$K\alpha_1$	2743
K	$K\alpha_1$	3734	Cd	$L\beta_1$	3730	Cs	$L\alpha_1$	2886	Te	$L\beta_2$	2876
Ca	$K\alpha_1$	3352	Sn	$L\beta_1$	3378	Ba	$L\alpha_1$	2770	Sc	$K\beta_1$	2774
Sc	$K\alpha_1$	3025	Sb	$L\beta_2$	3017	La	$L\beta_1$	2453	Pr	$L\alpha_1$	2458
Ti	$K\beta_1$	2509	Cs	$L\beta_2$	2506	Ce	$L\alpha_1$	2556	Ba	$L\beta_1$	2562
V	$K\alpha_1$	2498	Cs	$L\beta_2$	2506	Pr	$L\alpha_1$	2458	La	$L\beta_1$	2453
Cr	$K\alpha_2$	2289	La	$L\beta_2$	2298	Nd	$L\alpha_1$	2365	Ce[1]	$L\beta_1$	2351
Mn	$K\alpha_1$	2097	Pr	$L\beta_2$	2115	Sm	$L\alpha_1$	2195	Ce[1]	$L\beta_2$	2204
Fe	$K\beta_1$	1753	Gd	$L\beta_2$	1742	Eu	$L\beta_1$	1916	Mn	$K\beta_1$	1906
Co	$K\alpha_1$	1785	Er	$L\alpha_1$	1780	Gd	$L\alpha_1$	2042	Nd	$L\beta_2$	2031
Ni	$K\alpha_2$	1659	Yb	$L\alpha_1$	1668	Tb	$L\beta_2$	1679	Ni	$K\alpha_1$	1659
Cu	$K\alpha_1$	1537	Ta	$L\alpha_1$	1518	Dy	$L\beta_2$	1620	Co	$K\beta_1$	1617
Zn	$K\beta_2$	1281	Au	$L\alpha_1$	1274	Ho	$L\beta_1$	1644	Ni	$K\alpha_1$	1655
Ge	$K\beta_1$	1126	Pt	$L\beta_1$	1117	Er	$L\alpha_1$	1780	Co	$K\alpha_1$	1765
As	$K\alpha_1$	1173	Hf	$L\gamma_1$	1177	Tu	$L\beta_1$	1527	Ta	$L\alpha_1$	1518
Se	$K\beta_1$	990	Pb	$L\beta_1$	980	Yb	$L\alpha_1$	1668	Ni	$K\alpha_2$	1659
Br	$K\alpha_2$	1042	As	$K\beta_1$	1055	Cp	$L\beta_2$	1367	Hf	$L\beta_1$	1371
Rb	$K\alpha_1$	924	Br	$K\beta_1$	938	Hf	$L\beta_1$	1371	Cp	$L\beta_2$	1367
Sr	$K\alpha_1$	873	Tl	$L\gamma_1$	865	Ta	$L\alpha_1$	1518	Er	$L\beta_2$	1511
Y	$L\beta_1$	6198	P	$K\alpha_1$	6142	Wd	$L\beta_1$	1279	Au	$L\alpha_1$	1274
Y	$K\beta_1$	739	Nb	$K\alpha_1$	745	Os	$L\beta_1$	1195	Tl	$L\alpha_1$	1205
Zr	$L\beta_1$	5823	Au	$M\alpha_1$	5831	Ir	$L\alpha_1$	1348	Er	$L\gamma_1$	1362
Zr	$K\beta_1$	700	Mo	$K\alpha_1$	708	Pt	$L\alpha_1$	1310	Ta	$L\beta_1$	1324
Nb	$L\beta_2$	5225	Tl	M_2N_2	5233	Au	$L\alpha_1$	1274	Ta	$L\beta_2$	1281
Nb	$K\alpha_1$	745	Y	$K\beta_1$	739	Hg	$L\beta_1$	1046	Br[2]	$K\alpha_1$	1042
Mo	$L\alpha_1$	5394	Zr	$L\gamma_1$	5373	Tl	$L\beta_1$	1013	Os	$L\gamma_1$	1022
Mo	$K\alpha_1$	708	Zr	$K\beta_1$	700	Pb	$L\beta_1$	980	Se	$K\beta_2$	977
Pd	$L\beta_1$	4137	Ag	$L\alpha_1$	4146	Bi	$L\alpha_1$	1141	Ta	$L\gamma_1$	1135
Rh	$L\gamma_1$	3936	Ag	$L\beta_2$	3972	Th	$L\beta_1$	763	Zr[3]	$K\alpha_1$	784
Ru	$L\gamma_1$	4173	Ag	$L\alpha_1$	4146	U	$L\alpha_1$	908	Rb[4]	$K\alpha_1$	924

[1] Nur bei Abwesenheit Ba. [2] Nur bei Abwesenheit As.
[3] „ „ „ Sr. [4] „ „ „ Br, dessen K = Kante stört.

Es sei nun P g die Menge, die von einem Röntgenstrahl von 1 qcm Querschnitt durchstrahlt wird, und es soll die vom gleichen Röntgenstrahlbündel durchstrahlte Menge p g eines in dem Stoff enthaltenen Elementes bestimmt werden.

Der Faktor $e^{-P\frac{\mu}{\varrho}}$ läßt sich in zwei Teile zerlegen, und zwar in

$e^{-p\frac{\mu}{\varrho}}$ für die Wirkung der Atome des betreffenden Elementes und

$e^{-(P-p)\frac{\mu'}{\varrho'}}$ für die Wirkung aller übrigen in dem Stoff enthaltenen Elemente.

Die photographisch oder ionometrisch gemessene Intensität des kontinuierlichen Spektrums in unmittelbarer Nachbarschaft der Absorptionskante λ_A sei:

für $\lambda > \lambda_A$ vor Einschalten des Stoffes i_1,
nach Einschalten des Stoffes J_1,
für $\lambda < \lambda_A$ vor Einschalten des Stoffes i_2,
nach Einschalten des Stoffes J_2.

Dann folgt:

$$J_1 = i_1\, e^{-p\frac{\mu_1}{\varrho}}\, e^{-(P-p)\frac{\mu_1'}{\varrho'}},$$

$$J_2 = i_2\, e^{-p\frac{\mu_2}{\varrho}}\, e^{-(P-p)\frac{\mu_2'}{\varrho'}}.$$

Wenn nun nahe der Absorptionskante gemessen wird, so gilt:

$$i_1 = i_2,$$

$$\frac{\mu_1'}{\varrho'} = \frac{\mu_2'}{\varrho'}.$$

Folglich wird:

$$\frac{J_2}{J_1} = e^{-\left(\frac{\mu_2}{\varrho} - \frac{\mu_1}{\varrho}\right)p}$$

oder

$$\frac{J_2}{J_1} = e^{-cp}.$$

$\frac{J_2}{J_1}$ kann gemessen und folglich die Masse des Elementes $p\,\frac{\mathrm{g}}{\mathrm{qcm}}$ berechnet werden, wenn die charakteristische Konstante c des Elementes bekannt ist.

Nicht in allen Fällen kann $i_1 = i_2$ gesetzt werden (z. B. Ag- und Br-Kante bei photographischer Messung, Edelgase bei Ionisationsmessung). Dann wird:

$$\frac{J_2}{J_1} = \frac{i_2}{i_1}\, e^{-cp}.$$

c und $\frac{i_2}{i_1}$ können aus zwei Aufnahmen mit bekannten, aber verschieden großen Konzentrationen p und p' bestimmt werden.

Bei der experimentellen Ausführung der Methode ist es sehr wesentlich, daß der Absorptionssprung nicht zu klein ist. Bereits bei

Annäherung des Sprungfaktors $\frac{J_2}{J_1}$ an 0,8 wird wegen des Überganges über die e-Funktion der Meßfehler in seiner Wirkung auf das Resultat von p vervielfacht. Es empfiehlt sich nur die Benutzung von Sprungfaktoren $\frac{J_2}{J_1} < 0{,}7$.

Zur Photometrierung benutzten GLOCKER und FROHNMAYER ein HARTMANNsches Mikrophotometer (vgl. S. 136).

Die charakteristischen Konstanten wurden von GLOCKER und FROHNMAYER an einer großen Anzahl von Elementen im Bereich der Atomzahlen $Z = 42$ bis $Z = 90$ bestimmt (vgl. Tabelle 54). Die dazwischen gelegenen Konstanten lassen sich leicht intrapolatorisch ermitteln.

λ_A läßt sich für Elemente mit hohem Atomgewicht annäherungsweise proportional mit $\frac{1}{Z^2}$ setzen. Aus dem Absorptionsgesetz[1] ergibt sich dann für den Gang von c mit der Atomzahl Z ungefähr

$$c \text{ proportional } \frac{1}{Z^3}\,.$$

Die Werte sind in der letzten Spalte von Tabelle 54 angegeben.

Tabelle 54.

K-Absorptionskanten.

Element	Angewandt als	Atomzahl Z	Charakterist. Konstante c experimentell	berechnet
Molybdän .	Ammoniummolybdatlösung	42	69	73
Silber	Silberfolie	47	45	51
Zinn	Salzsaure Lösung von Stannichlorid, Zinnfolie	50	34	—
Antimon . .	Brechweinsteinlösung	51	31	—
Barium . . .	Bariumchloridlösung	56	24	26,7
Cer	Cerchloridlösung	58	22,5	—
Wolfram . .	Alkalische Lösung von Wolframsäureanhydrid	74	8	—
Blei	Bleinitratlösung	82	5,7	6,1
Thorium . .	Thoriumnitratlösung	90	3,2	4,3

Mit Hilfe der charakteristischen Konstanten c lassen sich die Mindestmengen bestimmen, die bei jedem Element erforderlich sind, um auf der photographischen Platte einen eben noch wahrnehmbaren Absorptionssprung zu erzeugen (Schwärzungsunterschied 5 %). Die Werte sind in Tabelle 55 zusammengestellt.

[1] GLOCKER, Phys. Ztschr. **19**, 66 (1918).

Tabelle 55.

Mindestmenge in mg/qcm zur Erzeugung eines eben noch deutlich wahrnehmbaren K-Absorptionssprunges.

Mo . .	0,7	Sb . .	1,6	W . .	6,3
Ag . .	1,1	Ba . .	2,1	Pb . .	9,0
Sn . .	1,5	Ce . .	2,2	Th . .	16

Für sehr hochatomige Elemente benutzt man an Stelle der Absorptionskanten der K-Serie diejenige der L-Serie. Für Thorium und Uran sind die Werte in Tabelle 56 wiedergegeben.

Tabelle 56.

L_1-Absorptionskanten.

Element	Angewandt als	Atomzahl Z	Charakterische Konstante c
Thorium . .	Thoriumnitratlösung	90	50
Uran . . .	Urannitratlösung	92	45

Die erforderliche Mindestmenge zur Erzeugung eines Schwärzungsunterschiedes von 5 % beiderseits der Absorptionskante sind:

$$1{,}0\ \frac{\text{mg}}{\text{qcm}}\ \text{Thorium}\ ,$$

$$1{,}1\ \frac{\text{mg}}{\text{qcm}}\ \text{Uran}\ .$$

Bezüglich der anzuwendenden Spannung geben Glocker und Frohnmayer an, daß es zwar günstig ist, die Spannung möglichst hoch zu wählen, da die gesamte Intensität des Bremsspektrums ungefähr proportional mit dem Quadrat der Röhrenspannung wächst, daß aber andererseits der Scheitelwert der an der Röhre liegenden Spannung so niedrig gehalten werden muß, daß in dem zu photometrierenden Gebiet keine Überlagerung durch das Bremsspektrum zweiter Ordnung erfolgen kann. Ferner muß darauf geachtet werden, daß das Auftreten von Emissionslinien in der Nähe der Absorptionskante durch Verwendung geeigneten Antikathodenmaterials vermieden wird. Sämtliche Elemente mit Atomzahlen $Z > 40$ lassen sich mit Hilfe von Wolfram- und Molybdänantikathoden untersuchen.

Berücksichtigung muß schließlich noch die Gegenwart fremder Beimengungen finden, besonders dann, wenn diese im Vergleich zu dem zu untersuchenden Element eine wesentlich stärkere Absorptionswirkung aufweisen. Wird in einem solchen Fall die Messung nicht in unmittelbarer Nähe des Absorptionssprungs ausgeführt, so können hierdurch wesentliche Fehler entstehen. Liegen Beimengungen von größerer Absorptionswirkung vor, so muß man daher, um die Photometrierung möglichst nahe am Absorptionssprung ausführen zu können, eine spektrographische Anordnung von großem Auflösungsvermögen benutzen.

Ein weiteres, für quantitative Zwecke geeignetes Verfahren ist andeutungsweise von DESSAUER[1] skizziert worden; es beruht auf dem von DORN[2] entdeckten photoelektrischen Effekt, der beim Einsetzen selektiver Absorption sprunghaft anwächst. „Die Methode benutzt eine Gleichspannungserregung der Röntgenröhre mit der Möglichkeit sehr feinstufiger Spannungsregulierung und hinreichend genauer Spannungsmessung. Der zu untersuchende Stoff, gleichgültig in welcher Form, wird auf einen Träger innerhalb einer Ionenkammer gebracht. Der Träger ist als Elektrode ausgebildet. Auf den Stoff fällt die Röntgenstrahlung ein. Wird nun in bekannter Weise die Ionisation in der Kammer gemessen als Funktion der Spannung an der Röntgenröhre, so ergibt sich ein geringer Gang bis zu dem Augenblicke, wo selektive Absorption eintritt. An solchen Stellen wird die Kurve abgeknickt. Ihre Erhebung ist direkt abhängig von der Quantität des selektiv absorbierenden Stoffes im Prüfstoff."

IV. Kapitel.
Die experimentellen Methoden der Kristallstrukturanalyse.

Literatur (zusammenfassende Darstellungen). Siehe besonders: A. SCHLEEDE, H. MARK, R. GLOCKER, G. L. CLARK, l. c. Seite 138.

§ 1. Methode der Durchstrahlung eines Einzelkristalls mit polychromatischer Strahlung (Lauesche Methode).

Das Prinzip der LAUEschen Methode ist bereits auf S. 16 eingehend besprochen worden. Es ist also nur noch notwendig, auf die experimentellen Durchführungen der Methode einzugehen.

Fig. 206 zeigt die von LAUE, FRIEDRICH und KNIPPING[3] benutzte Versuchsanordnung. Bei dieser beträgt der Abstand Antikathode–Kristall 350 mm, der Abstand Kristall–Aufnahmeplatte 25—70 mm. Die Blende besteht aus einem 6 cm langen Messingkästchen, dessen Vorderseite ein Bleiblech mit einer Öffnung von 2 mm Durchmesser bildet. Die an der Hinterseite befindliche Blende besteht aus einem 10 mm starken Bleiblech mit drei Öffnungen von 1,5, 0,75 und 0,4 mm Durchmesser, die nach Belieben in den Strahlengang eingeschaltet und durch Stellschrauben genau zentriert werden können. Man ersetzt zu diesem Zweck die Röntgenröhre durch eine mattierte Glühlampe und „fädelt" die Blenden auf die optische Achse eines am anderen Ende des Zimmers fest aufgestellten Fernrohres (Kathetometer) „auf". Um den Brennfleck der Antikathode einzustellen, bringt man ein kreisrundes Stückchen Leuchtschirm mit einer zentralen feinen Bohrung in den Strahlengang und verschiebt die Röhre so lange, bis das Bild der Blende auf dem Leuchtschirm zur Bohrung konzentrisch ist. Die Einstellung des auf einem Goniometer befindlichen

[1] DESSAUER, Verh. Dtsch. Physik. Ges. [3] 5, 4 (1924).

[2] DORN, Abh. Naturf. Ges. Halle 22, 39 (1900).

[3] FRIEDRICH, KNIPPING u. LAUE, Sitzgb. Bayr. Akad. Wiss., math.-phys. Kl. 1912, 311; Ann. Phys. [4] 41, 971 (1913). — FRIEDRICH, Phys. Ztschr. 14, 1079 (1913); am ausführlichsten bei EWALD, Kristalle und Röntgenstrahlen, S. 103 (Berlin 1923).

Kristalles erfolgt mit Hilfe eines vor dem Objektiv des Fernrohres angebrachten Spiegels, indem man den Reflex der Fläche vor dem Fernrohr beobachtet.

Fig. 206. Versuchsanordnung von FRIEDRICH, KNIPPING und LAUE.

Abweichungen um Bruchteile eines Grades verursachen große Verzerrungen in der Anordnung der Punkte und Veränderungen in der Intensität. Verschiedene, dieser Apparatur noch anhaftende Mängel — geringe Neigung des Primärstrahles zur Kristallfläche, ungenügende Definition des Zerstreuungspunktes der Sekundärstrahlen — sind in einer von G. WULFF[1] stammenden Anordnung vermieden, bei welcher der Kristall auf einem Theodolithgoniometer nach CZAPSKI aufgestellt ist. Unter Verwendung von Vorstecklupen können alle Einstellungen mit Hilfe der Goniometerfernrohre gemacht werden. Eine ähnliche von FUESS gelieferte Apparatur ist von RINNE[2] benutzt worden (Fig. 207). Man kommt aber nach RINNE weit einfacher zum Ziel, wenn man die Vorderseite des Blendenkollimators ein für alle Mal senkrecht zu seiner Achse schleift und hierauf die Kristallplatte — bei

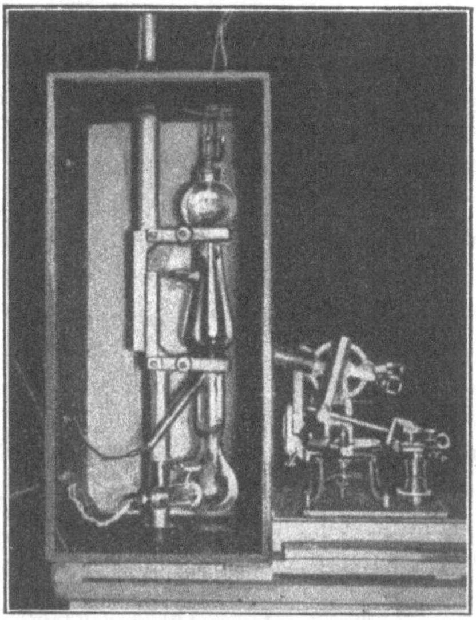

Fig. 207. Versuchsanordnung für Laueaufnahmen nach RINNE.

[1] WULFF, Ztschr. f. Kristallogr. 54, 59 (1915).
[2] RINNE, Ber. K. Sächs. Ges. Wiss., Math.-phys. Kl. 67, 303 (1915).

kleineren Präparaten mit einem Deckgläschen als Unterlage — mit Wachs aufklebt. Mehr als **eine** ebene Fläche braucht nicht angeschliffen zu werden. Ein Schema der RINNEschen Aufstellung zeigt Fig. 208. Ein Autokollimationsfernrohr *A* gestattet, die Lage der photographischen Platte *P* und der Blende *B* zu kontrollieren. An diese ist der Kristall *K* angeklebt.

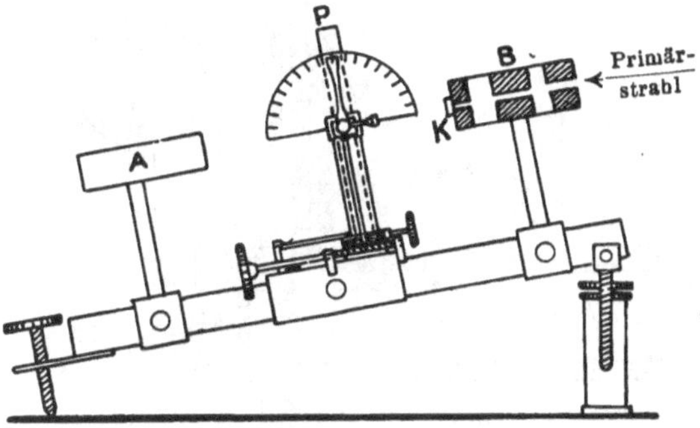

Fig. 208.
Aufstellung für Laueaufnahmen nach RINNE.

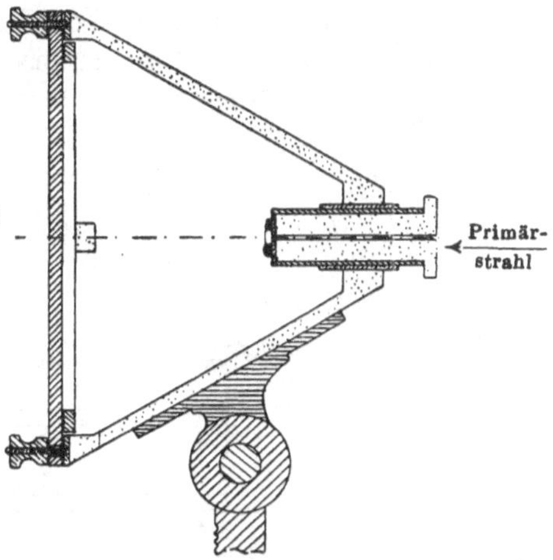

Fig. 209.
Lauekamera nach SIEGBAHN (HADDING).

Die photographische Platte *P* ist in einer gabelartigen Vorrichtung um eine horizontale Achse klappbar und in einem Zapfen senkrecht dazu drehbar. Als Strahlenquelle ist in Fig. 207 ein Lilienfeldrohr abgebildet, dessen Antikathode durch eine horizontale Fläche begrenzt wird. Der Strahlenkegel fällt dann senkrecht nach unten, so daß mehrere Interferenzapparate im Kreise um ein Rohr aufgestellt werden können. Die Entfernung Antikathode–Kristall beträgt bei RINNE etwa 25 cm. Die Dauer der Aufnahmen beträgt bei 8—9 Milliampère $^1/_4$—$^1/_2$ Stunde. Diese Apparatur wurde unter anderem von SCHIEBOLD[1] zur Bestimmung der Struktur des Kalkspates benutzt. Die auf einem Deckglas mit Kanadabalsam angekittete Doppelspatplatte war 40 mm von der photographischen Schicht (Agfa-Chromo-Platte 9 × 12) entfernt. Nach 15 Minuten Exposition wurde mit Rodinal 1 : 20 unter Zusatz von Kaliumbromid bei 18° 6 Minuten entwickelt.

Eine einfache SIEGBAHNsche Lauekamera wurde von HADDING[2] beschrieben (Fig. 209). Die etwa 8,5 cm lange Kamera besteht aus verbleitem Messing. Als Blende dient ein an der Vorderseite plan geschliffener, mit Blei ausgegossener Messingzylinder von 5 cm Länge, der in Richtung der Achse verschoben werden kann. In der Mitte der Platte ist zum Auffangen des Primärstrahles ein Bleiklotz angebracht.[3] Expositionsdauer bei Anwendung von SCHLEUSSNERs Röntgenplatten etwa 10 Minuten.

---

[1] SCHIEBOLD, Abh. Sächs. Akad. Wiss., Math.-phys. Kl. **36**, 108 (1919).

[2] HADDING, De röntgenkristallographiska apparaterna och deras användning, S. 16 (Lund 1921).

[3] Vgl. dazu auch F. ZACHER, Präzision **2**, 91 (1923); Phys. Ber. **4**, 771 (1923).

Fig. 210 zeigt eine von W. M. Lehmann[1] angegebene Lauekamera. Der Kristallhalter und der Plattenhalter sind zum Schutz gegen direkte Strahlung in einem Bleikasten untergebracht. Der Primärstrahl tritt durch die Röhrenblende *n* in den Kasten ein und durch die Öffnung *i* wieder aus dem Kasten aus. Vor der Austrittsöffnung ist ein Lumineszenzschirm angebracht, um die Kamera bei der Einstellung des Primärstrahls auf

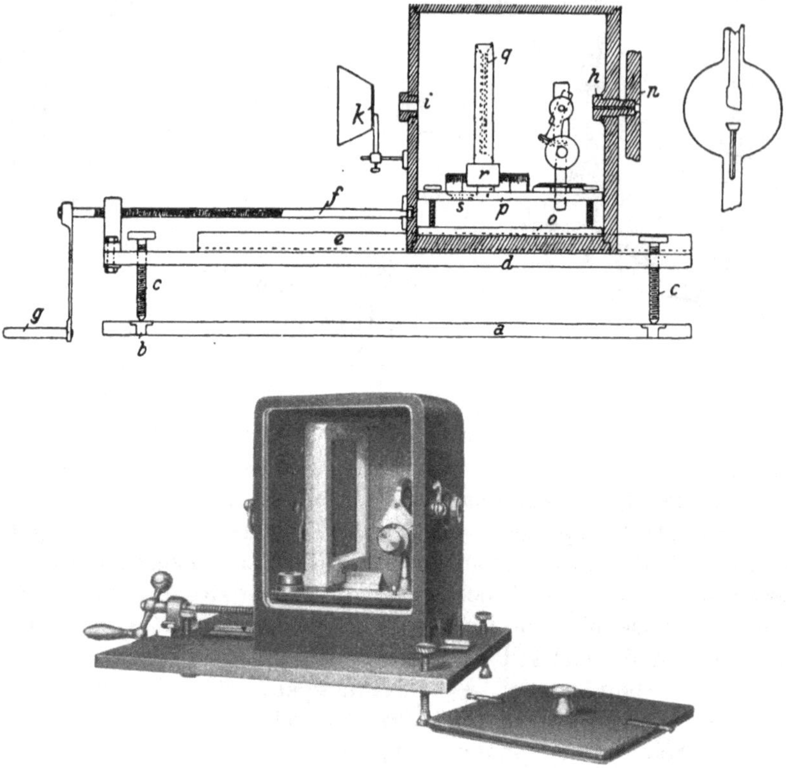

Fig. 210. Lauekamera von W. M. Lehmann.

maximale Intensität justieren zu können. Die Entfernung der photographischen Platte von dem Kristall kann an einer Skala abgelesen werden. Schließlich kann noch der ganze Kasten mit Hilfe der Schraube *f* auf dem Schlitten *e* verschoben werden. Einen besonderen Vorteil bietet der Kristallhalter bei Aufnahmen solcher Kristalle, von denen nur schwer gut orientierte Schliffe hergestellt werden können. Zur Korrektion einer etwas fehlerhaften Schlifflage kann der Halter in genau ablesbarer Weise um eine horizontale und eine vertikale Achse geschwenkt werden.

Zum Ausmessen der Lauediagramme ist von Gross[2] ein „Zyklometer" konstruiert worden, das er wie folgt beschreibt (Fig. 213):

---

[1] W. M. Lehmann, Z. f. Krist. **60**, 379 (1925). (Fa. C. H. F. Müller, Hamburg.)
[2] Gross, Zentralblatt f. Min. u. Geol. **1920**, 52.

„Auf die schwere Grundplatte A ist das starke eiserne Tischchen B unter einem Winkel von 40° aufgesetzt. In einem kreisförmigen Ausschnitt läßt sich der Metallring RR drehen und kann an acht unter dem Pult angebrachten Klötzchen mit der Hand geschoben werden. Ein in der Zeichnung verdeckter Hebel an der linken oberen Ecke des Pultes schaltet die Feineinstellungsschraube G ein. Der Ring RR trägt eine Gradeinteilung, die am Nonius der Pultplatte B auf 5′ genau ablesbar ist, und umschließt eine fest eingekittete Glasplatte L, die zwei Klemmen MM trägt. Auf den zwei Stützen CC ist die zur Platte B parallele Bank D befestigt, auf welcher der Schlitten E mit Hilfe der Schraube F verschoben wird. Die cm-Teilung auf der Bank D und der Nonius am Schlitten E geben den Ort des Schlittens auf 0,01 cm. Die Achse des Beobachtungsfernrohres K, das mit dem Schlitten starr verbunden ist, steht senkrecht zum Pult B. Sie kann durch Schrauben J um kleine Beträge senkrecht zur Längserstreckung der Bank verschoben werden. Die optische Einstellung erfolgt durch die Schraube H. Besonderes Augenmerk ist auf die optische Einrichtung des Beobachtungsfernrohres K zu legen. Erfordert ist vor allem ein feines, parallaxefrei angebrachtes Fadenkreuz und eine möglichst lichtstarke, schwach verkleinernde Linsenkombination. Die Erfahrung zeigt, daß beim Aufsuchen sehr schwacher Flecken auf dem Photogramm eine Vergrößerung des Plattenkornes und dadurch bedingte Inhomogenität des Bildgrundes sehr störend wirkt. Für besondere Fälle ist eine leicht auswechselbare zweite vergrößernde Kombination vorgesehen. Um gleichmäßiges Licht durch die Glasplatte L in das Beobachtungsfernrohr K zu werfen, wurde nach anderen, weniger zweckmäßigen Versuchen mit Spiegeln, Mattglas usw. bei N ein reinweißes Blatt Pappe (zum Schutz gegen Verschmutzung unter Glas) angebracht. Die praktische Erfahrung hat gezeigt, daß die Größe der Glasplatte L ausreichend ist, wenn darauf eine photographische Platte im Format 9×12 aufgelegt werden kann.

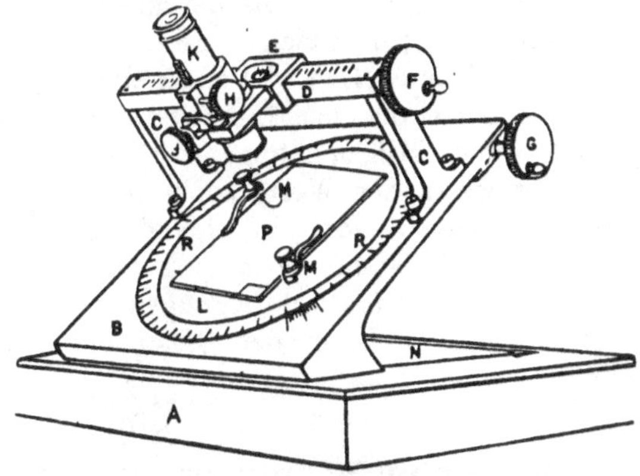

Fig. 211. Vermessungsapparat für Lauediagramme nach Gross.

Bevor die photographische Platte aufgelegt wird, bringt man etwas Zigarrenasche auf das Zentrum der Glasplatte L und richtet in der üblichen Weise das Fernrohr K mit Hilfe der Schrauben J und F auf den Drehpunkt des Ringes RR ein. Der nun beim E abgelesene Wert ist Nullpunktstellung des Instrumentes. Jetzt wird die photographische Platte P so aufgelegt, daß der Mittelpunkt des Primärfleckes mit dem

Schnittpunkt des Fadenkreuzes in der Nullstellung zusammenfällt. In der Regel ist zur Erzeugung genügend intensiver Beugungsflecken so starke Belichtung notwendig, daß sich der Primärfleck bereits durch Solarisation aus seinem vollständig geschwärzten Verlaufhof heraushebt.

Die Platte wird nun in der geschilderten Weise festgeklemmt und die Ausmessung der Fleckenörter in leicht ersichtlicher Weise durch Drehung des Ringes *RR* und Verschiebung des Schlittens *E* vorgenommen."

Zur Ermittelung der Intensitätsverteilung[1] benutzt SCHIEBOLD[2] ein HARTMANNsches Mikrophotometer. Die Bestimmung der Intensität hat jedoch erst wirklichen Wert, wenn man die Intensität des benutzten kontinuierlichen Spektrums auf Grund einer gleichzeitigen Aufnahme des Spektrums kennt. Man wird sich daher in einfachen Fällen mit einer Abschätzung der Intensität begnügen.

Bezüglich der Form der Laueflecke wird auf die Originalliteratur[3] verwiesen.

§ 2.
Methoden unter Benutzung monochromatischer Strahlung.

a) Erzeugung monochromatischer Strahlung durch Filterung.

Die in diesem Paragraphen abzuhandelnden Methoden haben monochromatische Röntgenstrahlung zur Voraussetzung. Tatsächlich ist nun die Strahlung bei Benutzung des K-Spektrums irgendeines Elements nicht monochromatisch, sondern dichromatisch. Jedoch ist die Intensität der β-Strahlung ungefähr halb so stark wie die der α-Strahlung, so daß die Aussonderung der durch die β-Strahlung veranlaßten Interferenzen in vielen Fällen sehr leicht ist. Schwierigkeiten bereitet die Aussonderung dagegen häufig bei der Deutung der Drehkristall- und der Kristallpulver-Diagramme, wenn kompliziertere Strukturen vorliegen. In diesen Fällen ist es ratsam, durch Filterung nahezu monochromatische Strahlung herzustellen. Die Filterung beruht auf der Tatsache, daß die Absorption bei der Wellenlänge der Grenze einer seiner charakteristischen Serien plötzlich anwächst, d. h. bei der Wellenlänge, die gerade kurz genug ist, um im Filter eine seiner charakteristischen Strahlungen zu erregen (vgl. S. 192). Um also die β-Linie der K-Serie eines Elements A herauszufiltrieren, muß man ein Element B benutzen, dessen K-Absorptionskante (β-Linie[4]) zwischen der α- und der β-Linie des Elements A liegt (Fig. 212). Die α-Linie des Elements A vermag die K-Strahlung des Elements B noch nicht anzuregen, wird infolgedessen nur wenig absorbiert. Die β-Linie des Elements A dagegen ist kurzwelliger als die K-Absorptionskante des Filterelements B.

---

[1] Vgl. II. Kapitel, § 6.

[2] SCHIEBOLD, Die Verwertung des Lauediagramms zur Bestimmung der Struktur des Kalkspates, Abh. d. Sächs. Akad. Wiss., Math.-phys. Kl. **36**, 69 (1919); vgl. auch GROSS, Über die Intensitätsverteilung innerhalb der Beugungsflecken eines Lauephotogramms, Ber. Sächs. Ges. Wiss. **70**, 3 (1918).

[3] LEONHARDT, Z. f. Krist. **63**, 478 (1926).

[4] Die K-Absorptionkante ist nur wenig kurzwelliger als β_2 (siehe Tab. 16, S. 182).

Sie regt die *K*-Serie des Elements *B* an und wird daher stark absorbiert. Z. B. ist das geeignetste Filter, um die *K*-α-Linie des Molybdäns zu isolieren, Zirkon, und um die *K*-α-Linie des Kupfers zu isolieren, Nickel. Außer der β-Linie wird auch das noch kurzwelligere Bremsstrahlspektrum stark absorbiert.

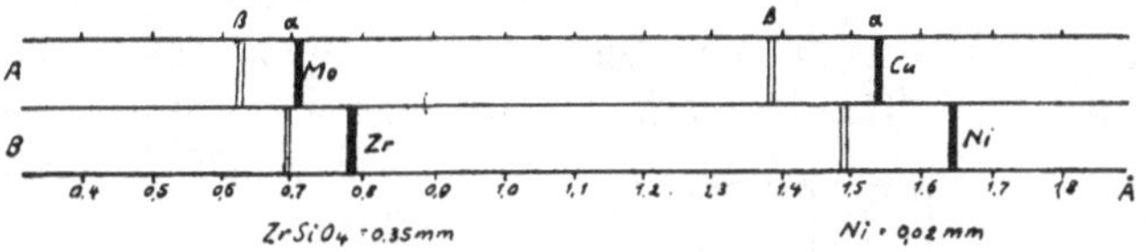

Fig. 212. Erzeugung monochromatischer Strahlung durch Filterung.

Das Diagramm Fig. 213 zeigt einige von Hull[1] ausgeführte Messungen der Intensitätsverhältnisse bei Benutzung einer Molybdänantikathode und eines Filters aus Zirkonsilicat (die Absorptionen vom Silicium und Sauerstoff sind gegen die Absorption von Zirkon zu vernachlässigen). Kurve (*1*) zeigt die Intensitätsverhältnisse ohne Filterung, Kurve (*2*) bei Filterung durch eine Schicht von 0,35 mm Zirkonsilicat, Kurve (*3*) bei Filterung durch eine Schicht von 0,50 mm Zirkonsilikat. Da der Absorptionskoeffizient des Filters von der β-Grenze nach kürzeren Wellen plötzlich auf das 8fache springt, nach längeren Wellenlängen dagegen nur allmählich — mit dem Kubus der Wellenlänge — ansteigt, so wird

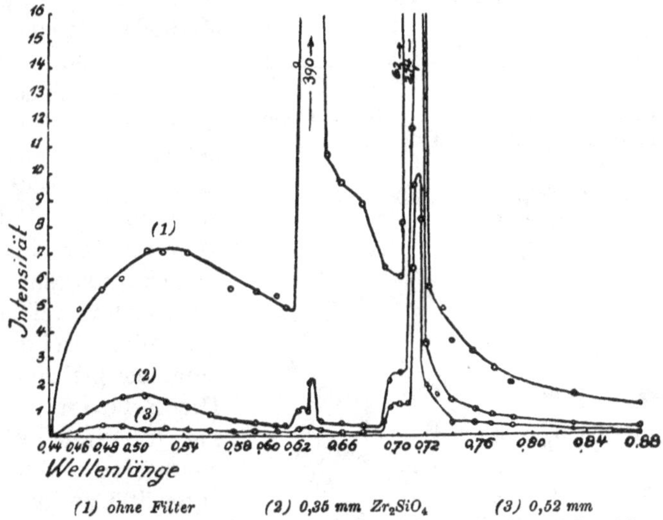

(1) ohne Filter (2) 0,35 mm Zr_2SiO_4 (3) 0,52 mm

Fig. 213. Intensitätsverhältnisse bei der Filterung der *K*-Strahlung des Molybdäns mit Hilfe von Zirkon.

Geeignete Schichtdicken sind:

Zur Isolierung von Mo-K_α: 0,35 mm Zr_2SiO_4 oder 0,05 g ZrO_2 auf 1 qcm[2]

„ „ „ Cu-K_α: 0,02 mm Nickelfolie.

[1] Hull, Phys. Rev. [2] **10**, 661 (1917).

[2] Davey, General Electric Rev. **25**, 565 (1922); Zentr. **1923**, IV, 438.

die β-Strahlung und das Bremsstrahlspektrum nahezu vollständig eliminiert, während die Intensität der α-Linie nur etwa auf die Hälfte herabgesetzt wird.

b) Verfahren auf Grund von planmäßig in begrenzter Zahl ausgesonderten Beugungsrichtungen (Braggsche Methode).

Untersucht man nach der BRAGGschen Spektrometermethode (vgl. I. Kapitel, § 3b und III. Kapitel, § 1 und 2) die Interferenzreflexionen einer K-Strahlung (oder gefilterten K_{α}-Strahlung) an einer möglichst großen Anzahl von Ebenenscharen eines Kristalls, so kann man aus den Messungen der Lage und dem Intensitätsverhältnis der Interferenzen verschiedener Ordnung Rückschlüsse auf die Struktur des Kristalls ziehen. Zur Ausführung dieser Methode kann man sich der Ionisationsmethode (BRAGGsches Spektrometer, S. 146) oder der photographischen Methode bedienen. Fig. 214 zeigt die bei der Reflexion von den Ebenenscharen (100), (110) und (111) beim Kaliumchlorid und Natriumchlorid nach der Ionisationsmethode gewonnenen Intensitätskurven.[1] Im Fall des Kaliumchlorids hat der Intensitätsverlauf bei der Reflexion von allen drei Ebenen vollkommen gleichen Charakter: Die Reflexion 1. Ordnung ist am stärksten, während mit steigender Ordnungszahl die Intensität geringer wird. Anders liegen die Verhältnisse im Fall des Natriumchlorids. Die bei der Reflexion von (100) und (110) gewonnenen Ionisationskurven haben den

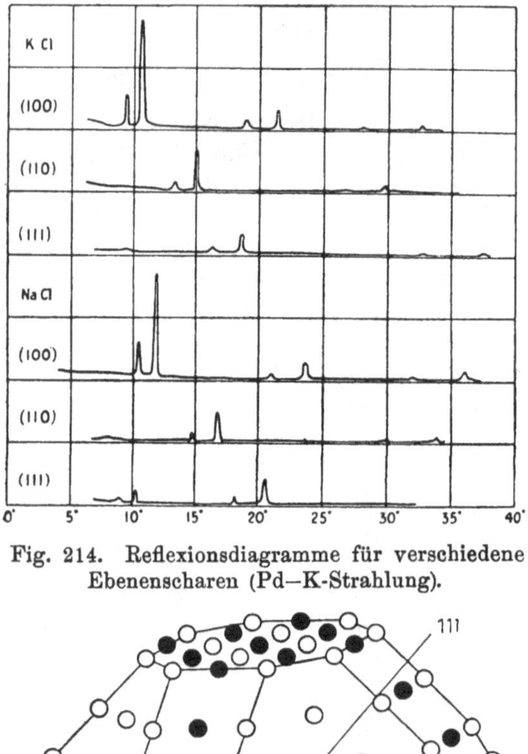

Fig. 214. Reflexionsdiagramme für verschiedene Ebenenscharen (Pd–K-Strahlung).

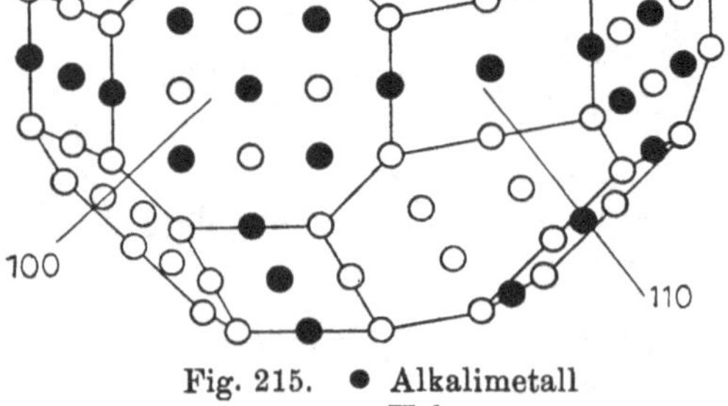

Fig. 215. ● Alkalimetall
○ Halogen.

[1] W. H. und W. L. BRAGG, „X-Rays and Crystal Structure", London 1924.

gleichen Charakter wie diejenigen des Kaliumchlorids, dagegen ist die Intensitätsverteilung bei der Reflexion von (111) eine andere: Die Intensität der Reflexion 1. Ordnung ist geringer als die Intensität 2. Ordnung. Es zeigt sich hierin wieder — ebenso wie bei den Lauediagrammen (I. Kapitel, § 3b) — der Einfluß der verschieden schweren Natrium- und Chloratome gegenüber den nahezu gleich schweren Kalium- und Chloratomen. Die Ebenen (100) und (110) enthalten sowohl Alkali-, als auch Chloratome (vgl. Fig. 215), die Ebenen (111) dagegen abwechselnd in der einen Ebene nur Alkaliatome, in der folgenden nur Chloratome usw. Der wahre Ebenenabstand ist der von einer gleich besetzten Ebene zur nächsten gleich besetzten Ebene. Der Winkel für die erste Reflexion ist durch diesen Abstand und die BRAGGsche Grundgleichung bestimmt. Sind nun zwischen den gleichbesetzten Ebenen andere mit einer anderen Atomart besetzte Ebenen eingeschoben, so sendet diese letztere Ebenenschar ebenfalls Wellen aus, aber von anderer Amplitude und in 1. Ordnung von entgegengesetzter Phase. Da die Phase entgegengesetzt ist, wird eine Verminderung der Intensität bewirkt, wie im Fall des NaCl. Bei gleich wirksamen Atomen — Fall des KCl — wird die Intensität der 1. Ordnung vollkommen auf Null herabsinken. Anders liegen die Verhältnisse bei der Reflexion 2. Ordnung. In diesem Fall haben Reflexionen an beiden Ebenenscharen gleiche Phase, verstärken sich also gegenseitig. Bei den Reflexionen ungerader Ordnung tritt eine Verminderung der Intensität ein, bei den Reflexionen gerader Ordnung eine Verstärkung.

Fig. 216. Kleiner Spektrograph für orientierende Messungen von SIEGBAHN.

(Diese Hinweise mögen einstweilen zur Einführung in das Verhältnis der BRAGGschen Methode zur Strukturbestimmung genügen. Die Intensitätsfaktoren werden im II. Band eingehend behandelt.)

Will man BRAGGsche Reflexionsdiagramme nach der photographischen Methode herstellen, so benutzt man vorteilhaft den SIEGBAHNschen (von HADDING[1] beschriebenen) Spektrographen für orientierende Messungen. Der Spektrograph entspricht in seinem Prinzip vollkommen der Anordnung Fig. 136 auf S. 139. Seine Außenansicht ist in Fig. 216 wiedergegeben. Zur Autnahme der Spektren dient ein an der Wandung der zylindrischen Kamera angebrachter Film. Die Einstellung des Kristallhalters kann an einer entsprechenden, auf dem Deckel angebrachten Kreisteilung abgelesen werden. Der Kristall wird während der Aufnahmen um den erwünschten Winkelbereich kontinuierlich geschwenkt. Zur Einstellung des Kristalls ist diametral gegenüber vom Spalt eine 10 mm weite, durch schwarzes Papier verdeckte Öffnung angebracht. Stellt man die Kristallfläche parallel zur Richtung Spalt–Drehachse, so muß in dieser Stellung und der um 180° dazu ge-

[1] HADDING, De röntgenkristallografiska Apparaterna. Lund 1921.

drehten gleich viel Licht an beiden Seiten der Öffnung austreten, was sich leicht mit Hilfe eines Fluoreszenzschirmes feststellen läßt. Die Dimensionen des Spektrographen betragen ungefähr: Durchmesser 11,8 cm, Höhe 2,2 cm.

Soll ein Kristall sehr geringer Dimension (nur einige mg schwer) nach der BRAGGschen Methode untersucht werden, so bedient man sich nach W. H. und W. L. BRAGG[1] vorteilhaft einer Art Goniometer wie in Fig. 217 abgebildet. Der Kristall *C* wird durch ein kleines Stückchen Klebwachs an dem um seine Achse drehbaren Halter *H* befestigt. Im übrigen ist aus der Fig. 217 ersichtlich, wie der Halter in zwei senkrecht

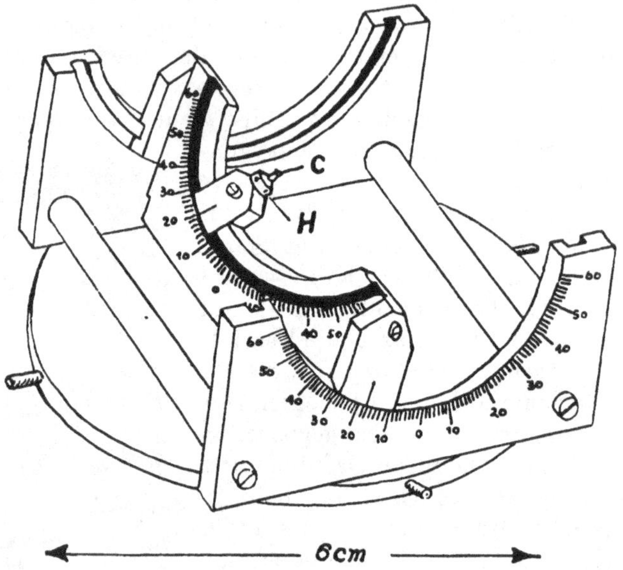

Fig. 217.

zueinander gelegenen Richtungen bewegt werden kann. Der ganze Apparat steht auf dem Kristalltisch des Goniometers. Die Spalte werden weit geöffnet, da der Kristall infolge seiner geringeren Dimensionen nur von einem schmalen Bündel getroffen wird.

c) Die Kristallpulvermethoden.

Methode von DEBYE-SCHERRER und HULL.

Während die vorstehend beschriebenen Verfahren von LAUE und von BRAGG größere Einzelkristalle benötigen, benutzt das von DEBYE und SCHERRER[2] entdeckte Verfahren Kristallpulver. Ungefähr ein Jahr später wurde unabhängig von DEBYE und SCHERRER, das Verfahren von HULL[3] in Amerika beschrieben.

[1] W. H. u. W. L. BRAGG, X-Rays and Crystal Structure. London 1924.

[2] DEBYE u. SCHERRER, Phys. Ztschr. **17**, 277 (1916); Nachr. K. Ges. Wiss. Göttingen **1916**, 1.

[3] HULL, Phys. Rev. [2] **10**, 661 (1917); J. Am. Ch. S. **41**, 1168 (1919).

Das Prinzip der Aufnahmemethode geht aus Fig. 218 hervor. Ein durch Bleiblenden B_1 und B_2 ausgeblendetes paralleles monochromatisches Röntgenstrahlbündel trifft auf das aus dem Kristallpulver gepreßte Stäbchen *P*. Auf einem Zylindermantel rings um das Stäbchen *S* als Achse ist ein Film *F* angebracht. Da die Lagerung der Kristalle in dem Stäbchen völlig regellos ist, so wird immer eine größere Anzahl Kristallite gerade die richtige Orientierung zum einfallenden Strahlenbündel aufweisen, so

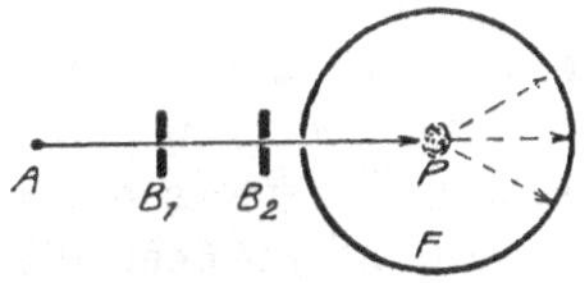

Fig. 218.

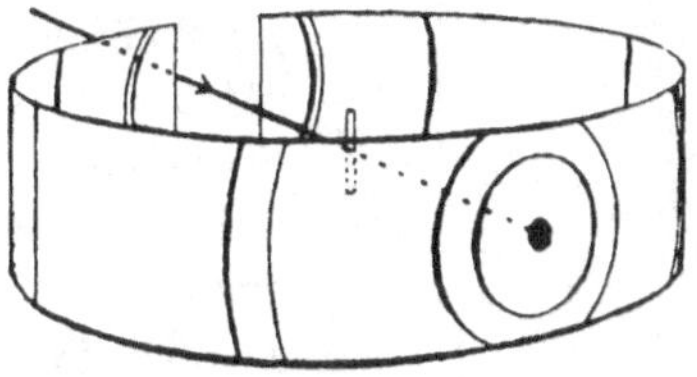

Fig. 219.

daß die BRAGGsche Reflexionsbedingung $n\lambda = 2d \sin\vartheta$ erfüllt ist. Die Gesamtwirkung wird also dieselbe sein, als wenn ein einzelner Kristall in allen möglichen Stellungen mit allen möglichen Netzebenenscharen reflektiert hätte. Die sämtlichen für einen Netzebenenabstand möglichen Richtungen liegen auf einem Kegel, dessen Achse vom Primärstrahl gebildet wird und dessen Spitze im Stäbchen liegt. Die auf dem Film entstehenden Interferenzlinien sind die Schnittlinien der Kegel mit dem Film (vgl. Fig. 219).

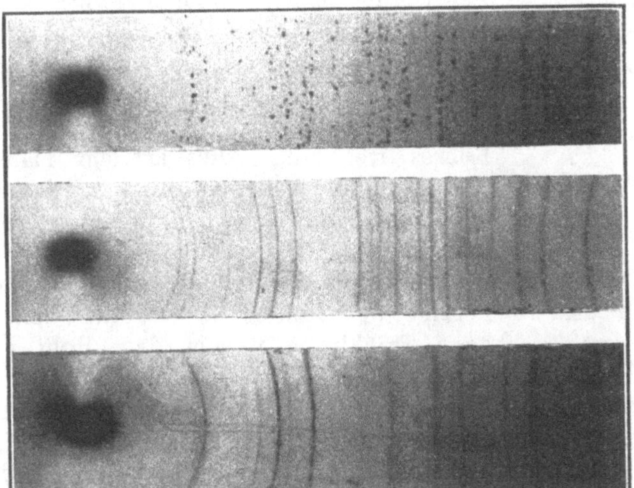

Fig. 220. Debyediagramme von Zinksulfid; Umwandlung des Wurzitgitters durch Druck in das Blendegitter

Durch die Methode von DEBYE und SCHERRER wird eine große Anzahl kristallisierter Substanzen, die nach dem Laue- und Braggverfahren nicht untersucht werden konnten, der Strukturanalyse zugänglich gemacht. Eine gewisse Schwierigkeit besteht bei Substanzen, die zu feinkristallin sind, um nach der Laue- oder Braggmethode, und zu grobkristallin, um nach der Methode von Debye und Scherrer untersucht zu werden. Im letzteren Fall erhält man unübersichtliche, unzusammenhängende Linien. Es liegt nun am nächsten, die Substanz zu zerkleinern, doch kann man dann leicht zu Trugschlüssen kommen durch Übergang instabiler Kristallformen in stabile. Man hilft sich in einem solchen Fall durch kontinuierliches Drehen des Stäbchens, um auf diese Weise die Lagenmannigfaltigkeit zu erhöhen. Fig. 220 zeigt die Diagramme (Kupfer–K-Strahlung[1]) erstens eines Zinksulfides (Wurtzit, hexagonal) mit festem Stäbchen, zweitens desselben Zinksulfids mit kontinuierlich gedrehtem Stäbchen und drittens desselben Zinksulfids nach dem Zerkleinern im Mörser mit festem Stäbchen. Durch das Zerdrücken im Mörser ist die bei Zimmertemperatur stabile Kristallform (Blende, regulär) entstanden.

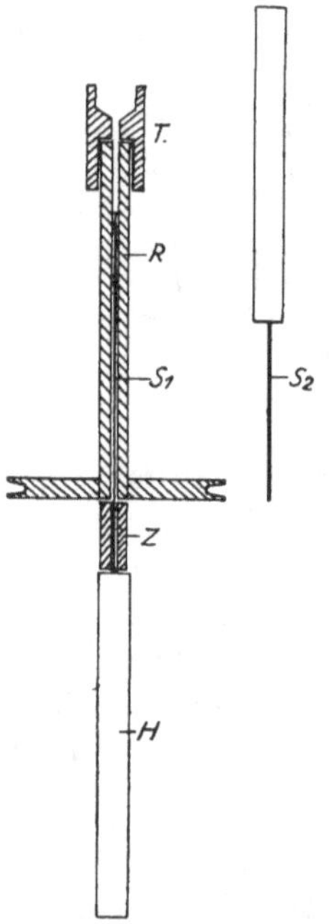

Fig. 221. Vorrichtung zur Herstellung des Kristallpulverstäbchens.

Die Herstellung des Kristallpulverstäbchens verursacht häufig Schwierigkeit und erfordert einige Übung. Als Stäbchenhalter benutzt man am besten ein dickwandiges Messingrohr R (Fig. 221), dessen Bohrung denselben Durchmesser hat, den das Stäbchen erhalten soll. In dieses Rohr führt man von der einen Seite her einen an einem Handgriff H befestigten Stahldraht S_1 ein, aber nur so weit, daß er etwa 1 cm von dem andern Ende des Rohres frei läßt. Dies erreicht man leicht mit Hilfe des Zwischenstücks Z. Nunmehr setzt man auf das freie Rohrende einen geeigneten Einfülltrichter T, bringt in diesen das eventuell mit etwas geschmolzenem Paraffin oder einer Spur Fett oder Öl angerührte Kristallpulver und stopft die teigige Masse mit dem Stahldraht S_2 in das freie Ende des Rohres R. Darauf nimmt man den Trichter T fort, zieht den Stahldraht S_1 aus dem Rohr heraus, entfernt das Zwischenstück Z, schiebt mit Hilfe des Stahldrahtes S_1 das fertige Stäbchen auf etwa 6 mm aus dem Rohr R heraus und setzt das Rohr in die Kamera ein. Auch Hüllen aus Seidenpapier (Zigarettenpapier) kann man zum Einfüllen (Zusammenhalten) des Kristallpulvers anwenden. — Bei Präzisionsaufnahmen benutzt man am besten an Stelle des Stäbchens einen mit Kristallpulver bestäubten Seidenfaden (vgl. Kamera von Küstner).

---

[1] Schleede u. Gantzckow, Z. f. Physik **15**, 184 (1923).

Die Aufnahmekameras haben eine mannigfache konstruktive Durcharbeitung erfahren. Die von SCHERRER[1] beschriebene Kamera ist in Fig. 222 wiedergegeben. Der Röntgenstrahl tritt durch ein 9 cm langes Messingrohr mit 1,5 mm Bohrung in die Kamera. An dem inneren Ende ist die Bohrung etwas erweitert, damit die von der scharfen Kante der engeren Bohrung ausgehenden abgebeugten Strahlen nicht zu dem Film gelangen können, sondern vorher abgefangen werden. Zur Anbringung der Substanz dient ein auf drei besonderen Füßen drehbar angebrachter Kreuztisch. Die Substanz wird zu einem kleinen Zylinder von 1 mm Dicke und 10 mm Länge geformt und an dem nach unten in die Kamera hineinragenden Kreuztischaufsatz befestigt. Die Filmkassette besteht aus einem Messingzylinder, gegen dessen Innenwandung der Film fest gegenliegt. Für den Durchmesser wählt man praktisch 57,2 mm oder 114,4 mm, da dann auf dem aufgerollten Film 1 mm 2° bzw. 4° entspricht.[2] Auf dem Film befindet sich ein zweiter Zylinder aus schwarzem Papier. Zum Verschluß der Kassette dient ein kreisringförmiger Deckel. Zwei gegenüberliegende Öffnungen in der Zylinderwandung dienen zum Eintritt und Austritt der Strahlung. Der Film ist an der Austrittsstelle durchlocht.

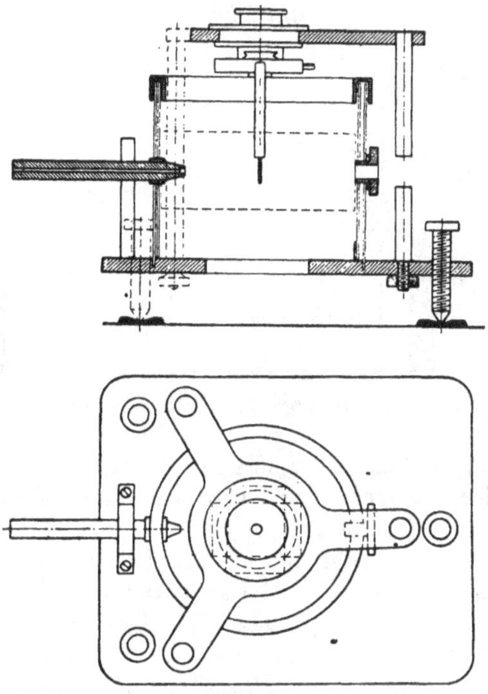

Fig. 222. Kamera von SCHERRER.

Bei der Scherrerkamera wird der Film gegen die Innenwandung eines Messingzylinders gelegt. Der Film muß dabei absolut fest anliegen, da sonst grobe Meßfehler entstehen können. Das feste Anliegen ist jedoch leichter zu erreichen, wenn man den Film von außen um einen Metallzylinder herumlegt. Eine derartige Anordnung geben WESTGREN und LINDH[3] an (Fig. 223). Der Film wird dabei rings um den Deckelabsatz *G* gelegt und mit einem Gummiband befestigt. Er hängt also frei in

[1] SCHERRER in ZSIGMONDY, „Kolloidchemie", S. 396 (Leipzig 1920).

[2] Zur Erreichung einer großen Dispersion benutzt DAVEY [General Electric Rev. 25, 565 (1922)] eine Kamera von 400 mm Durchmesser. Es sind dann sehr lange Expositionszeiten erforderlich ($NaCl$ 7—12 Stunden und $CuCl_2$ 70 Stunden bei 50000 Volt und 50 Milliamp.).

[3] WESTGREN u. LINDH, Z. phys. Ch. 98, 181 (1921).

der Kamera, während die Innenwandung der Kamera noch ungefähr 5 mm von dem Film entfernt ist. Die von der Kamera ausgehende Sekundärstrahlung hat dann geringere schädliche Wirkung, als wenn der Film fest anliegt. Der Deckel *D* verschließt die Kamera lichtdicht. In der Mitte des Deckels ist eine zylindrische Öffnung ausgebohrt, in welche der drehbare, genau zentrische Zapfen *Z* paßt. Dieser hat am unteren Ende eine Fassung *F*, in die der Präparathalter *E* eingesetzt wird. Die Kamerawandung und der Boden sind zum Schutz gegen durchdringende Strahlung mit Blei belegt. Die Kreuztischjustierung der Scherrerkamera wird bei dieser Kamera gespart und durch Präzisionsarbeit ersetzt.

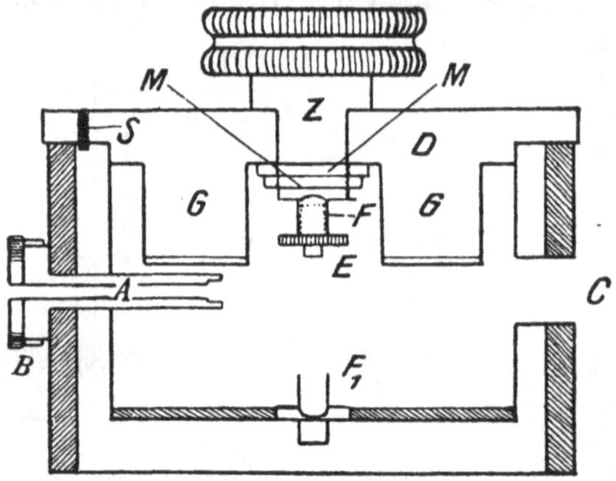

Fig. 223. Kamera von WESTGREN und LINDH.

Eine sehr brauchbare Kamera für Pulveraufnahmen wird nach den Angaben von W. M. LEHMANN [1] von der Firma C. H. F. Müller, Hamburg 15, hergestellt (Fig. 224). Die Kamera ist mit zwei auswechselbaren Filmträgern *D* und *C* von 57,2 mm bzw. 114,4 mm Durchmesser versehen. Zum Drehen des Präparats während der Aufnahme ist auf dem Deckel ein Uhrwerk *A* angebracht.

Eine Kamera zur Erzielung scharfer Spektrallinien bei kurzer Expositionszeit gibt KÜSTNER [2] an. KÜSTNER benutzt nach dem Vorgange von GERLACH [3] an Stelle der Lochblende einen Spalt. Geometrisch liegen die Verhältnisse folgendermaßen: Wird ein Kristallpulverstäbchen von einer punktförmigen Lichtquelle (z. B. einem scharfen Brennpunkt) aus in seiner ganzen Länge bestrahlt, so ist jeder Punkt des Stäbchens Ausgangspunkt von Kreiskegeln. Diese Kegel, mithin also auch die Debye-Scherrer-Ringe, überschneiden sich in der Mittelebene senkrecht zum Stäbchen und laufen außerhalb der Mittelebene auseinander. Wird ein Kristallpulverstäbchen dagegen in seiner ganzen Länge von einer parallelen linienförmigen Lichtquelle aus bestrahlt, so ist die Einhüllende sämtlicher möglichen Debye-Scherrer-Ringe eine gerade Linie. — Um möglichst von vornherein eine strichförmige Lichtquelle zu haben, erzeugt KÜSTNER auf der Antikathode einen großen Brennfleck und benutzt die tangential von der Antikathode ausgehende Strahlung. Fig. 225a stellt einen vertikalen Querschnitt durch

---

[1] W. M. LEHMANN, Gießerei-Zeitung **20**, 443 (1923).
[2] KÜSTNER, Phys. Ztschr. **23**, 257 (1922).
[3] GERLACH, Z. f. Physik **7**, 116 (1921).

die KÜSTNERsche Kamera dar. Die von der Antikathode ausgehenden Strahlen fallen durch den verstellbaren Bleispalt S_1 von 0,8 mm Breite und 4 mm Länge. Der Spalt ist auf der Messingplatte M angebracht. Dann erst treten die Strahlen durch ein mit Picein aufgeklebtes Glimmerfenster in die eigentliche zylindrische Kamera. Diese ist im Gegensatz

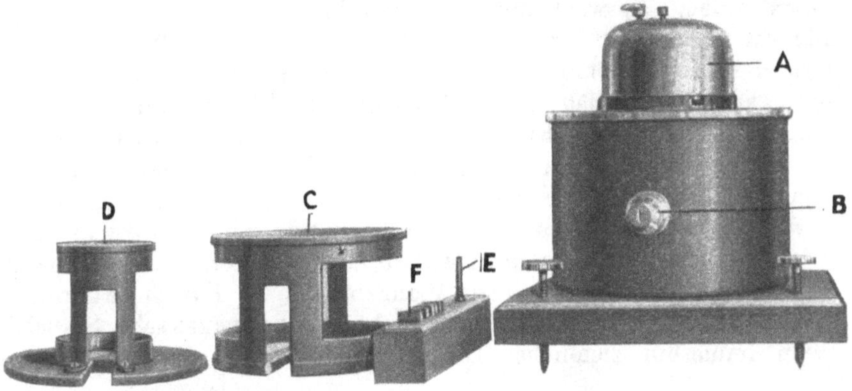

A Uhrwerk zum Drehen des Präparats
B Blende
C Großer Filmträgereinsatz 114,4 mm ϕ
D Kleiner Filmträgereinsatz 57,2 mm ϕ
E Präparathalter
F Blendeneinsätze

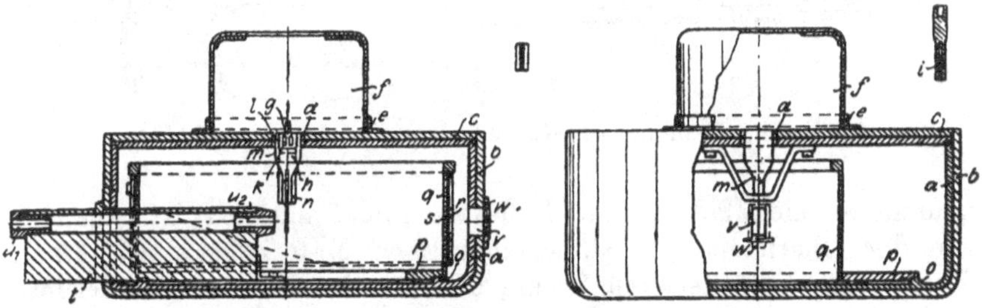

a, *b* Gefäß mit Bleiausfütterung
f Deckel mit Uhrwerk
i, *m* Präparathalter
t Blende
u_1, *u* Blendeneinsätze
p, *q* Filmträger 114,4 mm ϕ bzw. 57,2 mm ϕ

Fig. 224. Kamera von W. M. LEHMANN.

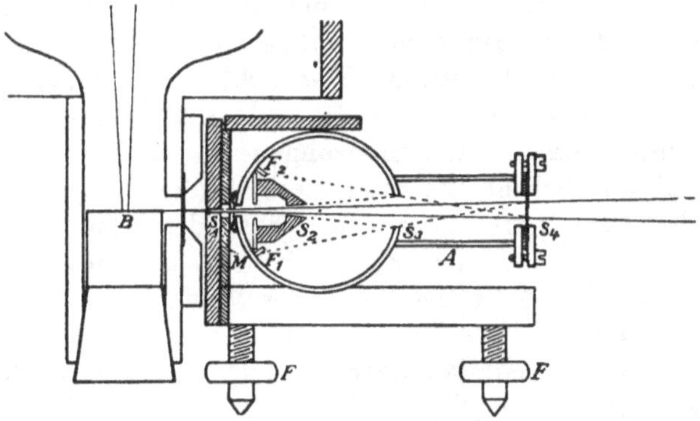

Fig. 225a. Kamera von KÜSTNER (vertikaler Querschnitt).

zu den oben beschriebenen Kameras horizontal aufgestellt, entsprechend der Spaltrichtung. Die Strahlen treten durch den Spalt S_3 von 8 × 50 mm Weite in den Ansatz A und schließlich durch den ebenso großen, mit Aluminium verdeckten Spalt S_4 ins Freie. Der Bleispalt S_2 dient zur Abblendung der am Spalt S_1 und am Glimmerfenster entstehenden Sekundärstrahlen. S_2 wird vom Primärstrahl nicht berührt. Diese Anordnung setzt Sekundär- und Tertiärstrahlung auf ein Minimum herab, was besonders bei Aufnahmen von Substanzen mit schlechtem Reflexionsvermögen sehr wesentlich ist. Mehrstündige Leeraufnahmen ergeben wasserklare Filme. Der Film selbst bedeckt die Innenwandung der Kamera von F_1 bis F_2. An der Durchstoßstelle des Primärstrahles wird vor dem Einsetzen in die Kamera ein Loch von 8 × 50 mm geschnitten. Damit der Film an der Messingwand vollkommen anliegt, wird an jedem Ende der zylindrischen Kamera eine Blattfeder eingesetzt. Zur Justierung der Kamera sind die Fußschrauben F angebracht. — Für die Anbringung des Kristallpulvers benutzt Küstner nicht die Scherrersche Stäbchenform von immerhin ziemlicher Dicke, sondern klebt die Substanz auf

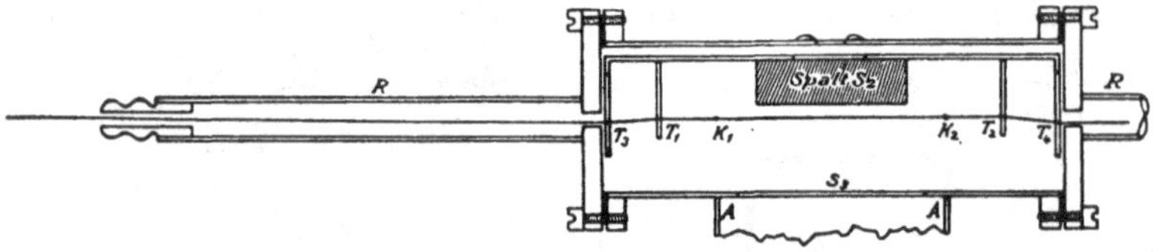

Fig. 225 b. Kamera von Küstner (horizontaler Querschnitt).

einen dünnen Seidenfaden. Die Reflexion findet nämlich fast ausschließlich an der Oberfläche des stäbchenförmigen Materiales statt. Das hat zur Folge, daß die Interferenzen um den Durchstoßungspunkt herum bei gut reflektierendem Material eine geringe Breite aufweisen, während die Interferenzen an den Enden des Filmes breiter werden bis fast zur Dicke des Stäbchens. Dazu kommt, daß die nicht an der Reflexion beteiligten Kriställchen nur diffus streuen. Durch die Küstnersche Anbringung wird sowohl die verschiedene Breite der Interferenzlinien als auch die diffuse Streuung auf ein Minimum herabgesetzt. — Die Anbringung des Fadens geht aus Fig. 225 b hervor. Der Schlitten, auf dem der Spalt S_2 montiert ist, besitzt 4 Träger T_1 bis T_4. Jeder Träger hat eine Bohrung von 0,5 mm Durchmesser. Die Bohrungen der beiden inneren Träger sind genau axial angebracht, während die Bohrungen der beiden äußeren Träger T_3 und T_4 um 2 mm gegen die Achse der Kamera versetzt sind. Dies hat den Zweck, daß der Faden immer an derselben Stelle der Bohrungen T_1 und T_2 fest anliegt. In den Faden ist bei K_1 und K_2 je ein Knoten geknüpft. Zwischen beiden ist der Faden mit Klebstoff bestrichen und schnell durch das Kristallpulver gezogen worden. Ist nun das Präparat sehr feinkörnig (Kristallitgröße höchstens einige μ), so braucht der Seidenfaden während der Aufnahme nicht bewegt zu werden. Bei grobkörnigen Präparaten wird der Seidenfaden in seiner Längsrichtung durch ein entsprechendes Getriebe hin und her gezogen. Hierbei begrenzen die Knoten die Bewegungsmöglichkeit des Fadens und erleichtern die Einstellung der Steuerung. Durch die Länge des Rohres R und die Feinheit der Löcher T_3 und T_4 wird eine Schwärzung des Films durch Tageslicht vermieden. — Zur Aufnahme starrer Präparate, die frei von elastischer Nachwirkung sind, benutzt Küstner zur Bewegung die Rotation. Hierzu müssen die Träger T_3 und T_4 abgenommen werden. Der aufzunehmende Draht wird durch die Bohrungen T_1 und T_2 gesteckt, wobei sein Durchmesser natürlich diesen Bohrungen gut angepaßt sein muß, und alsdann rechtwinklig umgebogen. Durch das Rohr R wird eine von außen anzutreibende Achse eingeführt, die auf ihrer dem Präparat zugekehrten Seite gabelartig geschlitzt ist, den aufzunehmenden Draht locker erfaßt und auf diese Weise die eigene Rotation auf den Draht überträgt. — An beiden Enden wird die Kamera durch Deckel verschlossen. Diese sind unter Verwendung von Gummidichtung durch je 4 Schrauben festgeschraubt. Jeder Deckel besitzt ein koaxiales Messingrohr von je 1 cm Weite und 12 cm Länge. Bei Aufnahme sehr leichter Substanzen ist es ratsam, zur Vermeidung der Luftsekundärstrahlung die Kamera zu evakuieren. Hierzu verschließt man ein Ansatzrohr mit einem Gummistopfen und verbindet das andere mit einer Pumpe. Die Bewegung des Fadens ist dann allerdings erst nach Anbringung eines Schliffs möglich.

Die bisher beschriebenen Aufnahmevorrichtungen sind nur für Untersuchungen bei Zimmertemperatur geeignet. Für Aufnahmen bei tiefen Temperaturen wurden Vorrichtungen von Keesom und de Smedt[1] und von Simon und v. Simson[2] beschrieben. Die Kamera von Keesom und de Smedt ist in Fig. 226 wiedergegeben. Sie trägt einen Aufsatz nach Art eines Dewarschen Gefäßes. Der innere Teil dieses Gefäßes ist zu einer dünnwandigen Capillare von 0,002—0,01 mm Wandstärke bei 2 mm Durchmesser ausgezogen und reicht bis in die Mitte der Kamera. Der äußere Teil paßt auf einen Schlifftubus der Kamera und trägt außerdem einen Rohransatz zur Verbindung mit der Vakuumpumpe. Keesom und de Smedt nahmen mit dieser Vorrichtung flüssigen Sauerstoff, flüssiges Argon und Wasser auf. Mark und Pohland[3] benutzten eine gleiche Anordnung zur Aufnahme von festem Kohlendioxyd. Hierfür füllten sie in das innere Gefäß flüssige Luft und kondensierten die Kohlensäure von außen auf der Capillare. —

Die von Simon und v. Simson für Untersuchungen von festem Chlorwasserstoff und von festem Argon benutzte Versuchsanordnung ist in Fig. 228 wiedergegeben. Die Kamera D besteht in diesem Fall aus einem Messingrohr von 3 mm Wandstärke und 60 mm Länge. Sie ist in der aus Fig. 227 ersichtlichen Weise mit Hilfe des Schliffes S unmittelbar

---

[1] Keesom u. de Smedt, Proc. of the Section of Sciences. Amsterdam **25**, 118 (1923).
[2] Simon u. v. Simson, Z. f. Phys. **21**, 168 (1924); **25**, 160 (1924).
[3] Mark u. Pohland, Z. f. Krist. **61**, 293 (1925).

gegenüber dem Austrittsspalt der Röntgenstrahlen vakuumdicht angebracht. Die eine Seite der Kamera ist mit einem ringförmigen Schlitz versehen, durch den der Film eingeführt werden kann. Zum Verschluß des Schlitzes dient ein eingeschliffener Ring, der zur vollkommenen Dichtung mit heißem Wachs–Kolophoniumkitt überstrichen wird. Axial durch die Kamera geht eine Kupfercapillare von 1 mm Durchmesser. Diese Capillare dient zum Anfrieren der zu untersuchenden Gase und gleichzeitig als Träger während der Aufnahme. Zu diesem Zweck wird mit flüssiger Luft gekühlter Wasserstoff durch die Capillare gedrückt oder direkt flüssiger

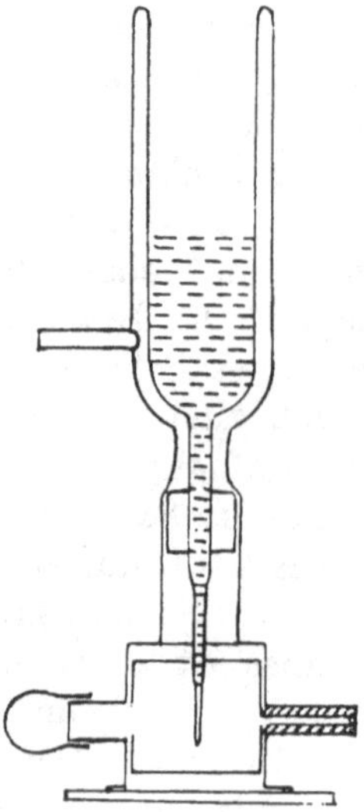

Fig. 226. Kamera von KEESOM und DE SMEDT für Aufnahmen bei tiefen Temperaturen.

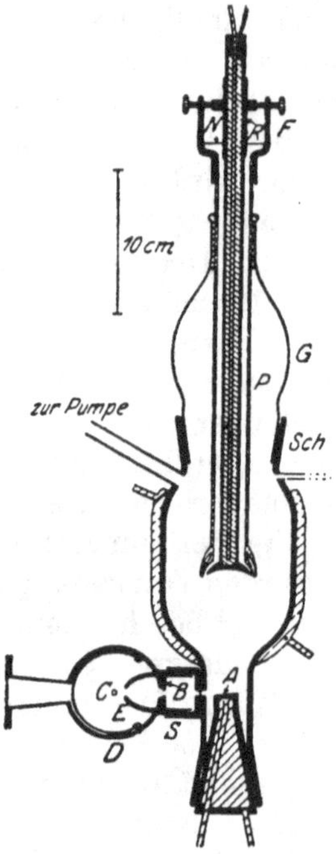

Fig. 227. Kamera von SIMON und v. SIMSON in Verbindung mit dem Röntgenrohr.

Wasserstoff durch die Capillare gesaugt. Die Rohrleitungen für Hin- und Rückleitung des Wasserstoffes *O* sind mit weiten Röhren *T* umgeben, wobei die Glimmerscheibchen *P* die direkte Berührung verhindern. Der Zwischenraum wird durch eine besondere Pumpe evakuiert. Zur möglichst gut wärmeisolierten Durchführung der Kupfercapillaren und zur Abdichtung der Kamera nach außen und gegen den Zwischenraum zwischen den Rohren *O* und *T* sind zwei stramm eingepreßte Hartgummihülsen *H* angebracht. Die Kamera steht durch eine Rohrleitung mit dem Manometer *M*, dem MacLeodmanometer *ML*, dem Gasvorratsballon *V*, dem Gasentwicklungsapparat und einer Quecksilberdampfpumpe in Verbindung.

Eine Vorrichtung für die Aufnahme von Präparaten bei hoher Temperatur wurde von WESTGREN und LINDH[1] angegeben und für die Untersuchung der verschiedenen Eisenstrukturen benutzt. Man kann mit der Vorrichtung jedoch nicht nur Metalldrähte, sondern auch andere Substanzen aufnehmen, indem man sie entweder allein oder im Gemisch mit Borsäure etwa auf einen Platindraht aufschmilzt. Die Fig. 229 ist die Darstellung des Querschnittes durch die Kamera. Durch den Deckel ist das Messingrohr M eingeführt. Aus diesem Rohr ist unten ein kreisförmiger Teil ausgeschnitten, wovon nur zwei schmale Messingbänder (in der Figur nicht sichtbar) zurückgelassen sind. Diese halten den unteren Teil der Röhre fest, der in die zylindrische Vertiefung des unteren Kühlgefäßes G gesenkt ist. Durch das Rohr M sind nun 2 Kupferdrähte gezogen, zwischen denen genau in der Achse des Rohres der Heizdraht ausgespannt ist, der durch elektrischen Strom auf beliebige Temperatur gebracht werden kann. Der in schwarzes Papier gewickelte Film wird um das obere Kühlgefäß G, das am Deckel angebracht ist, herumgelegt. Vor der Austrittsöffnung ist außen ein Deckglas H aufgekittet, durch das der Draht während der Aufnahme beobachtet werden kann. Durch die Röhre R_1 kann der Apparat mit indifferentem Gas gefüllt werden.

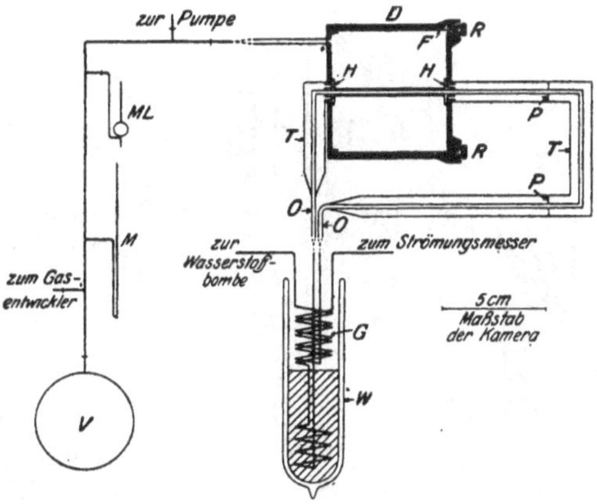

Fig. 228. Kamera von SIMON und v. SIMSON für Aufnahmen bei tiefen Temperaturen.

Eine einfache Anordnung, bei der die Aufnahmekamera in der Röntgenröhre selbst untergebracht ist, wurde von SCHLEEDE und GANTZCKOW[2] angegeben. Der Apparat zeigt daher ein Minimum an Absorption. Aus diesem Grunde kommt man bei Benutzung üblicher Wellenlängen (z. B. Kupfer–K-Strahlung) mit sehr geringen Expositionszeiten aus (100—250 Milliampère-Min.) und kann auch mit längeren Wellen Aufnahmen machen. Der Apparat ist in Fig. 230 dargestellt. Er besteht aus zwei auseinandernehmbaren Teilen, unterer Teil U und oberer Teil O. Die Trennungsfuge ist oberhalb der Zentrierungsschrauben Z zu erkennen. Der hochvakuumdichte Abschluß zwischen den beiden Teilen erfolgt durch halbharten Gummi[3], wobei es notwendig ist, den Oberteil auf den Unterteil durch 4 Schraubzwingen aufzupressen. Der untere Teil U ist aus einem Stück ge-

[1] WESTGREN u. LINDH, Z. phys. Ch. 98, 181 (1921).

[2] SCHLEEDE u. GANTZCKOW, Z. f. Physik 15, 184 (1923).

[3] Firma Treske, Berlin, Alt-Moabit 115. Die Kamera wurde hergestellt von Herrn HOHNDORF in Fa. Kurt Westphal, Berlin NW 6, Karlstr. 26.

dreht. In ihm befindet sich die durch Wasser kühlbare Antikathode *A*. Über die Antikathode läßt sich ein oben becherförmig aufgeweitetes, sorgfältig zylindrisch aufgeschliffenes Kupferrohr schieben, damit die Kamera vor dem Aufprall von Elektronen geschützt ist. Ein oder mehrere Bohrungen von 2 mm Weite gestatten den Durchtritt der Röntgenstrahlen. Der ebenfalls durch Wasser kühlbare Oberteil *O* trägt die Kathode in einem SIEGBAHN-HADDINGschen Porzellanisolator. Der Unterteil ist so dimensioniert, daß bis zu 3 Aufnahmekameras in ihm gleichzeitig untergebracht werden können. Die Filmanbringung in der Kamera entspricht derjenigen von WESTGREN und LINDH. Der Film wird von außen her um einen entsprechenden Ansatz des Kameradeckels von 57 mm ($1^0 = 2$ mm) herumgelegt und durch einen elastischen Halter festgehalten. Die Kamera hat eine Höhe von 8 cm, doch braucht der Film selbst nicht 8 cm hoch zu sein, wie z. B. zur Herstellung eines vollständigen Diagrammes (vgl. nächsten Abschnitt), sondern es können durch einen entsprechenden Einsatz auch 2 cm hohe Filme für Debye-Scherreraufnahmen eingesetzt werden. In der Mitte der am Strahleneintritt und -Austritt verengten Röhrenblende muß – zur Verhinderung des Eintritts von Licht und Sekundärelektronen in die Kamera – ein Fenster aus Aluminium oder schwarzem Seidenpapier (unbeschwert) eingeschoben werden.[1] Damit der Film oder die Kamerawandung nicht als Ausgangspunkte von Sekundärstrahlen wirken, ist zum Herausfangen des Primärstrahles eine Röhrenblende aus Blei angebracht. Der Präparatenträger hat eine genau zentrische Bohrung von 1 mm Weite. Mit Hilfe dieser Bohrung formt man am besten das Stäbchen direkt, wie bereits oben beschrieben. Will man zur Erzeugung eines vollständigen Diagrammes einen einzelnen Kristall am Träger befestigen, so geschieht dies am besten mit Klebewachs, indem man den Kristall unter einem Binokularmikroskop ausrichtet. Um die Substanz im Falle grobkörnigen Materiales oder zur

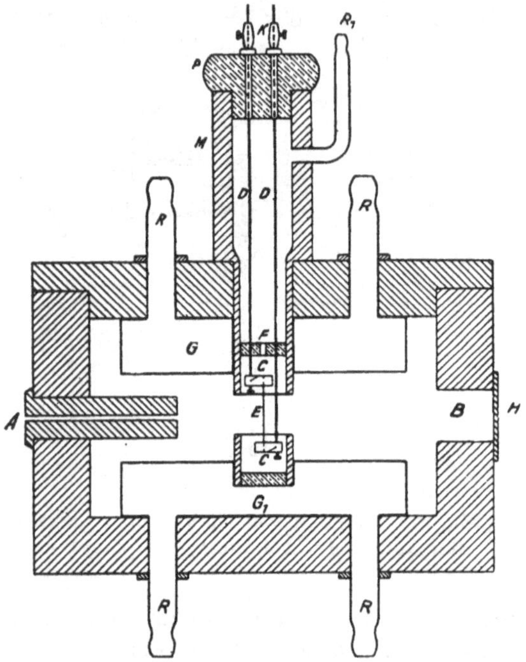

Fig. 229. Kamera von WESTGREN und LINDE für Aufnahmen bei hohen Temperaturen.

[1] Bzgl. Fenstermaterial s. S. 52.

Erzielung von Drehdiagrammen drehen zu können, kann man um eine außerhalb der Kamera angebrachte Nute des Substanzträgers einen Faden wickeln, der sich vermöge eines guten Schliffes mit Hilfe eines entsprechenden Uhrwerkes von außen her abrollen läßt. Fig. 231 zeigt die der Fig. 230 entsprechende vollständige Versuchsanordnung zum Betrieb des Apparates. Der Apparat ist auf einem isolierten Tischchen aufgestellt. Die Spiralen S_1 und S_2 dienen zum Zuführen des Kühlwassers. Das Uhrwerk U bewirkt die Drehung des Schliffes B, durch den die Drehbewegung auf den Substanzträger im Innern der Kamera übertragen wird.

Zur Berechnung des Winkels ϑ müssen die Kameragrößen sehr genau bekannt sein. Vor allem kommt es auf präzise Arbeit an. Wie schon eingangs erwähnt, wählt man bei zylindrischer Kamera praktisch einen Durchmesser von 57,2 mm oder 114,4 mm, da dann in der horizontalen Mittellinie des ausgebreiteten Filmes 1 mm gleich 2^0 bzw. 4^0 sind. Liegt ein anderer Durchmesser vor, so berechnet sich ϑ leicht aus dem Kameradurchmesser D_K und der Entfernung E der Außenkanten zweier zu dem gleichen Reflexionswinkel gehörigen Interferenzstreifen auf der Mittellinie des Filmes, da $\frac{4\vartheta}{E} = \frac{360}{\pi D_K}$ oder

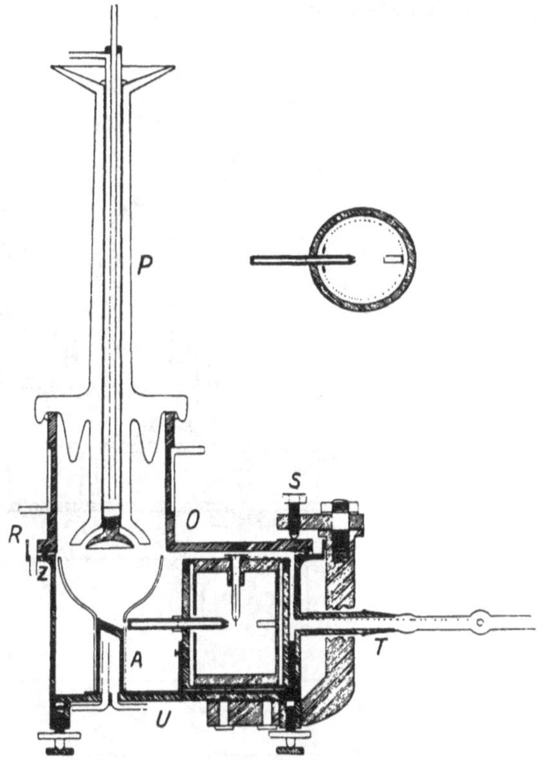

Fig. 230.
Vakuumkamera von SCHLEEDE und GANTZCKOW.

$$\vartheta = 360^0 \cdot \frac{E}{4\pi D_K} .$$

Bei der Ausmessung von E muß wegen der Stäbchendicke eine Korrektion angebracht werden. Diese Korrektion ist verschieden je nachdem, ob man zur Vermessung der Entfernung zusammengehöriger Linien die Außen- oder Innenkanten der Interferenzlinien benutzt.

Die Außenkanten der Interferenzstreifen rühren von der Oberfläche des Stäbchens her. Um die Messung auf die Stäbchenachse zu beziehen, muß daher die ausgemessene Entfernung E um den Stäbchendurchmesser D_S vermindert werden.[1] Demnach ist

$$\vartheta = 360^0 \cdot \frac{E - D_S}{4\pi D_K} .$$

Benutzt man zum Auffangen der Debye-Scherrerkreise keine zylindrische Kamera, sondern eine ebene Platte, so berechnet sich ϑ leicht aus dem

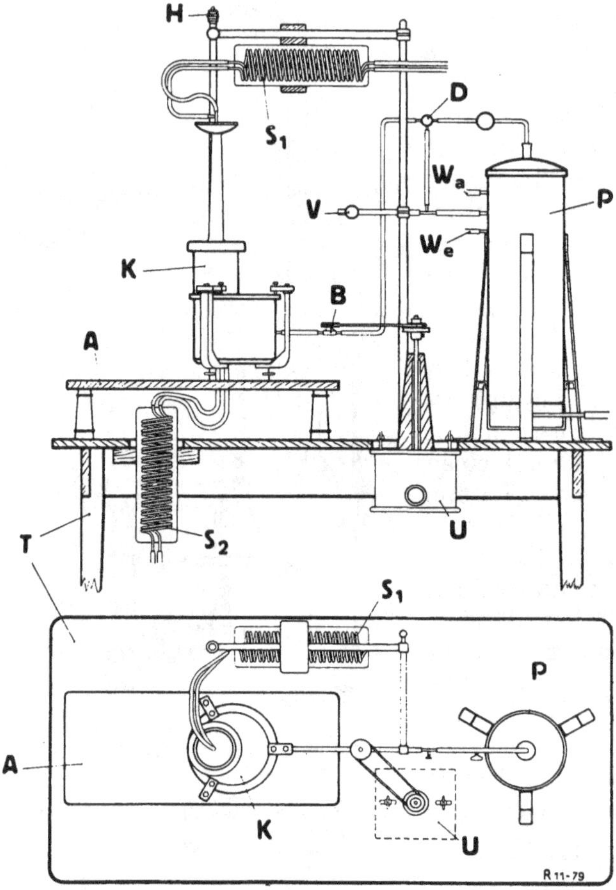

Fig. 231. Vollständige Versuchsanordnung zum Betrieb der Vakuumkamera.

Durchmesser des Debye-Scherrerkreises E' auf der Platte und dem Abstand A der Platte vom Kristallpulverstäbchen:

$$\operatorname{tg} 2\vartheta = \frac{E'}{2A} .$$

[1] Hadding, Zentralbl. f. Mineralogie **1921**, 631. — Clara v. Simson, Z. phys. Ch. **109**, 183 (1924).

Wegen der Stäbchendicke muß in diesem Fall der abgemessene Ringdurchmesser E' um $\frac{D_S}{\cos 2\vartheta}$ vermindert werden, so daß sich für ϑ ergibt:

$$\operatorname{tg} 2\vartheta = \frac{E' - \frac{D_S}{\cos 2\vartheta}}{2A}.$$

Voraussetzung für diese Vermessungsart ist, daß das primäre Strahlenbündel nahezu parallel ist. Andernfalls empfiehlt es sich, an Stelle der Außenkanten die Innenkanten der Interferenzlinien zur Vermessung zu benutzen.[1] Die ausgemessene Entfernung e der Innenkanten zweier zusammengehöriger Linien eines Debyediagramms muß dann um $D_S \cos 2\vartheta$ vermindert werden. Man erhält so für ϑ:

$$\vartheta = 360^0 \cdot \frac{e - D_S \cos 2\vartheta}{4\pi D_K}.$$

Dieser Wert trifft zu, wenn die Absorption in der Substanz des Stäbchens so stark ist, daß zur Reflexion nur die Oberflächenschicht des Stäbchens beiträgt. Ist die Absorptionsfähigkeit zu gering, so müssen die Korrekturen durch Vergleichsaufnahmen mit bekannten Kristallgittern verschiedener Absorptionsfähigkeit (z. B. MgO, NaCl, AgBr) unter Anwendung verschiedener Stäbchendicke und Blendenöffnung bestimmt werden. Vom Linienabstand ist als Korrektur $\varepsilon D_S \cos 2\vartheta$ zu subtrahieren, wobei der Faktor ε für steigende Absorption von 0,6 bis 1 zunimmt. Ott[2] erreichte so eine Meßgenauigkeit von 0,5 pro Mille.

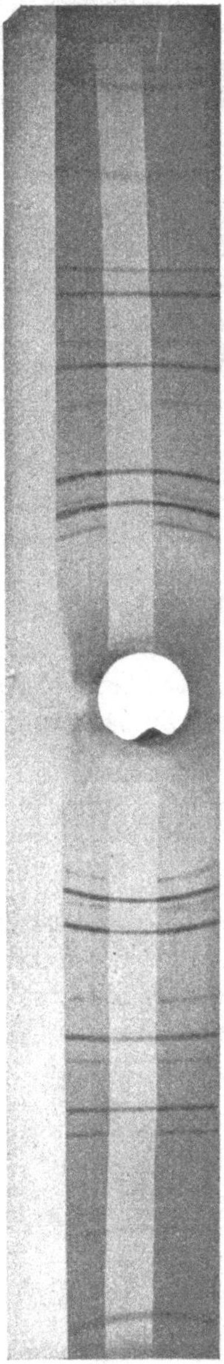

Fig. 232. Stäbchen aus metallischem Kupfer aufgenommen mit Cu-K-Strahlung und Ni-Folie von 0,02 mm.

Weitere Fehler können durch Längenänderungen des Filmes beim Entwickeln und Trocknen hervorgerufen werden. Um die Methode von dieser Fehlerquelle unabhängig zu machen, nimmt Davey[3] ein Vergleichsspektrum von NaCl auf, indem er die zu untersuchende Substanz in einem Glasröhrchen darüber schichtet. Nach Ott[4] ist es vorteilhafter, Substanz und NaCl innig miteinander zu mischen. Wegen des einheitlichen Absorptionskoeffizienten der Mischung fällt dann die Linienverschiebung für beide Spektren gleichmäßig aus.

[1] Bohlin, Ann. Phys. [4] **61**, 423 (1920). — Ott, Phys. Ztschr. **24**, 209 (1923).
[2] Ott, Sitzgb. Bayr. **1924**, 31.
[3] Davey, Phys. Rev. [2] **21**, 143 (1923).
[4] Ott, l. c.

Die Ausmessung von Debyediagrammen wird häufig durch eine starke Verschleierung des Films besonders an den beiden äußeren Enden erschwert. Diese Verschleierung wird dadurch hervorgerufen, daß in dem Präparat durch die einfallende Primärstrahlung eine charakteristische Sekundärstrahlung angeregt wird (z. B. bei Anwendung von Cu-K-Strahlung besonders in mangan- oder jodhaltigen Präparaten). In einem solchen Falle kann man sich nach OTT[1] dadurch helfen, daß man das Kristallpulverstäbchen mit einem Zylinder aus Aluminiumfolie von etwa 14 mm Durchmesser umgibt. Die beiden Durchstoßungspunkte des Primärstrahles mit dem Zylinder sind so weit ausgeschnitten, daß das Aluminium von dem Primärstrahl nicht getroffen wird. Auf diese Weise erhielt OTT von LiJ mit Cu-K-Strahlung bei dreifacher Expositionszeit brauchbare Aufnahmen. Andernfalls bleibt nur die Möglichkeit, das Antikathodenmaterial zu wechseln.

Bei einfacheren Strukturen ist die Unterscheidung der schwächeren β-Linien von den stärkeren α-Linien ziemlich leicht. Bei komplizierteren Strukturen empfiehlt sich die Anwendung eines Filters (vgl. S. 290). Praktisch klebt man einen Filterstreifen, z. B. Nickelfolie, zwischen zwei schwarze Papierstreifen und deckt dann mit diesem Papier den photographischen Film ab. Man erhält dann Diagramme von dem in Fig. 232 abgebildeten Aussehen. Die β-Linien werden durch die Folie herausgefangen, während die α-Linien nur wenig geschwächt werden.

Methode von SEEMANN und BOHLIN.

Eine andere Möglichkeit zur Erzielung von Interferenzlinien bei Kristallpulversubstanzen wurde zuerst von SEEMANN[2] angegeben und gleichzeitig von BOHLIN[3] gefunden. Fig. 233a zeigt das Prinzip der Bohlinkamera. In der Wandung der zylinderförmigen Kamera befindet sich ein

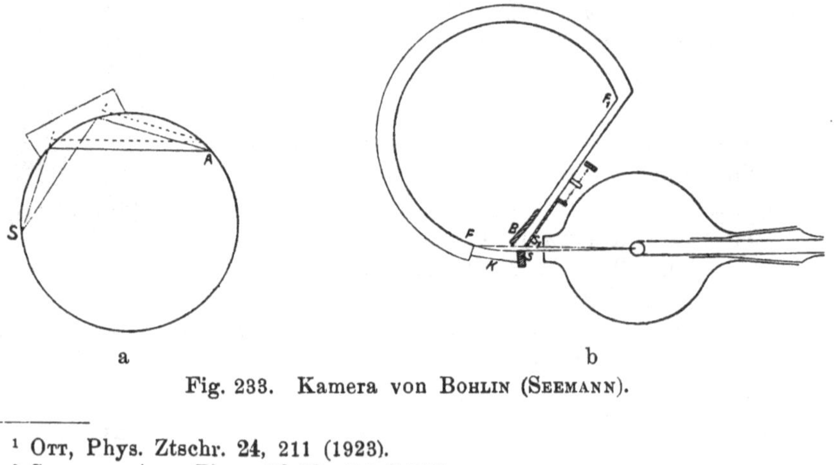

a b

Fig. 233. Kamera von BOHLIN (SEEMANN).

[1] OTT, Phys. Ztschr. **24**, 211 (1923).
[2] SEEMANN, Ann. Phys. [4] **59**, 458 (1919).
[3] BOHLIN, Ann. Phys. [4] **61**, 422 (1920).

Spalt S. Die durch diesen Spalt eintretenden Röntgenstrahlen treffen auf das Kristallpulvermaterial, mit dem ein Teil der Innenwandung der Kamera ausgekleidet ist. Der übrige Teil der Kamera ist mit einem photographischen Film ausgelegt. Zufällig richtig orientierte Kriställchen reflektieren die vom Spalt S kommenden Röntgenstrahlen sämtlich nach dem gleichen Punkt A des Filmes (Peripheriewinkel). Die Linienbreite ist abhängig von der Spaltbreite und von der Eindringungstiefe der Röntgenstrahlung in das Kristallpulver. Fig. 233b ist eine schematische Darstellung der Bohlinkamera. Die Röntgenstrahlung tritt in die Kamera ein zwischen der festen Schneide S und der verstellbaren Schneide S_1. Zum Schutz des Filmes gegen direkte Strahlung ist außerdem die Blende B angebracht. Das Kristallpulvermaterial befindet sich bei K, während der photographische Film von F bis F_1 die Kamerawandung bedeckt. Der von den Schneiden S und S_1 gebildete Spalt muß zur Erzielung scharfer Spektrallinien genau in der Zylinderwandung der Kamera liegen. Dies ist technisch nicht vollkommen durchführbar, sondern es liegt nur die Schneide S mit dem Kristallpulvermaterial und dem Filme auf einem Kreise. Dieses und die Eindringungstiefe der Strahlung haben zur Folge, daß nur die eine Kante der entstehenden Spektrallinien scharf erscheint, während die andere Kante verwaschen ist. Fig. 234 zeigt eine Aufnahme von Magnesium nach Bohlin.

Fig. 234. Kristallpulverdiagramm nach Seemann-Bohlin.

Die Anbringung des Kristallpulvers auf einer Fläche ist ferner Gegenstand zweier Arbeiten von Brentano.[1]

Einige besondere Anwendungen der Pulvermethode.

Außer für strukturanalytische Zwecke hat die Kristallpulvermethode auch noch einige andere Anwendungen gefunden, die im folgenden behandelt werden sollen.

Die durch Kristallpulveraufnahmen erhaltene Linienbreite ist im allgemeinen unabhängig von der Kristallitgröße. Erst in dem Gebiet, in dem eine Substanz den Dispersitätsgrad eines Kolloides erreicht, tritt eine Verbreiterung der Linien ein. Scherrer[2] benutzte diese Verbreiterung zur Bestimmung der Größe kolloider Teilchen. — Den Zusammenhang von Teilchengröße und Linienbreite übersieht man am besten an dem optischen Analogon. Bei der Durchstrahlung eines Gitters mit einfarbigem Licht ist die Lage der Interferenzlinien nur abhängig von der Entfernung der Gitterstäbe, dagegen unabhängig von ihrer Anzahl. Mit der Zahl der Stäbe ändert sich aber die Schärfe der Interferenzlinien, und zwar ist die

[1] Brentano, Arch. Sc. Phys. et Nat. Genève [5] **1**, 550 (1919); Nature **112**, 652 (1923).

[2] Scherrer in Zsigmondy, Kolloidchemie S. 397 (Leipzig 1920).

Breite der Linien umgekehrt proportional der Anzahl der Gitterstäbe. Bei dem geringeren Abstand der Gitterebenen eines Kristalls ist schon bei geringer Eindringungstiefe der Röntgenstrahlen in den Kristall die Zahl der reflektierenden Ebenen so groß, daß sehr scharfe Linien entstehen. SCHERRER findet, daß eine Verbreiterung der Linien erst von einem Kristalldurchmesser von 10^{-5} bis 10^{-6} cm an meßbar wird. Teilchen dieser Größe sind Kolloidteilchen. Für würfelförmige Kriställchen von der Kantenlänge Λ ergibt sich für die Halbwertsbreite[1] des bei ϑ auftretenden Maximums:

$$\beta = 2\sqrt{\frac{\ln 2}{\pi}} \cdot \frac{\lambda}{\Lambda} \cdot \frac{1}{\cos\frac{\vartheta}{2}},$$ [2]

wobei λ die benutzte Wellenlänge ist. Fig. 235 zeigt die Debyediagramme von gefälltem Gold im Vergleich zu zwei Proben kolloiden Goldes.

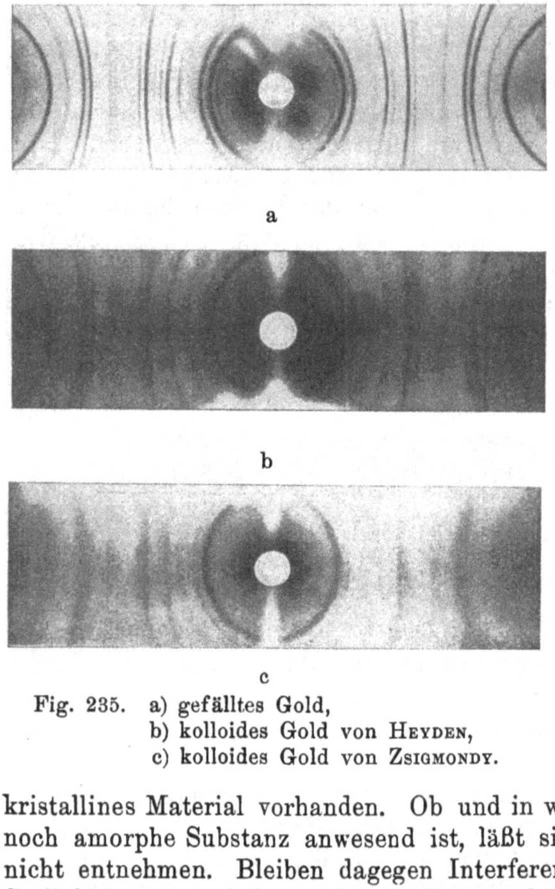

a b c

Fig. 235. a) gefälltes Gold,
b) kolloides Gold von HEYDEN,
c) kolloides Gold von ZSIGMONDY.

Die mit Hilfe der Debye-Scherrermethode gewonnenen Diagramme sind auch für Schlüsse rein qualitativer Natur nutzbar gemacht worden. Denn ein solches Diagramm gestattet sofort eine Entscheidung darüber, ob eine zu untersuchende Substanz kristallines Material enthält oder nicht. Treten Interferenzen auf, so ist auch kristallines Material vorhanden. Ob und in welchen Mengen daneben etwa noch amorphe Substanz anwesend ist, läßt sich dem Diagramm allerdings nicht entnehmen. Bleiben dagegen Interferenzen gänzlich aus, so ist der Schluß gestattet, daß ausschließlich amorphes Material vorliegt.[3] Weiter aber macht die Herstellung eines solchen Diagrammes eine rasche Ent-

[1] Unter der Halbwertsbreite einer Spektrallinie versteht man ihre Breite, gemessen zwischen den Punkten, an denen die Intensität die Hälfte des Maximalwertes beträgt.

[2] Die SCHERRERsche Formel wurde neuerdings von R. BRILL, Ztschr. f. Kristallographie **68**, 387 (1928) experimentell geprüft und mit einem Ansatz von M. v. LAUE, Ztschr. f. Kristallographie **64**, 115 (1926) verglichen.

[3] Amorphe Substanzen und Flüssigkeiten geben nur für einen oder zwei breite, verwaschene Debyeringe, deren Durchmesser dem mittleren Molekülabstand proportional ist [KEESOM, Physica **2**, 118 (1922); KATZ, Z. f. Physik **45**, 97 (1927); KATZ u. SELMAN, Z. f. Physik **46**, 392 (1928); KATZ, Z. angew. Chem. **41**, 329 (1928)].

scheidung darüber möglich, welche der verschiedenen kristallinen Modifikationen eines Stoffes in der zu untersuchenden Substanz vorliegt, da jede Modifikation eine ihr allein zukommende charakteristische Linienverteilung aufweist.[1] Die Methode ist daher auch zur qualitativen Analyse vorgeschlagen worden.[2]

d) Das Drehdiagramm (vollständiges Diagramm) und Faserdiagramm.

Im vorhergehenden Abschnitt wurden die Erscheinungen besprochen, die entstehen, wenn eine aus vollkommen ungeordneten Kriställchen bestehende Substanz von einem Bündel paralleler, monochromatischer Röntgenstrahlen getroffen wird. Zu anderen Interferenzerscheinungen kommt man, wenn in dem Kristallpulver eine gewisse Ordnung vorherrscht, die Kriställchen parallel zu einer kristallographischen Achse geordnet sind. Das ist in weitgehendem Maße der Fall bei natürlich gewachsenen Fasern und mechanischer Beanspruchung

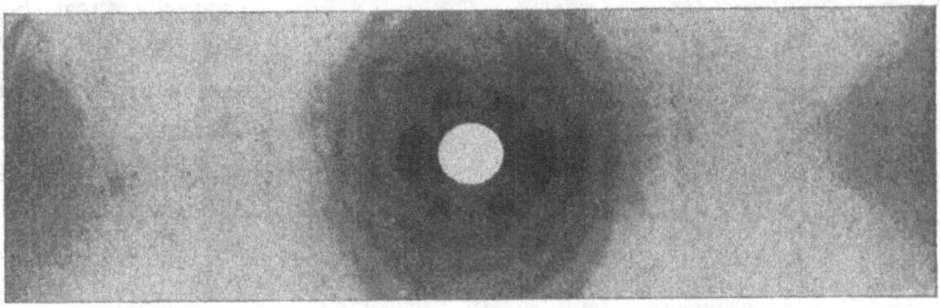

Fig. 236. Aufnahme einer Ramiefaser (SCHERRER).

ausgesetzt gewesenen polykristallinen Substanzen. Da die Ordnung in diesen Fällen immer nur eine angenäherte ist, so spricht man von „realer Faserstruktur". Fig. 236 zeigt das Diagramm einer in der Debye-Scherrerkamera aufgenommenen Ramiefaser.[3] Auf den für polykristallines Material

---

[1] Vgl. z. B. folgende Arbeiten: 1. DEBYE u. SCHERRER, Nachr. K. Ges. Wiss. Göttingen **1916**, 1 (Silicium); Phys. Ztschr. **18**, 291; Nachr. K. Ges. Wiss. Göttingen **1917**, 180 (Kohle). — 2. FRICKE, Z. Elektr. **26**, 141 (1920) (Aluminiumhydroxyd). — 3. KAHLER, Phys. Rev. [2] **17**, 230; **18**, 210 (1921) (gespritzte Metalle). — 4. HABER, Ber. **55**, 1717 (1922) (Hydroxyde und Sulfide). — 5. BÖHM u. NICLASSEN, Z. anorg. Chem. **132**, 1 (1923) (amorphe Ndschl., krist. Sole) — 6. K. A. HOFMANN u. RÖCHLING, Ber. **56**, 207 (1923) (Glanzkohle). — 7. PIRANI u. FEHSE, Z. Elektr. **29**, 168 (1923) (Graphit). — 8. SCHLEEDE u. GANTZCKOW, Z. f. Physik **15**, 184 (1923) (Zinksulfid); Z. phys. Ch. **106**, 37 (1923) (Sulfid-Phosphore). — 9. SCHLEEDE, Z. phys. Ch. **106**, 386 (1923) (Zinksulfid). — 10. TIEDE u. TOMASCHEK, Z. Elektr. **29**, 303 (1923) (Bornitrid). — 11. TIEDE u. SCHLEEDE, Z. Elektr. **29**, 305 (1923) (Calciumwolframat). — 12. SCHLEEDE u. GRUHL, Z Elektr. **29**, 411 (1923) (Zinksilicat). — 13. FRICKE, Z. Elektr. **30**, 393 (1924) (Hydroxyde). — 14. FRICKE u. WEVER, Z. anorg. Chem. **136**, 321, (1924) (alternde Metallhydroxyde). — 15. KOHLSCHÜTTER u. SCHERRER, Helv. chim. Acta **7**, 337 (1924) (Bleioxyd). — 16. BÖHM, Z. anorg. Chem. **149**, 203 (1925) (Aluminium-, Eisenhydroxyd); Kolloidzeitschr. **42**, 276 (1927) (anorg. Kolloide).

[2] HADDING, Ztschr. f. Kristallographie **58**, 108 (1923). — COSTER, Z. Elektr. **29**, 348 (1923).

[3] SCHERRER in ZSIGMONDY, Kolloidchemie, S. 408 (1920); ferner HERZOG u. JANCKE, Z. f. Physik **3**, 196 (1920); Z. anorg. Ch. **34**, 385 (1921).

charakteristischen Debye-Scherrerringen heben sich infolge der bevorzugten Orientierung der Kristallite verstärkte Kurventeile heraus. — Vollkommene Ordnung der Kristallite ist von Natur aus nicht vorhanden und läßt sich auch durch mechanische Beanspruchung nicht hervorrufen, doch kann man die der „idealen Faserstruktur" entsprechenden Interferenzerscheinungen erhalten, indem man einen Einzelkristall während der Aufnahme um eine Achse dreht. Das Drehdiagramm (vgl. Fig. 237) besteht aus einem in der Mittellinie gelegenen Hauptspektrum und einer Reihe darüber und darunter gelegener Nebenspektren. — Häufig beobachtet man beim Dreh- und Faserdiagramm radiale, vom Durchstoßungspunkt ausgehende Streifen (Radialdiagramm). Diese rühren vom kontinuierlichen Spektrum her, da bei Variierung der eingestrahlten Wellenlänge die Interferenzpunkte radial auf den Durchstoßungspunkt zu wandern (ebenso wie sich der Durchmesser bei den Debye-Scherrerringen ändert).

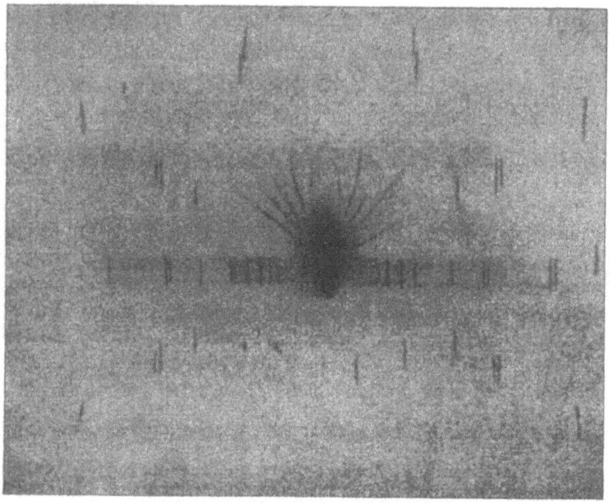

Fig. 237.

Die Entstehung der „Nebenspektren" kann man sich am einfachsten folgendermaßen deuten: Die Lagenmannigfaltigkeit ist im Fall des einfachen Kristallpulvers dreidimensional, im Fall der Faser oder des Drehkristalls dagegen nur zweidimensional. Im letzten Fall ist die Wirkung der dritten Dimension, der Drehachse, diejenige eines linearen Gitters. Für das lineare Gitter gilt nach S. 18:

$$a(\cos\alpha - \cos\alpha_0) = H\lambda .$$

Bezeichnen wir den spitzen Winkel zwischen Drehachse und Primärstrahl mit β ($\alpha_0 = \beta$), und den spitzen Winkel zwischen Drehachse und abgebeugten Strahl mit $90-\mu$ ($\alpha = 90 - \mu$), den Abstand zweier benachbarter, identischer Atome auf der Drehachse mit P ($a = P$), und bezeichnen wir schließlich die Reflexionsordnung mit n ($H = n$), so ergibt sich:

$$\frac{n\lambda}{P} = \sin\mu - \cos\beta \text{ (Polányische Schichtlinienbeziehung)}.^1$$

Die reflektierten Strahlen aller Netzebenen, die den auf die Drehachse bezüglichen Index gemeinsam haben, liegen auf einem, der Drehachse umschriebenen Doppelkegelmantel mit der Spitze in dem Punkt, in dem

---

[1] Polányi, Naturwissenschaften 9, 337 (1921); Z. f. Physik 7, 149 (1921); und ferner Polányi und Weissenberg, Z. f. Physik 9, 123 (1922).

der Primärstrahl das Objekt trifft. Bei Benutzung einer ebenen photographischen Platte bilden die Nebenspektren infolgedessen schwach hyperbelförmig gebogene Kurven, bei Benutzung eines zylinderförmigen Films (wie in der Debye-Scherrer-Anordnung) gerade Linien. Alle zur Zone der Drehachse gehörigen Ebenen reflektieren auf die horizontale Mittellinie, alle Netzebenen mit dem auf die Drehachse bezüglichen Index 1 auf die erste Schichtlinie nach oben und unten usw. Aus dem Abstand der Schichtlinien von der Mittellinie (Hauptspektrum) läßt sich der Abstand identischer Atome auf der Drehachse, die „Identitätsperiode", berechnen. Bezeichnet man die Entfernung der $n$ten Schichtlinie von der Mittellinie mit y_n und den Kameradurchmesser mit D_K, so gilt:

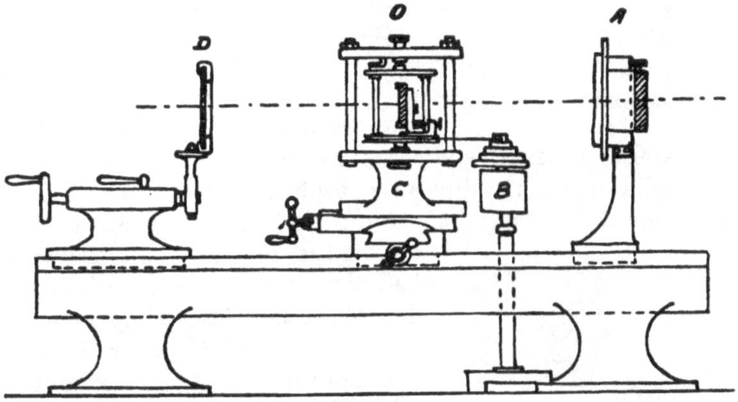

Fig. 238. Drehkristallapparat von de Broglie.

$$\operatorname{tg} \mu_n = \frac{y_n}{D_K/2} \,.$$

Zum Zweck der Strukturbestimmung wurde die Herstellung von Drehdiagrammen zuerst von Seemann[1] in Vorschlag gebracht. Praktisch verwandt wurde die Methode zur Strukturanalyse zuerst von Schiebold.[2] Die Feststellung, daß das Beugungsbild natürlich gewachsener Fasern im prinzipiellen Fall mit einem Drehkristalldiagramm übereinstimmt, stammt von Polányi.[3]

Der erste Forscher, der Drehkristallaufnahmen nach einer photographischen Methode machte, war M. de Broglie.[4] Eine schematische Darstellung des von ihm benutzten Apparates[5] gibt Fig. 238. Auf einer optischen Bank ist angebracht ein Spalt A, ein durch das Uhrwerk B gedrehter Kristall OC, dessen Drehachse mit der reflektierenden Fläche zusammenfällt, und ein Plattenhalter D (Fig. 237 zeigt eine Drehkristallaufnahme von de Broglie).

[1] Seemann, Phys. Ztschr. **20**, 55, 169 (1919).

[2] Vgl. Z. f. Physik **23**, 337 (1924).

[3] Polanyi, Z. f. Physik **7**, 151 (1921); Naturwissenschaften **9**, 337 (1921). Polányi und Weissenberg, Z. f. Physik **9**, 123 (1922); **10**, 44 (1922).

[4] de Broglie, C. r. **157**, 924, 1413 (1913); **158**, 177 (1914).

[5] Nach de Broglie, Les rayons X, S. 119 (Paris 1922).

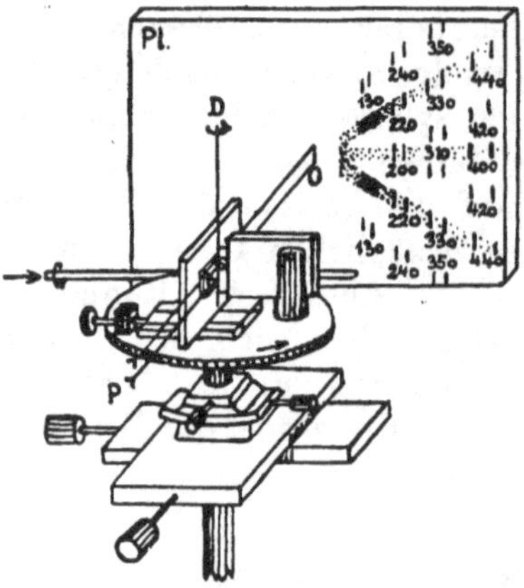

Fig. 239. Ausführung der Drehkristallmethode nach SCHIEBOLD.

SCHIEBOLD[1] benutzt zur Erzeugung von Drehspektrogrammen die SEEMANNsche Schneidemethode (vgl. S. 142) und dreht den Kristall während der Aufnahme nur um 20—30°. Die photographische Platte steht während der Aufnahme fest. Die apparative Anordnung ist in Fig. 239 schematisch wiedergegeben. Die Kristallplatte *K* berührt die zentrierte Platinschneide *S*. Die ganze Vorrichtung wird mittels des Schnurlaufs *C* um die Achse *D* gedreht. Die Platte steht parallel zur Drehachse und senkrecht zum Primärstrahl *P*.

Bei dem von POLÁNYI, MARK, WEISSENBERG u. a. benutzten Verfahren wird zur Herstellung der Drehdiagramme die Debye-Scherrerkamera benutzt. An Stelle des Kristallpulvers benötigt man einen Kristall von mindestens 2 mm Länge und 0,5 mm Dicke. Der Kristall wird an der Drehachse zunächst mit Klebwachs lose befestigt, mit der Drehvorrichtung unter das binokulare Mikroskop gebracht, und dann wird bei 25facher Vergrößerung die gewünschte Kante eingestellt. Darauf muß die Drehachse in der Kamera vor der Blende so ausgerichtet werden, daß sich der Kristall stets mitten im Strahlengang befindet und keine kegelnden oder kreisenden Bewegungen ausführt. Um die Achse in die erforderliche Lage bringen zu können, befestigt man sie vorteilhaft an einem Kreuztisch. Bei unzureichender Zentrierung oder wenn die Streuung des Primärstrahls größer als 2—3° ist, tritt jede Interferenz mehrfach auf, und die Schichtlinien werden undeutlich oder unerkennbar. In Fig. 240 ist ein Drehdiagramm von Hexamethylentetramin wiedergegeben.[2]

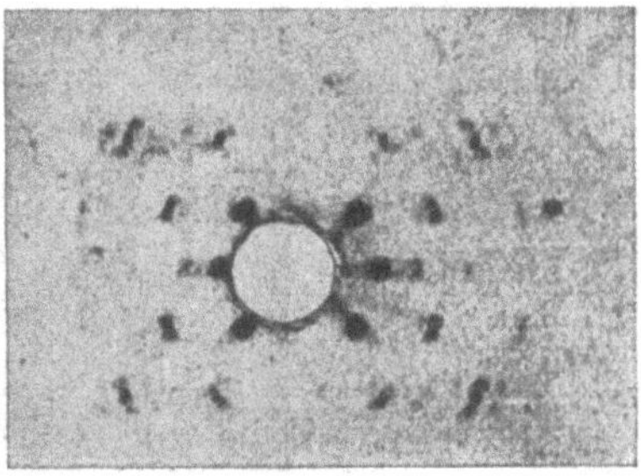

Fig. 240. Drehdiagramm von Hexamethylentetramin.

Mit Rücksicht auf die genaue Vermessung von Drehspektrogrammen ist es wünschenswert, daß man wenigstens zwei Aufnahmen macht. Man verwendet dann je einen vertikalen und einen horizontalen Schlitz als Blende und erhält auf diese Weise Spektrogramme vom Typus der Fig. 241.

---

[1] SCHIEBOLD, Z. f. Physik **9**, 180 (1922). — RINNE, Kristallographische Formenlehre, 4. und 5. Aufl., S. 236 (Leipzig 1922); vgl. ferner RINNE, Röntgenographische Feinbaustudien, Abh. Sächs. Akad. Wiss. **38**, Heft 3 (1921). — POLÁNYI, SCHIEBOLD, WEISSENBERG, Z. f. Physik **23**, 337 (1924).

[2] GONELL und MARK, Z. phys. Ch. **107**, 181 (1923).

Das Diagramm a dient zur Ausmessung der Interferenzen, das Diagramm b zur Vermessung der Schichtlinien.[1]

Ist das Kristallpulver so feinkristallin, daß sich von einem einzelnen Kristall kein Drehdiagramm herstellen läßt, so kann man nach BECKER und JANCKE[2] das Kristallpulver durch Druck nach einer Richtung parallel orientieren. Ein solches Druckdiagramm entspricht in seinem Aussehen vollkommen dem Faserdiagramm. Bei der Herstellung von Druckdiagrammen ist Vorsicht dann geboten, wenn in dem Kristallpulver eine metastabile Kristallform vorliegt, die durch den Druck in die stabile Form umgewandelt werden kann.

Ebenso wie man aus dem Drehdiagramm und dem Faserdiagramm die Struktur ermitteln kann, bieten solche Spektrogramme umgekehrt die

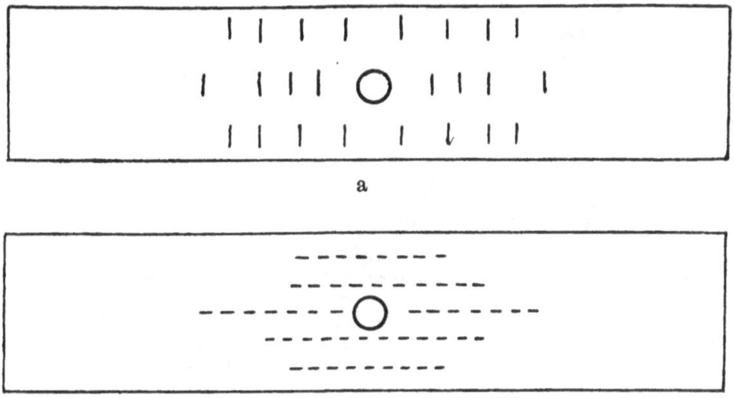

a

b

Fig. 241.

Möglichkeit, die Orientierung eines Kristalls oder eines Kristallpulvers in bezug auf eine ausgezeichnete Richtung zu bestimmen. Auf diese Weise konnten in zahlreichen Arbeiten die Vorgänge beim Kaltrecken und bei der Rekristallisation von Metallen weitgehend geklärt werden.[3]

e) Röntgengoniometer.

Um die Röntgengoniometer zu verstehen, müssen wir erst noch einmal kurz auf die Drehdiagramme eingehen. Es sei in Fig. 242 um den Mittelpunkt K des Kristalls eine Kugel beschrieben, und es sei AKA' der

[1] HOFFMANN und MARK, Z. phys. Ch. **111**, 321 (1924); daselbst auch Diskussion der durch exzentrische Justierung usw. entstehenden Fehler der Drehkristallmethode.

[2] BECKER und JANCKE, Z. f. phys. Ch. **99**, 242 (1921).

[3] USPENSKI, KONOBEJEWSKI, Vortr. 1920 v. d. Moskauer Lebedew-Ges.; Z. f. Physik **16**, 215 (1923). — ETTISCH, POLÁNYI u. WEISSENBERG, Z. f. Physik **7**, 181 (1921). — MARK, POLÁNYI u. SCHMID, Z. f. Physik **12**, 58 (1922). — MARK u. WEISSENBERG, Z. f. Physik **14**, 328 (1923); **16**, 314 (1923). — KÖRBER, Z. Elektr. **29**, 295 (1923). — WEVER, Mitt. a. d. Kaiser Wilh.-Inst. f. Eisenforsch. Düsseldorf 1924. — JOFFÉ, KIRPITSCHEWA u. LEWITZKY, Z. f. Physik **22**, 286 (1924). — GLOCKER u. KAUPP, Z. f. Physik **24**, 121 (1924). — Ferner eine große Reihe neuerer Arbeiten.

Primärstrahl, DKD' die Drehachse und NKN' die Normale einer Netzebenenschar. Die Lage der Normalen möge bestimmt sein durch das Azimut $\sphericalangle ADN = \alpha$ und den Polabstand $DN = \beta$. Wird der Kristall gedreht, so wandern die Punkte N und N' auf den beiden in Fig. 242 eingezeichneten Breitenkreisen. Es bleibt dabei β unverändert, während α abnimmt, falls die Drehung in dem in Fig. 242 durch die Pfeile angedeuteten Sinne erfolgt. Gelangt N nach B_1, so möge die Netzebenenschar den Intenferenzstrahl KJ_1 erzeugen. Es ist dann:

$$\sphericalangle J_1 K C = 2\vartheta$$

und

$$\sphericalangle AKB_1 = \sphericalangle B_1 KJ_1 = 90 - \vartheta .$$

Der Winkel ϑ hängt dabei mit der Wellenlänge λ des verwendeten Röntgenlichtes und dem Netzebenenabstand d nach Gl. (4) auf S. 22 zusammen durch die Gl.:

(1) $$n\lambda = 2\,d \sin \vartheta \quad (n = 1, 2, 3 \ldots).$$

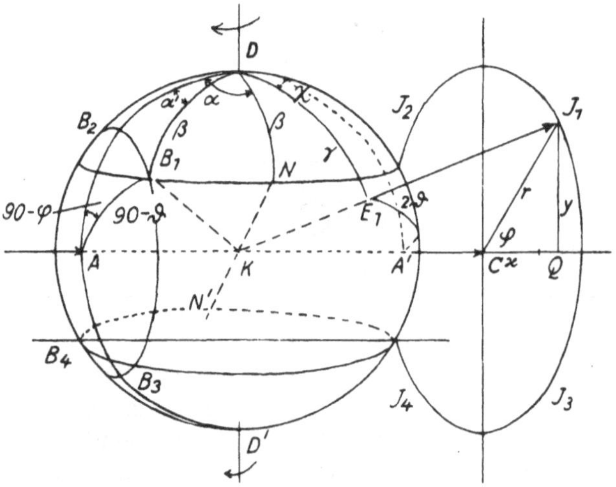

Fig. 242. Reflexionen einer Netzebenenschar bei einer vollen Umdrehung des Kristalls.

Alle Netzebenenscharen, die den gleichen Netzebenenabstand d besitzen, befinden sich also in reflektionsfähiger Lage, wenn ihre Normale KB mit dem Primärstrahl AK den Winkel $90 - \vartheta$ bildet. Die Punkte B liegen dann nach Fig. 242 auf einem Kreise, der auf dem Primärstrahl senkrecht steht, und die zugehörigen Interferenzstrahlen KJ erfüllen einen Kreiskegel mit dem Öffnungswinkel 4ϑ. Je nachdem, ob nun eine photographische Platte oder ein die Drehachse koaxial umgebender Film verwendet wird, erzeugt der Kreiskegel von Interferenzstrahlen einen eigentlichen Kreis oder eine kreisähnliche Kurve (Debye-Scherrer-Ring). Die beiden Breitenkreise, auf denen sich die Punkte N und N' bewegen, schneiden den Kreis mit dem sphärischen Radius $90 - \vartheta$ in den 4 Punkten B_1, B_2, B_3, B_4. Zu ihnen gehören die Interferenzstrahlen KJ_1, KJ_2, KJ_3, KJ_4.

Jede Netzebenenschar gibt also Veranlassung zu einem Quadrupel von Interferenzstrahlen, und diese 4 Strahlen liegen symmetrisch zu der durch Primärstrahl und Drehachse gehenden Ebene und der durch den Primärstrahl senkrecht zur Drehachse gehenden Ebene. Jedes Drehdiagramm hat daher auch 2 Symmetrieachsen parallel und senkrecht zur Drehachse, und die Interferenzflecke zerfallen in Gruppen von je 4. Kommt nun ein bestimmter Netzebenenabstand nur einmal im Kristall vor, so liegt auf dem zugehörigen DEBYE-SCHERRER-Ring nur eine Vierergruppe von Interferenzpunkten. Kommt jedoch der Netzebenenabstand mehrfach vor, so entstehen, falls die Netzebenen zur Drehachse eine allgemeine Lage haben, auf einem DEBYE-SCHERRER-Ring mehrere Vierergruppen. Bei einem kubischen Kristall sind z. B. die Würfelebenenscharen (100), (010),

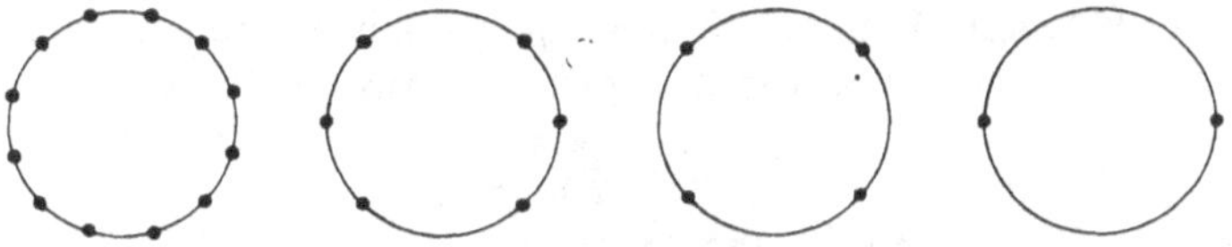

a b c d

Fig. 243. Reflexionen von der Würfelebene bei Drehung um eine a beliebige Achse, b (), c △, d □.

(001) gleichwertig und haben daher denselben Netzebenenabstand. Dreht man also den Würfel um eine beliebige Achse, so wird man 3 Vierergruppen erhalten (Fig. 243a). Wählt man als Drehachsen jedoch Symmetrieachsen des Kristalls (Fig. 9a), so fallen die Vierergruppen teilweise oder ganz zusammen, und man erhält Bilder, wie in Fig. 243b, c, d wiedergegeben. Während einer vollen Umdrehung wird dann der einzelne Interferenzpunkt nicht einmal, sondern 2-, oder 3- oder 4-mal belichtet.

Aus der Lage eines Interferenzpunktes mit Bezug auf die horizontale und vertikale Symmetrieachse des Drehdiagramms läßt sich nun die Lage berechnen, welche die betreffende Netzebenenschar im Momente der Reflexion besaß und zwar am einfachsten, wenn zur Aufnahme eine photographische Platte verwendet wurde. Sind denn r und φ die Polarkoordinaten des Interferenzpunktes J_1, so ist die Lage der Netzebenennormalen KB_1 bestimmt durch den Winkel $DAB_1 = 90 - \varphi$ und den Bogen $AB_1 = 90 - \vartheta$, wobei

(2) $$\operatorname{tg} 2\vartheta = \frac{r}{a},$$

wenn a der Abstand des Kristalls von der photographischen Platte ist. Der Polabstand β der Netzebenennormalen berechnet sich dann aus dem rechtseitigen sphärischen Dreieck ADB_1 zu:

(3) $$\cos\beta = \cos\vartheta \sin\varphi\,.$$

Wird ein koaxialer Filmzylinder benutzt, so berechnet man zunächst die Lage des Interferenzstrahles KJ_1. Der Punkt E_1, in dem dieser Interferenzstrahl die Kugel schneidet, ist bestimmt durch den Winkel

$A'DE_1 = \chi$ und den Bogen $DE_1 = \gamma$. Sind nun x und y die rechtwinkligen Koordinaten des Interferenzpunktes, und ist a der Radius des Filmzylinders, so ist:

$$\frac{\chi}{360^\circ} = \frac{x}{2\pi a} \tag{4}$$

und

$$\operatorname{tg}(90 - \gamma) = \frac{y}{a}\,. \tag{5}$$

Aus dem rechtseitigen sphärischen Dreieck $A'DE_1$ folgt dann:

$$\cos 2\vartheta = \sin\gamma \cos\chi \tag{6}$$

und

$$\sin\varphi = \frac{\cos\gamma}{\sin 2\vartheta}\,. \tag{7}$$

Durch diese Formeln können ϑ und φ berechnet und damit die Lage der Netzebenennormalen bestimmt werden. Aus (3) folgt:

$$\cos\beta = \frac{\cos\gamma}{2\sin\vartheta}\,. \tag{8}$$

Mit einem Röntgengoniometer will man nun die Winkel zwischen den inneren Netzebenen eines Kristalls genau so bestimmen, wie mit einem gewöhnlichen Goniometer die Winkel zwischen den äußeren Kristallflächen bestimmt werden. Dazu genügt es nun nicht, die Lage zu kennen, welche die Netzebenenscharen im Momente der Reflexion relativ zum Primärstrahl hatten, wie sie durch die Gl. (2) bis (8) bestimmt wird, sondern man muß ihre Lage relativ zu einer festen Richtung im Kristall kennen. Als eine solche feste Richtung kann man etwa die Lage benutzen, die der Primärstrahl im Kristall bei Beginn der Rotation besaß. Das zu Anfang eingeführte Azimut α des Punktes N sei von dieser im Kristall festen Richtung aus bestimmt. Sind dann α_1, α_2, β_1, β_2 Azimut und Polabstand zweier Punkte N_1 und N_2, so ergibt sich der Winkel zwischen den Netzebenennormalen KN_1 und KN_2 aus dem sphärischen Dreieck N_1DN_2. In diesem Dreieck ist nämlich $DN_1 = \beta_1$, $DN_2 = \beta_2$, $\sphericalangle N_1DN_2 = \alpha_2 - \alpha_1$ und der Bogen N_1N_2 gleich dem gesuchten Winkel.

Das Azimut α kann nun bestimmt werden, indem man die Drehung des Kristalls mit einer Bewegung des Filmes bzw. der photographischen Platte koppelt. Als Bewegungsrichtung wird sich beim Film, der ja die Drehachse koaxial umgibt, die Richtung parallel zur Drehachse empfehlen, bei der photographischen Platte jedoch die Richtung senkrecht zur Drehachse, weil sich diese Bewegung am leichtesten mit der Drehung koppeln läßt. Man erhält daher die im folgenden beschriebenen beiden Ausführungsformen des Röntgengoniometers.

Das Röntgengoniometer von K. Weissenberg.[1]

Werden Kristalldrehung und Filmbewegung in der durch Fig. 245c angedeuteten Weise gekoppelt, so werden die 4 nach Fig. 242 auf einem

[1]) K. Weisenberg, Z. f. Physik **23**, 229 (1924).

DEBYE-SCHERRER-Ring liegenden Interferenzpunkte J_1, J_2, J_3, J_4 in der durch Fig. 244 angegebenen Weise auseinandergezogen. In dieser Figur ist C der Einstichpunkt des Primärstrahles für den Zeitpunkt, in dem sich die Normale der reflektierenden Netzebenenschar in der Lage KN der Fig. 242 befindet; α' ist der Winkel ADB_1, der Fig. 242, also das Azimut der Netzebenennormale im Moment der Reflexion; R ist das Übersetzungsverhältnis d. h. die in Millimeter gemessene Strecke, um die sich der Film bewegt, wenn der Kristall um 1^0 gedreht wird, und $2y$ ist der Abstand, den die Interferenzpunkte J_1 und J_3 bzw. J_2 und J_4 bei ruhendem Film voneinander haben, d. h. $2y$ ist der Abstand der beiden Schichtlinien, zu denen J_1, J_2 bzw. J_3, J_4 gehören. Man erkennt aus Fig. 244, wie das Azimut α aus dem Röntgengoniometerdiagramm bestimmt ist.

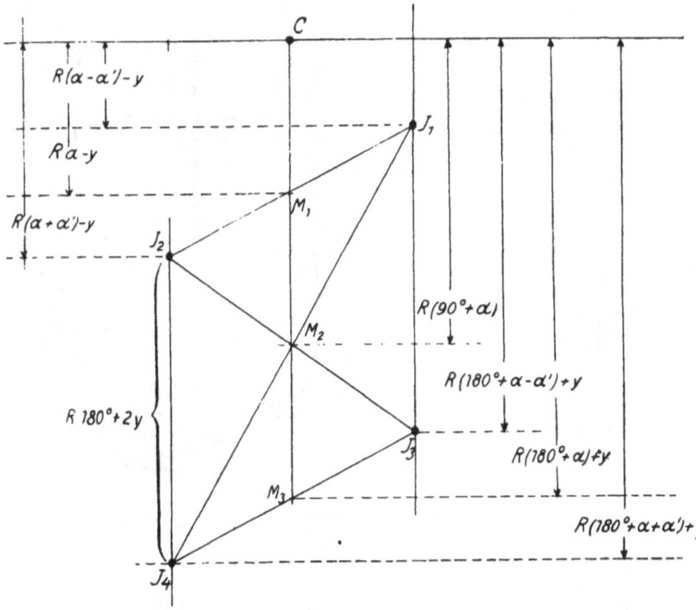

Fig. 244. Verteilung der Inferenzpunkte, erzeugt von einer Netzebenenschar, während einer vollen Umdrehung eines Kristalls im WEISSENBERGschen Röntgengoniometer.

Bei der Fülle von Interferenzpunkten wird es allerdings schwierig sein, sich im Diagramm zurecht zufinden. WEISSENBERG bringt daher eine Blende an, die nur einer Schichtlinie den Durchgang gestattet. Die Verhältnisse werden am einfachsten, wenn diese Schichtlinie, wie in Fig. 245 angenommen, der Äquator ist. Es ist dann $y = 0$ und nach Fig. 242: $\alpha' = 90 - \vartheta$ und $\chi = 2\,\vartheta$. Bezeichnen wir die rechtwinkligen Koordinaten eines Interferenzpunktes im Goniometerdiagramm mit ξ und η, so ist nach (4):

$$\frac{2\,\vartheta}{360^0} = \frac{\xi}{2\pi a} \tag{9}$$

und nach Fig. 242:

$$\eta = R(\alpha + \vartheta - 90). \tag{10}$$

Haben 2 Interferenzpunkte die Abszissendifferenz $\Delta\xi$ und die Ordinatendifferenz $\Delta\eta$, so ist nach (9) und (10):

$$\Delta\vartheta = \frac{\Delta\xi \cdot 90^0}{\pi\alpha} \tag{11}$$

und

$$\Delta\eta = R(\Delta\alpha + \Delta\vartheta). \tag{12}$$

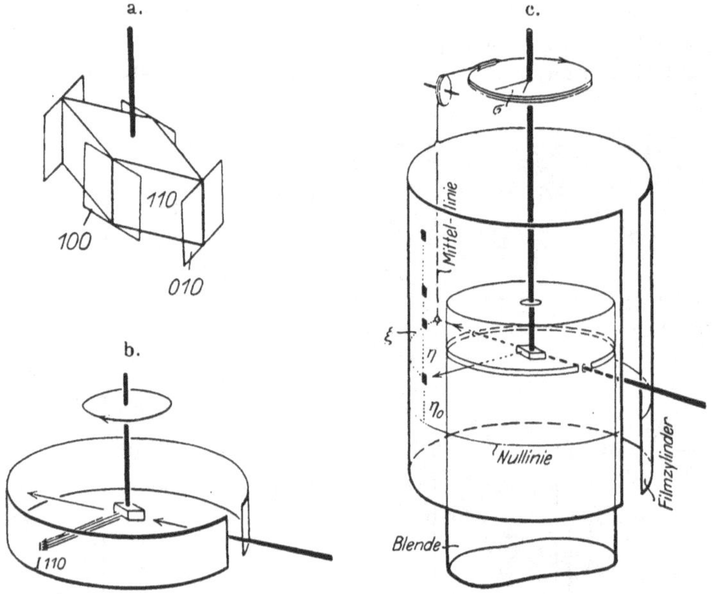

Fig. 245. Schematische Darstellung des Röntgengoniometers von Weissenberg und der Entstehung des Diagramms.

Die Differenz $\Delta\alpha$ der Azimute ist gleich dem Winkel σ, den die Netzebenennormalen miteinander bilden. Für diesen Winkel σ folgt also aus (11) und (12):

$$\sigma = \frac{1}{R}\Delta\eta - \frac{\Delta\xi \cdot 90^0}{\pi a}. \tag{13}$$

Sind die Netzebenen gleichwertig, wie die Ebenen (110), $(1\bar{1}0)$, $(\bar{1}10)$, $(\bar{1}\bar{1}0)$ des in Fig. 245a abgebildeten rhombischen Kristalls, so haben sie denselben Netzebenenabstand d und daher nach (1) den gleichen Glanzwinkel ϑ. Bei ruhendem Film belichten sie daher nach Fig. 245b nacheinander denselben Interferenzpunkt, bei bewegtem Film erzeugen sie nach Fig. 245c Interferenzpunkte, die auf einer vertikalen Geraden liegen. Die Gl. (13) vereinfacht sich dann zu

$$\sigma = \frac{1}{R}\Delta\eta. \tag{14}$$

Zusammenfassend kann man sagen: Das WEISSENBERGsche Röntgengoniometer vereinigt in gewisser Weise die Vorzüge des Drehdiagramms mit den Vorteilen der Spektrometermethode, indem es mit dem Drehdiagramm den Reichtum an Interferenzpunkten und mit der Spektrometermethode die leichte Deutbarkeit gemein hat. Fig. 246 zeigt das von J. BÖHM[1] durchkonstruierte Goniometer. Der Primärstrahl tritt durch die Blende *P* ein und trifft den Kristall *K*, der durch den Goniometerkopf *G* einjustiert wird. Goniometerkopf und Kristall werden durch einen kleinen Antriebsmotor gedreht. Von den Interferenzstrahlen werden alle, die nicht zu der zu untersuchenden Schichtlinie gehören, durch die Blende *B* abgeblendet. Diese Blende ist in Fig. 246 abgenommen worden, um den Goniometerkopf sichtbar zu machen. Der Film wird auf dem Träger *F* festgespannt. Dieser Filmträger *F* wird mittels des Wagens *W* auf dem Schienenpaar *S* hin- und herbewegt. Zu

Fig. 246. Apparative Ausführung des WEISSENBERGschen Röntgengoniometers nach BÖHM.

dem Zweck sitzt auf der Achse *A* eine Rolle *R*, von deren Umfange eine Kette zur Bewegung des Wagens abrollt. Die Größe der Rolle ist so gewählt, daß von ihrem Umfange bei einer Drehung um 1^0 gerade 1 mm Kette abrollt. Durch den Kontakt *K* wird der Antriebsmotor umgesteuert.

Fig. 247 zeigt oben den Äquator einer gewöhnlichen Drehaufnahme des rhombisch kristallisierenden Diaspors (*c*-Achse). Darunter ist dessen Auflösung vermittelst des Röntgengoniometers abgebildet. Denken wir uns in Fig. 245c die Fläche (110) mit „weißem" Röntgenlicht bestrahlt, so würde der zugehörige Interferenzstrahl bei feststehendem Filmzylinder eine Linie parallel der Nullinie erzeugen. Bei bewegtem Film bildet die Linie mit der Nullinie einen Winkel ω, für den $\operatorname{tg} \omega = \frac{\text{Radius von } R}{\text{Durchmesser von } F}$. Diese schiefen Linien sind in Fig. 247 als vom Bremsstrahlenspektrum herrührender Untergrund deutlich zu erkennen. Auf ihnen liegen die Interferenzen verschiedener Ordnung. Aus der linken Seite der Fig. 247 erkennt man so auf einer Linie die Interferenzen (100), (200), (300), (400), (500)

[1] BÖHM, Z. f. Physik 39, 557 (1926).

und sieht sofort, daß die Interferenzen gerader Ordnung stark sind. Auf einer anderen Linie erkennt man die Interferenzen (110) (220) (330) (440) und sieht, daß hier umgekehrt die Interferenzen ungerader Ordnung stark sind.

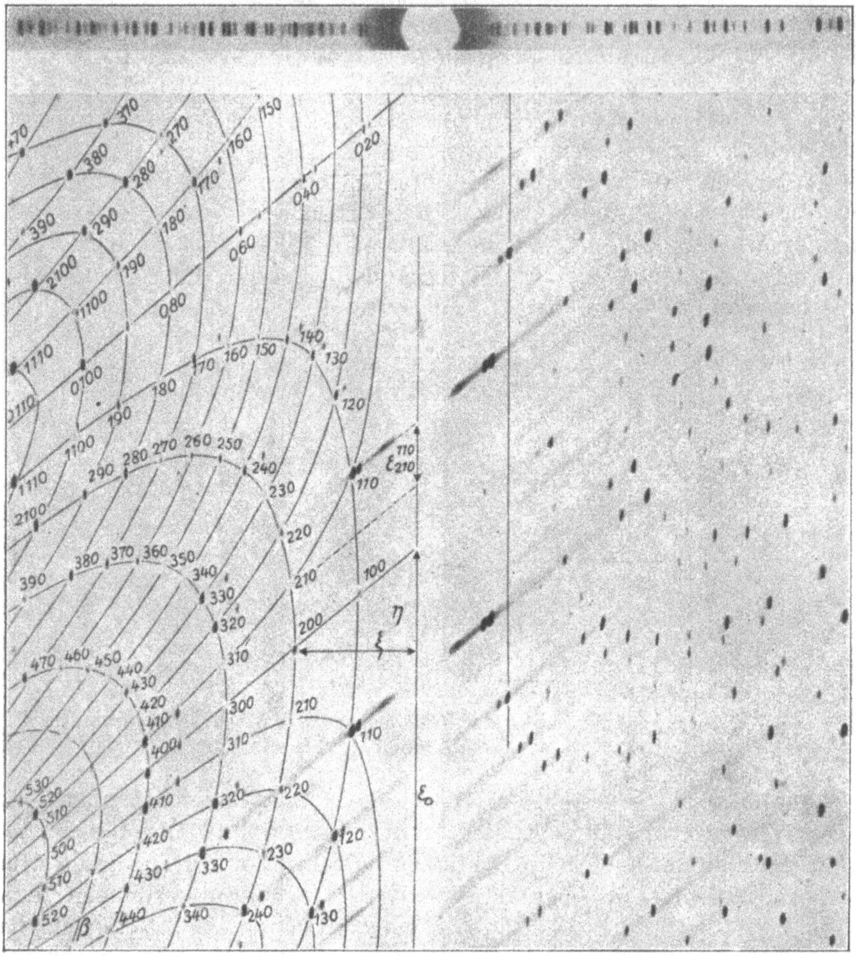

Fig. 247. Aufnahme von Diaspor im WEISSENBERGschen Röntgengoniometer nach BÖHM.
Der Kristall wurde um die *c*-Achse gedreht und der Äquator (siehe Kopf der Figur) ausgeblendet.

Das Röntgengoniometer von W. E. DAWSON.[1]

Gestattet der Kristall aus irgendeinem Grunde die Einstellung einer „rationalen“ Richtung nicht, so bietet die von W. E. DAWSON angegebene Methode manche Vorteile. Die Drehachse des Kristalls wird nach Fig. 249 mit einem Zahnrade verbunden, das in eine Zahnstange des Plattenhalters

[1] W. F. DAWSON, Phil Mag. 5, 756 (1928).

eingreift. Einer Drehung des Kristalls um den Winkel α entspricht dann eine Verschiebung der Platte um die Strecke $R\alpha$, wobei sich der Proportionalitätsfaktor R nach Fig. 248 leicht aus dem Diagramm ergibt. Die 4 Interferenzpunkte J_1, J_2, J_3, J_4 der Fig. 242 werden nach Fig. 248 auseinander gezogen, und man erkennt aus dieser Figur wie sich das Azimut α aus dem Diagramm bestimmen läßt.

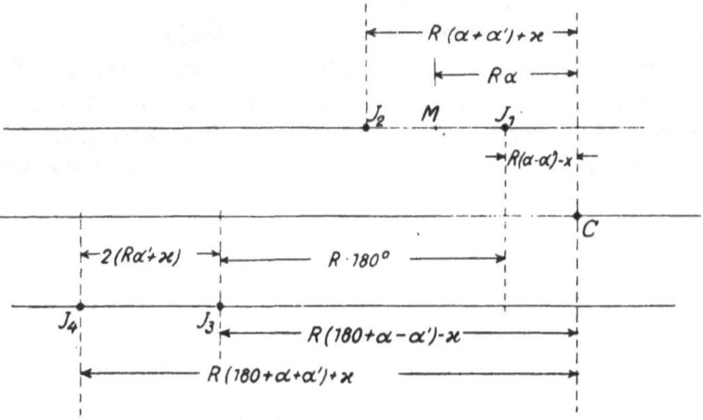

Fig. 248. Verteilung der Interferenzpunkte, erzeugt von einer Netzebenenschar während einer vollen Umdrehung eines Kristalls im Dawsonschen Röntgengoniometer.

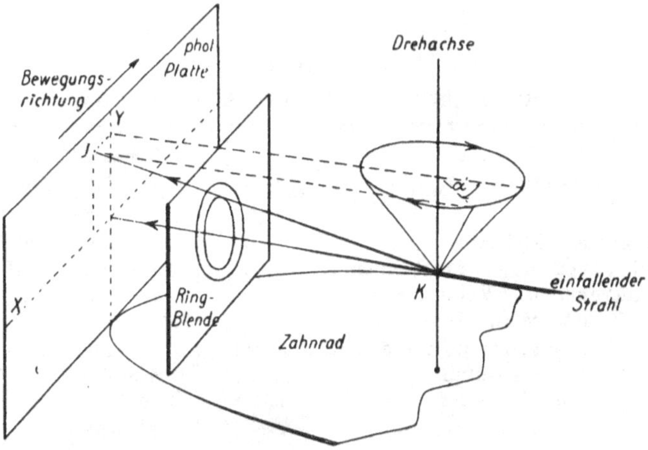

Fig. 249. Schematische Darstellung des Röntgengoniometers nach Dawson.

Auch hier wird man natürlich, um sich in der Fülle der Interferenzen zurechtfinden zu können, eine Ausblendung vornehmen müssen. Die Ausblendung einer Schichtlinie ist hier jedoch zwecklos, da eine Schichtlinie bei einem Diagramm nach Dawson als Schichtlinie erhalten bleibt und nicht wie bei Weissenberg über den ganzen Film auseinander gezogen wird. Dawson blendet vielmehr einen Debey-Scherrer-Ring heraus und verwendet zu dem Zweck eine Ringblende, deren Anbringung aus Fig. 249 zu erkennen ist. Die gewünschte Einstellung des Öffnungswinkels läßt sich einfach dadurch erreichen, daß man die Blende in größerer oder kleinerer Entfernung vom Kristall aufstellt.

Bei der von DAWSON benutzten Anordnung bewegte sich die photographische Platte bei einer einzigen Umdrehung des Kristalls über einen Bereich von etwa 20 cm. Der Abstand von der Drehachse bis zur Platte betrug etwa 3 cm. Die photographische Platte hatte eine Länge von 30 cm und eine Breite von 9 cm.

Besonders geeignet ist das DAWSONsche Goniometer zur Bestimmung der Orientierung von Kristallen mit schlecht entwickelten Oberflächen und von Metallkristallen. Es muß jedoch darauf hingewiesen werden, daß ϑ — je nach der Struktur — gewisse Grenzen nicht überschreiten darf, da sonst nicht genügend Interferenzen erhalten werden, um die Orientierung zu bestimmen (Mindestzahl 8).

Tabelle 57.

Einige wichtige physikalische Konstanten.[1]

LOSCHMIDTsche Zahl (für 1 Mol)	$L = 6{,}06_1 \cdot 10^{23}$
Elektrisches Elementarquantum	$e = 1{,}592 \cdot 10^{-19}$ int coul
	$= 4{,}77_4 \cdot 10^{-10}\ \mathrm{dyn}^{\frac{1}{2}} \cdot \mathrm{cm}$
Masse des ruhenden Elektrons	$m = 9{,}02 \cdot 10^{-28}$ g
Geschwindigkeit von 1-Volt-Elektronen	$v = 5{,}94_5 \cdot 10^7\ \mathrm{cm} \cdot \mathrm{sec}^{-1}$
Lichtgeschwindigkeit (im Vakuum)	$c = 2{,}998_5 \cdot 10^{10}\ \mathrm{cm} \cdot \mathrm{sec}^{-1}$
RYDBERGsche Konstante für Wasserstoff	$R_H = 109\,677{,}69 \pm 0{,}06\ \mathrm{cm}^{-1}$
RYDBERGsche Konstante für unendliche Kernmasse	$R_\infty = 109\,737{,}1\ \mathrm{cm}^{-1}$
PLANCKsches Wirkungsquantum	$h = 6{,}55 \cdot 10^{-27}$ erg · sec
Gitterkonstanten von Kristallen	Tab. 10, S. 163 und Tab. 11, S. 164

[1] GEIGER-SCHEEL, Hdbch. der Physik 2, 487. Verl. Springer, Berlin 1927.

Verzeichnis der Tabellen.

Autorenregister.

Sachregister.

BIBLIOGRAPHIE

Lehrbuch der Physik. Von EDUARD RIECKE, weiland Geh. Regierungsrat, o. Professor an der Universität Göttingen. Zu eigenem Studium und zum Gebrauche bei Vorlesungen herausgegeben von ERNST LECHER †, Vorstand des I. Physikalischen Instituts der Universität Wien, und Professor Dr. ADOLF SMEKAL, o. Assistent am II. Physikalischen Institut der Universität Wien. Siebente, verbesserte und um eine Darstellung der Atomphysik vermehrte Auflage. Groß-Oktav.

I. Band: Mechanik und Akustik. Wärme. Optik. Mit 458 Figuren im Text. XVI, 656 Seiten. 1923. 12.60, geb. 14.—

II. Band: Magnetismus und Elektrizität. Atomphysik. Mit 1 Bildnis von E. LECHER † und 319 Figuren im Text. XVI, 725 Seiten. 1928. 15.—, geb. 17.—

Zum Selbststudium für Anfänger und Studierende.

Lehrbuch der Physik. Nach Vorlesungen an der Technischen Hochschule in München. Von H. EBERT, weiland Professor an der Technischen Hochschule in München. Groß-Oktav.

I. Band: Mechanik. Wärmelehre. Mit 168 Abbildungen im Text. Zweite, unveränderte Auflage. XX, 661 Seiten. Anastatischer Nachdruck 1920. Geb. 21.50

II. Band, I. Teil: Die elektrischen Energieformen. Fertiggestellt und herausgegeben von C. HEINKE, o. Professor an der Technischen Hochschule in München. Mit 341 Abbildungen im Text. XX, 687 Seiten. 1920. 22.—, geb. 24.—

II. Band, II. Teil: Die strahlende Energie. Unter Mitwirkung von Privatdozent Dr. VON ANGERER, Professor Dr. W. KOSSEL, Professor Dr. EMDEN und Geheimrat Professor Dr. SOMMERFELD fertiggestellt und herausgegeben von C. HEINKE, o. Professor an der Technischen Hochschule in München. Mit 196 Abbildungen im Text. XII, 416 Seiten. 1923. 15.—, geb. 16.50

Ein instruktives Lehrbuch zum Gebrauch bei Vorlesungen und experimentellen Versuchen.

Die Physik. Von Dr. LEO GRAETZ, o. ö. Professor der Physik an der Universität München. Mit 395 teils farbigen Abbildungen im Text und 12 farbigen und schwarzen Tafeln. Zweite, verbesserte und vermehrte Auflage. Royal-Oktav. XII, 582 Seiten. 1923. 10.—, geb. 12.50

Eine grundlegende Einführung in die Welt der modernen Physik für Anfänger, Dozenten und gebildete Laien.

Einführung in die theoretische Physik. Von Dr. CLEMENS SCHAEFER, o. Professor an der Universität Breslau. Groß-Oktav.

I. Band: Mechanik materieller Punkte. Mechanik starrer Körper und Mechanik der Kontinua (Elastizität und Hydrodynamik). Mit 272 Figuren im Text. Dritte, verbesserte und vermehrte Auflage. ca. XII, 925 Seiten. 1929. Im Druck.

II. Band, I. Teil: Theorie der Wärme, Molekularkinetische Theorie der Materie. Mit 71 Figuren im Text. X, 562 Seiten. 1921. 15.—, geb. 17.—

II. Band, II. Teil: Elektrodynamik. In Vorbereitung.

Für Studierende und Dozenten beim Universitätsunterricht.

Einführung in die theoretische Physik mit besonderer Berücksichtigung ihrer modernen Probleme. Von Dr. phil. ARTHUR HAAS, a. o. Professor an der Universität Wien. Dritte und vierte, völlig umgearbeitete und vermehrte Auflage. Groß-Oktav.

I. Band. Mit 58 Abbildungen im Text. X, 307 Seiten. 1923. 7.50, geb. 9.—

II. Band. Mit 72 Abbildungen im Text und auf 2 Tafeln. VIII, 379 Seiten. 1924. 8.50, geb. 10.—

Eine ausgezeichnete Vorbereitung für jeden Physiker — Neuling oder Kenner — zum Studium schwierigerer Werke.

Physikalische Formelsammlung. Von G. MAHLER †, Professor der Mathematik und Physik am Gymnasium in Ulm, und Professor K. MAHLER, Studienrat an der Oberrealschule Aalen in Württemberg. Mit 71 Figuren. (Sammlung Göschen Bd. 136.) Geb. 1.50

Das Buch gibt fertige Resultate und ermöglicht einen raschen Überblick über die einzelnen Teilgebiete der Physik.

Physikalische Aufgabensammlung. Von G. MAHLER †, Professor der Mathematik und Physik am Gymnasium in Ulm, und Professor K. MAHLER, Studienrat an der Oberrealschule Aalen. Mit den Resultaten. (Sammlung Göschen Bd. 243.) Geb. 1.50

Zum Selbststudium für den Anfänger und zum Gebrauch in der Ingenieurpraxis.

Physikalische Tabellen. Von Dr. A. LEICK. Neubearbeitet von Professor Dr. W. LEICK in Berlin-Lichterfelde. (Sammlung Göschen Bd. 650.) Geb. 1.50

Ein wertvolles Orientierungsmittel für Lehrer und Studierende.

Physikalische Messungsmethoden. Von Professor Dr. WILHELM BAHRDT in Berlin-Lichterfelde. Mit 54 Figuren. (Sammlung Göschen Bd. 301.) Geb. 1.50

Eine Anleitung zu interessanten Versuchen, die vor allem bei Schülerübungen wertvolle Dienste leisten wird.

Radioaktivität. Von Dr. P. LUDEWIG, Professor an der Bergakademie in Freiberg in Sachsen. Mit 37 Abbild. (Sammlung Göschen Bd. 317.) Geb. 1.50

Die klare Darstellung wird es auch dem Mediziner und Naturhistoriker ermöglichen, sich über die physikalischen Grundtatsachen der Radioaktivität zu unterrichten.

Luftelektrizität. Von Dr. KARL KÄHLER, wissenschaftlicher Hilfsarbeiter am Preußischen Meteorologisch-Magnetischen Observatorium in Potsdam. Mit 19 Abbildungen. (Sammlung Göschen Bd. 649.) Geb. 1.50

Eine vollständige, auch für den Laien gut lesbare Darstellung.

Röntgenstrahlen. (Physik, Technik und Anwendung.) Von Dr. phil. nat. RICHARD HERZ in Frankfurt a. M. Mit 48 Figuren im Text und 36 Abbildungen auf 16 Tafeln. (Sammlung Göschen Bd. 950.) Geb. 1.50

Für Studierende, Ärzte und Laboranten ein wertvolles Orientierungsmittel.

Physische Geographie. Von Dr. GEORG GREIM, o. Professor an der Technischen Hochschule in München. (Sammlung Göschen Bd. 26.) Geb. 1.50

In außerordentlich übersichtlicher Darstellung enthält der Band alles über das Gebiet Wissenswerte.

Erdmagnetismus, Erdstrom und Polarlicht. Von Prof. Dr. A. NIPPOLDT, Mitglied des Preuß. Meteorolog. Instituts (Magnetisches Observatorium zu Potsdam). Mit 7 Tafeln und 18 Figuren. (Sammlung Göschen Bd. 175.) Geb. 1.50

Die beste und kürzeste Einführung in das Studium des Erdmagnetismus.

Die Physik der Verbrennungserscheinungen. Von Dr. HEINRICH MACHE, o. ö. Professor an der Technischen Hochschule in Wien. Mit 43 Abbildungen im Text und auf 2 Tafeln. Groß-Oktav. V, 133 Seiten. 1918. 3.—, geb. 3.80

Ein Werk, das über den Kreis der Fachingenieure hinaus, jedem naturwissenschaftlich Interessierten nützlich sein wird.

Einführung in die Theorie der Wärme. Von Dr. HEINRICH MACHE, o. ö. Professor an der Technischen Hochschule in Wien. Mit 96 Textfiguren. Groß-Oktav. VIII, 319 Seiten. 1921. 8.—, geb. 9.—

Ein Lehrbuch für den Studierenden und ein wichtiges Hilfsmittel für den praktisch arbeitenden Ingenieur.

Vorlesungen über Thermodynamik. Von Dr. MAX PLANCK, o. Professor an der Universität Berlin. Achte Auflage. Mit 5 Figuren im Text. Groß-Oktav. XII, 287 Seiten. 1927. Geb. 11.50

Das Werk ist von fundamentaler Bedeutung zum Studium der Thermodynamik.

Die Grundgleichungen der Mechanik, dargestellt auf Grund der geschichtlichen Entwicklung. Vorlesungen zur Einführung in die theoretische Physik, gehalten im Sommersemester 1914 an der Universität Leipzig. Von Dr. phil. ARTHUR HAAS, a. o. Professor an der Universität Wien. Mit 45 Abbildungen im Text. Groß-Oktav. VI, 216 Seiten. 1914. 7.50

Zum Selbststudium für Anfänger und zum Gebrauch bei Vorlesungen.

Die Prinzipe der Dynamik. Von Dr. CLEMENS SCHAEFER, o. Professor an der Universität Marburg. Mit 6 Figuren im Text. Groß-Oktav. IV, 76 Seiten. 1919. 2.50

Ein Lehr- und Nachschlagebuch für jeden Physiker.

Geschichte der Physik. Von A. KISTNER, Professor am Gymnasium zu Karlsruhe i. B.

I. Die Physik bis Newton. Mit 13 Figuren.

II. Die Physik von Newton bis zur Gegenwart. Mit 3 Figuren.

(Sammlung Göschen Bd. 293, 294.) Jeder Band geb. 1.50

Kristallographie. Von Prof. Dr. W. BRUHNS. Neubearbeitet von Prof. Dr. P. RAMDOHR. Mit 184 Figuren. (Sammlung Göschen Bd. 210.) Geb. 1.50

Das Buch empfiehlt sich durch seine instruktive Darstellungsweise besonders zum Selbststudium.

Einführung in die Kristalloptik. Von Dr. EBERH. BUCHWALD, Privatdozent an der Universität Breslau. Mit 124 Abbildungen. (Sammlung Göschen Bd. 619.) Geb. 1.50

Zur allgemeinen Orientierung für Studierende und Praktiker.

Lehrbuch der Chemie. Zu eigenem Studium und zum Gebrauch bei Vorlesungen. Von MAX TRAUTZ, e. a. o. Professor für physikalische Chemie und Elektrochemie an der Universität Heidelberg. Groß-Oktav.

I. Band: Stoffe. Mit zahlreichen Abbildungen im Text und auf Tafeln und mit Tabellen. XXVIII, 534 Seiten. 1922. 16.—, geb. 17.50

II. Band: Zustände. Mit zahlreichen Abbildungen im Text und auf Tafeln und mit Tabellen. XXXIV, 637 Seiten. 1922. 20.—, geb. 22.—

III. (Schluß-) Band: Umwandlungen. Mit zahlreichen Abbildungen im Text und auf Tafeln und mit Tabellen. XLVI, 1054 Seiten. 1924. 40.—, geb. 42.50

Band I—III in Ganzleinen (nur komplett) geb. 84.—, für Studenten 60.—

Ein streng wissenschaftlicher, zuverlässiger Führer für Anfänger und Vorgeschrittene.

Lehrbuch der organischen Chemie. Von VICTOR MEYER und PAUL JACOBSON. Zweite Auflage. Groß-Oktav.

I. Band: Allgemeiner Teil. Verbindungen der Fettreihe. Neu bearbeitet von P. JACOBSON und R. STELZNER.

I. Teil: Allgemeiner Teil. — Die aliphatischen Kohlenwasserstoffe und ihre einwertigen Abkömmlinge. Mit Figuren im Text. Unveränderter Neudruck. XVI, 1060 Seiten. 1922. 26.80, geb. 32.—

II. Teil: Die mehrwertigen Abkömmlinge der aliphatischen Kohlenwasserstoffe. — Cyanverbindungen und Kohlensäurederivate. Mit Figuren im Text und einer beigehefteten Tabelle. Unveränderter Neudruck. XXIV, 1522 Seiten. 1923. 38.80, geb. 44.—

II. Band: Cyclische Verbindungen — Naturstoffe.

I. Teil: Einkernige isocyclische Verbindungen. Die Gruppe der hydroaromatischen Verbindungen ist in Gemeinschaft mit P. JACOBSON bearbeitet von CARL HARRIES. Unveränderter Neudruck. XX, 1076 Seiten. 1923. 34.30, geb. 39.—

II. Teil: Mehrkernige Benzolderivate. In Gemeinschaft mit P. JACOBSON bearbeitet von ARNOLD REISSERT, a. o. Professor an der Universität Marburg. Unveränderter Neudruck. XIV, 664 Seiten. 1923. 17.—, geb. 20.—

III. Teil: Heterocyclische Verbindungen. Bearbeitet von P. JACOBSON. Mit Figuren im Text. Erste und zweite Auflage. Unveränderter Neudruck. XXI, 1034 Seiten. 1923. 41.40, geb. 47.—

IV. Teil: Naturstoffe von unbekannter oder nur teilweise erforschter Struktur. Bearbeitet von P. JACOBSON. Im Auftrage der Deutschen Chemischen Gesellschaft aus dem Nachlaß herausgegeben von HEDWIG KUH und FRIEDRICH RICHTER. Erste u. zweite Auflage. VI, 270 Seiten. 1924. 11.—, geb. 14.—

V. Teil: Glykoside. Im Satz.

Ein Standardwerk der Chemie, unentbehrlich für jeden Chemiker.

Lehrbuch der organischen Chemie für Studierende an Universitäten und technischen Hochschulen. Von Dr. A. F. HOLLEMAN, Ll. D., D. Sc., F. R. S. E., Vizepräsident der Königlichen Akademie der Wissenschaften Amsterdam. Mit 74 Figuren. Achtzehnte, verbesserte Auflage. Groß-Oktav. X, 518 Seiten. 1927. In Halbleder 20.—

Ein Handbuch für Studierende und Lehrer.

Chemie. Organischer Teil. Von Dr. JOS. KLEIN in Mannheim. (Sammlung Göschen Bd. 38.) Geb. 1.50

Die knappe Darstellung macht den Band besonders wertvoll für den praktischen Chemiker.

Einfache Versuche auf dem Gebiete der organischen Chemie. Eine Anleitung für Studierende, Lehrer an höheren Schulen und Seminaren, sowie zum Selbstunterricht. Von A. F. HOLLEMAN, Ll. D., D. Sc., F. R. S. E., Vizepräsident der Königlichen Akademie der Wissenschaften zu Amsterdam. Dritte, verbesserte Auflage. Oktav. X, 92 Seiten. 1924. Geb. 2.80

Die Praxis des organischen Chemikers. Von Dr. LUDWIG GATTERMANN, weiland Geh. Hofrat, Professor an der Universität Freiburg. Einundzwanzigste Auflage, bearbeitet von Dr. HEINRICH WIELAND, o. Professor an der Universität München. Mit 53 Abbildungen im Text. Oktav. XII, 397 Seiten. 1928. Geb. 15.—

Ein Handbuch zum dauernden Gebrauch in jedem Laboratorium.

Lehrbuch der anorganischen Chemie für Studierende an Universitäten und technischen Hochschulen. Von Dr. A. F. HOLLEMAN, Ll. D., D. Sc., F. R. S. E., Vizepräsident der Königlichen Akademie der Wissenschaften zu Amsterdam. Mit 77 Figuren und einer Spektraltafel. Neunzehnte, verbesserte Auflage. Oktav. XII, 493 Seiten. 1927. In Halbleder 20.—

Die Reichhaltigkeit des in geschickter Auswahl gebotenen Lehrstoffes und die übrigen didaktischen Vorzüge des zuverlässigen Buches machen es zu einem Unterrichtswerk ersten Ranges.

Chemie. Anorganischer Teil. Von Dr. JOS. KLEIN in Mannheim. (Sammlung Göschen Bd. 37.) Geb. 1.50

Eine leicht faßliche, übersichtliche Einführung für Anfänger.

Praktikum des anorganischen Chemikers. Von EMIL KNOEVENAGEL, Professor an der Universität Heidelberg. Mit zahlreichen Figuren, 4 Tabellen und 9 Tafeln. Dritte Auflage. Groß-Oktav. XXVIII, 386 Seiten. 1920. Geb. 12.80

Zum Gebrauch beim Unterricht für Studierende, Lehrer und Laboranten.

Einführung in die anorganische Experimentalchemie. Von OTTO DIELS, o. Professor an der Universität Kiel. Mit 145 Abbildungen im Text. Groß-Oktav. XXII, 446 Seiten. 1922. 9.—, geb. 10.50

Für Studierende und Dozenten ein Hilfsmittel bei Übungen.

Handbuch der Arbeitsmethoden in der anorganischen Chemie. Unter Mitwirkung namhafter Gelehrter des In- und Auslandes herausgegeben von Professor Dr. ARTHUR STÄHLER. Lexikon-Oktav.

I. Band: Allgemeiner Teil. Das anorganisch-chemische Laboratorium und seine Ausstattung. Mechanische Operationen. Mit 1064 Abbildungen. XII, 788 Seiten. 1913. 40.—, geb. 44.—

II. Band: Physikalische und chemische Operationen.

1. Hälfte: Physikalische Operationen allgemeiner Art. Mit 390 Abbildungen. 654 Seiten. 1919. 32.—, geb. 36.—

2. Hälfte: Physikalische und chemische Operationen besonderer Art. Mit 624 Abbildungen. X, Seiten 655—1648. 1925. 54.—, geb. 58.—

III. Band: Allgemeiner Teil. Physikochemische Bestimmungen.

1. Hälfte: Mit 354 Abbildungen. X, Seiten 1—692. 1913. 36.—, geb. 40.—

2. Hälfte: Mit 347 Abbildungen und 1 Tafel. VIII, Seiten 693—1557. 1914. 44.—, geb. 48.—

IV. Band: Spezieller Teil. Geb. 34.—

1. Hälfte: Mit 116 Abbildungen. 314 Seiten. 1916. 16.—

2. Hälfte: Ausgewählte Kapitel der präparativen Chemie. Mit 62 Abbildungen. X, Seiten 315—572. 1926. 14.50

Zum ständigen Gebrauch für den, vor allem in der Praxis stehenden, Chemiker und Praktiker.

Experimentelle Einführung in die unorganische Chemie. Von HEINRICH BILTZ, o. Professor an der Universität Breslau. Mit 15 Figuren. Fünfzehnte bis siebzehnte Auflage. Groß-Oktav. VI, 130 Seiten. 1928. Geb. 4.80

Ein Unterrichtswerk als Hilfsmittel bei Vorlesungen für Studierende und Dozenten.

Chemische Versuche auf dem Gebiete der anorganischen Chemie. Von Dr. J. K. KÖNIG. Oktav. VI, 64 Seiten. 1921. 1.20

Ein Nachschlagewerk zum Gebrauch bei experimentellen Versuchen.

Anleitung zur Darstellung chemischer anorganischer Präparate für Chemiker und Pharmazeuten. Von REINHART BLOCHMANN, a. o. Professor an der Universität Königsberg. Mit zahlreichen Figuren. Dritte, unveränderte Auflage. Oktav. VIII, 96 Seiten. 1921. Geb. 3.30

Zum Selbststudium und zu Unterrichtszwecken bei Laboratoriumsübungen.

Analytische Chemie. Von Dr. JOHANNES HOPPE in München.

I: Reaktionen.

II: Gang der qualitativen Analyse. (Sammlung Göschen Bd. 247, 248.) Jeder Band geb. 1.50

Kurz gefaßte, leicht faßliche Gesamtübersicht für Studierende, Lehrer und praktische Chemiker.

Qualitative Analyse unorganischer Substanzen. Von HEINRICH BILTZ, o. Professor an der Universität Breslau. Mit 8 Figuren. Elfte und zwölfte Auflage. Groß-Oktav. IV, 64 Seiten. 1928. Geb. 3.50

Eine grundlegende Einführung für Anfänger.

Chemie der anorganischen Komplexverbindungen. Ein Grundriß für Studierende. Von Dr. ROBERT SCHWARZ, a. o. Professor an der Universität Freiburg i. Br. Oktav. VI, 71 Seiten. 1920. 2.50

Ein Buch, das nicht nur für Studierende, sondern vor allem auch für Praktiker bestimmt ist.

Komplexchemie. Einführung in die Chemie der komplexen Verbindungen. Von Prof. Dr. L. DEDE in Gießen. Mit 5 Figuren. (Sammlung Göschen Bd. 981.) Geb. 1.50

Ein Vorbereitungsbuch für den Chemiker, Mineralogen und Geologen.

Erläuterungen zum Gebrauch organischer Reagentien in der anorganischen Analyse. Von Dr. MARTIN MÜLLER, Assistent am Laboratorium für angewandte Chemie der Universität Leipzig. Groß-Oktav. VI, 55 Seiten. 1920. 1.20

Ausgezeichnet als Hilfsmittel bei Übungen und als Vorbereitungsbuch.

Die ätherischen Öle nach ihren chemischen Bestandteilen unter Berücksichtigung der geschichtlichen Entwicklung. Von Professor Dr. FRIEDR. WILH. SEMMLER. Vier Bände. Royal-Oktav. In Halbleder 190.—

I. Band: Allgemeiner Teil: Methanderivate. XVI, 860 Seiten. 1906.

II. Band: Hydriert-cyclische Verbindungen. Kohlenwasserstoffe. VIII, 612 Seiten. 1906.

III. Band: Sauerstoffhaltige Verbindungen der hydriert-cyclischen Reihe. XII, 824 Seiten. 1906.

IV. Band: Benzolderivate und heterocyclische Verbindungen. VIII, 490 Seiten. 1907.

Allgemeine und physikalische Chemie. Von Prof. Dr. HUGO KAUFFMANN. Mit 12 Figuren. (Sammlung Göschen Bd. 71, 698.) Jeder Band geb. 1.50

Eine gemeinverständliche Einführung in das Gesamtgebiet.

Elektrochemie und ihre physikalisch-chemischen Grundlagen. Von Dr. HEINR. DANNEEL.

I. Elektrochemie. Mit 19 Figuren.

II. Experimentelle Elektrochemie, Meßmethoden, Leitfähigkeit, Lösungen. Mit 26 Figuren und mehreren Tabellen.

III. Energie. Mit 18 Figuren und mehreren Tabellen.

IV. Elektrolyse. Mit 41 Figuren und mehreren Tabellen.

(Sammlung Göschen Bd. 252, 253, 941, 980.) Jeder Band geb. 1.50

Die Metalle und ihre Verbindungen. Von Prof. Dr. I. KOPPEL.

I. Alkalimetalle, Erdalkalimetalle, Magnesiumgruppe. Mit 8 Figuren.

II. Kupfergruppe, Aluminiumgruppe, Titangruppe, Bleigruppe. Mit 1 Figur.

III. Vanadiumgruppe, Chromgruppe, Mangan, Eisengruppe, Platingruppe. Mit 5 Figuren. (Sammlung Göschen Bd. 812—814.) Jeder Band geb. 1.50

Ein Nachschlage- und Taschenbuch für Theorie und Praxis.

Die Nichtmetalle und ihre Verbindungen. Von Prof. Dr. A. BENRATH.

I. Bor, Kohlenstoff, Silicium, Stickstoff. Mit 9 Figuren.

II. Wasserstoff, Sauerstoff, Halogene, Edelgase. Mit 24 Figuren. (Sammlung Göschen Bd. 211, 212.) Jeder Band geb. 1.50

Geschichte der Chemie. Von Dr. HUGO BAUER, a. o. Professor an der Technischen Hochschule Stuttgart.

I. Von den ältesten Zeiten bis Lavoisier.

II. Von Lavoisier bis zur Gegenwart. (Sammlung Göschen Bd. 264, 265.) Jeder Band geb. 1.50

Geschichte der Chemie von den ältesten Zeiten bis zur Gegenwart. Zugleich Einführung in das Studium der Chemie. Von Dr. ERNST VON MEYER, Geheimer Hofrat, o. Professor der Chemie an der Technischen Hochschule in Dresden. Vierte, verbesserte und vermehrte Auflage. Groß-Oktav. XIV, 616 Seiten. 1914. Geb. 22.—

Chemische Grundbegriffe. Von Dr. ALFRED BENRATH, a. o. Professor an der Universität Bonn. (Sammlung Göschen Bd. 804.) Geb. 1.50

Zur ersten Einführung und raschen Orientierung.

Logarithmische Rechentafeln für Chemiker, Pharmazeuten, Mediziner und Physiker. Begründet von Professor Dr. F. W. KÜSTER. Für den Gebrauch im Unterrichtslaboratorium und in der Praxis berechnet und mit Erläuterungen versehen. Nach dem gegenwärtigen Stande der Forschung bearbeitet von Dr. A. THIEL, o. ö. Professor der physikalischen Chemie an der Universität Marburg. Mit 1 Tafel. Dreißigste bis vierunddreißigste, verbesserte und vermehrte Auflage. Oktav. 148 Seiten. 1925. Geb. 6.—

Die neue Auflage der allseits bekannten Küsterschen Logarithmischen Tafeln erscheint wie üblich nach dem neuesten Stande der Forschung. Sie stellen für den Chemiker ein ungern entbehrtes Werkzeug dar, das sich in seiner bewährten Anordnung des Stoffes zu einem nützlichen und notwendigen Hilfsbuch entwickelt hat.

Chemisches Praktikum für Anfänger. Mit Berücksichtigung der Technologie. Von Dr. ARTHUR BINZ, Honorarprofessor an der Universität Berlin, Direktor des Chemischen Instituts der Landwirtschaftlichen Hochschule Berlin. Zweite, völlig umgearbeitete Auflage. Groß-Oktav. VII, 94 Seiten. 1926. Geb. 5.—

In dem vorliegenden Praktikum werden die wissenschaftlichen Grundlagen der anorganischen Chemie mit den technologischen vereinigt. Das Experimentelle ist so einfach gehalten, daß die Ausführung auch dem Anfänger keine Schwierigkeiten bietet.

Kurzes chemisches Praktikum für Mediziner und Landwirte. Von FRITZ ARNDT, o. Professor an der Universität Breslau. Siebente bis neunte Auflage. Groß-Oktav. VIII, 96 Seiten. 1926. Geb. 4.30

Ein vor allem für den Praktiker äußerst wertvoller Leitfaden.

Erste Anleitung zur qualitativen chemischen Analyse. Für Studierende der Chemie, Pharmazie und Medizin. Von REINHART BLOCHMANN, a. o. Professor an der Universität Königsberg. Mit 3 Tabellen. Dritte, verbesserte und vermehrte Auflage. Oktav. X, 176 Seiten. 1917. Geb. 5.—

Ein Vorbereitungsbuch für Studierende und zum Selbststudium für praktische Chemiker.

FSC
www.fsc.org
MIX
Papier | Fördert gute Waldnutzung
FSC® C083411

Kolibri 360 GmbH
Ferdinand-Jühlke-Straße 7
99095 Erfurt, Deutschland
produktsicherheit@kolibri360.de